환경수리학

하천유동과 수질해석의 이론 및 모델링

저자 소개

서일원

1990년 미국 일리노이대(어배나-샴페인) 토목공학과 공학박사(수리학)
1990~1991년 미국 일리노이주 수자원연구소 연구원
1992~2022년 서울대학교 건설환경공학부 교수
2022~2024년 한국물학술단체연합회 회장
2022년~현재 서울대학교 건설환경공학부 명예교수

송창근

2011년 서울대학교 건설환경공학부 공학박사(수리학)
2011~2013년 서울대학교 공학연구소 선임연구원
2013년~현재 인천대학교 안전공학과 교수
2025년~현재 응용생태공학회 기획부회장

박인환

2017년 서울대학교 건설환경공학부 공학박사(수리학)
2017년 서울대학교 공학연구소 연수연구원
2018~2019년 한국건설기술연구원 국토보전연구본부 수석연구원
2019년~현재 서울과학기술대학교 건설시스템공학과 교수

김준성

2018년 서울대학교 건설환경공학부 공학박사(수리학)
2018~2020년 미국 미네소타대 지구환경과학과 연구원
2021~2023년 국토연구원 국토환경 · 자원연구본부 부연구위원
2023년~현재 한경국립대학교 건설환경공학부 교수

환경수리학

하천유동과 수질해석의 이론 및 모델링

초판 발행 2026년 1월 30일

지은이 서일원, 송창근, 박인환, 김준성
펴낸이 류원식
펴낸곳 교문사

편집팀장 성혜진 | **책임진행** 윤정선 | **디자인** 신나리 | **본문편집** 송여경

주소 10881, 경기도 파주시 문발로 116
대표전화 031-955-6111 | **팩스** 031-955-0955
홈페이지 www.gyomoon.com | **이메일** genie@gyomoon.com
등록번호 1968.10.28. 제406-2006-000035호

ISBN 978-89-363-2723-1(93530)
정가 35,000원

ENVIRONMENTAL HYDRAULICS

환경수리학

하천유동과 수질해석의 이론 및 모델링

서일원 · 송창근 · 박인환 · 김준성 지음

교문사

머리말

환경수리학은 지구의 표면, 하천, 호소, 지하수, 해양 등의 수역에서 인간의 활동으로 발생하는 환경 문제의 식별, 조사, 해법에 필요한 수리학의 원리를 탐구하는 학문이다. 환경수리학은 식수, 생활용수 등 각종 용수의 공급, 하·폐수의 처리 및 배출, 수환경의 이용과 관리, 수생태계의 보전 등을 통해 국민의 보건과 안전을 확보하고 삶의 질을 향상하는 데 필수적인 학문이다. 환경수리학은 육수역, 기수역, 해수역 등 다양한 수역에서의 환경 문제를 해결하기 위하여 기초 이론으로서 확산 및 분산이론, 난류 제트이론, 성층류 이론 등을 포함한다. 이 책에서는 오염물질의 이동과 혼합 문제를 해결하기 위한 확산 및 분산이론을 중점적으로 다루며, 아울러 이론을 실제 수환경 문제에 적용하여 해법을 구하는 다양한 방법론을 다룬다.

이 책은 저자들이 환경수리학 및 하천수리학 분야에서 수행한 연구 성과와 강의 경험을 바탕으로 쓰여졌다. 수공학, 환경공학 및 연관 분야 대학원과정에서 한 학기 강의용 교재로 적합하게 쓰여졌으나, 학부과정 고학년 과목에서도 일부 기초적인 내용을 요약하여 강의할 수 있는 수준으로 구성되었다. 나아가 이 책이 하천 및 수환경 관리 분야의 관리자와 설계사 엔지니어가 참고할 수 있는 참고서 역할도 할 수 있도록 수질해석 및 수치모의 방법에 대한 구체적인 내용과 세부적인 자료를 제시하였다. 또한 이 책을 하천수질 해석 분야의 전문가가 고차원의 연구 개발에 활용할 수 있도록 확산 메커니즘에 대한 기초적인 이론에 대해 상세하게 서술하였다.

이 책은 총 2부로 구성되어 있다. 제1부는 제1~6장으로 구성되어 있으며, 수환경 오염물질의 혼합에 대한 이론과 해석 방법에 대해 상세하게 서술하였다. 제2부는 제7~9장으로 구성되어 있으며, 하천 수리 및 수질해석을 위한 모델링 방법을 구체적으로 제시하였다. 제1장에서는 환경수리학의 기초가 되는 개념과 이론을 소개하였다. 수환경 오염에 대한 정의와 오염물질의 종류에 관하여 기술하고, 수질해석 및 모델링의 기초가 되는 오염물질의 수문학적인 이동 및 반응 현상에 대한 개요를 제시하였다. 제2장에서는 하천혼합의 기초 이론으로서 분자확산 방정식과 난류확산 방정식의 유도 과정을 기술하였고, 실제 하천에서 발생하는 전단흐름에 대한 분산방정식을 유도하였다. 아울러 전단류 분산에 대한 다양한 해석 방법을 제시하였다. 제3장에서는 하천에서 발생하는 오염물질의 단계별 혼합과정을 설명하였고, 오염물질의 이동을 나타내는 지배방정식에 포함된 혼합계수에 대한 이론적 유도 과정과 경험적인 방법에 관해 기술하였다. 제4장에서는 수환경계에 유입되는 다양한 오염물질의 특성, 발생 경로, 수환경에 미치는 영향 그리고 기본적인 수질해석 이론에 관해 설명하였다. 독성물질, 수온, 조류, BOD, 병원균, 유류 등 주요 오염물질의 생물학적 · 화학적 · 물리적 기작에 대한 반응방정식을 제시하였다. 제5장에서는 하천혼합 문제를 해결하는 방법론 중에서 가장 정확하고 강력한 방법인 해석해를 기술하였다. 1차원 문제에 대한 기본 해석해를 유도하고 이를 확장하여 고차원 및 복잡한 문제에 대한 해석해를 제시하였다. 제6장에서는 오염물질의 혼합 거동 해석에 필요한 수체의 혼합성능 평가를 위한 현장계측에 관해서 서술하였다. 하천 추적자실험에 대하여 세부적인 절차와 방법론을 서술하고, 현장에서 계측한 수리자료와 농도자료를 이용하여 혼합계수를 산정하는 방법론을 제시하였다. 제7장에서는 하천수리 모형의 이론과 모델링 기법을 설명하였다. 하천수리 모델링 기법으로서 유한요소법의 기본 원리와 구성 절차를 설명하고, 유한요소법 기반 하천수리 해석모형의 구성과 적용 조건을 제시하였다. 제8장에서는 하천수질 모델링을 위한 수치해석방법에 관해 기술하였다. 2차원 혼합 해석을 위해 오일러리안 및 라그랑지안 해석 방법에 관해 설명하고, 1차원 하천 저장대모형의 해석을 위한 유한차분법 적용 방법에 관해 기술하였다. 마지막으로 제9장에서는 하천 수리 및 수질 모델링에 사용되는 상용모형에 관해 기술하였다. 국내에서 개발된 RAMS의 해석엔진에 대해 기술하고, River2D의 지배방정식과 적용 사례를 소개하였다. 이 책은 저자들의 공동 집필로 쓰여졌다. 제1~3장 및 제5~6장은 서일원 저자가 집필하였고, 제4장은 김준성 저자, 제7장은 송창근 저자, 제8장은 박인환 저자가 썼다. 그리고 제9장은 송창근, 박인환, 김준성 저자가 공동으로 집필하였다.

이 책을 발간하기까지 주변의 많은 도움과 지원을 받았다. 우선 저자들이 환경수리학 분야의 교육과 연구를 할 수 있도록 해준 소속 대학교에 감사드린다. 아울러 저자들의 연구와 교육에 영감과 자극을 준 소속 대학교 학생들과 동료들에게 깊은 감사를 드린다. 이 책의 원고 사독에 도움을 준 김대근, 백경오, 신재현 교수들에게 감사의 마음을 전하며, 자료 정리 및 원고 작성에 도움을 준 권시윤 교수, 노효섭 박사와 김병욱 연구원에게도 감사를 표한다. 또한 이 책이 나오기까지 정성껏 편집해준 교문사 윤정선 과장에게도 감사를 드린다. 환경수리학 분야의 연구에 연구비를 지원해준 한국연구재단과 국토교통부, 기후에너지환경부, 교육과학기술부, 행정안전부, 국립환경과학원 등에도 심심한 감사를 드린다. 마지막으로 지속적으로 응원과 격려를 해준 저자들의 가족들에게 깊은 감사의 마음을 전한다.

2026년 1월

서일원, 송창근, 박인환, 김준성

차례

CHAPTER 2 오염물질 혼합이론

CHAPTER 3 하천혼합 해석

CHAPTER 4 하천수질 해석

CHAPTER 5 하천혼합 문제의 해석해

CHAPTER 6 하천혼합 계측

PART 2 수치 모델링

CHAPTER 7 하천수리 모델링

CHAPTER 8 하천혼합 모델링

CHAPTER 9 하천 수리 · 수질 해석 상용모형

부록

PART 1

이론과 해석

CHAPTER 1

환경수리학의 기초

본 장에서는 환경수리학의 기초가 되는 개념과 이론을 소개하였다. 전반부에서는 수환경 오염에 대한 정의를 설명하고, 수환경 오염을 일으키는 원인과 오염물질의 종류에 관하여 기술하였다. 또한 하천의 수질 관리를 위한 체계에 관해 기술하고, 수질 관리를 위한 수질 기준에 대해 우리나라의 「환경정책기본법」을 예를 들어 설명하였다. 후반부에서는 수질 해석 및 모델링의 기초가 되는 수체에서 일어나는 오염물질의 수문학적인 이동 및 반응 현상에 대한 이론을 제시하였으며, 나아가 수환경 문제의 해석에 필요한 전략과 방법론에 관하여 기술하였다.

1. 환경수리학의 정의

환경수리학(Environmental Hydraulics)은 지구의 표면, 하천, 호소, 지하수, 해양 등의 수역에서 인간의 활동에 의해서 발생하는 환경 문제의 식별, 조사, 해법에 필요한 수리학의 원리를 탐구하는 학문이라고 정의된다. 이에 비해서 환경유체역학(Environmental Fluid Mechanics)은 환경수리학에서 다루는 수역에서의 오염 문제에 더하여 대기 오염 문제를 포함한 것으로, 지구상에서 발생하는 모든 환경 문제를 해결하는 데 필요한 유체역학의 원리를 공부하는 학문으로 정의할 수 있다(Shen 등, 2002). 환경수리학은 식수, 생활용수 등 각종 용수의 공급, 하 · 폐수의 처리 및 배출, 수환경의 이용과 관리, 수생태계의 보전을 통해 국민의 보건과 안전을 확보하고 삶의 질을 향상시키는 데 필수적인 학문 분야이다. 환경수리학에서 중점적으로 다루는 문제는 다음과 같다(ASCE, 1996).

- 하 · 폐수의 수환경 유입
- 비점오염원으로부터 수역에 유입된 오염물질의 이동 및 귀착
- 호수, 저수지, 하구에서의 물리 · 화학 · 생물 시스템 연계 및 상호 작용 이해에 필요한 동수역학 이론
- 수환경 오염과 관련된 유사 이동과 퇴적
- 대규모 물이동에 따른 환경 영향
- 댐, 저수지, 급 · 배수 수로, 운하 등 수공구조물이 환경에 미치는 영향
- 기후 변화가 용수공급과 하천, 하구, 해안에 미치는 영향

상술한 바와 같이 수역에서 발생하는 다양한 환경 문제를 해결하기 위해서는 수체(water body) 내에서 움직이는 물의 운동 원리에 대한 이해가 필요하다. 나아가 수체 내 물리 · 화학 · 생물 연계 시스템에서 상호 작용을 이해하기 위해서는 물리적인 이론뿐만 아니라 화학 · 생물학적인 이론도 활용하여야 한다. 수체에서의 수질 문제를 해결하기 위해서는 일반 수리학에서 다루는 물의 운동에 관한 이론뿐만 아니라, 수질을 해석하기 위한 난류 이론, 물질이동 및 혼합 이론, 유사와 생태 이론, 수질 반응 이론 등을 공부하여야 한다. 최근에 컴퓨터의 발전에 따라서 수질 해석 기법으로 널리 쓰이는 수치모형(numerical model)의 적용을 위해서는 전산수리학 이론이 필요하며, 나아가 계측 자료를 이용한 자료기반 모델링의 활용을 위해서는 기계학습 이론에 대한 이해가 필요하다. 수질 해석에 있어서는 수리 · 수문 인자의 평균적인 양보다는 시공간적으로 변화하는 유속, 지형의 불규칙성이 더욱 중요하며 해석에 이러한 변동 특성을 포함하여야 한다.

환경수리학에서 관심을 갖는 수역은 육수역(inland water), 기수역(brackish water), 해수역(coastal water)으로 나누어 볼 수 있다. 육수역은 민물 수역을 의미하며 하천, 호소, 지하수, 유역

이 여기에 속한다. 기수역은 민물과 짠물이 만나는 수역으로 하구가 여기에 속한다. 해수역은 짠물 수역으로서 해안, 바다가 여기에 속한다. 환경수리학은 이러한 다양한 수역에서의 환경 문제를 해결하기 위하여 기초 이론으로서 확산(diffusion) 및 분산(dispersion) 이론, 난류 제트(turbulent jet) 및 플룸(plume) 이론, 성층류(stratified flow) 이론을 포함하고 있다(Fischer 등, 1979). 이 책에서는 육수역에서의 오염물질의 이동과 혼합 문제를 해결하기 위한 확산 및 분산 이론을 중점적으로 다루며, 아울러 이론을 실제 수환경 문제에 적용하여 해를 구하는 다양한 방법론을 다루고자 한다.

2. 수환경 오염

1) 수환경 오염의 정의

물 오염(water pollution) 현상은 수체가 가지고 있는 자연적인 정화능력(natural purification process)을 초과하는 오염물질이 유입되어 해당 수체가 이용 목적에 적합하지 않게 된 상태를 의미한다. 이는 하천, 호소 등 수체의 물이 자연적으로 가지고 있는 물리적, 화학적, 생물학적 특성이 이들에 영향을 주는 자연적, 인위적인 요인에 의하여 변화함으로써 물 이용상의 지장을 초래하거나 환경의 변화를 일으켜 수중 생물에게 영향을 주는 상태로 변화하는 것을 의미한다. 좁게는 주로 사람이나 동물의 배설물에 의하여 병원성 미생물 등이 인체에 질병을 유발하고, 공중 보건상 위해를 일으키는 등 수질이 악화되는 것을 말하며, 넓게는 자연적 또는 인위적으로 수체에 부패성 물질, 유독성 물질, 부유물질 등 오염물질이 유입됨으로써 생활, 농업, 공업, 수산업 등 용수 목적에 맞게 사용할 수 없는 상태를 말한다. 수환경 오염 현상의 대표적인 사례는 다음과 같다(박석순, 2019).

(1) 용존산소 감소에 의한 물의 부패

하천, 호소 등의 자연 수체는 대기와는 다르게 상대적으로 산소가 고갈되기 쉬운 환경을 지니고 있는데, 그 이유는 물속에 들어온 유기물이 미생물에 의해 먹이로서 섭취되어 분해될 때 용존산소의 소비가 일어나기 때문이다. 이렇게 용존산소를 소모하고 물이 부패하는 성질을 부수성(saprobity)이라고 하며, 이를 유발하는 물질을 부수성 물질이라고 한다. 따라서 부수성을 가진 다량의 유기물이 수체에 들어올 경우 적은 양의 산소만 존재하는 물속에서는 쉽게 산소가 고갈되는 이른바 혐기성(anaerobic) 상태가 되기 쉽다.

(2) 영양물질에 의한 부영양화

인, 질소 등 영양물질(nutrient)이 하천, 호소 등 수역에 과다하게 유입되면 부영양화 현상(eutrophication)이 발생한다. 이렇게 부영양화된 수체에 적당한 빛과 온도(25~35℃)가 더해질 경우 유해물질을 분비하는 남조류(cyanobacteria)가 과잉 성장하게 되는데, 이때 물의 색깔을 녹색으로 만들기 때문에 녹조현상이라고 한다. 녹조현상이 발생하면 수중 유기물이 급격히 증가하고, 증가한 유기물이 사멸할 때 용존산소를 소모하여 산소가 없는 죽은 물이 되는 오염 현상을 일으킨다.

(3) 중금속 및 화학물질에 의한 오염

중금속과 유독성 화학물질은 인체나 생물체에 병을 일으키거나 치사를 유발하는 독성(toxicity)을 가지고 있다. 이러한 독성물질의 특징은 미량이라도 생물체 내에 농축되는 생물농축(bioaccumulation) 현상을 나타내며 급·만성 피해를 일으키게 된다. 독성을 가진 중금속으로는 수은, 카드뮴, 납 등이 있으며, 유독성 화학물질에는 PCB, 페놀, 농약 등이 있다. 이러한 독성물질은 가정하수보다도 주로 산업폐수에서 기인한다.

(4) 병원성 세균에 의한 오염

수인성 전염병을 일으키는 세균들이 동물과 사람의 배설물에 의해 수체에 유입되었을 때 물에 병원성(pathogenicity)이 있다고 한다. 수인성 병균은 자체 증식이 가능하고 전염성이 강하기 때문에 피해 규모가 매우 크게 나타난다. 대표적인 수인성 전염병으로는 콜레라, 이질, 장티푸스, 간염 등이 있다.

(5) 부유물에 의한 혼탁

수체에 부유사나 부유성 고형물이 다량 유입되었을 경우 물이 혼탁해지며 투명도가 감소하는 현상이 발생하는데, 이러한 현상을 혼탁성(turbidity)이라고 한다. 물이 혼탁해지면 심미적으로 불쾌감을 줄 뿐만 아니라 햇빛이 수중으로 투과하는 것을 방해하여 수중 식물의 광합성을 저해하게 된다.

(6) 수질 사고 시 유류에 의한 오염

유류오염은 주로 선박, 차량 등에 의해 수송하는 과정에서 발생하는데 국내외에서 발생하는 수질오염 사고의 대부분을 차지하고 있다. 이러한 유류에 의한 오염은 물고기나 수중 생물에게 악영향을 주며, 물의 대기 증발 과정과 대기 중의 산소가 수체로 유입되는 것을 차단하여 수중의 용존산소 공급을 방해한다.

2) 수환경 오염물질의 종류

상술한 바와 같은 수환경 오염을 일으키는 오염물질의 종류는 매우 다양한데, 이들을 위험도에 따라 7가지로 나누어 볼 수 있다. 오염물질을 덜 위험한 것부터 독성이 심해지는 순서로 나열하면 다음과 같다(Fischer 등, 1979).

(1) 무기염류 및 토사

무기염류나 토사는 독성이 없는 것이나 과도한 양이 제한된 면적에 유입되었을 때 물을 오염시키게 된다. 하천 및 항만 준설 시에 발생하는 토사, 고형물의 투기, 댐 및 저수지에 유입되는 탁수 등이 이에 속한다. 그림 1.1은 낙동강-금호강 합류부의 상류 지역 공사현장에서 발생한 토사에 의한 오염을 보여 주는 사진이다.

그림 1.1 **낙동강-금호강 합류부에서 토사 오염**

(2) 열 오염물

그림 1.2에 나타낸 바와 같이 원자력발전소 또는 화력발전소에서 냉각수(cooling water)로 사용된 후 수체로 배출되는 온배수(heated water)는 열 오염으로 볼 수 있다. 수체에 배출된 온배수는 주변수보다 4~10℃ 정도 높으므로 주변 수체의 용존산소 포화농도를 감소시키는 등 하천, 호수, 해양의 생태계에 악영향을 초래할 수 있다.

(3) 하 · 폐수 오염물

하수처리장과 폐수처리장에서 방류되는 하 · 폐수에는 각종 유기물질(탄소, 질소 등)과 질소, 인 등의 영양물질이 포함되어 있다. 이러한 유기물이 물속에 유입되면 악취를 유발하며 또한 물속의 미

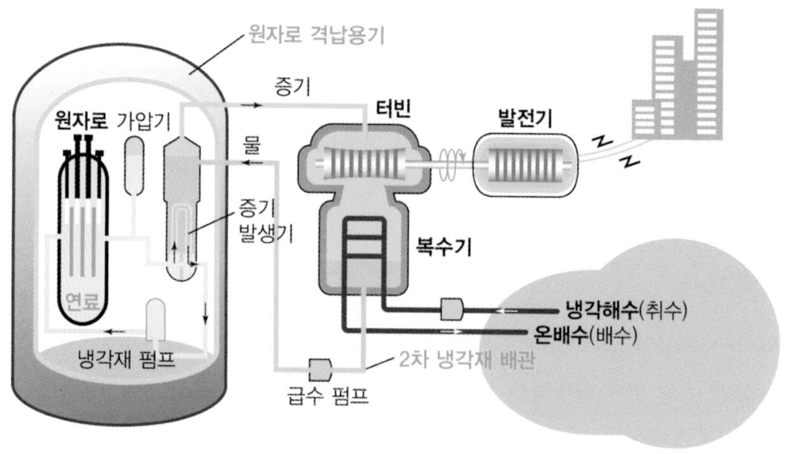

그림 1.2 **발전소에서 배출되는 온배수에 의한 열오염**

자료: 한국원자력학회(2017)

생물이 이들을 분해하면서 물속의 산소를 소모하기 때문에 물의 용존산소를 고갈시키게 된다. 이러한 상태를 혐기성 상태라 하며, 이렇게 되면 수중생물 및 어류가 생존할 수 없게 된다. 또한 질소, 인 등의 영양물질이 수체(하천, 호수, 저수지 등)에 과다하게 유입되면 식물성 플랑크톤이 과다 성장하여 부영양화 현상을 일으키며, 나아가 조류의 과다 번식을 일으키게 된다.

(4) 중금속

납, 수은, 카드뮴, 비소, 구리, 크롬 등으로서 이들은 주로 공장폐수나 탄광폐수에 다량 함유되어 있으며, 생물체의 체내에 쉽게 농축되어 각종 중독 현상을 일으킨다. 중금속은 하천 등 수체에 유입되었을 때 토사 등 고형물에 쉽게 부착되어 이동하며 바닥에 퇴적될 경우 퇴적층 오염의 원인이 되기도 한다.

(5) 합성 화학물질

합성 화학물질들은 자연계에서 매우 더디게 썩기 때문에 생물체의 체내에 쉽게 농축되어 중독 현상을 일으킨다. 이에 속하는 것으로는 페놀, 불소화합물, 시안화합물, 염소화합물, PCB, DDT 등이 있다. 우리나라의 「산업안전보건법」(고용노동부, 2023)에서는 합성 화학물질 중에서 특별히 38종의 유해 화학물질을 법규로 지정하여 허용기준 등을 특별 관리하고 있다.

(6) 방사성 물질

방사성 물질은 매우 독성이 높으므로 원자력발전소 등에서 나오는 핵폐기물이 누출 없이 장기 저장되어야 한다. 플루토늄, 스트론튬, 세슘 등이 이에 속한다.

(7) 화생방전 물질

화생방전 물질은 전쟁용으로 제조된 것으로서 작은 양이라도 생물체에 치명적인 독성을 가지기 때문에 절대로 자연계에 방출해서는 안 된다.

이상의 7종류의 오염물질 중에서 중금속, 합성 화학물질, 방사성 물질 등은 유해물질(toxic substance)로 분류하여 특별 관리 대상으로 관리하고 있다. 상술한 오염물질 외에도 최근에 문제가 되고 있는 미세플라스틱의 경우, 수체에 유입된 후에 수생 생물의 먹이사슬을 통해 인간에게 악영향을 끼치는 것으로 보고되고 있어 여러 국가에서 활발한 연구가 수행되고 있다(UNEP, 2021).

오염물질은 생화학적인 반응 여부에 따라서 보존성 오염물질(conservative pollutants)과 비보존성 오염물질(non-conservative 또는 reactive pollutants)로 분류할 수 있다. 보존성 오염물질은 수체에 유입된 후 이송과 확산 과정만을 거치기 때문에 자신의 질량이 보존되는 오염물질이다. 무기염류 및 토사, 열오염이 이에 속한다. 비보존성 오염물질은 반응성 오염물질이라고도 부르며, 물리적인 이송 및 확산 과정뿐만 아니라 생화학적인 반응 때문에 자신의 질량이 변화되는 오염물질이다. 유기질 오염물, 합성 화학물질, 방사성 물질 등이 이에 속한다.

3) 수환경 오염의 지표

오염물질에 의해 수환경계가 오염되었을 때 수질오탁도를 표시하는 방법은 물에 함유된 각각의 원소나 화합물의 종류나 양으로 표시하는 방법과 생화학적 또는 화학적인 성질로 표시하는 방법이 있다. 이 중 후자를 수질지표라 하며 수소이온농도, 용존산소, 생화학적 산소요구량, 화학적 산소요구량, 총유기탄소, 총부유물질, 총인, 총질소 등이 이에 속한다.

(1) 수소이온농도

물은 이온화시키면 수소이온과 수산화이온으로 나뉘는데, 이 중 수소이온의 농도를 음의 로그로 취하여 나타낸 것이 수소이온농도(pH)이다. pH는 수질 측정 시 필요한 기본 항목이며, 보통 담수의 경우 pH 7이, 해수의 경우 pH 8.2가 중성이고, 빗물의 경우 대기 중의 CO_2로 인하여 pH 5.6이 중성이 된다. pH 값이 감소하면 산성이 되고, pH 값이 증가하면 알칼리성이 된다. pH 1의 차이가 수소이온농도의 10배 차이이므로 pH가 급격하게 변화할 경우 수중생물에 큰 영향을 주게 된다. 자연수체의 pH 변화는 도시하수나 공장폐수의 유입으로 발생하기 쉬우며, 최근의 산성비도 호수 등 수체의 pH 변화를 일으킨다.

(2) 용존산소

용존산소(dissolved oxygen, DO)는 물속에 녹아 있는 산소의 양을 의미하며, 담수의 경우 산소의 포화 용해도는 1기압 0℃에서 14.6 mg/L이며, 35℃에서 7 mg/L이다. 대기 중의 산소농도가 약 21%인 것을 생각하면, 물속에 녹을 수 있는 산소의 양은 매우 작은 것이며, 이 때문에 물속의 산소가 고갈되기 쉬운 환경요인을 갖고 있다. 용존산소는 해당 수체의 수질 상태를 파악하는 데 가장 중요한 지표이다. 물속의 산소가 존재할 시에는 호기성 미생물에 의해 유기질 오염물이 분해되어 수중생물에 무해한 최종생성물이 형성되는 것에 비해, 물속의 산소가 고갈된 상태에서는 황산염이나 질산염 등 무기염의 환원에 의해 미생물이 산소를 취하게 되며, 최종생성물도 수중생물에 유해한 것이 형성된다. 또한 물속의 산소가 고갈된 상태에서는 호기성 수중생물이 모두 죽게 된다. 우리나라의 「환경정책기본법」 하천 생활환경기준에서는 DO 농도를 기준으로 수질과 수생태계 상태를 7개 등급으로 분류하고 있다(부록 1.1 참조. 환경부 국가수자원정보관리시스템, 2023).

수중의 용존산소 농도는 대기 중 산소의 자연적 용해, 수중식물의 광합성 작용, 외부 수체로부터 유입 등에 의해 증가하고, 수중 불순물의 환원, 미생물의 유기오염물의 분해, 동식물의 호흡작용에 의해 감소한다. 대기 중 산소의 자연적 용해를 산소전달 또는 재폭기(reaeration)라 하며 이에 영향을 주는 인자는 수온, 압력, 염분 농도, 물의 흐름 상태 등이 있다. 이 중 수온이 미치는 영향이 가장 크며, 수온이 높을수록 산소의 용해도는 감소한다. 이 때문에 여름철에 용존산소의 부족으로 인한 어류의 떼죽음이 일어나기 쉬우며, 발전소에서 배출되는 온배수가 주변 수환경에 악영향을 미치게 되는 것이다. 물의 압력이 높을수록 산소의 용해도는 증가하며, 수중 염분의 농도가 높을수록 산소의 용해도는 감소한다. 이에 따라 해수의 산소 용해도는 담수에 비해 20% 정도 작다. 물의 흐름이 난류인 경우 산소의 용해도는 증가한다. 그 이유는 난류의 경우 수면에 형성되어 있는 수막을 없애서 공기 중의 산소전달이 용이해지기 때문이다.

(3) 생화학적 산소요구량

수중에 유입되는 유기질 오염물은 매우 다양하기 때문에 이들을 개별적으로 측정하는 것은 매우 어려운 일이다. 그러나 유기질 오염물이 가지고 있는 공통적인 특성, 즉 수중 미생물(박테리아)에 의해 유기질 오염물이 분해될 때에 물속에 용존산소가 소모된다는 점을 이용해서 총유기질 오염물의 농도를 간접적으로 나타낸 것이 생화학적 산소요구량(biochemical oxygen demand, BOD)이다. 따라서 생화학적 산소요구량은 수중에 유입된 생분해성 유기물을 미생물이 호기성 상태에서 분해하는 데 요구되는 산소의 양이며, 단위는 mg/L 또는 ppm(백만분율)을 사용한다. 생분해성 유기물이란 총유기물 중에서 미생물이 먹이로 이용할 수 있는 유기물을 의미한다. 따라서 미생물은 유기물을 산화하여 에너지를 얻으며 없어진 유기물의 질량만큼 산소가 소모된다고 하겠다. BOD 실험에서 반응곡선은 2단계로 이루어지며, 1단계에서는 탄소계의 유기물이 산화하며, 2단계에서는 질소계의 유기물이 산화한다. 통상적으로 BOD는 20℃에서 5일 동안 해당 시료를 배양했을 때 소모된 산소량을 측정하여 결정한다. 우리나라의 「환경정책기본법」 하천 생활환경기준에서는 BOD 농도를 기준으로 수질을 7개 등급으로 분류하고 있다. 이렇듯이 우리나라에서는 BOD를 수질 관리의 대표적인 지표로 사용하고 있고, 점오염원 관리를 위한 수질오염총량제의 주된 대상 항목으로 BOD를 사용하고 있다(환경부 국가수자원정보관리시스템, 2023).

(4) 화학적 산소요구량

화학적 산소요구량(chemical oxygen demand, COD)은 BOD와 마찬가지로 수중의 유기물 농도를 측정하기 위한 간접 지표이다. COD는 수중에 유입된 유기질 오염물을 화학적으로 산화시키는 데 요구되는 산소의 양이며, 단위는 mg/L 또는 ppm을 주로 사용한다. 산화제로는 중크롬산칼륨($K_2Cr_2O_7$)이나 과망간산칼륨($KMnO_4$)을 사용한다. 이렇게 산화제에 의해 강제 산화시키기 때문에 COD값이 BOD값보다 높게 나타난다. COD 실험은 BOD 실험이 5일 정도 소요되는 것에 비해 약 2시간 이내에 측정이 가능하며, BOD 실험이 미생물에 의해 생화학적으로 분해 가능한 생분해성 유기물의 양만 측정할 수 있는 것에 비해 일부 난분해성 유기물의 농도까지 알 수 있다는 장점이 있다. 그러나 COD 실험도 난분해성 유기물까지 포함한 전체 유기물질의 총량을 측정하는 데 한계가 있기 때문에 우리나라에서는 2019년부터 COD 대신에 총유기탄소량(total organic carbon, TOC)을 유기물질의 지표로서 사용하도록 법령을 개정하였다. 총유기탄소량은 수중에 존재하는 유기물질을 고온(900~950℃)에서 연소시켜 발생하는 이산화탄소를 측정하여 탄소량으로 표현하는 직접 지표이다. 우리나라의 「환경정책기본법」 생활환경기준에서는 COD와 TOC 농도 기준을 모두 사용하다가 2016년부터는 TOC만을 규정하고 있다.

(5) 총부유물질

오염물 입자는 수중에서 입자의 크기에 따라 부유 상태, 콜로이드(colloid) 상태, 용존 상태로 존재한다. 부유물질은 직경이 0.1 μm 이상의 입자를 말하며, 콜로이드 상태의 물질은 0.001~0.1 μm 범위의 입자, 그리고 용존물질은 직경이 0.001 μm 이하의 입자를 말한다. 총부유물질(total suspended solids, TSS)은 해당 시료를 0.1 μm 여과지를 통과시켜 잔류된 것을 105℃에서 건조시켜 측정한다. 총부유물질은 휘발성 부유물질과 비휘발성 부유물질을 모두 포함한다. 이 중 휘발성 부유물질은 유기물질로 이루어져 있으며, 도시하수 총부유물질의 70% 정도를 차지하고 있다. 하천과 호수에 부유물질이 과다 유입되었을 경우 태양광선의 수중전달을 방해하여 식물성 플랑크톤과 수중 식물의 광합성작용을 방해하며, 어패류에 부착하여 폐사시키기도 한다. 또한 부유물질에 부착되어 있는 유기 성분이 수중에서 분해되면서 용존산소를 고갈시키기도 한다.

(6) 총인

총인(total phosphorus, TP)은 유기인과 무기인(인산염)을 모두 포함한 인의 총합이다. 인은 질소와 함께 영양염류로서 수체에 유입 시 식물성 조류의 먹이가 되므로 부영양화를 유발하며 과다 유입 시 조류 발생의 원인이 된다. 수체에 유입된 유기인은 인산염의 형태로 바뀌며 식물성 조류는 인을 섭취하여 증식하게 된다. 따라서 수체에서 조류 거동을 모의하고자 할 때 수체에 유입된 인산염의 거동도 연계하여 모의하여야 한다. 총인의 주요 오염원은 생활하수, 축산폐수 등 점오염원으로서 우리나라 하천과 호소의 총인 부하량의 80% 이상을 차지하는 것으로 보고되고 있다. 또한 강우 시 농경지, 산림지역, 도시지역에서 비점오염원 형태로 하천, 호수 등에 유입된다.

(7) 총질소

총질소(total nitrogen, TN)는 수중에 포함된 유기성 질소(단백질, 분뇨, 산업폐수 등)와 무기성 질소(암모니아성 질소, 아질산성 질소, 질산성 질소 등)를 합한 양을 말한다. 수중 식물 및 동물, 산업폐수, 축산폐수 등에서 나온 유기성 질소가 수체에 유입되면 관여 미생물에 의해 암모니아성 질소 및 아질산성 질소를 거쳐서 질산성 질소로 바뀌는데, 식물성 조류는 질산성 질소를 섭취하여 생육하게 된다. 따라서 수체에서 조류 거동을 모의하고자 할 때 수체에 유입된 암모니아성 질소, 아질산성 질소, 질산성 질소의 거동도 연계하여 모의하여야 한다. 총인과 총질소는 모두 조류 생장의 제한 조건이 되므로 둘 중 하나가 지나치게 증가하면 다른 하나는 조류 생장에 미치는 영향이 미미해지므로 우리나라에서는 이러한 점을 반영하여 수질 기준을 제시하고 있다(환경부 국가수자원정보관리시스템, 2023).

(8) 대장균군

대장균군(coliform group)은 막대기 형상을 가진 호기성 및 임의성 세균들인데, 이 중에서 주 관심의 대상이 되는 것은 분변성 대장균군(fecal coliform)이다. 분변성 대장균군에서도 사람과 동물의 장내에 존재하고 분변으로 배출되는 것이 대장균(*Escherichia coli*)으로서 주로 *E. coli*로 칭한다. 대장균 수는 검수 100 mL 내에 들어 있는 세균 수로 측정한다. 대장균은 수인성 전염병을 일으키는 각종 세균을 평가하는 데 간접으로 이용하는데, 이는 이러한 병원균이 대장균과 함께 배출될 가능성이 크기 때문이다. 우리나라의 「환경정책기본법」 하천 생활환경기준에서는 총대장균군과 분변성 대장균군에 대한 기준을 함께 규정하고 있다.

4) 수환경 오염원

오염물질이 배출되는 장소를 오염원이라고 한다. 오염원은 보통 점오염원(point source)과 비점오염원(non-point source)으로 구분하며, 그 내용은 다음과 같다.

(1) 점오염원

점오염원으로는 우선 생활하수, 산업폐수, 축산폐수를 들 수 있는데, 이들은 모두 처리시설에서 처리된 후 방류수(effluent) 형태로 특정 지점에서 집중적으로 배출되기 때문에 오염물질 배출지점은 물론 오염경로나 유출 유량을 정확하게 산정할 수 있는 특성이 있다. 생활하수는 유기물 오염물, 분뇨 등을 주로 포함하고 있으며, 수질 오염물질 배출 총량에서 차지하는 비율이 60% 정도로 가장 높아 유기질 오염물의 주된 원인으로 분류된다. 산업폐수에는 중금속, 고농도의 유기성 물질, 고도처리를 필요로 하는 난분해성 물질 등이 포함되어 있어 처리 후에도 유해도가 높은 오염원이다. 축산폐수는 수질 오염물질 배출 총량에서 차지하는 비율은 1% 이하로 작으나, 유기물 및 영양염류의 함유량이 매우 높으며 상수원 가까이 위치한 경우가 많아 피해가 더욱 커질 우려가 있다. 발전소에서 냉각수로 사용하고 배출하는 온배수도 열 오염물질이기 때문에 발전소 방류시설도 주요한 점오염원으로 분류한다. 이렇게 처리시설에서 배출되는 오염물질은 표 1.1에 나타낸 바와 같이, 특정한 지점에서 발생하고 시간적으로 연속하여 하천으로 방류되므로 배출량을 파악하고 관리하기 쉽다. 그림 1.3은 수체로 유입되는 다양한 오염원을 나타내고 있다. 이 그림에서 도시의 하수관 시스템을 합류식 하수관(combined sewer system)과 분류식 하수관(separate sewer system)으로 구분하고 있는데, 빗물과 하수를 같은 관거로 운반하는 방법이 합류식이고, 빗물과 하수를 서로 다른 관거를 이용하여 운반하는 방법이 분류식이다. 그림 1.4는 하수처리장에서 방류수를 하천으로 배출하는 방류시설을 나타낸 사진이다.

표 1.1 오염원의 종류

구분	점오염원	비점오염원
종류	• 생활하수 • 산업폐수 • 축산폐수 • 수질 사고 시 배출된 오염물질	• 산지유출(토사, 무기염류) • 농업유출(비료, 농약) • 도시유출(기름, 중금속) • 초기하수월류수(CSOs)
특징	• 고정적인 오염원 • 배출지점 및 배출량 산정이 용이함 • 모아서 처리하기 용이함	• 강우 시 주로 발생 • 배출지점을 특정하기 어려움 • 발생량 및 배출량 산정이 어려움 • 모아서 처리하기 어려움

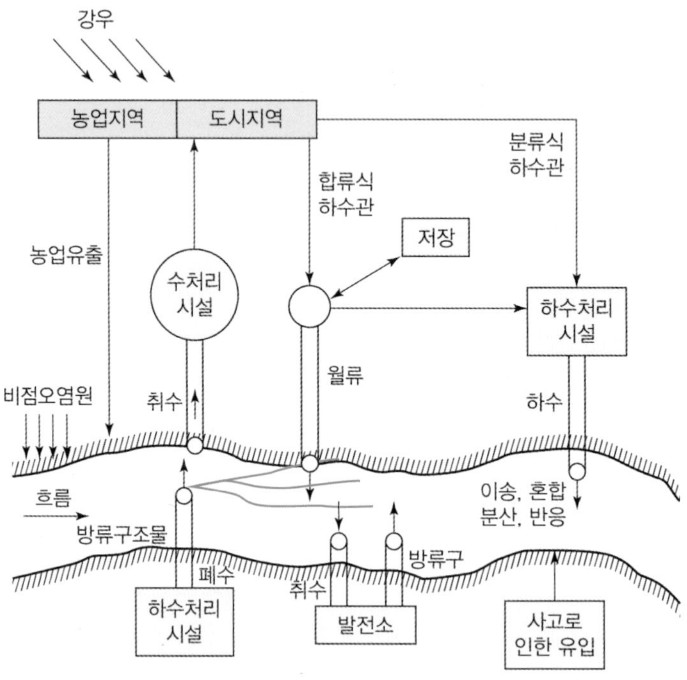

그림 1.3 **오염물질 유입원**

그림 1.4 **하수처리장 방류시설**

하수처리장 등 점오염원에서 오염물질이 방류수 형태로 연속적으로 수체로 유입되는 경우, 부하량은 다음 식으로 표현된다.

$$W(t) = Q(t)\,C(t) \tag{1.1}$$

여기서, $W(t)$는 오염물질의 시간당 부하량[M/T], $Q(t)$는 방류수의 유량[L^3/T], $C(t)$는 오염물질의 농도[M/L^3]이다. 만약 오염물질이 일정 농도로 일정한 양이 지속적으로 유입될 경우 식 (1.1)은 다음 식으로 표현할 수 있다.

$$W = QC \tag{1.2}$$

이 경우 농도 C의 단위는 대개 mg/L(= g/m^3) 또는 ppm(백만분율)을 사용하고, 유량 Q의 단위로 m^3/s를 사용하면 W는 g/s로 나타내게 된다.

상술한 방류시설 외에 수질 사고에 의해 다량의 오염물질이 짧은 시간에 배출된 경우도 점오염원으로 간주한다. 유조선 침몰에 의한 기름유출, 화물선 또는 화물차 사고에 의한 화학물질 유출, 원자력발전소 사고에 의한 방사성 물질 유출 등이 이에 속한다.

(2) 비점오염원

오염물질이 집중적으로 배출되지 않고 광범위한 지역에 분산 분포되어 있어 오염원을 하나의 점으로 파악할 수 없는 경우로서 면오염원(area source)이라고도 한다. 농경지, 축산지, 산림지역에서 강우 시 발생하는 지표 유출(overland runoff)에 포함된 무기염류, 토사, 비료, 농약, 박테리아 등이 주요 비점오염물질이다. 우리나라의 경우 수질오염의 65~70% 정도가 비점오염원으로 발생한다고 보고되고 있으며, 미국의 경우에는 호수 등 폐쇄성 수역에서 검출되는 영양물질의 80% 이상이 비점오염원에서 기인하는 것으로 보고된 바 있다.

그림 1.3에 나타낸 바와 같이 도시에서 강우 시 발생하는 지표 유출도 비점오염원으로 분류하는데, 이는 도로에 쌓인 토사, 중금속, 쓰레기 등이 빗물에 같이 섞여서 수체로 유입되기 때문이다. 나아가 합류식 하수관으로 설치된 경우에는 강우 발생 시 합류식 하수관거의 설계량을 초과하여 수체로 흘러드는 하수와 빗물의 혼합수를 합류식 하수관 월류수(combined sewer overflows, CSOs)라 부르며, 이 또한 비점오염원으로 분류한다(박석순, 2019).

이 경우 미처리된 하수가 강우 초기에 빗물과 함께 유입된 도로의 오염물질과 하수관거 내의 퇴적물과 혼합되어 수체로 유출되는데, 고형물, 유기질 오염물, 질소, 인 등의 농도가 높기 때문에 수질에 큰 영향을 미치므로 저감 대책 등 관리가 필요하다. 이러한 도시유출에 의한 하천 수질오염은 도시개발에 따른 불투수 면적의 증가로 더욱 심화되고 있으며, 특히 강우 초기 우수에 의한 오염 부하가 비점오염원 전체부하량의 30%에 달한다고 보고되고 있다.

5) 수질 관리 체계

수체에서 수질 관리의 목표는 해당 수체에서 희망하는 수질을 달성하는 것이다. 해당 수체에서 물의 사용 용도에 맞는 수질을 달성시키기 위해서는 적절한 수질 관리 체계가 필요하며, 그 내용은 그림 1.5와 같다(Thomann과 Mueller, 1987). 단계별 관리 내용은 다음과 같다.

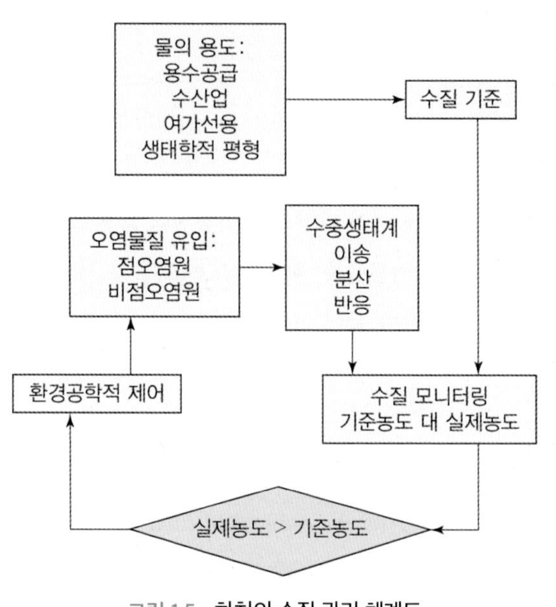

그림 1.5 **하천의 수질 관리 체계도**

(1) 1단계: 물의 사용 용도 결정

하천, 호소 등의 수질 관리를 위해서는 우선 대상 수체에서의 물의 사용 용도를 파악하여야 하는데, 하천수의 경우 주요 사용 용도는 용수공급, 하천산업, 친수활동, 하천생태 및 환경으로 분류할 수 있다.

① 용수공급

일반적으로 하천의 기능을 이수, 치수, 환경 기능으로 나누는데, 그중에서 이수 기능은 하천수를 용수공급, 발전, 어업 등에 이용하는 것을 의미한다. 용수공급 기능은 하천의 이수 기능 중 가장 중요한 기능으로서, 하천수를 생활용수, 공업용수, 농업용수 등으로 이용하는 것을 의미한다. 하천, 댐 저수지에서 취수한 물은 정수장에서 처리하여 가정, 공장 등에 공급하는데, 이에 필요한 물의 양과 질이 모두 중요하기 때문에 적합한 수질 기준을 확립하여 하천의 수질을 관리하여야 한다.

② 하천산업

하천을 이용한 산업에는 하천어업, 수력발전, 주운, 골재채취 등이 있다. 이 중 수력발전, 주운, 골재채취는 하천의 생태학적 평형 및 수질에 악영향을 미칠 수 있으므로 특별한 규정과 유지관리가 필요하며, 하천에서의 어업을 위해서는 어류 생육에 필요한 서식처 등 생태학적 평형과 수질을 유지하기 위한 대책과 관리가 필요하다.

③ 친수활동

하천에서의 수영, 수상스키, 보트 등을 이용한 여가활동을 친수활동이라고 하며, 도시화와 사회의 발전에 따라서 중요도가 커지고 있다. 이러한 친수활동에 중요한 수질 인자로는 pH, BOD, 조류, 대장균 등이 있는데, 그중에서 특히 병원성 세균과 관련이 있는 대장균의 관리가 중요하며 많은 국가에서 이에 대한 예보제를 도입하고 있다.

④ 하천환경

하천의 생태계를 보전하기 위해서는 하천에 적절한 양의 물이 흘러야 하며, 수질 또한 적절한 수준으로 유지하여야 한다. 이러한 유량과 수질을 확보하는 것이 중요한데, 우리나라에서는 「하천법」에 하천유지유량을 도입하여 관리하고 있다. 하천유지유량은 하천의 수질 유지, 생태계 보호, 하천 경관 보전, 지하수위 유지 등을 위해 하천에 흘러야 하는 최소유량으로 정의하며, 우리나라 주요 하천에 적용하고 있다.

(2) 2단계: 수질 기준 확립

목표한 물의 용도를 유지시키기 위하여 적절한 수질 항목들을 결정해야 하며, 결정된 수질 항목에 대하여 수질 기준이나 목표를 마련하여야 한다. 우리나라에서는 수질 기준으로서 생활환경기준(하천, 호소), 배출허용기준, 방류수기준 등을 시행하고 있으며, 이와는 별도로 점오염원 관리를 위해서 오염총량제를 도입하여 시행하고 있다(환경부 국가수자원정보관리시스템, 2023). 우리나라 수질 기준에 대한 자세한 내용은 부록에 수록하였다.

알아두기 1.1 수질오염총량제

수질오염총량제는 관리하고자 하는 하천의 목표 수질을 정하고 해당 유역에서 배출되는 오염물질의 양이 그 목표를 달성할 수 있는 기준치(허용총량) 이하가 되도록 관리하는 제도를 말한다. 수질오염물질의 배출 총량을 제한함으로써 최소한 현재 수준의 수질 상태를 유지한다는 것을 의미한다. 부록에 수록한 배출허용기준(표 A1.2)을 준수하여 오염물질을 배출하더라도 총폐수배출량이 많으면 오염물질의 양도 많아져 수질 개선이 불가능해지므로 배출 총량을 제한해야 한다. 우리나라에서는 2004년부터 수질오염총량제를 시행하고 있으며, 기본 원리는 먼저 현재 배출량과 목표연도의 예상배출량을 계산한 후 목표연도의 관리 목표 수질을 결정하는 것이다. 그에 따라 오염물질의 총배출할당량을 정한다. 이때 현재 배출량과 추가 예상 배출량을 합한 배출량이 총배출할당량보다 적어야 한다.

(3) 3단계: 수질 모니터링

수질 모니터링은 하천으로 유입되는 각종 오염물질이 수체의 물리 · 생화학적 작용에 의해 혼합, 확산, 분해된 후에 검출되는 농도를 측정하는 것이다. 이 농도가 선정한 수질 기준과 수질 목표에 부합되는가를 검사한다. 만약 실측된 농도가 수질 기준을 초과할 때는 오염 저감을 위한 공학적인 제어를 가하여 수질 기준을 만족시키도록 한다. 우리나라에서는 효율적인 수질 관리를 위해서 전국 하천 및 호소에 수질측정망을 설치하여 운영하고 있으며, 이와는 별도로 수질오염 총량 관리를 위한 기초자료를 확보하기 위해서 수질 및 유량측정망을 운영하고 있다.

(4) 4단계: 수질오염원 제어

오염원 저감을 위한 제어는 정책적 관리와 공학적 제어로 나누어 볼 수 있다. 정책적 관리는 배출허용기준, 방류수 수질기준, 오염총량제 등 수질 관련 기준을 확립하여 이를 시행함으로써 이루어진다. 이에 반해 공학적 제어는 실제 오염원 제어를 위해 배출시설, 처리시설 등에서 이루어지며, 다음과 같이 세 가지로 분류된다.

① 오염원에서의 제어

점오염원의 경우 산업시설, 발전소 등 오염 배출원에서 청정기술, 공정개선 등을 통하여 오염물질의 배출을 최소화하는 것을 의미하며, 수질 관리 측면에서 전처리(preliminary treatment)라고도 한다. 비점오염원의 경우 점오염원과는 다르게 발생면적도 넓고 오염물질의 종류도 다양해서 효율적으로 제어하기 어렵기 때문에 주로 정책, 제도를 기반으로 하여 도시, 농촌, 산림 등 유역 관리를 통해 오염물질 배출을 감소시키는 방법을 쓸 수 있다(박석순, 2019).

② 하 · 폐수 처리시설에서 오염물처리

이는 하 · 폐수 처리시설에서 하수 및 폐수에 함유되어 있는 오염물질을 1차(기계적 처리), 2차(생물학적 처리), 고도처리(인, 질소 제거) 등을 통하여 오염물질을 제거하거나, 오염물질의 농도를 저하시키는 것을 의미한다.

③ 배출구조물에서 제어

이는 하수처리장에서 처리된 하 · 폐수나 발전소에서 배출되는 온배수를 희석효과가 큰 배출구조물을 통하여 자연수체에 방류시킴으로써, 오염물질이 수환경에 미치는 악영향을 최소화시키는 것을 의미한다. 즉, 방류수를 수중에서 분사류(jet)의 형태로 분사시켜서 방류수가 가진 운동량과 부력을 이용하여 근역(near field)에서의 희석과 혼합 효과를 극대화하여 방류수의 농도를 최대한 낮춤으로써 방류수에 의한 오염을 효과적으로 제어하는 것을 말한다. 그림 1.6은 하수처리장에서 배출되는 처리수를 수체에 효율적으로 방류하기 위한 수중확산관(submerged diffuser)의 개념을 설명하는 그림이다. 이러한 방류관의 설계에서는 확산관의 형태, 방류 포트의 배열, 방류수의 유량, 그리고 수체의 유속, 난류, 성층화 등을 고려하여야 하는 것을 보여주고 있다(Fischer 등, 1979).

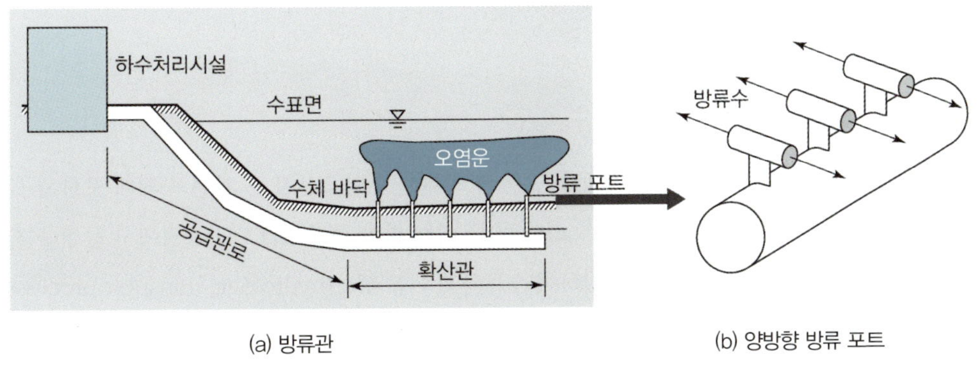

(a) 방류관 (b) 양방향 방류 포트

그림 1.6 하수처리장 방류수를 위한 수중확산관

자료: 김창시 등(2000)

3. 자연 수체에서 오염물질의 작용과 반응

수체에 유입된 하 · 폐수 등에 포함된 오염물질은 자연적인 여러 기작에 의해 이동, 희석, 분해, 제거되어 오염물질이 유입된 지점의 하류 구간에서는 오염물질의 농도가 저하되게 된다. 이러한 기작은 표 1.2에 제시한 바와 같이 물리적 작용과 화학 · 생물학적 반응으로 분류할 수 있다(박석순, 2019). 물리적 작용은 오염물질의 성분은 변화하지 않고 중력, 점성력, 전기력 등에 의해 물질의 위치가 달라지는 것을 의미하며 이송, 확산, 침강 등이 여기에 속한다. 화학적 반응은 물질이 다른 물질과 반응하여 새로운 물질로 바뀌는 현상을 의미하며 산화와 환원, 가수분해, 광분해 등이 여기에 속한다.

표 1.2 자연 수체에서 오염물질의 기작

종류	변화 형태	주요 기작
물리적 작용	위치 이동	이송, 확산, 분산, 침강과 재부유, 증발, 휘발, 흡착과 탈착
화학적 반응	물질 변화	산화, 환원, 가수분해, 광분해
생물학적 반응	위치 이동 또는 물질 변화	생물분해, 광합성, 호흡, 섭취와 배설

자료: 박석순(2019)

생물학적 반응은 반응기작에 생물이 관여하는 것을 의미하며, 미생물에 의해 유기물이 무기물로 변화하는 생물분해, 식물에 의한 광합성과 호흡, 동물에 의한 섭취와 배설 등이 여기에 속한다. 수체에 유입된 오염물질은 그 종류에 따라서 상술한 바와 같은 다양한 기작을 겪기 때문에 수체의 수질 문제를 해석하기 위해서는 이러한 기작을 정확하게 표현할 수 있는 수학적 방정식 또는 모형이 필요하다.

1) 물리적 작용

물리적인 작용은 오염물질이 유입된 수체의 운동에 의해서 오염물질 또는 자연 수체에 포함된 물질이 이송, 혼합, 교환되는 물리적인 과정을 의미한다. 이는 화학 플랜트의 단위공정에서 물질을 혼합시키는 인위적인 이동 현상과 구분하기 위하여 수문학적 이동 현상(hydrologic transport processes)이라고 한다. 이에 포함되는 세부적인 과정은 다음과 같다.

(1) 이송

이송(advection)은 수체의 유속에 의해서 오염물질이 운반되는 과정을 의미한다. 오염물질이 농도를 그대로 유지하면서 장소만을 옮기는 과정이며, 수체 내 오염물질의 이동 과정에서 가장 보편적이고 중요한 부분을 차지한다. 이송과 확산, 반응 등의 기작들은 동시에 같이 일어나지만 이 기작들이 독립적으로 발생한다고 가정하여 해석한다. 따라서 수질해석 시에는 각 기작을 별도로 해석한 후 선형결합(linear combination) 이론에 따라 이들 기작의 결과를 모두 합하여 최종 해를 구한다 (Fischer 등, 1979).

(2) 확산

오염물질의 확산(diffusion) 현상은 해당 물질 분자의 무작위 운동(Brown 운동)에 의해 일어나는 분자확산(molecular diffusion)과 난류(turbulent flow)에 의한 와류현상으로 발생하는 난류확산 (turbulent diffusion)으로 구성된다. 분자확산은 Fick의 법칙에 의해 설명되는데, 이는 물질의 확산 정도는 두 지점 간의 농도 차이에 비례한다는 이론이다. 난류확산은 분자확산과 비교하여 규모나 발생 원인이 다르나, 결과로 나타나는 확산 현상은 유사하기 때문에 난류확산도 Fick의 법칙으로 설명한다. 분자확산이 분자스케일로 일어나는 것에 비해, 난류확산의 규모는 하천의 수심, 하폭 크기 정도의 규모이며, 또한 오염물질이 덩어리를 이루어 이동하기 때문에 분자확산보다 수천~수만 배 크다. 그래서 하천 등 자연수체의 확산 과정에서 분자확산은 거의 무시하는 것이 일반적인 관례이다. 그림 1.7에 층류(laminar flow)와 난류에서의 물질 확산을 비교하여 나타냈는데, 난류흐름

조건에서 발생하는 난류확산이 층류에서 발생하는 분자확산보다 물질을 훨씬 더 퍼지게 하는 것을 알 수 있다.

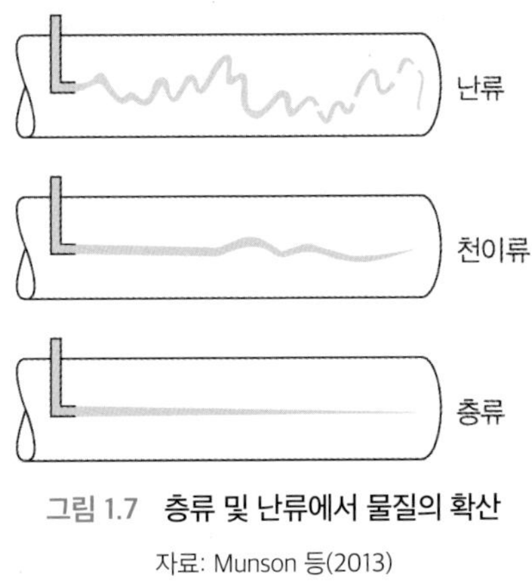

그림 1.7 **층류 및 난류에서 물질의 확산**

자료: Munson 등(2013)

(3) 분산

하천, 호소 등 수체에서 물의 운동은 각 지점에서 다른 유속을 갖는 것이 보편적이다. 이렇게 각 지점에서 유속이 다른 흐름을 전단흐름(shear flow)이라고 하며, 전단흐름을 가지고 있는 수체에 오염물질이 유입되면 오염물질이 전단흐름에 의해 분리된다. 이렇게 분리된 오염물질이 흐름 방향에 수직인 방향의 난류확산에 의해 서로 혼합되면, 결과적으로 오염물질이 멀리 퍼져 나가게 되는 현상을 보이게 된다. 이렇게 전단흐름과 난류확산의 결합에 의한 퍼짐 현상을 분산(dispersion)이라 정의한다. 자연수체에서의 분산은 난류확산보다도 큰 규모(수십~수백 배)로 일어나기 때문에 난류확산과 함께 중요한 혼합 기작으로 고려하게 된다. 그림 1.8에 비전단 흐름에서의 난류확산과 전단류 분산을 비교하여 나타냈는데, 여기서 U는 수로 단면평균유속, $\overline{C}$는 단면평균농도, t는 시간, x는 거리를 의미한다. 이 그림에서 수로 단면에 걸쳐서 포물선 유속분포를 갖는 전단류 분산이 일정한 유속분포를 갖는 흐름 조건에서 발생하는 난류확산에 비해 농도분포를 훨씬 더 퍼지게 하는 것을 알 수 있다. 즉, 일정 시간이 경과한 후의 단면평균농도를 비교해 보면 전단흐름에서의 농도곡선이 훨씬 넓게 퍼져 있음을 알 수 있다. 이 그림에서 수체의 평균적인 유속에 의해 물질이 이동하는 이송현상은 농도곡선의 도심(centroid)의 이동 거리로 표현되고 있는데, 비전단흐름과 전단흐름에서의 이송량이 동일한 것을 알 수 있다.

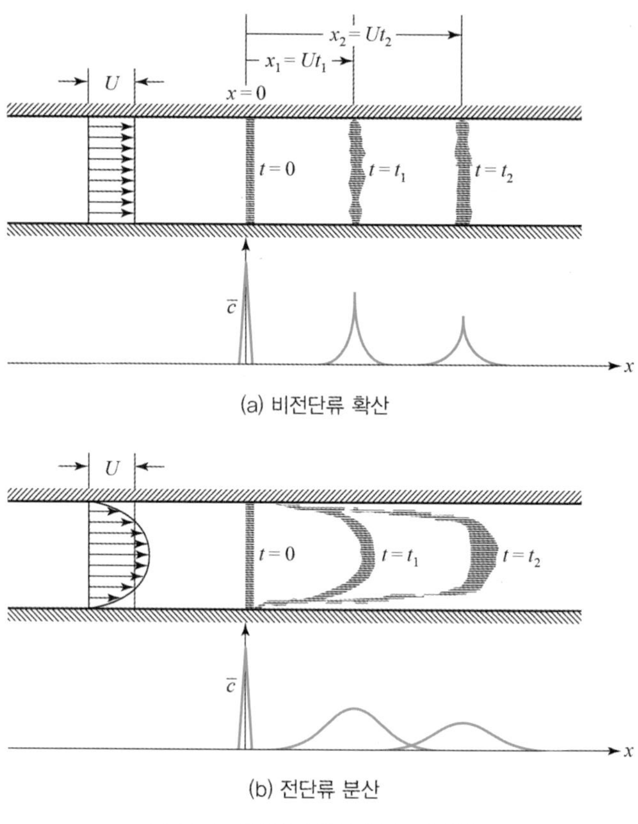

(a) 비전단류 확산

(b) 전단류 분산

그림 1.8 **비전단류 확산과 전단류 분산**

자료: Daily와 Harleman(1966)

(4) 침강과 재부유

침강(settling) 기작은 부유성 오염물질, 유사, 고형질 입자 등이 수중에서 수체의 난류 작용에 의해 가라앉는 현상을 의미한다. 수체의 바닥에 가라앉는 현상은 흐름이 느린 하천 하구나 호수, 연안의 만지역 등에서 주로 발생한다. 그러나 하상에 침전, 퇴적한 오염물질은 항상 물과 접촉하고 있기 때문에 홍수 때나 선박 운항 시 난류 또는 와류에 의한 소류력이 크게 일어날 경우에는 침전된 오염물질이 부상하게 되는데, 이런 현상을 재부유(resuspension)라고 한다. 이렇게 오염물질이 재부상하게 되면 수체의 물질과 흡 · 탈착, 교환 기작을 통해 수질을 변화시킬 수 있다. 또한 하천 바닥에 가라앉은 유기물질은 호기성 미생물에 의해 분해되면서 저수층의 용존산소를 고갈시킬 수 있는데, 이를 퇴적물 산소요구량(sediment oxygen demand, SOD)이라고 한다. 따라서 침강작용은 하천의 자정작용을 일으키면서 동시에 수질을 악화시키는 요인이 되기도 한다.

(5) 혼합과 희석

혼합(mixing)은 확산과 분산을 모두 포함하며 오염물질이 주변의 깨끗한 물과 혼합, 희석되어 오염물질의 농도가 상대적으로 낮아지는 것을 의미한다. 희석(dilution)은 보존성 오염물질이 수체에 유입된 후에 상술한 물리적인 이동 작용을 통해 수체 전체에 퍼지는 현상을 의미한다. 보존성 오염물질의 질량은 보존되기 때문에 하류의 모든 지점에서 질량은 유입지점에서의 유입된 질량과 동일하다.

그림 1.9에 도시한 바와 같이 하천에 오염원으로부터 보존성 오염물질이 연속적으로 유입되는 경우, 유입된 지점에서 가까운 하류에서 단면 전체에 걸쳐서 완전한 혼합이 발생하는 것을 가정한다면, 완전혼합 후 오염물질의 농도는 다음 식을 이용하여 계산할 수 있다.

$$C_u Q_u + C_e Q_e = CQ = C(Q_u + Q_e) \tag{1.3}$$

여기서, C_u, Q_u는 오염물질이 유입되기 직전 하천의 농도와 유량, C_e, Q_e는 오염원에서 방류되는 오염물질의 농도와 유량, C는 완전혼합 후 오염물질의 농도이다. 식 (1.3)을 C에 대해 풀어서 해를 구하면 다음과 같다.

$$C = \frac{C_u Q_u + C_e Q_e}{Q_u + Q_e} \tag{1.4}$$

식 (1.4)는 수체에 유입된 오염물질이 단시간 내에 혼합이 완료되었다는 가정하에 하류의 수질을 계산할 수 있는 근사해로 활용할 수 있다.

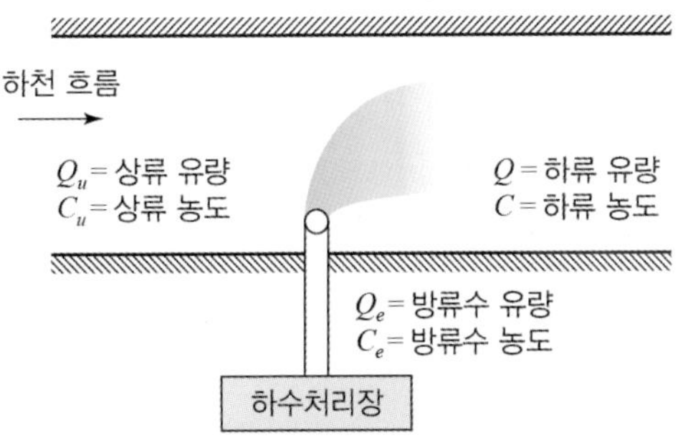

그림 1.9 **보존성 물질의 완전혼합 후 농도**

(6) 증발과 휘발

수체의 표면 또는 지면에서 수증기가 대기로 날아가는 것을 증발(evaporation)이라 하고, 수표면을 통해서 물질이 대기로 날아가는 것을 휘발(volatilization)이라 한다. 휘발은 물질의 양을 감소시키므로 화학물질 등 휘발성 물질을 해석하는 경우에 매우 중요한 기작이다.

2) 생화학적 반응

비보존성 오염물질이 수체에 유입되면 물리적인 이동 및 확산 과정뿐만 아니라 생물 · 화학적인 반응에 의해서 자신의 질량이 변화하게 된다. 이러한 오염물질의 질적 변화를 생기게 하는 생화학적 작용에는 미생물의 작용에 의한 유기물의 산화, 가수분해, 고체와의 흡착 및 탈착 현상, 수생물에 의한 섭식 및 배출 등이 포함된다(Chapra, 2008).

(1) 산화 및 생물분해

비보존성 오염물질 중 중요한 유기물은 탄소와 수소의 화합 물질 또는 질소와 인의 화합물로서 이러한 유기물이 수중에 유입되면 산화(oxidation) 작용에 의해 질량이 감소하게 된다. 이런 산화 작용은 수중에 사는 박테리아 등 미생물이 증식하고자 유기물을 섭취하고 폐기물로서 이산화탄소를 배출하는 과정이기 때문에 생물학적 반응 측면에서는 생물분해라고도 할 수 있다. 이때 수중에 용존된 산소가 일정한 수준 이상으로 유지되어 있으면 호기성 미생물(aerobic bacteria)의 산화 작용에 의하여 복잡한 유기물은 H_2O, CO_2, 질산염(NO_3^-), 황산염(SO_4^{2-})과 같은 안정된 무기물이 된다. 이러한 생성물질들이 모두 산소를 함유하고 있는 것으로 보아 수중의 DO가 소비되어 산화된 결과임을 알 수 있다.

수중의 산소는 대기 중의 산소와는 달리 매우 적은 양이 녹아 있기 때문에, 물속 호기성 생물의 생장에 주요한 제한요소로서 작용하게 된다. 따라서 만약 많은 유기질 오염물질이 유입된다면 이들 모두가 완전히 산화되기 이전에 수중의 산소가 고갈되어 호기성 환경이 혐기성 환경으로 바뀌게 된다. 이렇게 되면 호기성 미생물과는 달리 수중의 산소를 필요로 하지 않는 혐기성 미생물(anaerobic bacteria)이 번식하여 남은 유기물을 계속 분해하게 된다. 혐기성 미생물도 세포합성과 에너지 생산을 하기 때문에 유기물을 이용하지만 질산염(NO_3^-), 황산염(SO_4^{2-}) 및 무기물 내의 결합산소를 이용하기 때문에 최종적으로는 메탄(CH_4), 암모니아(NH_3), 황화수소(H_2S) 등 악취의 원인이 되는 유해한 물질을 발생시키게 된다. 물의 부패 현상은 이와 같이 산소가 고갈되고 혐기성 미생물이 활동하기 때문에 발생한다.

(2) 가수분해

유기물 복합체는 가수분해에 의해서 작은 분자로 분해되어 질량이 감소하는데, 이러한 반응은 물이 필요하므로 가수분해(hydrolysis)라고 한다. 혐기성 박테리아는 하 · 폐수에 포함되어 있는 유기물 복합체가 잘게 쪼개지는 것에 관여하며 나아가 이렇게 분해된 유기물은 산화에 의해 최종적으로 안정화된다.

(3) 흡착과 탈착

하천에 유입된 오염물질이 토사, 고형물, 미세플라스틱 등에 달라붙는 현상을 흡착(adsorption)이라고 하며, 그 반대 반응을 탈착(desorption)이라 한다. 흡착은 분자 간 정전기적 인력에 의한 물리흡착과 전자 이동을 수반하는 화학적 결합에 의한 화학흡착으로 분류한다. 상술한 오염물질 중에서 유기물, 중금속 등이 흡착성이 강한 물질로서 이들은 토사 등에 흡착되어 토사와 함께 이동하며 확산, 침전, 재부유 등의 기작을 겪기 때문에 수질해석 시 흡 · 탈착 기작을 반드시 포함하여야 한다. 최근에 새로운 수질 오염물질로서 주목을 받고 있는 미세플라스틱의 경우, 유해 유기물이 풍화된 플라스틱 입자 표면에 흡착되어 이들이 수중 생물에 흡수되고 나아가 먹이사슬을 통해 인간에게 심각한 영향을 줄 수 있다고 보고되고 있다(UNEP, 2021).

(4) 섭취와 배설

수중에 서식하는 동식물이 유기물 등 오염물질을 먹이로 사용하는 과정을 섭취(intake, ingestion)라 하고, 먹이에서 필요한 에너지를 얻은 후 생긴 노폐물을 밖으로 배출하는 것을 배설(excretion)이라고 한다. 수질 해석에 있어서 박테리아, 조류 등이 수중에 유입된 영양물질을 흡수하여 증식하고 노폐물을 배출하는 과정을 모델화하는 경우에 섭취와 배설 기작을 포함하여야 하며, 미세플라스틱의 경우에도 어류 등 수중동물에 의해 다량 섭취되므로 미세플라스틱 거동 해석에 있어서 중요한 기작으로 보고되고 있다.

3) 자정작용과 환경용량

상술한 바와 같이 수체에 유입된 오염물질이 자연적인 기작(물리 · 화학 · 생물학적 작용)에 의해 희석, 분해, 제거되어 오염물질의 농도가 저하되는 현상을 자정작용(self purification) 또는 자연정화작용(natural purification)이라 한다(Spellman과 Drinan, 2001). 이는 오염물질이 흐르는 물속에 유입되었을 때 자연적 기작이 오염물질을 제거하여 농도를 감소시킴으로써 수체가 자체적으로 정화된다는 관점에서 사용되는 용어이다. 이러한 자연정화작용에는 이송, 혼합, 침전 등 물리적인 작용과 미생물에 의한 분해작용 외에도 자연 필터링에 의한 정화 과정도 포함된다. 이는 오염물질이 하천의 자갈, 암석, 토양 등 자연 필터를 통해 여과되는 과정에서 흡수 또는 제거되는 것을 의미한다. 그러나 자정작용은 태양광, 바람, 수중 산소, 수중 생물 등 자연적인 인자에 의해서 제거될 수 있는 무기염류, 토사, 유기질 오염물질 등에 해당되는 것으로서, 사회발전에 따라서 오염물질의 종류가 매우 복잡해지고 오염도도 급증한 오늘날에는 자연적인 정화작용으로는 오염물질을 모두 제거하는 것은 불가능한 일이다.

하천의 경우, 자연적 정화작용은 복합적으로 이루어지는데 이 중 가장 중요한 기작은 하천 흐름에 의한 이송, 혼합, 침강 등 물리적인 기작과 미생물에 의한 생화학적 기작이다. 이들 기작은 하천의 흐름과 지형학적 조건 등에 의존하기 때문에 각 하천마다 정화 능력이 상이하고, 이에 따라서 오염 현상을 나타내지 않고 받아들일 수 있는 오염물질의 일정한 용량이 있는데, 이를 환경용량(environmental capacity)이라 한다(김지태 등, 2014). 하천의 환경용량은 자정 능력의 크기를 말하는데, 대상 하천에 따라 다르며 이에 영향을 미치는 수리 및 환경인자로는 하천의 유속, 수심, 하상 경사, 수온, 용존산소량, 태양광량, pH 등이 있다. 하천 수리 인자 중에서 하천의 유속은 가장 중요한 인자로서 하천 내에 유입된 오염물질의 이송, 혼합, 침전 등에 지배적인 영향을 미치는 인자이다. 수심과 하천 경사도 매우 중요한 인자들로서 하천에서 난류 발생 및 소류력에 큰 영향을 미치며, 이에 따라 수표면에서 일어나는 용존산소의 재폭기 과정에도 중요한 역할을 한다. 이러한 이유 때문에 하천의 흐름을 가로막는 댐, 보, 하구둑이 생기는 경우에는 유속의 감소에 따른 자정 능력의 감소를 가져오게 된다.

수온의 경우 유기물질을 섭취하는 미생물의 섭취속도에 영향을 미치고 수중의 용존산소 함유량에도 큰 영향을 미친다. 즉, 여름철일 경우 수온이 높아 용존산소 함유량이 겨울철보다 낮고, 미생물의 활발한 유기물 분해작용으로 용존산소 소모율이 크게 증가한다. 따라서 여름철에는 용존산소가 쉽게 고갈되어 수질오염 현상이 일어나기 쉽다. 태양광은 수중 식물의 광합성에 필요하며, 또한 물속에 있는 병원균이나 조류를 죽이는 역할을 하기 때문에 하천의 자정 능력 측면에서 매우 중요한 환경인자이다.

4. 수환경 문제의 해석

1) 자연현상의 모델링 방법

(1) 모델링 방법 및 절차

수체에 유입된 오염물질이 수체의 운동에 의해 이송 · 확산 과정을 겪는 동시에 생화학적 작용에 의해 질적 변화를 겪게 되어 유입지점의 하류에서 농도가 낮아지게 된다. 수환경 문제의 해석을 위해 활용하는 수질 모델링은 이러한 물리 · 생화학적 과정을 수식화 및 모델화하여 하류에서의 농도를 예측하고자 하는 목적으로 수행한다. 본 절에서는 수질 모델링에 앞서 자연에서 발생하는 유체현상에 대한 일반적인 모델링 방법을 기술하고자 한다. 일반적인 유체현상 문제를 풀기 위한 모델링은 그림 1.10과 같이 여러 단계와 방법으로 설명할 수 있다.

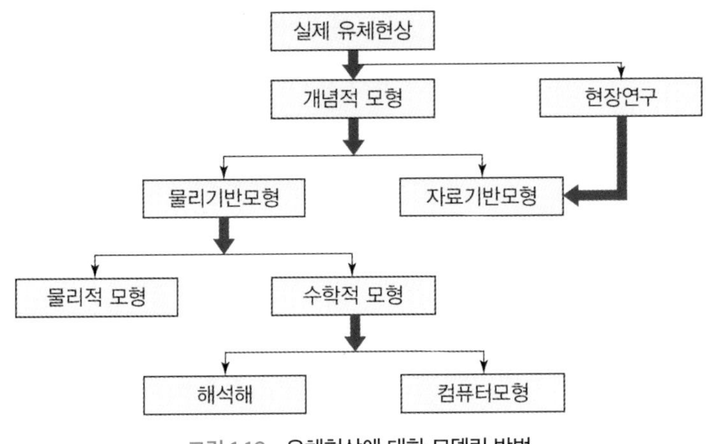

그림 1.10 **유체현상에 대한 모델링 방법**

모델링 1단계는 개념적 모형(conceptual model)의 구축인데, 이는 실제 유체현상을 여러 근사 가정을 도입하여 간략화하는 과정이다. 이렇게 함으로써 복잡한 실제 현상을 우리가 풀 수 있는 수준으로 만드는 것으로 전체 모델링 과정에서 가장 중요한 작업이며, 모델링의 정확도에 큰 영향을 미치게 된다.

하천수질 모델링의 경우에 대한 개념적 모형 구축 과정의 예를 들면, 우선 문제에서 고려하는 하천의 지형학적 형태와 영역에 대한 간략화이다. 나아가 하천 바닥과 언덕의 표면을 이루고 있는 재료(자갈, 모래, 점토 등)에 대한 가정도 도입하게 된다. 이러한 가정들은 하천 흐름, 마찰력 등에 큰 영향을 미치는 중요한 인자들로서 오염물질의 혼합에도 영향을 미치게 된다.

그러나 하천수질 해석을 위한 개념적 모형 구축 시 가장 중요한 가정은 하천의 흐름을 일으키는 동력에 관한 것으로서, 여러 힘 중에서 가장 중요한 힘인 중력과 점성력만을 고려하고 표면장력, 탄성력 등 다른 힘을 무시하는 가정을 도입하는 것이다. 또한 하천수의 특성에 관한 가정으로서 비압축성 유체라는 가정을 도입하여 연속방정식(continuity equation)을 간략화하고, 뉴턴의 점성법칙을 따르는 유체라는 가정하에 운동방정식(equation of motion)의 점성력항을 나타내게 된다.

나아가 수질모형의 구축 시 난류에 의한 혼합과 전단류에 의한 분산 과정을 분자확산 기작과 동일하게 Fick의 법칙을 따른다는 가정을 도입하며, 반응성 물질의 생화학적 반응기작의 공식화에서도 많은 가정을 도입하게 된다. 또한 하천수질 악화에 직접적인 원인이 되는 오염원에 대한 가정도 도입하여 문제를 간략화시키게 된다.

이러한 다양한 가정들을 도입하여 수질 문제의 해석 방향을 설정한 기획안이 하천수질 개념적 모형이 되는 것이다. 이렇게 개념적 모형은 실제 현상을 근사적으로 기술한 여러 가정의 집합체이며, 간략화하는 방안 및 정도에 따라서 같은 현상에 대해서도 여러 개의 서로 다른 개념적 모형이 만들어질 수 있다. 이렇게 구축된 여러 개의 개념적 모형 중에서 해당 문제 해결을 위한 최적 모델은 하천수질 관리의 목표 수준, 시간, 예산, 인력, 컴퓨터 등 가용 자원 그리고 모델 검증 · 보정을 위한 현장 자료의 가용성 수준을 고려하여 선정한다(Bear, 1985).

모델링 2단계는 개념적 모형을 물리기반모형(physics-based model 또는 process-based model)과 자료기반모형(data-based model)을 이용하여 해를 구하는 과정이다. 물리기반모형은 다시 물리적 모형(physical model)과 수학적 모형(mathematical model)으로 나누어진다. 여기서 물리적 모형은 1단계에서 구축한 개념적 모형을 실험실에서 실제 모형으로 제작하여 실험함으로써 문제의 해를 구하는 방법이다. 이에 반하여 수학적 모형은 개념적 모형을 수학적인 방정식으로 표현하는 방법이다. 이러한 수학적 방정식에는 해당 문제에서 대상이 되는 질량, 운동량, 에너지 등 크기 성질(extensive property)에 대한 보존방정식과 플럭스방정식, 그리고 구성방정식이 포함된다. 이들 방정식은 풀고자 하는 문제의 현상을 지배한다는 의미에서 지배방정식(governing equation)이라 한다. 이러한 지배방정식에 해석하고자 하는 문제에 대한 초기 및 경계조건을 합쳐서 전체적인 모델로 구성한 것이 수학적 모형이다. 물리적 모형과 수학적 모형은 모두 자연현상의 결과를 일으키는 원인을 찾아내어 그 과정을 모델화한다는 의미에서 물리기반모형이라고 하는 반면에, 자료기반모형은 이러한 물리적 과정을 천착하지 않고 수집한 데이터를 분석하여 원하는 문제의 답을 구하는 방법이다. 이러한 자료기반 모델링은 최근 컴퓨팅 능력의 발전에 따라 양질의 대규모 자료를 용이하게 취득하여 처리할 수 있고 또한 컴퓨터를 이용한 기계학습(machine learning) 모형의 발전에 따라서 널리 이용되고 있다.

모델링 3단계는 수학적 모형의 해를 구하는 단계로서, 여기에서는 해석적 해법에 의한 해석해 모형(analytic model)과 수치적 해법에 의한 컴퓨터모형(computer model)을 이용한다. 수학적 모형을 해석적 해법에 의해 해를 구하는 경우 추가적인 오차가 발생하지 않고 대수방정식(algebraic equation)에 의한 시공간적으로 연속적인 답을 얻을 수 있는 장점이 있으나, 지형이 복잡하고 불규칙한 영역이거나 이질적인 매개변수 등이 있는 경우에는 해석적 해를 쉽게 구할 수 없는 단점이 있다. 해석적 해법을 쓰지 못하는 경우에는 수학적 모형의 지배방정식에 수치 기법을 도입하여 근사해를 유도하는 방법을 쓰게 된다. 이러한 수치모형에 의한 근사해는 시공간적으로 불연속적인 수치값으로 제시되기 때문에 수치모형(numerical model)이라고 하며, 이러한 풀이 과정을 컴퓨터를 이용하여 수행하게 되므로 일반적으로 컴퓨터모형이라 한다. 컴퓨터모형의 경우 수치 방법의 도입에 따라서 여러 형태의 수치오차가 발생하는데 이는 모델링의 정확도에 큰 영향을 미칠 수 있다. 수치기법으로는 유한차분법, 유한요소법, 유한체적법 등이 활용되고 있다. 이들 수치 기법의 이론 및 적용은 제7장과 제8장에서 서술하였다.

전술한 바와 같이 모형은 실제 물리 현상을 근사화시킨 것이기 때문에 필연적으로 오차 또는 불확도를 내포하고 있다. 그러한 이유로 모형을 심사숙고해서 만든 실제 현상의 오역이라고 부르기도 한다. 모형의 불확도는 모형의 구축 단계별로 발생하게 되는데, 1단계인 개념적 모형 구축에서는 실제 현상을 간략화하는 과정에서 여러 근사 가정을 도입함으로써 이에 따른 오차를 발생시키게 된다. 이에 따라서 간략화 또는 근사화가 커질수록 모형 오차도 커지게 된다. 모델링 2단계에서는 개념적 모형을 물리적 모형과 수학적 모형으로 재현하여 문제를 해석하게 되는데, 물리적 모형의 경우에는 축척오차(scaling error)가 발생하며 수학적 모형은 지배방정식의 선택에 따른 구조적인 오차가 발생하게 된다. 모델링 3단계에서는 수학적 모형의 해를 수치 해석적으로 구하는 과정에서 수치 기법이 가지고 있는 수치오차가 발생하게 된다. 실제 수치모델링에서는 상술한 모형의 구조적 불확도 외에 모형 매개변수에 의한 불확도와 모형 입력자료의 불확도를 추가적으로 고려하여야 한다. 따라서 모든 모형은 물리기반모형(white box model)과 경험기반모형(black box model)의 중간에 위치한다고 볼 수 있다. 그림 1.11은 여러 모형의 불확도를 나타낸 것인데, 수질모형이 다른 모형들보다 높은 불확도를 가지고 있음을 보여 주고 있다.

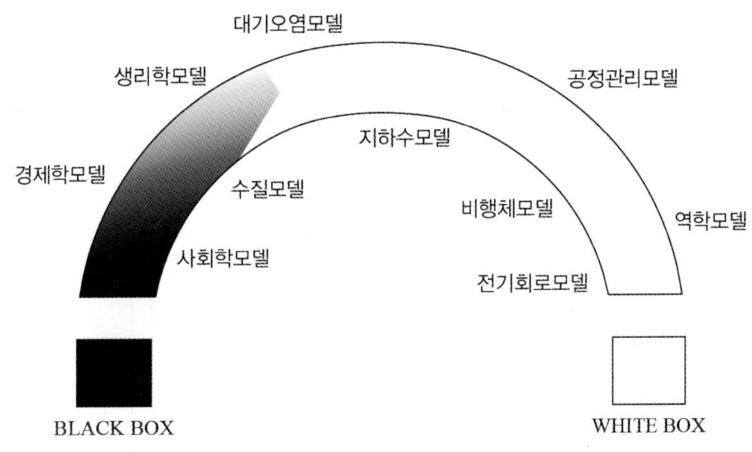

그림 1.11 **모형의 불확도 비교**

(2) 모형의 보정 및 검증

모형 매개변수는 모형의 특성을 대변해주는 역할을 한다. 이들은 시공간적으로 변동성을 갖고 있기 때문에 많은 불확도가 있는데, 실제 수치모델링에서는 모형의 매개변수 값을 적절한 방법으로 선정하여 모형에 입력하여야 한다. 표 1.3은 이러한 매개변수 선정과 모형 적용 절차를 보여 주고 있다. 이 표에 제시한 바와 같이 수치모델링 수행 시 우선적으로 모형의 보정(calibration)과 검증(validation) 절차를 거쳐야 한다. 보정은 모형의 모의결과와 실측자료를 비교해가면서 두 값이 가장 잘 일치하도록 모형 매개변수를 조정하는 과정이다. 이러한 이유로 모형 보정작업을 매개변수 결정 문제 또는 역산모델링(inverse modeling)이라 한다. 모형 보정 시 적절한 최적화 기법(optimization technique)을 이용하여야 하는데, 최적화 기법을 이용하여 모의치와 실측치가 가장 잘 일치되는 매개변수의 값을 찾게 된다. 이렇게 찾은 값을 최적치(best fit value 또는 optimal value)라 한다. 일반적으로 보정 과정에서 매개변수의 초기값은 이론적으로 제시된 값이나 실험 등을 통해서 알려진 값을 사용하지만, 최종적으로 결정된 값은 초기 입력값과는 다른 범위의 값을 갖게 되는 경우가 많다. 따라서 보정된 매개변수가 물리적인 의미를 지니지 않게 되는 경우 보정된 모형은 블랙박스와 가깝게 되므로 경험모형이라 한다.

모형의 검증은 보정된 모형에 의한 모의결과와 실측자료를 비교하여 모형을 검증하는 과정인데, 이 경우 모형 보정 시 사용한 자료와는 다른 별도의 실측자료를 이용하여야 한다. 모형 검증 시 모의결과와 실측자료의 값의 차이를 검증 오차라고 한다. 이렇게 보정과 검증을 마친 모형을 실측자료가 존재하지 않는 경우에 대해 적용하여 답을 구하는 것을 예측(prediction)이라고 한다. 모형 적용 시 모의결과와 실측자료의 값의 차이를 예측 오차라 하고, 이 오차가 수치모델링의 정확도를 나타내게 된다.

표 1.3 모형의 보정 및 검증

구분	보정	검증
자료	자료 세트 I	자료 세트 II
입력값	I_1	I_2
출력값	O_1	O_2
매개변수	?	P

2) 수질해석 및 모델링

(1) 수질해석 방법론

실제 수질 문제의 해석에는 그림 1.10에서 제시한 일반적인 유체현상의 모델링 방법 중에서 물리적 모형, 컴퓨터모형, 현장연구(field study), 그리고 근사법이 주로 사용된다.

① 물리적 모형

물리적 모형은 그림 1.10의 모델링 1단계에서 구축한 개념적 모형을 실험실에서 현실모형으로 제작하여 실험함으로써 문제의 해를 구하는 방법이다. 이 경우 대부분 실제 원형(prototype)보다 축소 또는 확장하여 제작하기 때문에 이에 따른 축척오차를 수반하게 되는 단점이 있다. 대부분의 축척

오차는 모형 제작 시 적용하는 상사법칙(similitude law)의 오적용에서 발생한다. 개수로 흐름 모형에 일반적으로 적용하는 프루드 상사법칙(Froude law)을 사용하는 경우, 레이놀즈 상사법칙(Reynolds law)이 맞지 않게 되어 축척모형에서의 난류와 마찰 특성이 바뀌게 되며, 이는 오염물질의 혼합현상을 왜곡시키게 된다. 그러나 물리적 모형은 하천수질 문제에서 자주 부딪치는 3차원 유체 운동, 성층류, 대규모 순환류 등을 적절하게 재현할 수 있다는 장점이 있다.

② 컴퓨터모형

컴퓨터모형은 모델링 2단계에서 구축한 수학적 모형(지배방정식)의 수치적 해이다. 컴퓨터모형은 수치 기법 적용 시 도입한 근사 가정에 의해 정확도에 제한을 받는 단점이 있으나, 물리적 모형의 단점인 축척오차를 포함하지 않으며 또한 바람, 기온, 수표면 열교환 등 기상인자에 의한 영향을 모델에 포함할 수 있다는 장점이 있다.

③ 현장연구

현장계측을 통해 수집한 자료는 관리 대상 수체의 수질 현황을 파악하고 나아가 자료기반모형이나 통계모형을 적용하여 미래의 수질을 예측하는 데 활용할 수 있다. 또한 현장 자료는 물리기반모형으로서 구축한 수치모형의 보정이나 검증에 활용할 수 있다.

일반적으로 현장계측에는 오일러리안 계측(Eulerian measurement)과 라그랑지안 계측(Lagrangian measurement) 방법이 적용된다. 오일러리안 계측은 하천 현장의 특정 지점에 계측기기를 설치하거나 또는 고정해서 자료를 취득하는 방법으로서 이 방법을 활용하여 시간적으로 연속해서 취득한 자료는 시계열 자료(time-series data)로 활용할 수 있다. 이 방법은 비교적 저렴한 비용으로 방대한 자료를 취득할 수 있다는 장점이 있다. 그림 1.12는 하천의 특정 지점의 수질을 측정

(a) 수질 계측 센서

(b) 시료 샘플링

그림 1.12 **오일러리안 계측 방법**

하기 위하여 계측기기를 고정해서 측정하는 방법과 특정 지점의 수체 샘플을 채취하는 방법을 보여 주고 있다. 라그랑지안 계측은 하천 등 수체에 부체(float) 또는 입자를 투하하여 그것들의 궤적을 추적함으로써 유속, 확산 등의 자료를 취득하는 방법이다. 이 방법은 특정 입자의 수리적 거동을 정확하게 관찰할 수 있다는 장점이 있으나, 시간과 경비가 많이 소요된다는 단점이 있다. 따라서 실제 현장연구에서는 2가지 방법을 적절하게 병행하여 적용하는 것이 바람직하다. 그림 1.13은 하천에 GPS 센서를 탑재한 다수의 구형 부체를 투하하여 각 부체의 궤적을 추적함으로써 하천의 유속장과 물질의 확산 정도를 취득하는 방법을 보여 주고 있다.

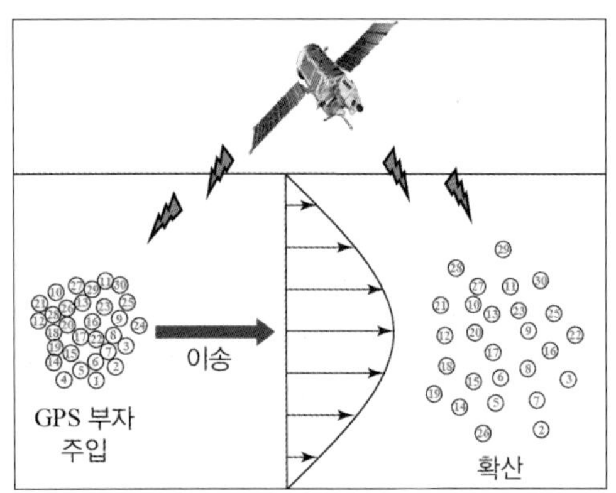

그림 1.13 **라그랑지안 계측 방법**

자료: Park 등(2017)

④ 근사법

수질해석에 주로 사용하는 컴퓨터모형, 물리적 모형, 현장연구 외에 근사법을 사용하여 수질 문제의 해에 대한 근삿값을 산정해 볼 수 있다. 이러한 근사법은 상술한 방법을 적용하기 어려운 조건이거나 정식으로 수질해석 및 설계 수행 전에 초기 기획 단계에서 어림값을 얻고자 할 때 유용하게 사용할 수 있다. 근사법으로는 일반적으로 다음의 두 방법을 활용한다.

- 해석해법: 해석해를 이용한 방법은 그림 1.10에서 제시한 수학적 모형을 해석적 해법에 의해 해를 구하는 경우로서, 이 방법은 원래 추가적인 오차가 발생하지 않고 대수방정식에 의한 시공간적으로 연속적인 답을 얻을 수 있는 장점이 있는 방법이다. 그러나 실제로 해결하여야 하는 수질 문제는 대부분 지형이 복잡하고 불규칙한 영역이거나 이질적인 매개변수 등이 있는 경우이기 때문에 해석해를 직접 적용하기는 어렵다. 따라서 이러한 실제 문제의 경우, 대상 영역을 단순화하고 문제를 간략화하는 가정을 도입하여 해석해를 적용하면 근삿값을 구할 수 있다.
- 자릿수(order of magnitude) 산정법: 자릿수 산정법은 10의 거듭제곱을 이용하여 규모의 정도

(자릿수)를 어림잡아 근삿값으로 표현하는 방법으로서 중요한 인자에 대한 상관관계를 표현한다. 이 방법은 차원해석법에 근거를 두는 방법으로서 신속하게 근사해를 얻을 수 있는 장점이 있다.

예제 1.1 연직혼합완료 지점 산정

문제

하수처리장에서 처리된 하수가 그림 1.14에 도시한 바와 같이 하천 바닥에서 연속적으로 방류되고 있는 경우에 연직방향 혼합이 완료되는 지점을 근사법으로 산정하시오.

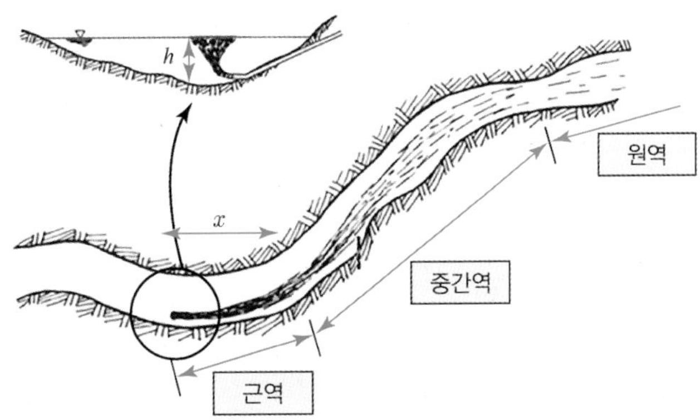

그림 1.14 하수처리장에서 하천으로 방류되는 오염물질의 혼합 단계

자료: Fischer 등(1979)

풀이

차원해석법 또는 해석해법에 의해 연직방향 혼합 완료에 필요한 시간 규모는 다음과 같이 표현된다(제3장 참조).

$$T = \alpha \frac{h^2}{\epsilon_z} \tag{1.5}$$

여기서, h는 수심, ϵ_z는 연직 난류확산계수(m^2/s)이다. 하천 등 개수로에서 연직확산계수는 다음의 식으로 표현된다(제3장 참조).

$$\epsilon_z = 0.07 h u^* \tag{1.6}$$

여기서, u^*는 마찰유속(shear velocity)으로서 다음의 식으로 나타낸다.

$$u^* = u\sqrt{\frac{f}{8}} \tag{1.7}$$

여기서, u는 유속이고, f는 Darcy-Weisbach의 마찰계수이다. 식 (1.6)과 식 (1.7)을 식 (1.5)에 대입하면 다음 식을 유도할 수 있다.

$$T = \alpha \frac{h}{0.07u\sqrt{\frac{f}{8}}} \tag{1.8}$$

해당 하천을 비교적 수심이 일정하고 직선 형태의 개수로로 가정할 수 있다면 다음과 같은 매개변수 값을 이용할 수 있다.

$$\alpha = 0.35, \quad f = 0.03 \tag{1.9}$$

식 (1.8)에 식 (1.9)를 대입하면 다음의 식을 유도할 수 있다.

$$T = 81.6\frac{h}{u} \tag{1.10}$$

식 (1.10)을 종방향 거리 x로 표현하고자 $x = uT$를 대입하면 다음 식을 유도할 수 있다.

$$\frac{x}{h} = 81.6 \approx 10^2 \tag{1.11}$$

식 (1.11)에 의하면 연직방향 혼합 완료에 필요한 거리는 하천 수심의 81.6배이다. 이것을 자릿수 산정법으로 표현하면 10^2이 된다. 즉, 하천 수심의 100배 정도의 규모를 가진다고 말할 수 있다.

---

(2) 하천수질 모델링 전략

하천수질의 문제는 대부분 시공간적 규모가 크고 여러 가지 다른 기작을 한꺼번에 포함한 문제일 경우가 많다. 따라서 이러한 복잡한 문제의 해석 시 다음과 같은 전략을 수립하여 문제를 해결하는 것이 좋다.

① 문제의 판별

우선적으로 해당 문제가 어떠한 문제인지를 판별한다. 여기에는 여러 가지 판단 기준이 있는데, 우선 시간적 규모로 보면 중 · 장기적 예측이 필요한 문제인지 아니면 단기적 예측으로 해결할 문제인지를 결정한다. 나아가 공간적인 규모를 고려하여 해석 모형의 차원(1, 2, 3차원 모형)을 결정한다. 전술한 바와 같이 수체에 유입된 오염물질의 거동은 서로 다른 시공간적 크기를 갖는 물리 · 화학 ·

표 1.4 하수처리장에서 방류된 오염물질의 단계별 기작

혼합 단계	혼합 기작	길이규모(m)	시간규모(sec)
근역	초기 능동 혼합	$< 10^2$	$< 10^3$
중간역	오염운의 퍼짐 및 이송	$10 \sim 10^3$	$10^2 \sim 10^3$
원역	1차원 이송 및 혼합	$10^2 \sim 10^4$	$10^3 \sim 10^5$
	생화학적 반응	$10^3 \sim 10^5$	$10^3 \sim 10^6$
	생태학적 영향	$10^4 \sim 10^6$	$10^6 \sim 10^8$

생물학적인 기작에 의하여 결정된다. 표 1.4는 하수처리장에서 수중확산관을 통하여 자연수체로 방류된 오염물질의 기작과 이에 대한 시간 및 길이 규모를 나타낸 것이다. 표 1.4와 그림 1.14에 나타낸 바와 같이 하수처리장에서 방류되는 반응성 오염물질의 경우, 물리적 기작 중에 초기 희석을 일으키는 강력한 혼합은 수 분 내에 완료된다. 근역에서 초기 혼합이 완료된 후에 중간역(mid field)과 원역(far field)에서의 이송 및 분산 과정은 수시간에서 수일 동안 발생한다. 그림 1.14에서 근역은 3차원적인 혼합이 일어나는 구간을 의미하며, 중간역은 연직방향 혼합이 완료된 후 하천의 흐름방향 및 횡방향으로 혼합이 일어나는 구간이며, 원역은 횡방향으로 혼합이 완료된 후 흐름방향으로만 혼합이 일어나는 구간을 의미한다. 원역에서 주로 일어나는 생화학적인 반응은 수일 정도의 시간 규모를 갖지만, 생물학 및 생태학적인 영향은 수 주일 또는 수개월에 걸쳐서 일어난다. 이렇듯이 수질해석 시 서로 다른 시간 및 공간 규모에서 발생하는 상이한 기작들을 적합하게 모델화하는 것이 중요하다. 만약 독성 오염물질의 급성적인 유해성을 평가하여야 한다면 해당 지점에서의 순간적인 최대 농도값의 예측이 중요한 반면에, 생태학적 장기 영향 평가는 공간적으로 광범위한 영역에서 수개월에 걸쳐서 수행되어야 한다.

② 분할모형의 사용

규모가 크고 복잡한 문제의 경우, 문제를 한 개의 총괄모형(omnibus model)으로 해석하는 것보다는 단위모형(component model) 또는 분할모형으로 쪼개서 해석하는 것이 효율적이다. 총괄모형은 표 1.4에 나타난 모든 기작을 통합하여 단일 모형으로 만든 모형이다. 총괄모형을 사용하여 복잡한 문제의 해를 구하는 경우에는 서로 다른 시간과 공간 규모를 갖는 다양한 기작을 하나의 모형으로 해석하기 때문에 컴퓨팅에 많은 시간이 소요되는 단점이 발생한다. 계산 시간을 줄이고자 단기 모의를 수행하면 장기적인 영향을 무시하게 되어 큰 오차가 발생하게 된다.

반면에 복잡한 문제를 시간과 공간 규모에 따라서 각기 다른 단위모형으로 구성하여 각 기작에 대한 해를 구하는 경우에는 해당 문제에 중요한 기작과 특성에 중점을 두고 구축할 수 있고, 간략화

또는 이상화가 용이하다. 이렇게 구성한 단위모형에 의한 해를 추후에 모두 합쳐 하나의 종합적인 해를 만들게 되면 보다 정확한 해를 구할 수 있다. 또한 계산시간도 효율적으로 조절할 수 있는 장점이 있다.

③ 혼성모형 구성

복잡한 문제의 해결에는 두 개 이상의 서로 다른 방법론을 활용한다. 이 방법은 서로 다른 영역 또는 거기서 발생하는 기작에 물리적 모형, 컴퓨터모형, 현장연구 등 여러 가지 방법을 적용한 후 이들을 교직하여 혼성모형(hybrid model)으로 구성하는 방법이다.

상술한 혼성모델링 전략을 그림 1.14에 나타낸 하수처리장 방류수 거동 해석의 예를 들어 설명하면 다음과 같다. 첫 번째, 근역에서 발생하는 초기 혼합의 경우 방류관 또는 방류수로에서 나오는 제트형태 흐름의 초기 운동량 및 부력에 의한 강력한 혼합과정을 모델링하여야 하기 때문에 물리적 모형을 제작하여 실험을 통해 해를 구하는 것이 바람직하다. 그림 1.15는 다중확산관(multi-port diffuser)에서 제트 형태로 방류되는 방류수의 혼합 거동에 대한 물리적 모형과 수리실험을 나타내고 있다. 이러한 수리실험을 통해 근역에서의 제트 흐름의 유속구조와 오염물질의 농도를 정밀하게 측정하여 혼합 거동을 정확하게 해석할 수 있다.

여러 가지 제약 때문에 물리적 모형 대신에 수치모형을 적용하는 경우, 근역에서 제트 흐름을 적합하게 해석할 수 있는 제트적분모형(jet integral model)을 적용하거나, 3차원 동수역학모형(3D hydrodynamic model)을 적용하는 것이 바람직하다. 이 경우, 방류구 근역의 흐름 및 물질혼합 거동에 큰 영향을 미치는 점성력 및 가속도항을 모두 포함하고 있는 비정수압형 모형(non-hydrostatic model)을 적용하는 것이 좋다.

중간역에서 오염운의 이송 및 분산, 그리고 반응 과정은 물리적 모형 또는 2차원 수치모형을 이용하여 해석한다. 중간역 실험을 위한 물리적 모형은 근역 거동 해석에 사용한 모형보다 광범위한 영

(a) 확산관 모형

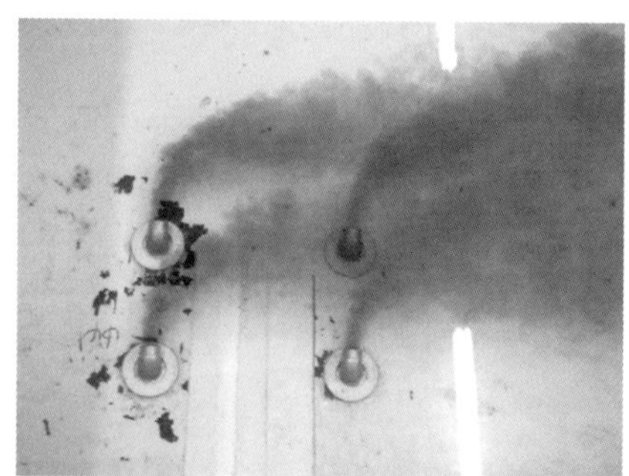

(b) 다중확산관의 혼합 거동

그림 1.15 **방류관 혼합 수리실험**

역을 아우르는 실험모형을 제작하여 흐름의 유속장과 오염운의 농도장을 관측하여 혼합 거동을 규명한다. 수치모형을 사용하는 경우, 모형의 지배방정식은 3차원 운동방정식 및 스칼라 이동 방정식(scalar transport equation)을 수심에 대해 적분한 천수방정식(shallow water equation)과 수심적분 이송-분산 방정식을 이용한다. 만약 2차원 수치모형 대신에 3차원 수치모형을 사용하는 경우 계산시간이 많이 소요되어 비효율적이다. 3차원 수치모형을 사용하는 경우 근역에서의 계산격자는 세밀하게 짜고, 중간역 또는 원역에서는 성글게 짜서 계산시간을 줄이는 방법을 사용하는 것이 바람직하다.

원역에서의 혼합 거동 해석에는 일반적으로 물리적 모형보다는 수치모형이 많이 이용된다. 이는 광범위한 공간적 규모를 갖는 원역을 물리적 모형으로 재현하기는 비용, 실험실 공간 등의 제약으로 어렵기 때문이다. 수치모형의 경우에는 3차원 방정식을 하천 단면에 대해 적분한 1차원 천수방정식과 1차원 이송-분산 방정식을 이용하는 것이 3차원 수치모형을 사용하는 것보다 효율적이다.

상술한 바와 같이 각 영역별로 별도의 수치모형을 구성하는 경우 이들을 연계하여 하나의 통합모형으로 구축하는 작업이 중요하다. 각 영역별 모형들을 결합할 때 접속부(interface)에서 동력학적인 연계가 이루어져야 하는데, 이는 두 모형 간에 질량, 운동량, 에너지의 보존이 이루어져야 하는 것을 의미한다. 물리적 모형과 수치모형을 결합하는 경우에는 물리적 모형을 이용하여 구한 근역 또는 중간역의 혼합 거동 실측치를 원역 모형의 입력자료로 사용하는 방법이 많이 쓰이고 있다.

연습문제

1. 하수처리장에 유입된 하수를 처리한 후 하천으로 방류하는 방류수의 시간별 방류량 및 수질은 다음 표와 같다.

시간	0시~6시	6시~10시	10시~16시	16시~20시	20시~24시
방류량(m^3/s)	0.41	0.64	0.52	0.69	0.46
방류수 BOD 농도(mg/L)	17	30	24	36	18

(1) BOD의 일평균부하량(g/s)과 일총부하량(ton/day)을 구하시오.

(2) 하천수질 관리 측면에서 보았을 때, 위의 자료를 어떻게 활용할 수 있을지를 기술하시오.

2. 아래의 그림에 도시한 바와 같이 유기성 오염물질(BOD)이 지류와 하수처리장에서 연속적으로 유입되고 있으며, 오염원보다 하류 지점에 생활용수 공급을 위한 취수장이 위치하고 있다. 다음의 두 가지 경우에 대하여 답을 구하시오. 지류와 하수처리장에서 유입되는 BOD는 취수장에 도달하기 전에 하천 단면 전체에 걸쳐서 완전혼합이 일어난 것으로 가정하시오.

(1) 본류, 지류, 하수처리장의 유량과 농도가 다음 표에 주어진 바와 같을 때 취수장에 유입되는 물의 BOD 농도를 구하시오.

구분	상류	지류	하수처리장
유량(m^3/s)	25	7.5	0.65
BOD 농도(mg/L)	2.35	4.75	19.5

(2) 정수장의 정수 능력을 고려하여 볼 때 취수장에 유입되는 물의 농도를 3 mg/L 이하로 유지하려면 하수처리장에서 방류하는 방류수의 BOD 농도를 얼마까지 낮추어야 하는지 계산하시오.

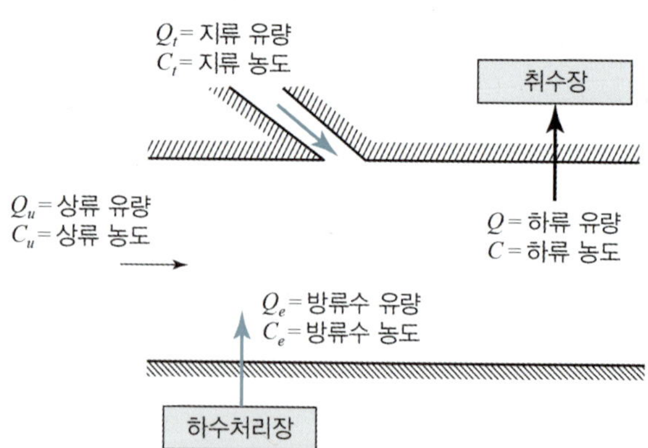

3. 하수처리장에서 처리된 하수가 연직 선원(vertical line source) 형태로 하천의 측면에서 연속적으로 방류되고 있는 경우에 자릿수 산정법을 이용하여 횡방향 혼합이 완료되는 지점을 산정하시오. 횡방향 혼합 완료에 필요한 시간 규모와 횡방향 분산계수(D_T)는 다음 식을 이용하시오. 방류수가 하천의 측면에서 유입되는 경우에 아래의 식에서 α값은 0.4를 대입하시오. Darcy-Weisbach의 마찰계수 f는 0.03, 하폭 대 수심비$\left(\frac{W}{h}\right)$는 30을 가정하여 구하시오.

$$T = \alpha \frac{W^2}{D_T}$$

$$D_T = 0.25\,hu^*$$

4. 연습문제 2에서는 지류와 하수처리장에서 유입된 오염물질이 오염원에 아주 가까운 하류에서 하천 단면 전체에 걸쳐서 완전혼합이 일어난 것으로 가정하고 근사적인 해를 구하였다. 그러나 연습문제 3에서는 하천의 측면에서 연속적으로 방류되는 오염물질의 횡방향 혼합은 오염원으로부터 상당히 먼 하류에서 완료되고 있음을 시사하고 있다.

(1) 연습문제 2에서 도입한 가정이 성립하는 조건(하폭 대 수심비 등)에 대하여 기술하시오.

(2) 연습문제 3에서 구한 답과 같이 하천의 측면에서 연속적으로 방류되는 오염물질의 횡방향 혼합이 상당히 하류에서 완료되는 경우, 오염원으로부터 횡방향 혼합 완료 지점까지 오염물질의 농도를 구할 수 있는 방법(모델의 차원 등)을 제시하시오.

5. 폐수처리장에서 처리된 방류수가 비교적 직선 선형을 갖는 소하천의 측면에서 연속적으로 방류되고 있다. 하폭은 10 m, 수심은 2 m, 그리고 평균유속은 1.25 m/s인 경우에 다음에 답하시오. Darcy-Weisbach의 마찰계수 f는 0.03을 가정하여 구하시오.

(1) 연직방향 혼합이 완료되는 시간과 지점을 산정하시오.

(2) 횡방향 혼합이 완료되는 시간과 지점을 산정하시오.

부록 1.1: 「환경정책기본법」 하천 생활환경기준

<표 A1.1> 하천수 수질환경기준(2018. 5. 개정)

구분	등급		기준							대장균군수 (MPN/100mL)	
			수소이온농도 (pH)	생물화학적 산소요구량 (BOD, mg/L)	화학적 산소요구량 (COD, mg/L)	총유기 탄소량 (TOC, mg/L)	부유물질량 (SS, mg/L)	용존산소량 (DO, mg/L)	총인 (T-P, mg/L)	총대장균군	분원성 대장균군
생활환경	매우 좋음	Ia	6.5~8.5	1 이하	2 이하	2 이하	25 이하	7.5 이상	0.02 이하	50 이하	10 이하
	좋음	Ib	6.5~8.5	2 이하	4 이하	3 이하	25 이하	5.0 이상	0.04 이하	500 이하	100 이하
	약간 좋음	II	6.5~8.5	3 이하	5 이하	4 이하	25 이하	5.0 이상	0.1 이하	1,000 이하	200 이하
	보통	III	6.5~8.5	5 이하	7 이하	5 이하	25 이하	5.0 이상	0.2 이하	5,000 이하	1,000 이하
	약간 나쁨	IV	6.0~8.5	8 이하	9 이하	6 이하	100 이하	2.0 이상	0.3 이하	–	–
	나쁨	V	6.0~8.5	10 이하	11 이하	8 이하	쓰레기 등이 떠 있지 아니할 것	2.0 이상	0.5 이하	–	–
	매우 나쁨	VI	–	10 초과	11 초과	8 초과	–	2.0 미만	0.5 초과	–	–

구분		항목	기준
사람의 건강 보호	전 수역	카드뮴(Cd)	0.005 이하
		비소(As)	0.05 이하
		시안(CN)	검출되어서는 안 됨(검출한계 0.01)
		수은(Hg)	검출되어서는 안 됨(검출한계 0.001)
		유기인	검출되어서는 안 됨(검출한계 0.0005)
		폴리클로리네이티드비페닐(PCB)	검출되어서는 안 됨(검출한계 0.0005)
		납(Pb)	0.05 이하
		6가 크롬(Cr^{6+})	0.05 이하
		음이온 계면활성제(ABS)	0.5 이하
		사염화탄소	0.004 이하
		1,2-디클로로에탄	0.03 이하
		테트라클로로에틸렌(PCE)	0.04 이하
		디클로로메탄	0.02 이하
		벤젠	0.01 이하
		클로로포름	0.08 이하
		디에틸헥실프탈레이트(DEHP)	0.008 이하
		안티몬	0.02 이하
		1,4-다이옥세인	0.05 이하
		포름알데히드	0.5 이하
		헥사클로로벤젠	0.00004 이하
주		화학적 산소요구량(COD) 기준은 2015년 12월 31일까지 적용한다.	
출처		「환경정책기본법」 시행령 제2조 별표 1 환경기준(2018. 5.)	

<표 A1.2> 항목별 배출허용기준

구분	1일 폐수배출량 2,000 ㎥ 이상			1일 폐수배출량 2,000 ㎥ 미만		
	생물화학적 산소요구량 (mg/L)	화학적 산소요구량 (mg/L)	부유물질량 (mg/L)	생물화학적 산소요구량 (mg/L)	화학적 산소요구량 (mg/L)	부유물질량 (mg/L)
청정지역	30 이하	40 이하	30 이하	40 이하	50 이하	40 이하
가지역	60 이하	70 이하	60 이하	80 이하	90 이하	80 이하
나지역	80 이하	90 이하	80 이하	120 이하	130 이하	120 이하
특례지역	30 이하	40 이하	30 이하	30 이하	40 이하	30 이하
비고	1. 하수처리구역에서 「하수도법」 제28조에 따라 공공하수도관리청의 허가를 받아 폐수를 공공하수도에 유입시키지 아니하고 공공수역으로 배출하는 폐수배출시설 및 「하수도법」 제27조 제1항을 위반하여 배수설비를 설치하지 아니하고 폐수를 공공수역으로 배출하는 사업장에 대한 배출허용기준은 공공하수처리시설의 방류수 수질기준을 적용한다. 2. 「국토의 계획 및 이용에 관한 법률」 제6조 제2호에 따른 관리지역에서의 같은 법 시행령 별표 20 제1호 차목 및 별표 27 제2호 타목(별표 20 제1호 차목에 따른 공장만 해당한다)에 따른 공장에 대한 배출허용기준은 특례지역의 기준을 적용한다.					

<표 A1.3> 공공폐수처리시설의 방류수 수질기준(2017. 1.)

(단위: mg/L)

구분	기준			
	Ⅰ지역	Ⅱ지역	Ⅲ지역	Ⅳ지역
생물화학적 산소요구량 (BOD, mg/L)	10(10) 이하	10(10) 이하	10(10) 이하	10(10) 이하
화학적 산소요구량 (COD, mg/L)	20(40) 이하	20(40) 이하	40(40) 이하	40(40) 이하
부유물질 (SS, mg/L)	10(10) 이하	10(10) 이하	10(10) 이하	10(10) 이하
총질소 (T-N, mg/L)	20(20) 이하	20(20) 이하	20(20) 이하	20(20) 이하
총인 (T-P, mg/L)	0.2(0.2) 이하	0.3(0.3) 이하	0.5(0.5) 이하	2(2) 이하
총대장균군수 (개/mL)	3,000 (3,000)	3,000 (3,000)	3,000 (3,000)	3,000 (3,000)
생태독성 (TU)	1(1) 이하	1(1) 이하	1(1) 이하	1(1) 이하

<표 A1.4> **방류수 수질기준 지역 구분**

구분	범위
Ⅰ지역	가. 「수도법」 제7조에 따라 지정 · 공고된 상수원보호구역 나. 「환경정책기본법」 제22조 제1항에 따라 지정 · 고시된 특별대책지역 중 수질보전 특별대책지역으로 지정 · 고시된 지역 다. 「한강수계 상수원수질개선 및 주민지원 등에 관한 법률」 제4조 제1항, 「낙동강수계 물관리 및 주민지원 등에 관한 법률」 제4조 제1항, 「금강수계 물관리 및 주민지원 등에 관한 법률」 제4조 제1항 및 「영산강 · 섬진강수계 물관리 및 주민지원 등에 관한 법률」 제4조 제1항에 따라 각각 지정 · 고시된 수변구역 라. 「새만금사업 촉진을 위한 특별법」 제2조 제1호에 따른 새만금사업지역으로 유입되는 하천이 있는 지역으로서 환경부장관이 정하여 고시하는 지역
Ⅱ지역	법 제22조 제2항에 따라 고시된 중권역 중 화학적 산소요구량(COD) 또는 총인(T-P)의 수치가 법 제24조 제2항 제1호에 따른 목표기준을 초과하였거나 초과할 우려가 현저한 지역으로서 환경부장관이 정하여 고시하는 지역
Ⅲ지역	법 제22조 제2항에 따라 고시된 중권역 중 한강 · 금강 · 낙동강 · 영산강 · 섬진강 수계에 포함되는 지역으로서 환경부장관이 정하여 고시하는 지역(Ⅰ지역 및 Ⅱ지역을 제외한다)
Ⅳ지역	Ⅰ지역, Ⅱ지역 및 Ⅲ지역을 제외한 지역

CHAPTER 2

오염물질 혼합이론

본 장에서는 하천에서 일어나는 수문학적 이동 및 혼합 현상에 대한 기본적인 이론을 제시하였다. 하천혼합의 기초이론으로서 먼저 분자들의 혼합을 설명하는 이론을 제시하고 이에 따른 확산 방정식을 유도하였다. 난류혼합을 설명하기 위해서 우선 난류 운동 이론을 소개하고, 나아가 난류흐름에서 물질 혼합을 설명하는 난류확산 방정식의 유도 과정을 기술하였다. 후반부에서는 실제 하천에서 발생하는 전단흐름에 대한 분산방정식을 유도하고 이를 여러 흐름 조건에 적용하여 분산계수를 구하는 방법을 기술하였다. 아울러 전단류 분산에 대한 다양한 해석 방법을 제시하였다.

1. 확산방정식

1) 분자확산

물질이 무작위한 분자 운동에 의해 한 장소에서 다른 장소로 이동하는 현상을 확산이라고 정의한다. 분자확산은 이렇게 분자들의 무작위 운동 또는 브라운 운동(Brownian motion)에 의해 퍼져나가는 것을 의미하는데, 이 현상은 그림 2.1과 같이 격벽에 막혀 있는 두 개의 방 중 상부에는 물로만 차 있고, 하부의 방에는 잉크를 주입한 경우 격벽을 제거한 후에 잉크 분자가 물로만 차 있는 상부 방으로 퍼져나가는 것을 예로 들어 설명할 수 있다.

이 경우 우선 물 분자와 잉크 분자 모두 독립적이고 무작위적으로 운동하는 것으로 가정하고, 잉크 분자는 끊임없이 사방으로 움직이기 때문에 다른 분자들과 충돌하면서 때로는 잉크 분자가 많은 곳으로 이동하기도 하고 때로는 잉크 분자가 적은 곳으로 이동하기도 해서 특정 방향으로 이동하지 않는다고 가정한다. 이러한 이론으로 분자의 무작위 운동을 해석하는 방법을 무작위행보모형(random walk model)이라고 한다.

그러면 일정 시간이 지난 후에 상부 방에서 하부로 이동한 분자의 평균적 분율(fraction)과 하부 방에서 상부로 이동한 분자의 분율은 동일하게 나타나는 것을 기대할 수 있다. 그렇다면 애초에 하부 방에 잉크 분자가 많이 존재하였기 때문에 무작위 분자 운동에 의한 순 이동은 하부 방에서 상부 방으로 일어나게 된다. 다시 말하면 잉크 분자의 이동 또는 확산은 잉크 농도가 높은 곳에서 낮은 곳으로 일어나게 되는 것이다.

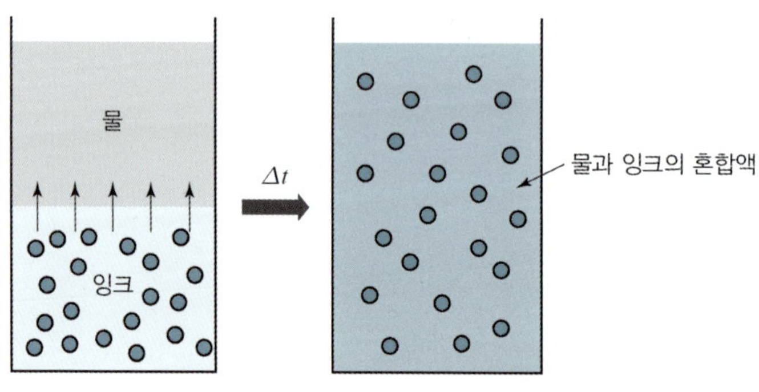

그림 2.1 잉크 분자의 확산

상술한 분자확산 현상은 Fick(1855)에 의해 정립되었는데, Fick은 Fourier(1822)의 열전달법칙을 물질 확산에 적용하여 다음과 같은 식을 제시하였다.

$$q \alpha \frac{\partial C}{\partial x} \tag{2.1}$$

이 식에서 q(kg/m^2 · s)는 단위시간당 그리고 단위면적당 물질이동률(mass flux), C는 물질의 농도(kg/m^3), x는 이동 방향의 거리(m)이다. 식 (2.1)은 분자확산에 의해 단위시간에 발생하는 물질의 단위면적당 이동률은 이동하는 방향의 농도경사(concentration gradient)에 비례함을 의미한다. 이 식에 비례상수를 도입하여 나타내면 다음 식과 같이 된다.

$$q = -D \frac{\partial C}{\partial x} \tag{2.2}$$

이 식에 도입한 비례상수 D는 분자확산계수(molecular diffusion coefficient)라 하며 단위는 m^2/s가 된다. 이 식에 음(−)의 부호가 붙은 이유는 그림 2.2에 나타낸 바와 같이 확산이 농도가 높은 곳에서 낮은 곳으로 일어나기 때문에 $\frac{\partial C}{\partial x}$가 음의 값을 가지므로 q를 양의 값으로 만들어 주기 위해서이다. 식 (2.2)를 Fick의 제1법칙이라고 한다.

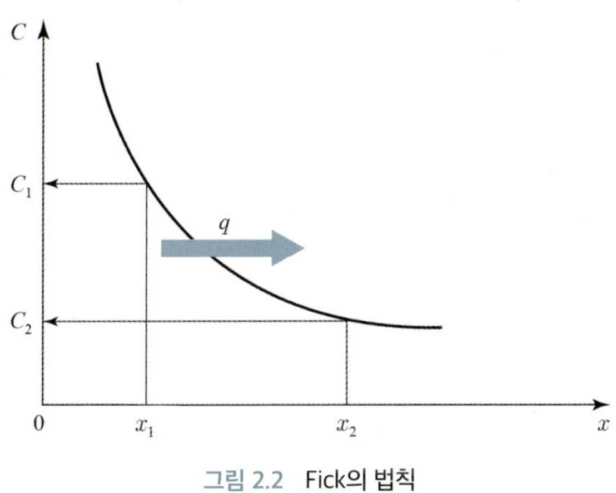

그림 2.2 Fick의 법칙

2) 확산방정식

상술한 Fick의 제1법칙을 물질의 질량보존방정식과 합치면 확산방정식을 유도할 수 있다. 우선 물질의 질량보존방정식은 그림 2.3에 도시한 미소검사체적(control volume)에 질량보존법칙을 적용하여 유도할 수 있다. 그림 2.3에서 물질이 육면체의 좌측 단면으로 들어와 우측 단면으로 나간다고 가정하면 육면체 내에서 외부 유출입에 의한 질량의 순 변화율은 다음과 같이 표현된다.

$$\frac{\Delta m}{\Delta t} = \{flux_i - flux_o\} \times unit\,area$$
$$= q - \left(q + \frac{\partial q}{\partial x}\Delta x\right) = -\frac{\partial q}{\partial x}\Delta x \quad (2.3)$$

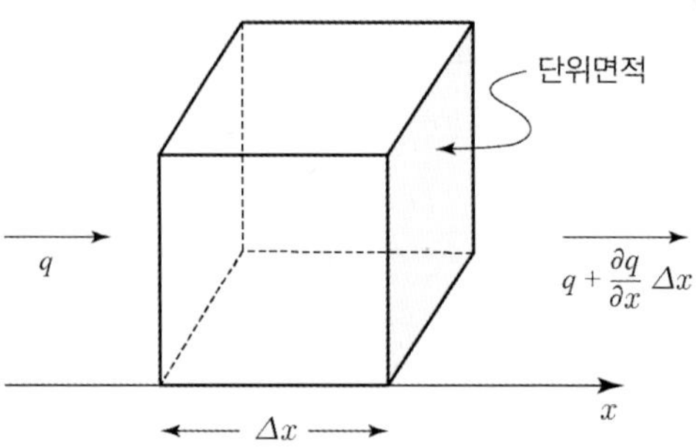

그림 2.3 **질량보존방정식의 유도**

여기서, m은 질량, t는 시간이다. 육면체 내 질량의 시간 변화율은 다음과 같이 표현된다.

$$\frac{\partial m}{\partial t} = \frac{\partial}{\partial t}\{C(\Delta x \times unit\,area)\} = \frac{\partial C}{\partial t}\Delta x \quad (2.4)$$

질량보존법칙에 따라 육면체 내 질량의 시간 변화율은 외부 유출입에 의한 질량의 순 변화율과 같으므로 식 (2.3)과 식 (2.4)를 합치면 다음 식을 유도할 수 있다.

$$\frac{\partial C}{\partial t}\Delta x = -\frac{\partial q}{\partial x}\Delta x$$
$$\frac{\partial C}{\partial t} = -\frac{\partial q}{\partial x} \quad (2.5)$$

식 (2.5)를 질량보존방정식이라 하며, 이 식에 Fick의 제1법칙을 대입하면 확산방정식을 유도할 수 있다.

$$\frac{\partial C}{\partial t} = -\frac{\partial q}{\partial x} = -\frac{\partial}{\partial x}\left(-D\frac{\partial C}{\partial x}\right) = D\frac{\partial^2 C}{\partial x^2} \quad (2.6)$$

식 (2.6)이 분자확산에 대한 확산방정식이며, 이 식을 Fick의 제2법칙이라고도 한다.

식 (2.6)은 농도에 대한 확산방정식인데, 식 (2.5)를 x에 대해 미분하면 질량이동률에 대한 확산방정식을 유도할 수 있다.

$$\frac{\partial}{\partial x}\left(\frac{\partial C}{\partial t}\right) = -\frac{\partial^2 q}{\partial x^2}$$

위 식 좌변의 $\frac{\partial C}{\partial x}$에 Fick의 제1법칙을 대입하면 좌변은 다음 식으로 표현된다.

$$\frac{\partial}{\partial t}\left(-\frac{q}{D}\right)=-\frac{1}{D}\frac{\partial q}{\partial t}$$

따라서 상기 두 식을 합치면 다음과 같이 유도된다.

$$\frac{\partial q}{\partial t}=D\frac{\partial^2 q}{\partial x^2} \tag{2.7}$$

식 (2.6)과 식 (2.7)은 각각 농도에 대한 확산방정식과 질량이동률에 대한 확산방정식으로서, 두 방정식 모두 주 변수의 시간과 거리에 대한 편미분항으로 나타나며 2차 미분항을 포함한 2차 편미분방정식으로 표현되고 있다.

알아두기 2.1 혼합모형의 종류

물질의 퍼짐 현상을 표현하는 방법은 다음과 같이 분류한다.

① 확산모형(Diffusion model)

이 방법은 Fick의 법칙으로서 다음 식으로 표현된다.

$$q=-D\frac{\partial C}{\partial x}$$

여기서, q는 단위시간당 그리고 단위면적당 물질의 이동률[M/L^2 · t]이고, D는 확산계수[L^2/t]이며, 난류 흐름의 경우 공간적으로 상이한 값을 갖는 분포형 매개변수(distributed parameter)가 된다.

② 질량전달모형(Mass transfer model)

이 방법은 다음 식으로 표현된다.

$$q=k\Delta C$$

여기서, q는 단위시간당 그리고 단위체적당 물질의 이동률[M/L^3 · t]이고, k는 질량전달계수[1/t]이며, 공간적으로 단일한 값을 갖는 집중형 매개변수(lumped parameter)이다.

3차원 확산방정식의 유도를 위해 Fick의 제1법칙을 벡터를 이용하여 표현하면 다음 식과 같다.

$$\vec{q}=-D\nabla C \tag{2.8}$$

이 식에서 $\vec{q}$는 질량이동률 벡터로서 직교좌표계에서는 (q_x, q_y, q_z)의 성분을 갖는다. 델 연산자 ∇은 벡터 미분 연산자로서 다음 식과 같이 정의된다.

$$\nabla=\frac{\partial}{\partial x}\vec{i}+\frac{\partial}{\partial y}\vec{j}+\frac{\partial}{\partial z}\vec{k} \tag{2.9}$$

여기서, $\vec{i}, \vec{j}, \vec{k}$는 직교좌표계에서 단위벡터이다. 분자확산의 경우 식 (2.8)에서 확산계수 D는 등방성이고 균질한 것으로 가정한다. 즉, 다음 식과 같이 표현할 수 있다.

$$D = D_x = D_y = D_z \tag{2.10}$$

3차원 질량보존방정식을 벡터로써 표현하기 위해 부피가 V이고 표면적이 S인 검사체적을 고려한다. 여기에 질량보존법칙을 적용하면 다음 식으로 표현된다.

$$\frac{\partial}{\partial t}\int_V C(\vec{x}, t)dV + \int_S \vec{q}(\vec{x}, t) \cdot \vec{n}dS = 0 \tag{2.11}$$

여기서, $\vec{n}$는 dS에 직각인 단위벡터이다. 그린(Green) 정리를 적용하면 면적에 대한 적분을 체적에 대한 적분으로 변환할 수 있다.

$$\int_S \vec{q} \cdot \vec{n}dS = \int_V \nabla \cdot \vec{q}dV \tag{2.12}$$

식 (2.12)를 식 (2.11)에 대입하면 다음 식을 유도할 수 있다.

$$\int_V \left(\frac{\partial C}{\partial t} + \nabla \cdot \vec{q} \right) dV = 0 \tag{2.13}$$

위 식은 피적분 함수에 대해 다음 식으로 나타낼 수 있다.

$$\frac{\partial C}{\partial t} = -\nabla \cdot \vec{q} \tag{2.14}$$

상기 식이 벡터 형태로 나타낸 질량보존방정식이다. 따라서 3차원 확산방정식은 Fick의 제1법칙인 식 (2.8)을 식 (2.14)에 대입하여 유도할 수 있다.

$$\frac{\partial C}{\partial t} = D\nabla^2 C \tag{2.15}$$

식 (2.15)를 직교좌표계로 표현하면 다음 식과 같다.

$$\frac{\partial C}{\partial t} = D\left(\frac{\partial^2 C}{\partial x^2} + \frac{\partial^2 C}{\partial y^2} + \frac{\partial^2 C}{\partial z^2} \right) \tag{2.16}$$

이 식을 텐서 형태로 나타내면 다음 식과 같다.

$$\frac{\partial C}{\partial t} = D\frac{\partial^2 C}{\partial x_i^2} \tag{2.17}$$

여기서, $i = 1, 2, 3$이다.

3) 1차원 확산방정식의 해

1차원 확산방정식은 식 (2.6)과 같이 2차 도함수를 포함하는 편미분방정식의 형태를 갖는데, 이를 적용하여 다양한 주입 조건에 대한 해를 구할 수 있다. 실제 수질 문제에서 주입 조건 중 가장 일반적인 경우가 일정 질량의 오염물질이 순간적으로 특정 지점에 유입되는 경우인데 이러한 초기 및 경계조건을 수식으로 표현하면 다음과 같다.

$$C(x=0, t=0) = M\delta(x) \tag{2.18a}$$

$$C(x=\pm\infty, t) = 0 \tag{2.18b}$$

여기서, M은 주입 질량, $\delta(x)$는 Dirac 델타함수(Dirac delta function)이다. 식 (2.18a)는 초기조건으로서 초기에는 일정 질량의 물질이 시작 지점에 무한 값에 가까운 높은 농도로 유입되는 것을 의미하고 있다. 식 (2.18b)는 상류 및 하류 경계조건으로서 주입지점에서 무한히 먼 지점에서는 농도가 0인 것을 의미한다.

상술한 바와 같이 일정 질량의 오염물질이 순간적으로 특정 지점에 유입된 수질 문제에 대한 수학적 모형은 식 (2.6)으로 주어진 지배방정식과 식 (2.18)로 나타낸 초기 및 경계조건으로 구성되며, 이 수학적 모형에 대한 해를 구하는 것이 주어진 수질 문제를 해결하는 것이 된다. 제1장에서 서술한 바와 같이 수학적 모형의 해를 구하는 방법 중에서 가장 정확한 것은 해석적인 해법이다. 해석적 해를 구하는 방법에는 차원해석법, 변수분리법, 라플라스 변환법 등이 있는데, 본 절에서는 비교적 간편한 차원해석법을 적용하여 해를 유도하는 과정을 소개하였다(Fischer 등, 1979). 차원해석법에 의한 해석해의 상세한 유도 과정은 부록 2.1에 수록하였다. 초기에 오염물질이 유입된 후 시간 t가 경과한 후에 주입지점에서 x만큼 떨어진 지점에서의 농도는 다음과 같이 나타낼 수 있다.

$$C(x,t) = f(M, D, x, t)$$

여기서, f는 임의의 함수이다. 이 식에 차원해석법을 적용하면 다음 식을 유도할 수 있다.

$$\frac{C\sqrt{4\pi Dt}}{M} = f\left(\frac{x}{\sqrt{4Dt}}\right) \tag{2.19}$$

식 (2.19)의 모든 항을 무차원항으로 만들기 위해서는 좌변의 질량 M이 $\frac{total\,mass}{area}$으로 입력되어야 하는데, 이는 x축에 대한 1차원 문제에서 $y-z$평면상의 단위면적당 질량을 의미한다. 식 (2.19)의 함수를 구하기 위해서 $\eta = \frac{x}{\sqrt{4Dt}}$을 대입해서 정리하면 다음 식이 된다. 여기서, η는 가변수이다.

$$C = \frac{M}{\sqrt{4\pi Dt}} f(\eta) = C_p f(\eta) \tag{2.20}$$

여기서, C_p는 최대 농도이다. 식 (2.20)을 식 (2.6)의 미분항에 대입한 후 적분을 수행하면 다음 식을 유도할 수 있다.

$$2\eta f + \frac{df}{d\eta} = 0 \tag{2.21}$$

식 (2.21)에 변수분리법을 적용하고 적분하면 다음 해를 구할 수 있다.

$$f = C_0 \exp(-\eta^2) \tag{2.22}$$

오염물질이 질량이 변화하지 않는 보존성 물질이고, 따라서 모든 시간에 대해 질량은 일정한 값을 갖는다는 가정을 도입하면 다음 식이 성립한다.

$$M = \int_{-\infty}^{\infty} C dx \tag{2.23}$$

식 (2.20)과 식(2.22)를 식 (2.23)에 대입하여 적분하면 적분상수 $C_0 = 1$을 유도할 수 있다. 따라서 식 (2.20)은 다음과 같이 된다.

$$C = \frac{M}{\sqrt{4\pi Dt}} \exp\left(-\frac{x^2}{4Dt}\right) \tag{2.24}$$

식 (2.24)는 한 지점에 순간 주입된 오염물질에 대한 1차원 확산방정식의 해석해로서 다양한 주입 조건에 대한 해를 유도하는 데 이용되는 기본 해가 된다. 나아가 고차원 방정식의 해를 유도하는 데에도 이용된다.

알아두기 2.2 순간주입 오염원

순간적으로 주입된 오염원에 대한 해석해[식 (2.24)]에서 질량 M은 다음과 같이 입력한다.

① **1차원 모형**: 면원(plane source)이 주입된 것으로 가정하여 질량 M을 다음 식으로 입력한다.

$$M = \frac{total\,mass}{area} \quad (\text{kg/m}^2)$$

② **2차원 모형**: 선원(line source)이 주입된 것으로 가정하여 질량 M을 다음 식으로 입력한다.

$$M = \frac{total\,mass}{\text{길이}} \quad (\text{kg/m})$$

③ **3차원 모형**: 점원(point source)이 주입된 것으로 가정하여 질량 M을 다음 식으로 입력한다.

$$M = total\,mass \quad (\text{kg})$$

알아두기 2.3 경계조건의 종류

수학적 모형을 구성하는 데 필수 요소인 경계조건은 다음과 같이 분류한다.

① **디리클레(Dirichlet) 경계조건**: 이 조건은 대상 변수(농도)의 값으로 정의하는 방법이며, 제1유형 경계조건이라고도 한다. 경계에서 농도가 일정한 경우에 대한 경계조건은 다음 식으로 표현된다.

$$C(x=0, t=0) = C_0$$

여기서, C_0는 경계에서 일정한 값을 갖는 농도이다.

② **노이만(Neumann) 경계조건**: 이 조건은 변수(농도)의 도함수 값으로 정의하는 방법이며, 제2유형 경계조건이라고도 한다. 질량이동률이 일정한 경우에 대한 경계조건은 다음 식으로 표현된다.

$$\left| -D\frac{\partial C}{\partial x} \right|_{x=0} = J_0$$

만약 질량이동률 J_0가 0인 경우에 대한 경계조건은 다음 식으로 표현된다.

$$\left| -D\frac{\partial C}{\partial x} \right|_{x=0} = 0$$

이러한 경계조건은 경계면이 불투수성이라서 오염물질이 전부 반사되는 것을 의미한다.

4) 1차원 해석해의 특성

1차원 확산방정식의 기본 해는 오염물질의 확산 거동을 표현하는 데 매우 유용한 통계학적인 특성을 가지고 있다. 우선, 식 (2.24)를 x에 대해 도시한 그림 2.4를 보면 세로축을 기준으로 대칭인 가

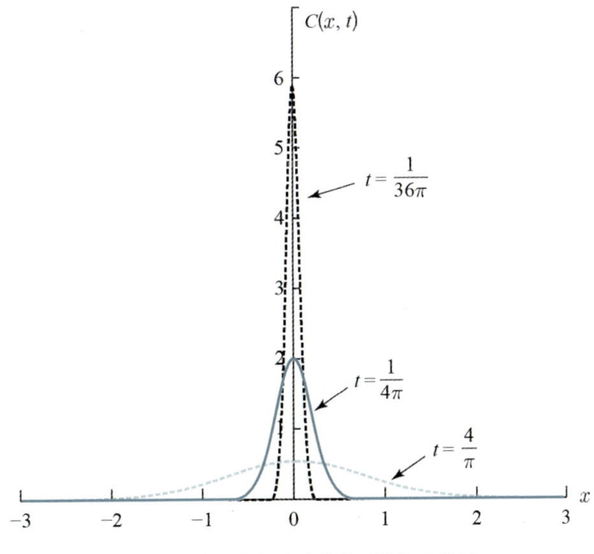

그림 2.4 1차원 해석해에 의한 농도곡선

우시안 분포를 나타내고 있음을 알 수 있다. 이 그림에서와 같이 $M=1$인 경우에는 정규분포가 된다. 이 그림에서 농도곡선은 시간이 매우 작은 경우에는 초기조건인 Dirac 델타함수와 유사하게 뾰족한 곡선을 보이다가 시간이 경과할수록 좌우로 퍼져나가는 것을 알 수 있다. $x=0$인 지점에서 최대 농도값을 가지며, x값이 음과 양의 방향으로 커질수록 농도가 감소하여 무한대의 값으로 접근하면 0이 되는 것을 알 수 있다. 최대 농도값을 구하기 위해 식 (2.24)에 $x=0$을 대입하면 다음 식을 유도할 수 있다.

$$C_p = \frac{M}{\sqrt{4\pi Dt}} \tag{2.25}$$

식 (2.24)의 모멘트를 이용하면 농도곡선의 통계학적 변량을 구할 수 있다. 그림 2.5에서 식 (2.24)의 모멘트는 다음 식으로 표현된다.

$$M_0 = \int_{-\infty}^{\infty} C(x,t)dx$$

$$M_1 = \int_{-\infty}^{\infty} xC(x,t)dx$$

$$M_2 = \int_{-\infty}^{\infty} x^2C(x,t)dx$$

$$M_p = \int_{-\infty}^{\infty} x^pC(x,t)dx$$

여기서, M_0, M_1, M_2, M_p는 각각 0차 모멘트, 1차 모멘트, 2차 모멘트 그리고 p차 모멘트를 의미한다.

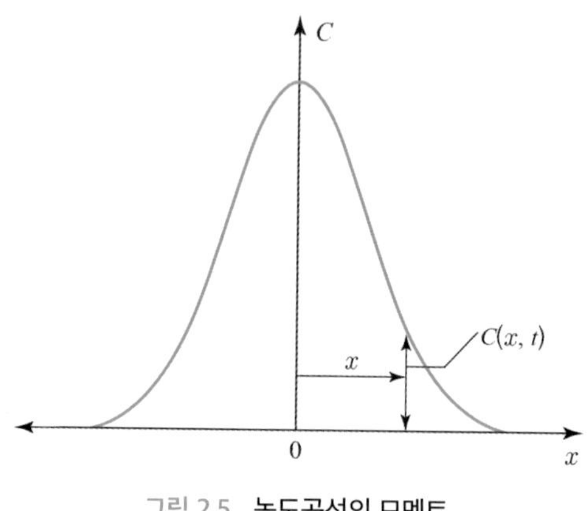

그림 2.5 **농도곡선의 모멘트**

상기 식에서 주어진 모멘트를 이용하여 농도곡선의 통계학적 변량을 나타내면 다음 식과 같다.

$$mass\, M = M_0 \tag{2.26}$$

$$\mu = \frac{M_1}{M_0} \tag{2.27}$$

$$\sigma^2 = \frac{\int_{-\infty}^{\infty} (x-\mu)^2 C(x,t)\,dx}{M_0} = \frac{M_2}{M_0} - \mu^2 \tag{2.28}$$

위 식에서 μ는 농도곡선의 평균, σ^2는 통계적 분산(variance)을 의미한다. 상술한 바와 같이 정규분포인 경우 상기 식들의 적분을 수행하면 다음 식을 유도할 수 있다.

$$M = 1 \tag{2.29}$$

$$\mu = 0 \tag{2.30}$$

$$\sigma^2 = 2Dt \tag{2.31}$$

식 (2.26)과 (2.29)는 농도곡선을 적분하면 주입한 질량이 되며 그 값은 일정하다는 것을 의미한다. 식 (2.30)에서 μ는 농도곡선의 도심 위치를 나타내며, 정규분포인 경우 시간에 대해 변함이 없음을 나타내고 있다.

식 (2.31)은 농도곡선의 분산이 확산계수와 주입 후 경과된 시간의 곱에 비례함을 보여 주고 있는데, 이 식을 이용하여 오염물질의 퍼짐 정도를 추정할 수 있으며 나아가 측정된 농도곡선이 존재하는 경우에는 확산계수 D를 구할 수 있다. 그림 2.6(a)는 점원으로 주입된 오염물질의 시간 경과에 따른 2차원적인 확산 거동을 나타내고 있는데, 이러한 오염운(pollutant cloud)의 x, y방향으로의 퍼짐 너비 또는 퍼짐 정도를 정규분포의 특성을 이용하여 구한다. 정규분포의 경우, 확률밀도함수는 다음과 같이 주어지며, 이를 $\mu = 0$인 경우에 대해 도시한 것이 그림 2.6(b)이다.

$$f(x) = \frac{1}{\sigma\sqrt{2\pi}} \exp\left\{-\frac{(x-\mu)^2}{2\sigma^2}\right\}, \ -\infty < x < \infty \tag{2.32}$$

그림 2.6(b)에서 정규분포 곡선의 퍼짐 정도를 표준편차 σ를 이용하여 나타낼 수 있는데, $x = \mu$를 중심으로 $\pm 2\sigma$ 안에 전체 확률분포의 95%가 포함되고, $\pm 3\sigma$ 안에는 99.5%가 포함된다. 이러한 특성과 식 (2.31)을 이용하면 주입된 오염물질의 퍼짐 너비를 다음 식과 같이 추정할 수 있다.

$$W_{s_{95}} = 4\sigma = 4\sqrt{2Dt} \tag{2.33a}$$

$$W_{s_{99.5}} = 6\sigma = 6\sqrt{2Dt} \tag{2.33b}$$

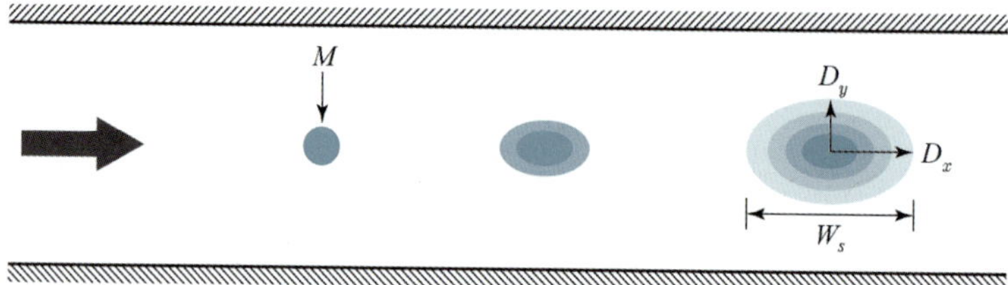

(a) 오염운의 2차원 확산

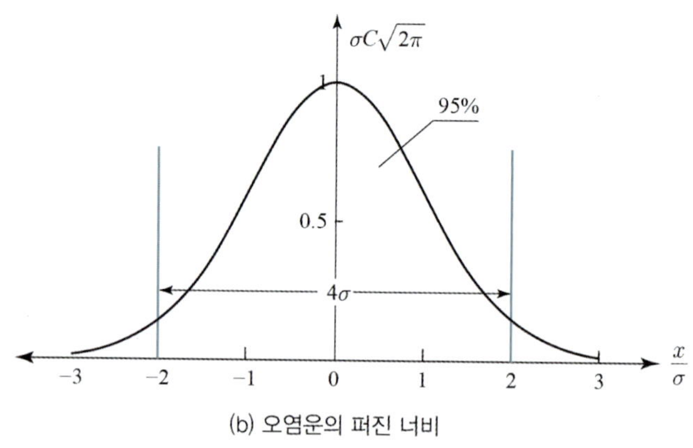

(b) 오염운의 퍼진 너비

그림 2.6 오염운의 2차원 확산과 퍼진 너비

농도곡선으로부터 확산계수 D를 구하는 방법을 유도하기 위하여 식 (2.31)을 시간에 대해 미분하면 다음 식이 된다.

$$\frac{d\sigma^2}{dt} = 2D \tag{2.34}$$

상기 식이 의미하는 바는 Fick의 법칙을 이용하여 유도한 분자확산 방정식의 해에 의한 농도곡선의 통계적 분산은 경과 시간에 대해 선형적으로 증가한다는 것이다. 이러한 특성은 Fickian 확산의 중요한 성질로서 다음 절에서 난류확산과 전단류 분산을 해석하는 데에도 이용될 것이다. 식 (2.34)를 확산계수에 대해 정리하면 다음 식과 같이 된다.

$$D = \frac{1}{2}\frac{d\sigma^2}{dt} \tag{2.35}$$

식 (2.35)는 여러 시간에 대해 측정된 농도곡선들의 분산을 계산한 후 이들의 변화율을 구하면 확산계수가 됨을 의미한다. 이 방법은 농도곡선의 분산 또는 모멘트를 이용하여 확산계수를 계산하기 때문에 모멘트법(moment method)이라 하며, 이렇게 산정한 확산계수는 실측된 농도곡선을 이용하여 확산계수를 구하기 때문에 실측 확산계수로 간주한다.

만약 시간 t_1, t_2에 대한 2개의 실측 농도곡선이 존재하는 경우라면 다음 식을 이용하여 확산계수를 계산할 수 있다.

$$D = \frac{1}{2}\frac{\sigma_2^2 - \sigma_1^2}{t_2 - t_1} \tag{2.36}$$

여기서, σ_1^2는 시간 t_1에 대한 농도곡선의 분산이고, σ_2^2는 시간 t_2에 대한 농도곡선의 분산이다. 2개 이상의 실측 농도곡선이 존재하는 경우라면 다음 식을 이용하여 확산계수를 계산할 수 있다.

$$D = \frac{1}{2}(slope\ of\ \sigma^2 - t\ curve) \tag{2.37}$$

$\sigma^2 - t$ 선의 경사는 그림 2.7에 나타낸 바와 같이 구한다.

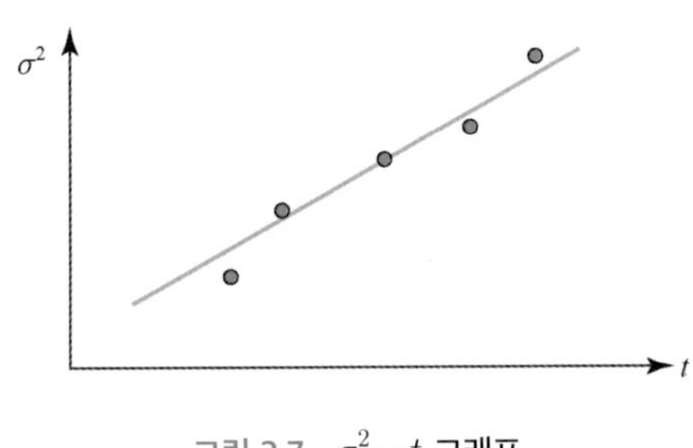

그림 2.7 $\sigma^2 - t$ 그래프

5) 이송-확산 방정식

전 절에서 설명한 확산방정식은 수체의 움직임이 없는 경우에 대한 것으로서 확산 기작만에 의한 물질이동을 표현하고 있다. 만약 수체가 다음 식으로 표현되는 유속으로 운동하는 경우에는 유속에 의한 물질이동 기작을 추가적으로 고려하여야 한다.

$$\vec{u} = u\vec{i} + v\vec{j} + w\vec{k} \tag{2.38}$$

여기서, $\vec{u}$는 유속 벡터이고, u, v, w는 각각 x, y, z방향의 유속성분이다. 이러한 수체의 평균유속(운동)에 의한 물질이동을 이송이라고 하며, 오염물질의 전체적인 이동(transport)을 수식화하는 과정에서는 확산 기작과 이송 기작을 독립적인 기작으로 가정하고 두 기작을 합쳐서 전체 물질이동을 나타낸다(Fischer 등, 1979).

$y - z$평면에 직각인 방향(x방향)의 이송에 의한 질량이동률은 다음 식으로 표현한다.

$$q_u = uC \tag{2.39}$$

여기서, q_u는 단위면적당 단위시간에 이송에 의해 발생한 질량이동률(kg/s)이며, $uC = (u \times unit area)(mass/volume) = mass/time$이 되므로 질량이동률과 동일한 단위를 갖게 된다. 이 식과 확산에 의한 질량이동률에 관한 식인 식 (2.2)를 합치면 다음 식이 유도된다.

$$q = uC + \left(-D\frac{\partial C}{\partial x}\right) \tag{2.40}$$

상기 식은 수체의 운동인 층류인 경우 균일한 확산계수를 갖는 분자확산에 대한 식이다. 식 (2.40)을 질량보존방정식인 식 (2.5)에 대입하면 다음 식을 유도할 수 있다.

$$\frac{\partial C}{\partial t} + \frac{\partial}{\partial x}(uC) = D\frac{\partial^2 C}{\partial x^2} \tag{2.41}$$

식 (2.41)이 유속이 존재하는 수체 내에서 이송과 확산을 모두 포함한 물질이동 방정식이며, 이 식을 1차원 이송-확산 방정식(advection-diffusion equation)이라고 한다.

3차원 공간에서의 이송-확산 방정식은 벡터를 이용하여 다음 식과 같이 나타낼 수 있다.

$$\frac{\partial C}{\partial t} + \nabla \cdot (C\vec{u}) = D\nabla^2 C \tag{2.42a}$$

식 (2.42a)에 유체에 대한 연속방정식($\nabla \vec{u} = 0$)을 대입하면 다음과 같은 형태의 이송-확산 방정식을 유도할 수 있다.

$$\frac{\partial C}{\partial t} + \vec{u} \cdot \nabla C = D\nabla^2 C \tag{2.42b}$$

식 (2.42a)와 식 (2.42b)는 모두 3차원 이송-확산 방정식으로서, 식 (2.42a)는 보존형 방정식(conservative equation)이라 하고, 식 (2.42b)는 비보존형 방정식(advective equation)이라 한다. 식 (2.42b)를 직교좌표계로 나타내면 다음 식과 같다.

$$\frac{\partial C}{\partial t} + u\frac{\partial C}{\partial x} + v\frac{\partial C}{\partial y} + w\frac{\partial C}{\partial z} = D\left(\frac{\partial^2 C}{\partial x^2} + \frac{\partial^2 C}{\partial y^2} + \frac{\partial^2 C}{\partial z^2}\right) \tag{2.43}$$

2. 난류확산

1) 난류 운동

환경수리학 분야에서 공학자가 해결해야 할 자연 수체와 인공수로에서 물의 흐름은 대부분 난류로서 이는 층류와는 다르게 매우 복잡하고 시공간적으로 변화하는 흐름이다. 일반적으로 난류는 다음과 같은 특성을 갖는다고 알려져 있다(Tennekes와 Lumley, 1972).

- 난류의 가장 대표적인 특성은 흐름이 매우 불규칙하고 무작위적이라는 점이다. 이에 따라서 수체 내에서 공간적으로 서로 다른 크기와 강도를 가진 난류가 나타나며, 특정 지점에서 측정한 유속의 경우에도 시간적으로 빠르게 변동하는 비정상류(unsteady flow) 특성을 나타내게 된다.
- 난류는 층류에 비해 레이놀즈수가 큰 경우에 발생한다. 레이놀즈수가 커질수록 수체의 유속이 커짐에 따라 흐름의 불안정성이 증대하여 층류에서 난류로 바뀌게 된다.
- 난류에서는 3차원적인 회전류(rotational flow) 또는 와류(vortex)가 발생한다. 그림 2.8에 도시한 바와 같이 흐름 내에 다양한 크기의 와류가 중첩하여 발생하며, 큰 와류는 작은 와류로 쪼개지고 결국 점성력에 의해 열로 바뀌어 소멸하게 된다.
- 난류는 수체의 운동에너지를 소산시키는 특성을 가지고 있다. 난류흐름이 유지되려면 지속적인 에너지 공급이 필요하며 만약 수체로부터 에너지가 공급되지 못하면 난류는 빠르게 사라지게 된다.
- 난류는 층류에 비해 매우 큰 확산 능력을 가지고 있다. 이러한 확산 특성 때문에 난류흐름에 유입된 물질의 질량, 열, 운동량의 이동과 혼합은 층류에 비해 매우 빠르게 일어난다. 그림 2.8은 층류와 난류에서의 추적자 물질 혼합의 차이를 보여 주고 있다.

상술한 바와 같이 난류는 시공간적으로 매우 빠르게 변동하므로 결정론적으로 예측하기 어려우며 통계적 방법으로 설명할 수밖에 없다. 이에 따라 난류 수체 내 한 지점에서 측정한 유속이 그림 2.9와 같다면 난류의 순간적인 유속은 다음 식과 같이 평균유속과 변동성분의 합으로 나타낼 수 있다.

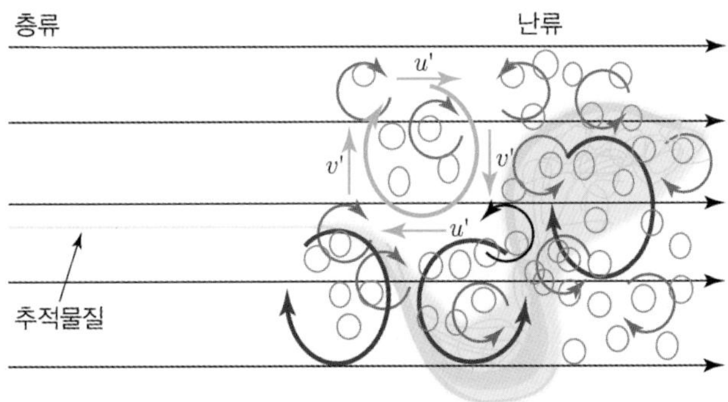

그림 2.8 층류와 난류흐름에서 추적자 물질의 혼합 특성

자료: Kawahara(2016)

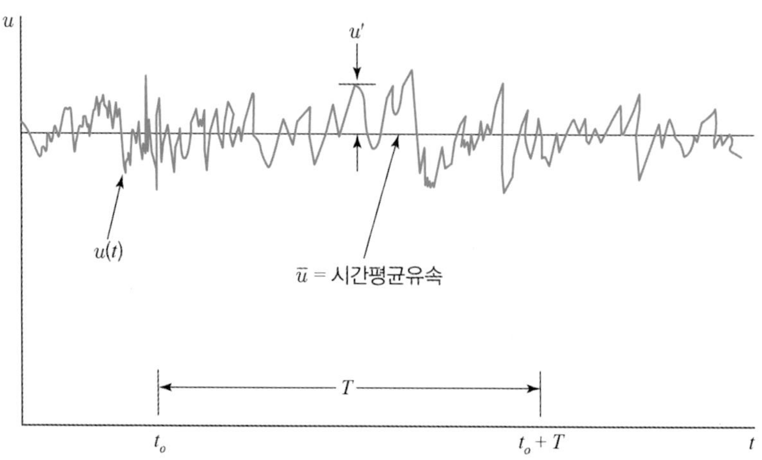

그림 2.9 **난류흐름에서 측정한 순간유속의 분리**

자료: Munson 등(2013)

$$u(t) = \bar{u} + u' \tag{2.44}$$

여기서, $\bar{u}$는 순간유속 $u(t)$를 시간에 대해 평균한 유속으로서 다음 식과 같이 정의된다.

$$\bar{u} = \frac{1}{T}\int_0^T u(t)dt \tag{2.45}$$

식 (2.45)에서 T는 시간평균에 필요한 시간간격으로서 일반적으로 수체의 난류변동 시간규모보다 큰 값을 채택한다.

식 (2.45)에서 u'은 순간유속에서 시간평균유속을 빼고 남은 유속성분으로서 난류 유속의 변동성을 나타낸다. 이는 난류의 변동성과 세기를 나타낸다. 그림 2.10에 도시한 바와 같이 이를 시간간격 T에 대해 모두 더하면 0이 된다. 따라서 난류의 강도를 나타내기 위해서는 다음 식과 같이 u'을 제곱하여 시간평균한 값을 이용한다.

$$\tilde{u}^2 = \overline{u'^2} = \frac{1}{T}\int_0^T \left(u(t) - \bar{u}\right)^2 dt \tag{2.46}$$

여기서, $\tilde{u}$는 표준편차로서 난류강도(turbulence intensity)를 나타낸다. 이러한 난류변동성분이 수체의 운동량, 열 그리고 질량의 혼합과 이동에 큰 역할을 하며, 이에 따라서 난류에 의한 혼합을 모델화하는 과정에서 이러한 변동성분을 난류확산계수(eddy diffusivity) 형태로 나타내는 것이 일반적인 방법이다.

하천과 개수로에서 발생하는 난류의 유속을 측정하면, 일반적으로 그림 2.11과 같은 유속 시계열 자료가 얻어진다. 하천 바닥에 가까운 지점(A지점)에서는 바닥면에 의한 마찰력 때문에 평균유속은 작게 나타나나 유속의 변동성, 즉 난류강도는 크게 나타난다. 반대로 바닥에 먼 지점(B지점)에서는 평균유속은 크게 나타나나 유속의 변동성은 작게 나타난다. 이렇게 수심방향으로 유속을 측정하여 분포를 도시하면 그림 2.12와 같이 나타난다. 이 그림에서 평균유속은 하천 바닥에서 0으로 시작하여 점진적으로 증가하는 분포를 보이는데 이론적으로 대수분포(logarithmic profile)를 갖는 것으로 알려져 있다. 이와는 반대로 난류강도는 바닥 근처에서 최댓값을 보이다가 바닥에서 멀어질수록 점차 감소하는 경향을 보이고 있다.

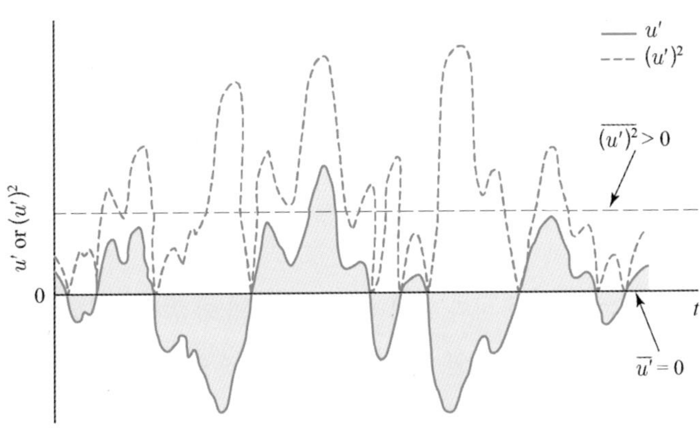

그림 2.10 난류의 변동성분과 난류강도

자료: Munson 등(2013)

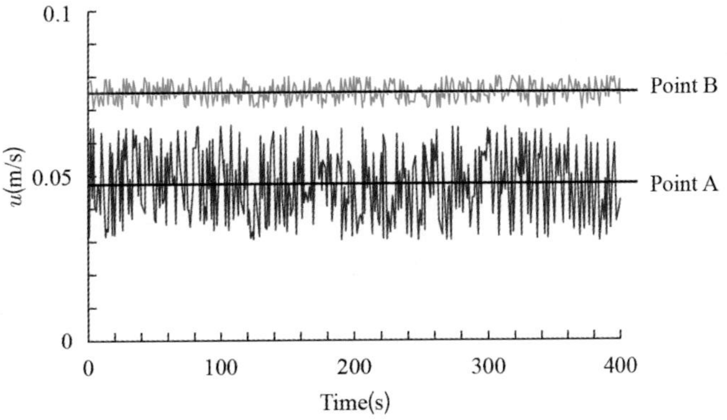

그림 2.11 개수로에서 측정한 유속 자료의 특성

자료: Shen 등(2002)

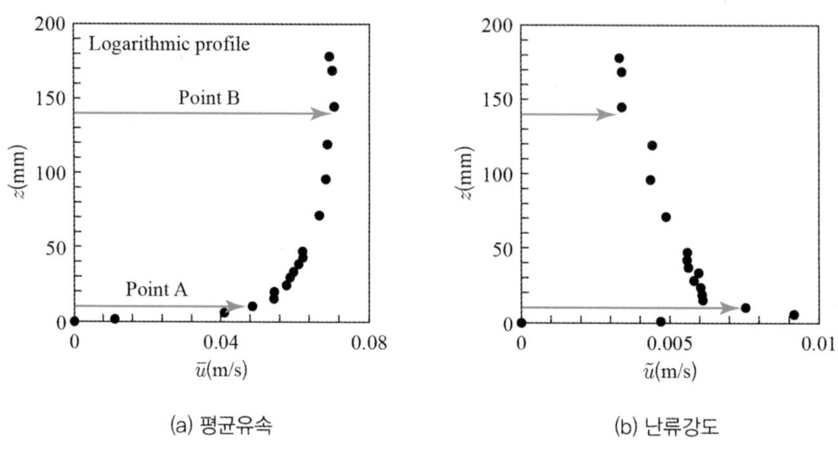

(a) 평균유속 (b) 난류강도

그림 2.12 개수로에서 실측한 유속 및 난류강도의 연직분포

자료: Shen 등(2002)

2) 난류혼합 이론

(1) 앙상블 평균 이론

난류 수체에서는 그림 2.8에 도시한 바와 같이 다양한 크기의 와류가 중첩되어 발생하며, 이러한 와류가 난류흐름에 유입된 물질의 질량, 열, 운동량의 이동과 혼합을 크게 증대시키는 것으로 알려져 있다. 와류는 시간적으로 생성과 소멸을 반복하며, 이러한 와류의 중첩으로 인한 결과 그림 2.11과 같은 유속의 변동성을 나타내게 된다. 소규모 및 대규모 와류에 의한 물질의 혼합과 이동 과정을 그림 2.13에 개념적으로 나타내었는데, 이 그림에서 크기가 큰 와류는 수체에 유입된 추적자 물질의 전체를 사방으로 크게 이동시키는 역할을 하며, 이에 반하여 소규모 와류는 추적자운(tracer cloud)의 형태를 왜곡시키는 작용을 한다. 이러한 두 개의 서로 다른 작용이 합쳐져서 난류혼합이 되며, 이에 따라 처음에 크기가 작았던 오염운이 크기가 매우 큰 형태로 변화하게 되는 것이다.

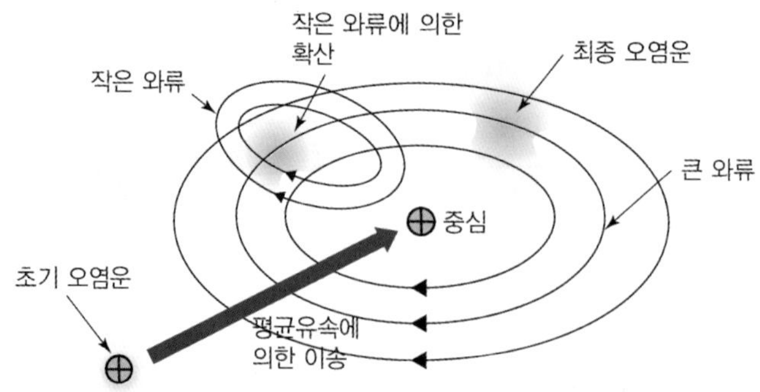

그림 2.13 소규모 및 대규모 와류에 의한 물질의 혼합 개념도

상술한 바와 같이 시공간적으로 변동하는 난류흐름에서 추적자 물질의 퍼짐 현상을 통계학적으로 표현하기 위해 앙상블 평균(ensemble average) 개념을 도입하여 설명하면 다음과 같다.

정상적이고 균질한 난류흐름(stationary and homogeneous turbulence)에서 그림 2.14와 같이 동일한 추적자실험을 두 번 수행하고 추적자가 이동하는 평균유속과 같은 속도로 움직이면서 사진을 찍어서 관찰했다고 가정해 보자. 그림에서 보는 바와 같이 두 실험의 결과는 다르게 나타난다.

이렇게 추적자의 퍼짐이 서로 다르게 나타나는 이유는 대규모 와류에 의한 추적자 전체의 이동과 소규모 와류에 의한 추적자운의 형태 왜곡 양상이 서로 다르게 발생하였기 때문이다. 첫 번째 실험과 두 번째 실험의 결과를 비교해 보면, 시간의 경과에 따라서 소규모 와류에 의해서 왜곡된 추적자운의 형태가 서로 다르게 나타나며, 이에 더하여 대규모 와류에 의해 이동한 추적자 전체의 중심(centroid)이 다른 지점에 위치하고 있음을 알 수 있다.

만약 이러한 실험을 아주 여러 번 수행하고 시간이 경과한 후에 그 결과를 살펴본다면 그림 2.14에 도시한 두 개의 실험 결과와 유사하게 나타날 것이다. 여러 개 추적자운의 개개의 중심은 서로 다른 지점에 위치하는 것으로 나타나지만, 모든 추적자운 중심의 평균값을 구하면 원래의 중심과 일치하게 될 것이다.

그리고 충분히 긴 시간이 경과한 후에는 개개의 추적자운 크기가 난류흐름에 존재하는 가장 큰 크기의 와류보다 더 커지게 되고 이렇게 되면 대규모 와류에 의한 퍼짐 효과는 사라지게 되어 추적

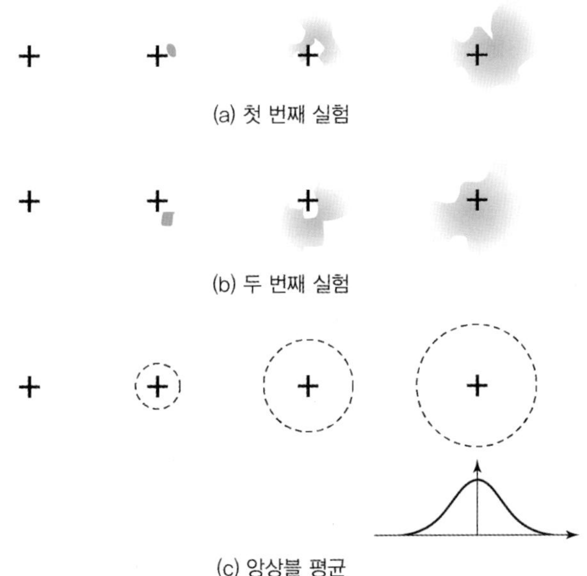

그림 2.14 **난류혼합에 의한 오염운의 앙상블 평균**

자료: Fischer 등(1979)

자운은 더 이상 퍼지지 않게 될 것이다. 이 경우에 모든 추적자운을 평균하면 매우 큰 하나의 추적자운을 나타내게 되는데, 이를 앙상블 평균이라고 정의하며 이때의 평균된 추적자운의 퍼진 정도가 난류 운동에 의해 확산된 최종 결과라 할 수 있을 것이다. 상술한 바와 같이 앙상블 평균 개념으로 난류확산을 설명하려면 충분히 긴 시간이 경과하여야 한다는 가정이 필요한데, 이 시간을 라그랑지안 시간규모(Lagrangian time scale)라고 하며, 이는 난류흐름에 들어 온 추적자 입자가 처음으로 접한 초기 난류유속의 효과를 상실하는 데 걸린 시간을 의미한다.

(2) Taylor의 난류확산 이론

Taylor(1921)는 상술한 앙상블 평균 개념을 이용하여 난류에서 확산방정식을 유도하였는데, 여기에는 난류에 유입된 추적자의 앙상블 평균과 시계열 평균(time series average)이 동일하다는 가정이 필요하다.

즉, 정상적이고 균질한 난류흐름에서 그림 2.15와 같이 두 가지 서로 다른 추적자 입자 실험을 수행한다고 하면, 첫 번째 실험은 세 개의 입자를 차례로 투입하여 시간 $1T$ 후에 얻은 결과이고, 두 번째 실험은 한 개의 입자만을 투입하여 $1T$, $2T$, $3T$ 후의 결과를 도시한 것이다. 따라서 첫 번째 실험에서 나온 세 개 입자의 위치를 평균한 값이 앙상블 평균이고, 두 번째 실험에서 한 개의 입자의 $1T$, $2T$, $3T$ 후의 위치를 평균한 값이 시계열 평균이다.

정상적이고 균질한 난류흐름하에서는 두 가지 실험에서 입자가 이동한 위치 벡터 $\vec{X}$는 무작위 변수이며, 나아가 이 두 개의 평균값이 동일하다는 가정인데 이러한 가정을 에르고딕 무작위 과정(ergodic random process)이라고 한다(Fischer 등, 1979).

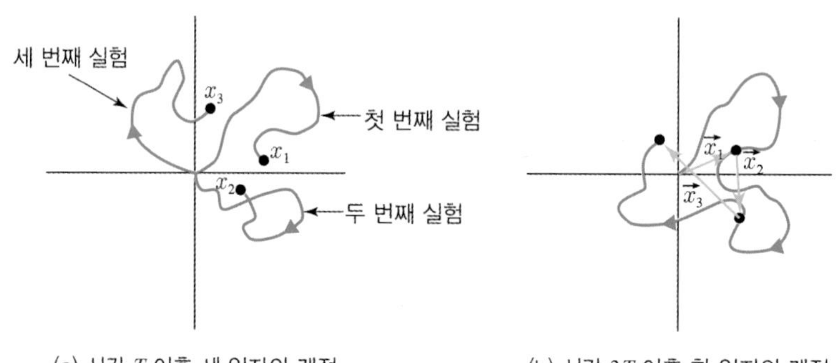

(a) 시간 T 이후 세 입자의 궤적　　(b) 시간 $3T$ 이후 한 입자의 궤적

그림 2.15 **난류흐름에서 입자의 궤적**

자료: Fischer 등(1979)

Taylor(1921)는 정상적이고 균질한 난류흐름에서 입자의 위치(변위)를 다음 식으로 나타내었다.

$$\vec{X} = \int_0^t u' dt \tag{2.47}$$

상기 식에서 u' 은 평균유속이 0인 난류흐름에서 유속의 변동성분을 의미한다. 이 식을 이용하여 입자의 퍼진 정도 $\langle \vec{X}^2 \rangle$를 나타내면 다음과 같다.

$$\langle \vec{X}^2 \rangle = \left(\int_0^t u' d\tau_1 \right) \left(\int_0^t u' d\tau_2 \right) = \int_0^t \int_0^t \langle u'(\tau_1) u'(\tau_2) \rangle d\tau_1 d\tau_2 \tag{2.48}$$

상기 식에서 앙상블 평균 $\langle u'(\tau_1) u'(\tau_2) \rangle$는 개개 입자의 시간 τ_1에서의 유속변동과 시간 τ_2에서의 유속변동의 곱을 모든 입자에 대해서 앙상블 평균한 값을 의미한다. 정상 난류에서 식 (2.48)은 다음 식으로 나타낼 수 있다.

$$\langle \vec{X}^2 \rangle = \langle u'^2 \rangle \int_0^t \int_0^t R_x(\tau_2 - \tau_1) d\tau_2 d\tau_1 \tag{2.49}$$

이 식에서 $R_x(\tau_2 - \tau_1)$는 자기상관계수로서 다음 식으로 표현된다.

$$R_x(\tau_2 - \tau_1) = \frac{\langle u'(\tau_1) u'(\tau_2) \rangle}{\langle u'^2 \rangle} \tag{2.50}$$

이 식에서 $\langle u'^2 \rangle$는 난류강도의 제곱을 의미한다. 식 (2.49)에 $s = \tau_2 - \tau_1$를 대입하여 적분을 수행하면 다음 식과 같이 된다.

$$\langle \vec{X}^2 \rangle = 2 \langle u'^2 \rangle \int_0^t (t-s) R_x(s) ds \tag{2.51}$$

상술한 바와 같이 앙상블 평균 개념으로 난류확산을 설명하기 위하여 상기 식에 충분히 긴 시간이 경과하였다는 가정을 도입하면 다음 식을 유도할 수 있다.

$$\langle \vec{X}^2 \rangle = 2 \langle u'^2 \rangle T_x t + const. \tag{2.52}$$

이 식에서 T_x는 라그랑지안 시간규모로서 다음 식과 같이 표현된다.

$$T_x = \int_0^\infty R_x(s) ds \tag{2.53}$$

그림 2.16은 라그랑지안 시간규모와 자기상관계수를 도시한 것으로서, 일반적으로 난류변동성분의 자기상관계수는 시간이 경과할수록 감소하며 이를 시간에 대하여 무한대까지 적분한 값이 라그랑지안 시간규모임을 알 수 있다.

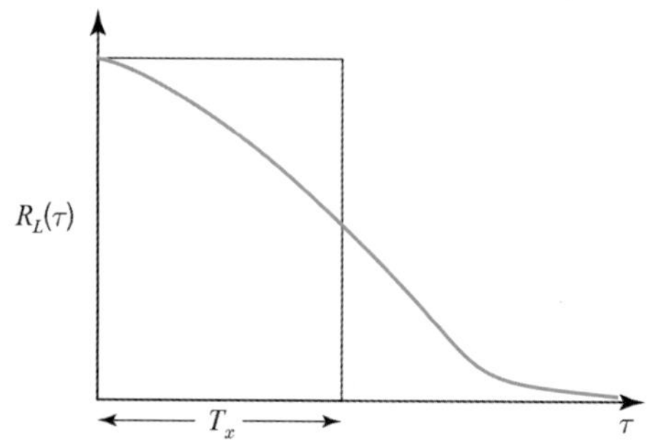

그림 2.16 **자기상관계수와 라그랑지안 시간규모**

식 (2.52)를 시간에 대해 미분하면 다음 식을 유도할 수 있다.

$$\frac{d}{dt}\langle \overrightarrow{X}^2 \rangle = 2\langle u'^2 \rangle T_x \tag{2.54}$$

식 (2.54)가 의미하는 바는 정상적이고 균질한 난류흐름에서 추적자의 퍼진 정도 (또는 농도)의 앙상블 평균의 통계적 분산은 주입 시작 후 경과한 시간에 대해 선형적으로 증가한다는 것이다. 이러한 성질은 분자확산에 대한 식 (2.34)과 동일한 결과로서, 이는 Fick의 법칙을 이용하여 유도한 확산방정식의 주요 특성이다.

나아가 난류흐름에서 입자의 이동 변위 $\overrightarrow{X}$는 난류변동성분 u'에 의해 움직이는 무작위변량이다. 따라서 이 두 가지 성질을 합쳐서 판단하면 난류흐름에서 입자들의 앙상블 평균 농도의 퍼짐은 Fickian 확산방정식으로 나타낼 수 있다는 결론에 도달한다.

Taylor(1921)의 이론에 따라서 유도한 결론은 난류흐름에 들어온 입자의 퍼짐은 라그랑지안 시간규모 이상의 시간이 경과된 후에는 Fickian 확산방정식을 적용하여 구할 수 있다는 것이다. 이에 따라서 난류혼합에 Fickian 확산방정식을 적용하는 데 필요한 확산계수는 식 (2.54)를 이용하여 다음과 같이 나타낼 수 있다.

$$\epsilon_x = \frac{1}{2}\frac{d}{dt}\langle \overrightarrow{X}^2 \rangle = \langle u'^2 \rangle T_x \tag{2.55}$$

상기 식을 3차원 난류흐름으로 확장하면 다음과 같이 확산계수를 나타낼 수 있다.

$$\epsilon_y = \frac{1}{2}\frac{d}{dt}\langle \overrightarrow{Y}^2 \rangle = \langle v'^2 \rangle T_y \tag{2.56a}$$

$$\epsilon_z = \frac{1}{2}\frac{d}{dt}\langle \overrightarrow{Z}^2 \rangle = \langle w'^2 \rangle T_z \tag{2.56b}$$

여기서, $\epsilon_x, \epsilon_y, \epsilon_z$는 각각 x, y, z 방향의 난류확산계수이고, $\overrightarrow{X}, \overrightarrow{Y}, \overrightarrow{Z}$는 각각 x, y, z 방향의 입자의 이동

거리이고, u', v', w'는 각각 x, y, z방향의 유속변동성분이고, T_x, T_y, T_z는 각각 x, y, z방향의 라그랑지안 시간규모이다. 이때 라그랑지안 시간규모를 라그랑지안 길이규모로 나타내면 다음 식으로 표현된다.

$$l_L^2 = \langle u'^2 \rangle T_L^2 \tag{2.57}$$

상기 식에서 l_L은 라그랑지안 길이규모이고 T_L은 다음 식으로 정의된다.

$$T_L = \frac{1}{3}(T_x + T_y + T_z) \tag{2.58}$$

라그랑지안 길이규모 l_L은 라그랑지안 시간규모의 정의와 유사하게 난류흐름에 주입된 입자가 초기 유속의 영향을 벗어나는 데 필요한 이동거리를 의미한다. 따라서 난류확산계수를 라그랑지안 길이규모로 나타내기 위하여 식 (2.55)와 식 (2.57)을 결합하면 다음 식이 유도된다.

$$\epsilon_x = l_L [\langle u'^2 \rangle]^{\frac{1}{2}} \tag{2.59}$$

상기 식은 난류확산계수가 라그랑지안 길이규모와 난류강도의 곱으로 표현된다는 것을 의미하며, 이 식이 실제 하천에서 난류에 의한 혼합을 해석할 때에 확산계수를 유도하는 데 사용된다.

상술한 바와 같이 난류에 의한 혼합은 Fickian 확산방정식으로 나타낼 수 있으며, 이를 3차원 흐름에 대해서 쓰면 다음 식과 같다.

$$\frac{\partial \overline{C}}{\partial t} + \frac{\partial(\overline{u}\,\overline{C})}{\partial x} + \frac{\partial(\overline{v}\,\overline{C})}{\partial y} + \frac{\partial(\overline{w}\,\overline{C})}{\partial z} = \frac{\partial}{\partial x}\left(\epsilon_x \frac{\partial \overline{C}}{\partial x}\right) + \frac{\partial}{\partial y}\left(\epsilon_y \frac{\partial \overline{C}}{\partial y}\right) + \frac{\partial}{\partial z}\left(\epsilon_z \frac{\partial \overline{C}}{\partial z}\right) \tag{2.60}$$

상기 식은 이송항을 포함한 보존형 방정식이고, 여기서 유속과 농도는 모두 난류의 변동성을 제거한 시간 평균값으로 나타낸 것이다. 또한 난류확산계수는 식 (2.43)의 분자확산계수와 달리 일반적으로 방향성(non-isotropic)을 가지며 공간적으로도 변화하므로 식 (2.60)의 우변과 같이 표현한다.

3) 난류확산방정식

전 절에서는 난류에서 물질의 혼합을 Taylor의 이론을 따라 설명하였다. 이 절에서는 난류확산이 분자확산과 유사하게 표현될 수 있다는 가정하에, 현상학적으로 접근하여 Taylor의 이론에 의한 결과와 동일한 방정식을 유도할 수 있음을 제시하고자 한다. 이러한 현상학적 접근 방법은 난류에서 유체의 운동에 대한 레이놀즈 운동방정식을 유도하는 경우에도 활용되어 왔으며, 나아가 이후에 다루게 될 전단류 분산에 대한 방정식을 유도하는 데에도 이용할 수 있는 보편적인 방법이다(Rodi, 1993).

난류흐름에서 확산방정식을 유도하기 위하여 다음 식과 같은 전 절에서 유도한 분자확산에 대한 방정식을 이용한다.

$$\frac{\partial C}{\partial t}+\frac{\partial(uC)}{\partial x}+\frac{\partial(vC)}{\partial y}+\frac{\partial(wC)}{\partial z}=D\left(\frac{\partial^2 C}{\partial x^2}+\frac{\partial^2 C}{\partial y^2}+\frac{\partial^2 C}{\partial z^2}\right) \quad (2.61)$$

상기 식은 보존형 방정식으로 나타낸 것이며, 분자확산에 대한 식 (2.43)과 다르게 상기 식에서 유속과 농도는 모두 난류흐름에서 매우 빠르게 변동하는 특성을 가지며, 특정 시점에서 순간적인 값을 의미한다. 따라서 상기 식의 유속과 농도를 시간 평균값과 변동성분으로 분리하여 나타낸다. 유속과 동일하게 물질의 농도를 시간 평균값과 변동성분으로 분리하여 나타내면 다음 식과 같다.

$$C(t)=\overline{C}+C' \quad (2.62)$$

여기서, $C(t)$는 순간농도, C'는 농도의 변동성분, $\overline{C}$는 순간농도를 시간에 대해 평균한 농도로서 다음 식과 같이 정의된다.

$$\overline{C}=\frac{1}{T}\int_0^T C(t)\,dt \quad (2.63)$$

식 (2.63)에서 T는 농도의 시간평균에 필요한 시간간격으로서 유속의 평균값을 구할 때와 동일하게 수체의 난류변동 시간규모보다 큰 값을 채택한다.

식 (2.61)에 식 (2.44)와 식 (2.62)를 대입한 후 양변을 시간 T에 대해 평균하면 다음 식이 유도된다.

$$\frac{\partial\overline{(\overline{C}+C')}}{\partial t}+\frac{\partial\overline{(\overline{u}+u')(\overline{C}+C')}}{\partial x}+\frac{\partial\overline{(\overline{v}+v')(\overline{C}+C')}}{\partial y}+\frac{\partial\overline{(\overline{w}+w')(\overline{C}+C')}}{\partial z}$$
$$=D\left(\frac{\partial^2\overline{(\overline{C}+C')}}{\partial x^2}+\frac{\partial^2\overline{(\overline{C}+C')}}{\partial y^2}+\frac{\partial^2\overline{(\overline{C}+C')}}{\partial z^2}\right)$$

위 식에 레이놀즈 평균법칙을 적용하여 정리하면 다음 식이 유도된다.

$$\begin{aligned}&\frac{\partial\overline{C}}{\partial t}+\frac{\partial(\overline{u}\,\overline{C})}{\partial x}+\frac{\partial(\overline{v}\,\overline{C})}{\partial y}+\frac{\partial(\overline{w}\,\overline{C})}{\partial z}\\&=D\left(\frac{\partial^2\overline{C}}{\partial x^2}+\frac{\partial^2\overline{C}}{\partial y^2}+\frac{\partial^2\overline{C}}{\partial z^2}\right)-\frac{\partial\overline{(u'C')}}{\partial x}-\frac{\partial\overline{(v'C')}}{\partial y}-\frac{\partial\overline{(w'C')}}{\partial z}\end{aligned} \quad (2.64)$$

분자확산에 대한 식 (2.61)과 비교하여 볼 때 상기 식은 유속과 농도가 시간 평균값으로 표현되었다는 것이 다른 점이다. 또한 상기 식의 우변에 분자확산항 외에 난류변동에 의한 확산항이 추가되었다는 점이다. 이 항들을 전 절에서 Taylor 이론을 이용하여 유도한 결과를 기반으로 하여 Fick의 법칙으로 나타내면 다음 식과 같이 표현된다.

$$\overline{(u'C')} \propto \frac{\partial \overline{C}}{\partial x} \tag{2.65a}$$

$$\overline{(v'C')} \propto \frac{\partial \overline{C}}{\partial y} \tag{2.65b}$$

$$\overline{(w'C')} \propto \frac{\partial \overline{C}}{\partial z} \tag{2.65c}$$

식 (2.65)에 비례상수로서 난류확산계수를 도입하면 다음 식이 된다.

$$\overline{(u'C')} = -\epsilon_x \frac{\partial \overline{C}}{\partial x} \tag{2.66a}$$

$$\overline{(v'C')} = -\epsilon_y \frac{\partial \overline{C}}{\partial y} \tag{2.66b}$$

$$\overline{(w'C')} = -\epsilon_z \frac{\partial \overline{C}}{\partial z} \tag{2.66c}$$

식 (2.66)을 식 (2.64)에 대입하여 정리하면 다음 식이 유도된다.

$$\begin{aligned} &\frac{\partial \overline{C}}{\partial t} + \frac{\partial(\overline{u}\,\overline{C})}{\partial x} + \frac{\partial(\overline{v}\,\overline{C})}{\partial y} + \frac{\partial(\overline{w}\,\overline{C})}{\partial z} \\ &= \frac{\partial}{\partial x}\left[(D+\epsilon_x)\frac{\partial \overline{C}}{\partial x}\right] + \frac{\partial}{\partial y}\left[(D+\epsilon_y)\frac{\partial \overline{C}}{\partial y}\right] + \frac{\partial}{\partial z}\left[(D+\epsilon_z)\frac{\partial \overline{C}}{\partial z}\right] \end{aligned} \tag{2.67}$$

상기 식에서 분자확산은 난류확산에 비해 매우 작으므로 무시하고 유속과 농도의 시간 평균값의 기호를 제거하면 다음 식과 같이 된다.

$$\begin{aligned} &\frac{\partial C}{\partial t} + \frac{\partial(uC)}{\partial x} + \frac{\partial(vC)}{\partial y} + \frac{\partial(wC)}{\partial z} \\ &= \frac{\partial}{\partial x}\left(\epsilon_x \frac{\partial C}{\partial x}\right) + \frac{\partial}{\partial y}\left(\epsilon_y \frac{\partial C}{\partial y}\right) + \frac{\partial}{\partial z}\left(\epsilon_z \frac{\partial C}{\partial z}\right) \end{aligned} \tag{2.68}$$

위 식은 전 절에서 Taylor 이론을 이용하여 유도한 결과[식 (2.60)]와 동일한 식임을 알 수 있다.

알아두기 2.4 레이놀즈 평균법칙

$$\overline{\frac{\partial C}{\partial t}} = \frac{\partial \overline{C}}{\partial t}$$

$$\overline{\overline{C}} = \overline{C},\ \overline{\overline{u}} = \overline{u},\ \overline{\overline{v}} = \overline{v},\ \overline{\overline{w}} = \overline{w}$$

$$\overline{C'} = 0,\ \overline{u'} = \overline{v'} = \overline{w'} = 0$$

3. 전단류 분산

1) 전단류 혼합

하천과 수로에서 물의 흐름은 벽면과 바닥면에 의한 마찰력 때문에 그림 2.17에 나타낸 바와 같이 유속이 불균일한 분포를 갖게 된다. 그림 2.17에서 종방향(흐름방향) 유속(u)의 경우 연직방향으로는 대수 분포를 따른다고 이론적, 실험적으로 알려져 있으며, 횡방향(하폭방향)으로는 대체적으로 포물선 형태를 따르는 것으로 알려져 있다.

이때 수로가 직선형인 경우에는 대칭형 분포를 보이지만 수로가 곡선형일 경우에는 좌우로 치우치는 분포를 갖게 된다(Seo와 Baek, 2004). 이렇게 수체 내 위치에 따라서 다른 유속을 갖는 흐름을 전단흐름이라고 하는데, 하천, 개수로, 호수, 해안 그리고 관수로 내에서의 물의 흐름은 대부분 전단흐름이다. 전단흐름의 특징은 유속이 서로 다른 층간에 전단력이 발생한다는 점이며 이는 점성유체의 운동에 있어서 일반적인 특성이다.

전단흐름에 오염물질 또는 입자가 유입된 경우 그림 2.18에 나타낸 바와 같이 입자가 위치하고 있는 지점의 유속을 따라서 서로 다른 변위만큼 이동하게 된다. 이렇게 흐름 방향으로 분리된 입자들이 확산(분자확산 또는 난류확산)에 의해 흐름에 직각인 방향으로 서로 섞이게 되면 최종 결과로 흐름 방향으로 입자가 넓게 퍼지는 현상이 발생한다.

그림 2.18에서 주입지점에서 초기의 단면평균 농도는 뾰족한 모양의 분포였지만, 시간이 경과한 후에는 오염물질이 흐름 방향으로 퍼져나가서 농도분포가 넓게 퍼진 형태가 됨을 알 수 있다. 이 과정을 오염물질 입자의 퍼짐으로 나타내면 그림 2.19와 같다.

이렇게 전단흐름과 확산의 연합 작용에 의해 물질이 퍼지는 현상을 전단류 분산 또는 줄여서 분산이라고 한다. 하천, 개수로, 관수로 등 수체에서 발생하는 분산은 수체의 전체(폭이나 깊이)에 걸친 유속의 편차에 의해 발생하므로 일반적으로 난류에 의한 확산 규모보다 크게 나타난다. 따라서 실제 수체에서 오염물질이나 입자의 혼합을 해석하는 경우에 분산은 난류확산과 함께 중요하게 다루어야 할 혼합과정이다.

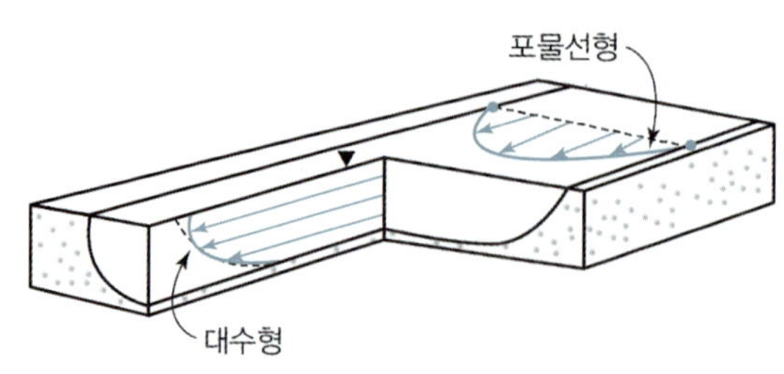

그림 2.17 개수로 전단흐름

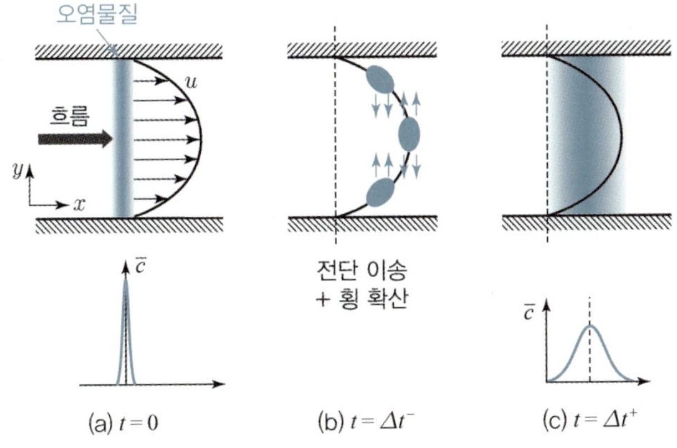

그림 2.18 전단흐름에 선원으로 주입된 오염물질의 분산 과정

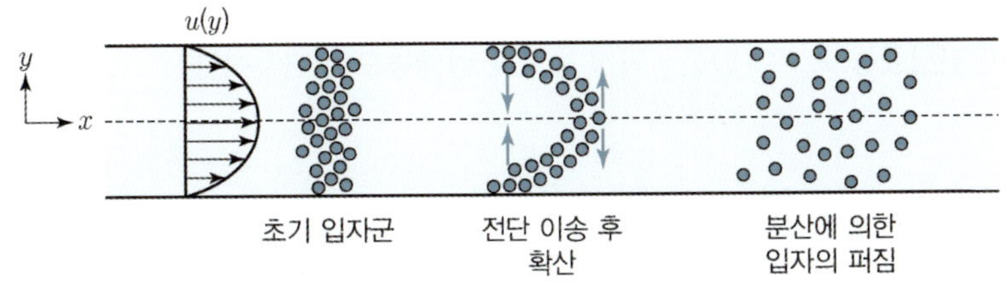

그림 2.19 전단흐름에 의한 입자의 퍼짐 개념도

2) 1차원 분산방정식

전단흐름에서 발생하는 분산을 수학적으로 표현하고자 다양한 방법이 제시되었는데, 이를 분류하면 크게 Fick의 법칙을 이용한 이론과 이용하지 않은 이론으로 나눌 수 있다.

Taylor의 분산이론(1953, 1954)은 Fick의 법칙을 이용한 것이고, 농도 모멘트를 이용한 방법(Aris, 1956; Chatwin, 1980)과 물리기반 방법(Fischer, 1968; 정영재와 서일원, 2013; Park과 Seo, 2018)은 Fick의 법칙을 이용하지 않은 이론에 속한다.

(1) 층류흐름에 대한 분산방정식

Taylor는 관수로 내 층류에서 발생하는 분산이론(1953)과 난류에 대한 분산이론(1954)을 연달아 발표하였는데, 여기서는 층류의 경우에 대해 일반적인 형태로 분산방정식을 유도하고자 한다(Fischer 등, 1979).

우선 그림 2.20과 같이 2개의 벽면 사이로 흐르는 2차원 층류 전단흐름에 대해서 고려해 보면 x방향 유속은 y방향으로 불균일하므로 $u(y)$로 나타낼 수 있다. 이때 단면평균유속과 유속편차는 다음 식으로 표현할 수 있다.

$$\bar{u}=\frac{1}{h}\int_0^h u dy \tag{2.69}$$

$$u'(y)=u(y)-\bar{u} \tag{2.70}$$

여기서, $u(y)$는 지점유속, $\bar{u}$는 두 벽면 사이의 평균유속, h는 두 벽면 사이의 간격, u'은 지점유속과 단면평균유속과의 편차이다. 이 절에서 오버 바(overbar)는 전 절에서 서술한 난류 변동성을 제거하기 위한 시간평균이 아닌 공간평균을 의미한다. 흐름에 유입된 오염물질의 농도가 $C(x, y)$라고 하면, 단면평균농도와 농도편차는 다음 식으로 표현된다.

$$\overline{C}=\frac{1}{h}\int_0^h C dy \tag{2.71}$$

$$C'(y)=C(y)-\overline{C} \tag{2.72}$$

여기서, $\overline{C}$는 단면평균농도, $C'(y)$는 y지점 농도와 평균농도의 편차이다.

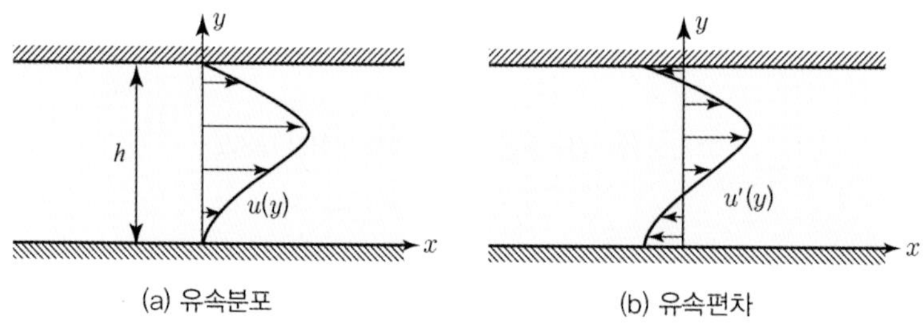

그림 2.20 **전단흐름의 유속분포 및 유속편차**

그림 2.20에 도시한 바와 같은 층류흐름에 유입된 오염물질의 농도를 예측하기 위한 2차원 이송-확산 방정식은 다음과 같다.

$$\frac{\partial C}{\partial t}+u\frac{\partial C}{\partial x}+v\frac{\partial C}{\partial y}=D\frac{\partial^2 C}{\partial x^2}+D\frac{\partial^2 C}{\partial y^2} \tag{2.73}$$

x방향 유속만이 존재하는 흐름인 경우를 가정하면 y방향 이송항을 소거할 수 있다. 여기에 식 (2.70)과 식 (2.72)를 대입하면 다음 식이 된다.

$$\frac{\partial(\overline{C}+C')}{\partial t}+(\bar{u}+u')\frac{\partial(\overline{C}+C')}{\partial x}=D\left(\frac{\partial^2(\overline{C}+C')}{\partial x^2}+\frac{\partial^2(\overline{C}+C')}{\partial y^2}\right) \tag{2.74}$$

위 식에서 $\frac{\partial^2\overline{C}}{\partial y^2}$항은 $\overline{C}$가 단면평균농도이므로 생략할 수 있다. 식 (2.74)를 간략화하기 위하여 원

점이 평균유속 $\overline{u}$로 이동하는 이동좌표계로 변환하고자 다음의 가변수를 도입한다.

$$\xi = x - \overline{u}t \tag{2.75a}$$

$$\tau = t \tag{2.75b}$$

이들에 대한 도함수는 다음 식과 같이 표현된다.

$$\frac{\partial \xi}{\partial x} = 1, \ \frac{\partial \xi}{\partial t} = -\overline{u}$$

$$\frac{\partial \tau}{\partial x} = 0, \ \frac{\partial \tau}{\partial t} = 1$$

위 식들을 이용하여 미분 연쇄법칙(chain rule)을 적용하면 x, t에 대한 도함수는 다음 식과 같이 표현된다.

$$\frac{\partial}{\partial x} = \frac{\partial \xi}{\partial x}\frac{\partial}{\partial \xi} + \frac{\partial \tau}{\partial x}\frac{\partial}{\partial \tau} = \frac{\partial}{\partial \xi} \tag{2.76a}$$

$$\frac{\partial}{\partial t} = \frac{\partial \xi}{\partial t}\frac{\partial}{\partial \xi} + \frac{\partial \tau}{\partial t}\frac{\partial}{\partial \tau} = -\overline{u}\frac{\partial}{\partial \xi} + \frac{\partial}{\partial \tau} \tag{2.76b}$$

식 (2.76)을 식 (2.74)에 대입하여 정리하면 다음 식이 유도된다.

$$\frac{\partial(\overline{C} + C')}{\partial \tau} + u'\frac{\partial(\overline{C} + C')}{\partial \xi} = D\left(\frac{\partial^2(\overline{C} + C')}{\partial \xi^2} + \frac{\partial^2 C'}{\partial y^2}\right) \tag{2.77}$$

식 (2.77)은 평균유속으로 이동하는 관찰자 입장에서 보는 흐름에서의 물질 확산 과정에 대한 방정식으로서, 여기서는 u'이 관찰할 수 있는 유일한 유속성분이다. 식 (2.77)에서 x방향 분자확산은 유속편차에 의한 x방향 이송항보다 매우 작기 때문에 무시할 수 있다. 따라서 식 (2.77)은 다음과 같이 정리할 수 있다.

$$\frac{\partial \overline{C}}{\partial \tau} + \frac{\partial C'}{\partial \tau} + u'\frac{\partial \overline{C}}{\partial \xi} + u'\frac{\partial C'}{\partial \xi} = D\frac{\partial^2 C'}{\partial y^2} \tag{2.78}$$

식 (2.78)에서 u'이 y에 대해 변수이므로 이 식의 일반적인 해석해는 구할 수 없다. 따라서 제1장에서 소개했던 자릿수 산정법을 도입하여 식 (2.78)을 간략화한 후에 $C'(y)$에 대한 해석해를 유도한다(Taylor, 1953). 우선 식 (2.78)의 모든 항을 단면에 대해 평균하면 다음 식과 같이 된다.

$$\overline{\frac{\partial \overline{C}}{\partial \tau}} + \overline{\frac{\partial C'}{\partial \tau}} + \overline{u'\frac{\partial \overline{C}}{\partial \xi}} + \overline{u'\frac{\partial C'}{\partial \xi}} = \overline{D\frac{\partial^2 C'}{\partial y^2}}$$

위 식에 레이놀즈 평균법칙을 적용하면 3개 항이 소거되어 다음 식으로 간략화된다.

$$\frac{\partial \overline{C}}{\partial \tau}+\overline{u'\frac{\partial C'}{\partial \xi}}=0 \tag{2.79}$$

식 (2.78)에서 식 (2.79)를 빼면 다음 식이 유도된다.

$$\frac{\partial C'}{\partial \tau}+u'\frac{\partial \overline{C}}{\partial \xi}+u'\frac{\partial C'}{\partial \xi}-\overline{u'\frac{\partial C'}{\partial \xi}}=D\frac{\partial^2 C'}{\partial y^2} \tag{2.80}$$

위 식을 해를 구할 수 있는 형태로 정리하기 위하여 각 항의 상대적인 크기를 고려하여 크기가 작은 항을 소거하는 과정은 다음과 같다. 우선 수체에 오염물질이 유입된 후에 충분한 시간이 경과한 후에 $\overline{C}$와 C'의 크기를 비교해 보면 $\overline{C}$가 C'보다 매우 큰 것으로 가정할 수 있다. 따라서 $\overline{C}$와 C'의 x방향 변화율을 나타내는 도함수인 3개 항을 비교하면 다음과 같이 가정할 수 있다.

$$u'\frac{\partial \overline{C}}{\partial \xi} \gg u'\frac{\partial C'}{\partial \xi},\ \overline{u'\frac{\partial C'}{\partial \xi}}$$

따라서 식 (2.80)은 다음과 같이 된다.

$$\frac{\partial C'}{\partial \tau}+u'\frac{\partial \overline{C}}{\partial \xi}=D\frac{\partial^2 C'}{\partial y^2} \tag{2.81}$$

식 (2.81)은 $C'(y)$에 대한 1차원 확산방정식의 형태를 가지고 있음을 알 수 있다. 이 식에서 이송항인 $u'\frac{\partial \overline{C}}{\partial \xi}$는 x방향으로 오염물질이 유입되는 생성항의 역할을 하게 된다. 충분한 시간이 경과한 후에 $\frac{\partial \overline{C}}{\partial \xi}$는 일정한 값을 갖는다고 가정할 수 있으며, 이 경우에는 식 (2.81)의 문제는 정상 상태로 가정할 수 있으므로 $\frac{\partial C'}{\partial \tau}=0$이 된다. 따라서 식 (2.81)은 다음 식으로 유도된다.

$$u'\frac{\partial \overline{C}}{\partial \xi}=D\frac{\partial^2 C'}{\partial y^2} \tag{2.82}$$

위 식은 좌변의 x방향 이송항과 우변의 y방향의 확산항이 평형을 이루고 있다는 것을 의미한다.

식 (2.82)를 y에 대해서 적분하면 $C'(y)$에 대한 해를 구할 수 있다.

$$\frac{\partial^2 C'(y)}{\partial y^2}=\frac{1}{D}\frac{\partial \overline{C}}{\partial \xi}u'=\frac{1}{D}\frac{\partial \overline{C}}{\partial x}u'(y)$$

위 식을 y에 대해 두 번 적분하면 다음과 같은 해를 얻을 수 있다.

$$C'(y) = \frac{1}{D}\frac{\partial \overline{C}}{\partial x}\int_0^y \int_0^y u'(y)dydy + C'(0) \tag{2.83}$$

식 (2.83)이 2차원 층류흐름에서 전단류에 의해서 발생하는 분산효과를 고려했을 때 그 결과로 나타나는 농도의 y 방향 분포에 관한 해이다. 그런데 우리의 주된 관심사는 오염물질의 x방향의 이동과 혼합이므로 이동좌표계에서 x방향의 물질이동률을 나타내면 다음과 같다.

$$\dot{M} = \int_0^h q_x dy = \int_0^h \left[u'(y)C'(y) + \left(-D\frac{\partial C'}{\partial x} \right) \right] dy$$

위 식에서 x방향 확산플럭스는 x방향 이송플럭스보다 매우 작으므로 이를 무시한 후 식 (2.83)을 대입하면 다음 식이 유도된다.

$$\dot{M} = \int_0^h u'(y)C'(y)dy = \frac{1}{D}\frac{\partial \overline{C}}{\partial x}\int_0^h u' \int_0^y \int_0^y u' dydydy \tag{2.84}$$

위 식의 유도 과정에서 $\int_0^h u' C'(0)dy = 0$이므로 소거하였다.

식 (2.84)가 의미하는 바는 x방향의 물질이동률이 단면평균농도의 x방향의 변화율에 비례한다는 것으로서 다음과 같이 표현할 수 있다.

$$\dot{M} \propto \frac{\partial \overline{C}}{\partial x} \tag{2.85}$$

이 식은 전술한 분자확산에서 Fick의 법칙을 나타내는 것으로서, 전단흐름에서 유속편차와 분자확산의 연합작용으로 발생하는 혼합 메커니즘이 Fick의 법칙을 따른다는 것을 의미한다. 이 경우 분자확산과 다른 점은 혼합 메커니즘이 전단류에 의한 유속편차가 발생하는 흐름 영역 전체에 걸쳐서 발생하는 대규모 퍼짐 현상이라는 점이다. 따라서 식 (2.85)에 전단흐름에 적합한 혼합계수를 도입하여 나타내면 다음과 같이 된다.

$$q = \frac{\dot{M}}{h} = -K\frac{\partial \overline{C}}{\partial x} \tag{2.86}$$

여기서, q는 단위면적당 단위시간에 이동하는 물질이동률이며, K는 전단류에 의한 혼합효과를 나타내는 분산계수(dispersion coefficient)이다. 식 (2.86)에 식 (2.84)를 대입하면 다음 식을 유도할 수 있다.

$$K = -\frac{1}{hD}\int_0^h u' \int_0^y \int_0^y u' dydydy \tag{2.87}$$

위 식이 그림 2.20에 도시한 바와 같은 2차원 전단흐름에서 발생하는 분산효과를 대표하는 혼합의 정도를 나타내는 분산계수에 관한 이론적인 해이다. 특이한 점은 x방향의 분산계수가 y방향의 확산계수에 반비례한다는 점이다. 이는 분산을 촉진하는 기작은 x방향 유속의 y방향 편차라는 점이며, y방향의 확산 메커니즘은 이러한 유속편차에 의한 물질의 x방향 퍼짐을 평활하게 하는 작용을 하기 때문에 오히려 분산의 크기를 감소시키는 효과로 작용한다는 점을 의미한다.

전술한 바와 같이 식 (2.85)는 그림 2.20에 나타낸 2차원 층류흐름에서 전단류에 의해서 발생하는 x방향 분산 메커니즘이 Fick의 법칙을 따르는 1차원 분산방정식으로 표현할 수 있다는 것을 의미한다. 1차원 분산방정식을 이동좌표계에서 나타내면 다음 식과 같다.

$$\frac{\partial \overline{C}}{\partial \tau} = K \frac{\partial^2 \overline{C}}{\partial \xi^2}$$

위 식을 고정좌표계로 변환하면 1차원 이송-분산 방정식을 유도할 수 있다.

$$\frac{\partial \overline{C}}{\partial t} + \overline{u}\frac{\partial \overline{C}}{\partial x} = K \frac{\partial^2 \overline{C}}{\partial x^2} \tag{2.88}$$

식 (2.88)은 2차원 전단 흐름에서 단면평균농도는 x방향의 이송항과 분산항으로 이루어진 1차원 방정식으로 표현할 수 있다는 것을 의미한다. 이 식은 층류흐름에서 분자확산에 대한 1차원 이송-확산 방정식인 식 (2.41)과 같은 형태임을 알 수 있다. 다른 점은 식 (2.88)의 경우 유속과 농도 모두 y방향의 평균한 값이며, 혼합계수로서 흐름 영역 전체의 영향을 대표하는 분산계수를 사용하여야 한다는 점이다. 따라서 식 (2.88)의 해는 전술한 식 (2.41)의 해와 동일한 방법으로 구할 수 있다.

식 (2.88)은 2차원 전단흐름에서 단면 평균농도를 구하는 1차원 방정식이기 때문에 식의 유도 과정에서 도입한 조건이 확보되어야 한다. 이러한 제한조건은 식 (2.82)를 유도할 때 도입했던 x방향 이송항과 y방향의 확산항이 평형을 이루고 있다는 가정이다. 따라서 식 (2.82)로부터 유도된 결과인 식 (2.83), 식 (2.87), 식 (2.88)은 모두 이 가정이 성립한 후에 적용할 수 있다. 전술한 바와 같이 이 가정은 흐름 수체에 오염물질이 유입된 후 일정한 시간이 지난 다음에 만족된다.

따라서 유입 초기에는 이러한 조건이 만족되지 못하는데 이를 그림으로 나타낸 것이 그림 2.21이다. 그림 2.21에서 선오염원으로 유입된 물질은 유입 초기에는 유속편차에 의해서 x방향으로 분리되게 된다. 이렇게 분리된 오염물질은 y방향의 확산 작용에 의해 퍼지지만 x방향 이송효과가 y방향의 확산효과보다 훨씬 크기 때문에 y방향으로 평균한 농도의 x방향 분포는 그림에서 보여 주는 것처럼 긴 꼬리를 갖는 왜곡된 형태를 가지게 된다. 따라서 유입 초기에는 식 (2.82)에서 요구하는 평형조건은 만족되지 못하며 이러한 시기를 초기기간(initial period)이라고 칭한다.

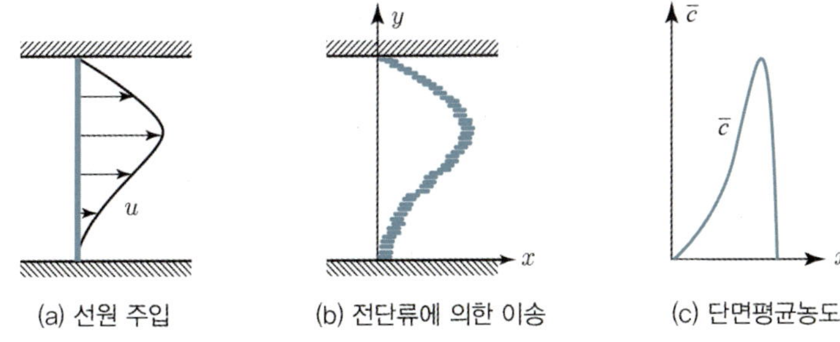

그림 2.21 **전단흐름에 주입된 오염물질 분산 과정의 초기기간**

흐름 수체에 오염물질이 유입된 후 충분한 시간이 경과한 다음에는 상술한 분산효과에 의해서 오염운이 x방향으로 길게 퍼져서 평균농도 $\overline{C}$의 변화가 완만해지며, 이에 따라서 $\frac{\partial \overline{C}}{\partial x}$가 실제적으로 일정한 값을 갖게 된다. 이런 경우라면 식 (2.82)를 유도할 때 도입했던 x방향 이송항과 y방향의 확산항이 평형을 이루고 있다는 가정이 만족되었다고 할 수 있다. 이러한 시기를 Taylor 기간(Taylor period)이라고 하며, 이 구간에서는 식 (2.83), 식 (2.87), 식 (2.88)을 적용하여 2차원 전단흐름에서의 분산 과정을 해석할 수 있다. Chatwin(1970)은 Taylor 기간에 대한 기준을 다음과 같이 제시한 바 있다.

$$t_{Taylor} > 0.4\frac{h^2}{D} \tag{2.89}$$

여기서, t_{Taylor}는 Taylor 기간이다.

(2) 난류분산방정식

그림 2.22에 도시한 바와 같이 두 벽면 사이에 난류흐름이 발생하다고 하면 유속분포는 층류와는 다르게 나타날 것이다. 하지만 지점별 유속과 단면평균유속의 편차에 의한 전단효과는 층류와 유사하게 나타날 것이므로 층류분산방정식의 유도 과정을 따라서 난류분산방정식을 유도할 수 있다. 우선 2차원 난류확산방정식으로부터 시작하면 다음과 같다.

$$\frac{\partial C}{\partial t}+u\frac{\partial C}{\partial x}+v\frac{\partial C}{\partial y}=\frac{\partial}{\partial x}\left(\epsilon_x\frac{\partial C}{\partial x}\right)+\frac{\partial}{\partial y}\left(\epsilon_y\frac{\partial C}{\partial y}\right) \tag{2.90}$$

여기서, C, u, v는 모두 난류요동을 평활화하기 위해 시간에 대해 평균한 값을 의미한다. ϵ_x, ϵ_y는 난류확산계수로서 분자확산계수와는 달리 공간적으로 변동하는 특성을 가지고 있다.

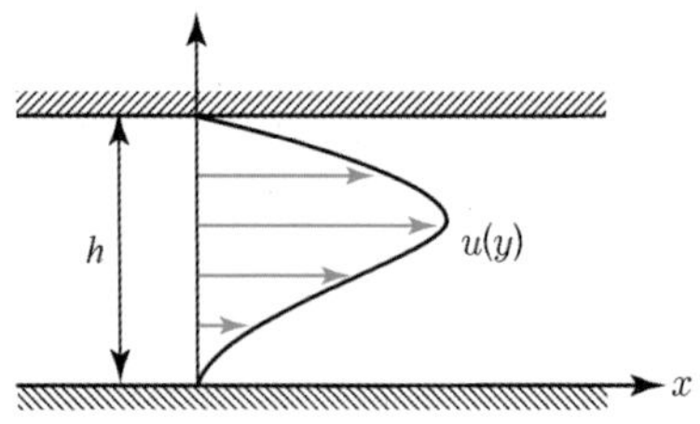

그림 2.22 **난류 전단흐름의 유속분포**

식 (2.89)에서 x방향 흐름만이 있기 때문에 y방향 이송항을 제거하고, 나아가 x방향 확산항이 x방향 이송항보다 매우 작기 때문에 이 항을 제거하면 다음 식으로 간략화된다.

$$\frac{\partial C}{\partial t}+u\frac{\partial C}{\partial x}=\frac{\partial}{\partial y}\left(\epsilon_y\frac{\partial C}{\partial y}\right)$$

위 식에 유속과 농도를 단면 평균값과 변동성분으로 분리한 식 (2.70)과 식 (2.72)를 대입하면 다음 식이 유도된다.

$$\frac{\partial(\overline{C}+C')}{\partial t}+(\overline{u}+u')\frac{\partial(\overline{C}+C')}{\partial x}=\frac{\partial}{\partial y}\left(\epsilon_y\frac{\partial}{\partial y}(\overline{C}+C')\right)$$

위 식을 원점이 평균유속 $\overline{u}$로 이동하는 이동좌표계로 변환하고, 자릿수 산정법을 도입하여 크기가 작은 항들을 제거하면 다음 식과 같이 간략화된다.

$$u'\frac{\partial\overline{C}}{\partial x}=\frac{\partial}{\partial y}\left(\epsilon_y\frac{\partial C'}{\partial y}\right)$$

위 식을 y에 대해 적분하면 C'에 대한 해를 다음과 같이 유도할 수 있다.

$$C'(y)=\frac{\partial\overline{C}}{\partial x}\int_0^y\frac{1}{\epsilon_y}\int_0^y u'(y)dydy+C'(0) \tag{2.91}$$

층류의 경우와 유사하게 x방향의 물질이동률을 고려하여 난류에서의 분산계수에 대한 식을 유도하면 다음과 같다.

$$K=-\frac{1}{h}\int_0^h u'\int_0^y\frac{1}{\epsilon_y}\int_0^y u'dydydy \tag{2.92}$$

나아가 2차원 난류흐름에서 전단류에 의해서 발생하는 x방향 분산 메커니즘이 Fick의 법칙을 따른다는 점에 기반하여 1차원 분산방정식을 유도하면 다음과 같다.

$$\frac{\partial\overline{C}}{\partial t}+\overline{u}\frac{\partial\overline{C}}{\partial x}=K\frac{\partial^2\overline{C}}{\partial x^2} \tag{2.93}$$

식 (2.93)은 층류에 대한 1차원 이송-분산 방정식인 식 (2.88)과 동일한 형태임을 알 수 있다. 단지 분산계수가 난류에서의 혼합 메커니즘을 반영한 식, 즉 식 (2.92)로 나타내진다는 것이 층류와 다른 점이다. 난류에서의 분산 해석도 층류와 마찬가지로 제한조건이 충족되어야 가능하다. 즉, 식 (2.91)~(2.93)은 Taylor 기간에서만 적용할 수 있다.

3) 다양한 흐름의 분산문제 해석

전 절에서 유도한 해를 층류와 난류의 대표적인 흐름에 적용하면 각 흐름 조건에 대한 분산계수를 구할 수 있다.

(1) 쿠에트(Couette) 흐름

쿠에트 흐름은 그림 2.23에 도시한 바와 같이 두 평판 사이에 발생하는 층류흐름으로서 유속분포가 선형인 경우를 말한다. 이러한 흐름은 상부 평판을 일정한 속도로 끌어당겨서 생기는 점성력에 의해 발생한다. 만약 상부 평판을 양의 방향으로 $U/2$로 이동시키고 상부 평판을 음의 방향으로 $U/2$로 이동시킬 경우 유속분포는 다음 식으로 나타낼 수 있다.

$$u(y) = U\frac{y}{h} \tag{2.94}$$

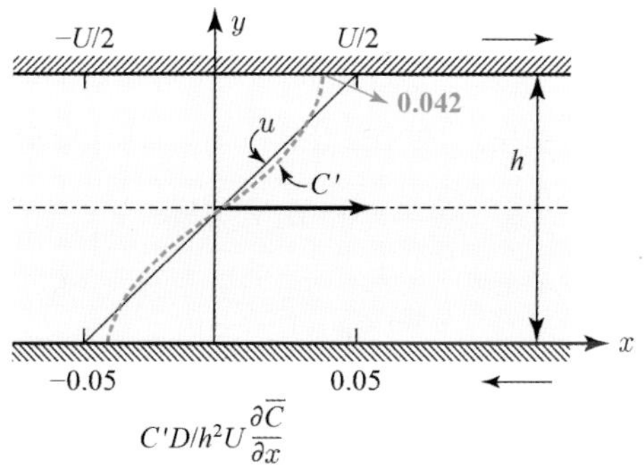

그림 2.23 **쿠에트 흐름의 유속 및 농도분포**

이 흐름의 경우 단면평균유속 $\bar{u}$는 0이 되기 때문에 $u' = u$가 성립한다. 오염물질이 유입된 후에 충분한 시간이 지나서 Taylor 기간에 도달했다면 식 (2.83)을 이용하여 다음과 같이 농도분포를 구할 수 있다.

$$C'(y) = \frac{1}{D}\frac{\partial \overline{C}}{\partial x}\int_0^y \int_0^y u'(y)dydy + C'(0)$$
$$= \frac{1}{D}\frac{\partial \overline{C}}{\partial x}\int_{-\frac{h}{2}}^y \int_{-\frac{h}{2}}^y \frac{Uy}{h}dydy + C'\left(-\frac{h}{2}\right) \quad (2.95)$$

위 식의 적분을 수행하고, $y=0$인 지점에서 $C'=0$인 경계조건을 대입하면 다음의 결과를 얻을 수 있다.

$$C'(y) = \frac{1}{D}\frac{\partial \overline{C}}{\partial x}\frac{U}{2h}\left(\frac{y^3}{3} - \frac{h^2 y}{4}\right) \quad (2.96)$$

이 식에 의한 농도분포는 y에 대한 3차 식이 되며 그림 2.23에 점선으로 도시되어 있다.

쿠에트 흐름에 대한 분산계수는 식 (2.87)을 이용하여 다음과 같이 구할 수 있다.

$$K = -\frac{1}{hD}\int_{-\frac{h}{2}}^{\frac{h}{2}} \frac{Uy}{h}\int_{-\frac{h}{2}}^{y}\int_{-\frac{h}{2}}^{y} \frac{Uy}{h}dydydy$$

위 식의 적분을 수행하면 다음의 결과를 얻을 수 있다.

$$K = \frac{U^2 h^2}{120D} \quad (2.97)$$

(2) 푸아죄유(Poiseuille) 흐름

푸아죄유 흐름은 그림 2.24에 도시한 바와 같이 파이프 내에 발생하는 층류흐름으로서 유속분포가 포물형인 경우를 말한다. 이러한 흐름은 파이프 상단과 하단 간의 압력 차이에 의한 점성력 때문에 발생한다. 이 흐름의 유속분포는 다음 식으로 나타낼 수 있다.

$$u(r) = u_0\left(1 - \frac{r^2}{a^2}\right) \quad (2.98)$$

여기서, u_0는 파이프 중심에서의 유속, a는 파이프의 반경, r은 파이프 중심(원점)에서 벽면으로 나가는 방사상 좌표이다. 아울러 이러한 푸아죄유 흐름에서 단면평균유속은 $\overline{u} = \frac{u_0}{2}$으로 주어진다.

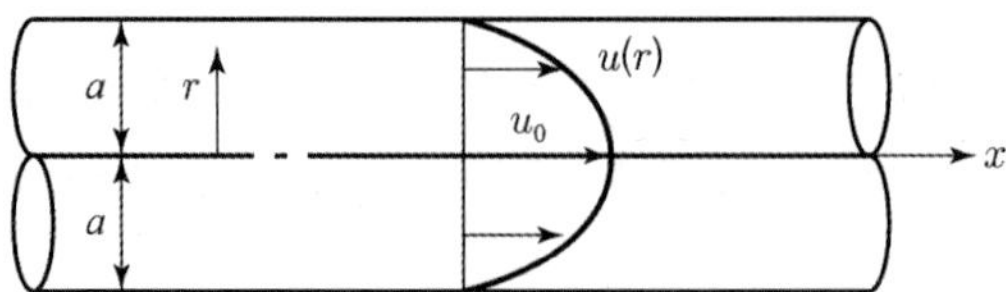

그림 2.24 관수로에 발생하는 푸아죄유 흐름의 유속분포

푸아죄유 흐름의 경우 2차원 이송-확산 방정식을 원통좌표계로 나타내면 다음 식과 같다.

$$\frac{\partial C}{\partial t}+u_0\left(1-\frac{r^2}{a^2}\right)\frac{\partial C}{\partial x}=D\left(\frac{\partial^2 C}{\partial r^2}+\frac{1}{r}\frac{\partial C}{\partial r}+\frac{\partial^2 C}{\partial x^2}\right) \tag{2.99}$$

위 식을 평균유속으로 움직이는 이동좌표계로 변환하고 오염물질이 유입된 후에 충분한 시간이 지나서 Taylor 기간에 도달했다는 가정하에 상대적으로 크기가 작은 항을 무시한 후 유속과 농도를 단면 평균값과 변동성분으로 분리한 식 (2.70)과 식 (2.72)를 대입하면 다음과 같이 된다.

$$\frac{u_0 a}{D}\left(\frac{1}{2}-z^2\right)\frac{\partial \overline{C}}{\partial \xi}=\frac{\partial^2 C'}{\partial z^2}+\frac{1}{z}\frac{\partial C'}{\partial z} \tag{2.100}$$

여기서, $z=\frac{r}{a}$이다. 상기 식을 z에 대해 두 번 적분하면 다음과 같이 C'에 대한 해를 구할 수 있다.

$$C'(r)=\frac{u_0 a^2}{8D}\frac{\partial \overline{C}}{\partial x}\left(z^2-\frac{z^4}{2}\right)+const \tag{2.101}$$

푸아죄유 흐름에 대한 분산계수는 다음 식을 이용하여 구할 수 있다.

$$K=-\frac{1}{A\frac{\partial \overline{C}}{\partial x}}\int_A u'C'dA$$

위 식에 식 (2.98)과 식 (2.101)을 대입하여 적분을 수행하면 다음의 결과를 얻을 수 있다.

$$K=\frac{u_0^2 a^2}{192D} \tag{2.102}$$

예제 2.1 층류흐름에서의 분산계수 계산

문제

파이프 내에 흐르는 층류흐름(푸아죄유 흐름)에 소금물이 주입된 경우에 분산계수를 구하시오. 또한 식 (2.102)를 적용할 수 있는 Taylor 기간의 값을 구하시오. 이때 $a=2$ mm이고, $u_0=1$ cm/s, $D=10^{-5}$ cm^2/s, $\nu=1\times10^{-6}$ m^2/s이다.

풀이

우선 주어진 흐름 조건에 대한 층류 여부를 확인하기 위해 레이놀즈수를 계산하면 다음과 같다.

$$Re = \frac{ud}{\nu} = \frac{(0.01)(0.004)}{1\times 10^{-6}} = 40$$

레이놀즈수가 2,000보다 작으므로 층류흐름임을 알 수 있다. 분산계수는 다음과 같이 계산할 수 있다.

$$K = \frac{u_0^2 a^2}{192D} = \frac{(1)^2(0.2)^2}{192(10^{-5})} = 21\ \mathrm{cm/s}$$

주어진 층류흐름에서의 분산계수 값이 분자확산계수의 10^6배임을 알 수 있다.

Taylor 기간의 값은 다음과 같이 계산할 수 있다.

$$t_{Taylor} = 0.4\frac{a^2}{D} = \frac{(0.4)(0.2)^2}{(10^{-5})} = 1{,}600\ \mathrm{sec} = 27\ \mathrm{min}$$

따라서 1차원 분산모형과 식 (2.102)는 소금물 주입 후에 27분이 경과한 후에 적용할 수 있다. 이 조건을 주입지점으로 떨어진 거리로 나타내면 다음과 같다.

$$L_{Taylor} = \bar{u}t_{Taylor} = (0.5)(1{,}600) = 800\ \mathrm{cm} = 8\ \mathrm{m}$$

이는 파이프 반경의 4,000배에 해당하는 길이로서, 주입지점에서 상당히 멀리 떨어진 지점부터 Taylor의 1차원 분산모형을 적용할 수 있다는 것을 알 수 있다.

(3) 관수로 난류흐름

이 흐름은 전 절에서 서술한 푸아죄유 흐름과 유사하게 축 대칭 흐름이나, 그림 2.25에 나타낸 바와 같이 유속분포는 일반적으로 대수함수를 따른다. 이 흐름도 푸아죄유 흐름과 동일하게 파이프 상단과 하단 간의 압력 차이에 의한 점성력 때문에 발생한다. 이 흐름의 유속분포는 다음 식으로 나타낼 수 있다.

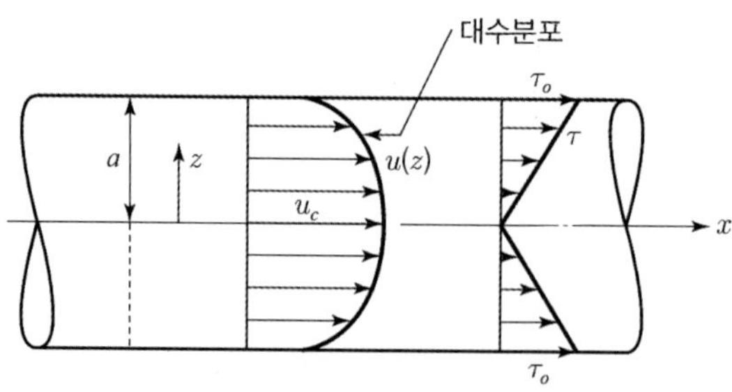

그림 2.25 관수로 난류흐름의 유속 및 전단력 분포

$$u(z) = u_c - u^* f(z) \tag{2.103}$$

여기서, u_c는 파이프 중심선에서 유속, u^*는 마찰유속, f는 대수함수이다. 관수로 난류흐름에서 전단력은 원통좌표계를 이용하여 다음 식으로 표현된다.

$$\tau = -\rho\epsilon \frac{\partial u}{\partial r} \tag{2.104}$$

여기서, τ는 전단력, ρ는 유체의 밀도, ϵ는 와동점성계수(kinematic eddy viscosity)이다. 레이놀즈 상사성이론(Reynolds analogy)에 따르면 난류에서 물질의 확산계수는 운동량의 확산계수인 와동점성계수와 동일하므로 식 (2.104)를 다음과 같이 나타낼 수 있다.

$$\epsilon = \frac{\tau}{-\rho \dfrac{\partial u}{\partial r}} = \frac{\tau}{-\rho \dfrac{\partial C}{\partial r}} \tag{2.105}$$

그런데 파이프 내 난류흐름에서 전단력은 다음 식으로 표현된다.

$$\tau = \tau_0 \frac{r}{a} = \tau_0 z = \rho u^{*2} z \tag{2.106}$$

이 식에서 τ_0는 관수로 벽면에서의 전단력이다. 식 (2.103)을 r에 대해 미분하면 다음 식이 된다.

$$\frac{\partial u}{\partial r} = -u^* \frac{df}{dz}\frac{dz}{dr} = -u^* \frac{df}{dz}\frac{1}{a} \tag{2.107}$$

식 (2.106)과 식 (2.107)을 식 (2.105)에 대입하여 정리하면 다음 식을 유도할 수 있다.

$$\epsilon(r) = \frac{u^* a z}{\dfrac{df}{dz}} \tag{2.108}$$

식 (2.108)을 이용하면 여러 r에 대한 $\epsilon(r)$ 값과 $u'(r)$ 값을 표로 나타낼 수 있다.

파이프 내 난류흐름에 대한 Taylor 방정식을 원통좌표계로 나타내면 다음과 같다.

$$u' \frac{\partial \overline{C}}{\partial \xi} = \epsilon\left(\frac{\partial^2 C'}{\partial r^2} + \frac{1}{r}\frac{\partial C'}{\partial r}\right) \tag{2.109}$$

식 (2.109)를 수치 적분하고 여기에 필요한 $\epsilon(r)$ 값과 $u'(r)$ 값을 전술한 표의 값으로 대입하면 $C'(r)$ 값을 구할 수 있다. 나아가 분산계수 K의 값은 식 (2.92)를 이용하여 다음과 같이 구할 수 있다.

$$K = 10.1 a u^* \tag{2.110}$$

(4) 개수로 난류흐름

이 흐름은 개수로나 하천에서의 물의 흐름으로서 유속의 연직분포는 그림 2.26과 같이 일반적으로 대수함수를 따른다. 이 흐름은 관수로 난류흐름과는 상이하게 중력과 점성력에 의해 발생한다. 무한히 넓은 경사 수로에서의 유속분포는 다음 식으로 나타낼 수 있다.

$$u(z) = \frac{u^*}{\kappa}(1 + \ln z') \tag{2.111}$$

여기서, $u'(z) = u(z) - \bar{u}$이고, $z' = \frac{z}{h}$이고, h는 수심, κ는 von Kármán 상수이다. 식 (2.111)을 z에 대해 미분하면 다음 식을 얻을 수 있다.

$$\frac{du}{dz} = \frac{u^*}{\kappa}\frac{1}{h}\frac{1}{z'} \tag{2.112}$$

개수로 난류흐름에서 전단력은 다음과 같이 선형식으로 표현된다.

$$\tau(z) = \rho\epsilon\frac{du}{dz} = \tau_0(1 - z') \tag{2.113}$$

이 식에서 τ_0는 수로 바닥에서의 전단력이다. 식 (2.113)을 ϵ에 대해 정리하고 식 (2.112)를 대입하면 다음 식이 된다.

$$\epsilon(z) = \frac{\tau_0}{\rho}\frac{(1-z')}{\frac{du}{dz}} = \frac{\tau_0}{\rho}\frac{(1-z')}{\frac{u^*}{\kappa}\frac{1}{h}\frac{1}{z'}} = \kappa z'(1-z')hu^* \tag{2.114}$$

식 (2.114)에서 $\epsilon(z)$는 포물선 분포임을 알 수 있다. 식 (2.111)과 식 (2.113)~(2.114)를 도시한 것이 그림 2.26이다.

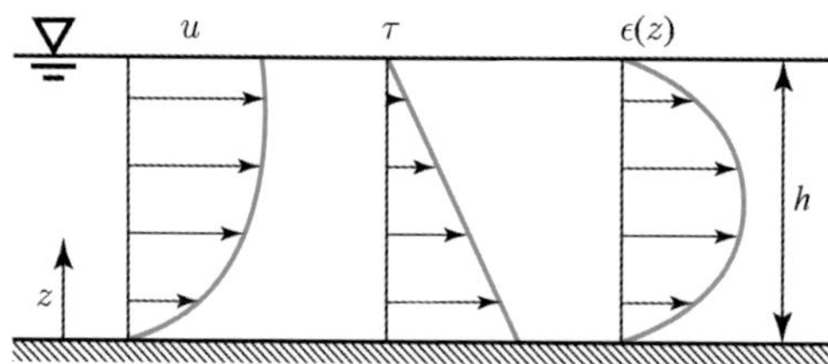

그림 2.26 개수로 난류흐름의 유속분포, 전단력 및 난류확산계수의 연직분포

식 (2.111)과 식 (2.114)를 식 (2.91)에 대입하면 $C'(y)$에 대한 해를 다음과 같이 구할 수 있다(Elder, 1959).

$$C'(z) = \frac{\partial \overline{C}}{\partial x} \frac{h}{\kappa^2} \left\{ \sum_{n=1}^{\infty} \frac{1}{n^2} \left(\frac{h-z}{h} \right)^n - 0.648 \right\} \tag{2.115}$$

또한 식 (2.111)과 식 (2.114)를 식 (2.92)에 대입하면 분산계수 K에 대한 해를 다음과 같이 구할 수 있다(Elder, 1959).

$$K = \frac{0.404}{\kappa^3} h u^* \tag{2.116}$$

위 식에 $\kappa = 0.41$을 대입하면 계수는 5.86이 된다. 여기에 수심평균된 연직 난류확산계수에 대한 계수값 0.067을 더하면 다음 식이 된다.

$$K = (5.86 + 0.067) h u^* = 5.93 h u^* \tag{2.117}$$

식 (2.115)~(2.117)은 무한히 넓은 경사 수로에서의 난류흐름의 연직방향 유속분포가 대수식을 따른다는 가정하에 유도한 결과이므로 이러한 가정이 성립되지 않는 경우에 적용하면 오차가 발생함을 염두에 두어야 한다. 특히 수로 폭이 무한대가 아닌 경우에는 연직방향 유속분포보다는 횡방향 유속분포에 의한 전단력이 오염물질의 분산에 더욱 큰 영향을 미치게 되므로, 이 경우에는 그림 2.17에 도시한 바와 같이 횡방향 유속편차를 고려하여 분산계수를 구하여야 한다. 이 경우에 대한 분산계수 유도 과정은 제3장에서 기술하였다(Fischer 등, 1979).

(5) 일반화된 분산계수 공식

분산계수 K에 대한 식[식 (2.92)]을 무차원화하기 위해서 다음과 같은 무차원량을 도입한다.

$$y' = \frac{y}{h} \tag{2.118a}$$

$$\epsilon' = \frac{\epsilon}{\overline{\epsilon}} \tag{2.118b}$$

$$\ddot{u} = \frac{u'}{\sqrt{\overline{u'^2}}} \tag{2.118c}$$

여기서, $\overline{\epsilon}$는 단면평균된 난류확산계수이고, $\sqrt{\overline{u'^2}}$는 다음 식으로 표현된다.

$$\sqrt{\overline{u'^2}} = \left[\frac{1}{h} \int_0^h (u')^2 dy \right]^{1/2} \tag{2.119}$$

식 (2.119)에 나타낸 바와 같이 $\sqrt{\overline{u'^2}}$는 유속편차의 강도를 나타내는 양으로서, 특정 지점의 유속이 단면평균된 유속과 차이를 나타내는 데 쓰이는 척도이다. 식 (2.119)를 식 (2.92)에 대입하여 정리하면 다음 식을 유도할 수 있다.

$$K = \frac{\overline{u'^2}h^2}{\bar{\epsilon}}\left(-\frac{1}{h}\int_0^1 \ddot{u}\int_0^{y'}\frac{1}{\epsilon'}\int_0^{y'}\ddot{u}dy'\,dy'\,dy'\right) \tag{2.120}$$

위 식에서 삼중적분항을 I로 대치하면 다음 식과 같이 된다.

$$I = -\frac{1}{h}\int_0^1 \ddot{u}\int_0^{y'}\frac{1}{\epsilon'}\int_0^{y'}\ddot{u}dy'\,dy'\,dy'$$

따라서 식 (2.120)에 식 (2.121)을 대입하면 다음 식을 유도할 수 있다.

$$K = \frac{\overline{u'^2}h^2}{\bar{\epsilon}}I \tag{2.121}$$

식 (2.121)은 다양한 흐름 조건에 적용할 수 있는 일반적인 분산계수 공식이다. 이 식을 보면 분산계수는 전단류에 의한 유속편차가 발생하는 공간적 규모에 비례하고, 난류확산계수에는 반비례함을 알 수 있다. 전술한 다양한 흐름 조건에 대한 유속분포식과 h, I, K를 표 2.1에 요약하여 나타내었다.

표 2.1 다양한 전단흐름에 대한 분산계수

흐름조건	유속분포식	h	I	K
관수로 층류흐름	$u = u_0\left(1 - \frac{r^2}{a^2}\right)$	a	0.0625	$\frac{a^2u_0^2}{192D}$
개수로 층류흐름	$u = u_0\left[2\left(\frac{z}{h}\right) - \frac{z^2}{h^2}\right]$	h	0.0952	$\frac{8}{945}\frac{h^2u_0^2}{D}$
쿠에트 흐름	$u = U\frac{y}{h}$	h	0.10	$\frac{U^2h^2}{120D}$
관수로 난류흐름	empirical	a	0.054	$10.1au^*$
개수로 난류흐름	$u = \bar{u} + \frac{u^*}{k}(1 + \ln\frac{z}{h})$	h	0.067	$5.93hu^*$

4) 2차원 분산방정식

하천, 호소, 해양 등 대부분의 자연 수체에서 난류흐름의 경우, 그림 2.27에 나타낸 바와 같이 2차원 수평방향 유속이 수심(연직)방향으로 변동하는 전단흐름 특성을 갖는다. 이러한 유속분포를 벡터로

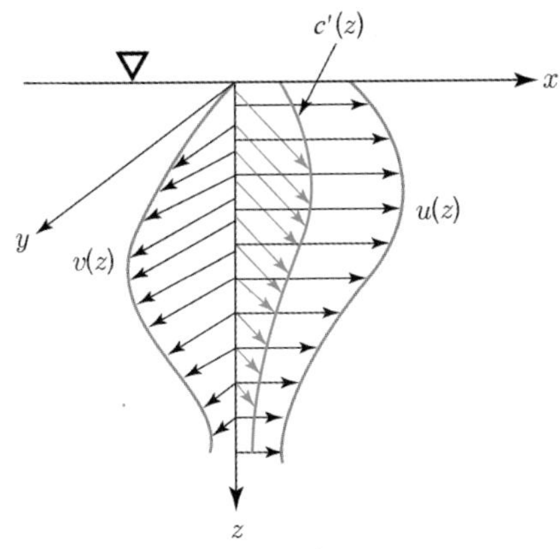

그림 2.27 **2차원 전단흐름의 유속 구조**

표현하면 다음 식과 같다.

$$\vec{u} = \vec{i}u(z) + \vec{j}v(z) \tag{2.122}$$

여기서, u는 x방향의 유속성분, v는 y방향의 유속성분, x, y는 수평방향 좌표, z는 연직방향 좌표이다. 이러한 유속 구조를 갖는 난류 전단흐름에 전 절에서 기술한 Taylor의 분산이론[식 (2.90)]을 도입하면 다음과 같은 2차원 방정식을 유도할 수 있다.

$$u'\frac{\partial \overline{C}}{\partial x} + v'\frac{\partial \overline{C}}{\partial y} = \frac{\partial}{\partial z}\left(\epsilon\frac{\partial C'}{\partial z}\right) \tag{2.123}$$

위 식은 좌변의 x방향 이송항과 y방향 이송항을 합한 것이 우변의 z방향의 확산항이 평형을 이루고 있다는 것을 의미한다.

식 (2.123)을 z에 대해서 두 번 적분하면 $C'(z)$에 대한 해를 구할 수 있다.

$$C'(z) = \int_0^z \frac{1}{\epsilon}\int_0^z \left(u'\frac{\partial \overline{C}}{\partial x} + v'\frac{\partial \overline{C}}{\partial y}\right)dzdz \tag{2.124}$$

식 (2.124)는 2차원 전단흐름에서 x 및 y방향 유속의 연직방향 편차를 고려했을 때 그 결과로 나타나는 농도의 z방향 분포에 관한 해이다.

상기 흐름에서 x 및 y방향의 물질이동률을 나타내면 다음과 같다.

$$\dot{M}_x = \int_0^h u'C'dz = -h\left(D_{xx}\frac{\partial \overline{C}}{\partial x} + D_{xy}\frac{\partial \overline{C}}{\partial y}\right) \tag{2.125a}$$

$$\dot{M}_y = \int_0^h v'C'dz = -h\left(D_{yx}\frac{\partial \overline{C}}{\partial x} + D_{yy}\frac{\partial \overline{C}}{\partial y}\right) \tag{2.125b}$$

식 (2.125a)가 의미하는 바는 x방향의 물질이동률이 단면평균농도의 x방향의 변화율뿐만 y방향의 변화율에 비례한다는 것으로서, 혼합계수로서 텐서 형태의 D_{xx}, D_{xy}를 도입하여 나타내었다. 식 (2.125b)도 식 (2.125a)가 의미하는 바와 유사하게 y방향의 물질이동률이 단면평균농도의 x방향의 변화율과 y방향의 변화율의 합에 비례한다는 것을 의미한다. 식 (2.125a)에 식 (2.124)를 대입하면 다음 식을 유도할 수 있다.

$$\int_o^h u' \left[\int_0^z \frac{1}{\epsilon} \int_0^z \left(u' \frac{\partial \overline{C}}{\partial x} + v' \frac{\partial \overline{C}}{\partial y} \right) dz dz \right] dz = -h \left(D_{xx} \frac{\partial \overline{C}}{\partial x} + D_{xy} \frac{\partial \overline{C}}{\partial y} \right)$$

위 식에서 단면평균농도의 x방향의 변화율과 y방향의 변화율에 대해 각각 정리하면 다음 식을 유도할 수 있다.

$$D_{xx} = -\frac{1}{h} \int_0^h u' \int_0^z \frac{1}{\epsilon} \int_0^z u' dz dz dz \tag{2.126a}$$

$$D_{xy} = -\frac{1}{h} \int_0^h u' \int_0^z \frac{1}{\epsilon} \int_0^z v' dz dz dz \tag{2.126b}$$

여기서, D_{xx}는 x방향 유속의 연직방향 편차(u')만에 의한 분산효과를 나타내는 x방향 분산계수이고, D_{xy}는 x방향 유속의 연직방향 편차뿐만 아니라 y방향 유속의 연직방향 편차(v')에 의한 분산효과까지 합하여 표현한 x방향 분산계수이다. 상기 과정과 유사하게 식 (2.125b)에 식 (2.124)를 대입하면 다음과 같이 분산계수 텐서 식을 유도할 수 있다.

$$D_{yx} = -\frac{1}{h} \int_0^h v' \int_0^z \frac{1}{\epsilon} \int_0^z u' dz dz dz \tag{2.127a}$$

$$D_{yy} = -\frac{1}{h} \int_0^h v' \int_0^z \frac{1}{\epsilon} \int_0^z v' dz dz dz \tag{2.127b}$$

여기서, D_{yx}는 x방향 유속의 연직방향 편차와 y방향 유속의 연직방향 편차의 합에 의한 분산효과를 나타내는 y방향 분산계수이고, D_{yy}는 y방향 유속의 연직방향 편차 만에 의한 분산효과를 표현한 y방향 분산계수이다.

전술한 바와 같이 2차원 전단흐름에서 전단류에 의해서 발생하는 x 및 y 방향 분산 메커니즘이 Fick의 법칙을 따른다는 점에 기반하여 2차원 분산방정식을 유도하면 다음과 같다.

$$\frac{\partial \overline{C}}{\partial t} + \bar{u} \frac{\partial \overline{C}}{\partial x} + \bar{v} \frac{\partial \overline{C}}{\partial y} = \frac{\partial}{\partial x} \left(D_{xx} \frac{\partial \overline{C}}{\partial x} + D_{xy} \frac{\partial \overline{C}}{\partial y} \right) + \frac{\partial}{\partial y} \left(D_{yx} \frac{\partial \overline{C}}{\partial x} + D_{yy} \frac{\partial \overline{C}}{\partial y} \right) \tag{2.128}$$

식 (2.128)은 직교좌표계에서의 2차원 이송-분산 방정식으로서, 텐서 형태의 분산계수를 포함하고 있다. 만약 x좌표가 흐름방향과 동일한 경우(자연좌표계)에는 D_{xy}와 D_{yx}가 소거되므로 다음 식과 같이 된다.

$$\frac{\partial \overline{C}}{\partial t}+\overline{u}\frac{\partial \overline{C}}{\partial x}+\overline{v}\frac{\partial \overline{C}}{\partial y}=\frac{\partial}{\partial x}\left(D_{xx}\frac{\partial \overline{C}}{\partial x}\right)+\frac{\partial}{\partial y}\left(D_{yy}\frac{\partial \overline{C}}{\partial y}\right) \tag{2.129}$$

식 (2.129)에 $D_L = D_{xx}$, $D_T = D_{yy}$을 도입하면 다음 식을 유도할 수 있다.

$$\frac{\partial \overline{C}}{\partial t}+\overline{u}\frac{\partial \overline{C}}{\partial x}+\overline{v}\frac{\partial \overline{C}}{\partial y}=\frac{\partial}{\partial x}\left(D_{L}\frac{\partial \overline{C}}{\partial x}\right)+\frac{\partial}{\partial y}\left(D_{T}\frac{\partial \overline{C}}{\partial y}\right) \tag{2.130}$$

위 식에서 D_L은 2차원 분산방정식에서 x방향 분산을 나타내기 때문에 종분산계수(longitudinal dispersion coefficient)라고 하고, D_T은 y방향 분산을 나타내기 때문에 횡분산계수(transverse dispersion coefficient)라고 한다. 여기서 유의할 점은 D_L이 1차원 분산방정식[식 (2.93)]의 분산계수인 K와는 다른 값을 갖는다는 점이다. 즉, K는 1차원 분산방정식의 분산 과정을 대표하는 혼합계수이기 때문에 x방향 유속의 수로 단면 전체(연직 및 폭 방향)에 대한 편차의 영향을 나타내는 분산계수이지만, D_L은 2차원 분산방정식의 종분산계수이기 때문에 x방향 유속의 연직방향에 대한 편차의 영향을 나타내는 분산계수이다. 따라서 일반적으로 D_L의 값은 K값보다 작게 된다. 나아가 2차원 분산 해석도 1차원 분산방정식과 마찬가지로 제한조건이 충족되어야 하므로 식 (2.124) 및 식 (2.126)~(2.130)은 Taylor 기간에서만 적용할 수 있다.

5) 초기기간에 활용할 수 있는 방법

전 절[제2장 3절의 2)~4)]에서 기술한 분산이론은 모두 유도 과정에서 Taylor(1953, 1954)가 도입한 조건이 확보되어야 한다. 즉, 식 (2.82)를 유도할 때 도입했던 흐름방향 이송항과 흐름에 수직인 방향의 확산항이 평형을 이루고 있다는 가정이 만족되어야 한다. 그런데 이 조건은 오염물질이 유입된 후 충분한 시간이 경과되지 않은 초기기간에서는 만족되지 못한다. 본 절에서는 이러한 가정을 도입하지 않아서 초기기간에도 적용할 수 있는 방법론을 알아보고자 한다. 농도모멘트 기반 방법(Aris, 1956; Chatwin, 1980)과 물리기반 방법(Fischer, 1968; 서일원과 손은우, 2006; 정영재와 서일원, 2013; Park과 Seo, 2018)이 이에 속하며, 이들 방법에 대해 중점적으로 기술하고자 한다.

(1) 농도모멘트 기반 방법

농도모멘트법은 제2장 1절에서 기술한 농도분포의 모멘트를 이용하여 이송-확산 방정식을 나타내는 방법으로 Aris(1956)에 의해 처음으로 제시되었다. 1차원 농도모멘트법을 유도하기 위하여 그림

2.22에 나타낸 바와 같은 두 평판 사이의 전단흐름에 적용할 수 있는 2차원 이송-확산 방정식을 이동좌표계로 표현하면 다음과 같다.

$$\frac{\partial C}{\partial \tau}+u'\frac{\partial C}{\partial \xi}=D\left(\frac{\partial^2 C}{\partial \xi^2}+\frac{\partial^2 C}{\partial y^2}\right) \tag{2.131}$$

위 식은 식 (2.73)에서 x방향 유속만이 존재하는 흐름인 경우를 가정하여 y방향 이송항을 소거한 후에 이동좌표계로 변환한 것이다. 식 (2.131)의 각 항에 $\int_{-\infty}^{\infty}\xi^p(\ )d\xi$를 적용하여 모멘트를 취하면 다음 식과 같이 된다.

$$\int_{-\infty}^{\infty}\xi^p\frac{\partial C}{\partial \tau}d\xi+\int_{-\infty}^{\infty}\xi^p u'\frac{\partial C}{\partial \xi}d\xi=\int_{-\infty}^{\infty}\xi^p D\left(\frac{\partial^2 C}{\partial \xi^2}+\frac{\partial^2 C}{\partial y^2}\right)d\xi \tag{2.132}$$

식 (2.132)의 좌변 첫 번째 항은 다음과 같이 표현된다.

$$\int_{-\infty}^{\infty}\xi^p\frac{\partial C}{\partial \tau}d\xi=\frac{\partial}{\partial \tau}\int_{-\infty}^{\infty}\xi^p C d\xi=\frac{\partial C_p}{\partial \tau}$$

위 식의 유도 과정에서 라이프니츠 적분법칙(Leibniz integral rule)을 적용하여 적분과 미분의 순서를 바꾸어 표현하였는데, 라이프니츠 법칙은 다음과 같다.

$$\int_{u_0}^{u_1}\frac{\partial f}{\partial \alpha}dx=\frac{d}{d\alpha}\int_{u_0}^{u_1}f dx \tag{2.133}$$

위 식에서 $C_p(y)$는 그림 2.4에 도시한 바와 같이 농도분포의 p차 모멘트로서 다음 식과 같이 정의된다.

$$C_p(y)=\int_{-\infty}^{\infty}\xi^p C d\xi \tag{2.134}$$

식 (2.132)의 좌변 두 번째 항은 다음과 같이 표현된다.

$$\begin{aligned}\int_{-\infty}^{\infty}\xi^p u'\frac{\partial C}{\partial \xi}d\xi &= u'\int_{-\infty}^{\infty}\xi^p\frac{\partial C}{\partial \xi}d\xi = u'\left\{\left[\xi^p C\right]_{-\infty}^{\infty}-\int_{-\infty}^{\infty}p\xi^{p-1}C d\xi\right\} \\ &= -pu'\int_{-\infty}^{\infty}\xi^{p-1}C d\xi = -pu' C_{p-1}\end{aligned} \tag{2.135}$$

위 식의 유도 과정에서 부분적분(integration by parts)을 적용하여 적분을 수행하였으며, 적분 과정에서 $[C]_{\xi=\pm\infty}=0$을 대입하여 불필요한 항을 소거하였다. 식 (2.132)의 우변 첫 번째 항에 부분적분을 적용하여 적분을 수행하면 다음 식을 유도할 수 있다.

$$\int_{-\infty}^{\infty}\xi^p D\frac{\partial^2 C}{\partial \xi^2}d\xi = Dp(p-1)\int_{-\infty}^{\infty}\xi^{p-2}Cd\xi = Dp(p-1)C_{p-2} \tag{2.136}$$

식 (2.132)의 우변 두 번째 항에 라이프니츠 법칙을 적용하고 농도분포의 모멘트를 이용하여 나타내면 다음 식과 같이 된다.

$$\int_{-\infty}^{\infty}\xi^p D\frac{\partial^2 C}{\partial y^2}d\xi = D\frac{\partial^2}{\partial y^2}\int_{-\infty}^{\infty}\xi^p Cd\xi = D\frac{\partial^2 C_p}{\partial y^2} \tag{2.137}$$

상기 항들을 식 (2.132)에 대입하면 다음 식을 얻을 수 있다.

$$\frac{\partial C_p}{\partial \tau} - pu' C_{p-1} = D\left\{p(p-1)C_{p-2} + \frac{\partial^2 C_p}{\partial y^2}\right\} \tag{2.138}$$

그림 2.22에 나타낸 바와 같이 수로의 양쪽 벽면에서는 불투과 경계조건을 설정하면 다음과 같은 식으로 표현된다.

$$\frac{\partial C_p}{\partial y} = 0 \ at\, y = 0, h \tag{2.139}$$

식 (2.138)은 2차원 이송-확산 방정식에 모멘트를 취한 형태인데, 이 식을 전체에 대하여 적분하면 유속편차에 의한 분산효과를 나타낼 수 있다.

$$\overline{\frac{\partial C_p}{\partial \tau}} - \overline{pu' C_{p-1}} = D\left\{\overline{p(p-1)C_{p-2}} + \overline{\frac{\partial^2 C_p}{\partial y^2}}\right\}$$

위 식에서 $\overline{\frac{\partial^2 C_p}{\partial y^2}} = \frac{\partial^2 \overline{C_p}}{\partial y^2} = 0$이므로 다음과 같이 정리된다.

$$\frac{dM_p}{d\tau} - \overline{pu' C_{p-1}} = p(p-1)DM_{p-2} \tag{2.140}$$

여기서, M_p는 C_p의 단면평균값으로서 $M_p = \overline{C_p}$이다.

식 (2.140)에 $p = 0, 1, 2 \cdots$을 대입하여 풀면 다음 식들을 유도할 수 있다. 우선 $p = 0$을 대입하면 다음 식을 유도할 수 있다.

$$\frac{dM_0}{d\tau} = 0 \tag{2.141}$$

위 식에서 $M_0 = \frac{1}{A}\int_A C_0(y)dA = \frac{1}{A}\int_A\int_{-\infty}^{\infty} Cd\xi dA$로서 오염물질의 질량(단면평균된 질량)을 의미

한다. 따라서 식 (2.141)은 질량이 보존됨을 의미한다. 두 번째로 식 (2.140)에 $p=1$을 대입하면 다음 식을 유도할 수 있다.

$$\frac{dM_1}{d\tau}=\overline{u' C_0} \tag{2.142}$$

식 (2.142)는 농도분포의 1차 모멘트의 단면평균값인 M_1이 상수값을 가지는 것을 의미한다. 식 (2.140)에 $p=2$를 대입하면 다음 식을 유도할 수 있다.

$$\frac{dM_2}{d\tau}=\overline{2u' C_1}+2D\overline{C_0} \tag{2.143}$$

식 (2.143)에서 좌변은 농도분포의 2차 모멘트의 단면평균값의 시간에 따른 변화율을 의미하고, 우변의 첫 번째 항은 유속편차에 의한 분산항이고, 두 번째 항은 분자확산항이다. 따라서 이 식은 오염물질의 농도분포의 시간 경과에 따른 변화율이 분자확산과 분산을 합한 것임을 의미한다. 즉, 이 식은 제2장 1절에서 유도한 식 (2.34)에 분산을 추가하여 다음과 같이 확장한 것으로 말할 수 있다.

$$\frac{d\sigma^2}{dt}=2K+2D \tag{2.144}$$

상술한 바와 같이 모멘트법을 이용하여 유도한 식 (2.138)과 식 (2.140)은 Taylor가 도입한 가정[식 (2.82)]을 이용하지 않고 유도하였기 때문에 초기기간에도 적용할 수 있어서 Aris(1956)에 의해 처음으로 제안된 이후에 지속적으로 활용되고 있다(Chatwin, 1980).

(2) 물리기반 방법

전술한 농도모멘트법 외에 초기기간에 적용할 수 있는 방법으로 물리기반 방법(physics-based method)이 있다(Fischer, 1968; 서일원과 손은우, 2006; 정영재와 서일원, 2013; Park과 Seo, 2018).

이 방법은 수로, 하천 등 전단흐름에 유입된 오염물질이 유속분포에 의한 이송과 이송되는 방향과 수직인 방향의 확산의 통합적인 작용에 의해 발생하는 분산 과정을 물리적으로 해석하는 방법이기 때문에 물리기반 방법이라고 할 수 있다.

이 방법의 특징은 전 절에서 Taylor의 가정에 기반하여 유도한 편미분방정식 형태의 분산방정식을 이용하지 않고 오염물질의 농도 또는 입자를 대상 영역에 직접 주입하여 이송과 확산에 의한 물리적인 퍼짐 과정을 수치적으로 연산한다는 점이다.

이러한 점에서 수치연산법(numerical calculation method)이라고도 하며(Fischer, 1968), 이송 과정과 확산 과정을 분리하여 1단계에서는 이송 과정을 계산하고, 2단계에서는 확산 과정을 계산하기 때문에 순차혼합모형(sequential mixing model)이라고도 한다(서일원과 손은우, 2006; 정영재와 서일원, 2013; Park과 Seo, 2018).

① 수치연산법

Fischer(1968)가 제안한 수치연산법을 수로나 하천에 적용하기 위해서는 그림 2.28에 도시한 바와 같이 수로 단면을 n개의 유관(stream tube)으로 나누고 흐름 방향으로도 m개의 Δx로 나누어 수치 연산에 필요한 격자망(computational mesh)을 구축한다. 그런 다음에 그림 2.28과 같이 y방향 전단효과에 의한 유속분포를 부여한다. 따라서 시작 지점에 주입된 농도(또는 입자)는 각 유관의 유속에 따라서 차별적으로 이송하게 된다. 이렇게 주입된 오염물질의 혼합에 대한 연산은 전술한 바와 같이 두 단계로 나누어서 1단계에서는 이송 과정을 계산하고, 2단계에서는 확산 과정을 계산한다. 1단계 후 (Δt가 경과된 다음) 차별 이송에 의한 각 격자에서의 농도는 다음 식으로 표현된다.

$$\begin{aligned} C(x,y,t+\Delta t_1) &= C(x,y,t) + HV(U(y))\,U(y)\,[\,C(x-\Delta x,y,t) - C(x,y,t)\,] \\ &\quad + HV(-U(y))\,U(y)\,[\,C(x,y,t) - C(x+\Delta x,y,t)\,] \end{aligned} \tag{2.145}$$

여기서, HV는 헤비사이드 계단함수(Heaviside step function)로서 독립변수가 양수일 때는 1의 값을 갖고, 음수일 때는 0의 값을 갖는 함수이다. $U(y)$는 전단 유속에 의한 차별이송량으로서 다음 식으로 정의된다.

$$U(y) = u(y)\frac{\Delta t}{\Delta x} \tag{2.146}$$

2단계의 확산 연산 과정에서는 x방향 동일 지점에서 y방향 모든 격자에 있는 농도들을 평균하는 과정이다. 이는 다음 식으로 표현된다.

$$\begin{aligned} C(x,y,t+\Delta t_2) &= C(x,y,t+\Delta t_1) \\ &\quad + k(x,y+\Delta y)\,[\,C(x,y+\Delta y,t+\Delta t_1) - C(x,y,t+\Delta t_1)\,] \\ &\quad + k(x,y-\Delta y)\,[\,C(x,y-\Delta y,t+\Delta t_1) - C(x,y,t+\Delta t_1)\,] \end{aligned} \tag{2.147}$$

여기서, $k(x,y)$는 혼합계수이다. 식 (2.145)와 식 (2.147)에서 Δt_1과 Δt_2는 사실상 Δt와 동일한 값을 적용하는데, 두 단계로 나누어 순차적으로 연산하기 때문에 서로 다르게 표기한 것이다. 식

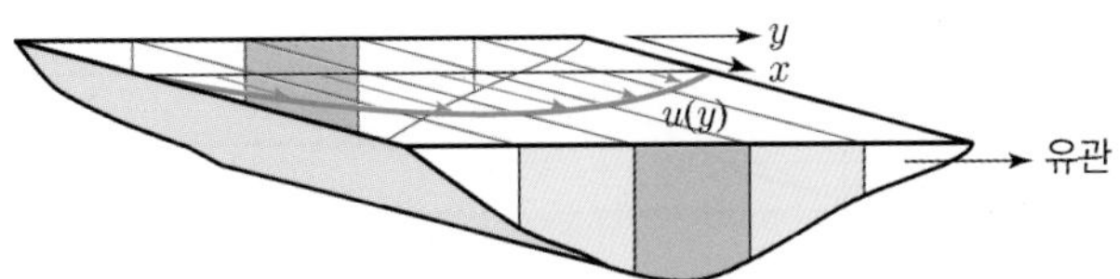

그림 2.28 **개수로 전단흐름에 Fischer의 수치연산법 적용 개념도**

(2.145)와 식 (2.147)은 Fischer(1968)가 처음으로 제안하였고, 미국의 하천에 적용한 결과 실측한 분산계수와 잘 일치한다고 보고한 바 있으며, Hardcn과 Shen(1979)은 이 식을 컴퓨터 프로그램으로 개발하였다.

② 순차혼합모형

서일원과 손은우(2006)는 Fischer의 방법을 발전시켜 보다 가시적이고 직관적으로 분산 과정을 연산할 수 있는 순차혼합모형을 개발하고 모의결과를 1차원 분산방정식[식 (2.93)]에 의한 해석해와 비교하여 정확성을 검증하였다. 그들은 2단계의 확산 연산 과정에서 Δt를 대신하여 다음과 같은 혼합시간을 도입하였다.

$$T_m = \alpha \frac{W^2}{\epsilon_y} \tag{2.148}$$

그림 2.28에 도시한 하천의 경우, T_m은 y방향으로 오염물질이 완전히 혼합되는 데 소요되는 시간이고, W는 하천의 폭, α는 임의의 계수이다. 그래서 각 혼합시간마다 y방향으로 오염물질이 완전히 혼합되는 것으로 가정하고 시간에 따라 연산을 진행하였다. 서일원과 손은우(2006)가 제안한 순차혼합모형을 그림 2.29에 도시한 가상 직선수로에 적용하면 다음과 같다.

가상수로의 폭을 n개의 유관으로 나누고 각 유관마다 서로 다른 유속을 부여한다. 나아가 흐름 방향으로도 Δx로 나누어 계산 격자를 구성한다. 시작 지점인 $x=0$인 지점에 순간적으로 농도 C_0가 단면 전체에 걸쳐서 주입되었다고 가정한다. 그런 다음 1단계에서 각 유관마다 다른 유속으로 T_m시간만큼 이송시킨 후에, 2단계에서는 y방향으로 완전혼합을 가정하여 x방향 동일지점 격자들의 농도값을 평균한다. 이렇게 두 단계로 구성된 연산 과정을 T_m 시간만큼 진행시키면서($1T_m$, $2T_m$,

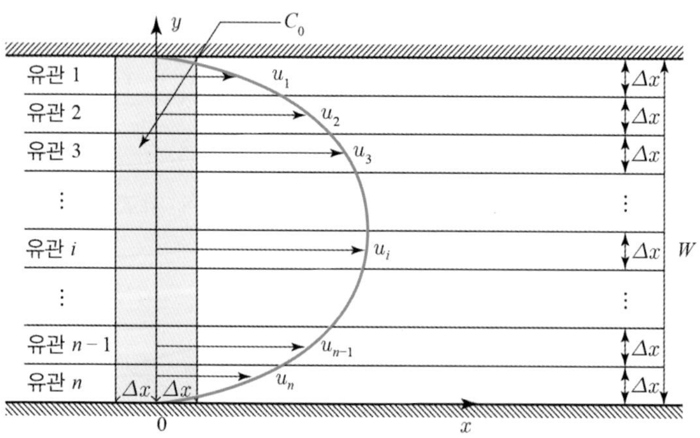

그림 2.29 1차원 순차혼합모형의 적용을 위한 가상수로

$3T_m$, ⋯) 수행하여 시간별 농도분포($C-x$ 곡선)를 구한다. 이러한 연산 과정을 그림 2.30에 도시하였다. 이 그림은 다음과 같은 조건을 입력하여 계산한 결과이다.

$$n = 3,\ W = 30\ \text{m},\ \Delta x = 2\ \text{m},\ u_1 = u_3 = 0.2\ \text{m/s},\ u_2 = 0.4\ \text{m/s},$$
$$T_m = 10\ \text{sec},\ C_0 = 100\ \text{mg/L}$$

이 그림은 1단계에서 유속분포에 의한 이송이 이루어진 직후에는 y방향 격자별로 농도 차이가 발생하지만 2단계에서 y방향으로 완전혼합이 이루어진 다음에는 동일한 농도로 평활화됨을 보여 주고 있다. 이렇게 단면 전체에 걸쳐서 완전혼합이 이루어진 후의 단면평균농도를 x축에 대해 도시하면 그림 2.31과 같은 결과를 얻을 수 있다. 이 그림에서 순차혼합모형에 의한 결과는 초기기간에는 왜곡된 농도분포를 보이다가 충분한 시간이 경과된 후에는 점차 대칭적 농도분포를 보이는 것을 알 수 있다. 이에 비해 1차원 이송-분산 방정식의 해석해의 경우 초기기간과 충분히 긴 시간이 경과된 Taylor 기간에서 모두 대칭적인 농도분포를 보여 주고 있다. 즉, 전단이송과 난류확산의 평형이 이루어지지 않은 기간인 초기기간의 경우 긴 꼬리를 갖는 농도분포가 발생하는데, 순차혼합모형은 이러한 현상을 잘 모의하는 것에 비해 1차원 이송-분산 방정식의 해석해는 이를 제대로 재현하지 못하는 것을 알 수 있다.

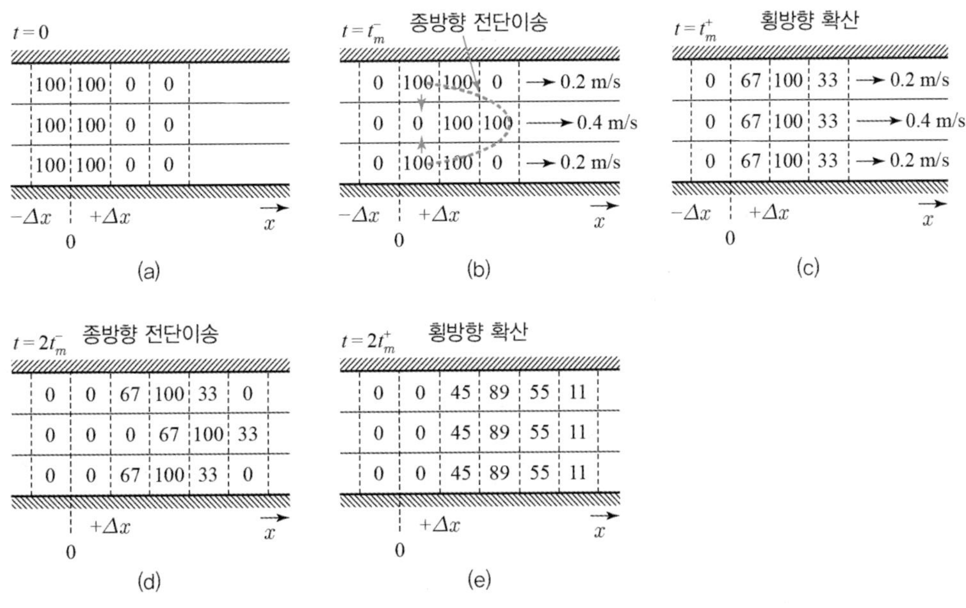

그림 2.30 가상수로에서 순차적 연산에 의한 농도분포

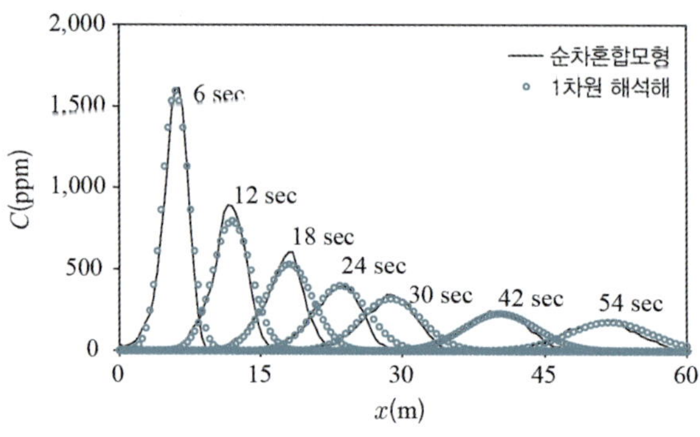

그림 2.31 1차원 순차혼합모형과 1차원 이송-분산 모형 해석해의 모의결과 비교

서일원과 손은우(2006)가 제안한 순차혼합모형은 정영재와 서일원(2013)에 의해 2차원 분산 해석 모형으로 확장되었다. 정영재와 서일원(2013)은 하천 수로에 유입된 오염물질이 연직방향으로 혼합이 완료된 상황을 가정하고 종·횡 방향 유속의 연직 편차에 의한 분산 과정을 단계별(이송단계와 확산단계)로 연산하는 2차원 순차혼합모형을 개발하고 이를 이용하여 시간에 따른 수로 내 2차원 농도분포 변화를 계산하였다. 개발된 모형을 검증하기 위해 Taylor의 가정에 기반하여 유도된 2차원 이송-분산 모형[식 (2.130)]의 해석해 결과와 비교 분석을 수행하였다. 그림 2.32는 두 모형을 직선 가상수로에 적용하여 모의한 결과를 나타낸 것인데, 2차원 순차혼합모형이 초기기간의 왜곡된 농도분포를 모의하는 것에 비해 2차원 이송-분산 방정식의 해석해는 이를 제대로 재현하지 못하는 것을 알 수 있다. Taylor 기간에서는 두 모형 모두 정규분포에 근접한 결과를 보여 주고 있음을 알 수 있다.

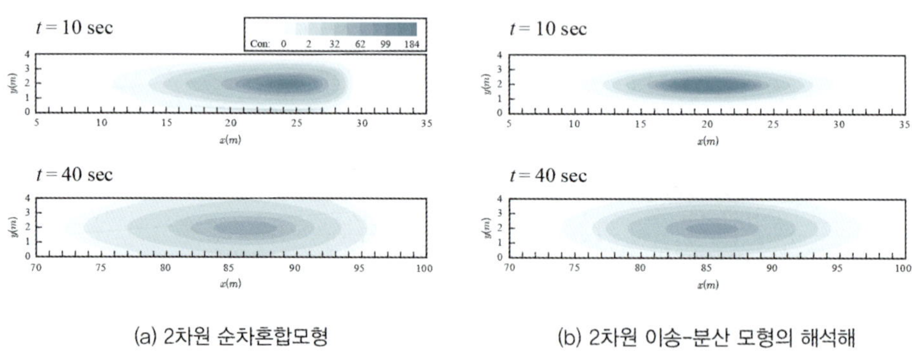

그림 2.32 2차원 순차혼합모형과 2차원 이송-분산 모형의 모의결과 비교

자료: 정영재와 서일원(2013)

③ 입자분산모형

Park과 Seo(2018)는 2차원 순차혼합모형에 입자추적기법(particle tracking method)을 도입하여 용존성 및 부유성 오염물질의 2차원 분산 해석을 위한 2차원 입자분산모형(particle dispersion model)을 개발하였다. 그들이 제안한 모형에서는 오염물질 농도 대신에 입자를 주입하며, 이송 연산단계에서는 종 · 횡 방향 유속의 연직 편차에 의한 전단이송 외에 무작위적인 이송을 포함하였다. 또한 확산 연산단계에서는 완전혼합뿐만 아니라 부분혼합과 무작위혼합을 포함해서 실제 분산 현상을 정확하게 모델화할 수 있도록 하였다.

그림 2.33은 2차원 입자분산모형을 직선수로에 적용하여 초기기간에서의 모의결과를 도시한 것이다. x방향과 y방향 모두 입자들이 연직방향으로 왜곡된 분포를 보이고 있으며, 나아가 입자운(particle cloud)의 선도부(leading edge)와 뒤따르는 꼬리부(tail)의 특성을 잘 재현하고 있음을 알 수 있다. 그림 2.34는 주입 후 시간에 따른 2차원 입자분산모형에 의한 모의결과를 보여 주고 있는데, 초기기간에 왜곡되었던 입자의 분포가 시간이 경과된 후에는 정규분포로 바뀌어 가는 것을 잘 재현하고 있다. 그림 2.35는 2차원 입자분산모형에 의한 결과를 농도로 변환하여 2차원 이송-분산 방정식의 해석해와 비교한 그림이다. 2차원 순차혼합모형 결과와 마찬가지로 2차원 입자분산모형이 초기기간의 왜곡된 농도분포를 모의하는 것에 비해 2차원 Fickian 분산모형은 이러한 왜곡 분포를 재현하지 못하고 정규분포로 모의하고 있는 것을 알 수 있다. 나아가 Park과 Seo(2018)는 2차원 입자분산모형을 자연하천에 적용하여 불규칙한 하천 지형에 의해 발생하는 오염물질 저장효과(storage effect)를 잘 재현하고 있음을 제시하였다.

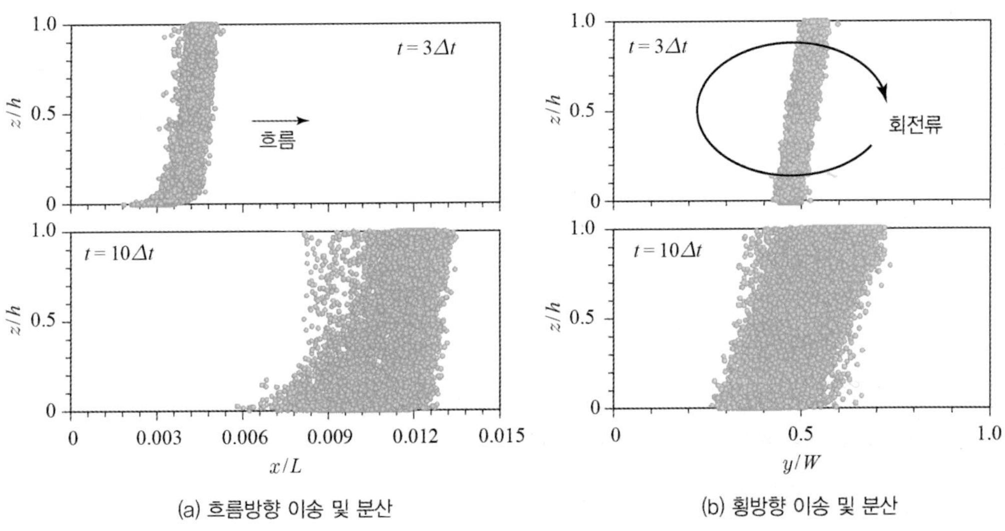

(a) 흐름방향 이송 및 분산 (b) 횡방향 이송 및 분산

그림 2.33 2차원 입자분산모형에 의한 초기기간 모의결과

자료: Park과 Seo(2018)

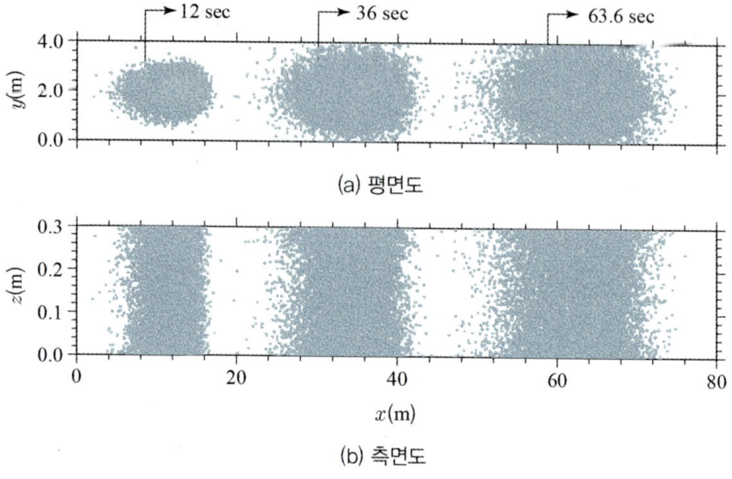

(a) 평면도

(b) 측면도

그림 2.34 시간에 따른 2차원 입자분산모형에 의한 모의결과

자료: Park과 Seo(2018)

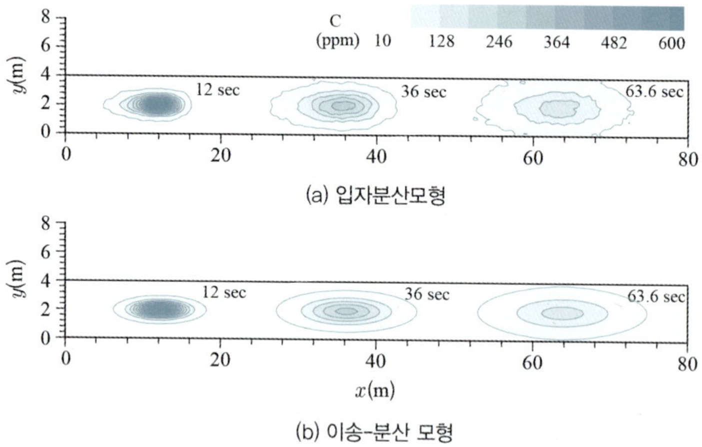

(a) 입자분산모형

(b) 이송-분산 모형

그림 2.35 2차원 입자분산모형과 2차원 이송-분산 모형의 모의결과 비교

자료: Park과 Seo(2018)

연습문제

1. 아래의 그림에서 주어진 미소검사체적을 이용하여 다음에 주어진 3차원 확산방정식을 유도하시오. 이 경우 확산계수 D는 등방성이고, 매질은 균질한 것으로 가정하시오.

$$\frac{\partial C}{\partial t} = D\left(\frac{\partial^2 C}{\partial x^2} + \frac{\partial^2 C}{\partial y^2} + \frac{\partial^2 C}{\partial z^2}\right)$$

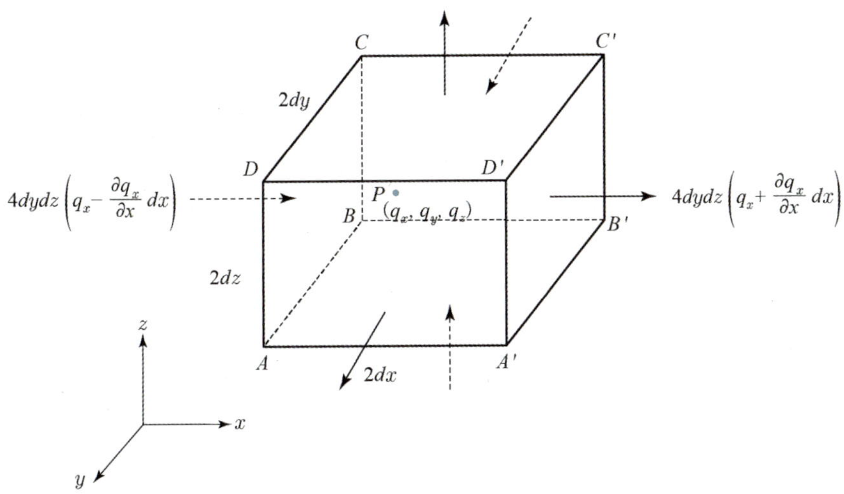

2. 3차원 이송-확산 방정식을 벡터를 이용하여 다음 식과 같이 나타낼 수 있음을 유도하시오.

$$\frac{\partial C}{\partial t} + \nabla \cdot (C\vec{u}) = D\nabla^2 C$$

아울러 상기 식으로부터 다음 식으로 표현되는 비보존형 방정식을 유도하시오.

$$\frac{\partial C}{\partial t} + \vec{u} \cdot \nabla C = D\nabla^2 C$$

3. 직선 구간으로 이루어진 하천에 보존성 오염물질이 순간적으로 유입되었다. 이 하천의 평균유속은 0.5 m/s이다. 유입된 오염물질이 수심 및 하폭 방향으로 완전히 혼합된 후, 하류의 여러 지점에서 농도를 측정하여 시간에 따른 농도-거리 곡선을 도시하였다. 다음은 농도-거리 곡선의 통계학적인 특성이다.

유입 후 경과 시간(hr)	농도–거리 곡선의 분산(km^2)
$t_1=0.25$	0.15
$t_2=2.50$	0.35

(1) 모멘트법을 이용하여 구간 평균 확산계수(m^2/s)를 구하시오.

(2) 오염물질이 유입된 후 3시간이 경과하였을 때 오염운의 중심부 위치(m)와 95% 또는 99% 수준에 대한 오염운의 너비(m)를 구하시오.

4. 유속이 없는 개수로에 1 kg의 보존성 추적자 물질이 유입되었다. 추적자는 순간적으로 유입되었으며, 유입된 후 짧은 거리 내에서 수로 단면 전체에 걸쳐서 혼합이 이루어졌다. 수로의 평균 수심은 1.0 m, 하폭은 20 m이다.

(1) 1차원 확산모형의 해석해를 이용하여 $t=100$초, 200초, 500초, 1,000초, 1,500초인 경우에 추적자의 농도-거리 곡선을 도시하시오. 이 경우 1차원 확산계수는 $D=10\ m^2/s$를 대입하시오.

(2) 각 시간별 농도-거리 곡선의 분산(variance)을 구하고 이를 이용하여 확산계수를 산정하시오. 이렇게 산정한 확산계수가 대입한 확산계수값과 동일한지 비교하시오.

5. 연습문제 4번과 동일한 조건에 대해 다음의 문제를 푸시오.

(1) 1차원 확산모형의 해석해를 이용하여 $x=10$ m, 20 m, 50 m인 경우에 농도-시간 곡선을 도시하시오. 연습문제 4의 (1) 농도-거리 곡선과 비교하여 차이점을 서술하시오.

(2) 각 측선별 농도-시간 곡선의 최대농도 도달시간과 도심(centroid) 도달시간을 구하시오.

6. 두 평판 사이에 발생하는 층류흐름으로서 유속분포가 선형인 Couette 흐름에 대해 아래에 주어진 분산계수를 유도하시오.

$$K=\frac{U^2h^2}{120D}$$

부록 2.1: 1차원 확산방정식 해석해 유도

일정 질량의 오염물질이 순간적으로 특정 지점에 유입되는 경우에 대한 1차원 해석해는 다음에 주어진 확산방정식을 적용하여 유도한다.

$$\frac{\partial C}{\partial t} = D\frac{\partial^2 C}{\partial x^2} \tag{A2.1}$$

주입조건에 대한 초기 및 경계조건을 수식으로 표현하면 다음과 같다.

$$C(x=0, t=0) = M\delta(x) \tag{A2.2a}$$

$$C(x=\pm\infty, t) = 0 \tag{A2.2b}$$

초기에 오염물질이 유입된 후 시간 t가 경과한 후에 주입지점에서 x만큼 떨어진 지점에서의 농도는 다음과 같이 나타낼 수 있다.

$$C(x,t) = f(M, D, x, t) \tag{A2.3}$$

이 식에 차원해석법을 적용하면 다음 식을 유도할 수 있다.

$$\frac{C\sqrt{4\pi Dt}}{M} = f\left(\frac{x}{\sqrt{4Dt}}\right) \tag{A2.4}$$

식 (A2.4)의 함수 f를 구하기 위해서 $\eta = \dfrac{x}{\sqrt{4Dt}}$을 식 (A2.4)에 대입해서 정리하면 다음 식이 된다.

$$C = \frac{M}{\sqrt{4\pi Dt}} f(\eta) = C_p f(\eta) \tag{A2.5}$$

또한 무차원 변수 η의 x, t에 대한 미분항은 다음과 같이 표현된다.

$$\frac{\partial \eta}{\partial t} = -\frac{\eta}{2t} \tag{A2.6a}$$

$$\frac{\partial \eta}{\partial x} = \frac{1}{\sqrt{4Dt}} \tag{A2.6b}$$

식 (A2.5)와 식 (A2.6)을 식 (A2.1)의 미분항에 대입하여 나타내면 다음과 같이 된다.

$$\begin{aligned}\frac{\partial C}{\partial t} &= \frac{M}{\sqrt{4\pi Dt}}\frac{\partial f}{\partial t} + \frac{\partial}{\partial t}\left(\frac{M}{\sqrt{4\pi D}}\frac{1}{\sqrt{t}}\right)f = C_p\frac{\partial f}{\partial \eta}\frac{\partial \eta}{\partial t} + C_p\left(-\frac{1}{2t}\right)f \\ &= C_p\frac{\partial f}{\partial \eta}\left(-\frac{\eta}{2t}\right) + C_p\left(-\frac{1}{2t}\right)f\end{aligned}$$

$$\frac{\partial C}{\partial x} = C_p \frac{\partial f}{\partial x} = C_p \frac{\partial f}{\partial \eta}\frac{\partial \eta}{\partial x} = C_p \frac{\partial f}{\partial \eta}\frac{1}{\sqrt{4Dt}}$$

$$\frac{\partial^2 C}{\partial x^2} = \frac{\partial}{\partial x}\left(\frac{\partial C}{\partial x}\right) = \frac{\partial}{\partial x}\left(C_p \frac{\partial f}{\partial \eta}\frac{1}{\sqrt{4Dt}}\right) = C_p \frac{1}{\sqrt{4Dt}}\frac{\partial}{\partial x}\left(\frac{\partial f}{\partial \eta}\right)$$
$$= C_p \frac{1}{\sqrt{4Dt}}\frac{\partial}{\partial \eta}\frac{\partial \eta}{\partial x}\left(\frac{\partial f}{\partial \eta}\right) = C_p \frac{1}{4Dt}\frac{\partial^2 f}{\partial \eta^2}$$

따라서 상기 미분항들을 식 (A2.1)에 대입하여 정리하면 다음과 같이 된다.

$$C_p \frac{\partial f}{\partial \eta}\left(-\frac{\eta}{2t}\right) + C_p\left(-\frac{1}{2t}\right)f = D\left(C_p \frac{1}{4Dt}\frac{\partial^2 f}{\partial \eta^2}\right)$$

$$2\eta \frac{\partial f}{\partial \eta} + 2f + \frac{\partial^2 f}{\partial \eta^2} = 0$$

상기 식에서 좌변의 첫 두 항을 합쳐서 나타내면 다음 식이 유도된다.

$$\frac{\partial}{\partial \eta}(2\eta f) + \frac{\partial^2 f}{\partial \eta^2} = 0 \tag{A2.7}$$

식 (A2.7)을 η에 대해 한 번 적분하면 다음 식이 된다.

$$2\eta f + \frac{df}{d\eta} = 0 \tag{A2.8}$$

위 식에 변수분리법을 적용하면 다음 식을 유도할 수 있다.

$$\frac{df}{f} = -2\eta d\eta$$

위 식의 양변을 적분하면 다음 식이 유도된다.

$$\ln f = -\eta^2 + c$$

여기서, c는 적분상수이다. 이 식을 f에 대해 나타내면 다음과 같다.

$$f = \exp(-\eta^2 + c) = C_0 \exp(-\eta^2) \tag{A2.9}$$

식 (A2.9)를 식 (A2.5)에 대입하면 다음과 같다.

$$C = C_0 \frac{M}{\sqrt{4\pi Dt}} \exp\left(-\frac{x^2}{4Dt}\right) \tag{A2.10}$$

식 (A2.10)의 적분상수 C_0를 제거하기 위해 시스템 내에 유입된 오염물질의 질량보존에 관한 식을 다음과 같이 도입한다.

$$M = \int_{-\infty}^{\infty} C dx \tag{A2.11}$$

식 (A2.11)은 물질의 확산 과정이 시스템 내에 제한되므로 농도곡선을 x의 모든 범위에 대해서 적분하면 총질량이 되는 것을 의미한다. 식 (A2.11)은 해당 물질이 질량이 변화하지 않는 보존성 물질이고, 따라서 모든 시간에 대해 질량은 일정한 값을 갖는다는 가정하에 성립한다. 식 (A2.10)을 식 (A2.11)에 대입하여 적분하면 적분상수 $C_0 = 1$을 유도할 수 있다. 따라서 식 (A2.10)은 다음과 같이 된다.

$$C = \frac{M}{\sqrt{4\pi Dt}} \exp\left(-\frac{x^2}{4Dt}\right) \tag{A2.12}$$

CHAPTER 3

하천혼합 해석

본 장에서는 하천에 오염물질이 유입되었을 때 단계별로 발생하는 혼합과정을 설명하고 각 단계의 혼합 해석에 적용할 수 있는 물질이동방정식을 제시하였다. 나아가 혼합 단계별 오염물질의 이동 및 혼합을 나타내는 지배방정식에 포함된 혼합계수에 대한 이론적 유도 과정과 경험적인 추정 방법에 대해 상세하게 기술하였다.

1. 하천 혼합과정

하천에 오염물질이 점오염원 형태로 유입되었을 때 주입지점의 하류에서 일어나는 혼합과정은 그림 3.1에 도시한 바와 같이 3단계로 나누어 해석할 수 있다(서일원과 권시윤, 2025). 첫 번째 단계는 오염물질이 종 · 횡 방향 및 연직방향의 혼합이 발생하는 단계로서 이러한 3차원적인 혼합이 일어나는 구간을 근역이라 칭한다. 이 구간에서는 제2장에서 유도한 3차원 이송-확산 방정식을 적용하여 오염물질의 종 · 횡 그리고 연직방향의 이송과 확산을 해석한다. 만약 오염원이 하 · 폐수처리 시설의 방류시설(수중확산관)에서 배출되는 경우라면 방류수가 가지고 나오는 운동량과 부력을 고려해서 근역혼합 거동을 해석하여야 한다. 그러나 본 장에서는 오염원 자체의 운동량이나 부력이 없고 오염물질이 단지 하천의 난류와 전단력에 의한 수동적인 혼합에 의존하는 경우에 대한 거동 해석에 관해 기술한다.

대부분의 하천이나 수로의 경우 수심이 하폭이나 길이보다는 작기 때문에 연직방향의 혼합이 가장 먼저 완료되고, 이후에는 종 · 횡 방향의 혼합이 주로 발생하는데, 이 구간을 중간역이라 하며 이 구간에서의 혼합을 2단계 혼합이라고 한다. 중간역에서의 오염물질의 농도는 수심평균된 값이기 때문에 이 구간에서의 혼합 문제는 제2장에서 유도한 수심방향으로 적분된 2차원 모형을 적용하여 해석한다. 세 번째 단계는 오염물질이 횡방향으로 혼합이 완료된 후에 종방향 혼합만이 일어나는 단계인데 이 구간을 원역이라 한다. 이 구간에서의 혼합 문제는 하천 단면 전체에 대해 적분된 1차원 모형을 적용하며, 따라서 단면평균농도를 구하게 된다.

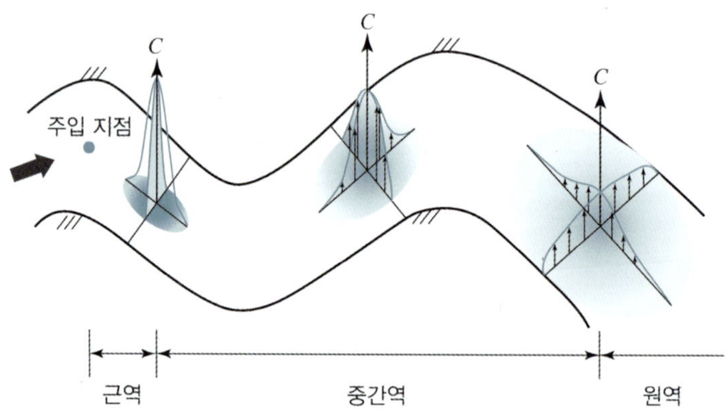

그림 3.1 하천에 순간적으로 유입된 오염물질의 혼합과정

자료: 서일원과 권시윤(2025)

상술한 바와 같이 하천의 혼합 문제는 각 구간마다 중점적으로 발생하는 혼합과정에 적합한 모형을 적용하여 해석하는 것이 효율적이기 때문에 하천혼합 단계를 구분짓는 구간의 길이를 정하는 것이 매우 중요하다. 연직방향의 혼합이 완료되는 구간의 길이를 연직혼합거리(vertical mixing distance)라 하면, 이는 농도의 연직방향 분포가 균일하게 되는 흐름방향으로의 거리를 의미한다. Rutherford(1994)는 연속적으로 주입되는 오염원에 대한 해석적인 해를 이용하여 흐름방향 지점별로 농도의 연직방향 분포를 구하고 이를 이용하여 연직혼합거리를 제시하였다. 그의 결과에서 오염원이 수심의 중간 지점에 위치하고 있는 경우에 최저농도와 최고농도의 비가 0.95(즉, 농도차가 5%)일 때를 연직혼합거리로 정의하면 다음 식으로 표현할 수 있다.

$$L_V = 0.1 \frac{UH^2}{\epsilon_z} \tag{3.1}$$

여기서, L_V는 연직혼합거리이고, U는 흐름방향 평균유속, H는 평균수심, ϵ_z는 연직방향 난류확산계수이다. 만약 오염원이 하천의 바닥이나 수표면에 위치하고 있는 경우 연직혼합거리는 다음 식으로 표현할 수 있다.

$$L_V = 0.4 \frac{UH^2}{\epsilon_z} \tag{3.2}$$

횡방향의 혼합이 완료되는 구간의 길이를 횡혼합거리(transverse mixing distance)라 하면, 이는 농도의 횡방향 분포가 균일하게 되는 흐름방향 거리를 의미한다. Fischer 등(1979)과 Rutherford (1994)는 횡혼합거리를 구하기 위하여 연속적으로 주입되는 오염원에 대한 해석적인 해를 이용하여 흐름방향 지점별로 농도의 횡방향 분포를 이용하였다. 그들의 결과를 이용하면 오염원이 하폭의 중간 지점에 위치하고 있는 경우에 최저농도와 최고농도의 차가 5%가 될 때에 대한 횡혼합거리는 다음 식으로 표현할 수 있다.

$$L_T = 0.1 \frac{UW^2}{D_T} \tag{3.3}$$

여기서, L_T는 횡혼합거리이고, W는 하폭, D_T는 횡방향 분산계수이다. 만약 오염원이 하천의 측면(양안)에 위치하고 있는 경우 횡혼합거리는 다음 식으로 표현할 수 있다.

$$L_T = 0.4 \frac{UW^2}{D_T} \tag{3.4}$$

2. 하천 근역혼합

1) 3차원 물질이동방정식

근역에서 오염물질이 점원으로 유입되는 경우 제2장에서 유도한 3차원 이송-확산 방정식을 적용하여 오염물질의 종 · 횡 그리고 연직방향의 이송과 확산을 해석한다. 난류흐름에서 3차원 이송-확산에 관한 방정식은 다음과 같다.

$$\frac{\partial C}{\partial t}+\frac{\partial(uC)}{\partial x}+\frac{\partial(vC)}{\partial y}+\frac{\partial(wC)}{\partial z}=\frac{\partial}{\partial x}\left(\epsilon_x\frac{\partial C}{\partial x}\right)+\frac{\partial}{\partial y}\left(\epsilon_y\frac{\partial C}{\partial y}\right)+\frac{\partial}{\partial z}\left(\epsilon_z\frac{\partial C}{\partial z}\right) \tag{3.5}$$

여기서, u, v, w, C는 모두 난류변동성분을 평활화한 시간 평균값들이고, $\epsilon_x, \epsilon_y, \epsilon_z$는 각각 x, y, z 방향의 난류확산계수이다. 상기 식은 보존형 방정식으로서 이를 비보존형 방정식으로 변환하면 다음 식과 같다.

$$\frac{\partial C}{\partial t}+u\frac{\partial C}{\partial x}+v\frac{\partial C}{\partial y}+w\frac{\partial C}{\partial z}=\frac{\partial}{\partial x}\left(\epsilon_x\frac{\partial C}{\partial x}\right)+\frac{\partial}{\partial y}\left(\epsilon_y\frac{\partial C}{\partial y}\right)+\frac{\partial}{\partial z}\left(\epsilon_z\frac{\partial C}{\partial z}\right) \tag{3.6}$$

만약 난류확산계수들이 상수값을 가진다면 식 (3.6)은 다음 식과 같이 된다.

$$\frac{\partial C}{\partial t}+u\frac{\partial C}{\partial x}+v\frac{\partial C}{\partial y}+w\frac{\partial C}{\partial z}=\epsilon_x\frac{\partial^2 C}{\partial x^2}+\epsilon_y\frac{\partial^2 C}{\partial y^2}+\epsilon_z\frac{\partial^2 C}{\partial z^2} \tag{3.7}$$

자연하천의 경우, 유로의 사행과 흐름의 불규칙성 때문에 직교좌표계가 아닌 새로운 좌표계를 도입하여야 할 경우가 있다. 만약 식 (3.7)의 좌표계를 새 좌표계 $\alpha(x, y, z), \beta(x, y, z), \gamma(x, y, z)$로 변환시키려면 다음의 미분연쇄법칙을 적용한다.

$$\frac{\partial}{\partial x}=\frac{\partial}{\partial \alpha}\frac{\partial \alpha}{\partial x}+\frac{\partial}{\partial \beta}\frac{\partial \beta}{\partial x}+\frac{\partial}{\partial \gamma}\frac{\partial \gamma}{\partial x} \tag{3.8a}$$

$$\frac{\partial}{\partial y}=\frac{\partial}{\partial \alpha}\frac{\partial \alpha}{\partial y}+\frac{\partial}{\partial \beta}\frac{\partial \beta}{\partial y}+\frac{\partial}{\partial \gamma}\frac{\partial \gamma}{\partial y} \tag{3.8b}$$

$$\frac{\partial}{\partial z}=\frac{\partial}{\partial \alpha}\frac{\partial \alpha}{\partial z}+\frac{\partial}{\partial \beta}\frac{\partial \beta}{\partial z}+\frac{\partial}{\partial \gamma}\frac{\partial \gamma}{\partial z} \tag{3.8c}$$

식 (3.8)을 식 (3.7)에 적용하면 다음 식을 유도할 수 있다.

$$\begin{aligned}&\frac{\partial C}{\partial t}+u_\alpha\frac{\partial C}{\partial \alpha}+u_\beta\frac{\partial C}{\partial \beta}+u_\gamma\frac{\partial C}{\partial \gamma}\\&=\epsilon_{\alpha\alpha}\frac{\partial^2 C}{\partial \alpha^2}+\epsilon_{\beta\beta}\frac{\partial^2 C}{\partial \beta^2}+\epsilon_{\gamma\gamma}\frac{\partial^2 C}{\partial \gamma^2}+\epsilon_{\alpha\beta}\frac{\partial^2 C}{\partial \alpha\partial \beta}+\epsilon_{\alpha\gamma}\frac{\partial^2 C}{\partial \alpha\partial \gamma}+\epsilon_{\beta\gamma}\frac{\partial^2 C}{\partial \beta\partial \gamma}\end{aligned} \tag{3.9}$$

여기서, $u_\alpha, u_\beta, u_\gamma$는 비직교좌표계에서의 유속이고, $\epsilon_{\alpha\alpha}, \epsilon_{\beta\beta}, \epsilon_{\gamma\gamma}, \epsilon_{\alpha\beta}, \epsilon_{\alpha\gamma}, \epsilon_{\beta\gamma}$는 텐서 형태의 확산계수이다. 이는 난류흐름에서의 확산계수가 벡터량이 아니고 2차 텐서량으로 표현되기 때문이다. 하천수로가 직선으로 유지되고 수로 단면이 직사각형이고 하폭이 무한한 경우에는 좌표축이 확산텐서의 주축(principal axis)과 일치하게 되어 식 (3.9)는 식 (3.7)로 단순화될 수 있다. 그러나 하천이 사행하고 하폭이 유한한 경우에는 확산텐서의 주축이 좌표계와 일치하지 않으므로 식 (3.9)를 사용하여야 한다(Rutherford, 1994).

2) 난류확산계수

(1) 연직 난류확산계수

전술한 식 (3.5), (3.6), (3.7)을 적용하여 오염원 근역에서의 3차원 확산 거동을 해석하기 위해서는 x, y, z방향의 난류확산계수인 $\epsilon_x, \epsilon_y, \epsilon_z$의 값을 식에 입력하여야 한다. 하천이나 개수로에서 발생하는 3차원 난류흐름에서는 전단류에 의한 분산효과는 무시하고 난류에 의한 혼합효과만을 고려하여 확산계수를 산정한다.

오염물질이 자체적인 운동량이나 부력이 없이 수로 폭이 매우 넓고 수심이 일정한 직선수로에 유입된 경우를 고려해 보자. 이러한 수로에서 발생하는 난류는 균질성과 정상성을 갖는 것으로 가정할 수 있다. 그리고 수로폭이 매우 넓기 때문에 흐름과 물질 확산 거동은 수로의 벽면보다는 수로의 바닥면에 의해 영향을 받는다. 따라서 이 경우 수심이 중요한 길이 척도가 된다. 제2장에서 난류확산계수는 라그랑지안 길이규모와 난류강도의 곱으로 표현된다는 것을 다음과 같이 유도하였다.

$$\epsilon = l_L \left[\overline{u'^2}\right]^{1/2} \tag{3.10}$$

상기 식에서 l_L은 라그랑지안 길이규모로서 수로폭이 매우 넓은 수로에서는 수심으로 대표할 수 있다. $\left[\overline{u'^2}\right]^{1/2}$는 난류강도로서 다음 식과 같이 하천이나 수로의 바닥면에서 마찰력으로 표현할 수 있다(Fischer 등, 1979).

$$\left[\overline{u'^2}\right]^{1/2} \propto \sqrt{\frac{\tau_0}{\rho}} \tag{3.11}$$

여기서, τ_0는 바닥마찰력이고, ρ는 유체 또는 물의 밀도이다. 식 (3.11)의 우변은 속도의 차원을 가지므로 이를 다음 식과 같이 나타낼 수 있다.

$$\left[\overline{u'^2}\right]^{1/2} \propto u^* \tag{3.12}$$

상기 식에서 u^*는 마찰유속이라고 하며 다음 식과 같이 정의된다.

$$u^* = \sqrt{\frac{\tau_0}{\rho}} \tag{3.13}$$

따라서 식 (3.10)은 다음과 같이 나타낼 수 있다.

$$\epsilon \propto hu^* \tag{3.14}$$

여기서, h는 수심이다. 위 식에 비례상수를 도입하면 다음 식이 된다.

$$\epsilon = \alpha h u^* \tag{3.15}$$

상기 식은 수로폭이 매우 넓고 수심이 일정한 직선 수로에서 발생하는 균질하고 정상적인 난류에 의한 확산계수에 관한 일반적인 식으로서 x, y, z 방향의 모든 난류확산계수에 적용할 수 있는 식이다.

연직방향의 난류확산계수의 경우 수로 바닥면과 수표면에서 발생하는 마찰력의 영향을 고려하여 산정하여야 한다. 따라서 연직 난류확산계수는 수로 바닥에서의 마찰력을 고려하여 대수형 유속분포식에 기반하여 제2장에서 유도한 식을 이용할 수 있다.

$$\epsilon_z = \kappa h u^* \frac{z}{h}\left(1 - \frac{z}{h}\right) \tag{3.16}$$

여기서, κ는 von Kármán 상수로서 일반적으로 0.4의 값을 갖는다. 식 (3.16)은 그림 2.26에 나타낸 바와 같이 연직 난류확산계수가 연직방향으로 포물선형의 분포를 가진다는 것을 보여주고 있다. 이 식을 수심에 대해 적분하면 다음과 같은 수심평균 확산계수를 유도할 수 있다.

$$\overline{\epsilon_z} = 0.067 h u^* \tag{3.17}$$

(2) 종 · 횡 난류확산계수

수로폭이 무한한 경우 종방향 및 횡방향 난류확산은 연직방향 난류확산과는 다르게 수로 바닥마찰력의 영향을 받지 않는다. 또한 난류에 의한 유속분포식이 존재하지 않는다. 따라서 수로 바닥에서의 마찰력을 고려하여 제시된 유속분포식에 기반하여 유도한 연직 확산계수식과 유사하게 식을 유도할 수 없기 때문에 주로 개수로와 하천 실험에서 취득한 자료를 기반으로 경험적으로 제시한다.

Fischer 등(1979)은 직선 수로에서 수행한 실험 자료를 분석한 결과 무차원화된 횡방향 난류확산계수의 값이 0.1~0.2의 범위에 있음을 밝히고 이에 따라서 실험 자료의 평균적인 값에 기반한 횡 난류확산계수 식을 다음과 같이 제안하였다.

$$\epsilon_y = 0.15 h u^* \tag{3.18}$$

종방향 난류확산의 경우에도 횡방향 난류확산과 유사하게 난류 운동을 제한하는 경계면이 없기 때문에 횡방향 확산과 동일한 식을 이용하는 것이 일반적이다. 따라서 종 난류확산계수 식은 다음과 같다(Fischer 등, 1979).

$$\epsilon_x = 0.15hu^* \tag{3.19}$$

상술한 바와 같이 Fischer 등(1979)은 수평방향 난류확산계수를 동일하게 제시하고 있으나, Park 등(2017)은 대하천에서 GPS 센서가 부착된 부자를 추적자로 이용하여 난류확산 거동을 관측하고 이를 분석한 결과 종방향(흐름방향) 난류확산계수가 횡방향 난류확산계수보다 2~7배 크게 나타나는 것으로 보고하였다. 그들이 취득한 종 · 횡 난류확산계수는 다음과 같다.

$$\frac{\epsilon_x}{hu^*} = 0.11 \sim 0.56$$

$$\frac{\epsilon_y}{hu^*} = 0.02 \sim 0.16$$

그들은 하천의 수표면에서 주 흐름방향의 난류 운동이 강하게 발생하여 흐름방향 난류확산계수가 크게 나타난 것으로 분석하였다.

3. 하천 중간역혼합

1) 2차원 물질이동방정식

하천확산 과정의 중간역은 연직방향 혼합이 완료된 후, 종 · 횡 방향 혼합이 주로 발생하는 구간을 의미한다. 실제 수질오염 해석 문제에서 그림 3.2에 나타낸 바와 같이 오염물질이 수질오염사고에 의해서 순간적으로 유입된 경우에 연직방향 혼합이 완료된 후에는 오염운은 종방향 및 횡방향 두 방향으로 혼합하게 된다. 그러나 하 · 폐수가 연속적으로 유입되는 경우나 지류에서 오염물질이 지속적으로 유입되는 경우에 중간역에서는 종방향 혼합은 무시하고 횡방향 혼합에 중점을 두고 해석한다(서일원과 권시윤, 2025).

하천의 중간역에서 오염물질의 농도는 수심평균된 값을 대상으로 하지만 종방향 및 횡방향 유속은 수심(연직)방향으로 변화하는 전단 흐름 특성을 갖는다. 따라서 중간역에서의 오염물질의 혼합을 해석하기 위해서는 제2장에서 유도한 2차원 이송-분산 모형을 적용하여야 한다. 직교좌표계에서의 2차원 이송-분산 방정식은 식 (2.128)과 같이 텐서 형태의 분산계수를 포함하고 있는데, x좌표가 흐름방향과 동일한 자연좌표계에서는 다음과 같은 식을 적용할 수 있다.

$$\frac{\partial \overline{C}}{\partial t}+\bar{u}\frac{\partial \overline{C}}{\partial x}+\bar{v}\frac{\partial \overline{C}}{\partial y}=\frac{\partial}{\partial x}\left(D_L\frac{\partial \overline{C}}{\partial x}\right)+\frac{\partial}{\partial y}\left(D_T\frac{\partial \overline{C}}{\partial y}\right) \tag{3.20}$$

여기서, 농도 $\overline{C}$와 유속 $\bar{u},\bar{v}$는 모두 수심평균된 값이고, D_L은 2차원 종혼합계수, D_T은 2차원 횡혼합계수이다. 여기서 주의할 점은 종혼합계수와 횡혼합계수는 모두 전단류 분산뿐만 아니라 난류확산에 의한 혼합계수를 내포하고 있다는 점이다. 식 (3.20)은 제2장에서 Taylor의 분산 이론을 도입하여 유도한 식 (2.130)과 동일한 식인데, 전단류 분산이 분자 확산과 유사하게 Fick의 법칙을 따른다는 가정하에 현상학적으로 접근하여 동일한 방정식을 유도할 수 있다(Holley, 1969). 자세한 유도 과정은 부록에 수록하였다.

그림 3.2 순간적으로 유입된 추적자 물질의 2차원 혼합 거동

2) 2차원 모형 혼합계수

(1) 종방향 혼합계수

자연하천에 오염물질이 유입된 경우, 중간역에서의 혼합 해석을 위해 2차원 이송-분산 방정식을 이용하여 수심평균된 오염물질의 농도를 구할 수 있다. 이 경우 식 (3.20)을 해당 영역에 적용하여 해를 구하기 위해서 종혼합계수와 횡혼합계수를 입력하여야 하는데, 자연하천에서의 오염물질의 종·횡 방향 혼합은 전술한 바와 같이 전단류에 의한 분산효과와 난류 운동에 의한 난류혼합, 그리고 하천의 불규칙성에 기인한 혼합효과 등을 모두 포함하고 있다. 따라서 식 (3.20)의 D_L는 2차원 종혼합계수(2D longitudinal mixing coefficient)로 정의하며, 이를 식으로 표현하면 다음과 같다(서일원과 권시윤, 2025).

$$D_L = D_{LS} + \epsilon_x + D_{LI} \tag{3.21}$$

여기서, D_{LS}는 전단흐름에서 종방향 유속의 연직방향 편차에 의한 종분산계수, D_{LI}는 하천의 불규칙성에 기인한 추가적인 혼합을 고려한 혼합계수이다. ϵ_x와 D_{LI}는 각각 하천에서 발생하는 난류와 불규칙한 흐름의 변동성에 의한 확산효과를 대표하는 것으로서 둘 간의 구분이 쉽지 않기 때문에 하나의 계수로 나타내는 것이 일반적이다. 그런데 D_{LI}는 하천 흐름에 영향을 미치는 다양한 불규칙성(웅덩이-여울 구조, 식생, 수제 등)에 의한 흐름의 변동성에 의해 발생하는 혼합을 나타내는 계수인데, 이러한 개별적인 흐름 변동성은 흐름방향 유속의 연직방향 편차에 의한 전단류보다는 크기가 작지만 혼합효과는 총체적인 합으로 표현하기 때문에 D_{LI}가 D_{LS}보다 크게 나타나는 경우도 발생한다. 특히 하폭이 수심보다 큰 하천의 경우 하천 바닥과 양측 경계면에서 발생하는 난류성분에 의해 D_{LI}가 D_{LS}보다 크게 나타난다고 보고되고 있다(Shin 등, 2020).

종분산계수인 D_{LS}에 관한 이론적인 접근은 Elder(1959)에 의해 처음으로 수행되었다. 그는 개수로에서 종방향 유속의 연직분포가 대수함수 형태임을 이용하여 종분산계수를 이론적으로 유도하였다. 그는 식 (3.22)와 같은 종분산계수 산정식에 대수함수 유속분포식을 대입하여 종분산계수를 식 (3.23)과 같이 유도하였는데, 자세한 유도 과정은 제2장에 기술되어 있다.

$$D_{LS} = -\frac{1}{h}\int_0^h u'\int_0^z \frac{1}{\epsilon_z}\int_0^z u'\,dz dz dz \tag{3.22}$$

$$D_{LS} = 5.93hu^* \tag{3.23}$$

여기서, u'는 종방향 유속의 연직방향 편차$(u-\overline{u})$를 의미한다. 상기 식은 이론적인 배경이 있음에도 불구하고 무한히 넓은 경사 수로에서 난류흐름의 연직방향 유속분포가 대수식을 따른다는 가정하에 유도한 결과이므로, 자연하천의 경우 이러한 가정이 성립되지 않기 때문에 적용성이 떨어지는 것으로 보고되고 있다(Seo 등, 2016).

최근 들어 계측장비의 발전에 따라서 수로와 하천에서 유속의 실측이 많이 이루어지고 있는데, 이러한 실측 유속을 이용하여 종분산계수를 유도하는 연구도 다수 수행되었다. Lee와 Seo(2013)는 실험실 개수로에서 초음파유속계(Acoustic Doppler Velocimeter)를 이용하여 측정한 유속자료를 식 (3.22)에 대입하여 다음과 같이 종분산계수를 산정하였는데, 그들이 제안한 범위는 Elder(1959)가 이론적으로 유도한 값과 유사하게 나타났다.

$$\frac{D_{LS}}{Hu^*} = 3.8 \sim 5.4 \tag{3.24}$$

여기서, D_{LS}는 단면 평균값이다. Shin 등(2020)은 한국건설기술연구원 하천실험센터의 실규모 사행수로(그림 3.3)에서 수행한 추적자실험에서 초음파 유속측심계(Acoustic Doppler Current Profiler)를 이용하여 수로 단면 전체에서의 유속분포를 측정하고 이 유속자료를 식 (3.22)에 대입하여 그림 3.4와 같이 수로 단면별 종분산계수 분포도를 제시하였다. 산정된 종분산계수가 수로의 횡방향으로 변동하고 있으며, 만곡부 정점(bend apex) 단면에서의 종분산계수가 교차부(crossover)에서 보다 매우 높게 나타남을 알 수 있다. 또한 각 단면에서의 종분산계수 최댓값은 Elder(1959)가 이론적으로 유도한 값의 2배 이상으로 나타나고 있음을 알 수 있다. Shin 등(2020)은 종분산계수의 단면 평균값을 다음과 같이 제시하였는데, 단면 평균값의 범위는 Elder의 이론값과 유사하게 나타나고 있음을 알 수 있다.

$$\frac{D_{LS}}{Hu^*} = 4.1 \sim 6.5 \tag{3.25}$$

(a) 하천실험센터 전경

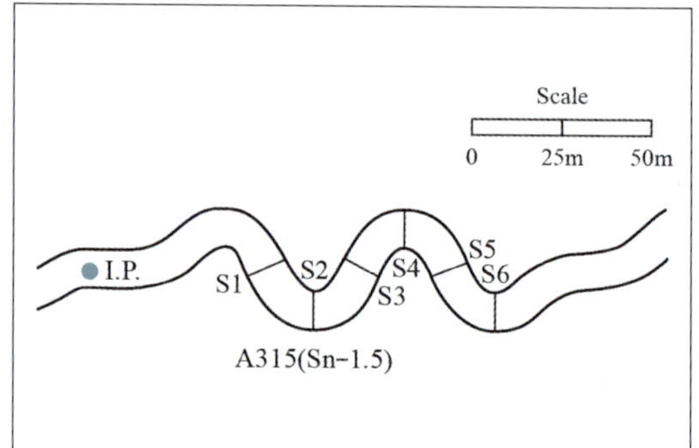

(b) 사행수로 평면도

그림 3.3 Shin 등(2020)이 실험한 실규모 사행수로(I.P. = Injection Point)

자료: 한국건설기술연구원 하천실험센터

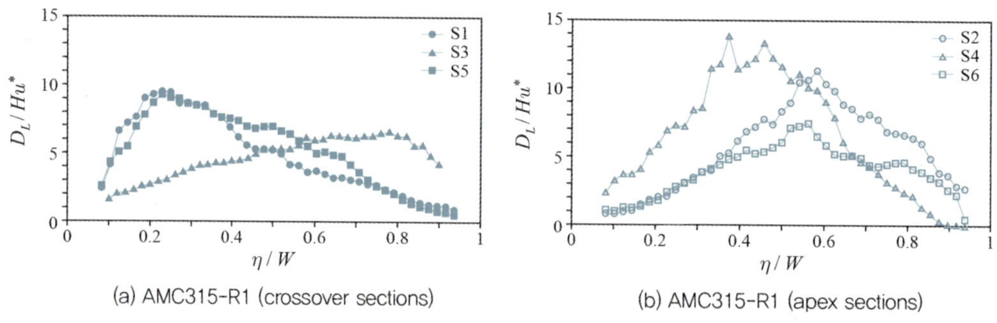

(a) AMC315-R1 (crossover sections)

(b) AMC315-R1 (apex sections)

그림 3.4 사행수로에서 측정한 유속자료에 의한 종분산계수 분포

자료: Shin 등(2020)

상술한 종분산계수는 종방향유속의 이론식 또는 실측 유속자료를 종분산계수 산정식[식 (3.22)]에 대입하여 계산한 값으로서 전단류에 의한 분산 성능을 나타내는 값이라고 할 수 있다. 그러나 종혼합계수는 전단류에 의한 분산뿐만 아니라 난류와 불규칙한 흐름의 변동성에 의한 혼합효과(D_{LI})도 포함하여야 하므로 하천에서 추적자실험을 수행하여 취득한 농도자료를 이용하여 종혼합계수를 산정하여야 한다. 추적자실험에서 오염물질의 주입지점으로부터 하류의 지점에서 실측한 농도자료로부터 직접 종분산계수를 산정하는 경우에는 오염물질의 주입 후 발생한 모든 혼합 기작(D_{LS}, ϵ_x, D_{LI})을 포함하게 되므로 식 (3.21)에 나타낸 바와 같은 종혼합계수 D_L를 산정할 수 있다. 실측한 농도곡선에서 종혼합계수를 계산하는 방법으로는 농도추적법(concentration routing procedure)이 사용되고 있다(Rutherford, 1994). 농도추적법은 수문학에서 사용하는 홍수추적법과 유사하게 하천 상류에 있는 지점에서 실측한 농도를 추적하여 하류 지점의 농도를 예측하는 해석해에 기반한 방법이다.

Seo 등(2006), Baek과 Seo(2010), Seo 등(2016)은 식 (3.20)의 2차원 종혼합계수와 2차원 횡혼합계수를 실측 농도곡선으로부터 계산할 수 있는 2차원 농도추적법을 개발하고, 이를 국내 주요 하천에서 수행한 추적자실험에서 취득한 농도곡선에 적용하여 종 · 횡 혼합계수를 산정하였다. 그들이 적용한 2차원 농도추적법에 관한 설명은 제6장의 4절에 상세하게 기술되어 있다.

표 3.1에 국내외 하천에서 취득한 농도자료로부터 산정한 종혼합계수가 수록되어 있다. 이 표에서 R_c는 사행하천의 곡률반경이다. 이 표에서 무차원화된 종혼합계수 값은 국내 하천의 경우 10~150의 범위를 갖고 있으며, 미국 St. Clair 강에서 취득한 종혼합계수는 그보다 큰 200~400의 범위를 보이고 있다. 이는 St. Clair 강이 국내 실험 하천보다 수심과 하폭이 매우 큰 대하천이어서 종방향 혼합이 증가하는 것으로 설명할 수 있다. 국내외 하천에서 취득한 실측값 모두 Elder가 제안한 이론값인 5.93보다 매우 큰 것으로 나타났는데, 자연하천에서 취득한 종혼합계수가 이렇게 큰 이유는 전단류에 의한 분산에 더하여 대규모 와류와 불규칙한 흐름의 변동성에 의한 혼합효과가 포함되었기 때문인 것으로 설명된다(서일원과 권시윤, 2025).

이 표에는 Shin 등(2020)이 실규모 사행수로에서 수행한 추적자실험에서 취득한 농도자료로부터 산정한 종혼합계수 값도 같이 수록되어 있는데, $\dfrac{D_L}{Hu^*}$값의 범위가 25.1~39.2로서 유속자료로부터 산정한 평균값 $\dfrac{D_{LS}}{Hu^*}=4.1\sim6.5$보다 4~10배 정도 크게 나타난다. 이러한 사실로부터 Elder가 제시한 이론식과 전단흐름에서 측정한 유속자료에 의한 종분산계수 산정법은 실제 자연하천의 종혼합계수 산정에 적합하지 않다는 것을 알 수 있다.

Seo 등(2016)과 서일원과 권시윤(2025)은 표 3.1에 수록된 종혼합계수와 하천수리 및 지형 인자

표 3.1 국내 하천과 수로에서 취득한 2차원 종혼합계수

출처	대상하천 및 수로	W (m)	H (m)	U (m/s)	u^* (m/s)	R_c (m)	D_L (m^2/s)	$\frac{D_L}{Hu^*}$
Seo 등 (2006), 서일원 등 (2006)	청미천	44.5	0.48	0.34	0.062	520	0.936	31.5
	섬강	54.0	0.69	0.34	0.049	381	0.908	26.9
		65.0	1.02	0.58	0.056	700	1.294	22.7
		80.1	0.68	0.31	0.046	—	0.793	25.4
	홍천강	58.6	0.75	0.35	0.047	438	3.091	87.7
		69.9	1.10	0.21	0.057	559	1.781	28.4
		67.0	0.97	0.20	0.053	355	0.504	9.8
Sun 등 (2013)	St. Clair River	600	5.0	0.46	0.037	54,500	75.0	409
		600	10.0	1.0	0.052	54,500	109	210
Seo 등 (2016)	대곡천	12.0	0.45	0.17	0.019	880	0.234	27.4
	대포천	9.2	0.43	0.65	0.061	308	0.347	13.2
	감천	24.8	0.45	0.64	0.066	919	4.460	150
		23.0	0.25	0.50	0.051	919	0.559	43.8
		45.0	0.36	0.56	0.060	825	1.010	46.8
		33.5	0.30	0.53	0.055	317	0.801	48.5
	한천	16.9	0.50	0.23	0.042	1,130	0.497	23.7
	미호강	42.5	1.27	0.27	0.030	221	0.963	25.3
		31.0	0.49	0.40	0.048	346	0.653	27.8
Shin 등 (2020)	사행수로(A315-R1)	5.51	0.47	0.57	0.057	12.9	0.887	33.1
	사행수로(A315-R2)	5.04	0.44	0.52	0.058	12.9	0.645	25.1
	사행수로(A317-R1)	5.87	0.52	0.43	0.042	12.0	0.857	39.2
	사행수로(A317-R2)	4.99	0.46	0.40	0.051	12.0	0.651	27.6

간의 상관관계를 분석하였는데, 그들은 종혼합계수가 하천마찰인자$\left(\frac{U}{u^*}\right)$와 하천의 종횡비$\left(\frac{W}{H}\right)$와는 양의 상관관계를 가지고 있으나, 하천사행도$\left(\frac{W}{R_c}\right)$와는 별다른 상관성을 보이지 않고 있는 것으로 보고하였다. 그림 3.5는 하천 수리 · 지형인자에 따른 종혼합계수 변화를 도시한 것인데, 이 그림에서 하천 종횡비가 증가할수록 종혼합계수가 커지고 있음을 알 수 있다. 이러한 이유는 하폭 대 수심비가 커질수록 수로 경계면에서 발생하는 마찰력과 난류가 커지고 이에 따라 종방향 혼합도 증가

하기 때문인 것으로 설명된다. 표 3.1의 자료를 바탕으로 서일원과 권시윤(2025)이 제안한 종혼합계수를 예측하는 경험식은 다음과 같다.

$$\frac{D_L}{Hu^*} = 0.366\left(\frac{W}{H}\right)^{0.409}\left(\frac{U}{u^*}\right)^{1.459} \tag{3.26}$$

식 (3.26)의 장점은 추적자실험을 통해 취득한 농도자료 없이 하천의 기본적인 수리 인자인 하폭, 수심자료만을 이용하여 종혼합계수를 예측할 수 있다는 점이다. 그러나 이 식의 유도에 쓰인 자료를 보면 하폭 대 수심비$\left(\frac{W}{H}\right)$가 10~130의 범위에 있고, 유속 대 마찰유속비$\left(\frac{U}{u^*}\right)$가 5~20 범위에 있으므로 이러한 제한 조건을 고려하여 활용해야 한다.

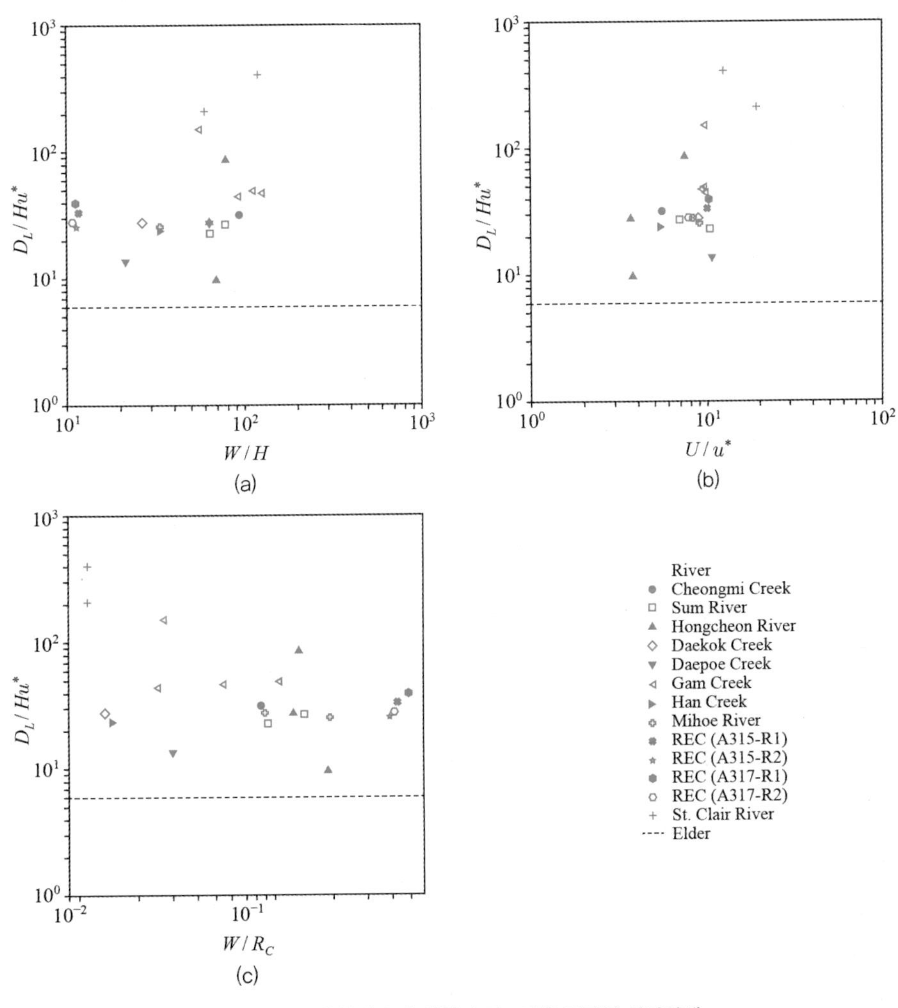

그림 3.5 종혼합계수와 하천 수리 · 지형 인자의 상관관계

자료: 서일원과 권시윤(2025)

(2) 횡방향 혼합계수

자연하천에서 오염물질의 횡방향 혼합은 종방향 혼합과 유사하게 전단류에 의한 분산효과와 난류운동에 의한 난류혼합, 그리고 하천의 불규칙성에 기인한 혼합효과 등에 의해 발생한다. 따라서 식 (3.20)의 D_T는 2차원 횡혼합계수(2D transverse mixing coefficient)로 정의하며, 이를 식으로 표현하면 다음과 같다(서일원과 권시윤, 2025).

$$D_T = D_{TS} + \epsilon_y + D_{TI} \tag{3.27}$$

여기서, D_{TI}는 하천의 사행과 불규칙성에 기인한 혼합을 고려한 계수이고, D_{TS}는 횡방향 유속의 연직방향 편차에 의한 횡분산계수로서 Fischer 등(1979)이 제안한 다음의 이론식을 이용하여 계산할 수 있다.

$$D_{TS} = -\frac{1}{h}\int_0^h v' \int_0^y \frac{1}{\epsilon_z}\int_0^y v' \, dz dz dz \tag{3.28}$$

여기서, v'는 횡방향 유속의 연직방향 편차로서 다음 식과 같이 정의된다.

$$v' = v - \bar{v} \tag{3.29}$$

횡혼합계수의 경우 종혼합계수와 다른 점은 사행하천 또는 하천 합류부에서 발생하는 이차류(secondary current)에 매우 큰 영향을 받는다는 점이다. 횡혼합계수에서 또 한 가지 주의할 점은 횡방향 난류확산계수 ϵ_y에 관한 점이다. 전 절에서 설명한 바와 같이 직선 수로의 경우 무차원 난류확산계수 $\frac{\epsilon_y}{Hu^*}$는 0.1~0.2의 값을 가지는데, 이는 이차류가 강하게 발달하는 사행하천에서의 횡혼합계수 값에 비해 작지 않기 때문에 무시할 수 없다는 점이다. 상술한 이유 때문에 횡혼합계수에 대한 연구는 주로 하천 추적자실험에서 취득한 농도자료를 기반으로 수행되어 왔다.

표 3.2에 자연하천에서 실측한 자료를 수록하였다. 실측 농도곡선에서 횡혼합계수를 계산하기 위하여 모멘트법, 농도추적법 등이 사용되고 있는데, 이 방법들에 대한 상세한 설명은 제6장의 4절에 기술되어 있다. 표 3.2에 수록된 횡혼합계수 자료들의 대부분은 모멘트법에 의해 계산된 값이나, Seo 등(2006)과 Seo 등(2016)이 국내 하천에서 취득한 농도자료로부터 구한 횡혼합계수는 유관추적법(stream tube routing method)에 의해 산정된 값이다. 이 표에서 Jung 등(2019)이 낙동강에서 취득한 횡혼합계수는 금호강으로부터 유입되는 높은 전기전도도(electrical conductivity) 분포를 측정하여 계산한 값이며, Pouchoulin 등(2020)이 Rhône River-Saône 강 합류부에서 취득한 횡혼합계수도 실측 전기전도도 분포에 유관추적법을 적용하여 산정한 값이다.

Kwon 등(2023)이 낙동강-황강 합류부에서 취득한 횡혼합계수는 황강에서 유입되는 부유사 농

표 3.2 자연하천에서 취득한 횡혼합계수

출처	하천	W (m)	H (m)	U (m/s)	u^* (m/s)	R_c (m)	D_T (m²/s)	$\frac{D_T}{Hu^*}$
Yotsukura 등(1970)	Missouri River	183	2.74	1.75	0.074	3,400	0.122	0.60
Mackay(1970)	Mackenzie River	1,240	6.7	1.77	0.152		0.670	0.66
Yotsukura와 Cobb(1972)	Missouri River	183	2.74	1.74	0.073		0.101	0.50
	Athabasca River	373	2.20	0.95	0.056		0.093	0.75
Fischer(1973)	Atrisco River	18.3	0.68	0.63	0.063		0.010	0.23
		18.3	0.67	0.66	0.061		0.010	0.24
		18.3	0.67	0.67	0.062		0.009	0.22
	Bernardo River	20	0.70	1.25	0.062		0.013	0.30
	South River	18.3	0.37	0.24	0.040		0.014	0.95
		18.3	0.44	0.18	0.040		0.005	0.27
Holley와 Abraham(1973)	IJssel River	69.5	4.0	0.97	0.076	1,110	0.155	0.51
	Waal River	266	4.7	0.82	0.057	3,240	0.077~0.155	0.29~0.58
	Waal River	266	5.25	1.06	0.074		0.139	0.36
Sayre와 Yeh(1973)	Missouri River	240	4.0	1.98	0.085	960	1.111	3.27
Engmann과 Kellerhals(1974)	Slave River	42	2.3	0.59	0.046		0.040	0.38
Jackman과 Yotsukura(1977)	Potomac River	350	1.74	0.58	0.051	1,590	0.057	0.64
Sayre(1979)	Missouri River	214	2.94	1.58	0.074	792	0.160	0.74
		214	2.94	1.58	0.074	792	0.150	0.69
		214	2.94	1.58	0.074	792	0.087	0.40
		192	1.99	1.39	0.061	792	0.120	0.99
		201	3.06	1.01	0.079	792	0.310	1.28
		206	4.11	1.26	0.092	792	0.435	1.15
		210	5.49	1.47	0.106	792	0.342	0.59
		195	3.04	1.05	0.079	792	0.420	1.75
		201	4.13	1.28	0.092	792	0.255	0.67
		204	5.54	1.50	0.107	792	0.165	0.28
Beltaos(1980)	Athabasca River	320	2.05	0.86	0.079	1,880	0.067	0.41
	Beaver River	42.7	0.96	0.50	0.045	116	0.043	1.00
Cotton과 West(1980)	Rea River	5.1	0.11	0.47	0.065		0.001	0.20
		6.6	0.17	0.70	0.072		0.003	0.26
		6.7	0.18	0.73	0.075		0.004	0.28
Rutherford 등(1980)	Waikato River	85	2.5	0.70	0.057		0.064	0.45

(계속)

출처	하천	W (m)	H (m)	U (m/s)	u^* (m/s)	R_c (m)	D_T (m²/s)	$\frac{D_T}{Hu^*}$
Lau와 Krishnappan(1981)	Grand River	59.2	0.51	0.35	0.069	310	0.009	0.26
	Saskatchewan River	213	1.55	0.58	0.080		0.031	0.25
	Bow River	104	1.0	1.05	0.139		0.085	0.61
Somlyody(1982)	Danube River	415	2.9	0.87	0.052	9,780	0.038	0.25
		418	2.9	0.87	0.037	9,780	0.014	0.13
		475	4.2	0.95	0.060	9,780	0.032	0.13
Demetracopoulos와 Stefan(1983)	Mississippi River	178	1.0	0.60	0.081		0.100	1.23
Holly와 Nerat(1984)	Isere River	70	2.25	1.4	0.059	1,610	0.066	0.50
Rutherford와 Williams(1992)	Waikato River	210	2.2	0.63	0.040		0.095	1.08
		300	1.7	0.63	0.046		0.010	0.13
Seo 등(2006)	청미천	44.5	0.48	0.34	0.062	520	0.008	0.27
	섬강	54.0	0.69	0.34	0.049	381	0.016	0.46
		65.0	1.02	0.58	0.056	700	0.069	1.21
		80.1	0.68	0.31	0.046		0.009	0.30
	홍천강	58.6	0.75	0.35	0.047	438	0.023	0.64
		69.9	1.10	0.21	0.057	559	0.014	0.23
		67.0	0.97	0.20	0.053	355	0.017	0.32
Seo 등(2016)	대곡천	12.0	0.45	0.17	0.019	880	0.003	0.33
	대포천	9.2	0.43	0.65	0.061	308	0.014	0.54
	감천	24.8	0.45	0.64	0.066	919	0.013	0.45
		23.0	0.25	0.50	0.051	919	0.009	0.74
		45.0	0.36	0.56	0.060	825	0.021	0.97
		33.5	0.30	0.53	0.055	317	0.007	0.43
	한천	16.9	0.50	0.23	0.042	1,130	0.009	0.41
	미호강	42.5	1.27	0.27	0.030	221	0.026	0.69
		31.0	0.49	0.40	0.048	346	0.014	0.58
Sun 등(2013)	St. Clair River	600	5.0	0.46	0.037	54,500	0.34	1.85
		600	10.0	1.0	0.052	54,500	0.51	0.98
Jung 등(2019)	낙동강-금호강 합류부	436	5.47	0.154	0.011	3,910	0.148	2.46
		430	5.29	0.20	0.018	3,910	0.106	1.11
Pouchoulin 등(2020)	Rhône River-Saône River 합류부	274	9.23	0.601	0.065	2,620	0.81	1.34
		275	9.01	0.627	0.070	2,620	1.39	2.21
		270	9.39	0.096	0.010	2,620	1.60	17.8
Kwon 등(2023)	낙동강-황강 합류부	324	2.13	0.219	0.052	5,150	0.558	4.98
		358	2.20	0.133	0.051	5,150	0.801	7.23

도를 측정하여 계산한 값이다. 하천 합류부에서 취득한 횡혼합계수의 경우 다른 하천보다 매우 크게 나타나고 있는데, 이에 대한 이유로서 서일원과 권시윤(2025)은 합류점 하류에서 발생하는 합류후류(wake)와 이차류에 의한 것으로 설명하고 있다.

Rutherford(1994)는 실측자료를 분석한 결과 하천의 사행도에 따라서 다음과 같은 간략식을 제안하였다.

$$\text{직선수로: } \frac{D_T}{Hu^*} = 0.15 \sim 0.30 \tag{3.30}$$

$$\text{완사행수로: } \frac{D_T}{Hu^*} = 0.30 \sim 0.90 \tag{3.31}$$

$$\text{급사행수로: } \frac{D_T}{Hu^*} = 1.0 \sim 3.0 \tag{3.32}$$

Rutherford(1994)가 제시한 식에서 불규칙한 단면을 갖는 사행하천의 경우 횡혼합계수가 직선수로보다 크게 나타나고 있는데, 이에 대한 이유에 대해 Fischer 등(1979)은 다음과 같이 세 가지로 요약하였다. 첫째, 자연하천은 웅덩이(pool)와 여울(riffle)이 교차해서 나타나는 하상 구조를 가지고 있기 때문에 이러한 수심 변화가 오염물질의 횡방향 이동 및 확산을 촉진시키는 역할을 한다. 둘째, 하천 양안에 존재하는 요철, 수제(dike) 등의 횡방향으로의 불규칙한 구조의 경우 와류와 난류를 발생시켜 이 때문에 횡방향 확산이 커지게 된다. 셋째, 자연하천의 경우 사행하는 것이 일반적인데, 하천 만곡부에서는 원심력 때문에 이차류 또는 나선형 흐름(helical flow)이 발생하게 된다. 이러한 이차류에 의해 유속의 연직방향 편차가 커지며 이에 따라 횡방향 분산효과가 크게 나타나게 되는 것이다.

횡혼합계수에 관한 보다 이론적인 연구는 근년의 하천 계측 장비의 발전에 힘입어서 활발하게 수행되고 있다. Jung 등(2019)은 낙동강-금호강 합류구간에서 초음파 유속측심계를 이용하여 측정한 유속자료를 식 (3.28)에 대입하여 횡분산계수를 산정하였다. 그림 3.6에 그들이 계산한 결과 중에서 대표적인 단면에 대해 횡분산계수의 분포를 나타내었는데, 횡분산계수가 횡방향으로 큰 변동성을 보이고 있다. 그들은 이러한 변동성이 금호강의 합류에 따라서 발생하는 이차류의 강도가 지점별로 다르기 때문인 것으로 보고하였다. 그들은 측정 단면별로 평균한 값을 다음과 같이 제시하였다.

$$\frac{D_{TS}}{Hu^*} = 0.52 \sim 2.3 \tag{3.33}$$

이 식에서 횡분산계수, D_{TS}의 범위가 상당히 넓게 나타나고 있음을 알 수 있는데, 이는 금호강의 합류와 낙동강 본류의 사행 때문에 발생하는 이차류가 측정 단면별로 변동하고 있기 때문인 것으로 설

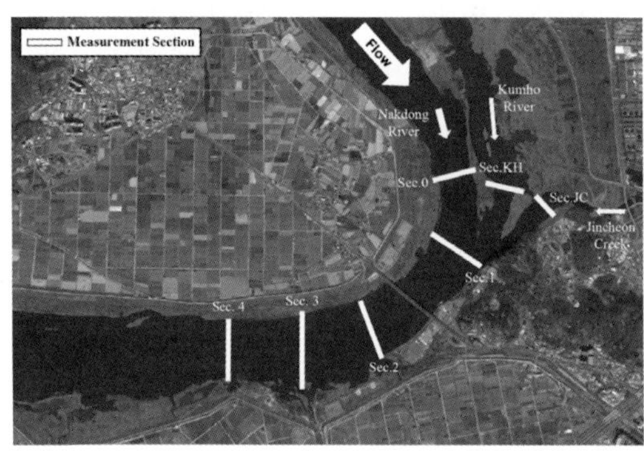

(a) 낙동강 실험 대상 구간

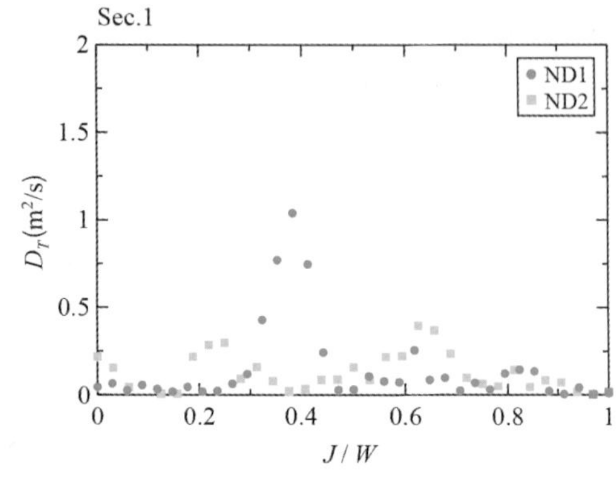

(b) 횡분산계수의 횡방향 분포

그림 3.6 **낙동강에서 측정한 유속자료에 의한 횡분산계수**

자료: Jung 등(2019)

명된다. 실측 유속자료에 기반하여 산정한 횡분산계수에 추가하여 Jung 등(2019)은 낙동강-금호강 합류구간에서 측정한 전기전도도 농도곡선에 추적법을 적용하여 산정한 횡혼합계수 값을 다음과 같이 제시하였다.

$$\frac{D_T}{Hu^*} = 1.1 \sim 2.5 \tag{3.34}$$

위의 두 식을 비교해 보면 농도자료에 기반하여 얻은 횡혼합계수의 범위는 실측 유속자료에 기반하여 산정한 횡분산계수보다 약간 크지만 큰 차이가 없음을 알 수 있다.

Shin 등(2020)은 실규모 사행수로에서 수행한 추적자실험에서 초음파 유속측심계를 이용하여 수로 단면 전체에서의 유속분포를 측정하고 이 유속자료를 식 (3.28)에 대입하여 횡분산계수를 산정하였다. 그림 3.7은 측정 단면별 이차류의 분포를 나타낸 것인데, 사행하천의 경우 교차부(측선 1, 3, 5)에서는 이차류가 발생하지 않으나, 만곡부(측선 2, 4, 6)에서는 이차류가 강하게 발생하고 있음을 보여 주고 있다. 또한 만곡부에서 이차류의 회전방향은 사행의 진행에 따라서 교호적으로 바뀌고 있음을 알 수 있다. 그림 3.8에는 사행수로 단면별 횡분산계수 분포도를 나타냈는데, 횡분산계수가 수로의 횡방향으로 변동하고 있으며, 만곡부 정점 단면에서의 횡분산계수가 교차부보다 월등하게 크게 나타나고 있음을 알 수 있다. 교차부에서는 횡분산계수의 최댓값이 Fischer 등(1979)과 Rutherford(1994)가 제시한 직선수로에 해당하는 범위$\left(\frac{D_{TS}}{Hu^*} = 0.15 \sim 0.3\right)$에 들어가는 반면에, 만곡부에서는 교차부 값의 10배 정도 큰 값$\left(\frac{D_{TS}}{Hu^*} = 2.2 \sim 3.3\right)$을 보이고 있다. 이에 대한 이유는 그림

3.7에 나타낸 바와 같이 만곡구간에서 발생하는 매우 강한 이차류에 의해 횡방향 혼합이 활발하게 일어나기 때문인 것으로 설명된다.

Shin 등(2020)은 실측 유속자료에 기반하여 산정한 횡분산계수와 별도로 추적자실험에서 취득한 농도곡선에 유관추적법을 적용하여 횡혼합계수를 산정하였다. 그들은 단면별 횡혼합계수의 범위를 다음과 같이 제시하였다.

$$\frac{D_T}{Hu^*} = 0.99 \sim 2.9 \tag{3.35}$$

식 (3.35)의 횡혼합계수(D_T) 범위는 실측 유속자료에 기반하여 산정한 횡분산계수(D_{TS})와 유사한 값을 나타내고 있음을 알 수 있다. Jung 등(2019)의 결과도 유사한 경향을 보이고 있는데, 이에 대한 이유는 횡방향 혼합은 종방향 혼합과는 다르게 하천 바닥과 양안 경계에서 발생하는 마찰이나 불규칙성에 의한 난류보다는 하천 사행에 의한 이차류에 더 큰 영향을 받기 때문인 것으로 설명된다.

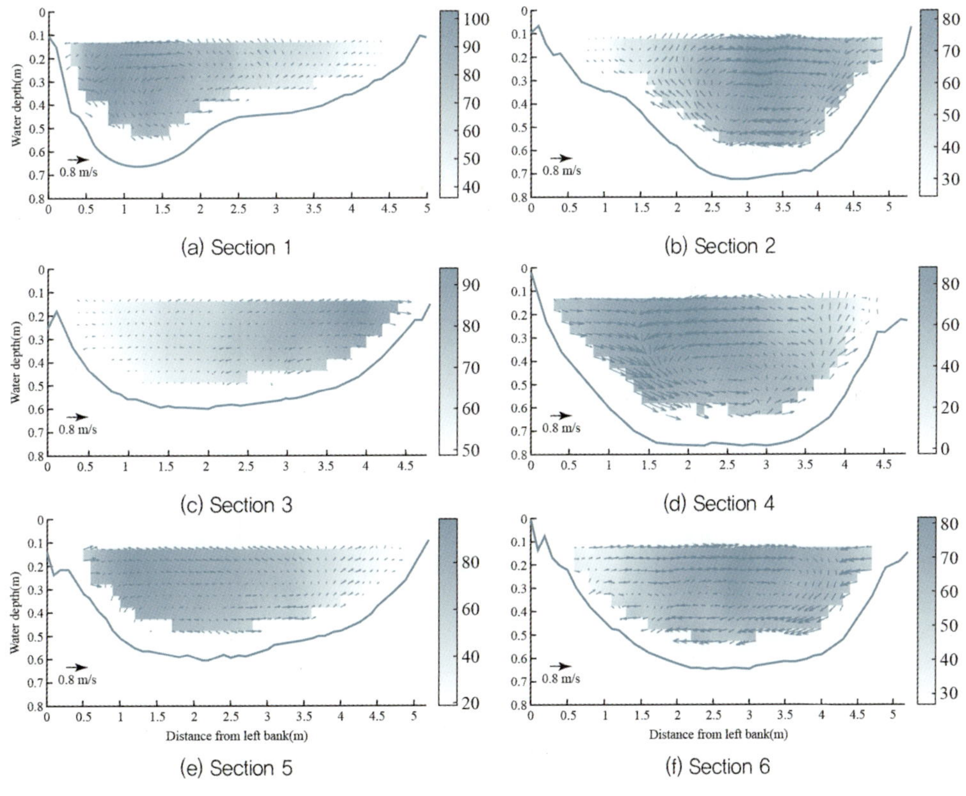

그림 3.7 실규모 사행수로에서 측정한 이차류 분포

자료: Shin 등(2020)

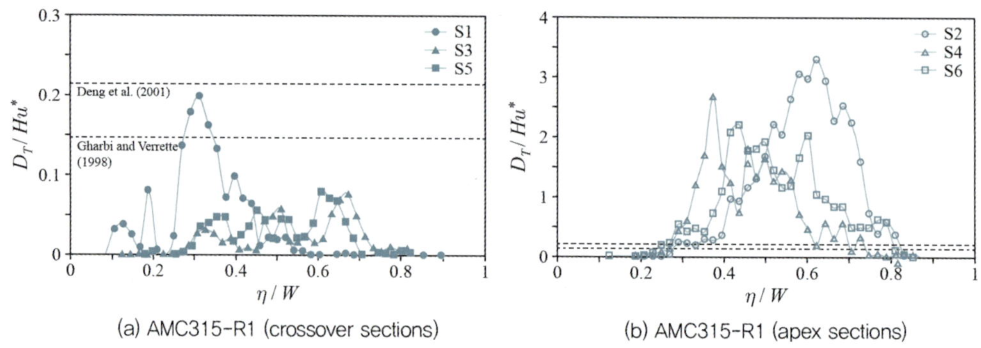

(a) AMC315-R1 (crossover sections)
(b) AMC315-R1 (apex sections)

그림 3.8 사행수로에서 측정한 유속자료에 의한 횡분산계수 분포

자료: Shin 등(2020)

(3) 횡혼합계수 이론식 및 경험식

하천에서 실측한 농도와 유속자료에 기반한 횡혼합계수의 경우, 측정자료에 의존하기 때문에 실측자료가 없는 경우에는 사용할 수 없는 단점이 있다. 이론적으로 횡분산계수를 유도할 경우 이러한 단점을 극복할 수 있기 때문에 다양한 이론적 또는 경험적 방법이 연구되어 왔다. 이론적 방법은 주로 식 (3.28)에 유속분포식을 대입하여 횡분산계수에 대한 이론식을 유도하는 방법인데, 횡방향 유속의 연직분포식으로는 Rozovskii(1957), Kikkawa 등(1976), Odgaard(1986) 등이 운동방정식을 적분하여 유도한 식이 사용되고 있다. 그림 3.9는 횡유속의 연직분포식을 실험자료와 비교하여 도시한 그림이다(Park과 Seo, 2018). 이 그림에서 Rozovskii가 제안한 식은 대수식이며 흐름방향으

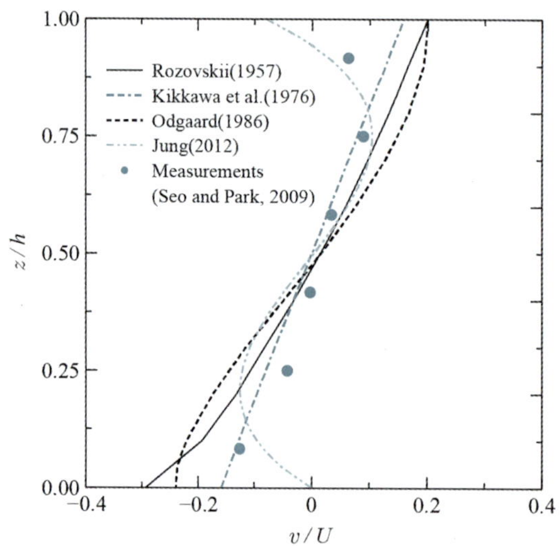

그림 3.9 횡방향 유속의 연직분포 이론식

자료: Park과 Seo(2018)

로의 이차류의 생성과 소멸 현상은 지수식 형태로 포함하고 있는 식이다. 이에 따라서 식의 형태가 복잡하여 이 식을 이용하여 횡분산계수를 산정하기는 어려운 단점이 있는 것으로 보고되고 있다(Seo와 Jung, 2010). Kikkawa 등이 제안한 식은 사행하천에서 발생하는 이차류가 보여 주는 연직분포를 잘 나타내고 있으나 횡방향 유속값을 과대 산정하는 경향을 가지고 있는 것으로 평가되고 있다. Odgaard가 제안한 식은 직선형으로서 간단한 형태지만 수표면에서의 유속값의 흐름방향 변화는 잘 나타내고 있는 것으로 평가되고 있다. Jung(2012)이 제안한 경험식은 하천 바닥에서의 무활조건(no slip)을 만족하고 있으나, 수표면 근처에서 실측 유속을 적합하게 나타내지 못하는 것으로 나타났다(Park과 Seo, 2018).

Fischer(1969)는 처음으로 횡분산계수 이론식을 유도하였는데, 그는 유속의 연직분포식으로 Rozovskii(1957) 식을 사행수로에서 완전히 발달한 이차류에 대해 간략화한 다음과 같은 식을 식 (3.28)에 대입하여 횡분산계수 이론식을 유도하였다.

$$v(z) = \bar{u}\frac{1}{\kappa^2}\frac{h}{R_c}\left[\int \frac{2\ln z'}{z'-1}dz - \frac{\sqrt{g}}{\kappa C_h}\int \frac{\ln^2 z'}{z'-1}dz\right] \tag{3.36}$$

여기서, $z' = \frac{z}{h}$이고, g는 중력가속도, C_h는 Chézy 계수이다. Fischer가 유도한 횡분산계수 식은 다음과 같다.

$$\frac{D_{TS}}{Hu^*} = \frac{I_1}{\kappa^5}\left(\frac{U}{u^*}\right)^2\left(\frac{H}{R_c}\right)^2 \tag{3.37}$$

여기서, I_1는 적분상수이다. Fischer는 이 식을 실험실 수로에서 측정한 자료와 비교하여 $\frac{I}{\kappa^5}$ 값을 25로 제시하였다. Yotsukura와 Sayre(1976)는 식 (3.37)을 하천에서 취득한 자료와 맞추어 본 결과 우변의 두 번째 무차원항에서 수심을 하폭으로 대체하여 다음과 같은 식을 제안하였다.

$$\frac{D_{TS}}{Hu^*} = 0.4\left(\frac{U}{u^*}\right)^2\left(\frac{W}{R_c}\right)^2 \tag{3.38}$$

그림 3.9에 나타낸 바와 같이 Odgaard(1987) 식은 유속의 연직분포를 직선 형태로 나타낸 식으로 다음과 같다.

$$v(z) = v_s\left(2\frac{z}{h} - 1\right) \tag{3.39}$$

Baek과 Seo(2011)는 Odgaard(1987)의 식을 이용하여 다음과 같이 횡분산계수 이론식을 유도하였다.

$$\frac{D_{TS}}{Hu^*}=\frac{1}{6\kappa}\left(\frac{v_s}{u^*}\right)^2 \tag{3.40}$$

여기서, v_s는 횡방향 유속의 수표면에서의 값이다. 이 식은 간략한 형태로 이루어져 있으나, 하천의 사행 특성을 적절하게 반영하지 못하는 것으로 평가받고 있다.

사행수로에서 발생하는 이차류의 발달과 소멸을 고려한 경우는 Boxall과 Guymer(2003)가 처음인데, 그들은 Rozovskii(1957) 식을 적용하여 다음과 같은 식을 유도하였다.

$$\frac{D_{TS}}{Hu^*}=\frac{I_1}{\kappa^5}\left(\frac{U}{u^*}\right)^2\left(\frac{H}{R_c}\right)^2\left[1-\exp\left(-2\frac{\kappa}{H}\frac{u^*}{U}s\right)\right]^2 \tag{3.41}$$

여기서, s는 사행하천에서 흐름방향을 따라가는 좌표축이다. Baek과 Seo(2008)는 그림 3.9에 나타낸 식 중에서 이차류의 발달과 소멸을 고려할 수 있는 Kikkawa 등(1976)의 식을 적용하여 다음 식을 유도하였다.

$$\frac{D_{TS}}{Hu^*}=0.04I\left(\frac{U}{u^*}\right)^2\left(\frac{W}{R_c}\right)^2\left[\frac{s}{2L_c}\sin\left(2\pi\frac{s}{2L_c}\right)+\frac{1}{2}\right]^2 \tag{3.42}$$

여기서, L_c는 사행하천의 파장(호의 길이)이다. I는 I_1과 다른 적분상수로서 다음 식과 같이 주어진다.

$$I=0.1278\left(\frac{1}{\kappa}\frac{u^*}{U}\right)^2-0.5718\left(\frac{1}{\kappa}\frac{u^*}{U}\right)+0.6522 \tag{3.43}$$

식 (3.41)과 식 (3.42)는 모두 사행수로에서 이차류의 발달과 소멸을 고려하였기 때문에 횡분산계수가 만곡부에서 최댓값을 갖고 교차부에서는 최솟값을 갖는 경향을 잘 표현하고 있다. 이러한 경향은 Jung 등(2019)과 Shin 등(2020)이 사행하천 및 수로에서 취득한 유속자료로부터 산정한 횡분산계수의 흐름방향 변동성과 동일한 특성을 나타내는 것을 알 수 있다.

상술한 이론식의 경우 무차원화된 횡분산계수가 모두 $\frac{U}{u^*}$, $\frac{H}{R_c}$, $\frac{W}{R_c}$의 무차원 인자를 포함하고 있음을 알 수 있다. 이러한 점을 고려하여 차원해석을 수행하면 무차원화된 횡혼합계수에 대한 다음과 같은 관계식을 유도할 수 있다.

$$\frac{D_T}{Hu^*}=f\left(\frac{W}{H},\frac{U}{u^*},\frac{H}{R_c},\frac{W}{R_c}\right) \tag{3.44}$$

위 식을 표 3.2에 수록된 실측자료에 적용하여 다양한 경험식이 제시되었다. Bansal(1971)은 하천의 종횡비$\left(\frac{W}{H}\right)$만을 포함한 간단한 식을 다음과 같이 제안하였다.

$$\frac{D_T}{Hu^*}=0.002\left(\frac{W}{H}\right)^{1.498} \tag{3.45}$$

Gharbi와 Verrette(1998)은 종혼합계수와 유량을 포함하여 다음과 같이 제안하였다.

$$\frac{D_T}{Hu^*}=\frac{0.0035}{Hu^*}\left[\frac{\left(\frac{Q}{H}\right)^{1.75}\left(\frac{W}{H}\right)^{0.25}}{D_L^{0.75}}+0.1429\right] \tag{3.46}$$

Deng 등(2001)은 $\frac{W}{H}$에 추가하여 $\frac{U}{u^*}$를 포함시킨 식을 다음과 같이 제안하였다.

$$\frac{D_T}{Hu^*}=\frac{1}{3,530}\left(\frac{W}{H}\right)^{1.38}\left(\frac{U}{u^*}\right)^{1.0}+0.145 \tag{3.47}$$

Jeon 등(2007)은 하천의 사행 특성을 반영하기 위하여 사행도(Sinuosity, S_n)를 포함하여 다음과 같은 식을 제안하였다.

$$\frac{D_T}{Hu^*}=0.029\left(\frac{W}{H}\right)^{0.299}\left(\frac{U}{u^*}\right)^{0.463}S_n^{0.733} \tag{3.48}$$

Baek과 Seo(2013)는 Odgaard(1987)의 유속분포식을 이용하여 이론식을 유도한 후 이를 실측자료에 보정하여 다음과 같은 준경험식을 제안하였다.

$$\frac{D_T}{Hu^*}=(77.88P)^2\left[1-\exp\left(-\frac{1}{77.88P}\right)\right]^2 \tag{3.49}$$

여기서, P는 하천의 사행 특성을 나타내는 인자로서 다음 식과 같다.

$$P=\frac{U}{u^*}\frac{H}{R_c} \tag{3.50}$$

상술한 바와 같이 다양한 형태의 경험식들이 제시되었는데, Baek과 Seo(2017)는 경험식들의 정확도를 분석한 결과 수리적 조건에 따른 활용 방안을 그림 3.10과 같이 제시하였다. 이차류에 관한 실측자료가 존재한다면 Baek과 Seo(2011)가 제안한 식 (3.40)을 추천하였고, 하천의 사행도 특성을 알 수 있다면, $P\left(=\frac{U}{u^*}\frac{H}{R_c}\right)$값에 따라 다음과 같이 제안하였다. P값이 0.04보다 작을 경우에는 Yotsukura와 Sayre(1976)가 제안한 식 (3.38)을 사용하는 것을 추천하고, Baek과 Seo(2013)가 제

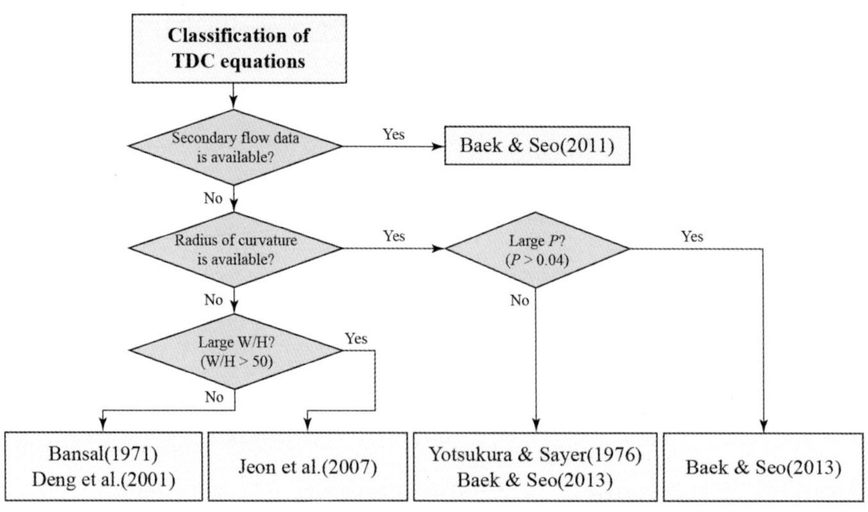

그림 3.10 **횡혼합계수의 분류**

자료: Baek과 Seo(2017)

시한 준경험식인 식 (3.49)는 P값과 관계없이 사용할 수 있다고 제안하였다. 하천의 곡률반경 자료가 없는 경우라면 하천의 종횡비에 따라서 다음과 같이 제안하였다. $\frac{W}{H}$값이 50보다 작을 경우에는 Bansal(1971)에 의한 식 (3.45)와 Deng 등(2001)이 제안한 식 (3.47)을 사용하는 것을 권장하고, $\frac{W}{H}$값이 50보다 큰 경우에는 Jeon 등(2007)에 의한 식 (3.48)을 추천하였다.

최근 연구에서는 다양한 기계학습방법(machine learning)을 이용하여 경험식을 유도한 사례가 많아지고 있는데, Aghababaei 등(2017)은 유전프로그래밍 기반 상징적 회귀법(genetic programming based symbolic regression)을 적용하여 다음과 같은 식을 제시하였다.

$$\frac{D_T}{Hu^*} = 0.463 + \left[0.464^{\left(\frac{U}{u^*}\right)}\right] + \left[8.824 \times 10^{-9}\left(S_n^{\left(\frac{U}{u^*}\right)}\right)\right] + \left[0.149\left(S_n^{\left[\left(\frac{U}{u^*}\right)+\left(2.306 \times F_r \times S_n^2\right)-25.283\right]}\right)\right] - \left[0.474\left(S_n^{\left[0.054\left(\frac{W}{H}\right)-20.371\right]}\right)\right] \tag{3.51}$$

여기서, F_r은 프루드수로서 다음 식과 같이 주어진다.

$$F_r = \frac{U}{\sqrt{gH}} \tag{3.52}$$

Aghababaei 등(2017)은 다중 선형회귀법을 적용하여 유도한 경험식도 제안하였는데 그 식은 다음과 같다.

$$\frac{D_T}{Hu^*} = 0.159\left(\frac{W}{H}\right)^{0.126}\left(\frac{U}{u^*}\right)^{-0.148}\left[1+\left(0.501\left(\frac{U}{u^*}\right)^{0.447}(S_n-1)^{0.275}\right)\right] \tag{3.53}$$

Huai 등(2018)도 유전프로그래밍 기반 회귀법을 적용하여 다음과 같은 식을 유도하였다.

$$\frac{D_T}{Hu^*} = \frac{0.693\left(\frac{U}{u^*}\right)^{0.47}}{262+\left(\frac{U}{u^*}\right)^2-31.8\left(\frac{U}{u^*}\right)} + \frac{0.121\left(\frac{W}{H}\right)^{1.07}\left(\frac{U}{u^*}\right)^{0.35}S_n^{0.395}}{\left(\frac{W}{H}\right)+0.222\left(\frac{U}{u^*}\right)-1.99} \tag{3.54}$$

Baek과 Lee(2023)는 식 (3.51)에서 무차원 횡분산계수가 $P\left(=\frac{U}{u^*}\frac{H}{R_c}\right)$의 함수라는 점에 착안하여 다음과 같은 회귀식을 제안하였다.

$$\frac{D_T}{Hu^*} = 5.358\left(\frac{U}{u^*}\frac{H}{R_c}\right)^{0.578} \tag{3.55}$$

표 3.2에 수록한 실측자료를 도시한 것이 그림 3.11이다. 이 그림은 횡혼합계수와 수리 및 지형인자의 관계를 보여 주고 있는데, 대수 형태로 나타낸 $\frac{D_T}{Hu^*}$가 $\frac{W}{R_c}$와 $\frac{U}{u^*}$ 간에 선형 관계를 나타내고 있으나 $\frac{W}{H}$와는 주목할 만한 상관관계를 가지지 않고 있음을 알 수 있다. 이러한 사실에 기반하여 서일원과 권시윤(2025)은 다음과 같은 경험식을 제안하였다.

$$\frac{D_T}{Hu^*} = 0.292\left(\frac{W}{R_c}\right)^{0.127}\left(\frac{U}{u^*}\right)^{0.458} \tag{3.56}$$

사행 특성을 나타내는 무차원 변수인 $\frac{H}{R_c}$는 Fischer(1969) 이론식 등에 포함되어 있으나, 그림 3.11에 나타난 바와 같이 $\frac{D_T}{Hu^*}$와의 상관성이 떨어지기 때문에 $\frac{W}{R_c}$를 포함한 것으로 보고하고 있다(서일원과 권시윤, 2025). 서일원과 권시윤(2025)은 식 (3.56) 유도 시 표 3.2에 수록된 자료 중에서 하천의 곡률반경이 존재하는 44개의 자료에서 70%의 자료를 예측식의 유도에 사용하고 나머지 30%는 검증에 이용했는데, 검증 결과 그들이 유도한 식이 다른 경험식에 비해 예측력이 우수한 것으로 보고하고 있다. 그림 3.12는 식 (3.56)과 다른 경험식의 예측정확도를 비교한 것인데, Bansal(1971) 식, Deng 등(2001) 식, Aghababaei 등(2017)의 유전프로그래밍에 의한 식은 실측값을 과대 예측하고 있으며, Baek과 Seo(2013) 식과 Baek과 Lee(2023) 식은 과소 예측하는 것으로 나타나고 있다. 이에 비해 식 (3.56)의 예측정확도는 상대적으로 높게 나타나는 것을 알 수 있다.

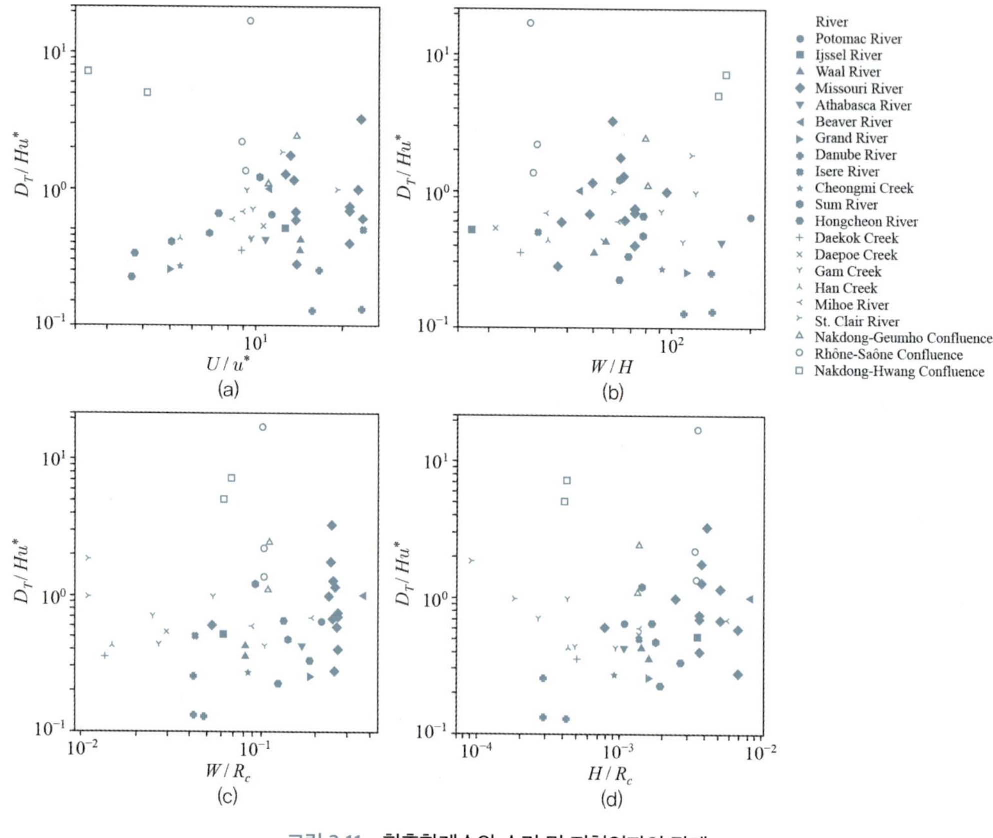

그림 3.11 횡혼합계수와 수리 및 지형인자의 관계

자료: 서일원과 권시윤(2025)

3) 2차원 유관모형

2차원 이송-분산 방정식[식 (3.20)]은 오염물질이 수질오염사고에 의해서 순간적으로 유입되어 종·횡 방향 혼합이 모두 중요한 경우에 적용하여 시간에 따른 2차원 농도장을 계산할 수 있다. 그러나 실제 수질오염 해석에 있어서 그림 1.1과 같이 지류에서 오염물질이 지속적으로 유입되는 경우이거나 그림 1.4와 같이 하천에 하·폐수가 연속적으로 유입되는 경우에는 종방향 혼합은 무시하고 횡방향 혼합만을 고려하면 된다. 또한 오염물질이 연속적으로 유입되고 있기 때문에 시간에 따른 변화도 무시할 수 있다. 이러한 경우 식 (3.20)은 다음과 같이 간략하게 표현할 수 있다.

$$\bar{u}\frac{\partial \overline{C}}{\partial x}+\bar{v}\frac{\partial \overline{C}}{\partial y}=\frac{\partial}{\partial y}\left(D_T\frac{\partial \overline{C}}{\partial y}\right) \tag{3.57}$$

상기 식에서 횡방향 유속에 의한 이송은 흐름방향 이송에 비해 매우 작으므로 무시하고, $\bar{u}$, $\overline{C}$의 수심평균값을 나타내는 오버바를 제거하면 다음 식이 유도된다.

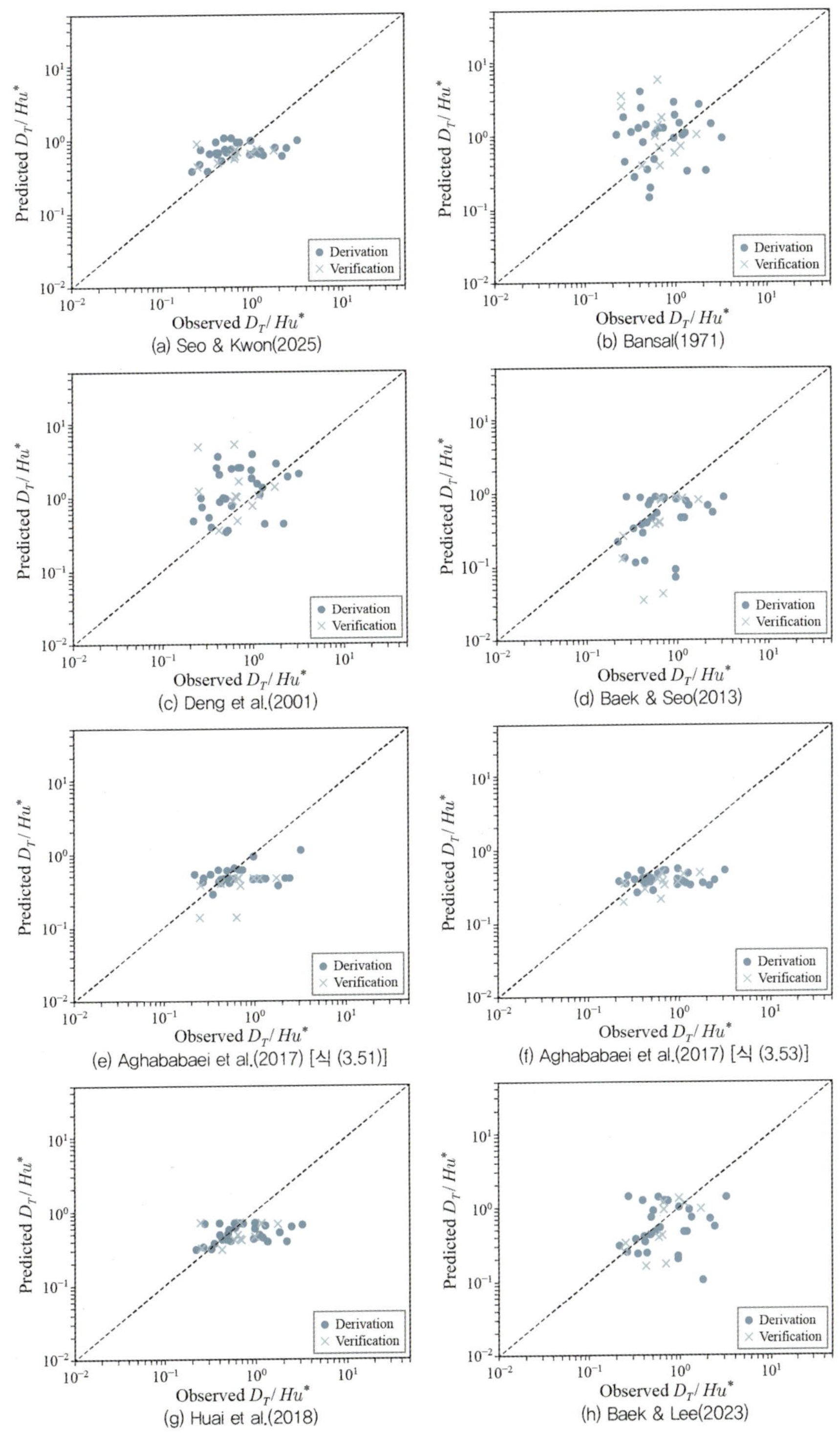

그림 3.12 식 (3.56)과 다른 경험식의 예측정확도 비교

자료: 서일원과 권시윤(2025)

$$u\frac{\partial C}{\partial x}=\frac{\partial}{\partial y}\left(D_T\frac{\partial C}{\partial y}\right) \tag{3.58}$$

이 식은 흐름방향 이송과 횡방향 분산이 평형을 이루고 있음을 의미하며, 이 식을 이용하여 중간역에서 수심평균된 농도의 2차원 분포를 계산할 수 있다.

실제 하천에서는 그림 3.13에 나타낸 바와 같이 주흐름(종방향) 유속이 사행에 따라서 횡방향으로 변동하며 이에 따라서 최대농도값도 좌우로 이동하게 된다. 이런 경우 식 (3.58)을 유관모형으로 변환하면 최대농도값을 오염물질의 주입지점에 고정시켜 나타낼 수 있다. 유관모형에서는 y좌표 대신에 각 유선에 속하는 누가유량을 횡좌표로 사용함으로써 좌표축이 좌우로 움직이게 되어 최대농도값을 한 지점에 고정시킬 수 있게 된다. 유관모형의 개념을 나타내는 그림 3.14에서 누가유량은 다음과 같이 주어진다.

$$q(y)=\int_0^y \overline{u}(y)h(y)dy \tag{3.59}$$

여기서, $\overline{u}(y)$는 다음 식과 같다.

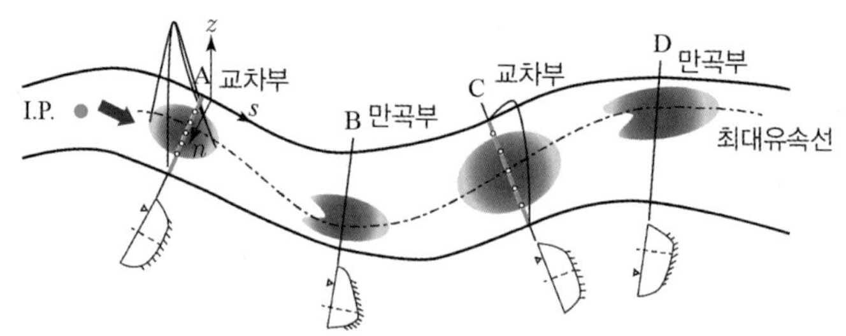

그림 3.13 사행하천에서 최대유속과 오염운의 횡적 요동

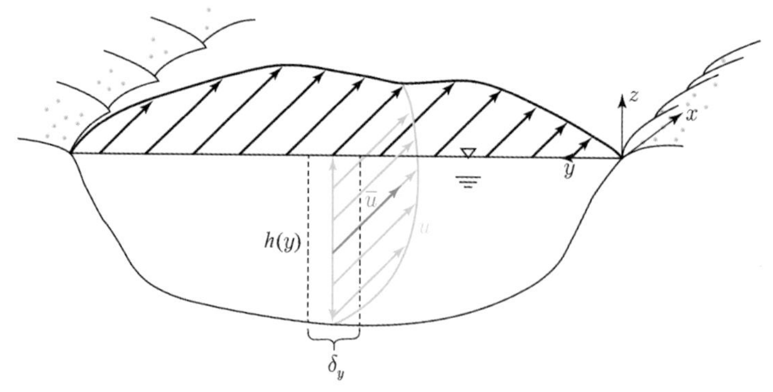

그림 3.14 유관모형의 개념도

$$\bar{u}(y) = \frac{1}{h(y)} \int_{-h(y)}^{0} u(z) dz \tag{3.60}$$

식 (3.59)에서 $q(y)$는 하천의 한쪽 측면에서 시작하여 y인 지점까지의 누가유량을 나타내며 $y=0$에서의 값은 0이고, $y=W$에서의 값은 전체 유량 Q이다.

식 (3.58)로부터 유관모형을 유도하기 위해 식 (3.58)을 수심에 대해 적분하면 다음과 같다.

$$\int_{-h}^{0} u \frac{\partial C}{\partial x} dz = \int_{-h}^{0} \frac{\partial}{\partial y}\left(D_T \frac{\partial C}{\partial y}\right) dz$$

위 식에 식 (3.60)을 대입하면 다음과 같이 된다.

$$h(y)\bar{u}\frac{\partial C}{\partial x} = \frac{\partial}{\partial y}\left(h(y) D_T \frac{\partial C}{\partial y}\right)$$

위 식을 정리하면 다음과 같이 된다.

$$\frac{\partial C}{\partial x} = \frac{1}{h(y)\bar{u}} \frac{\partial}{\partial y}\left(h(y) D_T \frac{\partial C}{\partial y}\right) \tag{3.61}$$

y를 q로 변환하기 위해서 다음의 관계식을 이용한다.

$$\frac{\partial}{\partial y} = \frac{\partial q}{\partial y}\frac{\partial}{\partial q} = h(y)\bar{u}\frac{\partial}{\partial q}$$

상기 식을 식 (3.61)에 대입하면 다음 식이 유도된다.

$$\begin{aligned} \frac{\partial C}{\partial x} &= \frac{1}{h(y)\bar{u}} h(y)\bar{u} \frac{\partial}{\partial q}\left[h(y) D_T \left(h(y)\bar{u}\frac{\partial C}{\partial q}\right)\right] \\ &= \frac{\partial}{\partial q}\left(h^2(y) D_T \bar{u} \frac{\partial C}{\partial q}\right) \end{aligned} \tag{3.62}$$

식 (3.62)에 $D_q = h^2(y)\bar{u}D_T$를 대입하면 다음의 식을 유도할 수 있다.

$$\frac{\partial C}{\partial x} = \frac{\partial}{\partial q}\left(D_q \frac{\partial C}{\partial q}\right) \tag{3.63}$$

여기서, D_q는 가성 횡혼합계수이다. 식 (3.63)은 $x-q$좌표계로 변환된 1차원 이송-분산 방정식이며, 이 식의 해석해를 이용하면 그림 3.15(b)에 나타낸 바와 같은 농도곡선을 계산할 수 있다. 따라서 식 (3.63)의 장점은 사행하천에서 횡 혼합에 의한 농도분포를 주입 위치에 고정할 수 있다는 점이다. 또한 횡방향 거리 y를 누가유량 q로 변환하는 것은 사행하천을 직선하천으로 변환하여 해석하는 것과 같은 효과가 있다고 할 수 있다(Yotsukura와 Sayre, 1976).

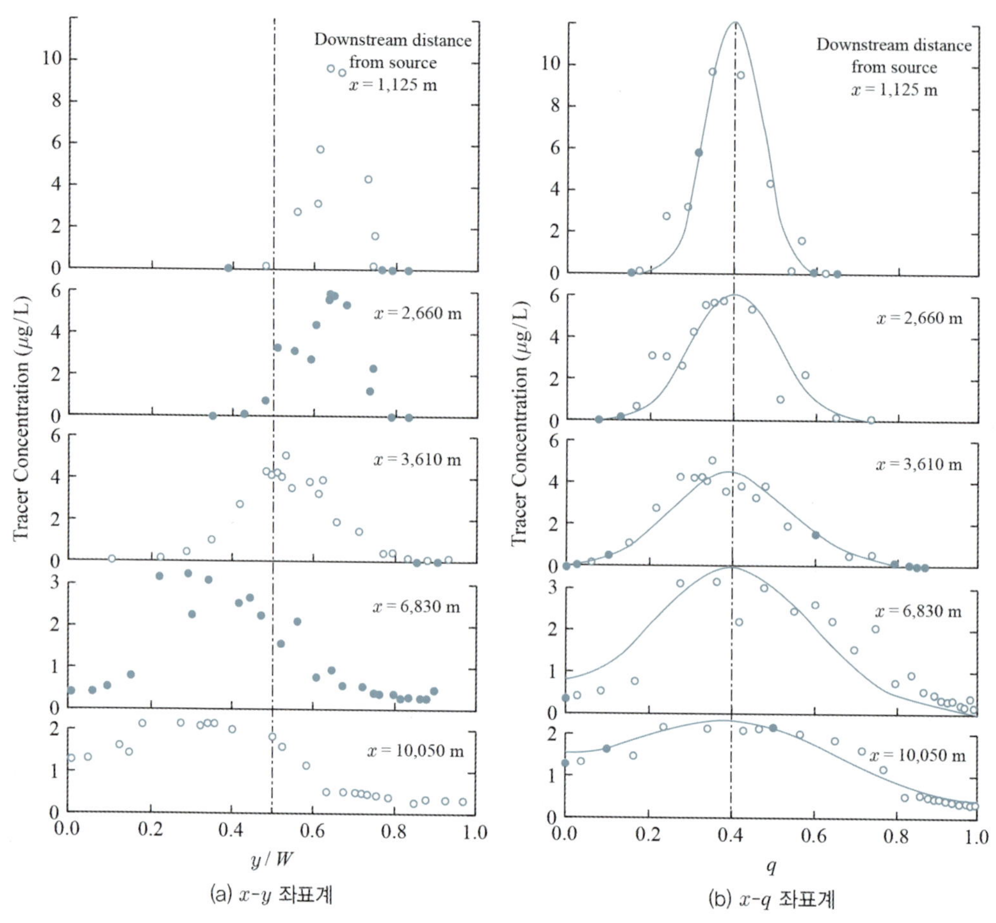

그림 3.15 서로 다른 좌표계에서 농도곡선의 비교

자료: Yotsukura와 Sayre(1976)

4. 하천 원역혼합

1) 1차원 물질이동방정식

하천 확산 과정의 원역은 연직방향 및 횡방향 혼합이 완료된 후 하천혼합의 최종단계인 종방향의 혼합이 주로 발생하는 구간이다. 실제 수질오염 해석 문제에 있어서는 그림 3.1과 같이 오염물질이 수질오염사고에 의해서 순간적으로 유입된 경우 또는 하수처리장에서 처리수가 시간적 변동성을 가지고 방류되는 경우에 종방향 혼합이 중요하다. 하천의 원역에서 오염물질의 농도는 단면 전체에 대해 평균된 값을 대상으로 하며 원역에서의 오염물질의 혼합을 해석하기 위해서는 제2장에서 유도한 1차원 이송-분산 모형[식 (2.93)]을 적용하여야 한다.

$$\frac{\partial \hat{C}}{\partial t} + U\frac{\partial \hat{C}}{\partial x} = K\frac{\partial^2 \hat{C}}{\partial x^2} \tag{3.64}$$

여기서, 농도 $\hat{C}$는 단면평균농도, U는 단면평균유속이고, K는 1차원 종혼합계수이다. 식 (3.64)는 제2장에서 Taylor의 분산이론을 도입하여 유도한 식인데, 이는 전단류 분산이 분자확산과 유사하게 Fick의 법칙을 따른다는 가정하에 현상학적으로 접근하여 동일한 방정식을 유도할 수 있다(Holley, 1969).

식 (3.64)에서 종혼합계수는 전단류 분산뿐만 아니라 하천의 불규칙성 및 난류확산에 의한 혼합계수를 내포하고 있다.

$$K = K_S + \epsilon_x + K_I \tag{3.65}$$

여기서, K_S는 흐름방향 유속의 연직 및 횡방향 편차(전단류)에 의한 종분산계수, K_I는 하천의 불규칙성에 기인한 추가적인 혼합을 고려한 혼합계수이다. 1차원 해석에서 ϵ_x는 K_S 및 K_I에 비해 상당히 작기 때문에 무시하는 것이 일반적이다. K_I는 하천 흐름에 영향을 미치는 다양한 불규칙성(웅덩이-여울 구조, 식생, 수제 등)에 의한 흐름의 변동성에 의해 발생하는 혼합을 나타내는 계수인데, 이러한 흐름 변동성이 흐름방향 유속의 연직 및 횡방향 편차에 의한 전단류보다는 크기가 작지만 혼합효과는 총체적인 합으로 표현하기 때문에 K_I가 K_S보다 크게 나타나는 경우도 발생한다. 특히 하폭 대 수심비가 큰 하천의 경우 하천 바닥과 양측 경계면에서 발생하는 난류성분에 의한 K_I의 증가에 따라서 K가 크게 나타난다고 보고되고 있다(Seo와 Cheong, 1998).

2) 1차원 모형 혼합계수

(1) 종혼합계수 이론식

식 (3.65)에서 K_S는 흐름방향 유속의 연직 및 횡방향 편차에 의한 종분산계수로서 3절에서 서술한 2차원 모형의 종분산계수인 D_{LS}와는 다른 값을 갖는다. 그 이유는 D_{LS}는 흐름방향 유속의 연직방향 편차에 의한 계수로서 식 (3.22)로 주어지지만, K_S는 흐름방향 유속의 연직방향과 횡방향 편차에 의한 혼합효과를 모두 포함하기 때문이다. 그런데 하폭 대 수심비가 큰 하천의 경우, 흐름방향 유속의 횡방향 편차에 의한 분산효과가 흐름방향 유속의 연직방향 편차에 의한 분산효과보다 월등히 크기 때문에 횡방향 편차에 의한 분산효과만을 고려하는 것이 일반적이다(Fischer 등, 1979).

1차원 모형의 종분산계수 이론식을 유도하기 위해 그림 3.16에 나타낸 바와 같이 종방향 이송항과 횡방향 확산항의 평형에 관한 다음 식을 이용한다.

$$u'(y)\frac{\partial \hat{C}}{\partial x} = \frac{\partial}{\partial y}\epsilon_y \frac{\partial C'(y)}{\partial y} \tag{3.66}$$

식 (3.66)은 제2장에서 유도한 식 (2.82)와 유사한 식으로 Taylor의 분산이론을 따른 것이다. 여기서 $u'(y)$와 $C'(y)$는 각각 수심평균된 유속과 농도의 단면평균값(U, $\hat{C}$)으로부터 횡방향 편차를 의미하며 다음 식으로 주어진다.

$$u'(y) = \bar{u}(y) - U \tag{3.67a}$$

$$C'(y) = \bar{C}(y) - \hat{C} \tag{3.67b}$$

위 식에서 $\bar{C}(y)$는 수심평균값을 의미하며 다음 식으로 주어진다.

$$\bar{C}(y) = \frac{1}{h(y)}\int_{-h(y)}^{0} C(y,z)\,dz \tag{3.68}$$

위 식 (3.66)을 수심에 대해 적분하면 다음 식이 된다.

$$\int_{-h}^{0} u'(y)\frac{\partial \hat{C}}{\partial x}dz = \int_{-h}^{0} \frac{\partial}{\partial y}\epsilon_y \frac{\partial C'}{\partial y}dz$$

위 식에서 적분을 수행하면 다음 식이 된다.

$$u'(y)h(y)\frac{\partial \hat{C}}{\partial x} = \frac{\partial}{\partial y}h(y)\epsilon_y \frac{\partial C'}{\partial y}$$

위 식을 다시 횡방향 좌표에 대해 적분하면 다음 식이 된다.

$$\int_{0}^{y} u'(y)h(y)\frac{\partial \hat{C}}{\partial x}dy = h\epsilon_y \frac{\partial C'}{\partial y}$$

위 식을 정리하면 다음 식이 된다.

$$\frac{\partial C'}{\partial y} = \frac{1}{h\epsilon_y}\int_{0}^{y} u'(y)h(y)\frac{\partial \hat{C}}{\partial x}dy \tag{3.69}$$

식 (3.69)에서 적분을 수행하면 다음 식이 된다.

$$C' = \int_{0}^{y}\frac{1}{\epsilon_y h}\int_{0}^{y} u'(y)h(y)\frac{\partial \hat{C}}{\partial x}dydy \tag{3.70}$$

하천에 유입된 오염물질의 x방향의 물질이동률은 다음과 같이 주어진다.

$$q_x = \frac{1}{A}\int_{0}^{A} u'C'dA \tag{3.71}$$

식 (3.71)에 식 (3.70)을 대입하면 다음 식을 유도할 수 있다.

$$q_x = \frac{1}{A}\frac{\partial \hat{C}}{\partial x}\int_A u' \int \frac{1}{\epsilon_y h}\int hu'\,dydydA \tag{3.72}$$

식 (3.72)는 x방향의 물질이동률이 $\dfrac{\partial \hat{C}}{\partial x}$에 비례한다는 것을 의미하며, 이에 따라서 Taylor의 분산 이론을 이용하면 다음 식이 성립한다.

$$q_x = -K_S \frac{\partial \hat{C}}{\partial x} \tag{3.73}$$

식 (3.72)와 식 (3.73)을 합하면 K_S에 관한 다음 식을 유도할 수 있다.

$$K_S = -\frac{1}{A}\int_0^W hu' \int_0^y \frac{1}{\epsilon_y h}\int_0^y hu'\,dydydy \tag{3.74}$$

식 (3.74)는 1차원 이송-분산 모형의 종분산계수에 관한 이론식이며, 이는 2차원 이송-분산 모형의 종분산계수(D_{LS})에 관한 이론식인 식 (3.22)와는 다른 형태임을 알 수 있다.

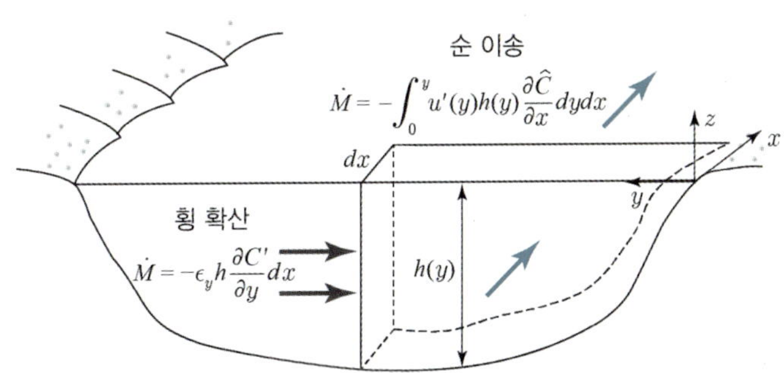

그림 3.16 종방향 이송과 횡방향 확산의 평형

자료: Fischer 등(1979)

식 (3.74)에 다음과 같은 무차원량을 도입하면 간략식을 유도할 수 있다.

$$h' = h/\overline{h}$$
$$u'' = \frac{u'}{\sqrt{\overline{u'^2}}}$$
$$\epsilon'_y = \frac{\epsilon_y}{\overline{\epsilon_y}}$$
$$y' = \frac{y}{W}$$

식 (3.74)에 상기 무차원량을 도입하면 다음 식을 유도할 수 있다.

$$K_S = \frac{W^2 \overline{u'^2}}{\overline{\epsilon_y}} I \tag{3.75}$$

여기서, I는 적분상수로서 다음과 같이 주어진다.

$$I = -\int_0^1 u''h' \int_0^{y'} \frac{1}{\epsilon'_y h'} \int_0^{y'} u'' dy' dy' dy' \tag{3.76}$$

식 (3.75)는 제2장에서 개수로 난류흐름에 대해서 유도하였던 다음 식으로 주어지는 2차원 종분산계수 간략식과 유사한 형태임을 알 수 있다.

$$K = \frac{h^2 \overline{u'^2}}{\overline{\epsilon}} I \tag{3.77}$$

식 (3.74)에 이론적인 유속분포식을 대입하면 종분산계수에 대한 이론식을 유도할 수 있다. Deng 등(2001)은 직선수로에서 대칭적인 수심분포를 포물선형으로 가정하여 유도한 유속분포식을 식 (3.74)에 대입하여 적분을 수행한 결과 다음과 같은 종분산계수 이론식을 제안하였다.

$$\frac{K_S}{Hu^*} = \frac{0.15}{8\epsilon_{y0}} \left(\frac{U}{u^*}\right)^2 \left(\frac{W}{H}\right)^{5/3} \tag{3.78}$$

여기서, ϵ_{y0}는 무차원 횡방향 난류확산계수로서 다음과 같이 주어진다.

$$\epsilon_{y0} = \frac{\epsilon_y}{Hu^*} = 0.145 + \left(\frac{1}{3{,}520}\right)\left(\frac{U}{u^*}\right)\left(\frac{W}{H}\right)^{1.38} \tag{3.79}$$

Deng 등(2001)이 제안한 이론식은 직선수로에서 대칭적인 수심분포를 가정하여 유도한 식이기 때문에 사행이 발달하는 자연하천에 적용하는 경우 오차가 발생한다. 이러한 단점을 극복하기 위하여 Seo와 Baek(2004)은 비대칭적인 유속분포를 재현할 수 있는 베타분포형 유속분포식을 다음과 같이 제안하였다.

$$\frac{\overline{u}(y)}{U} = \frac{\Gamma(\alpha+\beta)}{\Gamma(\alpha)\Gamma(\beta)} \left(\frac{y}{W}\right)^{\alpha-1} (1-\frac{y}{W})^{\beta-1} \tag{3.80}$$

여기서, $\Gamma(\alpha)$, $\Gamma(\beta)$는 각각 다음 식으로 주어진다.

$$\Gamma(\alpha) = \int_0^\infty x^{\alpha-1} e^{-x} dx, \alpha > 0 \tag{3.81a}$$

$$\Gamma(\beta)=\int_0^\infty x^{\beta-1}e^{-x}dx, \beta>0 \tag{3.81b}$$

그림 3.17은 α, β의 값에 따라서 변화하는 유속의 횡분포이다. $\alpha=\beta$인 경우에는 대칭형 곡선이 되고, $\alpha \neq \beta$일 때는 비대칭형 곡선이 되는 것을 알 수 있다. 또한 대칭형 곡선에서는 $\alpha+\beta$값이 클수록 첨도가 증가하고, 비대칭형 곡선의 경우 α와 β의 차이가 클수록 첨도가 증가하는 것을 알 수 있다. 그림 3.17은 이러한 베타함수의 특성을 이용하여 사행이 발달하는 자연하천의 다양한 유속의 횡분포를 재현할 수 있음을 보여주고 있다. Seo와 Baek(2004)은 식 (3.80)을 식 (3.74)에 대입하여 종분산계수 이론식을 다음과 같이 제시하였다.

$$\frac{K_S}{Hu^*}=\gamma\left(\frac{U}{u^*}\right)^2\left(\frac{W}{H}\right)^2 \tag{3.82}$$

여기서, γ는 적분값으로서 하천 단면의 유속분포에 따라서 변하는 값이다. Seo와 Baek(2004)은 식 (3.82)를 Godfrey와 Frederick(1970)이 수집한 하천 유속자료에 적용한 결과 γ값이 0.004~0.026의 범위에 있음을 제안하였다.

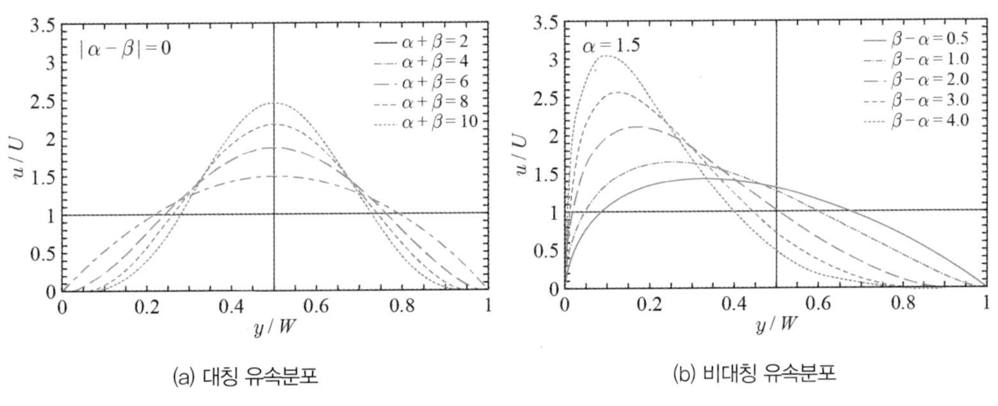

(a) 대칭 유속분포 (b) 비대칭 유속분포

그림 3.17 α, β의 값 변화에 따른 유속의 횡분포

자료: Seo와 Baek(2004)

예제 3.1 하천 실측 자료를 이용한 종분산계수 산정

문제

다음에 주어진 자료는 미국 워싱톤주에 있는 Green-Duwamish 강의 Renton Junction 지점에서 측정한 수심 및 유속자료이다(Fischer 등, 1979). 표 3.3에 주어진 자료에 종분산계수 이론식[식 (3.74)]을 적용하여 종분산계수를 산정하시오. 이 경우 횡방향 난류확산계수는 $\epsilon_y=0.01235\ \mathrm{m^2/s}$이다.

표 3.3 Green-Duwamish 강 Renton Junction 지점에서 측정한 수심 및 유속자료

구분	하천 좌안에서 횡방향 거리	수심	부단면 면적	수심평균유속
부단면	y	h	$h\Delta y$	$\bar{u}$
	m	m	m^2	m/s
	19.2			
1		0.55	1.17	0.03
	21.3			
2		1.28	3.90	0.16
	24.4			
3		1.28	3.90	0.30
	27.4			
4		1.46	4.46	0.33
	30.5			
5		1.58	4.83	0.36
	33.5			
6		2.01	6.13	0.35
	36.6			
7		1.95	5.95	0.23
	39.6			
8		0.61	1.11	0.02
	41.5			

자료: Fischer 등(1979)

풀이

표 3.4는 식 (3.74)를 적용하여 종분산계수를 산정한 결과이다. 식 (3.74)는 삼중 적분으로 구성되어 있어서 다음과 같이 단계별로 적분을 수행한다.

1) 첫 번째 적분: $\int_0^y hu'\,dy$

칼럼 (1): 부단면 번호

칼럼 (2): 하천 외부 임의지점에서 측정한 부단면 끝까지의 횡방향 거리

칼럼 (3): 부단면별 평균수심

칼럼 (4): 부단면별 면적, $\Delta A = h\Delta y$

칼럼 (5): 부단면별 평균유속

칼럼 (6): 부단면별 유량, $\triangle Q = \overline{u} \triangle A$

칼럼 (7): 부단면별 유속편차, $u' = \overline{u} - U$, 수심평균 유속분포($\overline{u}(y)$)가 그림 3.17(a)와 같이 하천의 양안에서 최솟값을 갖고 중앙부에서 최대가 되는 포물선형을 보이기 때문에 부단면별 유속편차(u')는 좌안과 우안 근처에서는 음의 값을 갖고 중앙부에서는 양의 값을 갖는다. 여기서 단면평균유속은 $U = \dfrac{Q}{A}$를 이용하여 계산하였다.

칼럼 (8): 부단면별 유속편차에 의한 상대유량, $\triangle Q' = u' \triangle A = (4) \times (7)$

칼럼 (9): 누가 상대유량, $\Sigma(8)$, 유속편차에 의한 부단면별 상대유량을 누가한 값으로서 시작 지점($y = 19.2$ m)에서 0으로 시작하여 하천 중앙부에서 음과 양의 값을 보이다가 측정 단면 끝점($y = 41.45$ m)에서 0으로 끝난다.

2) 두 번째 적분: $\displaystyle\int_0^y \frac{1}{\epsilon_y h} \int_0^y hu' \, dydy$

칼럼 (10): 누가 상대유량의 부단면별 평균값, 부단면의 시작점과 끝점에서의 누가 상대유량값을 평균해서 산정

칼럼 (11): 부단면별 두 번째 적분값, $(10) \times \dfrac{\Delta y}{\epsilon_y h}$

칼럼 (12): 두 번째 적분값의 누가값, $\Sigma(11)$

3) 세 번째 적분: $\displaystyle\int_0^W u' h \int_0^y \frac{1}{\epsilon_y h} \int_0^y hu' \, dydydy$

칼럼 (13): 누가 적분값의 부단면별 평균값, 부단면의 시작점과 끝점에서의 누가 적분값을 평균해서 산정

칼럼 (14): 부단면별 세 번째 적분값, $(8) \times (13)$

칼럼 (15): 부단면별 세 번째 적분값의 누가값, $\Sigma(8) \times (13)$

칼럼 (15)의 맨 마지막 값이 세 번째 적분값$\left(\displaystyle\int_0^W u' h \int_0^y \frac{1}{\epsilon_y h} \int_0^y hu' \, dydydy \right)$이다.

따라서 종분산계수는 다음과 같이 계산된다.

$$K = -\frac{(-227)}{A} = -\frac{(-227)}{31.5} = 7.21 \text{ m}^2/\text{s}$$

표 3.4 식 (3.74)를 적용한 종분산계수 산정

(1)	(2)	(3)	(4)	(5)	(6)	(7)	(8)	(9)	(10)	(11)	(12)	(13)	(14)	(15)
부단면	y	h	ΔA	$\overline{u}$	ΔQ	u'	$u'\Delta A$							
	m	m	m^2	m/s	m^3/s	m/s	m^3/s							
	19.2							0.00			0.00			0.00
1		0.55	1.17	0.03	0.04	−0.24	−0.28		−0.14	−44.7		−22.4	6.35	
	21.3							−0.28			−44.7			6.35
2		1.28	3.90	0.16	0.63	−0.11	−0.45		−0.51	−97.7		−93.6	41.7	
	24.4							−0.73			−142			48.0
3		1.28	3.90	0.30	1.17	0.03	0.10		−0.68	−131		−208	−21.1	
	27.4							−0.63			−273			27.0
4		1.46	4.46	0.33	1.48	0.06	0.26		−0.50	−84.1		−315	−81.6	
	30.5							−0.37			−357			−54.6
5		1.58	4.83	0.36	1.76	0.09	0.43		−0.15	−23.7		−369	−161	
	33.5							0.07			−381			−215
6		2.01	6.13	0.35	2.15	0.08	0.46		0.30	36.4		−363	−168	
	36.6							0.53			−345			−383
7		1.95	5.95	0.23	1.39	−0.04	−0.24		0.41	51.3		−319	77.9	
	39.6							0.28			−293			−305
8		0.61	1.11	0.02	0.02	−0.25	−0.28		0.14	34.4		−276	78.3	
	41.5							0.00			−259			−227
		$A=$	31.5	$Q=$	8.64									
		$U=$	$\frac{Q}{A}=$	0.27										

(2) 종혼합계수 경험식

식 (3.74)는 흐름방향 유속의 연직 및 횡방향 편차에 의한 종방향 혼합을 나타내는 종분산계수 이론식으로서 유속자료가 있으면 이 식을 이용하여 비교적 정확하게 종분산계수 값을 산정할 수 있다. 그러나 유속자료가 존재하지 않을 경우에는 식 (3.74)를 사용할 수 없고 실험자료를 기반으로 제안된 경험식을 사용하는 것이 일반적이다. 이러한 경험식은 하천에서 수집된 농도자료를 분석하여 얻은 종혼합계수와 하천의 주요 수리인자와의 상관관계로서 표현된 것이기 때문에 전단류에 의한 분산뿐만 아니라 하천의 불규칙성 및 난류확산에 의한 혼합효과도 내포하고 있다는 장점이 있다.

종혼합계수는 하천에서 추적자실험을 수행하여 취득한 수리 및 농도자료를 기반으로 산정한다. 표 3.5는 다양한 하천에서 수집한 수리 및 분산계수를 나타내고 있다. 이 표에 수록된 종혼합계수

표 3.5 자연하천에서 수집한 수리 및 분산계수

출처	하천	W (m)	H (m)	U (m/s)	u^* (m/s)	K (m^2/s)	$\frac{K}{Hu^*}$
Yotsukura 등 (1970)	Missouri River, IA	183	2.33	0.89	0.066	465	3,000
		200	2.70	1.55	0.074	1,500	7,500
		201	3.56	1.28	0.084	837	2,800
		197	3.11	1.53	0.078	892	3,700
Nordin과 Sabol (1974)	Antietam Creek, MD	12.8	0.30	0.42	0.057	17.5	1,000
		24.1	0.98	0.59	0.098	102	1,100
		11.9	0.66	0.43	0.085	20.9	370
		21.0	0.48	0.62	0.069	25.9	780
	Monocacy River, MD	48.7	0.55	0.26	0.052	37.8	1,300
		93.0	0.71	0.16	0.046	41.4	1,300
		51.2	0.65	0.62	0.044	29.6	1,000
		97.5	1.15	0.32	0.058	120	1,800
		40.5	0.41	0.23	0.040	66.5	4,100
	Conococheague Creek, MD	42.2	0.69	0.23	0.064	40.8	920
		49.7	0.41	0.15	0.081	29.3	880
		43.0	1.13	0.63	0.081	53.3	580
	Chattahoochee River, GA	75.6	1.95	0.74	0.138	88.9	330
		91.9	2.44	0.52	0.094	167	730
	Salt Creek, NB	32.0	0.50	0.24	0.038	52.2	2,700
	Difficult Run, VA	14.5	0.31	0.25	0.062	1.90	99
	Bear Creek, CO	13.7	0.85	1.29	0.553	2.90	6.2
	Little Pincy Creek, MD	15.9	0.22	0.39	0.053	7.10	610
	Bayou Anacoco, LA	17.5	0.45	0.32	0.024	5.80	540
	Comite River, LA	15.7	0.23	0.36	0.039	69.0	7,700
	Bayou Bartholomew, LA	33.4	1.40	0.20	0.031	54.7	1,300
	Tickfau River, LA	14.9	0.59	0.27	0.080	10.3	220
	Tangipahoa River, LA	31.4	0.81	0.48	0.072	45.1	770
		29.9	0.40	0.34	0.020	44.0	5,500
	Red River, LA	254	1.62	0.61	0.032	144	2,800
		162	3.96	0.29	0.060	131	550
		152	3.66	0.45	0.057	228	1,100
		155	1.74	0.47	0.036	178	2,800

(계속)

출처	하천	W (m)	H (m)	U (m/s)	u^* (m/s)	K (m²/s)	$\frac{K}{Hu^*}$
Nordin과 Sabol (1974)	Sabine River, LA	116	1.65	0.58	0.054	131	1,500
		160	2.32	1.06	0.054	309	2,500
	Sabine River, TX	14.2	0.50	0.13	0.037	12.8	690
		12.2	0.51	0.23	0.030	14.7	960
		21.3	0.93	0.36	0.035	24.2	740
	Mississippi River, LA	711	20.0	0.56	0.041	237	290
	Mississippi River, MO	533	4.94	1.05	0.069	458	1,300
		537	8.90	1.51	0.097	374	430
	Wind/Bighorn River, WY	44.2	1.37	0.99	0.142	185	950
		85.3	2.38	1.74	0.153	465	1,300
Godfrey와 Frederick(1970)	Copper Creek, VA	19	0.40	0.16	0.116	9.9	210
		16	0.49	0.26	0.080	9.5	240
		16	0.49	0.27	0.080	20	510
		18	0.85	0.60	0.100	21	250
	Powell River, TE	34	0.85	0.15	0.055	9.5	200
	Clinch River, VA	36	0.58	0.21	0.049	8.1	290
	Clinch River, TE	47	0.85	0.32	0.067	14	250
		53	2.10	0.83	0.107	47	209
		60	2.10	0.94	0.104	54	247
McQuivey와 Keefer(1974)	Bayou Anacoco, LA	25.9	0.94	0.34	0.067	32.5	516
		36.6	0.91	0.40	0.067	39.5	648
		20.0	0.42	0.29	0.045	13.9	735
	Nooksack River, WA	64.0	0.76	0.67	0.268	34.8	171
		86.0	2.93	1.20	0.530	153	98.5
	Wind/Bighorn Rivers, WY	59.4	1.10	0.88	0.119	41.8	319
		68.6	2.16	1.55	0.168	163	449
	John Day River, OR	25.0	0.58	1.01	0.140	13.9	171
		34.1	2.47	0.82	0.180	65.0	146
	Yadkin River, NC	70.1	2.35	0.43	0.101	111	468
		71.6	3.84	0.76	0.128	260	529
	Amite River	37.0	0.81	0.29	0.070	23.2	409
		42.0	0.80	0.42	0.069	30.2	547

(계속)

출처	하천	W (m)	H (m)	U (m/s)	u^* (m/s)	K (m^2/s)	$\frac{K}{Hu^*}$
McQuivey와 Keefer(1974)	White River	67.0	0.55	0.35	0.044	30.2	1,250
	Sabine River, TX	35	0.98	0.21	0.042	39.4	957
	Sabine River, LA	104	2.04	0.58	0.054	316	2,870
		128	4.75	0.64	0.084	670	1,680
	Chattahoochee River, GA	66	1.13	0.39	0.076	32.5	378
	Anacoco River	20	0.42	0.29	0.045	13.9	735
		26	0.94	0.34	0.068	32.5	508
		37	0.92	0.40	0.067	39.5	640
	Elkhorn River	32.6	0.30	0.43	0.046	9.29	673
		50.9	0.42	0.46	0.046	20.9	1,080
	Susquehanna River	203	1.35	0.39	0.065	92.9	1,060
	Muddy River	13.0	0.81	0.37	0.081	13.9	212
		20.0	1.20	0.45	0.099	32.5	274
	Comite River	13.0	0.26	0.31	0.044	7.0	612
		16.0	0.43	0.37	0.056	13.9	577
Rutherford 등 (1980)	Waikato River	85	2.60	0.69	0.060	52	333
		120	2.60	0.64	0.050	67	515
Stefan과 Demetracopoulos (1981)	Minnesota River	80	2.74	0.034	0.002	22.3	3,390
		80	2.74	0.14	0.010	34.9	1,310
	Mississippi River	530	3.05	0.08	0.056	13.0	76.1
		530	3.05	0.07	0.005	19.5	1,280
		530	3.05	0.12	0.008	16.6	664
		530	3.05	0.14	0.010	35.9	1,210
Kitto와 Rutherford(1982)	Punehu River	5	0.28	0.26	0.21	7.2	122
	Kapuni River	9	0.30	0.37	0.15	8.4	187
		10	0.35	0.53	0.17	12.4	208
	Manganui River	20	0.40	0.19	0.18	6.5	90.3
	Waiongana River	13	0.60	0.48	0.24	6.8	47.2
	Stony River	10	0.63	0.55	0.30	13.5	71.4
Rutherford와 Williams(1992)	Manawatu River	60	0.95	0.46	0.092	47	538

(계속)

출처	하천	W (m)	H (m)	U (m/s)	u^* (m/s)	K (m^2/s)	$\frac{K}{Hu^*}$
Carr와 Rehmann(2005)/ Zeng과 Huai (2014)	Embarrass River	30	1.1	0.38	0.025	32.9	1,200
	Illinois River	158	4.3	0.19	0.007	48.9	1,630
		232	3.4	0.24	0.043	52.0	356
		202	4.6	0.18	0.036	49.1	296
		194	6.3	0.22	0.039	538	2,190
		183	5.7	0.11	0.020	13.3	117
	Kanawha River	259	3.4	0.17	0.018	147	2,400
		259	3.4	0.17	0.018	142	2,320
	New River	102	4.4	0.17	0.008	77.1	2,190
	Salt Creek	167	0.2	0.47	0.159	7.9	248
	Sangamon River	27	1.1	0.44	0.007	24.6	3,200
	Yampa River	78	1.2	1.42	0.026	326	10,500
		76	1.2	1.41	0.058	116	1,670
Disley 등(2015)	Credit River (Reach 1)	11.2	0.24	0.66	0.16	5.35	139
		11.0	0.21	0.49	0.14	6.05	206
		10.8	0.20	0.41	0.13	2.35	90.4
	Credit River (Reach 2)	5.57	0.31	0.26	0.09	2.44	87.5
		5.54	0.30	0.15	0.09	3.02	112
		5.10	0.25	0.14	0.09	2.53	112
	Credit River (Reach 3)	21.6	0.56	0.38	0.09	10.2	202
		20.7	0.48	0.29	0.09	7.37	171
		20.3	0.45	0.26	0.08	6.00	167
	Credit River (Reach 4)	21.0	0.31	0.98	0.11	8.18	240
		19.4	0.26	0.74	0.09	5.51	236
		17.2	0.22	0.52	0.09	7.13	360
	Credit River (Reach 5)	3.77	0.27	0.23	0.12	2.35	72.5
		3.57	0.20	0.15	0.10	1.90	95.0
		3.58	0.19	0.14	0.10	1.14	60.0
Kim 등(2022)	청미천	20.9	0.345	0.325	0.046	18.2	1,150
		36.7	0.485	0.174	0.059	23.3	814
	감천	51.5	0.433	0.566	0.065	14.1	501
		18.8	0.350	0.319	0.053	6.65	358

중에서 Nordin과 Sabol(1974) 자료는 Seo와 Cheong(1998)이 미국지질조사국(US Geological Survey)에서 발간한 보고서에 수록된 추적자실험 농도자료와 수리자료에 농도추적법을 적용하여 산정한 것이다. Seo와 Cheong(1998)은 농도추적법 외에 모멘트법도 적용하여 종혼합계수를 계산하였는데, 대부분의 실측 농도곡선이 왜곡되어 있고 하강부에 긴 꼬리를 갖고 있어서 모멘트법에 의해서는 물리적으로 의미가 있는 값을 구하기 어려워서 농도추적법에 의해 산정된 값을 채택하였다고 보고하고 있다. 이 표에서 종혼합계수의 무차원값$\left(\frac{K}{Hu^*}\right)$은 10^2~10^4의 차수를 가지며, 이는 전 절에서 서술한 2차원 이송-분산 모형의 종혼합계수$\left(\frac{D_L}{Hu^*}\right)$의 10~100배 범위를 갖는 것임을 알 수 있다.

종혼합계수 경험식은 일반적으로 표 3.5에 수록된 종혼합계수와 하천 수리인자 간의 상관관계를 도출하는 방법으로 제안된다(Seo와 Cheong, 1998). 종혼합계수에 영향을 미치는 인자는 크게 유체의 성질, 하천 수리인자, 하천 지형인자의 세 그룹으로 나누어 볼 수 있다. 따라서 이 관계식에 차원해석법을 적용하면 다음과 같은 식을 얻을 수 있다.

$$\frac{K}{Hu^*}=f\left(\frac{U}{\sqrt{gH}}, \frac{\rho UH}{\mu}, \frac{U}{u^*}, \frac{W}{H}, S_f, S_n\right) \tag{3.83}$$

여기서, ρ, μ는 각각 유체의 밀도와 점성이고, S_f는 하천 하상의 형상인자, S_n는 하천의 사행인자이다. 하천에서 물의 흐름이 완전 난류임을 가정하면 레이놀즈수에 따른 종혼합계수의 변동성이 없으므로 생략하고, 하상 형상인자와 하천의 사행인자 또한 마찰유속에 포함된다고 가정하여 생략하면 다음 식과 같이 간략화된다.

$$\frac{K}{Hu^*}=g\left(\frac{U}{u^*}, \frac{W}{H}\right) \tag{3.84}$$

식 (3.84)를 표 3.5의 종혼합계수와 하천 수리자료에 적용하여 상관관계를 도시한 것이 그림 3.18이다. 이 그림은 대수-대수 좌표로 도시되었는데, 이러한 좌표계에서 $\frac{K}{Hu^*}$는 $\frac{U}{u^*}$ 및 $\frac{W}{H}$와 선형적인 상관 관계를 보여 주고 있으나, $\frac{\rho UH}{\mu}$와는 상관성이 없는 것으로 나타났다. 식 (3.84)의 함수 형태로서 다음 식과 같은 멱함수 형태를 제안할 수 있다.

$$\frac{K}{Hu^*}=a\left(\frac{U}{u^*}\right)^b\left(\frac{W}{H}\right)^c \tag{3.85}$$

이 식에 $b=2, c=2$를 대입하면 Seo와 Baek(2004)이 이론적으로 유도한 식인 식 (3.82)와 동일한 형태이다.

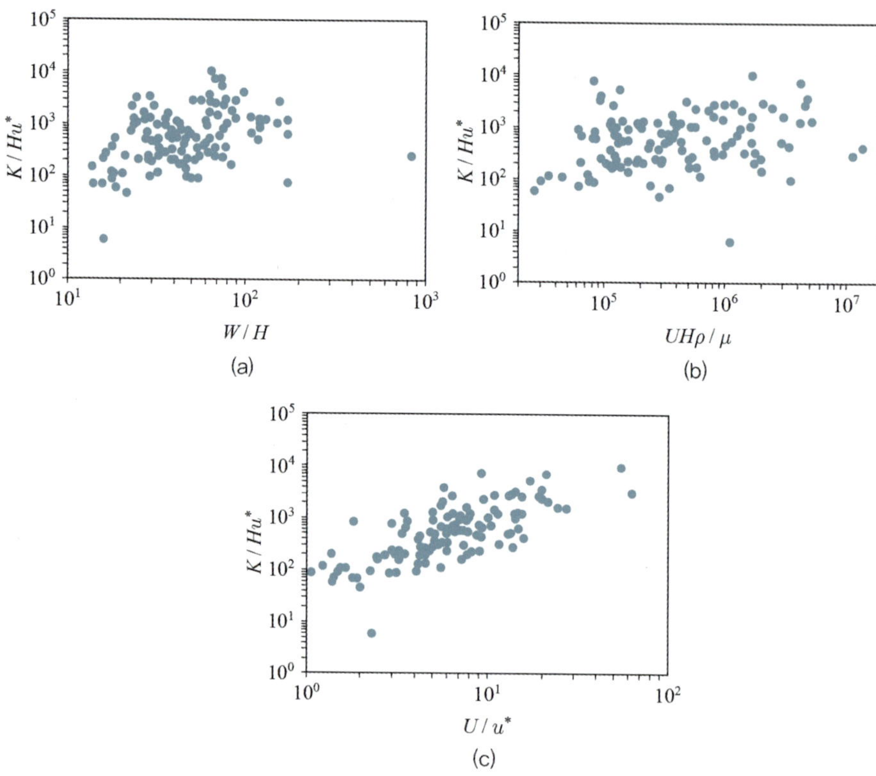

그림 3.18 종혼합계수와 무차원 수리인자 간의 상관관계

Fischer(1975)는 간략한 형태의 이론식인 식 (3.77)에 몇 가지 가정을 도입하여 하천의 대표적인 수리인자를 이용하여 쉽게 종분산계수를 산정할 수 있는 준경험식을 제안하였다. 그는 특성길이 h는 하천 단면이 대칭인 경우에는 0.5 W이고 완전 비대칭인 경우에 1.0 W값을 가지므로 0.7 W로 가정하고, 유속편차의 강도는 실험에서 측정한 범위를 감안하여 $\overline{u'^2}=0.2U^2$으로 가정하였다. 단면평균 난류확산계수는 완만한 사행을 갖는 자연하천에서의 값으로 $\bar{\epsilon}=0.6Hu^*$을 가정하고, 무차원 적분값은 표 2.1에 주어진 값의 평균값으로 $I=0.07$을 가정하였다. 상기 가정을 식 (3.77)에 대입하여 정리하면 다음과 같은 식을 유도할 수 있다.

$$\frac{K}{Hu^*}=0.011\left(\frac{U}{u^*}\right)^2\left(\frac{W}{H}\right)^2 \tag{3.86}$$

이 식은 차원해석법으로 유도한 경험식의 일반적인 형태인 식 (3.85)의 지수에 $b=2, c=2$를 도입한 형태이다. 이후 종혼합계수에 대한 많은 경험식이 제시되었는데 대부분 식 (3.85)의 형태를 갖고 있다. 이들 경험식에서 쓰인 계수 및 지수 값을 표 3.6에 수록하였다.

표 3.6 종혼합계수 경험식의 계수 및 지수 값

경험식		a	b	c
Fischer(1975)		0.011	2.0	2.0
Liu(1977)		0.18	0.5	2.0
Iwasa와 Aya(1991)		2.0	0	1.5
Koussis와 Rodriguez-Mirasol(1998)		0.6	0	2.0
Seo와 Cheong(1998)		5.915	1.428	0.620
Sahay와 Dutta(2009)		2	1.25	0.96
Etemad-Shahidi와 Taghipour(2012)	$\frac{W}{H} \leq 30.6$	15.49	0.11	0.78
	$\frac{W}{H} > 30.6$	14.12	0.85	0.61
Li 등(2013)		2.2820	1.4713	0.7613
Zeng과 Hui(2014)		5.4	1.13	0.7

표 3.6과 다른 형태의 식으로서 Kashefipour와 Falconer(2002)는 하천의 종횡비에 따라서 식을 구분하여 다음과 같이 제안하였다.

$$\frac{K}{Hu^*} = 10.612\left(\frac{U}{u^*}\right)^2, \quad \frac{W}{H} > 50 \tag{3.87a}$$

$$\frac{K}{Hu^*} = \left[7.428 + 1.775\left(\frac{U}{u^*}\right)^{-0.572}\left(\frac{W}{H}\right)^{0.620}\right]\left(\frac{U}{u^*}\right)^2, \quad \frac{W}{H} \leq 50 \tag{3.87b}$$

그들은 회귀 방법으로 식 (3.87a)를 유도한 뒤, 여기에 Seo와 Cheong(1998) 식을 결합하여 (3.87b)를 유도하였다.

Disley 등(2015)과 Sattar와 Gharabaghi(2015)는 식 (3.85)에 프루드수를 포함하여 각각 다음과 같이 제안하였다.

$$\frac{K}{Hu^*} = 3.563\left(\frac{1}{F_r^{0.4117}}\right)\left(\frac{U}{u^*}\right)^{1.0132}\left(\frac{W}{H}\right)^{0.6776} \tag{3.88}$$

$$\frac{K}{Hu^*} = 2.9 \times 4.6^{(F_r^{0.5})}\left(\frac{1}{F_r^{0.5}}\right)\left(\frac{U}{u^*}\right)^{1+F_r^{0.5}}\left(\frac{W}{H}\right)^{0.5-F_r} \tag{3.89}$$

상기 경험식들은 대개 표 3.5에 주어진 자료를 회귀분석하여 유도한 것이 대부분이나, 최근 들어 인공신경망, 유전자알고리즘, 서포트벡터머신(Support Vector Machine) 등 기계학습방법을 적용하여 종혼합계수를 산정하는 연구가 활발하게 이루어지고 있다(Etemad-Shahidi와 Taghipour, 2012; Sattar와 Gharabaghi, 2015; Noori, 2021).

상술한 경험식들의 예측값을 실측치와 비교한 결과가 그림 3.19에 나타나 있다. 그리고 예측값과 실측값의 RMSE 오차가 그림 3.20에 나타나 있다. 이들 그림에서 Iwasa와 Aya(1991), Seo와 Cheong(1998), Sahay와 Dutta(2009) 식 등은 예측 오차가 작게 나타나고 있으나, Fischer(1975), Liu(1979), Koussis와 Rodriguez(1998) 식은 실측치를 과대 산정하는 경향을 나타내고 있으며 이에 따라 오차도 크게 발생하고 있음을 알 수 있다. 최근에 제안된 Zeng과 Hui(2014) 식과 기계학습 모형에 의한 Etemad-Shahidi와 Taghipour(2012) 식, Li 등(2013) 식, Sattar와 Gharabaghi(2015) 식 등은 우수한 예측 결과를 보이고 있다.

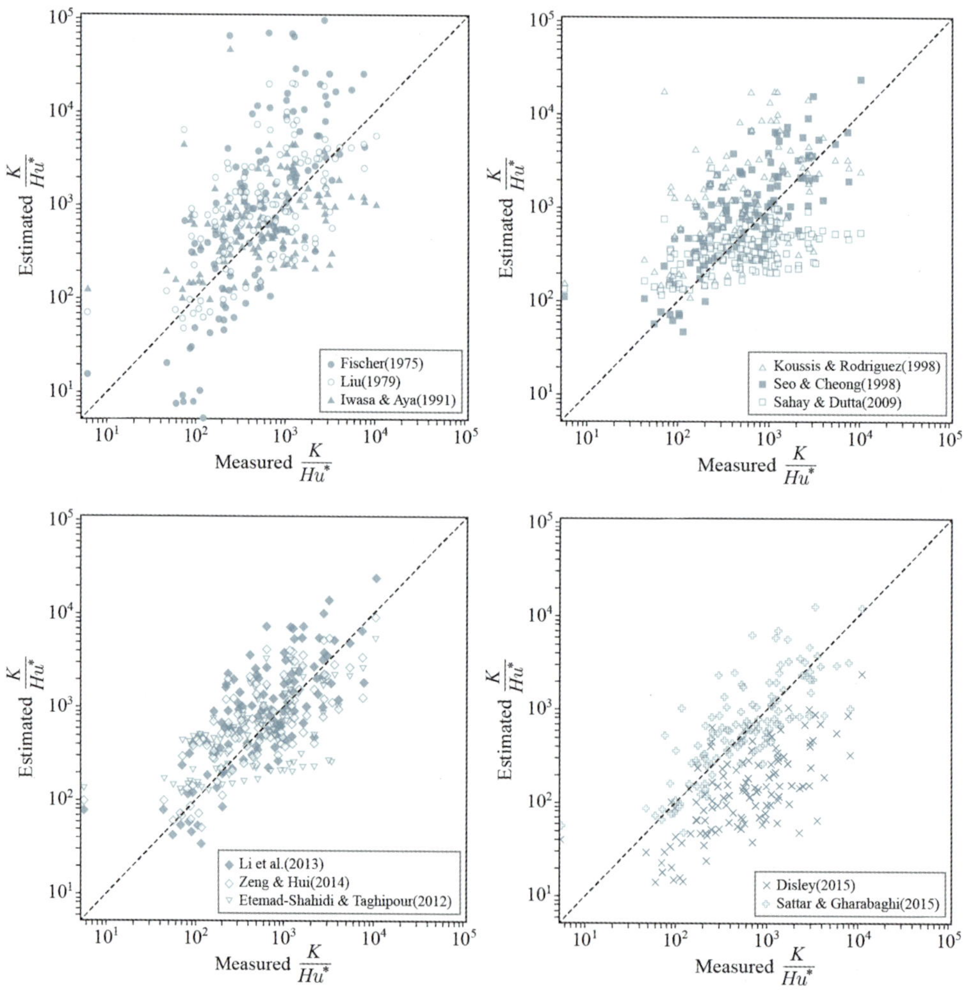

그림 3.19 종혼합계수 경험식의 예측 성능 비교

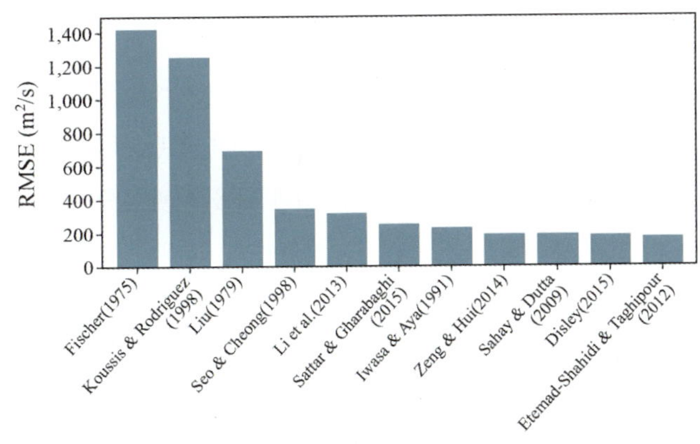

그림 3.20 종혼합계수 경험식의 예측 오차 비교

3) 하천 저장대모형

(1) 하천 저장대의 특성

자연하천의 경우 하천 바닥과 하안에 물의 흐름과 오염물질의 혼합에 영향을 미치는 다양한 불규칙성이 존재한다. 그림 3.21에 이러한 불규칙성을 야기시키는 요소들이 나타나 있는데, 여기에는 사주, 웅덩이와 여울 구조, 공동(구덩이), 식생 등 자연적인 요소와 교각, 보, 수제 등 인공적인 구조물이 포함된다. 이러한 모든 불규칙성 요소들은 흐름의 변동성을 야기시키고 이에 따라서 오염물질의 혼합에도 영향을 미치게 된다. 대부분 하천의 혼합성능을 증가시키는 역할을 하여서 전술한 대로 혼합계수를 증가시킨다고 보고되고 있다(Seo와 Cheong, 1998).

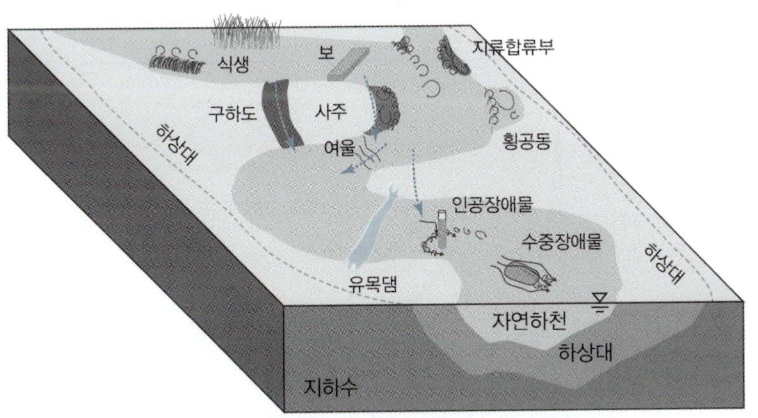

그림 3.21 자연하천에 존재하는 불규칙성 요소

자료: Noh 등(2021)

하천의 불규칙성 요소들은 하천혼합의 초기기간을 증가시키고 아울러 농도곡선의 꼬리부를 길게 연장시키는 것으로 보고되고 있다. 이에 따라서 초기기간 이후에도 통계학적 분산이 시간에 대하여 비선형적인 거동을 보이고 농도곡선은 왜곡된 분포를 보이게 된다. Legrand-Marcq와 Laudelot (1985)은 산지 하천에서 측정한 농도곡선을 분석한 결과 다음 식과 같이 시간에 대한 통계학적 분산이 선형관계식보다 더 크게 증가하는 것으로 보고하였는데, 국내의 여러 하천에서 수행한 추적자실험(국립환경과학원, 2015; Noh 등, 2021)에서 취득한 농도곡선을 분석한 결과에서도 유사한 결과를 보이는 것으로 나타났다.

$$\sigma_t^2 = f(t^{1.4})$$

그림 3.22는 낙동강 지류인 감천 감포교 상류에서 수행된 추적자실험에서 취득한 농도곡선을 그린 것이다(Kwon 등, 2021). 이 그림에서 농도곡선은 모두 왜곡된 분포와 긴 꼬리를 가지고 있으며, 하류 측선으로 갈수록 농도곡선 하강부의 꼬리가 더 길게 연장되고 있음을 알 수 있다. Taylor 이론에 기반한 1차원 이송-분산 모형은 이러한 긴 꼬리를 가진 왜곡된 농도곡선을 예측할 수 없다. 이 그림에 실린 농도곡선의 긴 꼬리는 오염물질의 일부가 하천의 불규칙성 요소들에 의해 생성된 저장대(storage zone)에 일시 갇혀 있다가 주 오염운이 해당 측선을 통과한 후에 주흐름 영역(main flow zone)으로 재방출됨에 따라서 발생하는 것이다. 따라서 이러한 자연하천에서의 혼합을 해석하기 위해서는 오염물질의 저장과 재방출 기작을 정확하게 모의할 수 있는 모형이 필요하다. 하천 저장대모형(river storage model)은 이러한 저장대 물질교환 메커니즘을 반영한 모형으로서 지금까지 다양한 형태의 저장대모형이 제안되었다(Bencala와 Walters, 1983; Seo와 Maxwell, 1992; Choi 등, 2000; Boano 등, 2007).

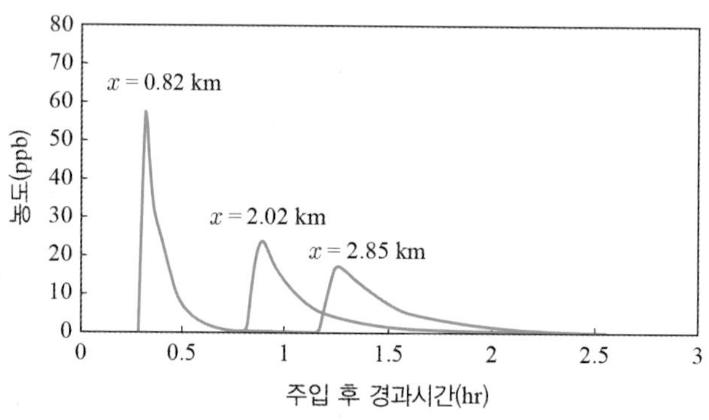

그림 3.22 **감천에서 취득한 추적자의 농도곡선**

자료: Kwon 등(2021)

그림 3.23은 청미천 당진교 하류 구간에서 수행한 추적자실험에서 취득한 농도곡선에 대하여 1차원 이송-분산 모형과 하천 저장대모형에 의한 예측 결과를 비교한 그림이다(Noh 등, 2021). 이 그림에서 1차원 이송-분산 모형은 첨두농도의 도달시간과 농도곡선 하강부의 꼬리를 제대로 예측하지 못하고 있으나, 하천 저장대모형은 왜곡된 실측 농도곡선을 정확하게 재현하는 것을 볼 수 있다.

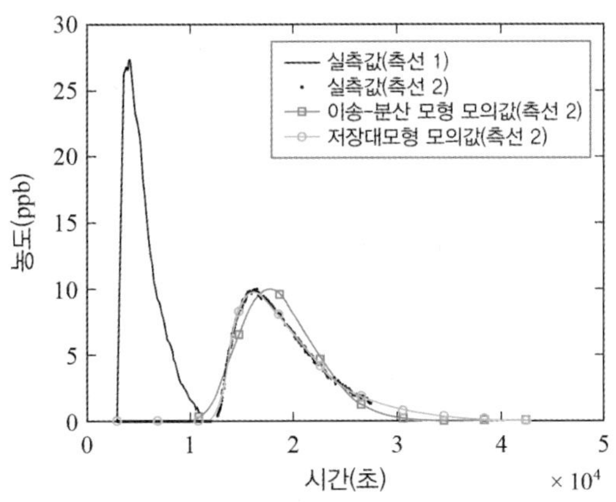

그림 3.23 **1차원 이송-분산 모형과 하천 저장대모형의 예측 결과 비교**

자료: Noh 등(2021)

(2) 하천 저장대모형 방정식

하천 저장대모형은 그림 3.24에 나타낸 저장대에서의 오염물질 저장과 재방출 기작을 반영하여 모의할 수 있는 모형이다. 대부분의 하천 저장대모형에서는 하천 영역을 두 개의 영역으로 나누어 해석한다. 하천의 흐름과 오염운이 주로 이동하는 주흐름 영역을 본류대라고 하고, 오염물질의 일부가 일시적으로 포획되는 영역을 저장대라고 한다. 그리고 이 두 영역 간에는 물질교환이 발생하는 것으로 가정한다.

그림 3.25는 이러한 영역 분리와 각 영역에서 일어나는 이송과 혼합 기작을 개념적으로 도시한 것이다. 본류대에서는 이송, 분산, 생화학적 반응 그리고 두 영역 간에 물질교환이 발생하는 것으로 가정한다. 반면, 저장대에서는 이송과 분산은 일어나지 않고, 반응기작과 그리고 두 영역 간에 물질이동이 발생하는 것으로 가정한다. 이를 방정식으로 표현하면 다음과 같다.

$$\text{본류대: } A_F\frac{\partial C_F}{\partial t}+U_FA_F\frac{\partial C_F}{\partial x}=\frac{\partial}{\partial x}\left(K_FA_F\frac{\partial C_F}{\partial x}\right)+F \quad (3.90)$$

$$\text{저장대: } A_S\frac{\partial C_S}{\partial t}=-F \quad (3.91)$$

여기서, C_F는 본류대에서의 농도, A_F는 본류대의 단면적, U_F는 본류대에서의 유속, K_F는 본류대의 종혼합계수, C_S는 저장대에서의 농도, A_S는 저장대의 단면적 그리고 F는 두 영역 간에 물질이동률이다.

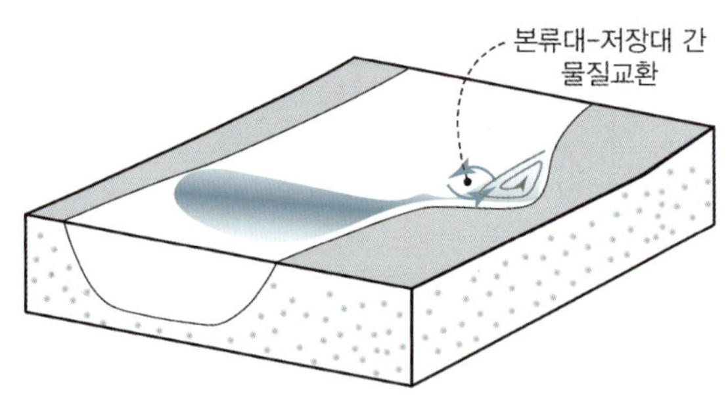

그림 3.24 하천 저장대에서 오염물질의 저장과 재방출

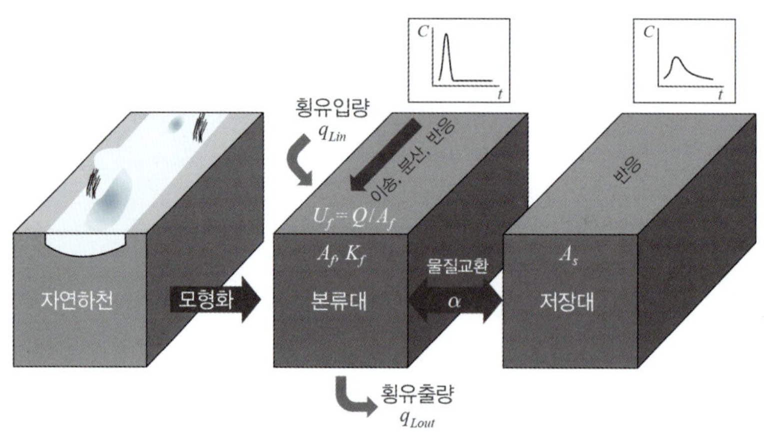

그림 3.25 하천 저장대모형의 개념도

자료: Noh 등(2021)

식 (3.90)과 (3.91)에서 두 영역 간 물질이동을 나타내는 방법으로 다양한 모형이 제시되었는데, 그중에서 가장 일반적인 것은 교환모형과 확산모형이다. 먼저 교환모형은 영역 간 물질이동이 두 영역 간 농도차에 비례한다는 이론에 근거한 것으로 다음 식으로 표현된다.

$$F = kP(C_S - C_F) \tag{3.92}$$

여기서, P는 두 영역이 접한 면의 길이, k는 물질교환계수[L/t]이다. 따라서 식 (3.92)를 식 (3.90)과 (3.91)에 대입하면 다음 식을 유도할 수 있다.

$$\frac{\partial C_F}{\partial t}+U_F\frac{\partial C_F}{\partial x}=\frac{\partial}{\partial x}\left(K_F\frac{\partial C_F}{\partial x}\right)+\frac{kP}{A_F}(C_S-C_F) \tag{3.93}$$

$$\frac{\partial C_S}{\partial t}=\frac{kP}{A_S}(C_F-C_S) \tag{3.94}$$

확산모형은 저장대 내에서 오염물질의 확산이 일어난다고 가정하고 영역 간에 물질이동을 다음 식과 같이 표현한다.

$$F=-\epsilon_y\frac{\partial C_S}{\partial y}\bigg|_{y=0} \tag{3.95}$$

여기서, ϵ_y는 y방향 난류확산계수[L^2/t]이다. 따라서 식 (3.95)를 식 (3.90)과 (3.91)에 대입하면 다음 식을 유도할 수 있다.

$$\frac{\partial C_F}{\partial t}+U_F\frac{\partial C_F}{\partial x}=\frac{\partial}{\partial x}\left(K_F\frac{\partial C_F}{\partial x}\right)-\frac{\epsilon_y}{A_F}\frac{\partial C_S}{\partial y}\bigg|_{y=0} \tag{3.96}$$

$$\frac{\partial C_S}{\partial t}=\frac{\epsilon_y}{A_S}\frac{\partial C_S}{\partial y}\bigg|_{y=0} \tag{3.97}$$

교환모형[식 (3.93)과 (3.94)]은 x방향의 농도변화만을 해석하기 때문에 1차원 모형이지만, 확산모형[식 (3.96)과 (3.97)]은 x방향에 추가하여 y방향의 확산에 따른 농도 변화를 해석하기 때문에 2차원 모형이라 할 수 있다. 이에 따라 확산모형이 공간적으로 더욱 정교한 해를 주지만 복잡성 때문에 일반적으로 교환모형이 사용되고 있다.

교환모형에서 k 대신 다른 형태의 물질교환계수인 $\alpha\left(=\frac{kP}{A_F}\right)$를 도입하면 질량이동률을 다음 식으로 표현할 수 있다(Bencala와 Walters, 1983).

$$F=\alpha A_F(C_S-C_F) \tag{3.98}$$

여기서, α는 질량교환계수[1/t]이다. 이 식의 장점은 P를 포함하지 않기 때문에 매개변수의 수를 줄일 수 있다는 점이다. 따라서 식 (3.98)을 식 (3.90)과 (3.91)에 대입하면 다음 식을 유도할 수 있다.

$$\frac{\partial C_F}{\partial t}+U_F\frac{\partial C_F}{\partial x}=\frac{\partial}{\partial x}\left(K_F\frac{\partial C_F}{\partial x}\right)+\alpha(C_S-C_F) \tag{3.99}$$

$$\frac{\partial C_S}{\partial t}=\alpha\frac{A_F}{A_S}(C_F-C_S) \tag{3.100}$$

상기 방정식을 지배방정식으로 사용하는 모형은 천이 저장대모형(transient storage model)으로 불리고 있으며 하천 저장효과를 고려한 모형으로 널리 활용되고 있다(Boano 등, 2014; 노효섭 등, 2019).

반응성 오염물질의 혼합 거동을 해석하기 위하여 상기 모형에 반응항을 추가하면 다음과 같이 된다(Runkel, 1998).

$$\frac{\partial C_F}{\partial t}+U_F\frac{\partial C_F}{\partial x}=\frac{\partial}{\partial x}\left(K_F\frac{\partial C_F}{\partial x}\right)+\alpha(C_S-C_F)+\frac{q_L}{A_F}(C_L-C_F)-\lambda_F C_F \tag{3.101}$$

$$\frac{\partial C_S}{\partial t}=\alpha\frac{A_F}{A_S}(C_F-C_S)-\lambda_S C_S \tag{3.102}$$

여기서, q_L은 하천 측방에서 유입 및 유출하는 유량이고, λ_F와 λ_S는 각각 본류대와 저장대에서의 반응계수[1/t]이다. 미국지질조사국에서 개발한 OTIS 모형(One-dimensional Transport with Inflow and Storage)은 하천 측방 유출 · 입항과 반응항에 추가하고 하천 하상의 퇴적층과의 흡 · 탈착 기작을 포함하여 개발되었다(Runkel, 1998). 또한 OTIS 모형은 매개변수를 산정할 수 있는 역산모델링 프로그램을 탑재하고 있어 모형 적용이 편리하므로 널리 활용되고 있다.

(3) 저장대모형의 매개변수

하천 저장대모형을 적용하기 위해서는 모형의 매개변수를 입력하여야 한다. 천이 저장대모형의 경우 주요 매개변수는 본류대 종혼합계수(K_F), 본류대 면적(A_F), 저장대 면적(A_S) 그리고 질량교환계수(α)로서 이 매개변수들에 대한 정보가 필요하다. 식 (3.99)의 이송항에 포함된 본류대의 평균유속(U_F)은 수리 계측에서 측정한 값을 사용하는 것이 일반적이다. 이들 매개변수를 산정하는 방법은 크게 실측한 농도곡선이 있는 경우와 없는 경우로 나누어 볼 수 있다(김병욱 등, 2024).

실측한 농도곡선이 있는 경우에는 전술한 대로 역산모델링 방법이 보편적으로 사용된다. 이 방법은 저장대모형의 해석해 또는 수치모형을 이용하여 모의한 예측 농도곡선과 실측 농도곡선을 비교하여 적합도를 가장 좋게 하는 매개변수값을 최적값으로 선택하는 방법이다(Runkel과 Broshears, 1991; Runkel, 1998; Cheong과 Seo, 2003; Cheong 등, 2007). 이에 따라서 다양한 최적화 기법을 적용하여 저장대모형의 매개변수를 산정하는 방법들이 제시되고 있다(노효섭 등, 2019). 이 외에도 저장대모형 해석해의 모멘트를 이용하여 실측 농도곡선의 모멘트와 비교하여 매개변수값의 최적값으로 선택하는 방법도 활발하게 연구되고 있다(Seo와 Cheong, 2001; Schmid, 2003; Gonzalez-Pinzon 등, 2013).

실측한 농도곡선이 존재하지 않는 경우에는 하천의 지형 및 수리인자를 주요 변수로 하는 경험식을 이용하는 것이 일반적이다(Pederson, 1977; Cheong 등, 2007). 전 절의 2차원 종 · 횡 혼합계수 경험식 유도 과정에서 서술한 바와 유사하게 저장대모형의 매개변수와 하천의 지형 및 수리인자 간의 상관성을 파악하고, 이를 바탕으로 회귀 방법으로 경험식을 유도하는 연구가 활발하게 수행되고 있다(Femeena 등, 2019; Noh 등, 2021). Femeena 등(2019)은 그들이 수집한 자료를 이용하여 유도한 경험식을 다음과 같이 제시하였다.

$$K_F = 1.5\,UWH^{0.5} \tag{3.103a}$$

$$A_s = 0.1\left[0.1\,W + \frac{Q}{H}\right]^{1.2} \tag{3.103b}$$

$$\alpha = \frac{0.001\,U}{WH} \tag{3.103c}$$

그들은 전체 자료를 두 개의 세트로 나누어 각각 유도와 검증에 사용하였으며, 검증 결과가 α를 제외한 다른 매개변수 예측정확도(R^2)가 0.7 이상으로 나타났다고 보고하였다. Noh 등(2021)은 128개의 자료 세트에 유전자알고리즘의 한 방법인 다중유전자 유전프로그래밍(multi-gene genetic programming)과 주성분 회귀분석법(principal components regression)을 적용하여 유도한 경험식을 비교한 결과, 유전자알고리즘이 더 우수한 성능을 보인다고 보고하였다. 그들이 주성분 회귀분석법을 이용하여 유도한 경험식은 다음과 같다.

$$\frac{K_F}{Hu^*} = \exp(-0.0341)\left(\frac{U}{u^*}\right)^{1.1759}\left(\frac{W}{H}\right)^{0.7438}(S_n)^{1.2125} \tag{3.104a}$$

$$\frac{A_F}{WH} = \exp(-0.8162)\left(\frac{U}{u^*}\right)^{0.1594}\left(\frac{W}{H}\right)^{0.1345}(S_n)^{0.0729} \tag{3.104b}$$

$$\frac{A_S}{WH} = \exp(-2.5634)\left(\frac{U}{u^*}\right)^{-0.6310}\left(\frac{W}{H}\right)^{0.3790}(S_n)^{-1.1116} \tag{3.104c}$$

$$\frac{\alpha}{u^*/H} = \exp(-4.8443)\left(\frac{U}{u^*}\right)^{-0.2743}\left(\frac{W}{H}\right)^{-0.5577}(S_n)^{-2.4113} \tag{3.104d}$$

그들은 민감도 분석 결과 하천의 사행도(S_n)가 종혼합계수에 가장 큰 영향을 미치는 것으로 나타났다고 보고하였는데, 이는 그림 3.21에 나타낸 바와 같이 하천의 사행에 의해 발생하는 웅덩이와 여울, 사주 등 불규칙한 지형구조가 오염물질의 혼합에 기여하기 때문인 것으로 해석된다. Noh 등(2021)이 경험식 유도에 사용한 자료는 부록 3.2에 수록되어 있다.

연습문제

1. 대수형 유속분포식에 기반하여 유도한 연직난류확산계수는 다음과 같이 포물형의 분포를 보인다. 이 식을 이용하여 수심평균값을 구하시오.

$$\epsilon_z = \kappa h u^* \frac{z}{h}\left(1 - \frac{z}{h}\right)$$

여기서, von Kármán 상수 κ는 0.4를 대입하시오.

2. 지류에서 본류로 오염물질이 지속적으로 유입되는 경우이거나 하천에 하 · 폐수가 연속적으로 유입되는 경우에 적용할 수 있는 2차원 혼합 모형에 대해 다음의 문제에 대한 답을 구하시오.

(1) 2차원 이송-분산 방정식을 간략하여 상기 조건에 적용할 수 있는 방정식을 제시하시오.

(2) 위 (1)에서 제시한 식을 이용하여 2차원 유관모형을 유도하시오.

(3) 위 (2)에서 유도한 2차원 유관모형의 장점에 대해 서술하시오.

3. 원역에서 오염물질의 혼합 해석에 사용하는 1차원 이송-분산 모형[식 (3.64)]을 다음에 주어진 2차원 이송-분산 모형(보존형)으로부터 유도하시오.

$$h\frac{\partial \bar{c}}{\partial t} + \frac{\partial}{\partial x}(h\bar{u}_x\bar{c}) + \frac{\partial}{\partial y}(h\bar{u}_y\bar{c}) = \frac{\partial}{\partial x}\left[h(\epsilon_x + D_x)\frac{\partial \bar{c}}{\partial x}\right] + \frac{\partial}{\partial y}\left[h(\epsilon_y + D_y)\frac{\partial \bar{c}}{\partial y}\right]$$

4. 다음에 주어진 자료는 미국 미주리주에 있는 Fox 강에서 측정한 수심 및 유속 자료이다. 하천의 하상경사는 $S_0 = 0.00025$, 횡방향 난류확산계수는 $\epsilon_y = 0.015\ \mathrm{m^2/s}$이다.

(1) 이 자료에 1차원 종분산계수 이론식을 적용하여 종분산계수를 산정하시오.

(2) 위 (1)에서 구한 값을 1차원 종분산계수 경험식 중에서 Fischer(1975) 식과 Seo와 Cheong (1998) 식, Zeng과 Hui(2014) 식에 의한 종분산계수와 비교하시오

측점번호	y(m)	h(m)	u(m/s)
1	0.00	0.000	0.000
2	1.27	0.427	0.137
3	2.39	0.914	0.207
4	3.51	1.128	0.320
5	4.79	1.433	0.299
6	6.86	1.615	0.457
7	9.09	1.890	0.503
8	12.44	2.042	0.640
9	16.92	2.134	0.549
10	21.39	1.981	0.732
11	25.86	1.920	0.777
12	30.33	2.073	0.747
13	34.80	2.256	0.671
14	40.39	2.225	0.808
15	45.97	2.164	0.823
16	51.56	2.256	0.716
17	57.15	2.377	0.808
18	62.73	2.377	0.853
19	68.32	2.377	0.792
20	73.91	2.012	0.762
21	79.49	1.920	0.701
22	85.08	1.890	0.716
23	90.67	2.012	0.701
24	96.26	1.829	0.808
25	101.84	1.676	0.762
26	107.43	1.646	0.640
27	113.02	1.585	0.686
28	118.60	1.676	0.701
29	124.19	1.737	0.457
30	126.99	0.975	0.396
31	128.63	0.000	0.000

부록 3.1: 2차원 이송-분산 방정식 유도

중간역에서 오염물질의 종·횡 방향 확산을 해석하는 데 쓰이는 2차원 이송-분산 방정식[식 (3.20)]은 전단류 분산이 분자확산과 유사하게 Fick의 법칙을 따른다는 가정하에 현상학적으로 접근하여 유도할 수 있다(Holley, 1969). 자세한 유도 과정은 다음과 같다.

2차원 이송-분산 방정식을 유도하기 위하여 다음과 같은 직교좌표계에서 3차원 이송-확산 방정식으로부터 시작한다.

$$\frac{\partial c}{\partial t}+\frac{\partial}{\partial x}(u_x c)+\frac{\partial}{\partial y}(u_y c)+\frac{\partial}{\partial z}(u_z c)=\frac{\partial}{\partial x}\left(\epsilon_x\frac{\partial c}{\partial x}\right)+\frac{\partial}{\partial y}\left(\epsilon_y\frac{\partial c}{\partial y}\right)+\frac{\partial}{\partial z}\left(\epsilon_z\frac{\partial c}{\partial z}\right) \tag{A3.1}$$

정상류를 가정하고 식 (A3.1)을 연직방향으로 적분을 수행하기 위해서 다음과 같은 Leibniz 법칙을 사용한다.

$$\int_b^a \frac{\partial}{\partial x}f(x,y)dz=\frac{\partial}{\partial x}\int_b^a f(x,y)dz-f(x,a)\frac{\partial a}{\partial x}+f(x,b)\frac{\partial b}{\partial x} \tag{A3.2}$$

상기 식을 이용하여 식 (A3.1)을 하천 바닥으로부터 수표면까지 적분을 수행하면 다음과 같이 된다.

$$\begin{aligned}
&\int_b^a \frac{\partial c}{\partial t}dz+\frac{\partial}{\partial x}\int_b^a u_x c dz-(u_x c)_a\frac{\partial a}{\partial x}+(u_x c)_b\frac{\partial b}{\partial x}\\
&+\frac{\partial}{\partial y}\int_b^a u_y c dz-(u_y c)_a\frac{\partial a}{\partial y}+(u_y c)_b\frac{\partial b}{\partial y}+(u_z c)_a-(u_z c)_b\\
&=\frac{\partial}{\partial x}\int_b^a \epsilon_x\frac{\partial c}{\partial x}dz-\left(\epsilon_x\frac{\partial c}{\partial x}\right)_a\frac{\partial a}{\partial x}+\left(\epsilon_x\frac{\partial c}{\partial x}\right)_b\frac{\partial b}{\partial x}\\
&+\frac{\partial}{\partial y}\int_b^a \epsilon_y\frac{\partial c}{\partial y}dz-\left(\epsilon_y\frac{\partial c}{\partial y}\right)_a\frac{\partial a}{\partial x}+\left(\epsilon_y\frac{\partial c}{\partial y}\right)_b\frac{\partial b}{\partial y}+\left(\epsilon_z\frac{\partial c}{\partial z}\right)_a-\left(\epsilon_z\frac{\partial c}{\partial z}\right)_b
\end{aligned} \tag{A3.3}$$

식 (A3.3)을 정리하면 다음과 같이 된다.

$$\begin{aligned}
&\int_b^a \frac{\partial c}{\partial t}dz+\frac{\partial}{\partial x}\int_b^a u_x c dz+\frac{\partial}{\partial y}\int_b^a u_y c dz\\
&=\frac{\partial}{\partial x}\int_b^a \epsilon_x\frac{\partial c}{\partial x}dz+\frac{\partial}{\partial y}\int_b^a \epsilon_y\frac{\partial c}{\partial y}dz+\left[c\left(u_x\frac{\partial a}{\partial x}+u_y\frac{\partial a}{\partial y}-u_z\right)\right]_a\\
&-\left[c\left(u_x\frac{\partial b}{\partial x}+u_y\frac{\partial b}{\partial y}-u_z\right)\right]_b-\left[\epsilon_x\frac{\partial c}{\partial x}\frac{\partial a}{\partial x}+\epsilon_y\frac{\partial c}{\partial y}\frac{\partial a}{\partial y}-\epsilon_z\frac{\partial c}{\partial z}\right]_a\\
&-\left[c\left(u_x\frac{\partial b}{\partial x}+u_y\frac{\partial b}{\partial y}-u_z\right)\right]_b-\left[\epsilon_x\frac{\partial c}{\partial x}\frac{\partial a}{\partial x}+\epsilon_y\frac{\partial c}{\partial y}\frac{\partial a}{\partial y}-\epsilon_z\frac{\partial c}{\partial z}\right]_a
\end{aligned} \tag{A3.4}$$

식 (A3.4) 우변의 대괄호 안의 항들은 물과 오염물질 농도의 플럭스항들인데, 이 플럭스항들은 운동학적 경계조건식을 이용하면 하천 바닥과 수표면에서 모두 0이 된다. 물에 관한 운동학적 경계조건식은 다음과 같다.

$$u_x \frac{\partial \eta}{\partial x} + u_y \frac{\partial \eta}{\partial y} - u_z = 0 \tag{A3.5}$$

여기서, $\eta(x, y)$는 경계면의 좌표이다. 오염물질 농도에 관한 운동학적 경계조건식은 다음과 같다.

$$\vec{J} \cdot \overrightarrow{n_a} = \left(e_x \frac{\partial c}{\partial x} \vec{i} + e_y \frac{\partial c}{\partial y} \vec{j} + e_z \frac{\partial c}{\partial z} \vec{k} \right) \left(\frac{\partial a}{\partial x} \vec{i} + \frac{\partial a}{\partial y} \vec{j} - \vec{k} \right) = 0 \tag{A3.6a}$$

$$\vec{J} \cdot \overrightarrow{n_b} = \left(e_x \frac{\partial c}{\partial x} \vec{i} + e_y \frac{\partial c}{\partial y} \vec{j} + e_z \frac{\partial c}{\partial z} \vec{k} \right) \left(\frac{\partial b}{\partial x} \vec{i} + \frac{\partial b}{\partial y} \vec{j} - \vec{k} \right) = 0 \tag{A3.6b}$$

따라서 식 (A3.4)에 식 (A3.5)와 식 (A3.6)을 적용하면 식 (A3.4) 우변의 대괄호 안의 항들이 모두 소거되어 다음과 같이 된다.

$$\int_b^a \frac{\partial c}{\partial t} dz + \frac{\partial}{\partial x} \int_b^a u_x c dz + \frac{\partial}{\partial y} \int_b^a u_y c dz = \frac{\partial}{\partial x} \int_b^a \epsilon_x \frac{\partial c}{\partial x} dz + \frac{\partial}{\partial y} \int_b^a \epsilon_y \frac{\partial c}{\partial y} dz \tag{A3.7}$$

식 (A3.7)의 각 항들을 간략하게 나타내기 위해서 다음과 같은 식을 사용한다.

$$\frac{\partial}{\partial x} \int_b^a ucdz = \frac{\partial}{\partial x} (h\overline{uc}) \tag{A3.8}$$

여기서 h는 수심이고, 오버바는 수심 적분을 의미한다. 따라서 식 (A3.7)에 식 (A3.8)을 적용하면 다음과 같이 된다.

$$h \frac{\partial \bar{c}}{\partial t} + \frac{\partial}{\partial x} (h\overline{u_x c}) + \frac{\partial}{\partial y} (h\overline{u_y c}) = \frac{\partial}{\partial x} \left(h\overline{\epsilon_x \frac{\partial c}{\partial x}} \right) + \frac{\partial}{\partial y} \left(h\overline{\epsilon_y \frac{\partial c}{\partial y}} \right) \tag{A3.9}$$

식 (A3.9)에서 유속과 농도항의 곱에 의한 분산효과를 정량적으로 나타내기 위하여 레이놀즈 분해법칙을 적용한다. 이때 유속과 농도항은 레이놀즈 분해법칙에 의해 다음과 같이 나타낸다.

$$u_x = \overline{u_x} + u'_x \tag{A3.10a}$$

$$u_y = \overline{u_y} + u'_y \tag{A3.10b}$$

$$c = \bar{c} + c' \tag{A3.10c}$$

여기서, $\overline{u_x}, \overline{u_y}, \bar{c}$는 유속과 농도의 수심평균값이며, 다음과 같이 정의된다.

$$\overline{u_x} = \frac{1}{h} \int_b^a u_x dz \tag{A3.11a}$$

$$\overline{u_y} = \frac{1}{h}\int_b^a u_y dz \tag{A3.11b}$$

$$\bar{c} = \frac{1}{h}\int_b^a c dz \tag{A3.11c}$$

u'_x, u'_x, c' 는 수심평균값과의 편차를 의미한다. 식 (A3.9)에 식 (A3.10)을 대입하고, ϵ_x, ϵ_y가 수심에 대해 변동이 없다는 가정과 레이놀즈 평균법칙을 적용하면 다음 식과 같이 된다.

$$\begin{aligned} &h\frac{\partial \bar{c}}{\partial t} + \frac{\partial}{\partial x}[h(\bar{u}_x + u'_x)(\bar{c}+c')] + \frac{\partial}{\partial y}[h(\bar{u}_y + u'_y)(\bar{c}+c')] \\ &= \frac{\partial}{\partial x}\left(h\epsilon_x \frac{\partial \bar{c}}{\partial x}\right) + \frac{\partial}{\partial y}\left(h\epsilon_y \frac{\partial \bar{c}}{\partial y}\right) \end{aligned} \tag{A3.12}$$

식 (A3.12)에서 괄호에 있는 항들을 풀어쓰고 레이놀즈 평균법칙을 적용하면 다음 식과 같이 된다.

$$\begin{aligned} &h\frac{\partial \bar{c}}{\partial t} + \frac{\partial}{\partial x}(h\bar{u}_x\bar{c}) + \frac{\partial}{\partial y}(h\bar{u}_y\bar{c}) \\ &= \frac{\partial}{\partial x}\left(h\epsilon_x \frac{\partial \bar{c}}{\partial x} - h\overline{u'_x c'}\right) + \frac{\partial}{\partial y}\left(h\epsilon_y \frac{\partial \bar{c}}{\partial y} - h\overline{u'_y c'}\right) \end{aligned} \tag{A3.13}$$

식 (A3.13)의 좌변의 두 번째, 세 번째 항은 농도와 유속의 평균값으로 나타낸 이송항이고, 우변의 두 항은 확산항이라고 할 수 있다. 확산항에서 농도와 유속의 변동성분(편차항)의 곱으로 표현된 항은 전단흐름에서 유속 편차에 의한 추가적인 혼합효과로서 이를 전단류 분산이라고 한다. 제2장에서 설명하였듯이 Taylor(1954)는 오염물질 주입 후에 충분한 시간이 경과된 뒤에는 이러한 분산과정이 Fick의 법칙을 따른다고 가정하였다. 따라서 이 가정을 도입하면 다음 식과 같이 나타낼 수 있다.

$$-\overline{u'_x c'} = D_x \frac{\partial \bar{c}}{\partial x} \tag{A3.14a}$$

$$-\overline{u'_y c'} = D_y \frac{\partial \bar{c}}{\partial y} \tag{A3.14b}$$

여기서, D_x, D_y는 각각 종방향 및 횡방향 분산계수이다. 식 (A3.14)를 식 (A3.13)에 대입하면 다음 식을 유도할 수 있다.

$$h\frac{\partial \bar{c}}{\partial t} + \frac{\partial}{\partial x}(h\bar{u}_x\bar{c}) + \frac{\partial}{\partial y}(h\bar{u}_y\bar{c}) = \frac{\partial}{\partial x}\left[h(\epsilon_x + D_x)\frac{\partial \bar{c}}{\partial x}\right] + \frac{\partial}{\partial y}\left[h(\epsilon_y + D_y)\frac{\partial \bar{c}}{\partial y}\right] \tag{A3.15}$$

식 (A3.15)는 농도와 유속의 수심평균값으로 표현된 2차원 이송-분산 방정식이며, 이송항이 농도와 유속의 곱에 대한 미분항으로 표현되었기 때문에 보존형 방정식이라고 할 수 있다. 따라서 이 방정식을 비보존형으로 바꾸기 위해서 다음 식으로 주어지는 연속방정식을 대입한다.

$$\frac{\partial \bar{u}_x}{\partial x} + \frac{\partial \bar{u}_y}{\partial y} = 0 \tag{A3.16}$$

식 (A3.15)의 이송항의 괄호를 풀어쓰고, 식 (A3.16)을 대입하면 다음 식을 유도할 수 있다.

$$\begin{aligned} &\frac{\partial \bar{c}}{\partial t} + \bar{u}_x \frac{\partial \bar{c}}{\partial x} + \bar{u}_y \frac{\partial \bar{c}}{\partial y} \\ &= \frac{1}{h} \frac{\partial}{\partial x} \left[h(\epsilon_x + D_x) \frac{\partial \bar{c}}{\partial x} \right] + \frac{1}{h} \frac{\partial}{\partial y} \left[h(\epsilon_y + D_y) \frac{\partial \bar{c}}{\partial y} \right] \end{aligned} \tag{A3.17}$$

여기서, ϵ_x, ϵ_y는 하천에서 발생하는 난류에 의한 종방향 및 횡방향 난류확산계수이고, D_x, D_y는 유속의 연직방향 편차(전단류)에 의한 종방향 및 횡방향 분산계수이다.

부록 3.2: 자연하천에서 취득한 수리 · 지형 자료와 저장대모형 매개변수

출처	하천	W (m)	H (m)	U (m/s)	u^* (m/s)	S_n	K_F (m²/s)	A_F (m²)	A_S (m²)	$\alpha \times 10^4$ (1/s)
Le 등 (2018)	Drainage Stream in Kasetsart Univ, Thailand	2.0	0.09	0.06	0.04	1.000	0.13	0.177	0.069	0.340
	Drainage Stream in Kasetsart Univ, Thailand	1.9	0.13	0.07	0.05	1.000	0.04	0.176	0.028	2.500
	Drainage Stream in Kasetsart Univ, Thailand	1.9	0.13	0.12	0.05	1.000	0.12	0.210	0.015	3.000
Bohrman과 Strauss (2018)	Spring Coulee Creek, WI (Section 1)	4.8	0.21	0.34	0.14	1.080	0.50	1.000	0.070	1.040
	Spring Coulee Creek, WI (Section 2)	4.5	0.24	0.34	0.13	1.160	0.83	0.630	0.080	3.020
	Spring Coulee Creek, WI (Section 3)	4.2	0.39	0.29	0.14	1.220	0.78	0.800	0.190	2.940
	Spring Coulee Creek, WI (Section 4)	4.1	0.28	0.13	0.08	1.220	0.83	0.710	0.100	2.400
	Spring Coulee Creek, WI (Section 5)	4.5	0.50	0.43	0.15	1.220	0.87	1.540	0.390	2.740
	Spring Coulee Creek, WI (Section 6)	4.0	0.41	0.41	0.11	2.190	0.65	0.890	0.090	4.820
	Spring Coulee Creek, WI (Section 7)	3.9	0.40	0.39	0.14	1.280	0.73	0.970	0.090	2.690
Stondahl 등 (2012)	Sugar Creek, IN	2.1	0.16	0.12	0.04	1.000	0.06	0.270	0.240	25.0
Claessens 등 (2010)	Baisman Run, MD (Section 4)	3.2	0.07	0.11	0.10	1.135	0.31	0.230	0.048	2.700
	Baisman Run, MD (Section 3)	2.5	0.09	0.13	0.12	1.031	0.09	0.220	0.050	13.9
	Baisman Run, MD (Section 3)	2.7	0.07	0.15	0.11	1.060	0.17	0.190	0.045	7.500
	Baisman Run, MD (Section 3)	2.9	0.06	0.16	0.10	1.669	0.14	0.180	0.024	6.600
	Baisman Run, MD (Section 3)	2.8	0.07	0.15	0.11	1.028	0.17	0.200	0.091	11.8
	Baisman Run, MD (Section 4)	3.8	0.07	0.17	0.10	1.055	0.28	0.280	0.055	24.9
	Baisman Run, MD (Section 4)	3.1	0.09	0.18	0.12	1.022	0.22	0.290	0.055	6.000
	Baisman Run, MD (Section 3)	1.9	0.06	0.11	0.10	1.031	0.03	0.110	0.030	10.7
	Baisman Run, MD (Section 3)	2.6	0.05	0.11	0.09	1.669	0.04	0.120	0.027	6.900
	Baisman Run, MD (Section 4)	3.5	0.05	0.13	0.09	1.055	0.11	0.190	0.027	7.800
	Baisman Run, MD (Section 4)	3.5	0.06	0.12	0.09	1.240	0.41	0.210	0.111	7.000
	Baisman Run, MD (Section 4)	2.7	0.08	0.14	0.10	1.130	0.73	0.200	0.049	0.800
Gücker 등 (2009)	Pristine streams Run	1.5	0.20	0.09	0.03	1.100	0.08	0.280	0.110	3.100
	Aricultural streams Meand.	0.4	0.06	0.10	0.04	1.300	0.13	0.021	0.003	26.0
	Aricultural streams Run	0.8	0.11	0.37	0.05	1.100	1.5	0.086	0.027	4.800
Stofleth 등 (2008)	Goodwin Creek, MS	4.8	0.12	0.09	0.03	1.120	0.43	0.410	0.130	8.000
	Goodwin Creek, MS	4.8	0.12	0.12	0.03	1.120	0.94	0.460	0.450	1.000
	Goodwin Creek, MS	4.8	0.12	0.08	0.03	1.120	0.47	0.640	1.040	4.000
	Goodwin Creek, MS	4.8	0.12	0.06	0.03	1.120	0.39	0.410	0.160	7.000
	Little Topashaw Creek,MS	4.8	0.06	0.17	0.03	2.100	3.50	0.300	0.030	5.000
	Little Topashaw Creek, MS	4.8	0.06	0.13	0.03	2.100	2.55	0.280	0.880	1.000

(계속)

출처	하천	W (m)	H (m)	U (m/s)	u^* (m/s)	S_n	K_F (m²/s)	A_F (m²)	A_S (m²)	$\alpha\times10^4$ (1/s)
Bukaveckas (2007)	Wilson Creek, KY channelized	5.5	0.14	0.20	0.05	1.103	0.37	0.754	0.212	10.3
	Wilson Creek, KY restored	6.8	0.09	0.15	0.04	1.098	0.24	0.871	0.353	8.359
Harvey 등 (2003)	Pinal Creek, AZ	3.6	0.10	0.62	0.10	1.225	0.62	0.350	0.040	4.200
	Pinal Creek, AZ	3.8	0.07	0.81	0.08	1.076	0.54	0.270	0.050	17.0
	Pinal Creek, AZ	6.1	0.07	0.40	0.08	1.062	1.04	0.430	0.150	4.700
	Pinal Creek, AZ	14.3	0.04	0.23	0.07	1.070	2.40	0.620	0.460	4.500
	Pinal Creek, AZ	13.2	0.05	0.11	0.07	1.006	0.62	0.630	0.510	5.600
Johnson 등 (2014)	Truckee River, NV-CA	28.0	0.65	0.21	0.12	1.388	2.07	17.4	4.250	1.340
	Truckee River, NV-CA	26.3	0.53	0.28	0.09	1.444	0.60	11.3	4.380	3.950
	Truckee River, NV-CA	25.0	0.61	0.29	0.10	1.123	4.31	15.1	3.260	1.390
	Truckee River, NV-CA	30.2	0.70	0.18	0.11	1.220	1.75	15.9	4.630	2.940
Mueller Price 등 (2016)	Sheep Creek, CO	3.6	0.13	0.23	0.14	1.110	0.16	0.280	0.101	33.0
	Sheep Creek, CO	4.7	0.12	0.19	0.11	1.240	0.79	0.600	0.258	0.340
	Sheep Creek, CO	3.3	0.14	0.16	0.10	1.630	0.19	0.490	0.137	17.0
	Sheep Creek, CO	3.3	0.11	0.14	0.09	1.630	0.24	0.350	0.161	21.0
	Sheep Creek, CO	3.0	0.15	0.08	0.07	1.490	0.23	0.420	0.252	99.0
	Nunn Creek, CO	4.8	0.14	0.31	0.14	1.440	0.56	0.450	0.257	67.0
	Nunn Creek, CO	5.0	0.22	0.17	0.17	1.610	0.19	1.090	0.218	15.0
	Nunn Creek, CO	4.3	0.12	0.19	0.13	1.440	0.27	0.400	0.120	25.0
Ensign과 Doyle (2005)	Snapping Turtle Canal, NC	3.4	0.20	0.06	0.05	1.000	0.10	0.488	0.056	4.900
	Slocum Creek, NC	1.9	0.50	0.17	0.11	1.000	0.03	0.451	0.149	45.0
	Slocum Creek, NC	1.9	0.50	0.18	0.11	1.000	0.19	0.445	0.085	17.0
	Slocum Creek, NC	1.9	0.50	0.21	0.11	1.000	0.07	0.248	0.079	39.0
	Slocum Creek, NC	1.9	0.50	0.21	0.11	1.000	0.10	0.250	0.094	58.0
Cheong 등 (2007)	Green-Duwamish, WA	21.8	1.58	0.31	0.06	1.390	0.68	118	2.488	0.203
	Green-Duwamish, WA	29.6	1.08	0.36	0.05	1.390	1.17	57.6	2.187	0.982
	Copper Creek, VA	16.3	0.50	0.23	0.08	1.230	6.46	5.066	0.522	0.359
	Copper Creek, VA	17.1	0.38	0.18	0.12	1.230	4.57	3.253	0.296	0.330
	Copper Creek, VA	18.2	0.83	0.12	0.10	1.230	4.39	13.0	0.882	0.626
	Powell River, TN	34.5	0.84	0.09	0.06	1.380	4.02	11.3	1.314	0.250
	Clinch River, VA	47.6	1.03	0.19	0.07	1.730	5.87	37.3	2.833	0.233
	Copper Creek, VA	19.8	0.82	0.50	0.10	1.230	23.5	12.5	1.012	0.914
	Clinch River, VA	53.3	2.08	0.76	0.11	1.730	16.6	85.1	6.468	0.893
	Coachella Canal, CA	23.9	1.56	0.66	0.04	1.040	7.91	29.6	0.385	0.628
	Coachella Canal, CA	24.4	1.55	0.67	0.04	1.040	7.20	40.3	0.725	0.506
	Clinch River, VA	53.3	2.08	0.69	0.11	1.730	22.5	88.9	5.604	0.342
	Copper Creek, VA	16.0	0.50	0.20	0.08	1.230	6.46	4.324	0.445	0.359
	Missouri River	181	3.28	1.25	0.08	2.000	484	537	10.206	0.058
	Antietam Creek, Md	12.2	0.37	0.21	0.07	1.910	5.70	6.771	0.318	0.055
	Antietam Creek, Md	18.9	0.73	0.52	0.10	1.910	18.0	19.9	0.957	0.141
	Antietam Creek, Md	11.9	0.66	0.43	0.10	1.910	4.83	12.5	0.750	0.326
	Antietam Creek, Md	23.1	0.45	0.41	0.08	1.910	6.72	15.2	0.974	0.083
	Monocacy River, MD	48.8	0.55	0.26	0.05	1.390	13.7	38.7	1.511	0.044

(계속)

출처	하천	W (m)	H (m)	U (m/s)	u^* (m/s)	S_n	K_F (m²/s)	A_F (m²)	A_S (m²)	$\alpha \times 10^4$ (1/s)
Cheong 등 (2007)	Monocacy River, MD	93.0	0.71	0.16	0.05	1.390	9.26	70.4	2.605	0.021
	Monocacy River, MD	46.1	0.80	0.32	0.06	1.390	7.83	59.0	2.126	0.042
	Monocacy River, MD	40.7	0.43	0.16	0.04	1.390	10.1	40.0	3.439	0.031
	Conococheague Creek, MD	46.3	0.52	0.22	0.05	2.270	18.6	15.1	1.044	0.131
	Conococheague Creek, MD	40.9	0.43	0.10	0.05	2.270	25.2	9.766	0.469	0.028
	Conococheague Creek, MD	51.2	0.95	0.68	0.08	2.270	10.6	38.5	3.192	0.212
	Chattahoochee River, GA	54.8	1.80	0.74	0.09	1.230	115	97.3	3.502	0.020
	Chattahoochee River, GA	86.3	2.40	0.30	0.08	1.230	88.7	77.6	3.727	0.048
	NE Salt Creek, NE	31.3	0.34	0.18	0.04	1.170	21.6	8.329	0.675	0.113
	Difficult Run, VA	14.6	0.30	0.22	0.06	1.380	2.07	6.415	0.346	0.148
	Bear Creek, CO	13.7	0.85	1.29	0.43	2.040	2.91	11.1	0.288	0.240
	Little Pincy Creek	15.9	0.22	0.39	0.05	1.250	3.77	8.500	0.467	0.122
	Bayou Anacoco, LA	17.5	0.45	0.23	0.05	1.760	4.01	9.056	0.607	0.041
	Comite River, LA	12.4	0.30	0.25	0.04	1.350	0.81	10.367	0.498	0.176
	Bayou Bartholomew, LA	29.7	1.33	0.10	0.03	2.080	29.5	24.6	1.109	0.007
	Amite River, LA	46.0	0.53	0.41	0.05	1.910	150	31.3	2.375	0.022
	Tangipahoe River, LA	32.1	0.96	0.26	0.07	1.290	16.1	20.570	0.926	0.056
	Tangipahoe River, LA	29.7	0.55	0.36	0.06	1.290	4.82	19.622	0.922	0.037
	Red River, LA	205	3.20	0.31	0.05	1.590	34.5	452	17.18	0.025
	Red River, LA	186	2.65	0.29	0.06	1.590	50.2	317	9.821	0.018
	Red River, LA	152	3.66	0.45	0.07	1.590	44.0	425	23.0	0.029
	Red River, LA	200	1.75	0.33	0.04	1.590	25.3	257	4.886	0.019
	Sabin River, LA	69.0	1.27	0.65	0.05	1.610	30.0	81.3	0.976	0.012
	Sabin River, LA	158	2.26	0.98	0.06	1.610	64.6	462	12.0	0.048
	Sabin River, LA	12.9	0.73	0.08	0.04	1.520	2.18	6.849	0.267	0.032
	Sabin River, LA	14.9	0.75	0.04	0.04	1.520	1.51	5.580	0.173	0.037
	Sabin River, LA	34.0	1.20	0.13	0.04	1.520	3.77	31.2	1.029	0.026
	Mississippi River, LA	735	18.10	0.52	0.04	1.730	156	11162	55.8	0.005
	Mississippi River, MO	570	4.77	0.99	0.08	1.380	144	2491	57.3	0.069
	Mississippi River, MO	587	8.47	1.43	0.10	1.380	196	4773	382	0.052
	Wind/Bighorn River, WY	59.1	1.17	0.75	0.12	1.150	23.6	49.4	2.471	0.051
	Wind/Bighorn River, WY	72.9	2.40	1.58	0.18	1.150	69.3	148	8.169	0.118
	Colorado River, AZ	106	6.10	0.79	0.09	1.760	138	624	17.5	0.023
	Colorado River, AZ	71.6	8.20	1.20	0.34	1.760	234	623	16.2	0.028
	Botna River	2.1	0.10	0.22	0.05	1.120	0.32	0.188	0.002	0.912
	Kogilnik River	2.3	0.40	0.56	0.09	1.310	0.74	0.972	0.084	3.272
	Byk River, MD	2.6	0.14	0.22	0.03	1.230	0.48	0.341	0.004	0.129

(계속)

출처	하천	W (m)	H (m)	U (m/s)	u^* (m/s)	S_n	K_F (㎡/s)	A_F (㎡)	A_S (㎡)	$\alpha \times 10^4$ (1/s)
Rowinski 등 (2008)	Narew River, Poland (Site, 1)	9.4	0.83	0.34	0.04	1.157	17.6	7.776	0.358	0.263
	Narew River, Poland (Site, 2)	9.6	0.79	0.36	0.03	1.106	17.5	7.498	0.345	0.264
	Narew River, Poland (Site, 3)	10.2	0.79	0.37	0.03	1.127	28.7	8.081	0.501	0.028
	Narew River, Poland (Site, 4)	10.9	0.80	0.37	0.03	1.132	9.10	8.734	0.332	0.060
	Narew River, Poland (Site, 5)	11.7	0.79	0.37	0.03	1.124	8.25	9.246	0.786	8.252
	Narew River, Poland (Site, 6)	12.0	0.80	0.37	0.03	1.135	82.5	9.539	0.181	0.002
	Narew River, Poland (Site, 7)	11.9	0.84	0.37	0.04	1.145	25.2	9.938	1.799	0.581
	Narew River, Poland (Site, 8)	12.6	0.84	0.36	0.04	1.151	85.4	10.5	0.241	0.009
	Narew River, Poland (Site, 9)	13.1	0.85	0.35	0.04	1.160	9.64	11.0	0.780	6.827
	Narew River, Poland (Site, 10)	13.5	0.84	0.35	0.04	1.160	21.7	11.2	1.577	0.014
	Narew River, Poland (Site, 11)	13.9	0.85	0.35	0.04	1.191	20.7	11.6	0.822	0.012
	Narew River, Poland (Site, 12)	14.4	0.86	0.34	0.04	1.236	20.7	12.0	0.493	0.017
	Narew River, Poland (Site, 13)	14.6	0.87	0.34	0.04	1.236	30.7	12.5	2.464	0.020
Noh 등 (2021)	Gam Creek, Korea (Section 1-2)	57.4	0.36	0.53	0.05	1.082	0.57	18.3	4.147	3.758
	Gam Creek, Korea (Section 2-3)	58.9	0.36	0.52	0.09	1.028	0.60	17.2	2.693	2.920
	Gam Creek, Korea (Section 3-4)	53.0	0.43	0.48	0.05	1.078	4.93	31.1	10.5	1.533
통계값	**최솟값**	0.4	0.04	0.04	0.03	1	0.03	0.021	0.002	0.002
	평균	41.0	0.98	0.34	0.08	1.352	21.9	186.6	5.704	5.944
	최댓값	735	18.1	1.58	0.43	2.27	484	11162	382	99

CHAPTER 4

하천수질 해석

본 장에서는 하천에 유입 및 존재하는 다양한 오염물질의 특성, 발생 경로, 수환경에 미치는 영향 그리고 기본적인 수질해석 이론에 관해 설명하였다. 독성물질, 수온, 조류, BOD, 병원균, 유류 등 주요 오염물질이 하천에 유입되었을 때 보여주는 생물학적 · 화학적 · 물리적 기작에 대한 반응방정식을 설명하고, 이러한 기작 해석 모형을 적용한 국내외 모델링 사례를 소개하였다.

1. 하천수질인자의 분류

수질(水質)은 물리적 · 화학적 · 생물학적 특성의 복합체로 정의되며, 수질인자는 크게 물리적 인자, 화학적 인자, 생물학적 인자로 구분할 수 있다. 물리적 수질 인자는 수온, 탁도, 전기전도도, 총용존고형물(total dissolved solids, 이하 TDS) 및 총부유고형물(total suspended solids, 이하 TSS) 등으로 구성된다. 수온은 수체 내 물질의 화학반응 속도, 조류의 생장 및 용존산소량(dissolved oxygen, 이하 DO)의 변화에 직접적인 영향을 미치며, 계절 변화나 산업 방류수로 인해 급격히 변할 수 있다. 탁도는 부유 입자와 콜로이드 물질의 농도를 나타내며, NTU(Nephelometric Turbidity Unit) 단위로 측정되며, 높은 탁도는 수체 내 빛 투과를 차단하여 조류 · 수생식물의 광합성 생산력을 저하시킴에 따라 먹이사슬 상위 생물(어류 등)의 서식 환경이 악화되어 생물 다양성이 감소할 수 있다. 또한 높은 탁도로 인해 재폭기가 저해되면 DO 농도가 낮아져 수체의 자정 능력이 저하될 수 있다. 전기전도도는 수중 이온 농도와 비례하여 해수 침입이나 오염물질의 유입 여부를 간접적으로 진단할 수 있게 해주며, TDS와 TSS는 각각 용존 이온성 물질과 부유 고형물의 총량을 나타내어 수질 관리의 기본 지표로 활용된다.

화학적 수질 인자는 pH, DO, 생물학적 산소요구량(biological oxygen demand, 이하 BOD), 화학적 산소요구량(chemical oxygen demand, 이하 COD), 영양염류, 중금속 및 유해 화학물질, 염분 등을 포함한다. pH는 수용액의 산 · 알칼리 특성을 나타내며, 극단적인 값은 수생 생물에게 치명적인 영향을 미칠 수 있다. DO는 호기성 미생물과 어류의 생존을 결정하며, 유기물 과다 유입이나 수온 상승 시 크게 감소하여 저산소 현상을 초래한다. BOD와 COD는 수체에 존재하는 유기물의 분해 및 산화 요구량을 측정하는 지표로, 값이 높을수록 유기물 부하가 과도함을 의미하며 악취 및 부패 문제를 일으킨다. 질소와 인 화합물로 대표되는 영양염류는 수체의 부영양화를 유발하여 조류의 과도한 번식과 이에 따른 수질 악화를 더욱 심화시킨다. 납, 카드뮴, 수은 등과 같은 중금속 및 농약, PCB(Polychlorinated Biphenyls) 등 유기오염물은 극소량으로도 생물체 내에 축적되어 생태계 및 인체 건강에 중대한 위협을 가한다. 하구 등 바다와 인접한 지역에서는 하천 내 염수의 유입이 발생할 수 있다. 염분의 과도한 유입은 기수 및 담수 생태계에 서식하는 동식물의 생육환경에 영향을 미칠 수 있으며, 하천에 설치된 취 · 양수장을 통해 농업용수를 공급하는 지역의 경우 농업용수 공급에도 지장이 발생할 수 있다. 아울러, 가뭄 시 강수량의 부족으로 지하수위가 하강할 경우 지하수 내 염수의 침투가 일어날 수 있으며, 용수에 대한 지하수 의존도가 높은 지역에서 물 부족 문제가 발생할 수 있다.

생물학적 수질 인자는 지표 미생물, 병원성 미생물, 식물성 플랑크톤 등으로 구분할 수 있다. 지표 미생물에는 대장균군(분원성 대장균 등)과 장구균 등이 포함되며, 이들은 사람이나 가축 분변 오염 여부를 간접적으로 나타내어 식수원 및 레저용수의 위생 상태를 평가하는 데 활용된다. 병원성 미생물로는 콜레라균, 이질균, 살모넬라균 등과 같은 세균성 병원체, 노로바이러스, 로타바이러스 등 바이러스성 병원체, 기아르디아, 크립토스포리디움 등과 같은 원생동물 병원체가 있으며, 이들은 수인성 질병 발생과 직결되어 정수 및 소독 처리 시 최우선으로 제거해야 할 대상이다. 또한 조류의 군집 구조(녹조류, 갈조류, 남조류 등)와 클로로필-a(chlorophyll-a, 이하 Chl-a) 농도를 통해 하천의 부영양화 및 유해성 조류의 발생 정도를 확인할 수 있다.

제1장에서 설명한 바와 같이 오염물질은 일반적으로 비보존성(nonconservative) 오염물질과 보존성(conservative) 오염물질로 크게 나뉠 수 있다. 자연계의 수체에 존재하는 대부분의 오염물질은 주변 환경과의 반응을 통해 질량이 변화하는 반응성, 즉 비보존성 오염물질 형태를 지닌다. 이러한 비보존성 오염물질의 하천 유입은 주로 하 · 폐수처리시설과 같은 인간 활동에 의한 점오염원 방류, 강우에 의한 비점오염원 유출, 차량 및 선박 전복과 같은 수질오염사고 등에 의해 발생한다. 유입된 오염물질의 종류에 따라 하천 수질이 변화되는 양상 역시 다르게 나타난다. 따라서 비보존성 오염물질이 수체에 유입되었을 때, 인간 활동 및 수생태계에 미치는 악영향을 최소화시킬 수 있는 대책 방안을 마련하기 위해 수체의 수리학적 기작뿐만 아니라 오염물질 고유의 생화학적 기작을 이해하는 것이 매우 중요하다. 하천에 존재하는 비보존성 오염물질은 크게 다음과 같이 구분할 수 있으며, 본 장에서는 이러한 물질을 중심으로 그 거동 기작과 해석 방법을 다룬다.

- 독성물질 및 중금속: 난분해성과 생물축적성으로 인해 침전, 흡착, 분해 등의 과정을 거치며 하천 생태계에 장기적인 영향을 미침
- 열 오염원: 주로 산업 공정이나 발전소의 폐열수 방류로 발생하며, 하천 수온을 상승시켜 수생생물의 생리적 스트레스를 유발하고 용존산소 농도를 감소시킴
- 부영양화 물질: 질소, 인 등으로, 하천 부영양화에 따른 조류 과다 번식의 원인이 되며 생물학적 흡수 및 변환 과정을 거침
- 생물학적 분해성 물질: BOD로 대변되는 유기물질로서, 미생물에 의해 분해되며 수중의 산소(DO)를 소비하여 하천의 자정능력을 저하시킴

2. 독성물질 해석

1) 독성물질의 영향

중금속, 산업 · 농업용 합성화합물, 방사성 핵종 등으로 구성된 독성물질은 하천에 유입될 경우, 다

양한 물리 · 화학 · 생물학적 기작을 통해 수체에 장기적으로 잔류하거나 생물체 내로 축적되어 생태계 및 인체 건강에 심각한 위해를 초래할 수 있다. 대표적인 발생원은 다양한 산업 활동에 의해 배출되는 폐수와 농업 현장에서 사용되어 토양에 농축된 살충제 · 제초제 · 비료가 강우 시 유출되면서 하천으로 흘러드는 비점오염원이다. 특히, 산업시설에서 화재 발생 시 다이옥신, 중금속, 유기화합물 등 다양한 독성물질이 하천에 유입될 수 있다. 이 외에도 도심지 오 · 폐수에 포함된 납, 카드뮴, 수은 등은 하수관로를 통해 하천에 유입될 수 있으며, 축적된 방사성 핵종은 원자력 발전소 인근이나 방사성 물질을 사용하는 연구시설의 사고 발생 시 하천까지 확산될 수 있다.

중금속과 유기 유해물질은 먹이사슬을 통해 농축되는 경향이 있다. 저서성 무척추동물이 퇴적물 속 오염물질을 섭취하면 이들을 포식하는 어류, 조류 등 고등 생물체 조직으로 순차적으로 축적되며, 먹이사슬 상위에 있을수록 농도가 비선형적으로 증가하게 된다. 어류 체내에서 농도가 점진적으로 높아지며 최종적으로 인간이 해당 어류를 섭취했을 때 심각한 신경독성 및 신경발달 장애를 유발할 수 있다. 또한 하천 생태계에 축적된 독성물질은 수서곤충과 어류의 성장 · 번식 장애를 일으킨다. 방사성 핵종이나 일부 휘발성 유기화합물(volatile organic compound, 이하 VOC)은 단기간 고농도로 노출될 경우 중추신경계 마비, 간 · 신장 기능 손상 등의 급성 증상을 일으킬 수 있다. 반면 장기간 저농도로 노출되는 폴리염화비페닐(polychlorinated biphenyl, 이하 PCB), 비소, 카드뮴, 다이옥신류 등은 체내 축적되어 면역체계 이상, 내분비계 교란, 암 발생 위험 증가, 심혈관 · 신경계 질환 등 만성적인 건강 문제를 유발한다.

하천에 유입된 중금속은 주로 입자 표면이나 퇴적물에 흡착 · 침전된 뒤 현저히 낮아진 용해도 때문에 일단 환경 바닥에 고착된 다음 물리적 · 화학적 환경 변화로 인해 재용출될 수 있다(그림 4.1). 특히, 납, 카드뮴, 수은 등의 중금속은 환경 중 미생물 작용에 의해 메틸화되어 메틸수은과 같은 고독성 유기금속 형태로 전환되거나, 황화물과 반응하여 난용성 침전물로 축적되면서 생물학적 이용 가능성이 감소한다. PCB, 다이옥신류, 유기염소계 농약 등과 같은 합성 유기화합물은 낮은 수용성으로 인해 수중에서는 주로 퇴적물에 흡착되거나 입자상 물질에 부착되어 이동하며, 이동 과정 중 광분해, 가수분해, 미생물 분해 등의 자연적 분해 과정을 거친다. 방사성 핵종은 일반적으로 반감기가 길어 자연적 분해나 생물학적 분해가 거의 일어나지 않아 하천 내에서 농도 변화가 느리고 장기적으로 잔류하므로 반감기가 긴 물질의 경우 보존성 물질로 취급될 수 있다.

2) 독성물질 기작 해석

독성물질들은 하천에서 이동 과정 중에 일반적으로 다음과 같은 물리적 · 화학적 기작을 지닌다.

- 생물분해(biodegradation), 증발(volatilization), 광분해(photolysis) 및 주변 환경과의 생화

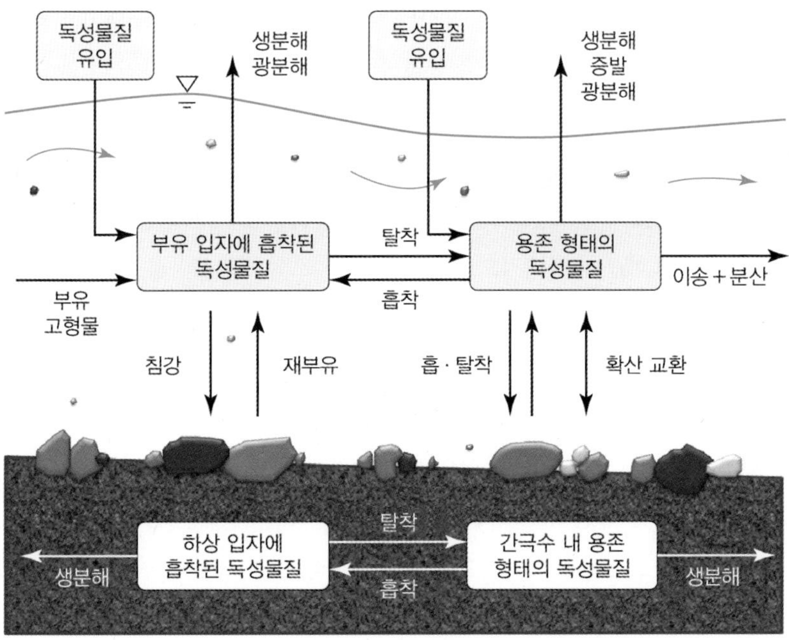

그림 4.1 독성물질의 거동 및 주요 반응기작

학적 반응(biochemical reaction)에 의한 감쇠(decay)

- 수체와 하상에 존재하는 용존성(dissolved) 및 입자성(particulate) 물질과의 흡착(sorption)과 탈착(desorption)
- 수체와 하상 사이에서 발생하는 침강(settling) 및 재부유(resuspension)

위의 기작들을 모두 고려한 하천 내 독성물질의 거동 과정은 다음과 같은 지배방정식을 통해 1차원적으로 해석할 수 있다.

$$\frac{\partial C_d}{\partial t} = -kC_d - k_s(C_d - K_d C_p) + S_{resusp} \tag{4.1}$$

$$\frac{\partial C_p}{\partial t} = -k_{settle} C_p + k_{resusp} C_b + k_s(C_d - K_d C_p) \tag{4.2}$$

여기서, C_d는 용존 상태 독성물질 농도, t는 시간, k는 1차 감쇠계수, k_s는 흡 · 탈착 계수, K_d는 독성물질의 용존 상태와 입자 상태 간의 분배계수, S_{resusp}은 재부유에 따른 용존 상태 독성물질 농도 기여 항, C_p는 입자 상태 독성물질 농도, k_{resusp}은 재부유 속도 계수, C_b는 하상 퇴적물 중 독성물질의 농도를 의미한다.

상술한 독성물질의 거동 해석 모형을 적용한 국내외 연구가 활발하게 수행되고 있는데, 대표 사례를 소개하면 다음과 같다. 국내 연구는 신동빈 등(2020)이 국내 하천의 수리 특성과 유해화학물질의 반응 특성을 반영한 수심평균 2차원 수질모델을 개발하고, 흡 · 탈착, 휘발, 생화학 반응 등 주요 반응항을 포함한 모듈을 추가하여 낙동강-금호강 합류부 하류에서 가상의 수질사고 시나리오를 모의한 사례이다. 그림 4.2의 농도분포 모의결과를 보면, 반응기작이 고려되지 않은 경우 농도의 감쇠효과가 발생하지 않기 때문에 상대적으로 높은 농도가 모의되고 있음을 알 수 있다. 또한 민감도가 높은 반응기작만을 지배방정식에 포함해도 모든 반응기작을 고려한 경우와 비교했을 때 모의결과에 유의미한 차이가 발생하지 않고 있음을 알 수 있다. 이 같은 결과를 볼 때 상기 연구는 민감도 분석을 통해 각 반응기작의 영향성을 정량적으로 평가하고, 시급한 수질사고 상황에서 효율적 대응이 가능한 모델링 기법을 제시할 수 있는 것으로 평가된다.

Kim 등(2021)의 연구는 하천 내 독성물질의 이동과 반응을 동시에 고려한 1차원 반응성 용질거동 모델(reactive solute transport model)을 개발한 사례이다. 그들의 연구에서는 독성물질 거동 해석모델에 식 (4.1) 및 (4.2)에 나타낸 바와 같이 흡착, 휘발, 생물학적 분해와 같은 화학적 반응 기작을 포함한 이송-분산 방정식을 탑재하였으며, 다양한 독성물질(벤젠, 톨루엔 등)을 대상으로 우리나라 감천에서 가상의 수질오염사고를 모의한 결과, 각 독성물질 고유의 반응기작이 취수장과 같은 관심 지점의 첨두농도와 도달시간에 큰 영향을 미치는 것을 규명하였다. 그림 4.3에 도시한 농도곡

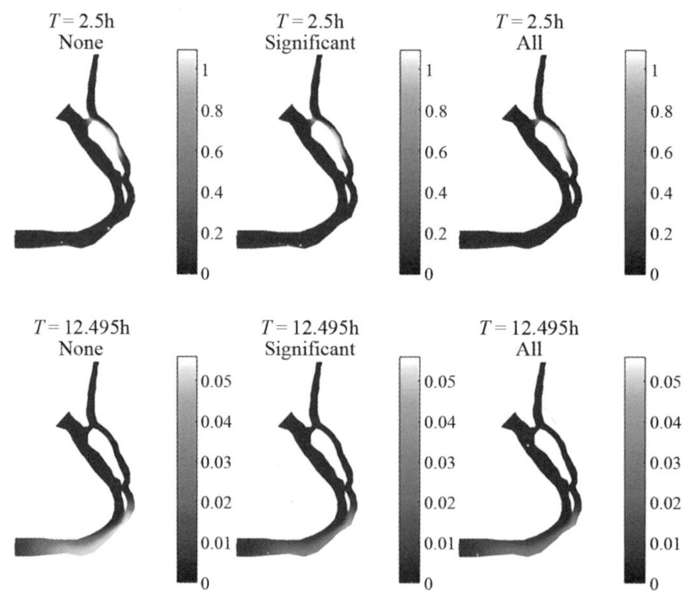

그림 4.2 반응기작 유무에 따른 독성물질의 농도 공간 분포 변화

자료: 신동빈 등(2020)

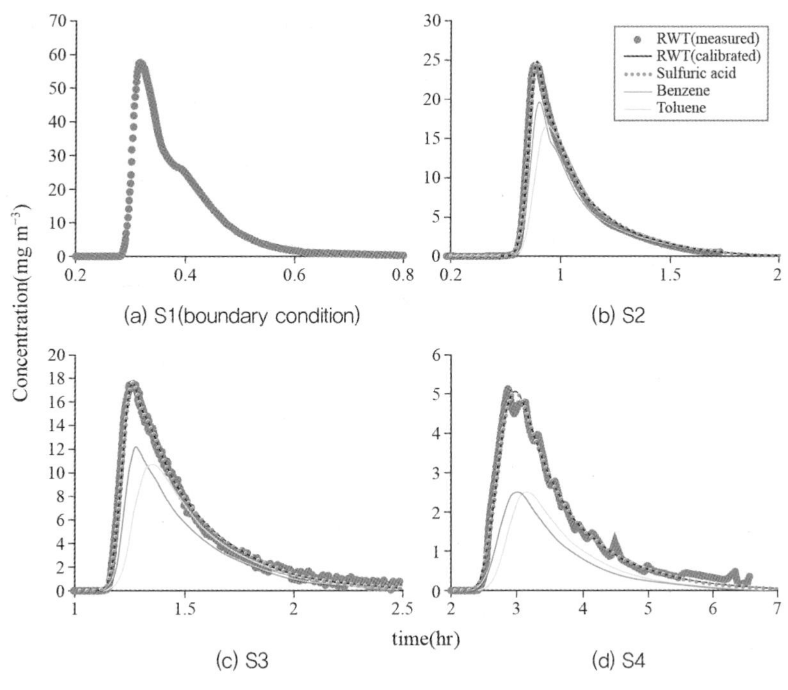

그림 4.3 독성물질 종류에 따른 첨두농도 및 도달시간 변화

자료: Kim 등(2021)

선을 통해 벤젠, 톨루엔 등과 같이 휘발성이 높은 물질은 휘발성이 낮은 Rhodamine WT, 황산 등과 비교했을 때 오염물질이 하류로 이동함에 따라 농도의 감쇠가 크게 발생함을 확인할 수 있다.

국외에서는 Horvat과 Horvat(2016)가 하천에 적용 가능한 2차원 수심평균 수리-퇴적물-중금속 연계 거동 모델을 개발한 바 있다. 이 연구는 중금속의 용존-흡착 상태의 전이가 발생하는 활성층(active-layer) 개념을 퇴적물 수송 계산에 도입하여, 중금속이 용존 상태, 부유물에 흡착된 상태, 하상에 흡착된 상태, 활성층에 퇴적된 상태, 심층 퇴적물에 흡착된 상태를 모두 고려할 수 있는 모델을 개발한 사례이다. 그들이 사용한 개념적 모형은 부유퇴적물과 하상퇴적물의 표면적을 구분하여 오염물질 교환 기작을 보다 정밀하게 모사할 수 있는 장점이 있다. 개발된 모델을 유럽 도나우강(Danube River)에 적용하였고, 중금속 유입에 따른 퇴적물 오염 정도와 하천 내 이동 및 분포 특성을 재현한 결과, 독성물질이 하천에 유입되면 용존 상태, 부유물질에 흡착된 상태, 활성층에 흡착된 상태 등 다양한 상(layer)에서 각기 다른 농도 분포가 나타남을 규명하였다(그림 4.4). 이 같은 연계 모델링 전략은 제1장에서도 서술한 바와 같이 하천의 복합적인 유동, 부유물질, 하상 조건에서 중금속 거동을 정밀하게 예측하는 데 유용하다.

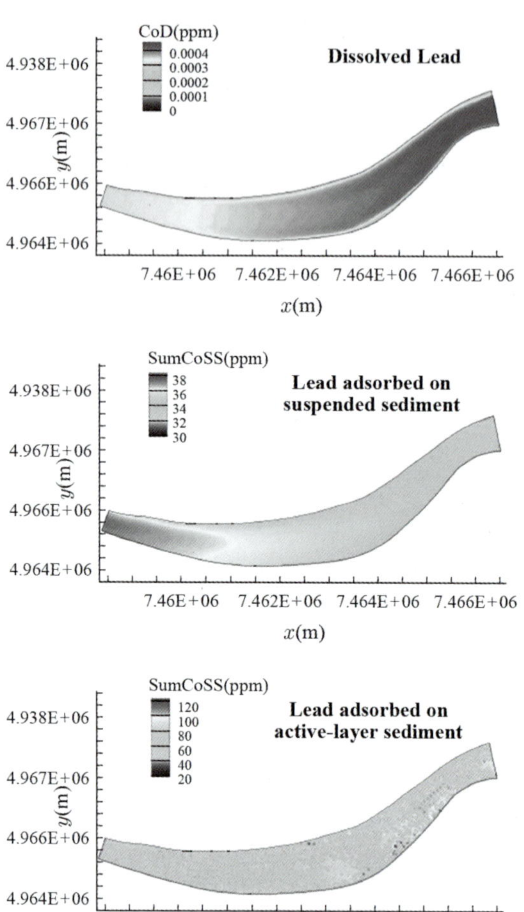

그림 4.4 용존 상태 및 부유물질과 활성층에 흡착된 납의 농도 분포

자료: Horvat과 Horvat(2016)

3. 수온 해석

1) 수온의 영향

하수 및 폐수처리시설에서 방류되는 폐수는 종종 주변 하천으로 유입될 때 방출 온도가 주변 수온보다 높아 열오염을 유발한다. 제1장에서 소개한 바와 같이 발전소나 산업 공정에서 냉각수로 사용된 물이 온배수 형태로 하천에 유입되기도 하고, 하 · 폐수처리장에서도 미처 충분히 식지 않은 처리수를 배출함으로써 인접 수역의 온도를 상승시킬 수 있다. 하천 수온의 상승은 수체 내 물질의 물리적

· 화학적 반응기작을 활성화시키며, 식 (4.3)의 아레니우스(Arrhenius) 식과 같이 일반적으로 화학 반응이나 생화학적 분해 반응의 활성화 에너지는 온도가 10°C 상승할 때 약 2배 빨라지며, 이는 비보존성 물질의 분해 · 변형에 영향을 미친다. 예를 들어, 하천 내 잔류 농약이나 유기물질이 고온 상태에서 더 빠르게 가수분해 및 미생물 분해 과정을 겪으면서 반응 생성물이 단기간에 증가하거나, 열에 의해 오히려 독성이 강화된 중간생성물이 형성될 수 있다.

$$k(T) = A \cdot e^{-E_a/(RT)} \tag{4.3}$$

여기서, T는 수온, A는 아레니우스 상수, E_a는 반응의 활성화 에너지, R은 기체 상수를 의미한다.

수온 상승은 DO의 용해도에 직접적인 영향을 미쳐 하천의 자정능력을 떨어뜨린다. 냉수 상태에서는 하천 내 DO 포화도가 높아 수생 생물과 미생물이 활발하게 호흡하고 유기물 분해가 진행될 여건을 제공하지만, 수온이 25°C 이상으로 상승하면 DO 용해도는 급격히 감소한다. 이로 인해 미생물의 산화 과정에서 필요한 산소가 제한되어 하천 내 유기물의 분해 속도가 억제되거나, 불완전 분해가 일어나면서 혐기성 분해에 의한 악취가스가 발생할 수 있다. 따라서 열 오염원이 유입되는 구역에서는 DO 농도의 저하가 발생하여 저서성 곤충이나 무척추동물, 심지어는 어류의 호흡에 스트레스를 가중시키고, 궁극적으로는 생물 다양성 감소와 생태계 기능 상실을 초래할 수 있다.

수온이 일정 수준 이상으로 상승하면 수중 생물의 대사율도 급격히 빨라진다. 예를 들어, 많은 어류는 최적 서식 수온이 18~25°C인 반면, 28°C를 넘으면 산소 소비량이 급증하여 호흡 곤란을 겪거나 성장 지연, 산란 진행의 이상을 일으킨다. 고수온 상태가 지속되면 취약종부터 폐사하기 시작하며, 이들이 차지하던 서식공간을 내수성 혹은 기수성 종이 대체하는 등 종 조성이 변화될 수 있다. 특히, 여름철 홍수기 이후 온도가 높은 상태에서 하천 흐름이 느려지면, 표층수와 저층수 간의 열 차이에 의해 성층화(stratification)가 발생하고, 저층에서는 산소 재생산이 어려워져 저산소 · 무산소 상태가 형성될 가능성이 커진다. 이 경우 바닥 퇴적물에서 아산화질소(N_2O)나 메탄(CH_4) 같은 온실가스가 다량 발생하거나, 영양물질의 내부부하가 가속화되어 2차 부영양화 문제가 발생할 수 있다.

위와 같이 수온은 하천수질의 물리적 · 화학적 기작에 지배적 영향을 미치는 수질 인자로서, 하천의 열 오염원 및 수온 변화를 모델링하고 평가함으로써 산업폐수 등의 영향을 정량적으로 예측하고 수질 및 생태계에 미치는 영향을 파악할 수 있다. 그림 4.5와 같이 열 오염원 유입 이후 열교환은 주로 수표면에서 발생하며, 하상 바닥에서의 열교환은 수표면에서 발생하는 열교환에 비해 훨씬 작으므로 수질해석 과정에서 해당 기작은 일반적으로 무시할 수 있다.

2) 수온 반응기작 해석

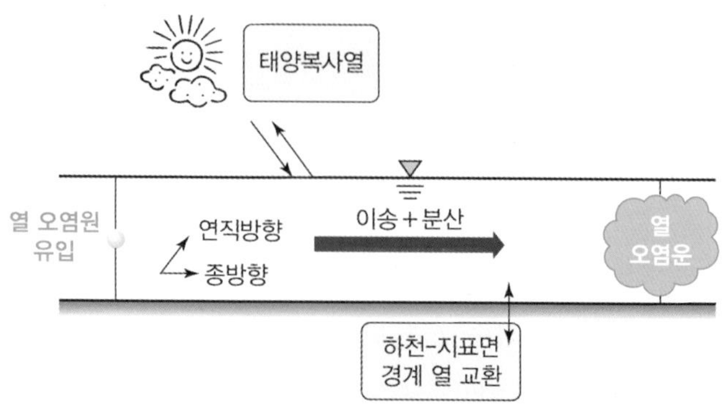

그림 4.5 열 오염원의 거동 및 주요 반응기작

수온의 반응기작은 크게 열의 생성과 소멸 과정으로 구분할 수 있으며, 각 과정에 해당하는 주요 반응기작은 아래 표 4.1과 같다.

표 4.1 열 오염원의 생성 및 소멸 주요 반응기작

유형	반응기작
생성(sources)	• 단파 태양복사(shortwave solar radiation) • 장파 대기복사(longwave atmospheric radiation) • 대기에서 수체로의 열전도(heat conduction) • 도시와 산업활동에 의한 열 오염원 유출
소멸(sinks)	• 수체에 의한 장파복사 흡수 • 대기로의 증발 • 수체에서 대기로의 열전도

Edinger와 Geyer(1965)는 위의 표 4.1에 나타낸 반응기작을 반영한 열평형 방정식(heat balance equation)을 제시하였으며, 이는 다음의 식 (4.4)와 같다.

$$q_{net} = q_s + q_a + q_b + q_c + q_e \tag{4.4}$$

여기서, q_{net}은 수표면에서 발생되는 순 열교환(net heat exchange), q_s는 단파 태양복사, q_a는 장파 대기복사, q_b는 수체에서의 장파 태양복사, q_c는 열전도 전달, q_e는 증발에 의한 열 전달을 의미한다. Edinger 등(1974)은 위의 식 (4.4)를 다음의 식 (4.5)와 같이 간략화하였다.

$$q_{net} = K_e(T_e - T) \tag{4.5}$$

여기서, K_e는 수표면 열교환계수(surface heat exchange coefficient), T_e는 모든 기상 조건이 일

정할 때 도달하게 되는 평형온도(equilibrium temperature)를 의미한다. K_e는 Edinger 등(1974)에 의해 제시된 다음의 식 (4.6)을 이용하여 계산한다.

$$K_e = 4.5 + 0.05\,T + \beta f(U_w) + 0.47 f(U_w) \tag{4.6}$$

여기서, β와 $f(U_w)$는 다음의 식 (4.7)과 (4.8)을 통해 계산할 수 있다.

$$\beta = 0.35 + 0.015\,T_m + 0.0012\,T_m^2 \tag{4.7}$$

$$f(U_w) = 9.2 + 0.46\,U_w^2 \tag{4.8}$$

여기서, $T_m = (T + T_d)/2$이며, T_d는 이슬점 온도, U_w는 풍속을 의미한다. 평형온도, T_e는 주어진 기상 조건에서 $q_e = 0$에 만족할 때까지의 반복 계산을 통해 추정할 수 있다. 이에 대한 대안으로 Edinger 등(1974)은 다음의 식 (4.9)와 같이 주어진 계수를 추정할 수 있는 경험식을 제시하였다.

$$T_e = T_d + \frac{q_s}{K_e} \tag{4.9}$$

시간에 따른 수온 변화는 다음의 식 (4.10)을 이용하여 계산할 수 있다.

$$\frac{\partial T}{\partial t} = \frac{q_{net}}{\rho c_p h} = \frac{K_e (T_e - T)}{\rho c_p h} \tag{4.10}$$

여기서, ρ는 물의 밀도, c_p는 물의 비열(specific heat), h는 수심을 의미한다.

상술한 수온 거동 기작 방정식을 적용하여 열 오염원 거동 해석을 수행한 연구가 다수 진행되고 있으며 대표 사례를 소개하면 다음과 같다. 국내 연구는 서일원 등(2011)이 하천에 유입되는 열 오염물질의 혼합 거동을 분석하기 위해 2차원 수심평균 이송-분산 방정식에 기반한 유한요소 수치모형을 개발한 사례이다. 그들의 모형은 식 (4.10)으로 표현되는 열교환 반응항을 포함하며, 개발된 수치모형을 팔당댐 하류에 적용하여 구리 하수처리장 방류수 유입에 따른 한강의 수온 변화를 모의하였다. 그들의 연구 결과, 동절기에 구리 하수처리장 방류수는 한강의 수온보다 최대 10℃ 이상 높으며, 이로 인해 왕숙천을 통해 하수처리장 방류수가 한강으로 유입되면 방류수의 수온이 한강-왕숙천 합류부 하류 4 km까지 영향을 미치는 것으로 나타났다.

국외 연구는 Carrivick 등(2012)이 기후 및 수문 변화 시나리오에 따른 북극권 하천 수온 변화를 모델링한 사례가 있다. 스웨덴 카라요스카강(Karasjohka River)을 대상으로, 2차원 동수역학 모델과 수표면 열교환을 포함한 열전달 모델을 결합하여 대상 하천 내 수온의 시간적 · 공간적 변동성을 모의한 결과, 빙하와 적설 해빙으로 유입되는 유량의 변화가 수온 분포에 큰 영향을 미쳤으며, 수심이 얕은 흐름 정체 구간에서 유속이 빠른 주흐름 구간 대비 높은 수온이 나타났다(그림 4.6). 이처

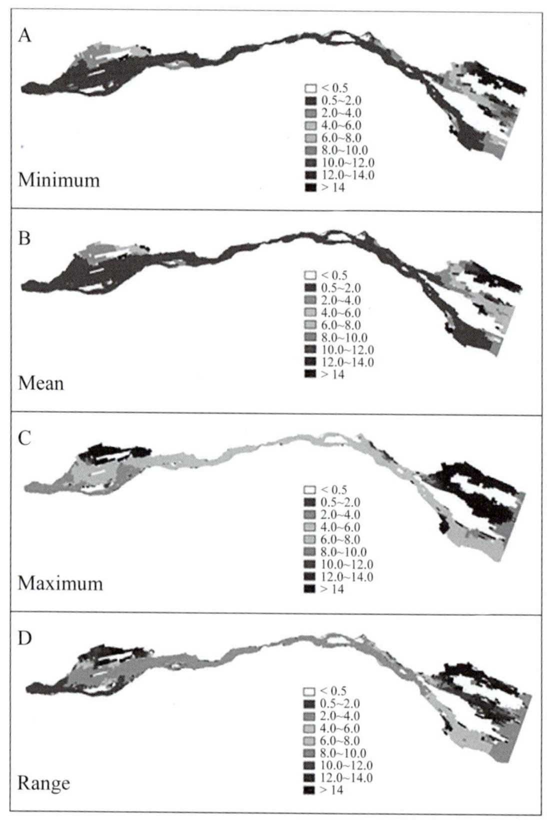

그림 4.6 스웨덴 카라요스카강의 수온 모델링 결과

자료: Carrivick 등(2012)

럼 열 오염원 거동 모델링 기법은 향후 환경 변화나 인간 활동에 따른 하천의 생태 건강성 및 다양성 평가를 위한 수생동물의 수온 반응 시나리오 분석에 유용하게 활용될 수 있다.

4. 부영양화 해석

1) 부영양화의 영향

질소와 인은 담수 생태계에서 조류(algae) 및 수생식물의 성장률을 결정짓는 주요 제한 영양소로, 이들의 농도는 수체 내 1차 생산성을 좌우하는 핵심 요소이다. 자연 상태에서는 강우, 유량, 수온, 생물의 영양소 요구량 등 계절 및 수문학적 요인에 따라 질소와 인이 균형 있게 순환하지만, 인위적인 영양물질 유입이 증가할 경우 이 균형이 무너진다(그림 4.7). 수체 내 질소 및 인 농도가 비정상적으로 상승하게 되어 부영양화(eutrophication) 상태가 되면 조류가 대량 증식함으로써 수질 및 생태계 전반에 부정적인 영향을 미친다. 하천의 부영양화와 조류의 대발생은 호기성 분해(aerobic decomposition) 과정에서 산소 고갈이 발생하며, 이로 인한 어류 폐사 및 생물상 교란 등이 동반되어 수변 생태계의 종 다양성이 감소하게 된다. 더 나아가, 남조류(cyanobacteria)는 독성물질(microcystin, anatoxin 등)과 이취미 물질(geosmin, 2-MIB 등)을 생산함으로써, 하천의 심미적 가치 저하뿐만 아니라 취수원의 수질 악화를 유발한다.

질소와 인은 자연적인 지형 및 생물학적 순환 과정을 통해 하천으로 유입되기도 하지만, 인위적 활동에 기인한 유입이 주요 원인으로 작용한다. 대표적인 유입 경로로는 농경지에서의 화학비료 및 가축 분뇨 사용에 따른 비점오염원, 축산시설과 퇴비저장소에서 유출되는 유기성 폐수, 생활하수 및 공공하수처리장의 방류수, 산업시설 및 식품 가공업체에서 발생하는 폐수, 도시 지역의 초기 강우 유출수 등이 있다. 강우 시 토양 표면에 남아 있는 질산염(NO_3^-)과 인산염(PO_4^{3-})은 지표유출(surface runoff) 또는 지하 침투 후 기저유출(baseflow)을 통해 하천으로 이동하며, 특히 강우 강도가 높을 경우 유기질 비료와 토사에 부착된 입자성 인이 대량 유입될 수 있다. 또한 도시 지역에서 강우 시 미처리 하수의 유입을 야기하는 합류식 하수도 월류수(combined sewer overflow, 이하 CSO)도 하천의 영양염류 부하량을 가중시키는 원인이다.

하천의 질소 · 인 농도가 일정 수준을 초과하게 되면, 조류 성장이 급격히 촉진된다. 조류는 햇빛과 영양염류를 활용하여 광합성 성장을 수행하는 하천의 1차 생산자로서, 수체 내 영양염의 농도뿐만 아니라 질소(N)와 인(P)의 상대적인 비율(N : P ratio)에 따라 우점종이 달라진다. 일반적으로 해양 및 담수 생태계에서 조류 성장에 이상적인 영양염 비율은 레드필드(Redfield) 비(C : N : P = 106 : 16 : 1)로 알려져 있으며, 이 비율에서 벗어날 경우 특정 조류군의 우점화가 촉진된다. 예를 들어, 인이 상대적으로 과잉일 경우 남조류가 우점하게 되며, 반대로 질소가 과잉인 조건에서는 녹조류(green algae)나 규조류(diatom)의 성장이 유리해진다. 특히, 일부 남조류는 질소고정(nitrogen fixation) 능력을 보유하고 있어, 수체 내 인 농도는 높으나 질소가 제한적인 환경에서도 대기 중 질소를 생물학적으로 고정함으로써 군집 증식을 지속할 수 있다.

조류는 각 종마다 생장에 적합한 온도 범위를 가지며, 수온 변화는 성장률(growth rate), 광합성 효율, 영양소 흡수 능력 등에 영향을 미쳐 우점종의 전환을 유도한다. 일반적으로 수온이 20°C 이상의 환경에서는 남조류와 녹조류의 경쟁력이 증가하고, 저수온(10°C 이하) 환경에서는 규조류가 우점하는 경향이 나타난다. 조류와 영양염류는 유체의 흐름에 의한 이송 및 확산 거동과 동시에 생화학적 · 물리적 반응을 거치며 서로 간의 상호작용 및 주변 환경 조건에 따라 물질이 다른 형태로 변환되거나 농도가 시간적 · 공간적으로 변화한다. 이러한 이동 및 반응 과정은 수질 모델링을 통해 수치적으로 해석 가능하며, 영양염의 과다 유입 및 조류 발생에 의한 수질 변동성을 예측하는 데 도

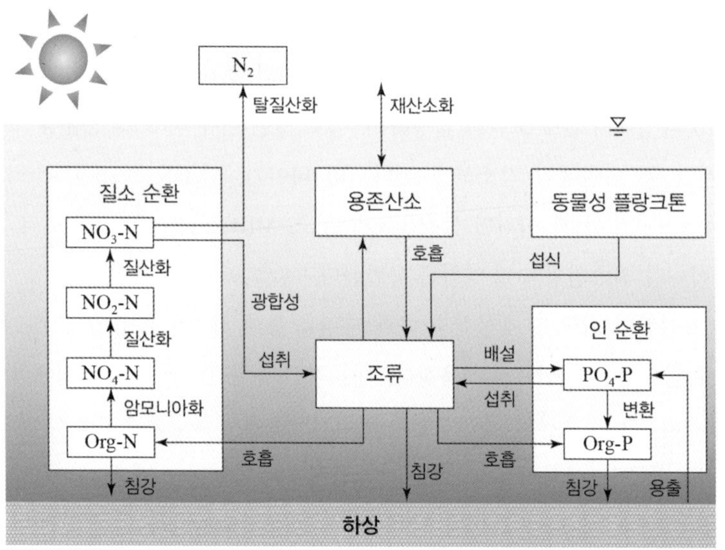

그림 4.7 **부영양화 관련 수질인자의 주요 반응기작**

움이 된다. 아울러, 수질 관리 및 생태계 보전에 필요한 결정을 지원하고 지속 가능한 물 환경을 유지하는 데 기여할 수 있다.

2) 질소 순환 모델링

하천에서의 질소는 수체 내 생물 · 화학적 반응 및 주변 환경과의 상호작용을 통해 다양한 형태로 존재하며, 이들 간의 전환 과정을 포함하는 질소 순환(Nitrogen cycle)은 수질 및 생태계 건강성을 유지하는 데 핵심적인 역할을 수행한다. 하천에 존재하는 주요 질소 형태로는 유기성 질소(organic nitrogen), 암모니아성 질소(NH_4-N), 아질산성 질소(NO_2-N), 질산성 질소(NO_3-N)가 있으며, 이들은 연속적인 생화학적 반응을 통해 상호 전환된다. 질소 순환은 암모니아화(ammonification), 질산화(nitrification), 탈질산화(denitrification) 등을 주요 기작으로 한다(그림 4.8).

유기물(동식물 잔해, 배설물 등)에 포함된 유기성 질소는 미생물의 분해 작용에 의해 암모니아(NH_3) 또는 암모늄 이온(NH_4^+) 형태로 전환되며, 이 과정은 주로 호기성 환경에서 발생하는 질소 무기화(mineralization)의 초기 단계에 해당한다. 유기성 질소는 조류의 성장 및 호흡(respiration) 작용을 통해 생성될 수 있으며, 생성된 암모니아성 질소는 이후 암모니아화 과정을 거쳐 수중에 축적된다. 또한 유기성 질소는 입자성 물질에 부착되어 침강함으로써 하상에 축적되거나, 감쇠 및 미생물 대사를 통해 점차 소멸되기도 한다. 이와 같은 반응기작을 포함한 시간에 따른 유기성 질소의 농도 변화는 다음의 식 (4.11)과 같이 나타낼 수 있다.

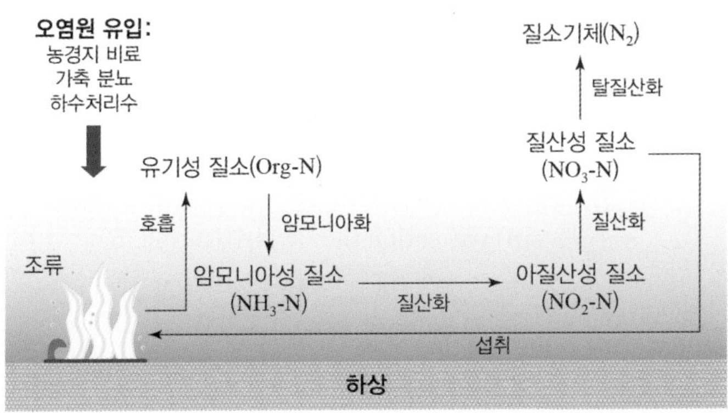

그림 4.8 하천 내 질소의 순환 과정

$$\begin{aligned}\frac{\partial N_{org}}{\partial t} &= \text{respiration} - \text{ammonification} - \text{settling} \\ &= \alpha_{n,a} k_{r,A} \theta^{T-20} C_A - k_{n,org} \theta^{T-20} N_{org} - \frac{\omega_{n,org}}{h} N_{org}\end{aligned} \tag{4.11}$$

여기서, N_{org}는 유기성 질소의 농도, $\alpha_{n,A}$는 조류 내 질소 함량, $k_{r,A}$는 조류의 호흡률(respiration rate), θ는 온도보정 계수, C_A는 조류의 농도이며 주로 Chl-a 농도로 나타낼 수 있다, $k_{n,org}$는 암모니아화에 의한 유기성 질소의 감쇠계수, $\omega_{n,org}$는 유기성 질소의 침강속도를 의미한다.

하천에서 암모니아성 질소는 주로 유기성 질소의 암모니아화를 통해 생성된다. 이 과정은 동식물 잔해, 배설물 등과 같은 유기물 속의 유기성 질소가 미생물의 분해 작용에 의해 무기 형태인 암모니아(NH_3) 또는 암모늄 이온(NH_4^+)으로 전환되는 것을 의미한다. 일반적으로 이 과정은 산소가 풍부한 호기성 환경에서 활발히 일어나며, 질소의 무기화의 초기 단계로 간주된다.

생성된 암모니아성 질소는 1단계 질산화(ammonia oxidation)를 거쳐 아질산성 질소(NO_2-N)로 산화되어 그 농도가 감쇠되며, 이 단계는 주로 질산화 세균이 암모니아를 아질산으로 산화시키는 반응이다. 이와 같은 반응기작을 포함한 시간에 따른 암모니아성 질소의 농도 변화는 다음의 식 (4.12)와 같이 나타낼 수 있다.

$$\begin{aligned}\frac{\partial N_{amm}}{\partial t} &= \text{ammonification} - \text{nitrification (a)} \\ &= k_{n,org} \theta^{T-20} N_{org} - k_{n,amm} \theta^{T-20} N_{amm}\end{aligned} \tag{4.12}$$

여기서, N_{amm}는 암모니아성 질소의 농도, $k_{n,amm}$는 1단계 질산화에 의한 암모니아성 질소의 감쇠계수를 의미한다.

아질산성 질소는 암모니아성 질소의 1단계 질산화를 통해 생성되고, 생성된 아질산성 질소는 이후 질산성 질소로 변환되는 2단계 질산화(nitrite oxidation)를 통해 질산화 세균에 의해 산화되어 소멸되며, 해당 기작은 산소가 풍부한 호기성 조건에서 활발히 일어난다. 이와 같은 반응기작을 포함한 시간에 따른 아질산성 질소의 농도 변화는 다음의 식 (4.13)과 같이 나타낼 수 있다.

$$\begin{aligned}\frac{\partial N_{nitri}}{\partial t} &= \text{nitrification (a)} - \text{nitrification (b)} \\ &= k_{n,amm}\theta^{T-20}N_{amm} - k_{n,nitri}\theta^{T-20}N_{nitri}\end{aligned} \tag{4.13}$$

여기서, N_{nitri}는 아질산성 질소의 농도, $k_{n,nitri}$는 2단계 질산화에 의한 아질산성 질소의 감쇠계수를 의미한다.

질산성 질소는 아질산성 질소의 2단계 질산화를 통해 생성된다. 생성된 질산성 질소는 두 가지 주요 경로를 통해 소멸된다. 첫째, 질소 가스(N_2)로 변환되는 탈질산화와 광합성 성장을 이루는 조류의 영양분으로 섭취되어 소멸된다. 둘째, 질산성 질소는 조류 및 수생식물의 생장에 필요한 영양분으로 흡수되어 생물학적으로 제거된다. 조류는 광합성을 통해 성장을 지속하기 위해 질산성 질소를 양분으로 사용한다. 이처럼 질산성 질소는 생물학적 생산성을 지지하는 주요 질소 형태로, 1차 생산자에 의해 섭취됨으로써 수중에서 농도가 감소하게 된다. 이와 같은 반응기작을 포함한 시간에 따른 질산성 질소의 농도 변화는 다음의 식 (4.14)와 같이 나타낼 수 있다.

$$\begin{aligned}\frac{\partial N_{nitra}}{\partial t} &= \text{nitrification (b)} - \text{denitrification} - \text{algal uptake} \\ &= k_{n,nitri}\theta^{T-20}N_{nitri} - k_{n,nitra}\theta^{T-20}N_{nitra} - k_{n,A}C_A\end{aligned} \tag{4.14}$$

여기서, N_{nitra}는 질산성 질소의 농도, $k_{n,nitra}$는 탈질산화에 의한 질산성 질소의 감쇠계수, $k_{n,A}$는 조류에 의한 질산성 질소의 섭취율(uptake rate)을 의미한다.

3) 인 순환 모델링

하천에서 인 순환과 질소 순환의 가장 큰 차이점은 인 순환 과정에는 기체 상태의 화합물이 포함되지 않는다는 점이다. 질소는 대기 중에서 N_2 형태로 존재하며 생물학적 고정이나 탈질산화를 통해 기체 상태로 전환되지만, 인은 자연 상태에서 휘발성이나 기체 형태로 존재하지 않기 때문에 대기-수체 간의 기체 교환 과정이 없다(그림 4.9).

수체 내에서 인은 주로 두 가지 형태로 존재한다. 먼저, 유기성 인(organic phosphorus)은 조류, 박테리아, 동물 플랑크톤 및 고등생물의 조직 내에 포함된 유기 화합물의 형태이며, 생물의 분해 또는 배설 등을 통해 자연적으로 발생한다. 인의 순환은 무기화(mineralization) 과정을 중심으로 발생한다. 유기성 인은 미생물의 분해 작용을 통해 무기성 인, 즉 인산염 인(PO_4-P) 형태로 전환되며

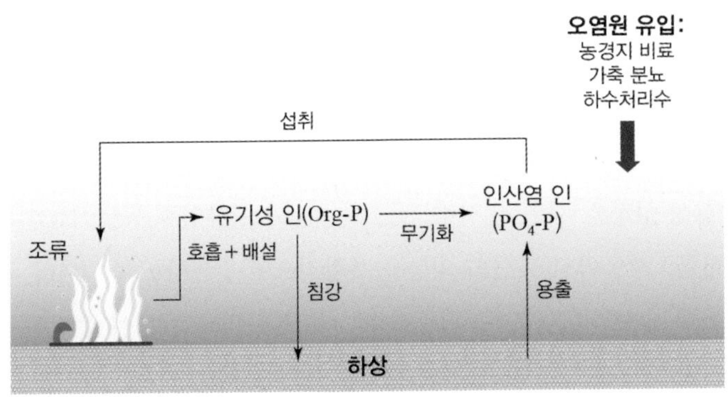

그림 4.9 **하천 내 인의 순환 과정**

농도가 감쇠하고, 이는 조류 및 수생식물에 의해 흡수되어 다시 유기성 인으로 배설(excretion) 및 동화된다. 이처럼 인은 유기형과 무기형 사이를 순환한다. 또한 인은 퇴적물과의 상호작용을 통해 고형물에 흡착되거나 탈착되어 수층 내 농도에 영향을 미치며, 산화-환원 조건에 따라 침전되거나 용출되는 등의 지화학적 과정을 통해 동태가 조절된다. 이로 인해 인은 상대적으로 느린 속도로 순환하며, 수체의 부영양화 현상과 밀접한 관련이 있다. 정리하면, 유기성 인은 조류의 호흡 과정을 통해 생성되고, 인산염 인으로 변화되는 무기화와 침강을 통해 감쇠가 이루어진다. 이와 같은 반응기작을 포함한 시간에 따른 유기성 인의 농도 변화는 다음의 식 (4.15)와 같이 나타낼 수 있다.

$$\begin{aligned}\frac{\partial P_{org}}{\partial t} &= \text{respiration} + \text{excretion} - \text{mineralization} - \text{settling} \\ &= \alpha_{p,A} k_{r,A} \theta^{T-20} C_A + \alpha_{p,A} k_{e,A} \theta^{T-20} C_A - k_{p,org} \theta^{T-20} P_{org} - \frac{\omega_{p,org}}{h} P_{org}\end{aligned} \tag{4.15}$$

여기서, P_{org}는 유기성 인의 농도, $\alpha_{p,A}$는 조류 내 인 함량, $k_{e,A}$는 조류의 인산염 인 배설률, $k_{p,org}$는 무기화에 의한 유기성 인의 감쇠계수, $\omega_{p,org}$는 유기성 인의 침강속도를 의미한다.

하천에서 인은 인산염 인으로도 존재하며, 이는 조류와 수생식물이 광합성 성장에 직접 이용 가능한 형태이다. 인산염 인은 유기성 인의 무기화, 하상에서의 용출(leaching)에 의해 생성되고, 광합성 과정 중 조류의 영양분으로 섭취되어 소멸된다. 이와 같은 반응기작을 포함한 시간에 따른 인산염 인의 농도 변화는 다음의 식 (4.16)과 같이 나타낼 수 있다.

$$\begin{aligned}\frac{\partial P_{dis}}{\partial t} &= \text{mineralization} + \text{leaching} - \text{algal uptake} \\ &= k_{p,org} \theta^{T-20} P_{org} + k_{rel} P_{sed} - k_{p,A} C_A\end{aligned} \tag{4.16}$$

여기서, P_{dis}는 인산염 인의 농도, k_{rel}는 하상에서 인산염 인의 용출률, P_{sed}는 하상 내 인산염 인의 농도, $k_{p,A}$는 조류에 의한 인산염 인의 섭취율을 의미한다.

4) 조류 모델링

물환경에서 조류는 자가영양성(photoautotrophic)을 기반으로 하는 1차 생산자로서, 수체 내 에너지 흐름과 물질순환에 핵심적인 역할을 수행한다. 조류는 광합성을 통해 무기탄소를 유기물로 전환시키며, 이러한 광합성 성장은 수온, 일사량, 질소, 인 등의 영양염류 농도, DO, 수체의 혼합 및 체류시간 등 물리 · 화학 · 생물학적 요인의 영향을 복합적으로 받는다(그림 4.10). 하천과 같은 담수역에서는 주로 규조류, 녹조류, 남조류, 편모조류(dinoflagellates) 등이 우점하며, 이들은 계절적 환경 변화 및 영양염류의 가용성에 따라 천이 현상을 보인다. 주로, 가을부터 봄에는 규조류가 우점하다가, 여름에는 고수온과 낮은 유속(긴 체류시간) 및 높은 영양염류 농도 조건으로 인해 남조류가 대량 증식하는 경향이 있다.

조류의 성장은 외부로부터 공급되는 영양염류(질산성 질소, 인산염 인)를 흡수하여 광합성을 통해 이루어지며, 이때 수온 상승은 대사 및 증식 속도를 가속화시키고, 일사량은 광합성 활성에 직접적인 영향을 준다. 반면, 조류의 감소는 다음과 같은 생물 · 물리적 감쇠 기작에 의해 발생한다.

- 호흡(respiration): 저장된 유기물의 산화에 의한 에너지 소비
- 배설(excretion): 세포 내 대사 후 부산물의 외부 방출
- 섭식(predation): 동물성 플랑크톤에 의한 포식
- 침강(sedimentation): 비부유성 조류의 중력에 의한 수층 아래로의 이동
- 자연 사멸(mortality): 생리적 노화 및 환경 스트레스에 의한 세포 붕괴

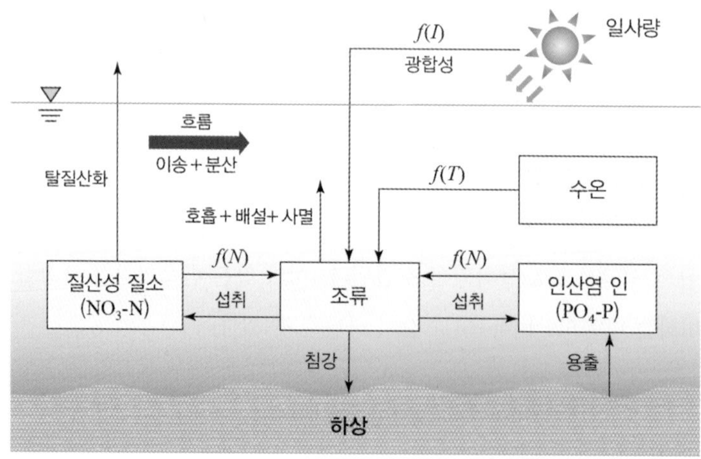

그림 4.10 **하천 내 조류 거동 및 성장 · 소멸 기작**

이와 같은 기작을 통합적으로 고려한 조류 농도의 시간에 따른 변화를 수치적으로 모의할 때, 다음의 식 (4.17)과 같은 1차 미분방정식을 이용할 수 있다.

$$\begin{aligned} \frac{\partial C_A}{\partial t} &= \text{growth} - \text{respiration} - \text{excretion} - \text{death} - \text{settling} \\ &= \left[\mu_{\max} f(T) f(N) f(I) - (k_{r,A} + k_{e,A} + k_{z,A}) \theta_A^{T-20} - \frac{\omega_A}{h} \right] C_A \end{aligned} \tag{4.17}$$

여기서, $\mu_{\max}$는 조류의 최대성장 속도로서 조류 종에 따라 고유의 값을 지니며, $f(T)$, $f(N)$, $f(I)$는 각각 수온 제한함수(water temperature limitation function), 영양염류 제한함수(nutrient limitation function), 일사량 제한함수(light intensity limitation function)를 나타내며, $k_{z,A}$는 동물성 플랑크톤에 의한 조류의 사멸률, ω_A는 조류의 침강속도를 의미한다.

위의 식 (4.17)에서 $f(T)$는 수온에 따라 조류 성장 속도에 0~1 사이에 가중치를 부여하는 함수 형태로서, 다음과 같은 함수 형태가 일반적으로 사용된다.

(1) 온도 제한 함수

① 선형(linear) 함수

$$f(T) = \begin{cases} \left(\frac{1}{T_{opt} - T_{\min}} \right) T - \left(\frac{T_{\min}}{T_{opt} - T_{\min}} \right), & \text{if } T \le T_{opt} \\ 1, & \text{otherwise} \end{cases} \tag{4.18}$$

여기서, T_{opt}는 조류 성장이 최대로 이뤄지는 최적 수온(optimal water temperature), $T_{\min}$은 조류 성장에 요구되는 최소 수온을 의미한다. 특히, T_{opt}는 조류 종에 따라 다양한 범위를 지니며, 일반적으로 규조류는 10~20°C, 녹조류는 15~30°C, 남조류는 대체로 25~35°C 범위의 T_{opt} 값을 지닌다.

표 4.2 조류 종별 최적 수온 및 특징

유형	최적 수온	우점 시기	특징
규조류	10~20°C	봄, 가을	• 유속이 있는 하천에서도 생장 가능 • 낮은 영양염류에서도 적응 가능 • 수체가 맑고 안정된 환경에서 우점
녹조류	15~30°C	여름 초중반	• 일사량과 DO가 풍부한 환경에서 생장 • 비교적 깨끗하고 온화한 수역에서 우점 • 고수온이나 저산소 조건에는 상대적으로 약
남조류	25~35°C	여름 ~ 초가을	• 정체수역, 고영양, 고일사 조건에서 번성 • 무기 질소가 부족할 경우 질소고정 능력 보유 • 질소와 인의 비율이 낮은 환경에서 경쟁 우위 • 일부 종은 독성 물질(microcystin, anatoxin 등) 생성

② 지수(exponential) 함수

$$f(T) = \theta^{T - T_{ref}} \tag{4.19}$$

여기서, T_{ref}는 조류 성장의 기준 수온(= 20°C)을 의미한다.

③ 최적 수온 함수

$$f(T) = \begin{cases} \exp\left[-KTg_1(T_{opt} - T)^2\right], & \text{if } T \le T_{opt} \\ \exp\left[-KTg_2(T - T_{opt})^2\right], & \text{otherwise} \end{cases} \tag{4.20}$$

여기서, KTg_1, KTg_2는 각각 최적 수온 도달 전 함수의 형상계수(shape coefficient of rising limb), 최적 수온 도달 후 함수의 형상계수(shape coefficient of falling limb)를 의미한다(그림 4.11). 실측 자료를 통한 계수 보정이 가능할 경우, 가장 효과적으로 수온에 따른 조류의 성장 속도 가중치 산정이 가능하다.

식 (4.17)에서 $f(N)$을 계산하기 위해 주로 다음의 식 (4.21)과 같은 Monod 함수를 이용한다.

$$f(N) = \frac{S}{K_s + S} \tag{4.21}$$

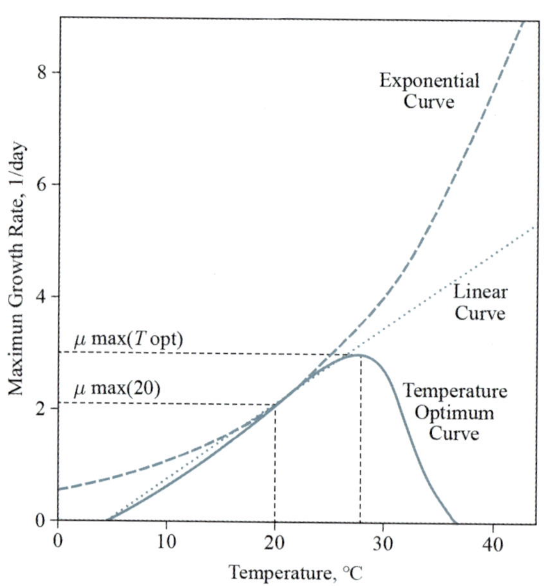

그림 4.11 조류의 성장 속도 산정을 위한 최적 수온 함수

자료: Bowie 등(1985)

여기서, S는 영양염류의 농도, K_s는 영양염류의 반포화 상수(half-saturation constant)를 의미한다. 조류의 경우, 조류 성장에 필요한 복수의 영양염류(인, 질소) 중 가장 결핍된 영양염류에 의해 성장이 제한된다는 원리에 기반함에 따라 다음과 같이 Michaelis-Menten 법칙을 토대로 한 Monod 함수 형태로 표현될 수 있다(그림 4.12).

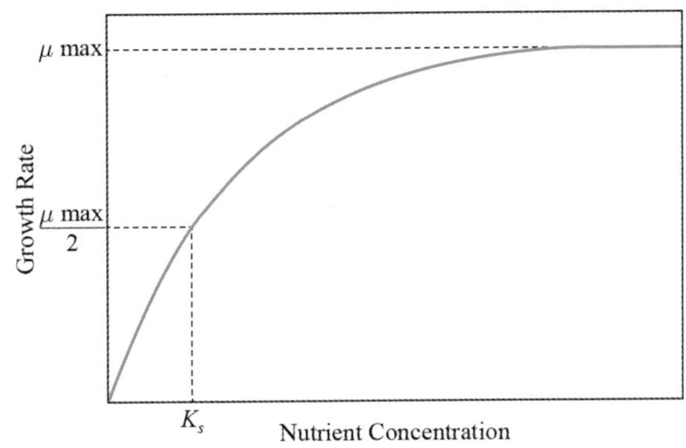

그림 4.12 조류의 성장 속도 산정을 위한 Monod 함수

자료: Bowie 등(1985)

(2) 영양염류 제한 함수

① 곱셈(multiplicative) 함수

$$f(N) = \frac{N_{nitra}}{K_n + N_{nitra}} \times \frac{P_{dis}}{K_p + P_{dis}} \tag{4.22}$$

여기서, K_n과 K_p는 각각 질산성 질소와 인산염 인의 반포화 상수를 의미한다. 이 함수는 각 영양염류가 조류 성장에 동시에 영향을 주는 것을 가정하며, 하나라도 결핍되면 전체 성장 속도가 강하게 억제됨을 표현한다.

② Liebig의 최소법칙(Liebig's minimum law) 함수

$$f(N) = \min\left(\frac{N_{nitra}}{K_n + N_{nitra}}, \frac{P_{dis}}{K_p + P_{dis}}\right) \tag{4.23}$$

조류의 성장이 여러 제한 인자 중에서 가장 결핍된 요소에 의해 결정됨을 표현하며, 특정 시점에 질소 또는 인 중 더 부족한 영양염류가 전체 성장 속도를 결정한다. 특히, 질소-인 비율에 따른 우점종 변화 및 제한인자 분석 등에 유용하다.

③ 조화평균(harmonic mean) 함수

$$f(N) = \frac{\frac{N_{nitra}}{K_n + N_{nitra}} + \frac{P_{dis}}{K_p + P_{dis}}}{2} \tag{4.24}$$

질소와 인의 기여도를 평균적으로 고려하며, 지나치게 낮은 값에 치우치지 않으면서 두 인자의 영향 모두를 반영할 수 있는 함수이다.

일사량은 광합성 반응을 유도하는 에너지의 직접적인 공급원이기 때문에, 일정 수준 이하에서는 성장 속도를 제약하고, 반대로 과도하게 높을 경우에는 광합성 효율 저하 또는 광저해(photoinhibition) 현상이 발생한다. 이러한 조류의 광반응 특성을 수학적으로 모사하기 위해 다양한 형태의 제한 함수들을 사용하며, 식 (4.17)에서 $f(I)$는 다음과 같은 형태의 함수들로 표현될 수 있다.

(3) 광제한 함수

① 포화(saturation) 함수

$$f(I) = \frac{I}{K_I + I} \tag{4.25}$$

여기서, I는 일사량, K_I는 일사량의 반포화 상수를 의미한다. 이 함수는 Michaelis-Menten 법칙에 기반하며, I가 증가함에 따라 성장 속도가 점차 증가하지만, 일정 수준 이상에서는 성장 속도가 포화(plateau)됨을 표현한다.

② 광저해(photoinhibition) 함수

$$f(I) = \frac{I}{I_s} \exp\left(1 - \frac{I}{I_s}\right) \tag{4.26}$$

여기서, I_s는 Steele 상수를 의미한다. 그림 4.13과 같이 이 함수는 일정 수준의 조도에서는 광합성 속도가 증가하지만, 일정 임계치 이상에서는 과도한 광량이 조류 생장에 오히려 부정적 영향을 미침을 반영한 수식이다(Steele, 1962). I가 증가함에 따라 초기에 빠르게 성장 속도가 증가하다가, 정점을 지나면 다시 감소하는 비선형 반응을 나타낸다.

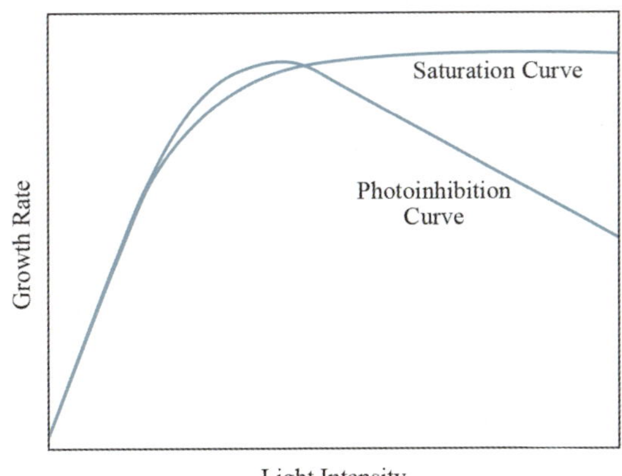

그림 4.13 조류의 성장 속도 산정을 위한 일사량 포화 및 광저해 함수

자료: Bowie 등(1985)

③ 쌍곡선(hyperbolic) 함수

$$f(I) = \frac{I}{\sqrt{I^2 + I_k^2}} \tag{4.27}$$

여기서, I_k는 Smith 상수를 의미한다. 이 함수는 선형 증가와 포화 반응의 절충적 형태로서, I가 무한대로 커지면 함수값은 1에 점근하며, 광저해 현상은 반영하지 않으나 광합성의 점진적 포화 특성을 현실적으로 반영한다(Smith, 1936).

상술한 조류 반응기작을 활용한 조류 거동 모델의 개발과 적용은 하천의 부영양화 정도를 평가하기 위해 활발히 진행되고 있으며, 그 대표 사례는 다음과 같다. 국내 연구는 김진수 등(2020)이 영산강의 승촌보와 죽산보에서 발생하는 녹조 현상에 대해 3차원 EFDC(Environmental Fluid Dynamic Code) 모델을 이용하여 점 · 비점오염원의 영향을 평가하여 수질 개선을 위한 관리 우선순위를 도출한 사례이다. 그들의 연구에서는 주요 지류와 인접 하수처리장의 영향을 분석하였으며, 인근 하수처리장의 수질을 개선하더라도 녹조 현상은 크게 개선되지 않음을 밝혀냈다. 이는 하수처리장의 인의 농도를 낮추더라도 영양염류가 여전히 조류 성장을 지원할 수 있는 수준이라는 것을 의미하며, 영산강 수질 개선을 위해서는 유입 지류의 수질 관리가 우선적으로 필요함을 시사한다.

Kim 등(2018)의 연구는 낙동강-금호강 합류부 하류에서 유해 남조류의 공간적 분포를 분석하기 위해 수심평균 2차원 조류모델을 개발한 사례이다. 그들은 개발된 모델을 적용한 결과, 체류시간이 길고 유속이 느린 하안(강기슭)에서 남조류가 고농도로 축적되는 것을 밝혀냈다. 나아가 모의 구간 상류의 강정고령보에서 유입되는 방류량을 증가시키는 시나리오를 모의한 결과, 방류량 증가에 따라 체류시간이 감소하여 남조류 발생 면적과 최대 농도가 감소하는 현상이 나타났다(그림 4.14). 그림 4.14에서 강정고령보의 방류량을 평시 대비 6배 증가시켰을 때 체류시간은 약 60% 감소하였고, 이에 따라 남조류 최대 농도는 절반 수준으로 감소하는 것으로 나타나고 있다.

본 연구는 상류 보 방류량 증대와 같은 수량 조절 전략이 수체의 혼합효과를 증진시키고 나아가 체류시간을 감소시켜 정체 구간의 남조류 번식을 억제하는 데 효과적임을 보여주고 있다.

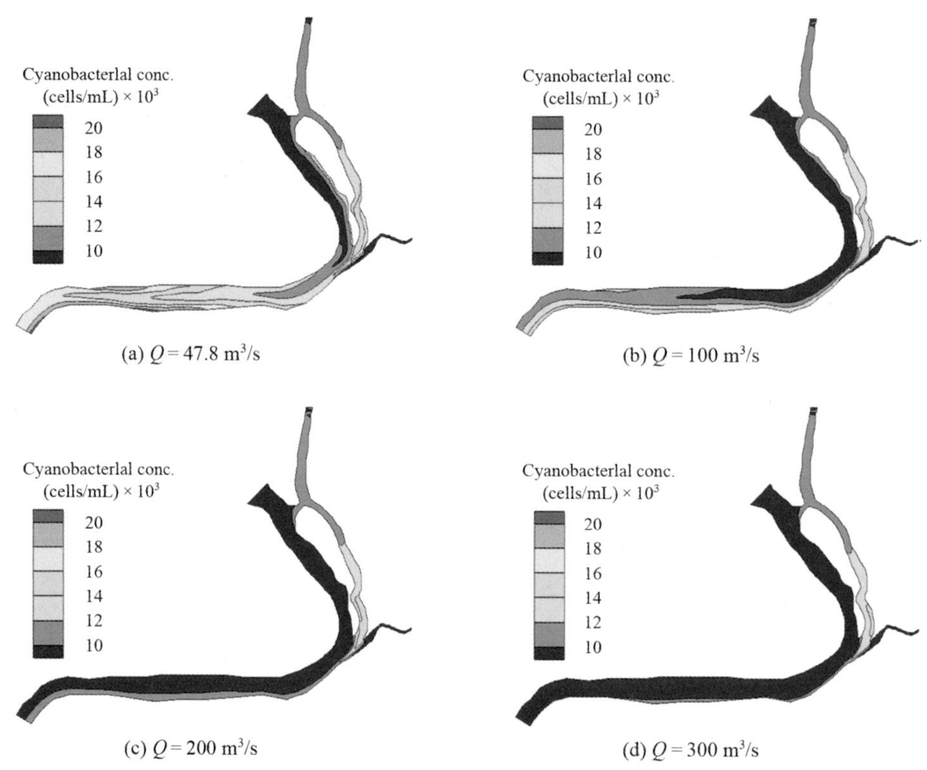

그림 4.14 **보 방류량 증가에 따른 남조류 농도 변화**

자료: Kim 등(2018)

국외 연구는 Long 등(2011)이 중국 자링강(Jialing River)에서 수리학적 조건이 조류 성장에 미치는 영향을 분석하기 위해, 최적 유속과 성장 가능 유속 범위를 반영한 새로운 성장률 식을 도입하여 2차원 비정상 생태 동역학 모델을 구축한 사례이다. 본 연구는 싼샤댐 저수지에서 남조류 발생이 빈번한 시기의 기후 조건과 현재의 영양 상태를 기반으로, 다양한 수위 조건에서 Chl-a의 시간적·공간적 분포를 수치적으로 모의하였다. 연구 결과, 조류 성장에 필요한 최적 유속이 존재하는 것으로 확인되었고, 대상 구간에서 조류의 최적 성장에 요구되는 유속은 약 0.04 m/s로 나타났다. 해당 결과를 기반으로 조류 성장 속도 산정식에 유속 제한함수를 추가하여 성장 속도 계산 과정을 고도화시켰다. 개선된 모델을 이용하여 모의한 결과, 자링강은 평시 높은 유속으로 인해 대규모 조류 발생 가능성은 낮은 것으로 분석되었다. 본 연구는 하천의 수리 동역학적 특성을 반영한 조류 거동 해석 모델이 조류 발생 가능 지역과 면적에 대한 예측을 가능하게 하며, 하천 및 수공구조물 관리 측면에서 조류 발생과 수리인자 간의 인과관계를 분석하는 데 활용할 수 있다는 것을 보여주고 있다.

5. BOD-DO 연계 해석

1) BOD의 영향

하천에 유입된 유기성 오염물은 대부분 호기성 미생물의 작용으로 분해되며, 이 과정에서 DO가 소모되어 하천의 자연정화 능력이 저하될 수 있다. 이를 정량적으로 평가하기 위해 일반적으로 BOD와 COD를 지표로 사용한다. BOD는 20°C에서 5일 동안 미생물이 분해 가능한 유기물의 양만큼 소비된 산소량을 측정하고, COD는 중크롬산칼륨($K_2Cr_2O_7$) 등의 강력한 산화제를 이용해 약 2~3시간 만에 화학적으로 산화 가능한 유기물을 전부 산화시켜 산소 소모량을 산정한다. 이 두 지표를 함께 고려하면 유기물의 분해 용이성과 자정 반응 속도를 종합적으로 파악할 수 있다. BOD/COD 비율이 0.4 이상이면 가용성 유기물이 풍부하여 미생물 분해가 활발하고 자정 반응이 빠르게 일어나지만, 그만큼 DO가 급격히 소진될 위험이 크다는 뜻이다. 반면, 비율이 0.2 이하일 경우 난분해성 유기물이 우세하여 하천에 지속적인 부하를 줄 우려가 있다.

제1장에서 서술한 바와 같이 하천에 유입되는 유기물은 점오염원과 비점오염원으로 구분할 수 있다. 점오염원은 하·폐수처리장에서 방류되는 생활·산업 폐수로, 유입 초기 구간에서 BOD가 급격히 상승하며 이에 따라 DO가 단시간에 크게 저하된다. 특히 저층에서는 혐기 상태가 형성되어 황화수소(H_2S)와 메탄(CH_4) 같은 악취성 가스가 발생하기 쉽다. 비점오염원은 농경지에서 강우 시 유입되는 농업 유출수로, 가축 분뇨, 농약 잔류물, 비료 성분 등을 함유한다. 우기에는 단시간에 대규모의 유기물 부하가 발생하여 하천 전 구간에서 BOD가 높아지고 DO 감소가 심화된다. 특히, 장마철에는 하천 유속이 증가하면서 표층에서는 재폭기(reaeration) 속도가 일시적으로 빨라져 DO가 회복되기도 하지만, 저층에서는 높은 BOD에 의해 지속적인 산소 소비가 일어나 혐기 조건이 유지되어 하천 전 구간의 수질 악화를 가속화한다.

DO 농도가 5 mg/L 이상이면 대부분 담수 어류와 무척추동물이 정상적인 생리 활동을 유지할 수 있지만, 3 mg/L 이하가 되면 스트레스가 발생하고, 1~2 mg/L 이하가 장기간 유지되면 치사율이 급격히 상승한다. 저산소 상태는 저서성 곤충이나 무척추동물 개체 수를 현저히 감소시켜 먹이사슬

교란을 유발하고, 그 결과 어류, 조류 등 상위 생물군집의 서식 환경을 파괴한다. 또한 농업용수나 생활용수로 직접 이용되는 하천에서는 저산소로 인해 조류 번식과 식물성 플랑크톤 과다 성장 문제가 발생하여 2차 수질 저하가 일어나며, 정수처리 공정에 투입되는 에너지와 경비가 증대된다.

BOD와 DO는 상호 간에 연계된 오염물질들로서, DO의 농도는 수체 내 거동뿐만 아니라 동일 구간에 존재하는 분해가 필요한 오염물질의 양, 즉 BOD의 농도에 따라 변화하게 된다. BOD는 물에 포함된 유기물질이 미생물에 의해 분해되는 과정에서 소비되는 산소의 양을 나타낸다. 유기물질이 분해되는 과정에서 미생물이 호흡하여 산소를 소비하며, 이로 인해 수체 내 산소량이 감소한다. 따라서 BOD는 수질 내에 얼마나 많은 유기물질이 존재하느냐에 따라 산소 소비량이 결정된다. BOD-DO 관계는 주로 다음과 같은 방식으로 나타난다.

- BOD 증가/DO 감소: BOD가 증가하면 유기물질의 분해로 인해 미생물이 더 많은 산소를 소비하므로 DO가 감소한다. 이는 과도한 유기물질이 있는 환경에서 나타날 수 있으며, DO 부족으로 인해 생물들이 호흡하는 데 어려움을 겪을 수 있다.
- DO 증가/BOD 감소: 물의 DO 농도가 높을수록 미생물이 산소를 더 많이 소비할 수 있어 BOD의 분해가 촉진된다. 이로 인해 BOD가 감소하고, 더 많은 산소가 물에서 이용 가능하다.
- 균형 상태: 적절한 물의 유기물질 농도와 DO 농도가 유지될 때, BOD와 DO 간의 균형 상태가 유지된다. 이때 생태계의 건강한 상태가 유지되며, 생물들이 충분한 산소를 이용하여 적절한 활동을 할 수 있다.

위와 같은 BOD-DO 관계를 이해하면 하수처리 방류수 등 하천 내 유기물질 유입에 따른 수체의 자정 능력의 변화를 예측 및 평가할 수 있으며, 이에 부합하는 수질 관리 및 보전에 필요한 조치를 적절히 결정할 수 있다.

2) DO의 생성과 소멸

하천 내 DO의 공급과 소모 과정은 크게 생성(sources)과 소멸(sinks) 기작으로 구분하여 이해할 수 있다. 먼저, DO의 생성에는 다음 세 가지 주요 경로가 있다. 첫째, 재폭기는 하천 표면에서 대기의 산소가 수층으로 확산되거나 수면의 난류에 의해 혼합되면서 일어나는 현상이다. 이 과정의 속도는 재폭기 속도 상수에 의해 표현되며, 하천 유속이 빠르고 수심이 얕을수록, 그리고 표면 난류가 활발할수록 속도 상수값이 커져 수체 내 산소 공급, 즉 DO 보충이 빨라진다. 둘째, 광합성은 수생 조류나 수초가 태양광을 이용해 이산화탄소와 물로부터 산소를 생성하는 생물학적 과정이다. 하루 중 일조량이 많은 시간대에 광합성 활성이 최대가 되므로, 표층수의 DO 농도는 하루 중 변동성이 크다. 셋째, 외부 유입 경로로는 지류 · 지천 또는 지하수 유입을 통해 이미 높은 DO 농도를 가진 물이 하천 본류로 유입되면서 DO가 보충되는 경우가 있다. 이들 외부 유입수의 온도, 유기물 부하, 유속 등이 본류 DO 농도에 영향을 미친다.

DO의 소멸은 여러 가지 산소 소비 반응을 통해 이루어진다. 먼저, 유기물 분해에 따른 산화에서는 하천에 유입된 유기성 물질이 호기성 미생물에 의해 분해될 때 DO가 직접적으로 소비된다. 또한 하천 저질(底質) 및 하상 내부에서도 유기물이 분해되거나 화학적 · 생물학적 반응이 일어나면서 저질 산소요구량(sediment oxygen demand)이 발생한다. 이는 수체 하부층의 산소 농도를 더욱 낮추는 주요 원인 중 하나다. 마지막으로, 호흡 과정에서는 수생식물 · 조류 · 무척추동물 · 어류 등이 생리대사 활동을 위해 DO를 소비한다. 이러한 DO의 소비 기작은 DO 농도의 감소와 BOD 농도의 상승을 일으킨다. 하천에서 DO의 생성과 소멸에 미치는 반응기작들은 아래 표 4.3과 같으며, 그림 4.15에 도시되어 있다.

표 4.3 DO의 생성 및 소멸 주요 반응기작

유형	반응기작
생성(sources)	• 대기로부터의 재폭기(reaeration) • 조류 및 식물의 광합성(photosynthesis)을 통한 산소 생산 • 지류, 지천 등 외부 요소에 의한 DO 유입
소멸(sinks)	• BOD의 산화(oxidation) • 수체 유사(sediment)의 산소요구량 • 수생식물의 호흡(respiration)에 따른 산소 소모

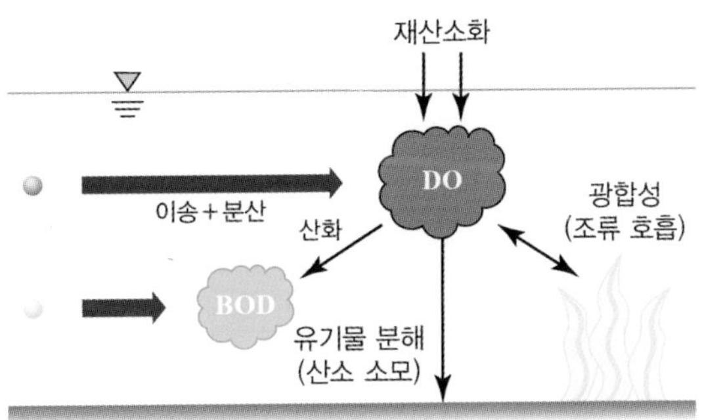

그림 4.15 BOD/DO 거동 및 주요 반응기작

3) BOD-DO 연계 해석

위의 표 4.3에 나타낸 반응 과정을 기반으로 시간에 따른 DO의 농도 변화를 다음의 식 (4.28)과 같이 나타낼 수 있다.

$$\frac{\partial C_{DO}}{\partial t} = \text{reaeration} + (\text{photosynthesis} + \text{respiration}) - \text{oxidation of BOD} \\ - \text{oxygen demand of sediment} \pm \text{in and out of DO} \quad (4.28)$$

여기서, C_{DO}는 DO 농도이며, BOD-DO 모델링은 상류에서 방류된 BOD 농도를 통해 하류에서의 DO 농도 변화를 추정하기 위한 시스템이다. 표 4.3에 나타낸 반응기작을 1차 미분방정식으로 나타내면 아래 식과 같다.

$$\frac{\partial C_{DO}}{\partial t} = -k_d C_{BOD} + k_a(C_s - C_{DO}) \quad (4.29)$$

여기서, k_d는 BOD 산화에 따른 DO 감쇠계수, C_{BOD}는 BOD 농도, k_a는 재폭기 계수, C_s는 DO의 포화농도를 의미한다. $C_s - C_{DO}$는 산소의 결핍(deficit) 농도를 나타내며, 이를 $D = C_s - C_{DO}$로 치환하여 식 (4.29)에 대입하면 DO의 결핍 농도를 추정할 수 있는 다음의 식 (4.30)을 얻을 수 있다. 여기서, D를 미분하면 $dD = -dC_{DO}$이다.

$$\frac{\partial D}{\partial t} = k_d C_{BOD} - k_a D \quad (4.30)$$

여기서, C_{BOD} 역시 BOD 반응기작을 기반으로 시간에 따라 변화하며, 시간에 따른 BOD 농도 변화는 다음과 같이 나타낼 수 있다.

$$\frac{\partial C_{BOD}}{\partial t} = -k_b C_{BOD} \quad (4.31)$$

여기서, k_b는 BOD 감쇠계수로서, BOD의 생물분해와 침강 등을 포함한다.

식 (4.31)에 이송항과 분산항을 추가하면 다음의 식 (4.32)와 같으며, 해당 식을 정상 상태에 대한 해석해로 나타내면 식 (4.33)과 같다.

$$\frac{\partial C_{BOD}}{\partial t} = -U\frac{\partial C_{BOD}}{\partial x} + K\frac{\partial^2 C_{BOD}}{\partial x^2} - k_b C_{BOD} \quad (4.32)$$

$$C_{BOD} = \begin{cases} C_{BOD,0}\exp\left[\frac{U}{2K}(1+\alpha_b)x\right], & x \le 0 \\ C_{BOD,0}\exp\left[\frac{U}{2K}(1-\alpha_b)x\right], & x > 0 \end{cases} \quad (4.33)$$

여기서, U는 단면평균유속, K는 1차원 분산계수, $C_{BOD,0} = W/(Q\alpha_b)$, $\alpha_b = \sqrt{1+4k_b K/U^2}$이다. Q는 유량, W는 유입된 BOD의 질량을 의미한다. 식 (4.30) 역시 이송항과 분산항을 추가하면 다음

의 식 (4.34)와 같으며, 해당 식을 정상 상태에 대한 해석해로 나타내면 식 (4.35)와 같다.

$$\frac{\partial D}{\partial t} = -U\frac{\partial D}{\partial x} + K\frac{\partial^2 D}{\partial x^2} + k_d C_{BOD} - k_a D \tag{4.34}$$

$$D = \begin{cases} \dfrac{W}{Q}\dfrac{k_d}{k_a - k_b}\left\{\dfrac{\exp\left[\dfrac{U}{2K}(1+\alpha_b)x\right]}{\alpha_b} - \dfrac{\exp\left[\dfrac{U}{2K}(1-\alpha_a)x\right]}{\alpha_a}\right\}, & x \le 0 \\ \dfrac{W}{Q}\dfrac{k_d}{k_a - k_b}\left\{\dfrac{\exp\left[\dfrac{U}{2K}(1-\alpha_b)x\right]}{\alpha_b} - \dfrac{\exp\left[\dfrac{U}{2K}(1+\alpha_a)x\right]}{\alpha_a}\right\}, & x > 0 \end{cases} \tag{4.35}$$

여기서, $\alpha_a = \sqrt{1 + 4k_a K / U^2}$ 이다. 식 (4.33)과 (4.35)를 기반으로 한 BOD-DO 연계 시스템을 해석하여 다음의 그림 4.16과 같은 농도-거리 곡선을 얻을 수 있다.

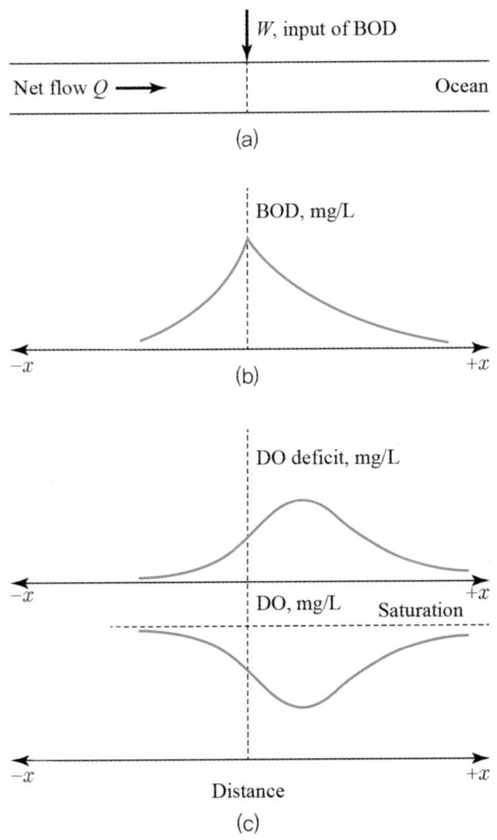

그림 4.16 BOD-DO 연계 시스템의 해석 결과

자료: Thomann과 Mueller(1987)

그림 4.16은 하 · 폐수처리장 등에서 고농도의 유기물(BOD)이 하천에 유입되었을 때, 미생물에 의한 분해 과정에서 DO가 소비되어 DO 결핍이 발생하고, 이후 재산소화를 통해 점차 DO가 회복되는 과정을 나타내고 있다. 이 같은 자연계 하천에서 발생하는 BOD와 DO의 물리적 인과관계는 앞서 설명한 식들을 통해 해석할 수 있으며, 이 같은 해석 방법을 통해 하류 지점에서 BOD 및 DO 농도 예측이 가능함에 따라 하천수질 관리, 수자원계획 등에 활용할 수 있다.

BOD-DO 연계 해석에 가장 일반적으로 사용되는 방법으로 Streeter-Phelps 공식이 있다. 이 공식은 확산이 발생하지 않는 조건을 가정하며, 이를 통해 BOD와 DO 결핍에 대한 물질수지식인 식 (4.32)와 (4.34)를 정상 상태로 나타내면 다음의 식 (4.36), (4.37)과 같다.

$$\frac{\partial C_{BOD}}{\partial t} = -U\frac{\partial C_{BOD}}{\partial x} - k_b C_{BOD} \tag{4.36}$$

$$\frac{\partial D}{\partial t} = -U\frac{\partial D}{\partial x} + k_d C_{BOD} - k_a D \tag{4.37}$$

위의 두 식에 대한 해석해는 다음의 식 (4.38), (4.39)와 같다.

$$C_{BOD}(x) = C_{BOD,0}\exp\left(-\frac{k_b}{U}x\right) = \frac{W}{Q}\exp\left(-\frac{k_b}{U}x\right),\ \ x \geq 0 \tag{4.38}$$

$$D(x) = \frac{k_d}{k_a - k_d}C_{BOD,0}\left[\exp\left(-\frac{k_d}{U}x\right) - \exp\left(-\frac{k_a}{U}x\right)\right] + D_0\exp\left(-\frac{k_a}{U}x\right),\ \ x \geq 0 \tag{4.39}$$

여기서, D_0는 초기 DO 결핍 농도를 의미한다. 위의 식 (4.39)에서 x를 Ut로 치환하면 다음의 식 (4.40)으로 나타낼 수 있다.

$$D(t) = \frac{k_d}{k_a - k_d}C_{BOD,0}\left[\exp(-k_d t) - \exp(-k_a t)\right] + D_0\exp(-k_a t),\ \ x \geq 0 \tag{4.40}$$

위의 식 (4.40)을 t에 대해 전개하면, DO 농도의 최대결핍이 발생하는 임계시간, 즉 t_c를 계산할 수 있는 다음의 식 (4.41)을 얻을 수 있다.

$$t_c = \frac{1}{k_a - k_d}\ln\left\{\frac{k_a}{k_d}\left[1 - \frac{(k_a - k_d)}{k_d}\frac{D_0}{C_{BOD,0}}\right]\right\} \tag{4.41}$$

위의 식 (4.41)을 식 (4.40)의 t에 대입하여 다음의 그림 4.17과 같이 DO의 임계농도, D_c를 계산할 수 있는 다음의 식 (4.42)를 도출할 수 있다.

$$D_c = \frac{k_b}{k_a}C_{BOD,0}\exp(-k_b t_c) \tag{4.42}$$

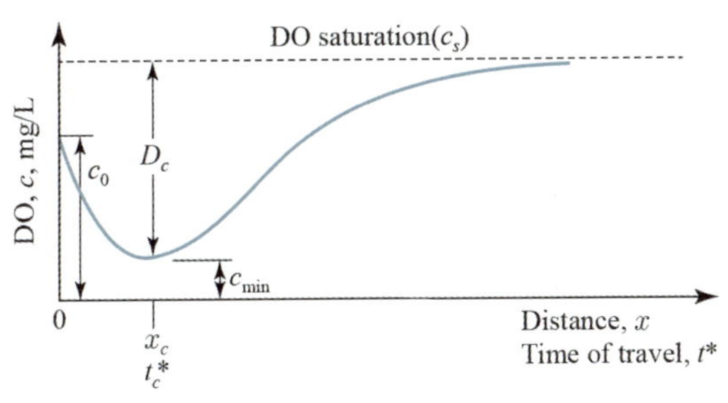

그림 4.17 DO 강하 곡선

자료: Thomann과 Mueller(1987)

그림 4.17은 유기물(BOD) 유입 직후, 미생물에 의한 유기물 분해로 DO가 급격히 감소하는 현상을 보여주고 있으며, 일정 거리 혹은 시간 이후 재산화 작용에 의해 대기 중 산소가 수체에 재유입되어 DO가 서서히 회복되고 있다. 최종적으로 DO는 포화 농도에 접근하며, 이 같은 곡선을 DO 강하 곡선(sag curve)이라 한다. 해당 그림에 나타난 일련의 과정은 Streeter-Phelps 공식을 통해 재현 가능하고, 이러한 방법은 하·폐수처리장 등 점오염원이 유입되는 하천 하류 지점의 DO 농도를 예측하는 데 활용 가능하다.

앞서 설명한 Streeter-Phelps 공식에 반영된 반응기작 외에 특정 환경 조건에서는 다음과 같은 반응기작도 포함될 수 있으나, 대상 하천에서 이들의 효과가 미미할 경우 해석 과정에서 생략할 수 있다.

- 퇴적에 의한 BOD 제거 효과에 따른 감쇠
- 세굴 및 강우-유출에 의한 BOD 유입
- 호기성 생화학적 산소요구량 이외의 산소 소모
- 재폭기 및 광합성 이외의 산소 생성 과정

6. 기타 수질 해석

1) 병원균

병원성 미생물은 박테리아, 바이러스, 원생동물 등으로 구성되며, 하천에 과도하게 유입될 경우 인간의 건강에 심각한 수인성 질환을 일으킬 수 있다. 박테리아성 병원체로는 대장균군(*Escherichia coli*, 이하 *E. coli*), 살모넬라(*Salmonella spp.*), 비브리오속(*Vibrio spp.*) 등이 대표적이며, 이들은 온도와 유기물 농도가 적절한 하천 환경에서 단시간 내에 빠르게 증식하는 특성을 가진다. 바이러스성 병원체로는 노로바이러스(norovirus), 로타바이러스(rotavirus), A형 간염바이러스(hepatitis A virus) 등이 있으며, 크기가 매우 작아 수층에 부유 상태로 오래 머무르고, 특히 겨울철 낮은 수온에서는 환경 내 생존 기간이 수개월에 달하기도 한다. 원생동물성 병원체로는 지아르디아(*Giardia lamblia*), 크립토스포리디움(*Cryptosporidium parvum*) 등이 있으며, 이들은 난포(oocyst) 또는 낭포(cyst) 형태로 환경 저항성을 띠어 자외선이나 염소 소독에도 수개월 이상 생존할 수 있다.

이들 병원균이 수체로 유입되는 경로는 크게 점오염원, 비점오염원으로 구분된다. 먼저, 점오염원으로는 하 · 폐수처리장 방류수, 축산 농가의 가축 분뇨 등이 있다. 하 · 폐수처리 공정이 불완전하거나 탈질 · 탈미생물 공정이 수행되지 않았을 때, 그 잔류 병원균은 그대로 하천으로 유입되어 수질을 오염시킨다. 축산 농가에서는 우기에 보관조에서 흘러나온 가축 분뇨가 빗물과 함께 씻겨 내려가면서 대장균, 원생동물 난포 등이 하천에 유입된다. 도시 지역의 포장도로, 농경지, 축사 부지로부터 흘러내린 우수와 토양 침출수 역시 병원균을 운반하는 주요 통로다. 강우가 집중되는 시기에는 이들 표면 유출수가 빗물 배수로와 관거를 통해 한꺼번에 하천으로 흘러 들어가 병원균 농도를 급격히 상승시킨다. 특히, 합류식 하수관거가 설치된 도심 지역에서는 평상시 오수와 우수가 한 관로로 흘러 들어가다가 집중강우가 발생하면 하 · 폐수처리장의 처리 용량을 초과한 미처리 하수가 CSO 형태로 하천에 직접 방류된다. 이 과정에서 수십 분 이내에 대장균, 살모넬라, 노로, 로타바이러스, 지아르디아 난포 등 다양한 병원균이 하천수에 대량 유입된다.

병원균 오염은 계절적 · 공간적 특성이 뚜렷하다. 겨울철에는 낮은 수온으로 바이러스성 병원체의 환경 내 생존 기간이 길어지며, 농번기와 가을철에는 농경지 비점오염과 축산 폐수 등으로 병원균 유입량이 증가한다. 여름철과 우기에는 고온 · 고습 환경에서 박테리아 증식이 급속도로 촉진되고, 집중호우 발생 시 CSO로 인한 미처리 하수 방류가 빈번해져 병원균 농도가 짧은 시간에 급상승한다. 공간적으로는 하 · 폐수처리장 방류구, 합류식 하수관거 구간, 축사 밀집 지역 주변, 농경지 배출구 인근에서 병원균 농도가 높게 측정되며, 오염원이 적은 상류 청정 구간에 비해 하류로 내려갈수록 위험이 커진다. 박테리아와 병원균이 수체에 유출되면, 주변 환경과의 반응을 통해 농도가 감소하게 되며, 하천 하류에서의 병원성 미생물의 농도는 다음의 식을 통해 계산할 수 있다.

$$N = N_0 \exp\left(-k_B t^*\right) \tag{4.43}$$

여기서, N은 병원성 미생물의 농도, N_0는 혼합 후 유출부에서의 초기 농도, $t^* = x/U$, k_B는 감쇠계수이며 다음과 같이 나타낼 수 있다.

$$k_B = k_{Bk} + k_{Bi} + k_{Bs} - k_{Bg} \tag{4.44}$$

여기서, k_{Bk}는 수온, 염도, 포식의 함수로 구성된 사멸률, k_{Bi}는 일사에 의한 사멸률, k_{Bs}는 침강에 의한 감쇠율, k_{Bg}는 성장률을 의미한다.

상술한 병원균 반응기작을 활용한 병원균 거동 모델링과 관련된 국내외 대표적인 연구 사례는 다음과 같다. 국내 연구는 장재호 등(2006)이 남양천 화옹지구를 대상으로 미처리 하수 유입이 인체 건강 위해도에 미치는 영향을 1차원 수질모델 QUAL2K를 이용하여 평가한 사례이다. 그들은 수질 모델링을 통해 남양천의 대장균 농도가 국내외 수질 기준을 초과하고 있음을 확인하였고, 환경 노출을 통한 수인성 전염병 전파 가능성이 존재하는 것을 밝혀냈다. 본 연구의 결과는 하천에서 친수 및 레크리에이션 활동의 안전 확보를 위해서 하수처리장 유입 수질에 대한 체계적인 관리가 필요함을 보여주고 있다.

국외 연구는 Robles-Morua 등(2015)이 멕시코 소노라강(Sonora River)을 대상으로 농촌 지역에서 유입되는 미처리 하수에 포함된 병원성 미생물이 하류 수질오염에 미치는 영향을 QUAL2K를 통해 평가한 사례이다. 그들은 대장균(*E. coli*)을 지표로 하여 수질 상태와 수질오염이 레크리에이션 활동에 미치는 영향을 평가하였으며, 하천유량 변화와 *E. coli*의 감쇠계수가 하류 *E. coli* 농도 예측에 큰 영향을 미치는 것을 밝혀냈다.

2) 유류

차량이나 선박 사고에 의해 하천에서의 유류유출이 발생한다. 유출된 원유에 포함된 유해성분은 주로 벤젠, 톨루엔, 에틸벤젠 등 휘발성유기화합물질(Volatile Organic Compound, VOC)이며, 많은 VOC 물질이 돌연변이를 유발하는 발암물질을 다수 포함하고 있는 것으로 알려져 있다. 수체에서 유류의 거동은 이송, 퍼짐(spreading), 증발, 자연 분산(natural dispersion) 등 4가지 과정을 통해 이뤄진다(그림 4.18). 유류의 이송은 유속 등 수체의 흐름 조건에 의해 결정되며, 유류는 바람, 파랑, 흐름 등으로부터 작용하는 외력에 의해 횡방향으로 이동하게 된다. 동시에 다양한 크기의 방울(droplet) 형태로 연직방향에서의 거동이 발생하게 된다. 퍼짐은 수표면에서 유류의 막 두께(film thickness)에 의해 결정되며, 유류의 막 두께는 시간에 따른 유류의 조성과 특성 변화를 결정하고 유류의 증발을 계산하기 위해 사용된다. 순간 유출을 가정했을 때, 다음의 식 (4.45) Fay의 퍼짐 모델(Fay-type spreading model)을 이용하여 유류의 막 두께를 계산할 수 있다.

$$h_o \sim \left(\frac{\sigma^2 V^6}{\rho^2 \nu D^3 s^6} \right)^{1/8} \tag{4.45}$$

여기서, h_o는 유류 막의 두께, σ는 퍼짐 계수 혹은 계면장력(interfacial tension), V는 선대칭 퍼짐에서 유류의 부피, ν는 물의 동점성(kinematic viscosity) 계수, D는 물에서 계면활성(surfactant)

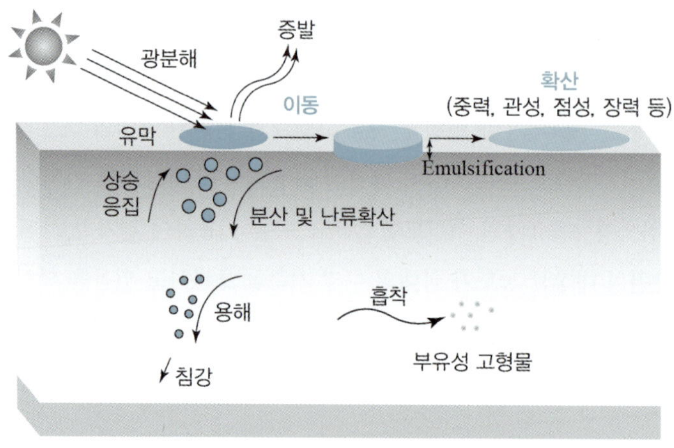

그림 4.18 하천에서 유류의 거동 및 주요 반응기작

작용에 의한 확산(diffusivity), s는 용해도를 의미한다.

증발에 의한 유류의 손실은 유류의 잔류량 추정과 시간에 따른 유류의 특성 변화를 고려하기 위해 필요하다. 유출이 발생했을 시, 총량의 약 25~40%가 증발에 의해 손실되며, 이는 환경 조건과 유류의 종류에 따라 변화하게 된다(Azevedo 등, 2014). 증발량은 다음 식 (4.46)을 통해 계산할 수 있다.

$$\frac{dF_v}{dt} = \frac{K_e h_o}{V_0} \exp\left[6.3 - \frac{10.3}{T}\left(T_0 + T_G F_v\right)\right] \tag{4.46}$$

여기서, F_v는 증발량, $K_e = 2.0 \times 10^{-3} \times U_w^{\ 0.78}$, U_w는 풍속, V_0는 유출된 유류의 최초 부피, T는 온도, T_0와 T_G는 분별증류(fractional distillation) 자료로부터 추정되는 매개변수들이다.

상술한 유류 반응기작을 활용한 국내외 연구 사례는 다음과 같다. 국내 연구는 Jang 등(2016)이 하천에서 유류유출사고 발생 시 오염물질의 도달시간과 농도를 정확히 예측하여 하류 취수장에 미치는 영향을 최소화하기 위한 시뮬레이션 기반 분석을 수행한 사례이다. 본 연구에서는 EFDC의 라그랑지안(Lagrangian) 입자 추적 모델을 이용하여 낙동강 구미보~강정고령보 구간에서 유류 거동을 모의하였다. 라그랑지안 입자 추적 모델에서 수평 확산 계수는 유류의 확산 과정을 모사하기 위한 중요한 매개변수로서, 해당 연구에서는 실제 현장에서 수행된 추적자실험을 통해 수평 확산 계수를 산정하고 모델에 입력하였다. 본 연구의 모의결과는 유류의 거동이 수평 확산 계수에 큰 영향을 받는 것으로 나타나며, 유출된 유류가 하류에 위치한 취수장에 단시간 내 확산되는 것을 방지하기 위해 하류 댐 방류 시점의 조절이 효과적이라는 것을 보여주고 있다. 그림 4.19는 하류에 위치한 칠곡보의 방류를 일시적으로 중단하였을 때 유류의 확산이 지체되는 것을 나타내고 있다.

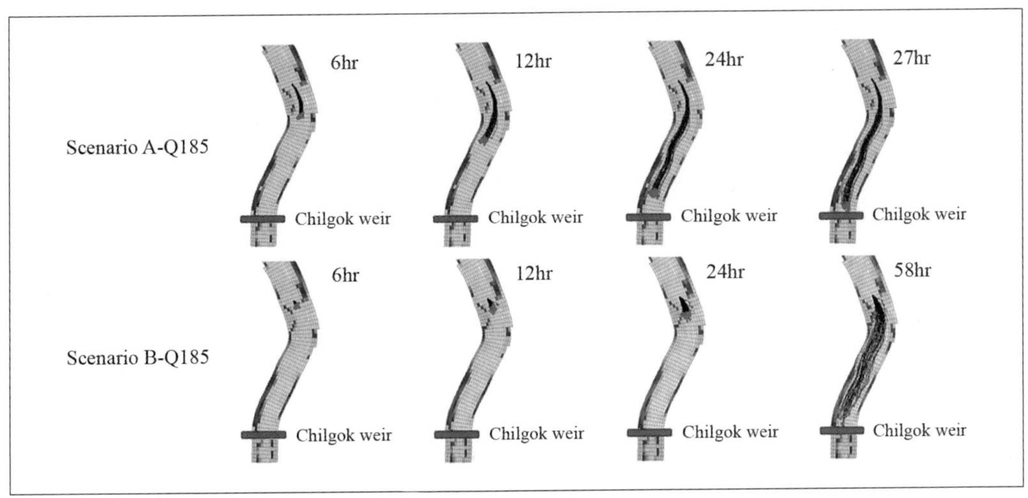

그림 4.19 **칠곡보 방류량 조절에 따른 유류 이동경로 변화**

자료: Jang 등(2016)

국외 연구는 Demoner 등(2023)이 유류유출사고 발생 시 단기적으로 환경에 미치는 영향을 예측하기 위해 3차원 수리역학-유류확산 연계 모델을 활용하여 브라질 아마존강(Amazon River)에서 유류의 확산을 모델링한 사례이다. 본 연구에서는 건기와 우기의 두 수문 조건을 고려하여 모의하였으며, 모의결과는 건기에는 밀물 시 도시 사면 지역과 지류, 보호구역까지 수 시간 이내 유류가 확산되며 우기에는 썰물 시 사고 발생 후 반나절 이내에 도시의 상수도 시스템에 영향을 미치는 것으로 나타났다(그림 4.20). 본 연구는 아마존강의 상수도 시스템이 유류유출사고에 대한 노출 위험도가 높음을 강조하고 있으며, 국지적인 흐름 및 정체 현상을 모의하기 위해 적절한 분산계수 입력이 중요하다고 언급하고 있다. 이러한 연구 결과는 하천의 유량이 유류의 확산 범위에 직접적인 영향을 미치며, 지역의 수리적 특성이 유류 거동의 핵심 요소임을 시사하고 있다. 나아가 유류 거동 해석 모델이 사전에 유류의 이동 경로를 예측하여 방제대책을 마련하는 데 활용될 수 있음을 시사하고 있다.

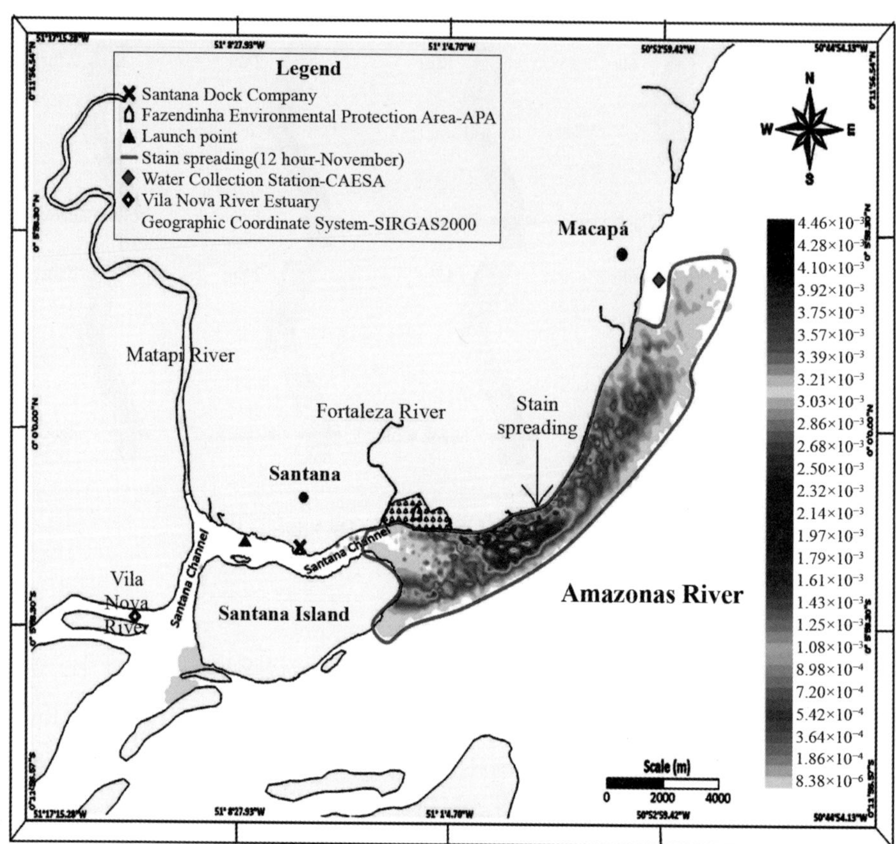

그림 4.20 아마존강 건기의 유류유출사고 시나리오에 따른 유류 확산 모의결과

자료: Demoner 등(2023)

연습문제

1. 2024년 서울 종관기상관측소(ASOS)의 일 단위 관측 자료를 이용하여 한강 하류 수면에서의 순 열교환량(q_{net})을 계산하시오. 아울러, 낙동강 중류 수면에서의 순 열교환량을 계산하여 두 지점의 시간에 따른 순 열교환량 그래프를 함께 도시하고 비교하시오. 낙동강 수면의 순 열교환량은 대구 ASOS 관측소 값을 이용하시오.

2. 낙동강의 금호강 합류 전후 지점에 위치한 환경부 일반수질관측소의 2024년 질산성 질소와 인산염 인 농도값을 이용하여 조류 성장 속도 계산식에 사용되는 영양염류 제한함수의 가중치 값을 계산하시오. 여기서, 영양염류 제한함수는 리비히의 최소법칙을 적용하고, 질산성 질소와 인산염 인의 반포화 상수는 각각 0.5 mg/L, 0.03 mg/L를 사용하시오. 아울러, 금호강 합류 전후 지점에서 일 년 중 가중치 값의 변화를 도시하고, 두 지점의 차이가 발생한 이유에 대해 논의하시오.

3. 위의 문제에서 계산한 영양염류 제한함수의 가중치 값을 곱셈 함수와 조화평균 함수를 이용하여 계산하고, 세 가지 방법에 의한 계산 결과를 이용하여 시간에 따른 가중치 곡선을 그리시오. 아울러, 각기 방법에 따른 계산 결과가 조류의 성장 속도 산정에 미치는 영향에 대해 논의하시오.

4. 하수처리장 방류구에서 기계의 오작동으로 인해 다량의 오염물질이 하천에 순간적으로 유입되어 방류구 지점($x=0$)에서 10 mg/L의 BOD가 관측되었다. 상류 DO 포화농도는 9 mg/L, BOD 감쇠 계수는 0.65 day^{-1}, 재폭기 계수는 0.80 day^{-1}일 때 하류 100 km까지의 BOD 및 DO의 농도 변화를 계산하고 거리에 따른 BOD 및 DO 농도를 도시하시오. 여기서, 하천의 유속은 0.2 m/s로 가정하고, 이송과 확산 과정은 생략하시오.

5. 연습문제 4와 동일한 조건 아래 Streeter-Phelps 공식의 해석해를 이용하여 DO 강하 곡선을 그리시오.

6. 하수처리장 방류구($x=0$)에서 대장균 농도를 관측한 결과, 3,000 CFU/mL가 관측되었다. 대장균의 감쇠계수를 0.2 day^{-1}로 가정하고, 하천의 유량이 10 m^3/s일 때 하류 2 km, 5 km, 10 km 지점의 대장균 농도를 계산하시오. 여기서, 하천의 바닥 폭은 10 m, 사면 경사비는 1 : 3 (H : V), 수심은 3 m이다.

CHAPTER 5

하천혼합 문제의 해석해

본 장에서는 하천에 오염물질이 유입되었을 때 발생하는 수질 문제의 유형을 분류하고 이에 대한 지배방정식을 제시하였다. 나아가 하천혼합 문제를 해결하는 방법론 중에서 가장 정확하고 강력한 방법인 해석해를 제시하였다. 1차원 문제에 대한 기본 해석해를 유도하고 이를 확장하여 고차원 및 복잡한 문제에 대한 해석해를 유도하였다.

1. 하천혼합 문제의 유형

실제 수질오염 문제는 오염원의 종류에 따라서 수질오염사고에 의해서 오염물질이 순간적으로 유입된 경우와 하·폐수처리장에서 하·폐수가 연속적으로 유입되거나 지류에서 오염물질이 지속적으로 유입되는 경우의 두 가지로 나누어 볼 수 있다. 또한 유입원의 형태에 따라서 점오염원과 선오염원(line source)으로 나누어진다. 그림 5.1은 다양한 오염원의 형태를 나타낸 것인데, 점오염원의 경우 유입 후 근역, 중간역, 원역 순으로 차례대로 확산되는 과정을 갖지만(그림 3.1), 선오염원은 근역 또는 중간역 단계가 생략되는 과정을 겪게 된다. 이에 따라 하류에서의 혼합 거동을 해석하기 위해서 오염원의 종류와 형태에 따라서 영역별로 상이한 방정식을 적용한다. 그러나 실제 오염문제 해석에 있어서 3차원 방정식을 적용하는 것은 지형 및 수심, 유속, 확산계수 등 많은 정보를 필요로 하고 복잡한 자연하천에서는 해를 구하기 어렵기 때문에 중요하지 않은 항들은 무시하고 방정식을 간략화시켜서 해석하는 것이 일반적이다. 특히 연속적으로 유입되는 오염원의 경우에는 시간변화항과 종방향 혼합항 등을 무시하고 해석하는 방법을 쓴다(Rutherford, 1994).

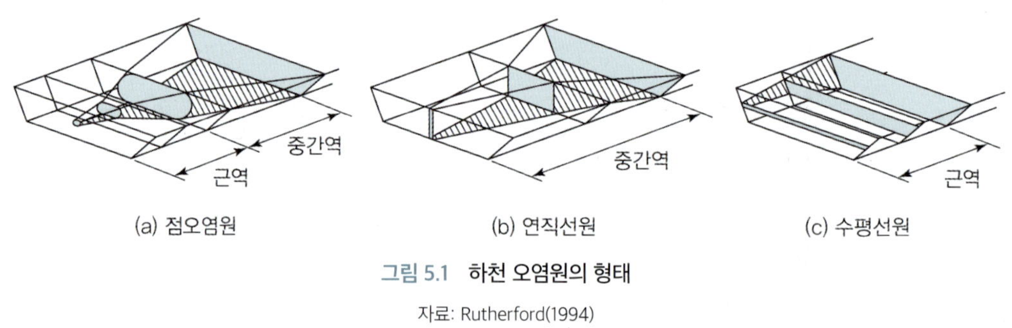

그림 5.1 하천 오염원의 형태

자료: Rutherford(1994)

1) 점오염원

오염물질이 점오염원 형태로 순간적으로 유입된 경우에 영역별 지배방정식은 다음과 같다. 첫 번째로 근역에서는 다음과 같은 3차원 이송-확산 방정식을 사용한다.

$$\frac{\partial C}{\partial t}+u\frac{\partial C}{\partial x}+v\frac{\partial C}{\partial y}+w\frac{\partial C}{\partial z}=\frac{\partial}{\partial x}\left(\epsilon_x\frac{\partial C}{\partial x}\right)+\frac{\partial}{\partial y}\left(\epsilon_y\frac{\partial C}{\partial y}\right)+\frac{\partial}{\partial z}\left(\epsilon_z\frac{\partial C}{\partial z}\right) \quad (5.1)$$

만약 x좌표를 주흐름과 일치시킬 수 있다면 v, w는 무시할 수 있으므로 다음 식과 같이 간략화된다. 그러나 사행하천에서와 같이 주흐름이 수로 내에서 횡방향으로 요동하는 경우에는 v, w를 무시해서는 안 된다.

$$\frac{\partial C}{\partial t}+u\frac{\partial C}{\partial x}=\frac{\partial}{\partial x}\left(\epsilon_x\frac{\partial C}{\partial x}\right)+\frac{\partial}{\partial y}\left(\epsilon_y\frac{\partial C}{\partial y}\right)+\frac{\partial}{\partial z}\left(\epsilon_z\frac{\partial C}{\partial z}\right) \tag{5.2}$$

중간역에서는 다음과 같은 2차원 이송-분산 방정식을 사용한다.

$$\frac{\partial \overline{C}}{\partial t}+\overline{u}\frac{\partial \overline{C}}{\partial x}+\overline{v}\frac{\partial \overline{C}}{\partial y}=\frac{\partial}{\partial x}\left(D_L\frac{\partial \overline{C}}{\partial x}\right)+\frac{\partial}{\partial y}\left(D_T\frac{\partial \overline{C}}{\partial y}\right) \tag{5.3}$$

이 경우에도 x좌표를 주흐름과 일치시킬 수 있다면 $\overline{v}$는 무시할 수 있으므로 다음 식과 같이 간략화된다.

$$\frac{\partial \overline{C}}{\partial t}+\overline{u}\frac{\partial \overline{C}}{\partial x}=\frac{\partial}{\partial x}\left(D_L\frac{\partial \overline{C}}{\partial x}\right)+\frac{\partial}{\partial y}\left(D_T\frac{\partial \overline{C}}{\partial y}\right) \tag{5.4}$$

원역에서는 다음과 같은 1차원 이송-분산 방정식을 사용한다.

$$\frac{\partial \hat{C}}{\partial t}+U\frac{\partial \hat{C}}{\partial x}=K\frac{\partial^2 \hat{C}}{\partial x^2} \tag{5.5}$$

오염물질이 점오염원 형태로 연속적으로 유입되는 경우 근역 해석을 위하여 식 (5.2)에서 시간변화항과 종방향 확산항을 무시할 수 있으므로 다음 식과 같은 간략화한 식을 사용할 수 있다.

$$u\frac{\partial C}{\partial x}=\frac{\partial}{\partial y}\left(\epsilon_y\frac{\partial C}{\partial y}\right)+\frac{\partial}{\partial z}\left(\epsilon_z\frac{\partial C}{\partial z}\right) \tag{5.6}$$

중간역에서는 식 (5.4)에서 시간변화항과 종방향 확산항을 무시하고 다음 식과 같이 간략화한 식을 사용한다.

$$\overline{u}\frac{\partial \overline{C}}{\partial x}=\frac{\partial}{\partial y}\left(D_T\frac{\partial \overline{C}}{\partial y}\right) \tag{5.7}$$

2) 연직 선오염원

오염물질이 연직 선오염원 형태로 순간적으로 유입된 경우에는 오염운의 농도가 수심 전체에 걸쳐서 균등하므로 근역 혼합 과정 없이 바로 중간역에서의 거동 특성을 보이게 되므로 식 (5.3) 또는 (5.4)를 사용한다. 또한 원역에서는 단면 전체에 걸쳐서 완전혼합이 이루어진 이후의 혼합 거동을 해석하는 데 쓰이는 1차원 이송-분산 방정식[식 (5.5)]을 사용하면 된다.

오염물질이 연직 선오염원 형태로 지속적으로 유입되는 경우에 중간역에서는 식 (5.4)에서 시간변화항과 종방향 확산항을 무시하고 간략화한 식인 식 (5.7)을 사용한다.

3) 수평 선오염원

오염물질이 수평 선오염원 형태로 순간적으로 유입된 경우에는 오염운이 이미 횡방향으로 균등한 농도 분포를 가지고 있기 때문에 중간역은 제외하고 근역과 원역에서의 거동 특성만을 해석한다. 오염물질이 순간적으로 유입된 경우에 근역에서는 수평방향으로 평균된 방정식을 사용한다.

$$\frac{\partial \widetilde{C}}{\partial t}+u\frac{\partial \widetilde{C}}{\partial x}+w\frac{\partial \widetilde{C}}{\partial z}=\frac{\partial}{\partial x}\left(D_L\frac{\partial \widetilde{C}}{\partial x}\right)+\frac{\partial}{\partial z}\left(D_V\frac{\partial \widetilde{C}}{\partial z}\right) \tag{5.8}$$

여기서, $\widetilde{C}$는 수평방향으로 평균된 농도, D_V는 연직분산계수이다. 원역에서는 단면 전체에 걸쳐서 완전혼합이 이루어진 상태이므로 식 (5.5)를 사용하면 된다.

오염물질이 수평 선오염원 형태로 지속적으로 유입되는 경우에 근역에서는 식 (5.8)에서 시간변화항, 연직이송항, 종방향 분산항을 무시하고 다음과 같이 간략화한 식을 사용한다.

$$u\frac{\partial \widetilde{C}}{\partial x}=\frac{\partial}{\partial z}\left(D_V\frac{\partial \widetilde{C}}{\partial z}\right) \tag{5.9}$$

2. 1차원 문제의 해석해

1) 순간유입 문제

오염물질의 혼합 거동 해석 시 1차원 문제는 원역에서 혼합 문제를 해석할 때의 문제지만 실무적인 관점에서는 하천에 유입된 오염물질이 단시간 내에 하천 단면 전체에 걸쳐서 혼합이 완료되었다고 가정하고 유입지점부터 1차원적으로 해석하는 경우가 일반적이다. 이러한 가정은 수심이나 하폭에 비해 종방향으로 매우 길이가 긴 하천의 경우에 무리 없이 적용할 수 있다. 따라서 오염물질이 사고 등에 의해서 순간적으로 유입된 경우에 대비한 수질사고대응시스템의 해석모형 등으로 1차원 해석 모형이 널리 활용되고 있다.

순간유입된 오염물질의 혼합 해석을 위해 일단 이송항이 생략된 1차원 확산방정식에 대해 해석해를 유도한다.

$$\frac{\partial C}{\partial t}=K\frac{\partial^2 C}{\partial x^2} \tag{5.10}$$

이 식에서 편의성을 위해 오버바를 생략하고 C를 단면평균농도로 표기하였다.

첫 번째 문제는 실제 수질 문제에서 가장 일반적인 경우로서 일정 질량의 오염물질이 순간적으로 특정 지점($x=0$)에 유입된 경우인데, 이러한 초기 및 경계조건을 수식으로 표현하면 다음과 같다.

$$C(x=0, t=0) = M\delta(x) \tag{5.11a}$$

$$C(x=\pm\infty, t) = 0 \tag{5.11b}$$

여기서, $\delta(x)$는 Dirac 델타함수이다. 상기 유입 조건에 대한 해석해의 유도는 제2장에서 서술하였고 해는 다음 식과 같다(Fischer 등, 1979).

$$C = \frac{M}{\sqrt{4\pi Kt}} \exp\left(-\frac{x^2}{4Kt}\right) \tag{5.12}$$

이 식은 한 지점에 순간 유입된 오염물질에 대한 1차원 확산방정식의 해석해로서 이후 다양한 유입조건에 대한 해석해를 유도하는 데 활용되는 기본적인 해가 된다.

두 번째 문제는 오염물질이 순간적으로 $x=\xi$에 유입된 경우인데, 이러한 초기 및 경계조건은 다음 식과 같다.

$$C(x, t=0) = M\delta(x-\xi) \tag{5.13a}$$

$$C(x=\pm\infty, t) = 0 \tag{5.13b}$$

이 문제는 좌표축을 다음 식과 같이 변환하면 쉽게 해를 구할 수 있다.

$$X = x - \xi \tag{5.14}$$

상기 식을 적용하면 초기조건은 다음 식으로 변환된다.

$$C(X, t=0) = M\delta(X) \tag{5.15}$$

이러한 조건에 대한 해석해는 기본해[식 (5.12)]를 활용하면 다음과 같이 유도된다.

$$C = \frac{M}{\sqrt{4\pi Kt}} \exp\left(-\frac{X^2}{4Kt}\right) \tag{5.16}$$

좌표축을 역변환하면 다음과 같은 해를 구할 수 있다.

$$C = \frac{M}{\sqrt{4\pi Kt}} \exp\left[-\frac{(x-\xi)^2}{4Kt}\right] \tag{5.17}$$

그림 5.2에 첫 번째 문제와 두 번째 문제에 대한 유입조건 및 해석해가 비교되어 있다.

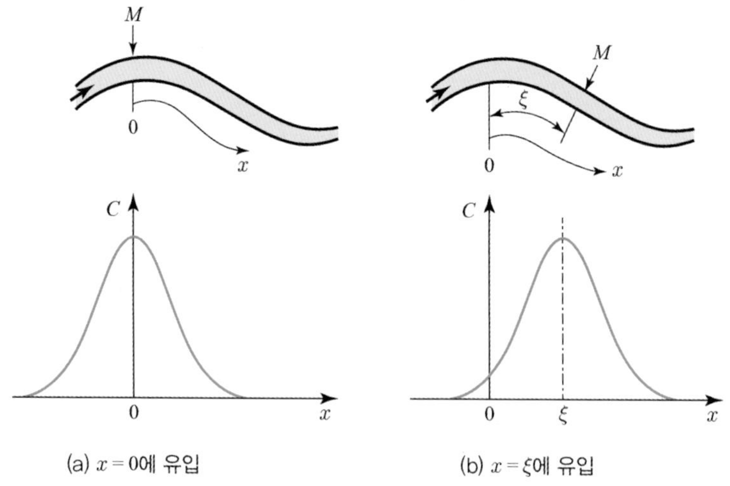

그림 5.2 **특정 지점에 순간적으로 유입된 문제의 해석해 비교**

세 번째 문제는 그림 5.3에 나타낸 바와 같이 오염물질이 공간적으로 넓게 분포형으로 유입된 경우인데 이러한 경우 초기조건은 다음 식과 같다.

$$C(x, t = 0) = f(x) \tag{5.18}$$

여기서, $f(x)$는 임의의 함수이다. 이 문제의 해를 구하기 위해서 초기에 유입된 오염물질의 총질량이 미소한 질량의 합으로 이루어졌다고 가정한다. 이러한 가정을 도입하면 그림 5.3에 빗금으로 표시한 미소 면적의 질량($dM \cong f(\xi)d\xi$)에 대한 해는 두 번째 문제의 해를 따라서 다음 식으로 표현된다.

$$\frac{f(\xi)d\xi}{\sqrt{4\pi Kt}} \exp\left[-\frac{(x-\xi)^2}{4Kt}\right] \tag{5.19}$$

따라서 전체 유입질량에 대한 해는 상기 식을 적분하면 얻을 수 있다.

$$C(x, t) = \int_{-\infty}^{\infty} \frac{f(\xi)}{\sqrt{4\pi Kt}} \exp\left[-\frac{(x-\xi)^2}{4Kt}\right] d\xi \tag{5.20}$$

위의 해를 구하는 과정에서 미소한 질량에 의한 해를 중첩 적분(superposition integral)하여 전체 질량에 대한 해를 구했는데, 이는 오염물질의 일부분 또는 개별 입자의 확산이 다른 입자들의 영향을 받지 않고 독립적으로 일어난다는 가정에 근거한 것이다.

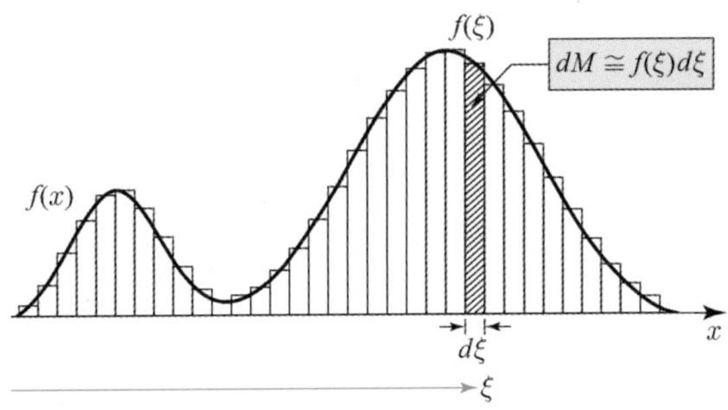

그림 5.3 오염물질이 x축 방향으로 넓게 퍼져 유입된 경우

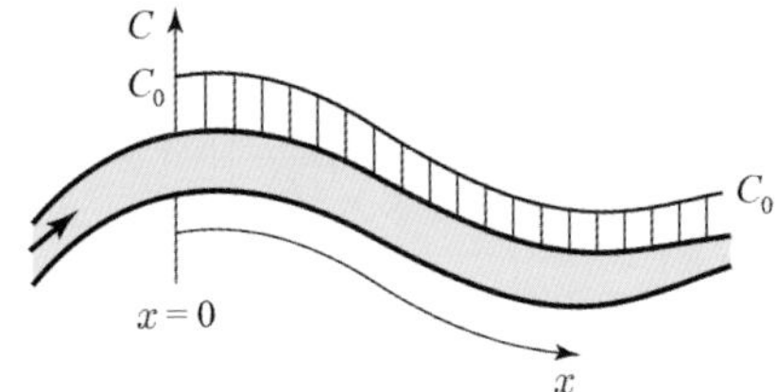

그림 5.4 계단함수 형태의 일정한 농도 유입

네 번째 문제는 세 번째 문제의 오염물질의 분포형 유입 문제 중 특별한 경우로서 그림 5.4에 주어진 바와 같이 계단함수 형태를 갖고 일정한 농도로 유입되는 경우에 초기조건은 다음 식과 같다.

$$C(x, t=0) = 0, \quad x < 0 \tag{5.21a}$$

$$C(x, t=0) = C_0, \ x > 0 \tag{5.21b}$$

여기서, C_0는 일정한 농도값이다. 이러한 조건에 대한 해는 상술한 바와 같이 미소한 질량에 의한 해를 중첩 적분하여 얻을 수 있다. 식 (5.20)을 이 조건에 맞게 변형하면 다음과 같이 된다.

$$C(x, t) = \int_0^\infty \frac{C_0}{\sqrt{4\pi Kt}} \exp\left[-\frac{(x-\xi)^2}{4Kt}\right] d\xi \tag{5.22}$$

식 (5.22)의 해를 구하기 위해 다음과 같은 가변수를 도입한다.

$$\eta = \frac{(x-\xi)}{\sqrt{4Kt}} \tag{5.23}$$

식 (5.23)을 한 번 미분하면 다음 식이 유도된다.

$$d\eta = \frac{-d\xi}{\sqrt{4Kt}} \rightarrow d\xi = -\sqrt{4Kt}\, d\eta$$

또한 식 (5.22)의 적분 하한값과 상한값은 다음과 같다.

$$\xi = 0 \rightarrow \eta = \frac{x}{\sqrt{4Kt}}$$

$$\xi = \infty \rightarrow \eta = -\infty$$

상기 식을 식 (5.22)에 대입하면 다음 식이 유도된다.

$$\begin{aligned} C(x,t) &= \frac{C_0}{\sqrt{\pi}} \int_{\frac{x}{\sqrt{4Kt}}}^{-\infty} e^{-\eta^2}(-d\eta) = \frac{C_0}{\sqrt{\pi}} \int_{-\infty}^{\frac{x}{\sqrt{4Kt}}} e^{-\eta^2} d\eta \\ &= \frac{C_0}{2}\left[\frac{2}{\sqrt{\pi}}\int_{-\infty}^{0} e^{-\eta^2} d\eta + \frac{2}{\sqrt{\pi}}\int_{0}^{\frac{x}{\sqrt{4Kt}}} e^{-\eta^2} d\eta\right] \\ &= \frac{C_0}{2}\left[erf(\infty) + erf\left(\frac{x}{\sqrt{4Kt}}\right)\right] \\ &= \frac{C_0}{2}\left[1 + erf\left(\frac{x}{\sqrt{4Kt}}\right)\right] \end{aligned} \tag{5.24}$$

여기서, $erf(x)$는 오차함수(error function)로 다음과 같이 정의된다.

$$erf(x) = \frac{2}{\sqrt{\pi}} \int_0^x \exp(-\xi^2) d\xi \tag{5.25}$$

그림 5.5는 오차함수를 나타낸 그림이고, 그림 5.6은 식 (5.24)의 해를 나타낸 것이다.

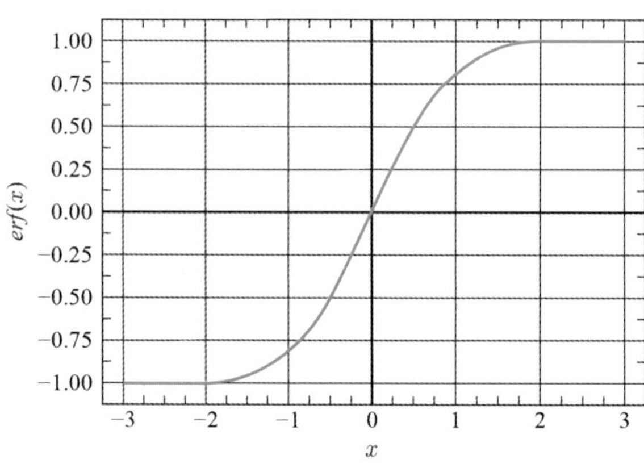

그림 5.5 오차함수

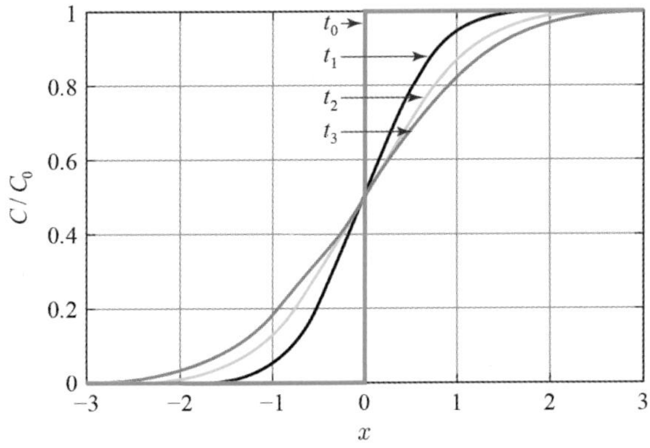

그림 5.6 **계단함수($x>0$)로 순간유입된 오염물질에 대한 해**

다섯 번째 문제는 네 번째 문제의 거울반사형 문제로서 $x<0$범위에서 계단함수 형태로 유입되는 경우이다. 이 경우 초기조건은 다음 식과 같다.

$$C(x,t=0)=C_0,\ \ x<0 \tag{5.26a}$$

$$C(x,t=0)=0,\quad x>0 \tag{5.26b}$$

이러한 조건에 대한 해는 다음과 같다.

$$C(x,t)=\int_{-\infty}^{0}\frac{C_0}{\sqrt{4\pi Kt}}\exp\left[-\frac{(x-\xi)^2}{4Kt}\right]d\xi \tag{5.27}$$

네 번째 문제와 동일하게 가변수를 도입하여 식 (5.27)을 정리하면 다음과 같이 된다.

$$\begin{aligned}C(x,t)&=\frac{C_0}{\sqrt{\pi}}\int_{\infty}^{\frac{x}{\sqrt{4Kt}}}e^{-\eta^2}(-d\eta)=\frac{C_0}{\sqrt{\pi}}\int_{\frac{x}{\sqrt{4Kt}}}^{\infty}e^{-\eta^2}d\eta\\&=\frac{C_0}{2}\left[\frac{2}{\sqrt{\pi}}\int_0^{\infty}e^{-\eta^2}d\eta-\frac{2}{\sqrt{\pi}}\int_0^{\frac{x}{\sqrt{4Kt}}}e^{-\eta^2}d\eta\right]\\&=\frac{C_0}{2}\left[1-erf\left(\frac{x}{\sqrt{4Kt}}\right)\right]\\&=\frac{C_0}{2}erfc\left(\frac{x}{\sqrt{4Kt}}\right)\end{aligned} \tag{5.28}$$

여기서, $erfc(x)$는 여오차함수(complementary error function)로서 다음과 같이 정의된다.

$$erfc(x)=1-\frac{2}{\sqrt{\pi}}\int_0^{x}\exp(-\xi^2)d\xi \tag{5.29}$$

그림 5.7은 식 (5.28)의 해를 나타낸 그림이다.

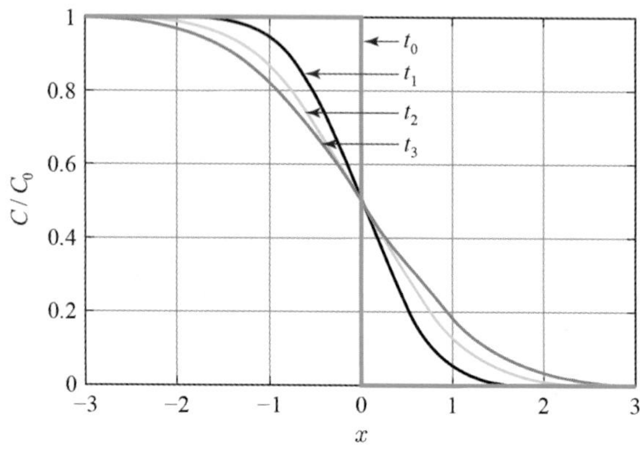

그림 5.7 계단함수($x<0$)로 순간유입된 오염물질에 대한 해

2) 연속유입 문제

오염물질이 하천에 연속적으로 유입되는 문제는 하 · 폐수처리장에서 처리된 오폐수가 방류되거나 발전소에서 온배수가 지속적으로 배출되는 경우이다. 본 절에서도 이송항이 생략된 1차원 확산방정식[식 (5.10)]에 대해 해석해를 유도한다.

첫 번째 연속유입 문제는 $t>0$일 때 $x=0$ 지점에 일정한 농도를 가진 오염물질이 연속적으로 유입되는 경우로서 초기 및 경계조건은 다음과 같다.

$$C(x, t=0)=0 \tag{5.30a}$$

$$C(x=0, t>0)=C_0 \tag{5.30b}$$

이 문제에 대한 해는 다음과 같이 차원해석을 이용하여 구한다.

$$C=C_0 f\left(\frac{x}{\sqrt{Kt}}\right) \tag{5.31}$$

여기에 다음과 같은 가변수를 도입한다.

$$\eta=\frac{x}{\sqrt{Kt}} \tag{5.32}$$

식 (5.32)를 미분하면 다음 식이 유도된다.

$$\begin{aligned}\frac{\partial \eta}{\partial t}&=-\frac{x}{\sqrt{K}}\frac{1}{2t^{3/2}}=-\frac{1}{2t}\eta \\ \frac{\partial \eta}{\partial x}&=\frac{1}{\sqrt{Kt}}\end{aligned} \tag{5.33}$$

이를 이용하면 식 (5.10)의 도함수는 다음과 같이 변환된다.

$$\begin{aligned}\frac{\partial C}{\partial t} &= \frac{dC}{d\eta}\frac{\partial \eta}{\partial t} = -\frac{\eta}{2t}\frac{dC}{d\eta} \\ \frac{\partial^2 C}{\partial x^2} &= \frac{d^2C}{d\eta^2}\frac{\partial^2 \eta}{\partial x^2} = \frac{1}{Kt}\frac{\partial^2 \eta}{\partial x^2}\end{aligned} \tag{5.34}$$

상기 식을 식 (5.10)에 대입하고 식 (5.31)을 이용하면 다음과 같은 식이 유도된다.

$$-\frac{\eta}{2t}\frac{df}{d\eta} = \frac{1}{t}\frac{\partial^2 f}{\partial x^2}$$

위 식을 정리하면 다음과 같다.

$$2f'' + \eta f' = 0 \tag{5.35}$$

경계조건은 다음과 같다.

$$f(0) = 1,\ f(\infty) = 0 \tag{5.36}$$

따라서 식 (5.35)에 대한 해는 다음과 같이 유도된다.

$$C = C_0\left[1 - erf\left(\frac{x}{\sqrt{4Kt}}\right)\right] = C_0 erfc\left(\frac{x}{\sqrt{4Kt}}\right), x > 0 \tag{5.37}$$

그림 5.8은 식 (5.37)의 해를 나타낸 그림이다. 부록 5.1에 라플라스 변환에 의한 식 (5.37)의 유도 과정이 수록되어 있다.

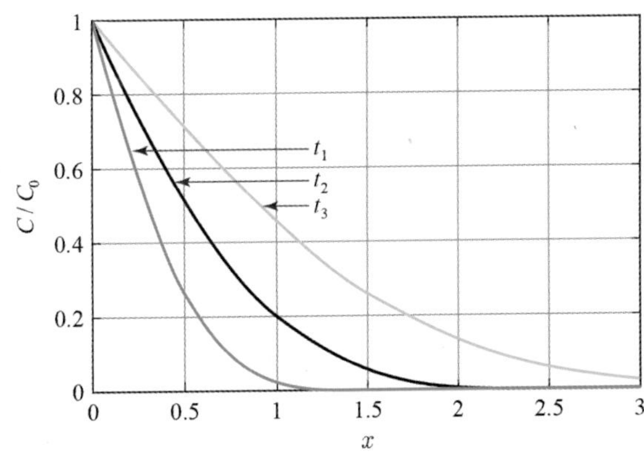

그림 5.8　$t > 0$일 때 일정 농도로 연속유입된 오염물질에 대한 해

두 번째 연속유입 문제는 $t>0$일 때 $x=0$ 지점에 변화하는 농도를 가진 오염물질이 연속적으로 유입되는 경우로서 초기 및 경계조건은 다음과 같다.

$$\begin{aligned} C(x,t=0) &= 0 \\ C(x=0,t>0) &= C_0(\tau) \end{aligned} \tag{5.38}$$

이러한 유입 조건을 그림 5.9에 나타내었다. 이 문제에 대한 해는 순간유입의 세 번째 문제에서 활용한 바 있는 미소질량에 대한 개별 해를 중첩 적분하여 구한다. 그림 5.9에서 시간증분 $\delta\tau$ 동안 유입농도는 $\dfrac{\partial C_0}{\partial \tau}\delta\tau$만큼 변화한다. 이러한 농도증분에 의한 해는 첫 번째 연속유입 문제의 해[식 (5.37)]를 이용하여 다음과 같이 나타낼 수 있다.

$$\delta C=\frac{\partial C_0}{\partial \tau}\delta\tau erfc\left(\frac{x}{\sqrt{4K(t-\tau)}}\right), t>\tau \tag{5.39}$$

따라서 전체 유입질량에 대한 해는 상기 식을 적분하면 얻을 수 있다.

$$C(x,t)=\int_0^t \frac{\partial C_0}{\partial \tau} erfc\left(\frac{x}{\sqrt{4K(t-\tau)}}\right)\delta\tau \tag{5.40}$$

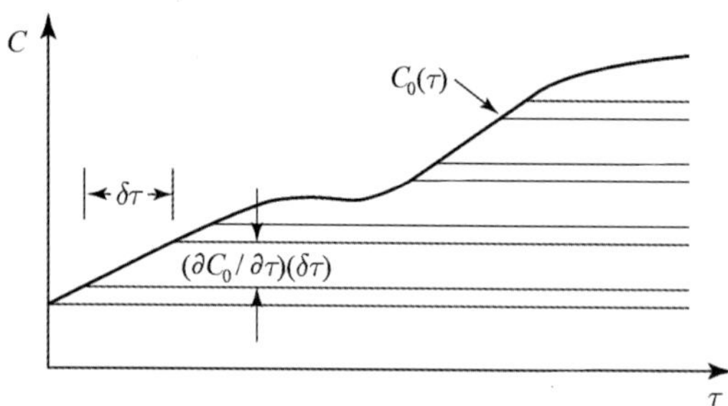

그림 5.9 시간적으로 변화하는 농도에 의한 연속유입

세 번째 연속유입 문제는 오염물질이 질량률 $\dot{M}(\tau)$으로 연속적으로 유입되는 경우이다. 이러한 유입 조건은 시간증분 $\delta\tau$ 동안 $\dot{M}(\tau)\delta\tau$만큼의 질량이 순간적으로 유입되는 것으로 해석할 수 있다. 따라서 이러한 유입에 의해서 발생하는 오염운의 농도는 관찰 시점 전에 유입된 개별 질량에 의한 해를 이용하여 계산할 수 있다. 이를 식 (5.12)를 이용하여 나타내면 다음과 같다.

$$dC=\frac{\dot{M}(\tau)d\tau}{\sqrt{4\pi K(t-\tau)}}\exp\left[-\frac{x^2}{4K(t-\tau)}\right] \tag{5.41}$$

따라서 전체 농도는 상기 식을 적분하여 계산할 수 있다.

$$C = \int_{-\infty}^{t} \frac{\dot{M}(\tau)}{\sqrt{4\pi K(t-\tau)}} \exp\left[-\frac{x^2}{4K(t-\tau)}\right] d\tau \tag{5.42}$$

네 번째 연속유입 문제는 세 번째 문제에서 오염물질이 $t>0$일 때 일정한 질량률 $\dot{M}$으로 연속적으로 유입되는 경우이다. 이 문제에 대한 해는 식 (5.42)를 이용하여 나타내면 다음과 같다.

$$C(x,t) = \frac{\dot{M}}{\sqrt{4\pi K}} \int_{0}^{t} \frac{1}{\sqrt{t-\tau}} \exp\left[-\frac{x^2}{4K(t-\tau)}\right] d\tau \tag{5.43}$$

그림 5.10은 식 (5.43)의 해를 나타낸 그림이다.

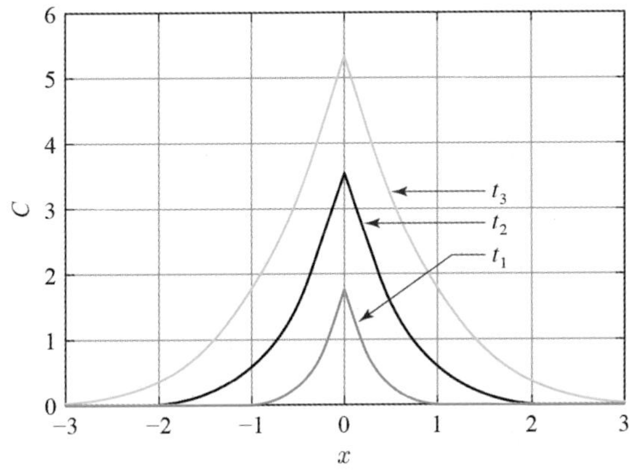

그림 5.10 $t>0$일 때 일정한 질량률로 연속유입된 오염물질에 대한 해

다섯 번째 연속유입 문제는 오염물질이 공간적으로 분포형 질량률 $m(x,t)$으로 연속적으로 유입되는 경우이다. 이 문제에 대한 해는 식 (5.41)을 이용하여 공간적으로 적분한 후 다시 시간에 대해 적분하여 구할 수 있다.

$$C(x,t) = \int_{-\infty}^{t} \int_{-\infty}^{\infty} \frac{m(\xi,\tau)}{\sqrt{4\pi K(t-\tau)}} \exp\left[-\frac{(x-\xi)^2}{4K(t-\tau)}\right] d\xi d\tau \tag{5.44}$$

3) 하천경계면 효과 해석

대부분의 하천이나 수로는 그림 5.11에 나타낸 것과 같이 한정된 폭을 가지고 있기 때문에 오염운이 횡방향으로 퍼져나가다가 하안에 부딪치게 된다. 하안에 도달한 오염운은 경계면의 특성에 따라서 반사되거나 또는 흡수되게 된다. 반사경계면(reflecting boundary)의 특성을 식으로 나타내면 다음과 같다.

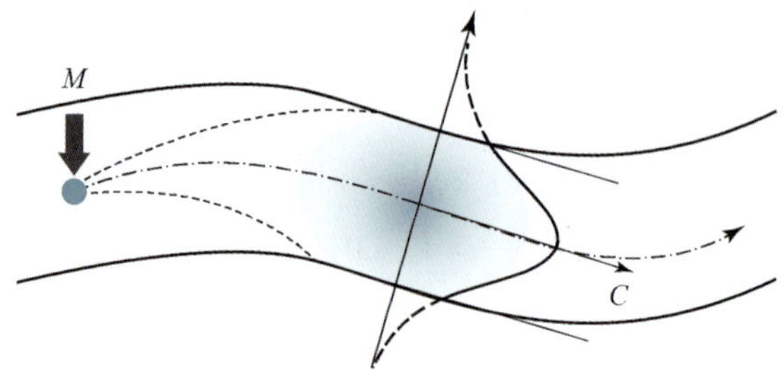

그림 5.11 한정된 폭을 가진 하천에서 오염운의 반사

$$q_{x=\pm L} = -K\frac{\partial C}{\partial x}\bigg|_{x=\pm L} = 0 \tag{5.45}$$

여기서, L은 경계면의 좌표, q는 질량플럭스이다. 식 (5.45)는 경계면에서 농도 경사가 없음을 의미한다. 한편 흡수경계면(absorbing boundary)은 다음 식으로 표현할 수 있다.

$$C(x=\pm L, t) = 0 \tag{5.46}$$

첫 번째 문제는 순간유입 문제로서 일정 질량의 오염물질이 순간적으로 특정 지점($x=0$)에 유입된 경우인데, $x=-L$에 반사경계면이 존재하는 문제이다. 초기조건은 식 (5.11a)와 같고, 경계조건은 다음 식과 같다.

$$-K\frac{\partial C}{\partial x}\bigg|_{x=-L} = 0 \tag{5.47}$$

이 경우에 해는 순간유입 문제의 기본해인 식 (5.12)를 이용하여 유도하되 $x=-L$ 지점에 있는 경계면에 부딪쳐서 반사되는 오염운에 의한 해를 더해 최종해를 구한다. 경계면에서 반사되는 오염운에 의한 농도곡선은 $x=0$인 지점에 존재하는 실제 오염원에 의한 농도곡선과 $x=-L$에 대하여 좌우 대칭인 형태이다. 따라서 이 경우에는 $x=-2L$ 지점에 또 하나의 가상의 오염원이 존재한다고 가정하고(즉, 그림 5.12에 나타낸 바와 같이 $x=-L$ 지점에 거울이 있어서 실제 오염원에 대한 가상 오염원이 거울 속에 있는 것 같은 이치이다), 이 두 개의 오염원에 의한 농도값을 더하여 최종해를 구하면 된다. 이러한 중첩원리는 확산방정식과 경계조건이 선형식으로 표현되므로 여러 오염원에 의한 개별적인 해를 모두 더하여 최종해를 얻을 수 있다는 가정에 근거한다. 이에 따라서 실제 오염원과 가상 오염원에 의한 농도곡선을 더하면 최종해는 다음 식과 같이 된다.

$$C(x,t) = \frac{M}{\sqrt{4\pi Kt}}\left\{\exp\left(-\frac{x^2}{4Kt}\right) + \exp\left(-\frac{(x+2L)^2}{4Kt}\right)\right\} \tag{5.48}$$

식 (5.48)의 해를 도시한 것이 그림 5.13이다.

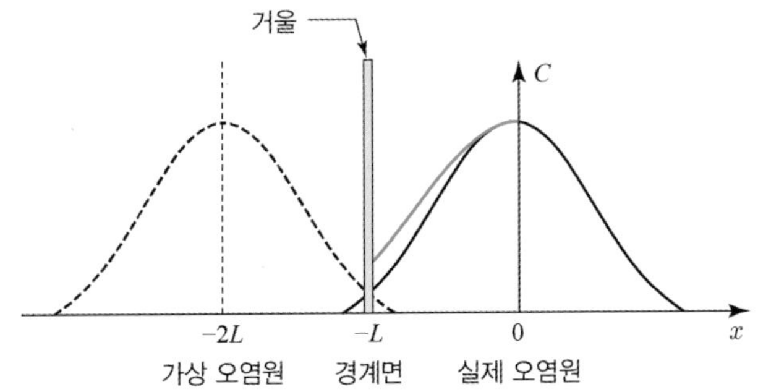

그림 5.12 $x=-L$ 지점에 반사경계면이 있는 경우 순간유입 문제에 대한 해

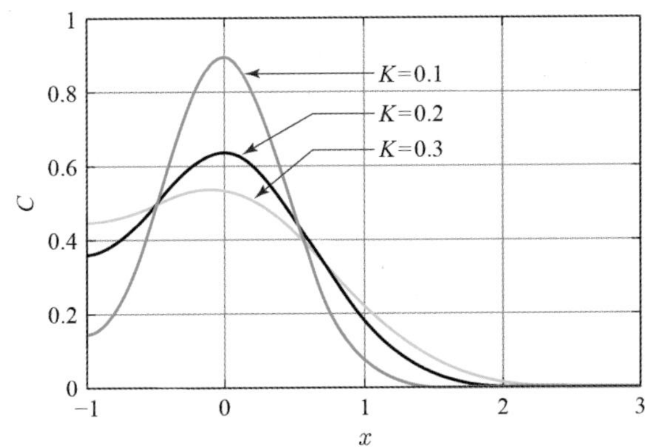

그림 5.13 $x=-L$ 지점에 반사경계면이 있는 경우에 대한 순간유입 문제

두 번째 문제는 첫 번째 문제와 동일한 순간유입 문제로서 질량 M이 $x=0$ 지점에 유입된 경우인데, $x=\pm L$에 반사경계면이 존재하는 문제이다. 이 문제도 초기조건은 식 (5.11a)와 같고, 경계조건은 다음 식과 같다.

$$-K\frac{\partial C}{\partial x}\bigg|_{x=\pm L}=0 \tag{5.49}$$

이 경우에는 $x=\pm L$에 거울이 있으므로 이 두 개의 거울에 반사되는 가상 오염원은 $x=-2L, 2L, -4L, 4L, -6L, 6L, \cdots$ 지점에 존재한다. 따라서 이들의 가상오염원과 실제 오염원에 의한 농도값을 더하여 최종해를 구하면 다음 식과 같다.

$$C(x,t)=\sum_{n=-\infty}^{\infty}\frac{M}{\sqrt{4\pi Kt}}\exp\left[-\frac{(x+2nL)^2}{4Kt}\right] \tag{5.50}$$

식 (5.50)의 해를 도시한 것이 그림 5.14이다. 식 (5.50)의 해를 구할 때 실제적으로는 $n=-2, -1,$

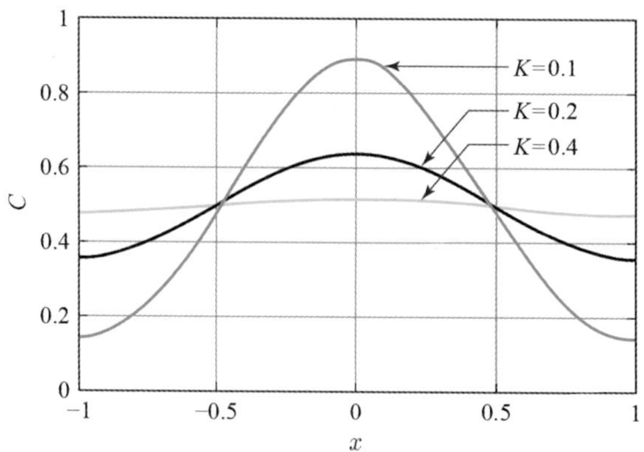

그림 5.14 $x=\pm L$ 지점에 반사경계면이 있는 경우 순간유입 문제에 대한 해

0, +1, +2만 고려해도 비교적 정확한 해를 구할 수 있다.

세 번째 문제는 첫 번째 문제와 동일하게 질량 M이 $x=0$ 지점에 순간유입된 경우인데, 이 경우는 $x=\pm L$에 흡수경계면이 존재하는 문제이다. 이 문제도 초기조건은 식 (5.11a)와 같고, 경계조건은 다음 식과 같다.

$$C(x=\pm L, t)=0 \tag{5.51}$$

이 경우에는 $x=\pm L$에서 농도값이 0이 되어야 하므로 $x=\pm 2L, \pm 6L, \cdots$ 지점에 음의 가상 오염원은 있고, $x=\pm 4L, \pm 8L, \cdots$ 지점에 양의 가상 오염원은 있다고 가정한다. 따라서 이들의 가상 오염원과 실제 오염원에 의한 농도곡선을 모두 더하여 최종해를 구하면 다음 식과 같다.

$$C(x,t)=\frac{M}{\sqrt{4\pi Kt}}\sum_{n=-\infty}^{\infty}\exp\left[\frac{-(x+4nL)^2}{4Kt}\right]-\exp\left[\frac{-[x+(4n-2)L)]^2}{4Kt}\right] \tag{5.52}$$

4) 이송-확산 문제

본 절에서는 이송항과 확산항을 같이 가지고 있는 1차원 이송-확산 방정식의 해석해를 유도하는 과정을 서술한다. 1차원 이송-확산 방정식은 다음과 같이 표현된다.

$$\frac{\partial C}{\partial t}+U\frac{\partial C}{\partial x}=K\frac{\partial^2 C}{\partial x^2} \tag{5.53}$$

첫 번째 문제는 순간유입 문제의 첫 번째 문제와 동일하게 일정 질량의 오염물질이 순간적으로 $x=0$ 지점에 유입된 경우인데, 여기서는 확산과 함께 이송 기작을 고려해야 하는 문제이다. 식 (5.53)을 간략화하기 위하여 다음과 같은 가변수를 도입하여 좌표를 변환한다.

$$\xi = x - Ut \tag{5.54a}$$

$$\tau = t \tag{5.54b}$$

이를 이용하여 미분 기호를 나타내면 다음과 같다.

$$\frac{\partial}{\partial x} = \frac{\partial \xi}{\partial x}\frac{\partial}{\partial \xi} + \frac{\partial \tau}{\partial x}\frac{\partial}{\partial \tau} = \frac{\partial}{\partial \xi} \tag{5.55a}$$

$$\frac{\partial}{\partial t} = \frac{\partial \xi}{\partial t}\frac{\partial}{\partial \xi} + \frac{\partial \tau}{\partial t}\frac{\partial}{\partial \tau} = -U\frac{\partial}{\partial \xi} + \frac{\partial}{\partial \tau} \tag{5.55b}$$

상기 식을 식 (5.53)에 대입하면 다음과 같이 변환된다.

$$-U\frac{\partial C}{\partial \xi} + \frac{\partial C}{\partial \tau} + U\frac{\partial C}{\partial \xi} = K\frac{\partial^2 C}{\partial \xi^2} \rightarrow \frac{\partial C}{\partial \tau} = K\frac{\partial^2 C}{\partial \xi^2} \tag{5.56}$$

식 (5.56)은 이송항이 없는 1차원 확산방정식 형태이며, 순간유입 조건에 대한 해는 다음과 같다.

$$C(\xi, \tau) = \frac{M}{\sqrt{4\pi K\tau}}\exp\left(-\frac{\xi^2}{4K\tau}\right) \tag{5.57}$$

식 (5.57)을 원 좌표계로 변환하면 다음 식이 된다.

$$C(x, t) = \frac{M}{\sqrt{4\pi Kt}}\exp\left(-\frac{(x-Ut)^2}{4Kt}\right) \tag{5.58}$$

두 번째 문제는 정지 유체로 차 있는 파이프의 $x<0$ 영역에 일정 농도 C_0를 가진 유체가 순간적으로 유입된 후 U의 속도로 양의 방향으로 이송되는 경우이다. 그림 5.15에 이 문제의 개념도를 나타내었다. 이 경우의 초기조건은 다음과 같다.

$$C(x,0) = C_0,\ x<0 \tag{5.59a}$$

$$C(x,0) = 0,\ x>0 \tag{5.59b}$$

이 문제도 첫 번째 문제와 동일하게 식 (5.54)를 적용하여 좌표를 변환하면 지배방정식은 식 (5.56)과 동일하게 된다. 따라서 식 (5.59)에 주어진 초기조건을 고려하면 이 문제는 순간유입 문제의 다섯 번째 문제와 동일하게 일정 농도가 계단함수 형태로 순간적으로 $x<0$ 영역에 유입된 경우이므로 해는 다음 식과 같이 나타낼 수 있다.

$$C(\xi, \tau) = \frac{C_0}{2}\left[1 - erf\left(\frac{\xi}{\sqrt{4K\tau}}\right)\right] \tag{5.60}$$

식 (5.60)을 원 좌표계로 변환하면 다음과 같이 된다.

$$C(x,t) = \frac{C_0}{2}\left[1 - erf\left(\frac{x - Ut}{\sqrt{4Kt}}\right)\right] \tag{5.61}$$

그림 5.16은 식 (5.61)의 해에 의한 농도곡선을 도시한 것이다.

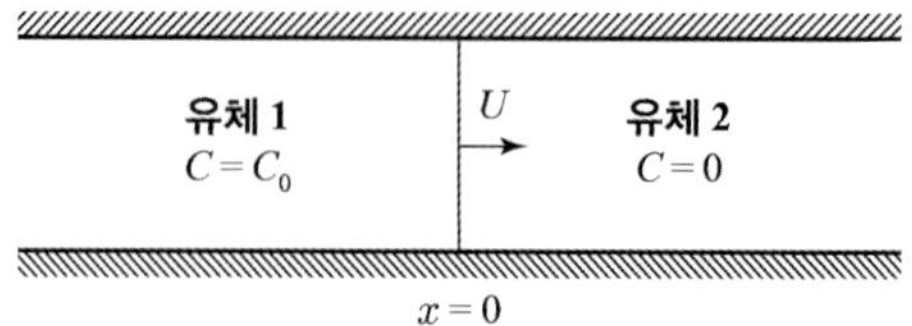

그림 5.15 $x < 0$에 일정 농도로 순간유입된 오염물질의 거동

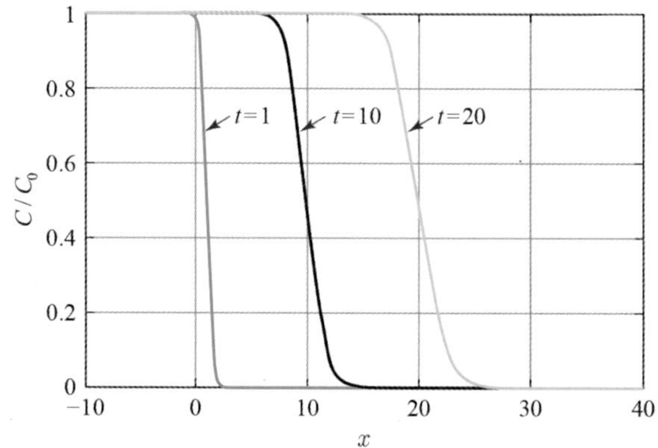

그림 5.16 $x < 0$에 일정 농도로 순간유입된 이송-확산 문제의 해

세 번째 문제는 1차원 흐름에서 $x = 0$ 지점에 일정 농도 C_0를 가진 유체가 연속적으로 유입된 경우이다. 이 경우의 초기 및 경계조건은 다음과 같이 표현된다.

$$C(x \geq 0, t = 0) = 0 \tag{5.62a}$$

$$C(x = 0, t > 0) = C_0 \tag{5.62b}$$

$$C(x = \pm\infty, t \geq 0) = 0 \tag{5.62c}$$

이 문제는 연속유입 문제의 첫 번째 문제와 동일하되 이송항이 추가된 경우이다. 이 문제의 해는 차원해석법, 라플라스 변환 등의 방법을 적용하여 다음 식과 같이 유도할 수 있다.

$$C(x,t) = \frac{C_0}{2}\left[erfc\left(\frac{x - Ut}{\sqrt{4Kt}}\right) + erfc\left(\frac{x + Ut}{\sqrt{4Kt}}\right)\exp\left(\frac{Ux}{K}\right)\right] \tag{5.63}$$

라플라스 변환 방법을 적용한 유도 과정은 부록 5.1에 수록되어 있다.

식 (5.63)에서 이송항이 확산항보다 매우 큰 경우에는 다음 식과 같이 간략화된다.

$$C \approx \frac{C_0}{2} erfc\left(\frac{x-Ut}{\sqrt{4Kt}}\right) \tag{5.64}$$

또한 유속이 0이어서 이송항이 없는 경우에는 연속유입 문제의 첫 번째 문제의 해와 동일하게 된다.

3. 고차원 문제의 해석해

1) 순간유입 문제의 해석해

첫 번째 문제는 2차원 확산 문제로서 2차원 확산방정식은 다음과 같다.

$$\frac{\partial C}{\partial t} = D_L \frac{\partial^2 C}{\partial x^2} + D_T \frac{\partial^2 C}{\partial y^2} \tag{5.65}$$

이 식에서는 편의성을 위해 오버바를 생략하고 C를 수심평균농도로 표기하였다. 일정 질량의 오염물질이 순간적으로 특정 지점($x=0$, $y=0$)에 유입된 경우 초기조건은 다음과 같다.

$$C(x, y, 0) = M\delta(x)\delta(y) \tag{5.66}$$

2차원 및 3차원 문제의 경우 곱의 법칙(product rule)을 적용하여 해를 구한다. 즉, $C(x,y,t)$는 다음과 같이 x에 대한 함수와 y에 대한 함수의 곱으로 표현할 수 있다.

$$C(x, y, t) = C_1(x, t)\, C_2(y, t) \tag{5.67}$$

상기 식을 이용하면 식 (5.65)의 미분항들은 다음과 같이 표현된다.

$$\frac{\partial C}{\partial t} = \frac{\partial}{\partial t}(C_1 C_2) = C_1 \frac{\partial C_2}{\partial t} + C_2 \frac{\partial C_1}{\partial t} \tag{5.68a}$$

$$\frac{\partial^2 C}{\partial x^2} = \frac{\partial^2}{\partial x^2}(C_1 C_2) = C_2 \frac{\partial^2 C_1}{\partial x^2} \tag{5.68b}$$

$$\frac{\partial^2 C}{\partial y^2} = \frac{\partial^2}{\partial y^2}(C_1 C_2) = C_1 \frac{\partial^2 C_2}{\partial y^2} \tag{5.68c}$$

상기 식을 식 (5.65)에 대입하면 다음과 같이 된다.

$$C_1\frac{\partial C_2}{\partial t}+C_2\frac{\partial C_1}{\partial t}=D_L C_2\frac{\partial^2 C_1}{\partial x^2}+D_T C_1\frac{\partial^2 C_2}{\partial y^2}$$

위 식을 정리하면 다음과 같이 된다.

$$C_2\left(\frac{\partial C_1}{\partial t}-D_L\frac{\partial^2 C_1}{\partial x^2}\right)+C_1\left(\frac{\partial C_2}{\partial t}-D_T\frac{\partial^2 C_2}{\partial y^2}\right)=0 \tag{5.69}$$

식 (5.69)에서 괄호 안의 식들이 0이면 전체 식이 0이 된다. 따라서 각각에 대해 다음 식이 유도된다.

$$\frac{\partial C_1}{\partial t}-D_L\frac{\partial^2 C_1}{\partial x^2}=0 \tag{5.70a}$$

$$\frac{\partial C_2}{\partial t}-D_T\frac{\partial^2 C_2}{\partial y^2}=0 \tag{5.70b}$$

상기 식은 1차원 확산방정식과 동일한 형태이므로 각각에 대한 해를 구하면 다음과 같다.

$$C_1=\frac{\int_{-\infty}^{\infty}Cdx}{\sqrt{4\pi D_L t}}\exp\left(-\frac{x^2}{4D_L t}\right) \tag{5.71a}$$

$$C_2=\frac{\int_{-\infty}^{\infty}Cdy}{\sqrt{4\pi D_T t}}\exp\left(-\frac{y^2}{4D_T t}\right) \tag{5.71b}$$

상기 식을 식 (5.67)에 대입하면 최종 해를 구할 수 있다.

$$\begin{aligned}C=C_1C_2&=\frac{\iint_{-\infty}^{\infty}Cdxdy}{4\pi t\sqrt{D_L D_T}}\exp\left(-\frac{x^2}{4D_L t}-\frac{y^2}{4D_T t}\right)\\&=\frac{M}{4\pi t\sqrt{D_L D_T}}\exp\left(-\frac{x^2}{4D_L t}-\frac{y^2}{4D_T t}\right)\end{aligned} \tag{5.72}$$

식 (5.72)의 해를 2차원 평면에 도시하면 그림 5.17(a)와 같다. 그림 5.17(b)는 $D_L=D_T$인 경우를 그린 것으로서 등농도선은 동심원이 된다. 그림 5.18은 식 (5.72)의 해를 3차원 공간에 도시한 것이다.

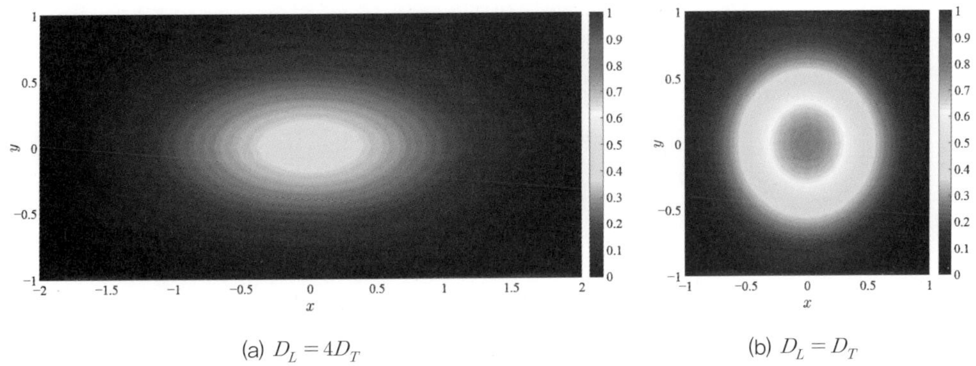

(a) $D_L = 4D_T$ (b) $D_L = D_T$

그림 5.17 2차원 평면에 도시한 2차원 문제의 해

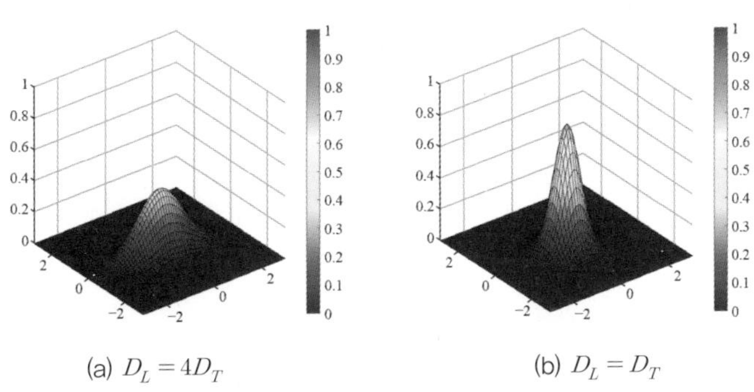

(a) $D_L = 4D_T$ (b) $D_L = D_T$

그림 5.18 3차원 공간에 도시한 2차원 문제의 해

두 번째 문제는 3차원 확산 문제로서 3차원 확산방정식은 다음과 같다.

$$\frac{\partial C}{\partial t} = D_x \frac{\partial^2 C}{\partial x^2} + D_y \frac{\partial^2 C}{\partial y^2} + D_z \frac{\partial^2 C}{\partial z^2} \tag{5.73}$$

일정 질량의 오염물질이 순간적으로 특정 지점($x=0,\ y=0,\ z=0$)에 유입된 경우 초기조건은 다음과 같다.

$$C(x,y,z,0) = M\delta(x)\delta(y)\delta(z) \tag{5.74}$$

3차원 문제의 경우에도 곱의 법칙을 적용하면 $C(x,y,z,t)$는 다음과 같이 표현할 수 있다.

$$C(x,y,z,t) = C_1(x,t)\,C_2(y,t)\,C_3(z,t) \tag{5.75}$$

상기 식을 이용하면 식 (5.73)의 미분항들은 다음과 같이 표현된다.

$$\frac{\partial C}{\partial t} = \frac{\partial}{\partial t}(C_1 C_2 C_3) = C_1 \frac{\partial (C_2 C_3)}{\partial t} + C_2 C_3 \frac{\partial C_1}{\partial t}$$
$$= C_1 C_2 \frac{\partial C_3}{\partial t} + C_1 C_3 \frac{\partial C_2}{\partial t} + C_2 C_3 \frac{\partial C_1}{\partial t} \quad (5.76a)$$

$$\frac{\partial^2 C}{\partial x^2} = \frac{\partial^2}{\partial x^2}(C_1 C_2 C_3) = C_2 C_3 \frac{\partial^2 C_1}{\partial x^2} \quad (5.76b)$$

$$\frac{\partial^2 C}{\partial y^2} = \frac{\partial^2}{\partial y^2}(C_1 C_2 C_3) = C_1 C_3 \frac{\partial^2 C_2}{\partial y^2} \quad (5.76c)$$

$$\frac{\partial^2 C}{\partial z^2} = \frac{\partial^2}{\partial z^2}(C_1 C_2 C_3) = C_1 C_2 \frac{\partial^2 C_3}{\partial z^2} \quad (5.76d)$$

위 식을 식 (5.73)에 대입하고 정리하면 다음과 같이 된다.

$$C_1 C_2 \left(\frac{\partial C_3}{\partial t} - D_z \frac{\partial^2 C_3}{\partial z^2} \right) + C_1 C_3 \left(\frac{\partial C_2}{\partial t} - D_y \frac{\partial^2 C_2}{\partial y^2} \right) + C_2 C_3 \left(\frac{\partial C_1}{\partial t} - D_x \frac{\partial^2 C_1}{\partial x^2} \right) = 0$$

위 식에서 괄호 안의 식들이 0이면 전체 식이 0이 된다. 따라서 각각에 대해 다음 식이 유도된다.

$$\frac{\partial C_1}{\partial t} - D_x \frac{\partial^2 C_1}{\partial x^2} = 0 \quad (5.77a)$$

$$\frac{\partial C_2}{\partial t} - D_y \frac{\partial^2 C_2}{\partial y^2} = 0 \quad (5.77b)$$

$$\frac{\partial C_3}{\partial t} - D_x \frac{\partial^2 C_3}{\partial z^2} = 0 \quad (5.77c)$$

위 식은 1차원 확산방정식과 동일한 형태이므로 각각에 대한 해를 구하면 다음과 같다.

$$C_1 = \frac{\int C dx}{\sqrt{4\pi D_x t}} \exp\left(- \frac{x^2}{4 D_x t} \right) \quad (5.78a)$$

$$C_2 = \frac{\int C dy}{\sqrt{4\pi D_y t}} \exp\left(- \frac{y^2}{4 D_y t} \right) \quad (5.78b)$$

$$C_3 = \frac{\int C dz}{\sqrt{4\pi D_z t}} \exp\left(- \frac{z^2}{4 D_z t} \right) \quad (5.78c)$$

상기 식을 식 (5.75)에 대입하면 최종 해를 구할 수 있다.

$$C = C_1 C_2 C_3 = \frac{M}{(4\pi t)^{\frac{3}{2}} (D_x D_y D_z)^{\frac{1}{2}}} \exp\left(-\frac{x^2}{4D_x t} - \frac{y^2}{4D_y t} - \frac{z^2}{4D_z t}\right) \tag{5.79}$$

여기서, M은 다음과 같이 정의된다.

$$M = \iiint C dx dy dz \tag{5.80}$$

세 번째 문제는 일방향 유속항이 포함된 2차원 혼합 문제로서 이 경우 이송-분산 방정식은 다음과 같다.

$$\frac{\partial C}{\partial t} + \bar{u}\frac{\partial C}{\partial x} = D_L \frac{\partial^2 C}{\partial x^2} + D_T \frac{\partial^2 C}{\partial y^2} \tag{5.81}$$

일정 질량의 오염물질이 순간적으로 특정 지점($x=0$, $y=0$)에 유입된 경우 초기조건은 식 (5.66)과 같다. 또한 이 문제의 경우 그림 5.11에 나타낸 바와 같이 수로의 양안이 모두 반사경계면으로서 경계조건은 다음 식으로 표현된다.

$$\left.\frac{\partial C}{\partial y}\right|_{y=0,\, W} = 0 \tag{5.82}$$

여기서, W는 하폭이다. 이 문제도 곱의 법칙을 적용하여 해를 구한다. 즉, $C(x, y, t)$를 식 (5.67)과 같이 나타내고 도함수를 유도하여 지배방정식인 식 (5.81)에 대입하면 다음 식을 유도할 수 있다.

$$C_2\left(\frac{\partial C_1}{\partial t} + \bar{u}\frac{\partial C}{\partial x} - D_L \frac{\partial^2 C_1}{\partial x^2}\right) + C_1\left(\frac{\partial C_2}{\partial t} - D_T \frac{\partial^2 C}{\partial y^2}\right) = 0 \tag{5.83}$$

식 (5.83)의 해를 구하기 위해서는 괄호 안의 식들이 각각 0이라고 하면 된다.

$$\frac{\partial C_1}{\partial t} + \bar{u}\frac{\partial C_1}{\partial x} - D_L \frac{\partial^2 C_1}{\partial x^2} = 0 \tag{5.84}$$

$$\frac{\partial C_2}{\partial t} - D_T \frac{\partial^2 C_2}{\partial y^2} = 0 \tag{5.85}$$

식 (5.84)의 해는 x방향으로 경계면이 존재하지 않으므로 다음과 같은 식이 된다.

$$C_1 = \frac{M_1}{\sqrt{4\pi D_L t}} \exp\left(-\frac{(x - \bar{u}t)^2}{4 D_L t}\right) \tag{5.86}$$

식 (5.85)의 해는 수로 양안에 반사경계면이 존재하므로 오염물질의 유입 위치에 따라서 다음과 같은 식이 된다.

① 우안에 유입된 경우

$$C_2 = \sum_{n=-\infty}^{\infty} \frac{M_2}{\sqrt{4\pi D_T t}} \left[\exp\left\{ -\frac{(y+2nW)^2}{4D_T t} \right\} \right] \tag{5.87}$$

이에 따라서 최종해는 다음과 같이 된다.

$$C = \frac{M}{4\pi t\sqrt{D_L D_T}} \exp\left(-\frac{(x-\bar{u}t)^2}{4D_L t} \right) \sum_{n=-\infty}^{\infty} \left[\exp\left\{ -\frac{(y+2nW)^2}{4D_T t} \right\} \right] \tag{5.88}$$

② 수로 중앙에 유입된 경우

$$C_2 = \sum_{n=-\infty}^{\infty} \frac{M_2}{\sqrt{4\pi D_T t}} \left[\exp\left\{ -\frac{(y+nW)^2}{4D_T t} \right\} \right] \tag{5.89}$$

여기서, 식 (5.89)는 좌표축이 수로 중앙에 위치한 것으로 가정하여 유도한 것이다. 이 경우 최종해는 다음과 같이 된다.

$$C = \frac{M}{4\pi t\sqrt{D_L D_T}} \exp\left(-\frac{(x-\bar{u}t)^2}{4D_L t} \right) \sum_{n=-\infty}^{\infty} \left[\exp\left\{ -\frac{(y+nW)^2}{4D_T t} \right\} \right] \tag{5.90}$$

그림 5.19는 식 (5.90)의 해를 2차원 평면에 도시한 것이다.

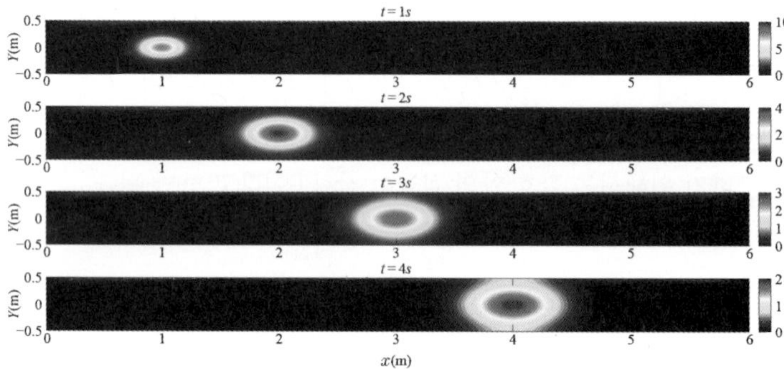

그림 5.19 **순간유입 문제에 대한 2차원 이송-분산 방정식의 해**

네 번째 문제는 일방향 유속항이 포함된 3차원 혼합 문제로서 이 경우의 지배방정식은 다음과 같다.

$$\frac{\partial C}{\partial t} + u\frac{\partial C}{\partial x} = D_x \frac{\partial^2 C}{\partial x^2} + D_y \frac{\partial^2 C}{\partial y^2} + D_z \frac{\partial^2 C}{\partial z^2} \tag{5.91}$$

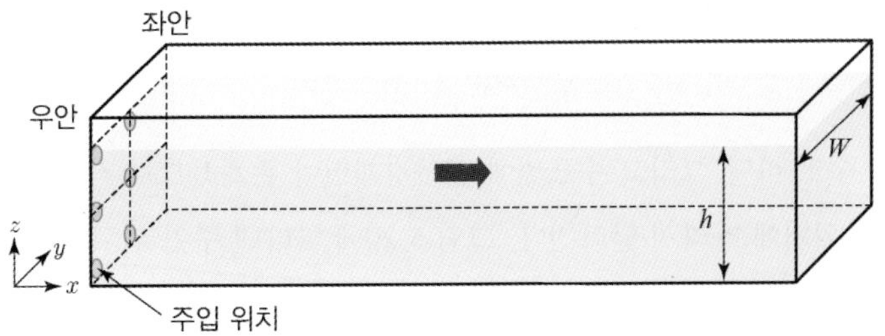

그림 5.20 반사경계면을 갖는 수로에서 3차원 이송-확산 문제

이 문제도 순간유입이므로 일정 질량의 오염물질이 순간적으로 특정 지점($x=0,\ y=0,\ z=0$)에 유입된 경우 초기조건은 식 (5.74)와 같다. 또한 이 문제의 경우 그림 5.20에 나타낸 바와 같이 수로의 양안과 수로 바닥 그리고 수표면이 모두 반사경계면이라고 가정하면 경계조건은 다음 식으로 표현된다.

$$\left.\frac{\partial C}{\partial y}\right|_{y=0,\ W}=0 \tag{5.92a}$$

$$\left.\frac{\partial C}{\partial z}\right|_{z=0}=0 \tag{5.92b}$$

$$\left.\frac{\partial C}{\partial z}\right|_{z=h}=0 \tag{5.92c}$$

여기서, h는 수심이다. 곱의 법칙을 적용하기 위해 $C(x,y,z,t)$를 식 (5.75)와 같이 나타내고 도함수를 유도하여 지배방정식인 식 (5.91)에 대입하면 다음 식을 유도할 수 있다.

$$C_1C_2\left(\frac{\partial C_3}{\partial t}-D_z\frac{\partial^2 C_3}{\partial z^2}\right)+C_1C_3\left(\frac{\partial C_2}{\partial t}-D_y\frac{\partial^2 C_2}{\partial y^2}\right)+C_2C_3\left(\frac{\partial C_1}{\partial t}+u\frac{\partial C_1}{\partial x}-D_x\frac{\partial^2 C_1}{\partial x^2}\right)=0 \tag{5.93}$$

상기 식에서 괄호 안의 식들이 0이면 전체 식이 0이 된다. 따라서 각각에 대해 다음 식이 유도된다.

$$\frac{\partial C_1}{\partial t}+u\frac{\partial C_1}{\partial x}-D_x\frac{\partial^2 C_1}{\partial x^2}=0 \tag{5.94}$$

$$\frac{\partial C_2}{\partial t}-D_y\frac{\partial^2 C_2}{\partial y^2}=0 \tag{5.95}$$

$$\frac{\partial C_3}{\partial t}-D_x\frac{\partial^2 C_3}{\partial z^2}=0 \tag{5.96}$$

흐름방향으로 경계면이 존재하지 않으므로 식 (5.94)의 해는 다음과 같은 식이 된다.

$$C_1 = \frac{M_1}{\sqrt{4\pi D_x t}} \exp\left(-\frac{(x-ut)^2}{4D_x t}\right) \tag{5.97}$$

그러나 수로 양안, 수로 바닥 그리고 수표면에 반사경계면이 존재하므로 식 (5.95) 및 (5.96)의 해는 오염물질의 유입 위치에 따라서 달라진다. 그림 5.20에 나타낸 주입 위치 중에서 대표적인 2가지 조건에 대한 해는 다음과 같다.

① 우안의 수표면에 유입된 경우

$$C_2 = \sum_{n=-\infty}^{\infty} \frac{M_2}{\sqrt{4\pi D_y t}} \left[\exp\left\{-\frac{(y+2nW)^2}{4D_y t}\right\}\right] \tag{5.98a}$$

$$C_3 = \sum_{n=-\infty}^{\infty} \frac{M_3}{\sqrt{4\pi D_z t}} \left[\exp\left\{-\frac{(z+(2n-1)h)^2}{4D_z t}\right\}\right] \tag{5.98b}$$

식 (5.98a)는 좌표축이 수로 중앙에 위치한 것으로 가정하여 유도한 것이다. 이에 따라서 최종해는 다음과 같이 된다.

$$\begin{aligned} C = &\frac{M}{(4\pi t)^{3/2}\sqrt{D_x D_y D_z}} \exp\left(-\frac{(x-ut)^2}{4D_x t}\right) \\ &\cdot \sum_{n=-\infty}^{\infty} \left[\exp\left\{-\frac{(y+2nW)^2}{4D_y t}\right\} \exp\left\{-\frac{(z+(2n-1)h)^2}{4D_z t}\right\}\right] \end{aligned} \tag{5.99}$$

② 수로 중앙의 바닥에 유입된 경우

$$C_2 = \sum_{n=-\infty}^{\infty} \frac{M_2}{\sqrt{4\pi D_y t}} \left[\exp\left\{-\frac{\left(y+(2n-1)\frac{W}{2}\right)^2}{4D_y t}\right\}\right] \tag{5.100a}$$

$$C_3 = \sum_{n=-\infty}^{\infty} \frac{M_3}{\sqrt{4\pi D_z t}} \left[\exp\left\{-\frac{(z+2nh)^2}{4D_z t}\right\}\right] \tag{5.100b}$$

식 (5.100a)는 좌표축이 수로 중앙에 위치한 것으로 가정하여 유도한 것이다. 이 경우 최종해는 다음과 같이 된다.

$$\begin{aligned} C = &\frac{M}{(4\pi t)^{3/2}\sqrt{D_x D_y D_z}} \exp\left(-\frac{(x-ut)^2}{4D_x t}\right) \\ &\cdot \sum_{n=-\infty}^{\infty} \left[\exp\left\{-\frac{\left(y+(2n-1)\frac{W}{2}\right)^2}{4D_y t}\right\} \exp\left\{-\frac{(z+2nh)^2}{4D_z t}\right\}\right] \end{aligned} \tag{5.101}$$

2) 연속유입 문제의 해석해

연속유입의 첫 번째 문제는 일방향 유속항이 포함된 2차원 혼합 문제로서 이 경우 이송-분산 방정식은 식 (5.81)과 같다. 이 문제의 경우 그림 5.11에 나타낸 바와 같이 수로의 양안이 모두 반사경계면으로 가정한다. 이 문제의 초기 및 경계조건은 오염물질의 유입 위치에 따라서 다음 식으로 표현된다.

• **양안 유입**

$$C(x, y, 0) = 0 \tag{5.102a}$$

$$C(0, 0, t > 0) = C_0 \tag{5.102b}$$

$$\left.\frac{\partial C}{\partial y}\right|_{y=0,\,W} = 0 \tag{5.102c}$$

• **중앙 유입**

$$C(x, y, 0) = 0 \tag{5.103a}$$

$$C(0,\ W/2, t > 0) = C_0 \tag{5.103b}$$

$$\left.\frac{\partial C}{\partial y}\right|_{y=0,\,W} = 0 \tag{5.103c}$$

이 문제도 전 절에서 서술한 곱의 법칙을 적용하면 식 (5.84)와 (5.85)를 유도할 수 있다. 흐름방향의 경계면이 존재하지 않으므로 연속유입에 대한 식 (5.84)의 해는 다음과 같은 식이 된다.

$$C_1 = \frac{C_{1o}}{2}\left\{erfc\left(\frac{x-\bar{u}t}{\sqrt{4D_Lt}}\right) + \exp\left(\frac{\bar{u}x}{D_L}\right)erfc\left(\frac{x+\bar{u}t}{\sqrt{4D_Lt}}\right)\right\} \tag{5.104}$$

연속유입의 경우 식 (5.85)의 해는 유입 위치에 따라서 다음과 같이 유도된다.

① 양안에 유입된 경우

$$C_2 = C_{2o}\left\{erfc\left(\frac{y}{\sqrt{4D_Tt}}\right) + \sum_{n=1}^{\infty} erfc\left(\frac{y+2nW}{\sqrt{4D_Tt}}\right) + \sum_{n=1}^{\infty} erfc\left(\frac{-(y-2nW)}{\sqrt{4D_Tt}}\right)\right\} \tag{5.105}$$

식 (5.104)와 (5.105)를 곱하면 최종해를 구할 수 있다.

$$\begin{aligned} C = &\frac{C_0}{2}\left\{erfc\left(\frac{x-\bar{u}t}{\sqrt{4D_Lt}}\right) + \exp\left(\frac{\bar{u}x}{D_L}\right)erfc\left(\frac{x+\bar{u}t}{\sqrt{4D_Lt}}\right)\right\} \\ &\cdot \left\{erfc\left(\frac{y}{\sqrt{4D_Tt}}\right) + \sum_{n=1}^{\infty} erfc\left(\frac{y+2nW}{\sqrt{4D_Tt}}\right) + \sum_{n=1}^{\infty} erfc\left(\frac{-(y-2nW)}{\sqrt{4D_Tt}}\right)\right\} \end{aligned} \tag{5.106}$$

② 수로 중앙에 유입된 경우

$$C_2 = \sum_{n=-\infty}^{\infty} C_{2o} erfc\left(\frac{y+2nW}{\sqrt{4D_T t}}\right) \tag{5.107}$$

식 (5.104)와 (5.107)을 곱하면 최종해를 구할 수 있다.

$$C = \frac{C_o}{2}\left\{erfc\left(\frac{x-\bar{u}t}{\sqrt{4D_L t}}\right)+\exp\left(\frac{\bar{u}x}{D_L}\right)erfc\left(\frac{x+\bar{u}t}{\sqrt{4D_L t}}\right)\right\}\cdot\left\{\sum_{n=-\infty}^{\infty} erfc\left(\frac{y+2nW}{\sqrt{4D_T t}}\right)\right\} \tag{5.108}$$

그림 5.21은 우안에 유입된 경우에 대한 해[식 (5.106)]를 나타낸 것이다.

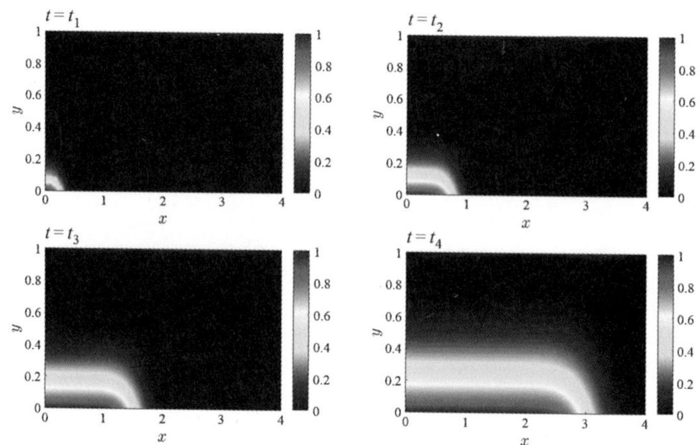

그림 5.21 오염물질이 우안에 연속유입된 경우에 대한 2차원 이송-분산 방정식의 해

두 번째 문제는 그림 5.22에 나타낸 바와 같이 지류와 본류가 합류되는 지점에서의 2차원 혼합 문제로서 이러한 경우에는 전 절에서 서술한 바와 같이 시간변화항과 종방향 확산항을 무시하고 식 (5.7)과 같이 간략화한 식을 사용한다. 식 (5.7)은 다음과 같다.

$$\bar{u}\frac{\partial \bar{C}}{\partial x} = \frac{\partial}{\partial y}\left(D_T \frac{\partial \bar{C}}{\partial y}\right) \tag{5.7}$$

우선 y방향으로 무한한 폭을 갖는 경우 그림 5.22에 나타낸 경계조건을 식으로 표현하면 다음과 같다.

$$C(0,y) = C_0, \quad y<0 \tag{5.109a}$$

$$C(0,y) = 0, \quad y>0 \tag{5.109b}$$

$t = \dfrac{x}{u}$, $x' = y$를 식 (5.7)에 대입하면 다음 식을 유도할 수 있다.

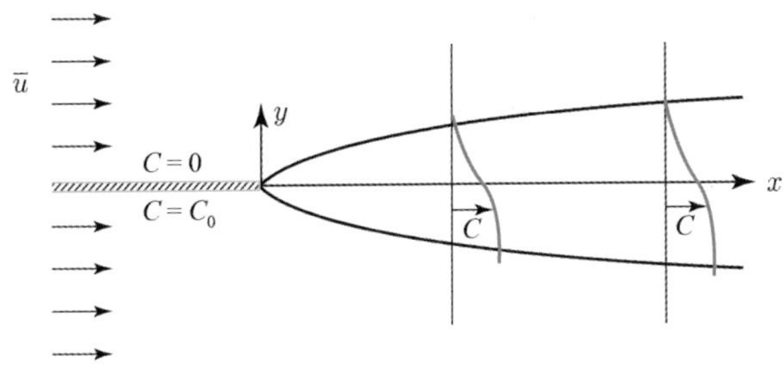

그림 5.22 무한경계를 갖는 공간에서 두 하천의 합류

$$\frac{\partial \overline{C}}{\partial t} = \frac{\partial}{\partial x'}\left(D_T \frac{\partial \overline{C}}{\partial x'}\right) \tag{5.110}$$

식 (5.110)은 1차원 확산방정식과 형태가 유사하므로 1차원 순간유입 문제의 다섯 번째 문제의 해를 이용하여 해를 다음과 같이 구할 수 있다.

$$C = \frac{C_0}{2}\left[1 - erf\left(\frac{x'}{\sqrt{4D_T t}}\right)\right] \tag{5.111}$$

상기 식을 원래 좌표계로 변환하면 다음 식이 된다.

$$C(x, y) = \frac{C_0}{2}\left[1 - erf\left(\frac{y}{\sqrt{4D_T \frac{x}{\overline{u}}}}\right)\right] \tag{5.112}$$

식 (5.112)의 해를 도시하면 그림 5.23과 같다.

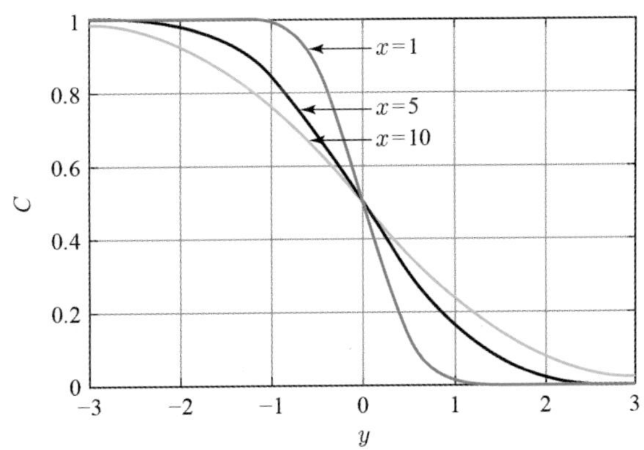

그림 5.23 무한경계를 갖는 공간에서 두 하천의 합류 문제에 대한 해

그림 5.24에 나타낸 바와 같이 하천의 양안이 반사경계면으로 이루어진 경우에는 반사효과를 고려할 수 있도록 가상 오염원에 의한 해를 중첩시켜 최종해를 구하여야 한다. 따라서 이 문제의 해는 다음 식과 같이 주어진다.

$$C(x,y)=\frac{C_0}{2}\sum_{n=-\infty}^{\infty}\left[erf\left(\frac{y'+1/2+2n}{\sqrt{4x'}}\right)-erf\left(\frac{y'-1/2+2n}{\sqrt{4x'}}\right)\right] \quad (5.113)$$

여기서, $y'=\frac{y}{W}$, $x'=\frac{xD_T}{\bar{u}W^2}$이다.

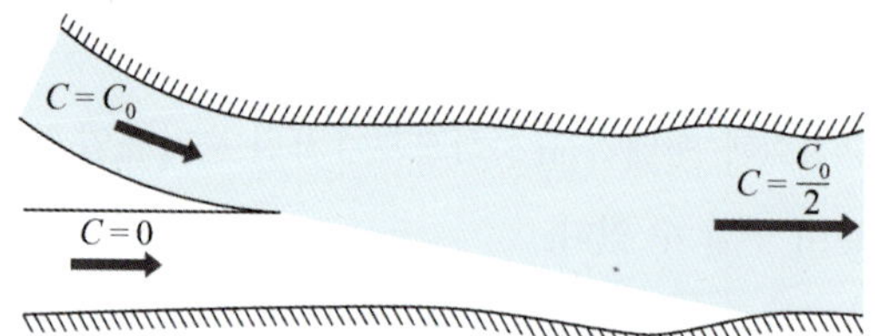

그림 5.24 하천의 양안이 반사경계면인 경우 합류부의 혼합

4. 반응성 오염물질 혼합 문제의 해석해

비보존성 오염물질은 수체 내에서 생화학적 반응 등에 의해서 질량이 시간에 따라서 감소하는 물질을 말한다. 이러한 반응에 의한 질량감소는 현존하는 오염물질의 질량에 비례한다는 1차 반응기작(first-order reaction)을 가정하여 문제를 푸는 것이 일반적이다. 이 경우 방정식은 다음과 같이 표현된다.

$$\frac{\partial C}{\partial t}=-kC \quad (5.114)$$

여기서, k는 물질의 감쇠계수 $\left[\frac{1}{t},\frac{1}{day}\right]$이다.

비보존성 오염물질 혼합의 첫 번째 문제는 1차원 흐름에 비보존성 오염물질이 순간유입된 경우이다. 이 경우 지배방정식은 다음과 같다.

$$\frac{\partial C}{\partial t}+U\frac{\partial C}{\partial x}=K\frac{\partial^2 C}{\partial x^2}-kC \quad (5.115)$$

초기 및 경계조건은 다음 식으로 주어진다.

$$C(x=0, t=0) = M\delta(x) \tag{5.116a}$$

$$C(x=\pm\infty, t) = 0 \tag{5.116b}$$

상기 문제에 대한 해는 다음의 식을 이용하면 용이하게 유도할 수 있다.

$$C(x,t) = C(k=0) \cdot \exp(-kt) \tag{5.117}$$

따라서 이 문제의 해는 다음과 같이 유도된다.

$$C(x,t) = \frac{M}{A\sqrt{4\pi Kt}} \exp\left[-\frac{(x-Ut)^2}{4Kt} - kt\right] \tag{5.118}$$

그림 5.25는 식 (5.118)의 해를 보존성 오염물질에 대한 해와 비교하여 그린 그림이다.

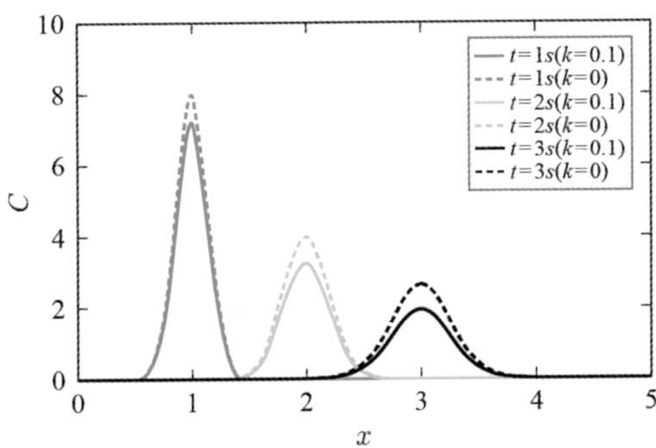

그림 5.25 **보존성 오염물질과 비보존성 오염물질에 대한 해의 비교**

두 번째 문제는 양안에 반사경계면을 갖는 하천에 비보존성 오염물질이 순간유입된 경우이다. 이 경우 2차원 지배방정식은 다음과 같다.

$$\frac{\partial C}{\partial t} + \bar{u}\frac{\partial C}{\partial x} = D_L \frac{\partial^2 C}{\partial x^2} + D_T \frac{\partial^2 C}{\partial y^2} - kC \tag{5.119}$$

초기 및 경계조건은 다음 식으로 주어진다.

$$C(x=0, y=0, t=0) = M\delta(x)\delta(y) \tag{5.120a}$$

$$C(x=\pm\infty, t) = 0 \tag{5.120b}$$

$$\left.\frac{\partial C}{\partial y}\right|_{y=0,\,W} = 0 \tag{5.120c}$$

상기 문제에 대한 해도 식 (5.117)을 이용하면 다음과 같이 유도된다.

$$C = \frac{M}{4\pi t\sqrt{D_L D_T}} \exp\left(-\frac{(x-\bar{u}t)^2}{4D_L t}\right) \sum_{n=-\infty}^{\infty} \left[\exp\left(-\frac{y+nW^2}{4D_T t}\right)\right] \cdot \exp(-kt) \tag{5.121}$$

세 번째 문제는 1차원 흐름에 비보존성 오염물질이 연속유입된 경우이다. 이 경우 지배방정식은 농도의 시간변화항을 제거해서 간략화하면 다음과 같다.

$$U\frac{\partial C}{\partial x} = K\frac{\partial^2 C}{\partial x^2} - kC \tag{5.122}$$

경계조건은 다음 식으로 주어진다.

$$C(x=0, t \geq 0) = C_0 \tag{5.123a}$$

$$C(x=\pm\infty, t) = 0 \tag{5.123b}$$

이 문제의 해는 다음과 같이 주어진다(Thomann과 Mueller, 1987).

$$C(x,t) = C_0' \exp\left[\frac{U}{2K}(1+\alpha)x\right], x \leq 0 \tag{5.124a}$$

$$C(x,t) = C_0' \exp\left[\frac{U}{2K}(1-\alpha)x\right], x \geq 0 \tag{5.124b}$$

이 식에서 C_0'와 α는 각각 다음과 같이 정의된다.

$$C_0' = \frac{C_0}{\alpha} \tag{5.125}$$

$$\alpha = \sqrt{1+\frac{4Kk}{U^2}} \tag{5.126}$$

식 (5.122)에서 보존성 오염물질이 연속유입된 경우라면 $k=0$이 되므로 지배방정식은 다음과 같이 된다.

$$U\frac{\partial C}{\partial x} = K\frac{\partial^2 C}{\partial x^2} \tag{5.127}$$

이 경우 해는 다음과 같이 유도된다.

$$C(x,t) = C_0 \exp\left(\frac{Ux}{K}\right), x \leq 0 \tag{5.128a}$$

$$C(x,t) = C_0, x \geq 0 \tag{5.128b}$$

연습문제

1. 수질오염사고에 의해 10 ton의 보존성 오염물질이 하천에 유입되었다. 오염물질의 유입은 짧은 시간에 발생하였으며, 유입된 후 짧은 거리 내에서 하천 단면 전체에 걸쳐서 혼합이 이루어졌다. 하천은 사행하며(곡률반경은 30 m), 단면이 불규칙하고 요철을 포함하고 있다. 평균유속은 1.25 m/s, 평균수심은 1.5 m, 하폭은 100 m, 하상경사는 0.001이다.

   (1) 이 문제에 1차원 이송-분산 모형을 적용할 경우, 이 모형을 적용할 수 없는 초기구간의 길이를 구하시오.

   (2) 종분산계수를 Fischer(1975) 공식, Seo와 Cheong(1998) 공식, Zeng과 Hui(2014) 공식을 사용하여 구하시오. 이 공식들에 의한 종분산계수 값을 비교하시오.

   (3) 유입지점으로부터 15 km 하류지점에 위치한 취수장에 도달하는 오염물질의 농도-시간 곡선을 구하시오. 이 경우 종분산계수는 위 (2)에서 구한 값 중 최적값을 이용하시오.

   (4) 위 (3) 문제에서 만약 오염물질의 농도가 3 ppm을 초과하는 경우에는 취수를 중단하여야 한다면 취수중단 시간을 제시하시오.

2. 일정한 유속(U)으로 흐르고 있는 농업용 도수로의 $x<0$인 구간에 일정 농도(C_0)의 보존성 오염물질이 순간적으로 유입되었다. 오염물질은 수로 단면 전체에 걸쳐서 일정한 농도를 가진 것으로 가정하고 다음의 문제를 푸시오. $U=1.0$ m/s, $C_0=20$ ppm, $K=10$ m^2/s이다.

   (1) 이 문제를 풀기 위한 해석해를 제시하시오.

   (2) $t=10$분, 30분, 60분인 경우에 농도-거리 곡선을 도시하시오.

3. 일정한 유속으로 흐르고 있는 하천에 보존성 오염물질이 순간적으로 유입되었다. 오염물질은 하천 중앙에 연직선원 형태로 유입된 것을 가정하고 다음의 2차원 혼합 문제를 푸시오. $U=1.0$ m/s, $H=3.0$ m, $M=200$ kg, $D_L=10$ m^2/s, $D_T=0.5$ m^2/s이다.

   (1) 하천의 폭이 충분히 넓어서 오염물질이 양안에서 반사되지 않는 것을 가정했을 때 이 문제의 해석해를 제시하시오.

   (2) $t=5$분 경과 후에 오염운의 중심의 위치(x, y 좌표)를 구하시오.

   (3) $t=5$분 경과 후에 $x=300$ m인 측선에서 오염운의 y방향 농도 변화를 계산하고, 오염운의 폭을 구하시오.

4. 아래 그림과 같이 거의 평행하게 흐르는 2개의 하천이 합류된 후 하류 지점에서의 2차원 혼합에 대한 다음의 문제를 푸시오. $U = 0.75$ m/s, $D_T = 1.5$ m^2/s, $C_0 = 50$ ppm이다.

(1) 두 하천 모두 y방향 무한한 폭을 갖고 있고, 시간변화항과 종방향 확산항을 무시하는 경우에 이 문제의 해석해를 제시하시오.

(2) $x = 100$ m, 1,000 m인 측선에서 오염운의 y방향 농도 변화를 도시하시오.

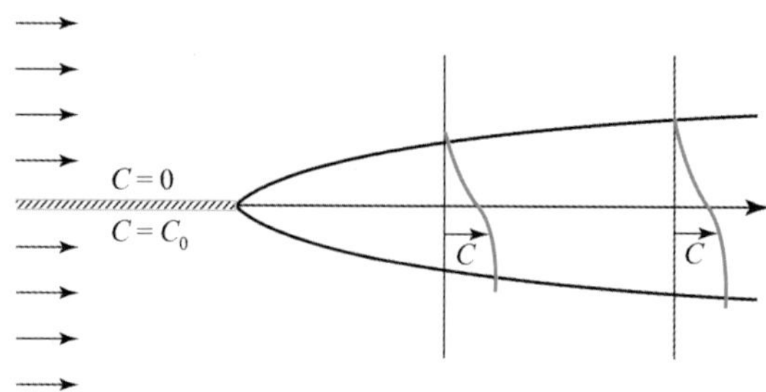

5. 일정한 유속으로 흐르고 있는 하천에 비보존성 오염물질이 순간적으로 유입되었다. 오염물질은 짧은 거리 내에 하천 단면 전체에 걸쳐 퍼진 것을 가정하고 다음의 문제를 푸시오. $U = 1.0$ m/s, $H = 1.5$ m, $W = 100$ m, $M = 10$ ton, $K = 50$ m^2/s, $k = 0.95$ /day이다.

(1) 이 문제를 풀기 위한 해석해를 제시하시오.

(2) $t = 6$시간 경과 후에 농도-거리 곡선을 도시하시오.

(3) 위 (2) 문제에서 오염운의 도심의 위치, 최대농도, 전체 질량을 구하시오. 보존성 오염물질과 비교하여 전체 질량 감소율을 구하시오.

부록 5.1: 1차원 이송-분산 방정식의 해석해 유도

본 부록에서는 오염물질이 연속적으로 유입되는 경우에 대해 1차원 이송-분산 방정식의 해석해를 라플라스 변환법을 이용하여 유도하는 과정을 서술한다. 1차원 이송-분산 방정식은 다음과 같이 표현된다.

$$\frac{\partial C}{\partial t} + U\frac{\partial C}{\partial x} = K\frac{\partial^2 C}{\partial x^2} \tag{A5.1}$$

이 문제의 초기 및 경계조건은 다음과 같이 표현된다.

$$C(x \geq 0, t = 0) = 0 \tag{A5.2a}$$

$$C(x = 0, t > 0) = C_0 \tag{A5.2b}$$

$$C(x = \pm\infty, t \geq 0) = 0 \tag{A5.2c}$$

식 (A5.1)을 다시 쓰면 다음과 같다.

$$K\frac{\partial^2 C}{\partial x^2} - U\frac{\partial C}{\partial x} - \frac{\partial C}{\partial t} = 0 \tag{A5.3}$$

상기 식에 라플라스 변환법을 적용하면 다음 식을 얻을 수 있다.

$$K\frac{\partial^2 \overline{C}}{\partial x^2} - U\frac{\partial \overline{C}}{\partial x} - s\overline{C} - C(t = 0) = 0 \tag{A5.4}$$

여기서, $\overline{C}$는 C의 라플라스 변환된 값으로서 다음과 같이 정의된다.

$$\overline{C} = L(C) = \int_0^\infty e^{-st} C(x,t)\,dt \tag{A5.5}$$

또한 C의 도함수에 라플라스 변환을 적용하면 다음 식과 같이 표현된다.

$$L(C') = sL(C) - C(x,0) = s\overline{C} - C(x,0) \tag{A5.6a}$$

$$L(C'') = s^2 L(C) - sC(x,0) - C'(x,0) \tag{A5.6b}$$

식 (A5.4)에서 $C(x, t = 0) = 0$이므로 다음과 같이 정리된다.

$$K\frac{\partial^2 \overline{C}}{\partial x^2} - U\frac{\partial \overline{C}}{\partial x} - s\overline{C} = 0 \tag{A5.7}$$

또는 다음 식으로 나타낼 수 있다.

$$\overline{C''} - \frac{U}{K}\overline{C'} - \frac{s}{K}\overline{C} = 0 \quad \text{(A5.8)}$$

여기서, $\overline{C}$를 다음과 같이 가정한다.

$$\overline{C} = e^{\lambda x} \quad \text{(A5.9)}$$

그러면 식 (A5.8)로부터 다음과 같은 특성방정식을 유도할 수 있다.

$$\lambda^2 - \frac{U}{K}\lambda - \frac{s}{K} = 0 \quad \text{(A5.10)}$$

식 (A5.10)의 일반해는 다음과 같이 유도된다.

$$\lambda = \frac{\frac{U}{K} \pm \sqrt{\left(\frac{U}{K}\right)^2 + 4\left(\frac{s}{K}\right)}}{2} = \frac{U \pm \sqrt{U^2 + 4sK}}{2K} \quad \text{(A5.11)}$$

식 (A5.11)을 식 (A5.9)에 대입하면 $\overline{C}$를 다음과 같이 얻을 수 있다.

$$\begin{aligned} \overline{C} &= C_1 e^{-\lambda_1 x} + C_2 e^{-\lambda_2 x} \\ &= C_1(s)\exp\left\{\frac{U \pm \sqrt{U^2 + 4sK}}{2K}x\right\} + C_2(s)\exp\left\{\frac{U \pm \sqrt{U^2 + 4sK}}{2K}x\right\} \end{aligned} \quad \text{(A5.12)}$$

그런데 경계조건 중 (A5.2c)에 라플라스 변환을 적용하면 다음 식과 같이 된다.

$$\lim_{x \to \infty} \overline{C}(x, s) = \lim_{x \to \infty} \int_0^\infty e^{-st} C(x, t)dt = \int_0^\infty \left\{e^{-st} \lim_{x \to \infty} C(x, t)dt\right\} = 0 \quad \text{(A5.13)}$$

식 (A5.13)에 식 (A5.12)를 대입하면 다음 식과 같이 된다.

$$\lim_{x \to \infty} \overline{C}(x, s) = \lim_{x \to \infty}\left[C_1(s)\exp\left\{\frac{U \pm \sqrt{U^2 + 4sK}}{2K}x\right\}\right] + \lim_{x \to \infty}\left[C_2(s)\exp\left\{\frac{U \pm \sqrt{U^2 + 4sK}}{2K}x\right\}\right] = 0$$
(A5.14)

상기 식에서 $C_1(s) = 0$이므로 $\overline{C}$는 다음 식과 같이 표현된다.

$$\overline{C} = C_2(s)\exp\left\{\frac{U \pm \sqrt{U^2 + 4sK}}{2K}x\right\} \quad \text{(A5.15)}$$

경계조건 중 (A5.2b)를 이용하면 다음 식과 같이 된다.

$$\overline{C}(0, s) = \frac{C_0}{s} \quad \text{(A5.16)}$$

이를 이용하면 $C_2(s) = \dfrac{C_0}{s}$이 된다. 따라서 식 (A5.15)는 다음과 같이 정리된다.

$$\begin{aligned}\overline{C} &= \frac{C_0}{s}\exp\left(\frac{U\pm\sqrt{U^2+4sK}}{2K}x\right)\\ &= C_0\exp\left(\frac{Ux}{2K}\right)\frac{1}{s}\exp\left(-\frac{x}{\sqrt{K}}\sqrt{\frac{U^2}{4K}+s}\right)\end{aligned} \tag{A5.17}$$

라플라스 변환 테이블을 이용하여 식 (A5.17)에 대한 역변환을 하면 다음과 같이 유도된다.

$$\begin{aligned}C &= \frac{C_0}{2}\exp\left(\frac{Ux}{2K}\right)\left\{\exp\left(\frac{-Ux}{2K}\right)erfc\left(\frac{x-Ut}{\sqrt{4Kt}}\right)+\exp\left(\frac{Ux}{2K}\right)erfc\left(\frac{x+Ut}{\sqrt{4Kt}}\right)\right\}\\ &= \frac{C_0}{2}\left\{erfc\left(\frac{x-Ut}{\sqrt{4Kt}}\right)+\exp\left(\frac{Ux}{K}\right)erfc\left(\frac{x+Ut}{\sqrt{4Kt}}\right)\right\}\end{aligned} \tag{A5.18}$$

상기 식의 유도에 적용한 라플라스 역변환 관계식은 다음과 같다.

$$\frac{2}{s}\exp\left\{-a(s+b^2)^{\frac{1}{2}}\right\} \Leftrightarrow e^{-ab}erfc\left(\frac{a}{2\sqrt{t}}-b\sqrt{t}\right)+e^{ab}erfc\left(\frac{a}{2\sqrt{t}}-b\sqrt{t}\right) \tag{A5.19}$$

CHAPTER 6

하천혼합 계측

본 장에서는 하천으로 유입되는 오염물질의 혼합 거동 해석에 필요한 수체의 혼합 성능 평가를 위한 현장 계측에 관해서 서술하였다. 하천 수질예측모형의 확산계수 또는 혼합계수의 산정을 위하여 수행하는 하천 추적자실험에 대하여 세부적인 절차와 방법론을 서술하였다. 하천 추적자실험을 부유사, 폐열, 전기전도도 등이 하천에 유입되는 경우에 이들의 농도를 측정하고 분석하는 방법과 방사성 동위원소, 형광성 염료 등 인공적인 추적자를 투입하여 계측한 농도를 분석하는 방법으로 나누어 현장실험 방법과 분석 이론을 제시하였다. 후반부에서는 현장에서 계측한 수리자료와 농도자료를 이용하여 혼합계수를 산정하는 방법론을 제시하였다.

1. 하천혼합 계측 개요

하천, 호수 등 자연수체로 유입되는 오염물질의 혼합 거동 해석을 위해서는 수질예측모형의 확산계수 또는 혼합계수의 산정이 필요하다. 자연수체의 수질 해석을 위해서는 BOD, 인과 질소, 유해화학물질 등 실제 오염물질의 농도를 측정해서 수체가 가진 혼합 성능을 평가하여 혼합계수를 산정하는 것이 바람직하지만 이를 수행하기는 어렵다. 따라서 실제 오염물질을 대체할 수 있는 추적자를 주입하여 이의 거동을 측정하고 평가하는 추적자실험이 더 현실적이다. 이에 따라서 하천 추적자실험에서는 추적자로서 용존성 또는 부유성 물질 등 수생태계에 악영향을 미치지 않는 물질을 선택하여 하천의 상류 지점에서 주입한 후에 이의 농도를 하류 지점에서 측정하여 농도자료를 분석하면 해당 구간의 혼합 성능을 평가할 수 있다. 나아가 하천 추적자실험은 하천수질 해석을 위한 수치모형의 검보정에 필요한 실측자료의 취득에도 필요하다.

상술한 인공적인 추적자실험과는 다른 방법으로서 고농도의 부유사, 전기전도도, 폐열(수온) 등이 지류에서 본류로 유입되는 경우에 합류점 하류에서 오염물질의 농도를 직접 측정하여 이들의 혼합 특성을 평가할 수 있다. 이러한 경우의 현장 계측을 자연 추적자실험이라고도 하는데, 이렇게 자연 추적자를 이용하는 실험은 수체에 인공적인 추적 물질을 주입하지 않기 때문에 환경에 나쁜 영향을 미치지 않는다는 장점이 있다.

하천 추적자실험 수행 시 하천수질모형의 혼합계수 계산과 검보정을 위한 하천 지형, 수심, 유속 등 수리량 자료도 필요하므로 이들에 대한 현장조사 및 측정도 필요하다. 이에 따라 하천 추적자실험에서 수집해야 할 자료는 수질 해석에 적용하고자 하는 혼합모형에 따라서 다음과 같이 분류할 수 있다.

- 1차원 수질해석모형을 위한 현장실험: 각 측선의 수심 및 지형자료, 각 측선의 단면평균 유속자료[$U(x,t)$], 각 측선의 단면평균 농도자료[$C(x,t)$]
- 2차원 수질해석모형을 위한 현장실험: 각 측선의 수심 및 지형자료, 각 측선의 수심평균 유속자료[$\overline{u}(x,y,t)$, $\overline{v}(x,y,t)$], 각 측선의 수심평균 농도자료[$\overline{C}(x,y,t)$]
- 3차원 수질해석모형을 위한 현장실험: 각 측선의 수심 및 지형자료, 각 측선의 유속자료[$u(x,y,z,t)$, $v(x,y,z,t)$, $w(x,y,z,t)$], 각 측선의 농도자료[$c(x,y,z,t)$]

2. 하천 추적자실험

1) 현장실험 계획 및 준비

(1) 실험 절차

전술한 바와 같이 수질해석모형에 따라 하천혼합 계측을 위한 추적자실험에서 수집해야 할 자료의 범위가 다르므로 현장실험에서 최대한의 성과를 얻고 현장 인력과 물류를 최소화하려면 철저한 계획이 필수다. 따라서 수질해석모형에 따라 실험 장소를 신중하게 선택하고 실험 절차를 최적화하는 것이 필요하다. 일반적으로 하천 추적자실험 절차는 다음과 같다.

① 추적자실험 구간 및 측선 선택
② 측선 태그라인 설치
③ 하천 수심 및 지형 측량
④ 측선별 유속 및 유량 측정
⑤ 추적자 농도 측정
⑥ 현장실험 자료 분석

상기 실험 수행 시 수심 및 유속 측정, 추적자 샘플링에 측선, 날짜, 시간, 위치 및 이동 방향을 주의 깊게 기록하는 것이 필수적이며, 실험 수행 중 실험 절차를 변경할 수 있도록 현장 실험팀 간의 양호한 무선 통신이 필요하다.

(2) 추적자실험 구간 및 측선 선택

추적자실험을 위한 하천 구간은 대상 하천의 수리 및 혼합 특성을 잘 반영할 수 있는 구간으로 선택하되, 실험 목적에 따라서 직선구간과 사행구간으로 나누어서 실험을 수행한 후 각각에 대한 혼합 특성을 분석하거나 이들의 결과를 종합하여 해당 하천의 특성을 종합적으로 평가할 수 있다. 실험 구간이 선택된 후에 추적자 샘플링 측선은 주입된 추적자의 연직방향 및 횡방향 혼합을 위해 필요한 거리를 고려하여 결정해야 한다.

① 1차원 추적자실험

1차원 추적자실험의 경우 횡방향 혼합이 완료된 이후의 구간에서 샘플링을 해야 한다. 따라서 첫 번째 샘플링 측선은 다음 식과 같이 주어진다.

$$L_t = 0.1\frac{UW^2}{D_T} \tag{6.1}$$

여기서, L_t는 주입지점부터 하류 방향 거리, U는 단면평균유속, W는 하폭, D_T는 횡혼합계수이다. 식 (6.1)은 그림 6.1과 같이 추적자가 하천의 중앙지점에 주입된 경우에 대한 식이고, 만약 하천의 양측면(양안)에 주입된 경우에 대한 식은 다음과 같다.

$$L_t = 0.4\frac{UW^2}{D_T} \tag{6.2}$$

식 (6.1)과 (6.2)는 모두 제5장에서 제시한 해석해에 기반한 것으로서, 두 식을 비교해 보면 추적자가 하천의 한쪽 하안(강기슭)에 주입된 경우에는 반대편 하안까지 완전한 혼합이 이루어지는 데 필요한 거리가 하천의 중앙지점에 주입된 경우에 비해 4배로 늘어남을 알 수 있다.

사행이 완만하게 발달하고 하폭 대 수심비가 50 정도$\left(\frac{W}{H}\approx 50\right)$인 하천 구간의 경우 L_t의 대략적인 거리는 다음과 같이 제시할 수 있다. 완만하게 사행하는 자연하천의 경우 $D_T=(0.3\sim 0.9)Hu^*$, $\frac{U}{u^*}\approx 10$으로 가정하면 L_t는 다음과 같이 계산된다.

$$L_t = 0.1\frac{(10u^*)\,W^2}{(0.3\sim 0.9)\left(\frac{W}{50}\right)u^*}\approx (50\sim 150)\,W \tag{6.3}$$

따라서 유속, 혼합 특성 등의 정보가 없는 경우, 상기 식을 적용하면 하폭 자료만을 가지고도 대략 L_t를 추정하고 이를 이용하여 측선을 설치할 수 있다.

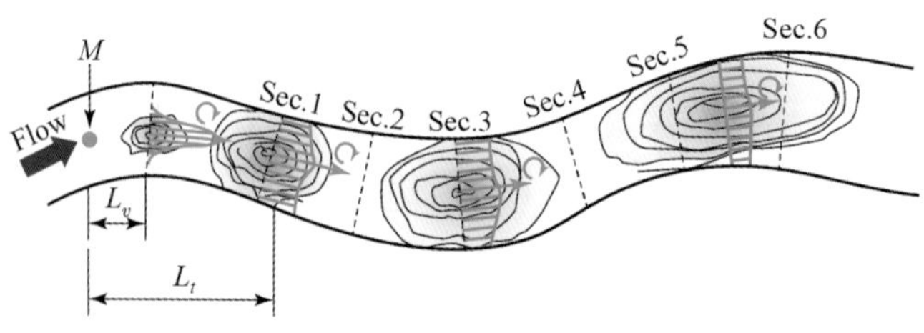

그림 6.1 1차원 추적자실험의 샘플링 측선 설치

② 2차원 추적자실험

2차원 추적자실험의 경우 점원으로 주입된 추적자가 연직방향으로 혼합이 완료된 이후의 구간에서 샘플링을 해야 한다. 이 경우 첫 번째 샘플링 측선은 다음 식과 같이 주어진다.

$$L_v = 0.35\frac{UH^2}{\epsilon_z} \tag{6.4}$$

여기서, L_v는 주입지점부터 하류 방향 거리, H는 수심, ϵ_z는 연직방향 난류확산계수이다. 식 (6.4)는 제5장에서 제시한 해석해에 기반한 것으로서 추적자가 하천의 중앙지점 또는 양안에 주입된 경우 모두 적용할 수 있다. 2차원 추적자실험의 경우 추적자가 횡방향으로 혼합이 완료되기 이전에 실험을 수행하여야 하므로 마지막 샘플링 측선은 그림 6.2에 도시한 바와 같이 L_t보다 작은 지점에 설치해야 한다. 그림 6.2에 나타낸 바와 같이 여러 개의 측선을 설치하는 경우 측선 간의 간격은 하폭의 5~15배 정도로 유지한다.

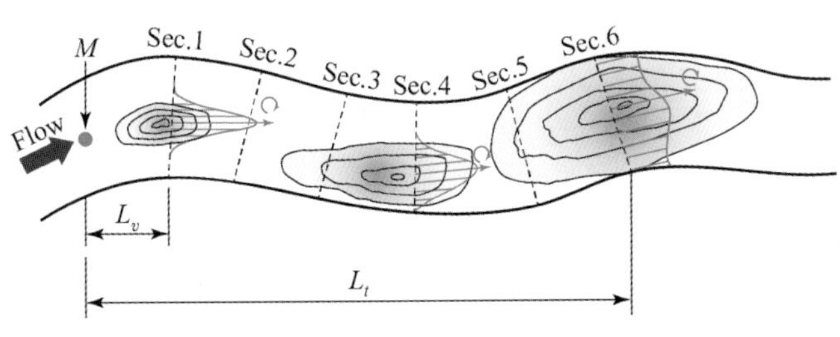

그림 6.2　2차원 추적자실험의 샘플링 측선 설치

(3) 측선 태그라인 설치

전 절에서 서술한 바와 같이 실험 구간이 정해지면 실제 샘플링 측선은 다음 조건을 고려하여 선택한다. 첫 번째는 접근 용이성으로서 태그라인(tagline) 설치 및 계측기기 설치를 위해 실험자의 접근이 용이하여야 한다. 두 번째는 하천의 하상 재료, 식생 등 조건을 검토해 보아야 한다. 이는 하천의 흐름 특성과 추적자의 혼합 거동에 영향을 미치기 때문에 이러한 상태에 대한 면밀한 검토가 필요하다. 세 번째는 사주가 지나치게 발달한 구간이거나 보나 낙차공 등 하천구조물이 있는 구간의 경우에는 이들에 대한 고려도 필요하다. 실제 하천에서 추적자실험을 위하여 측선 설치 사례를 그림 6.3에 나타내었는데, 이 그림에는 추적자 샘플링을 위한 측선(S1~S4)과 수심, 유속을 측정하는 측선(U1~U5)이 표시되어 있다. 추적자 샘플링 측선 간 간격이 긴 경우에는 이 그림과 같이 수심 및 유속 측정 측선을 촘촘하게 설치하여 하천의 동수역학적 특성을 보다 상세하게 분석할 수 있다.

태그라인은 추적자실험 수행 시 측선의 위치를 정확하게 표시하는 목적으로 설치한다. 중소하천에서는 철선, 밧줄 등을 하천을 가로질러 설치하며, 대하천의 경우 하천을 가로질러 태그라인을 설치하기 어려우므로 하천 양안에 스태프 말뚝(staff gauge) 또는 깃발을 설치해 측선을 표시하는 것이 일반적이다. 이렇게 설치한 태그라인을 이용하여 측선별 수심, 유속 등을 측정하고 추적자 센서를 부착하여 농도를 측정할 수 있다. 태그라인의 설치 방법은 그림 6.4에 나타낸 바와 같다. 그림 6.4에 나타낸 태그라인은 2차원 혼합 특성을 파악하기 위한 추적자실험에 해당하며, 추적자 센서를 하폭방향으로 여러 개 설치하여 추적자의 횡방향 혼합을 분석할 수 있도록 한 것이다.

그림 6.3 하천 추적자실험을 위한 측선

(a) 태그라인 설치 방법

(b) 태그라인 및 추적자 센서

그림 6.4 태그라인의 설치

2) 하천 수리량 계측

(1) 하천 수심 및 지형 측량

하천수질모형을 적용하거나 실측 농도자료로부터 혼합계수를 계산하기 위해서는 수심, 하폭 등 정확한 하천 지형 및 수심자료가 필수적이다. 하천 수심 측량에는 일반적으로 음향측심기(Echosounder) 또는 초음파 유속측심계(Acoustic Doppler Current Profiler, ADCP)를 이용한다. 특히 ADCP는 하천 횡단면 전체의 수심뿐만 아니라 유속분포자료까지 동시에 측정할 수 있는 장점이 있어, 최근 하천 지형 및 유속 측정에 널리 활용되고 있다.

ADCP를 이용한 수심 측량 시 전 절에서 설명한 태그라인을 이용하여 측정 경로의 정확성을 확보하는 것이 일반적이다. 이 태그라인을 따라 보트 또는 무인 측량 보트를 일정한 속도로 이동시키면서, ADCP 센서를 통해 연속적으로 수심 및 유속자료를 획득한다. 하천 폭이 넓어 태그라인 설치가 어려운 경우에는 측선 양안에 스태프 말뚝이나 시각적 표지봉(beacon)을 설치하고, GPS 항법을 활용하여 최대한 직선 경로로 보트를 운행한다. 이때 보트에는 ADCP 센서와 고정밀 GPS 시스템을 동시에 설치하여, 보트의 정확한 위치와 측선 내 각 지점의 수심자료를 실시간으로 기록한다.

측정된 수심자료는 측선 양끝에 설치된 수심 측량 기준점(Gauging Height Point, GHP)을 이용하여 지리적 좌표 및 표고 기준으로 보정한다. 이때 GHP는 측선의 태그라인을 고정한 나무나 강철 파일 등을 사용하여 설정하며, RTK-GPS(Real-Time Kinematic GPS)를 이용해 이 기준점의 정확한 위치와 표고를 측정하여 벤치마크로 활용한다.

하천의 수심이 얕고 도보 측량이 가능한 경우에는 RTK-GPS만을 이용하여 수심 측량이 가능하다. 이때 RTK-GPS로 수표면의 고도를 먼저 측정한 후, 동일한 지점에서 하상(하천 바닥)의 고도를 추가로 측정하여 두 값의 차이를 계산함으로써 수심을 산정한다. 이는 특히 소규모 하천이나 얕은 구간에서 효율적인 방법으로 널리 사용된다.

홍수터(floodplain)나 제방 등 육상 구역 및 하천 외곽의 지형 측량에도 주로 RTK-GPS가 사용된다. RTK-GPS는 측량 지역 인근에 고정된 기지국(base station)을 설치하고, 이동국(rover)을 이용하여 각 지점의 위치와 고도를 높은 정밀도로 실시간으로 측정할 수 있는 기술이다. 그림 6.5에 나타낸 바와 같이 측량 현장 주변에 RTK-GPS 기지국을 설치하고, 이를 기준으로 하천과 홍수터의 정확한 지형자료를 획득하여 하천수질모형 및 지형 분석에 활용하게 된다.

그림 6.5 RTK-GPS를 이용한 지형 측량

(2) 유속 및 유량 측정

하천의 유속과 유량을 정확하게 측정하는 것은 오염물질 혼합 해석 및 혼합계수 계산에 필수적이다. 하천의 유량은 일반적으로 수심과 유속의 곱을 하천의 횡단면적과 결합하여 산정되므로 정확한 유속자료의 확보는 매우 중요하다. 유속 측정 방법은 크게 측정자가 하천 내로 진입하여 도보로 측정하는 방법과, 수심이 깊은 대규모 하천에서 보트를 이용하여 측정하는 방법으로 구분된다.

유속 측정에 사용되는 대표적인 기기는 기계적 방법의 프라이스미터(Price current meter), 음향 기반의 ADV(Acoustic Doppler Velocimeter), ADCP 그리고 간편법으로 사용하는 부자(float) 방식 등이 있다. 그러나 최근 들어 기계식 유속계나 부자는 정확도와 신뢰성 및 안전성 문제로 인해 사용이 감소하고 있으며, 높은 정확도와 현장 적용성이 뛰어난 음향 도플러 방식인 ADV와 ADCP가 널리 활용되고 있다.

ADV와 ADCP는 모두 음향 도플러 원리를 기반으로 하는 음파유속계이다. 음파유속계는 송신기(transmitter)에서 발사한 일정 주파수의 음파가 수체 내 부유 입자에 부딪혀 반사되어 돌아오는 음파의 주파수 변화(도플러 이동, Doppler shift)를 분석하여 유속을 측정한다. 이때 입자는 물속에 자연적으로 존재하는 미세한 부유물질 등을 이용하며, 이러한 수중 입자의 움직임이 수체의 실제 움직임을 반영하는 것으로 가정하여 유속 측정이 이루어진다.

ADV는 특정 지점에서 국소적인 점유속(point velocity)을 측정하는 장비이다. ADV는 수중에 설치된 탐침(probe) 끝에 있는 음파 송신기에서 수 cm 떨어진 작은 샘플링 볼륨 내의 입자 움직임을 포착하여 순간적인 3차원 유속을 높은 빈도로 측정한다[그림 6.6(a)]. ADV는 높은 시간 해상도와 정확도를 가지고 있으며 수심이 얕고 하폭이 좁은 소하천에서 정밀한 유속 측정에 적합하다[그림 6.6(b)]. 그러나 ADV는 한 번에 단일 지점의 유속만을 측정하기 때문에, 여러 위치의 유속분포를 얻기 위해서는 측선에서 일정 간격으로 이동하며 한 지점씩 측정해야 한다.

ADV가 단일 지점의 유속을 측정하는 장비인 반면에 ADCP는 연직방향으로 여러 지점의 유속을 동시에 측정할 수 있는 장점이 있는 장비이다. ADCP는 그림 6.7에 나타난 바와 같이 장비에서 방출된 음파 빔이 하천 바닥 방향으로 여러 개의 수직층(bin)으로 나누어진 후, 각 층에서의 도플러 이동을 감지하여 수면으로부터 하상면까지의 연속적인 유속 프로파일을 제공한다. 이로 인해 ADCP는 측정 경로를 따라 이동하는 동안 넓은 영역에 걸친 상세한 유속분포와 수심을 동시에 측정할 수 있으며, 추가적인 계산을 통해 유량 산정까지 가능하다. ADCP의 또 다른 장점은 중 · 대규모 하천이나 수심이 깊은 지역에서 유속과 수심을 측정할 수 있다는 점이다. 이에 따라서 하천 폭이 넓고 수심이 깊은 하천이나 강에서는 그림 6.8과 같이 보트 또는 무인 수상 장비(Unmanned Surface Vehicle, USV)에 ADCP를 장착하고 횡단면 전체를 연속적으로 이동하면서 유속 프로파일을 측정

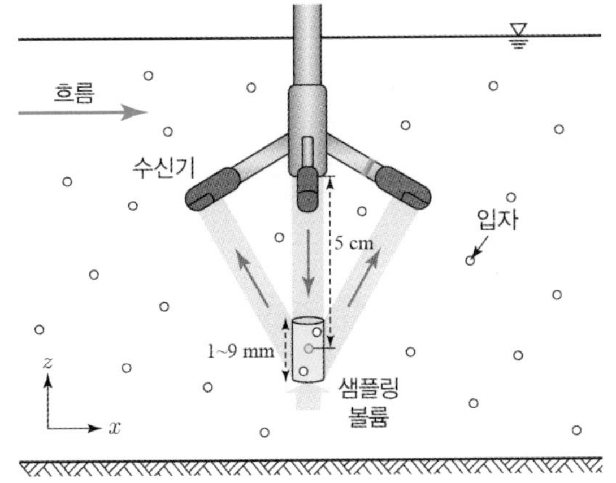

(a) ADV의 유속 측정 원리

(b) ADV를 이용한 유속 측정

그림 6.6 **ADV의 유속 측정 원리 및 하천 유속 측정**

자료: Seo 등(2016) · Park과 Hwang(2021)

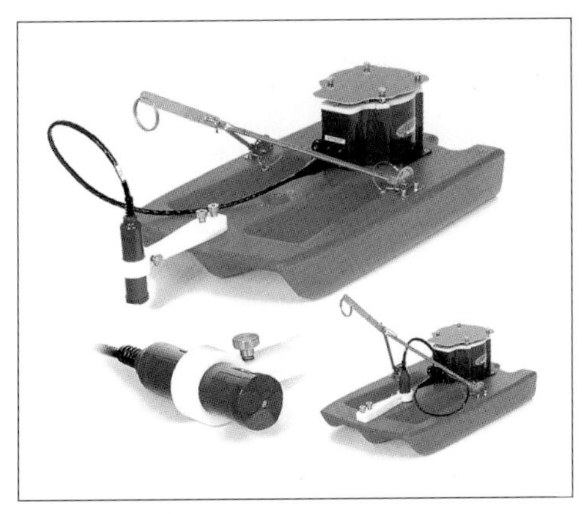

(a) ADCP 및 측정용 무인 보트

(b) ADCP 유속 측정 원리

그림 6.7 **ADCP의 유속 측정 원리**

자료: Teledyne Marine Technologies(2025)

한다. 그림 6.8(b)는 이렇게 하천 횡단면을 가로질러서 이동하며 측정한 유속분포이다(Parsons 등, 2013). 이 그림에서 종방향 유속은 컨투어로 나타냈으며, 횡방향 및 연직방향 유속(이차류)은 화살표로 나타나 있다. ADCP 운용 시 고정밀 GPS를 보트에 장착하여 함께 사용하는 경우에는 측점의 위치 정보를 함께 기록할 수 있어 공간적으로 정확한 유속 및 유량 분포를 확보할 수 있다.

(a) ADCP를 이용한 유속 측정

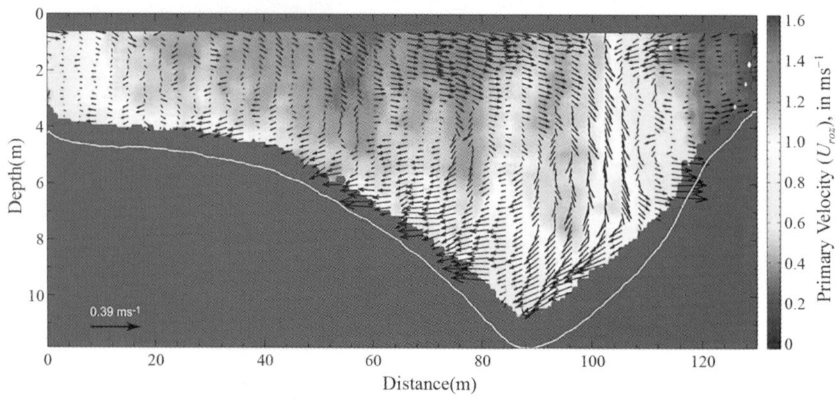

(b) ADCP로 측정한 하천 횡단면 유속분포

그림 6.8 ADCP를 이용한 유속 측정

자료: Parsons 등(2013)

3) 추적자 농도 측정

(1) 추적자의 종류

전 절에서 설명한 바와 같이 추적자실험은 수질해석모형에 필요한 농도자료와 혼합계수 확보를 위하여 실제 오염물질을 대체할 수 있는 추적자를 주입하여 이의 거동을 측정하고 평가하는 데에 목적이 있다. 추적자는 하천 수생태계에 악영향을 미치지 않는 물질을 선택하여야 하는데, 일반적으로 자연 또는 환경 추적자와 인공추적자로 나누어 볼 수 있다. 자연추적자를 이용하는 실험은 자연수체 내에 존재하는 물질을 이용하는 방법이고, 인공추적자 실험은 자연수체 내에 존재하는 물질이 아닌 대체 물질을 주입하여 그 농도를 측정하는 방법이다.

자연추적자를 이용하는 실험은 그림 6.9에 나타낸 바와 같이 일반적으로 고농도의 부유사, 폐열(수온) 등이 지류에서 본류로 유입되는 경우에 합류점 하류에서 수행하거나, 하 · 폐수처리장 또는 발전소에서 배출되는 고농도의 전기전도도 또는 온배수를 추적하는 방법으로 수행된다(Jung 등, 2019; Kwon 등, 2023b). 이렇게 자연 추적자를 이용하는 실험은 수체에 인공적인 추적 물질을 주입하지 않기 때문에 환경에 나쁜 영향을 미치지 않는다는 장점이 있다.

그림 6.9 **낙동강-황강 합류부에서 부유사 혼합**

인공추적자는 크게 화학염(salt), 형광성 염료(fluorescent dye), 방사성 동위원소(radioisotope) 등 용존성 물질과 부자(float) 등 부유성 물질로 나누어 볼 수 있다. 이들 중에서 형광성 염료와 GPS 부자를 이용한 추적자실험에 대한 사진이 그림 6.10에 실려 있다. 부유성 추적자는 일반적으로 용존성 추적자에 비해 환경에 악영향을 미치지 않는다는 장점이 있어서 장시간, 넓은 영역에서의 해류 거동과 오염물질 이동을 연구하고자 해양에서 많이 사용되었으며 최근에는 하천혼합 연구에도 활발하게 이용되고 있다(Han 등, 2016; Park 등, 2017). 특히 그림 6.10(b)와 같이 다수의 부자를 투입하는 경우에는 라그랑지안(Lagrangian) 거동을 분석하여 유속장을 산출할 수 있을 뿐만 아니라 개별 부자의 위치 정보를 이용하여 분산 특성도 산출할 수 있는 장점이 있다. 그러나 표면부자의 경

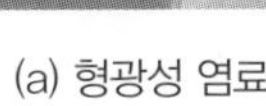

(a) 형광성 염료

(b) GPS 부자

그림 6.10 **형광성 염료와 GPS 부자를 이용한 추적자실험**

우 수표면에서 떠서 움직이기 때문에 바람의 영향에 대한 보정이 필요하다.

용존성 인공추적자는 다음의 조건을 만족하는 것으로 선정한다. 첫째 보존성 물질로서 하천 내에서 광화학적 또는 생화학적으로 감쇠되거나 소실되어서는 안 된다. 만약 반응성 오염물질의 거동을 연구하는 것이 목적이라면 보존성 추적자와 함께 반응성 추적자를 동시에 주입하여 반응계수 등 특성을 도출하는 방법을 쓸 수 있다. 둘째 지류나 다른 유입원으로부터 유입되지 않는 물질로 선정해야 한다. 셋째 해당 추적자 물질에 대한 하천 자체의 기저농도가 매우 작아서 검출되지 않는 수준이어야 한다. 마지막으로 하천 생태계 및 인간에게 유해한 영향을 주지 않는 물질을 선택하여야 한다.

용존성 인공추적자 중에서 화학염은 상술한 조건을 대부분 만족하고 비용도 저렴하기 때문에 하천 추적자실험에 널리 활용되고 있다. 추적자실험에 활용되는 화학염으로는 염화물(chloride), 나트륨(sodium), 리튬(lithium), 칼륨(potassium), 마그네슘(magnesium) 등이 있다. 이들을 추적자로 하천에 주입하면 모두 이온화가 되는데, 이온값이 여러 조건에 따라 영향을 받는 것으로 알려져 있다. 특히 염화물의 경우 pH가 낮은 경우 부유사나 토사에의 흡착률이 증가하는 것으로 보고된 바 있다(Zand 등, 1976).

유기 염료인 형광성 물질의 경우 1960년대부터 하천 추적자실험에 광범위하게 사용되어 왔다(Yotsukura 등, 1970; Munn과 Meyer, 1988; Rowinski 등, 2007; Sun 등, 2013). 형광염료의 장점은 자연수체에서 낮은 농도의 형광도를 일반적인 형광광도계(fluorometer)로 계측할 수 있다는 점과 적색 또는 녹색 계열 색상을 가진 염료이기 때문에 육안으로도 쉽게 추적자의 혼합 거동을 파악할 수 있다는 점이다. 또한 방사성 동위원소 등 다른 추적 물질에 비해 비용도 저렴하다는 점에서 중규모 이상의 하천에서도 사용 가능하다. 일반적으로 많이 사용하는 Rhodamine WT는 토사와 퇴적물에 흡착하는 성향이 작아서 하천 등 흐름이 있는 수체에서는 보존성 추적자로서 여겨지고 있으나, pH가 낮은 수체에서는 형광성이 저하되는 경향이 있다고 보고된 바 있다(Bencala 등, 1983). 최근 국내에서도 하천, 댐, 지하수 등에서 형광추적자를 활용하여 수체 내에서의 물질의 혼합 및 이동 특성을 분석하는 연구가 활발하게 수행되고 있다(강동환과 정상용, 2005; Seo 등, 2016; 김준성 등, 2021). 이에 따라 Rhodamine WT를 비롯한 형광성 염료의 수체 내 거동 특성과 위해성에 관한 연구도 이루어지고 있다(Smart와 Laidlaw, 1977; Rowinski와 Chrzanowski, 2011).

인공추적자 중 방사성 동위원소는 미량의 주입으로도 추적자의 검출이 쉽고, 관찰할 수 있는 농도 범위가 넓고, 방사선 검출 장비의 분해능이 높다는 장점이 있다. 그리고 하상에 흡 · 탈착되는 추적자의 양이 비교적 적어서 정확하고 효율적으로 실험을 수행할 수 있다(Godfrey 및 Frederick, 1970). 방사성 물질은 반감기를 가지고 있으므로 보존성 오염물을 가정한다면 방사선 검출기에서 검출된 계측결과를 보정해 주어야 한다. 또한 방사선원은 대기, 하천 등 자연환경에 존재하므로 이를 감안하여 자연농도(기저농도)를 계측결과로부터 제거해 주어야 한다. 현장연구에서는 검출이 용이한 감마선을 방출하는 동위원소가 많이 쓰이는데, 최근에는 현장실험을 수행하기에 충분한 시간을 확보할 수 있는 반감기가 8.04일인 요오드 131(I-131)이 많이 활용되고 있다(서일원 등, 2006; 한국원자력연구소, 2006; Seo 등, 2006).

부유사의 혼합 거동을 파악하기 위해서는 황토나 실트 등을 추적자로 사용하여 실험한다. 이 경우 실험용 황토를 물에 섞어 주입하게 하는데 황토가 침강성을 가지고 있기 때문에 하류 측선에서 도달하는 동안 질량 손실이 발생하기 때문에 용존성 추적자와는 상이한 혼합 성능을 나타내게 된다. 그림 6.11은 황토를 이용한 추적자실험에서 주입 방법과 하류 측선에서 추적자 오염운의 거동을 나타내고 있다(Kwon 등, 2023a).

(a) 황토 주입

(b) 수로 하류에서 황토 오염운의 거동

그림 6.11 **황토를 이용한 추적자실험**

자료: Kwon 등(2023a)

(2) 추적자의 주입 및 농도 계측

하천 추적자실험에서 추적자의 주입은 실험 목적에 따라 두 가지 방식으로 할 수 있다. 하·폐수처리장 또는 지류에서 연속적으로 유입되는 오염물질을 대표하기 위한 연속주입의 경우에는 그림 6.12에 나타낸 바와 같은 Marriott 용기나 부유 사이펀(floating siphon)을 이용한다. 이 두 장치 모두 기계적 장치를 이용하지 않고 정수두를 유지하며 추적자 용액을 일정 시간 연속적으로 주입할 수 있는 장점이 있다. 만약 소량의 추적자 용액을 연속적으로 주입하는 경우에는 연동펌프(peristaltic pump)를 사용할 수 있다. 수질사고 등을 모사하기 위한 순간주입의 경우에는 그림 6.13에 나타낸 바와 같은 주입 용기를 이용한다. 이러한 주입 용기의 경우 바닥면이 개방되도록 설계하여 추적자 용액이 짧은 시간 내에 하천으로 주입되도록 한다. 방사성 추적자의 투입 시에는 실험자에 대한 피폭과 투입 후 잔류 방사성 물질의 발생을 최소화하기 위하여 방사성 추적자 용액이 담긴 앰플을 수면 아래에서 순간적으로 파쇄하고 파편 조각만 남길 수 있도록 고안된 주입장치를 사용한다. 그림 6.13(b)는 서일원 등(2006)이 중소하천에서 수행한 추적자실험에서 사용한 방사성 추적자 주입장

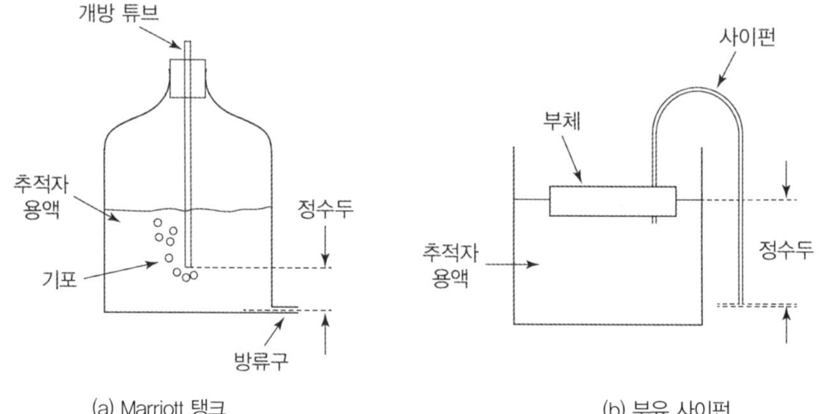

그림 6.12 연속 주입을 위한 Marriott 탱크 및 부유 사이펀

자료: Rutherford(1994)

(a) 순간 주입용 용기

(b) 방사성 추적자 주입장치

그림 6.13 순간 주입을 위한 주입 용기와 방사성 추적자 주입장치

자료: 서일원 등(2006) · Seo 등(2016)

치를 보여 주고 있다.

하천 추적자실험에서 추적자의 농도는 다음의 두 가지 방법으로 측정한다. 첫 번째는 현장에서 물 시료를 샘플링하는 방법이다. 중소하천인 경우 그림 6.14에 나타낸 바와 같이 태그라인에 부착한 튜브를 이용하여 하천 밖에 위치한 펌프로 펌핑한 시료를 시료 용기에 담는 방법을 쓸 수 있다. 그러나 태그라인 설치가 어려운 대하천의 경우에는 보트에서 물시료를 샘플링하는 방법을 사용한다. 이렇게 현장에서 채취한 물시료는 현장의 베이스캠프에서 추적자의 농도를 측정하거나 또는 실험실로 옮겨서 분석한다.

그림 6.14 **태그라인에 부착한 튜브를 이용한 물시료 샘플링**

두 번째는 하천에서 유수형 계측장비(flow-through type sensor)를 이용하여 직접 실시간으로 측정하는 방법이다. 중소하천의 경우, 그림 6.15(a)에 나타낸 바와 같이 측정 센서를 태그라인에 고정하여 실시간으로 추적자 농도의 시계열 자료를 취득한다.

(a) 태그라인에 부설된 센서

(b) 보트에서 측정

그림 6.15 **유수형 측정 센서를 이용한 농도 계측**

자료: Seo 등(2016) · YSI(2012)

태그라인 설치가 어려운 대하천에서는 센서를 GPS와 함께 보트에 장착해서 측정지점에 고정하여 측정하거나 또는 하폭방향으로 왕복하면서 측정한다. 그림 6.16은 하천에 설치한 태그라인을 이용하여 유속을 측정하고 추적자 농도의 계측 방법을 도식화하여 보여 주고 있다. 유수형 계측장비는 추적자별로 상이하지만 그림 6.17에 나타낸 바와 같이 하천 내에 입수시키는 센서부의 끝에 챔버가 있어서 챔버 안을 흘러가는 물에 포함된 추적자의 농도를 실시간으로 측정하는 방법을 쓰고 있다. 이 그림은 형광성 추적자인 로다민 WT의 계측장비의 센서부와 형광도 검출 원리를 보여 주고 있다. 형광성 물질의 경우 높은 에너지를 가진 짧은 파장의 빛을 흡수하여 그보다 긴 파장의 빛을 방출하면서 발광하는 특성이 있는데, 그림 6.17에서 형광분광광도계가 챔버 속을 통과하는 형광성 추적자의 강도(농도)를 측정하는 원리를 나타내고 있다.

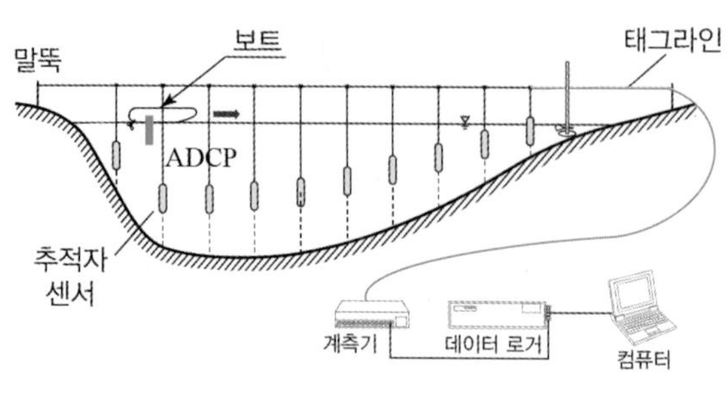

그림 6.16 **태그라인을 이용한 유속 측정 및 추적자 농도 계측**

자료: 서일원 등(2006)

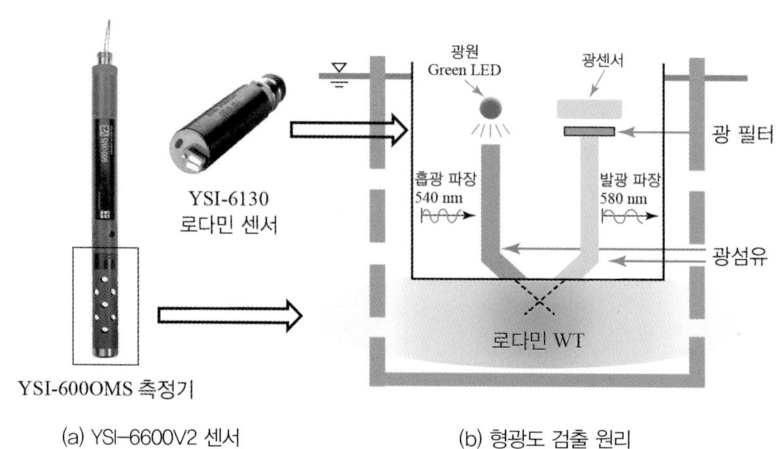

(a) YSI-6600V2 센서 (b) 형광도 검출 원리

그림 6.17 **로다민 WT 검출 센서와 형광도 검출 방법**

자료: YSI(2012)

(3) 추적자실험 방법

실제 추적자실험 시 분석하고자 하는 오염원의 특성에 따라 실험 방법을 달리해야 한다. 수질사고 등 순간적으로 유입된 비정상 오염원(unsteady source)의 혼합 거동 파악을 위한 추적자실험에서는 시간에 따른 추적자의 농도 변화를 추적해야 하므로 특정 지점 또는 측선에서 농도 시계열 자료를 장시간 취득하여야 한다. 특히 주입지점에서 멀리 떨어진 하류 측선의 경우 농도곡선의 하강부와 꼬리부를 추적하기 위해서는 매우 긴 시간 동안 농도를 계측하여야 한다. 하류로 갈수록 추적자의 질량 손실이 커지기 때문에 질량 손실 검토 시 농도곡선의 꼬리부가 중요한 역할을 한다. 그림 6.18은 비정상 오염원에 대한 1차원 추적자실험에서 측정한 농도곡선을 보여 주고 있다. 이 그림은 주입지점 하류에 위치한 여러 개의 측선에서 측정한 농도 시계열 자료를 나타낸 것인데, 농도곡선의

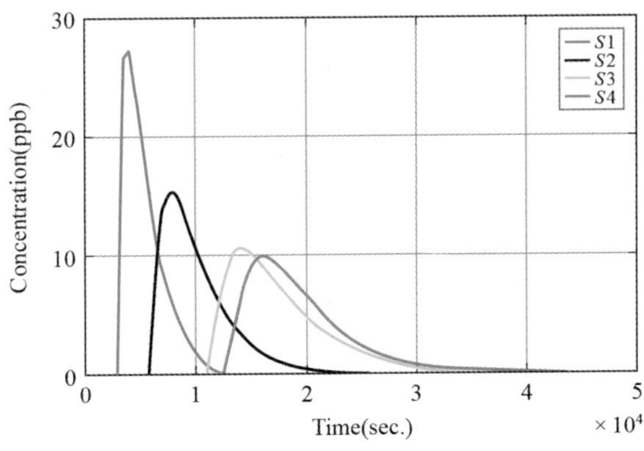

그림 6.18 1차원 순간 주입 추적자실험에서 측정한 농도곡선

꼬리부에 농도 변동이 지속적으로 나타나는 것을 알 수 있다. 비정상 오염원에 대한 실험의 경우 하천의 흐름이 난류인 것을 감안하여 한 번의 실험으로 결과를 분석하기보다는 여러 개의 동일한 추적자실험을 수행하고 결과를 평균하여 앙상블 평균을 측정하는 것이 바람직하다.

하·폐수처리장에서 나오는 방류수나 지류에서 유입되는 연속 오염원에 대한 추적자실험에서는 하류 측선에서 시간에 따른 농도 변화는 없고 공간적으로만 변화한다. 따라서 2차원 추적자실험의 경우 하류의 여러 개 측선에서 횡방향 농도경사를 중점을 두고 관측한다. 그러나 이 경우에도 하천의 난류흐름에 의한 영향을 제거하기 위하여 동일한 횡단면에서 여러 번 측정한 결과를 평균하는 것이 바람직하다. 그림 6.19는 정상 오염원에 대한 2차원 추적자실험에서 여러 개의 하류 측선에서 측정한 횡방향 농도분포를 보여 주고 있는데, 하류로 갈수록 횡방향 농도경사가 줄어들고 있음을 알 수 있다.

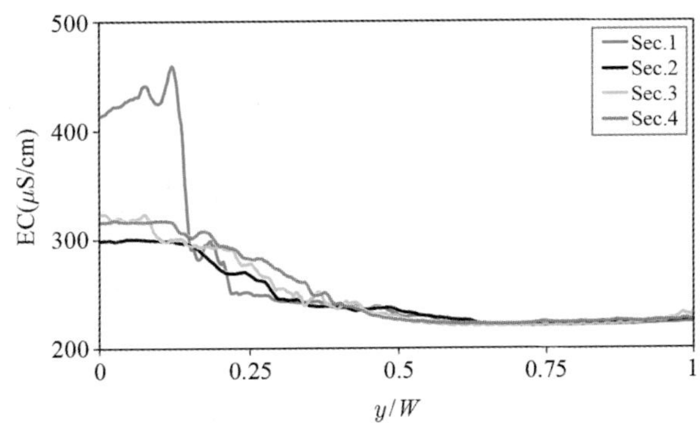

그림 6.19 정상 오염원에 대한 2차원 추적자실험에서 측정한 농도곡선

자료: Jung 등(2019)

3. 현장 계측 자료 분석

1) 하천 수심 및 지형 자료

추적자실험에서 수집한 자료 중에서 하천 지형자료는 하도 자료와 홍수터 자료를 병합한 후에 분석한다. 하천 수로와 홍수터에 대한 지형 정보를 병합할 때 동일한 좌표계에 대한 통합 참조점을 기준으로 두 자료를 병합한다. 이때 좌표계는 UTM 좌표계(Universal Transverse Mercator Coordinate System)로 변환한다. 그림 6.20은 섬강 중류 사행구간의 여러 측선에서 수심과 지형자료를 병합하여 나타낸 것이다. 이 그림에서 측선별 수심이 가장 깊은 지점을 종방향으로 연결한 선을 최심선(thalweg line)이라고 하는데, 이 선을 따라서 최대 유속이 나타나고 또한 오염운의 중심부가 이동하기 때문에 매우 중요한 역할을 한다. 특히 사행하천의 사행도를 계산할 때 해당 구간의 최심선의 길이를 직선 길이로 나누어서 산정하기 때문에 최심선을 적합하게 결정하는 것이 매우 중요하다. 사행하천의 경우 수심이 깊은 웅덩이와 수심이 얕고 자갈 등 큰 하상재료로 덮인 여울이 교차해서 나타나는데, 이러한 하상구조가 하천 마찰력 및 오염물질의 혼합 거동에 큰 영향을 미치기 때문에 농도 분석 전에 대상 하천의 지형 특성을 파악하는 것이 필요하다.

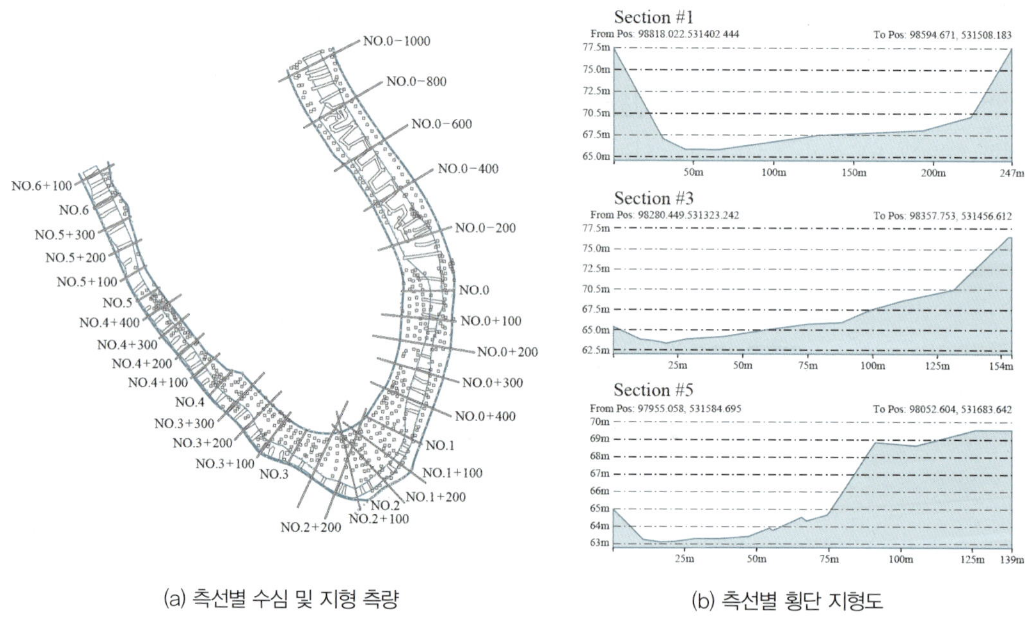

(a) 측선별 수심 및 지형 측량

(b) 측선별 횡단 지형도

그림 6.20 하도 수심자료와 홍수터 지형자료의 병합

자료: Seo 등(2017)

오염물질의 혼합 거동 분석 시 중요한 지형인자로서 하천의 경사와 동수반경(hydraulic radius)이 있는데, 이들 인자는 하천 바닥 및 양안에서 발생하는 마찰력의 산정에 필요하다. Manning 조도계수는 마찰유속의 산정에 필요한 인자인데, 이는 하천의 하상 상태와 하상재료를 기반으로 추정한다(Cowan, 1956; Chow, 1959). Cowan(1956)은 하천 조건에 따른 조도계수 산정식을 다음과 같이 제안한 바 있다.

$$n = (n_0 + n_1 + n_2 + n_3 + n_4)m_5 \tag{6.5}$$

여기서, n는 조도계수, n_0는 하상재료에 따른 조도계수값, n_1은 하도의 불규칙한 정도에 따른 조도계수값, n_2는 하천 단면 변화에 따른 조도계수값, n_3는 하천 내 장애물에 따른 조도계수값, n_4는 하천 내 식생에 따른 조도계수값, m_5는 사행도를 고려한 보정계수이다. 이들 값은 하천 조건에 따라서 표 6.1에 수록되어 있는 값을 채택하여 최종 조도계수를 결정한다. 그림 6.21은 청미천과 감천 중류 구간을 나타낸 사진인데, 두 하천 모두 하상이 모래로 이루어져 있으며 이에 따라 하도에 사주가 발달하고 있음을 알 수 있다. 또한 청미천의 경우 식생이 하도와 홍수터에 자라고 있어서 조도계수 산정 시 이러한 요소들을 고려하여 결정하는 것이 필요하다.

(a) 청미천

(b) 감천

그림 6.21 **청미천과 감천 중류 구간의 하상 조건**

자료: Kim 등(2022)

표 6.1 Manning 조도계수 산정을 위한 계수값

하천 조건		계수값	
하상재료	흙	n_0	0.020
	절토 암반		0.025
	작은 자갈		0.024
	굵은 자갈		0.028
하도 불규칙도	거의 없음	n_1	0.000
	약간 있음		0.005
	중간		0.010
	많이 있음		0.020
하천 단면 변화	점진적 변화	n_2	0.000
	단면 변화가 가끔 나타남		0.005
	단면 변화가 빈번하게 나타남		0.010~0.015
장애물의 영향	무시할 만함	n_3	0.000
	약간 있음		0.010~0.015
	중간		0.020~0.030
	많이 있음		0.040~0.060
식생	약간 있음	n_4	0.005~0.010
	중간		0.010~0.025
	많이 있음		0.025~0.050
	매우 많음		0.050~0.100
하천 사행도	거의 직선임	m_5	1.000
	중간 정도 사행		1.150
	급한 사행		1.300

2) 하천 수리자료

추적자실험에서 수집한 수리자료를 분석하여 실험 구간의 유속, 수심, 유량을 계산한다. 첫 번째 단계에서는 ADV, ADCP 등을 이용하여 하천 전 수심에 걸쳐 연직으로 여러 지점에서 측정한 점유속을 평균하여 부면적에 대한 수심평균유속을 계산한다. 그림 6.22는 낙동강 지류인 감천에서 수행한 추적자실험에서 측정한 주흐름의 수심평균유속과 수심분포를 보여 주고 있다(Seo 등, 2016). 이 실험은 감천 감포교 하류의 완만한 사행구간에서 수행되었는데, 측선 1과 2에서는 유속분포가 하천 좌안으로 치우쳐서 발생하고 있으나 다음 측선에서는 오른쪽으로 치우친 속도분포를 보여 주고 있

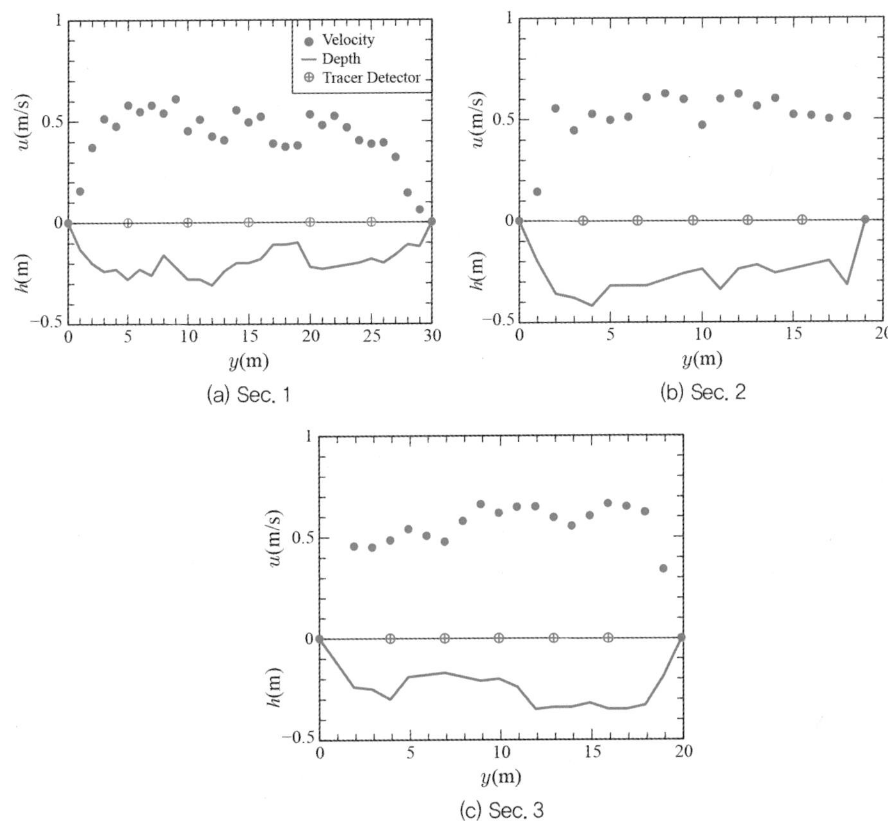

그림 6.22 **감천에서 측정한 주흐름 유속과 수심분포**

자료: Seo 등(2016)

다. 이러한 유속의 횡분포에 의해 발생하는 전단흐름은 종방향 분산 해석에 중요한 인자이며, 나아가 최심선의 횡방향 진동은 오염물질의 횡혼합에 큰 영향을 미친다. 두 번째 단계에서는 수심평균유속을 전 단면에 걸쳐서 평균하여 단면평균유속을 계산한다. 수심도 동일한 방법으로 평균하여 단면평균수심을 계산하여 분산계수 산정에 이용한다. 세 번째 단계에서는 측선별 단면 평균값을 평균하여 실험 구간 전체 평균 데이터값을 계산한다. 이렇게 얻은 구간 평균값은 유관추적법 적용 시 분산계수 산정에 이용한다. 또한 분산계수와 수리인자 간의 상관성 분석과 분산계수의 경험식 도출에도 사용된다.

수심평균유속과 수심의 횡방향 분포를 이용하면 분산계수 산정 시 적용하는 유관추적법에 필요한 누가유량과 총유량을 계산할 수 있다. 유량과 누가유량은 유속-면적법을 사용하여 계산하는 것이 일반적이다. 그림 6.23에 나타낸 유속-면적법을 적용하면 총유량은 다음 식과 같이 하천 단면의 부영역별 수심평균유속과 면적을 곱하여 하폭 전체에 걸쳐서 합하면 구할 수 있다.

$$Q = \sum_{i=1}^{n} Q_i = \sum_{i=1}^{n} W_i \left(\frac{h_i + h_{i-1}}{2} \right) \left(\frac{\bar{u}_i + \bar{u}_{i-1}}{2} \right) \tag{6.6}$$

여기서, Q_i는 부영역의 유량, W_i는 부영역의 폭, $\bar{u}_i$는 연직선별 수심평균유속, h_i는 연직선별 수심, n은 부영역의 개수이다.

누가유량은 다음 식과 같이 하천의 좌안에서 시작하여 원하는 y 지점까지 순차적으로 부영역의 유량을 합하면 구할 수 있다.

$$q_i = q_{i-1} + W_i \left(\frac{h_i + h_{i-1}}{2} \right) \left(\frac{\bar{u}_i + \bar{u}_{i-1}}{2} \right) \tag{6.7}$$

여기서, q_i는 y방향으로 i번째 연직선까지의 누가유량이다.

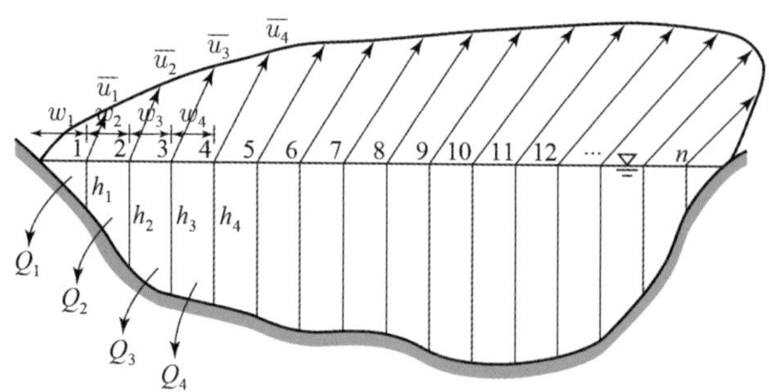

그림 6.23 **유속-면적법을 이용한 누가유량 계산**

3) 농도자료

추적자실험에서 얻은 원시 농도자료는 하천 흐름의 난류 요동과 실험 오차로 인해 매끈하지 않기 때문에 평활화가 필요하다. 이러한 평활화 방법으로는 이동 평균법 또는 Fourier 변환법 등이 활용된다. 그림 6.24는 원자료를 이동 평균법으로 평활화하여 고주파 변동 또는 백색 잡음을 제거한 사례를 보여 주고 있다. 이 그림에는 평활화 전 농도곡선도 같이 표시되어 있는데, 전후의 농도곡선을 비교해 보면 정상 흐름의 경우에서 발견되는 고주파 변동이 제거되었음을 알 수 있다.

다음 단계에서는 농도곡선에 대한 정량적인 분석이 필요하다. 농도곡선도 일종의 확률분포곡선이라는 관점에서 주요 통계학적 인자를 추출하여 농도곡선의 특성을 대표할 수 있다. 그림 6.25에 나타낸 농도곡선의 특징 인자 중에 도심, 분산, 왜도는 모멘트를 이용하여 표현할 수 있다. 도심 도달시간(t_c)은 다음 식과 같이 표현된다.

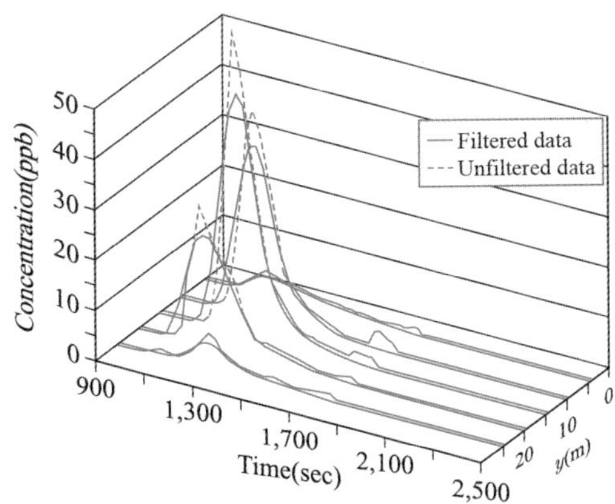

그림 6.24 이동 평균법을 이용한 원시 농도곡선 평활화

자료: Seo 등(2016)

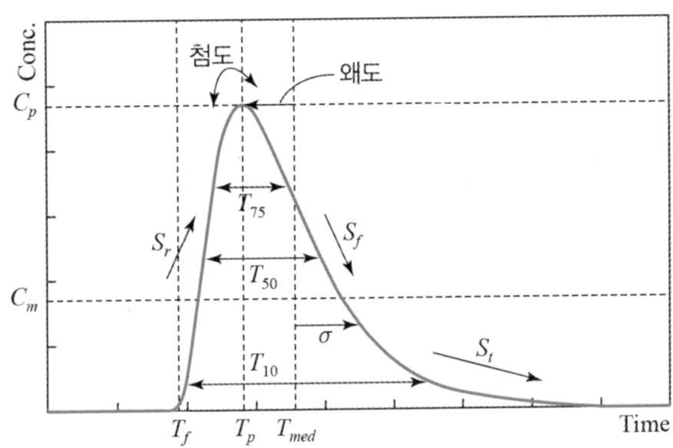

그림 6.25 농도곡선의 특징에 대한 개념도

자료: Kim 등(2022)

$$t_c = \frac{\int_{-\infty}^{\infty} tC(x,t)dt}{\int_{-\infty}^{\infty} C(x,t)dt} \tag{6.8}$$

농도곡선의 퍼진 정도를 나타내는 통계적 분산(σ^2)은 다음 식과 같다.

$$\sigma^2 = \frac{\int_{-\infty}^{\infty} (t-t_c)^2 C(x,t)dt}{\int_{-\infty}^{\infty} C(x,t)dt} \tag{6.9}$$

농도곡선의 왜곡된 정도를 나타내는 왜도(ξ)는 다음과 정의된다.

$$\xi = \frac{\displaystyle\int_{-\infty}^{\infty}(t-t_c)^3 C(x,t)dt}{\left[\displaystyle\int_{-\infty}^{\infty}(t-t_c)^2 C(x,t)dt\right]^{3/2}} \tag{6.10}$$

상기 인자 이외에도 농도곡선의 첨두농도값(C_p)과 첨두농도 도달시간(t_p) 등이 실제 오염운의 거동을 해석하는 데 중요한 정보로 활용된다.

자연하천에서의 추적자실험에서는 광화학적 붕괴, 하상 흡착, 샘플링 오차 등으로 인한 추적자의 질량 손실이 발생하므로 측선별 질량 플럭스를 확인하는 것이 필요하다. 순간 주입에 대한 2차원 추적자실험에서 질량 플럭스 계산식은 다음과 같다.

$$Mass(x) = \int_0^W \int_0^\infty h(x,y)u(x,y)C(x,y,t)dt\,dy \tag{6.11}$$

연속 주입에 대한 질량 손실은 다음 식을 이용하여 계산한다.

$$Mass(x) = \int_0^W h(x,y)u(x,y)C(x,y)dy \tag{6.12}$$

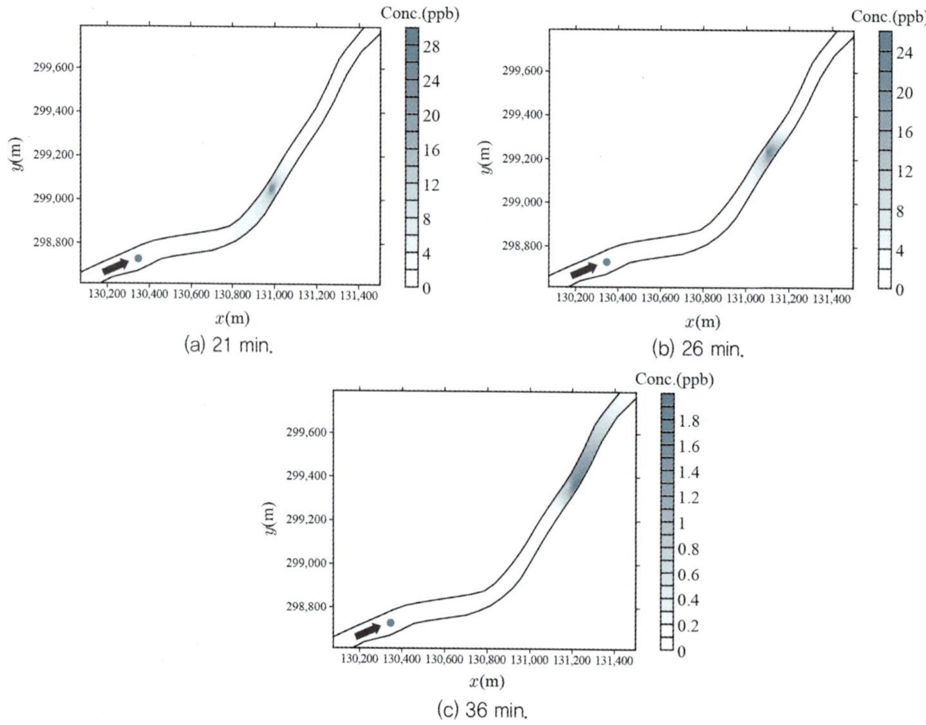

그림 6.26 감천에서 수행한 2차원 추적자실험 결과를 나타낸 등농도선도

자료: Seo 등(2016)

2차원 추적자실험에서 취득한 측선별 농도곡선을 내삽하게 되면 등농도선도(iso-concentration contour)를 도시할 수 있다. 그림 6.26에 감천에서 수행한 2차원 추적자실험에서 취득한 농도자료를 이용하여 도시한 특정 시간에 대한 등농도선도가 나타나 있는데, 이를 분석하면 추적자 오염운의 혼합 거동을 보다 가시적으로 파악할 수 있다.

4. 하천혼합계수의 계산

실측 농도곡선에서 종혼합계수를 계산하는 방법으로는 모멘트법, 농도추적법, 도해법 등이 사용되고 있다(Rutherford, 1994). 모멘트법은 제2장에서 서술한 바와 같이 두 지점 이상에서 취득한 농도곡선의 분산(variance)의 변화율을 이용하여 혼합계수를 산정하는 방법으로서 적용이 용이하기는 하지만, 자연하천의 경우 하상 등의 불규칙성으로 인해 실측 농도곡선이 왜곡되고 꼬리부가 긴 경우에는 분산값의 오차가 커지기 때문에 물리적으로 의미 있는 계수를 얻기 어렵다. 이러한 단점을 보완하기 위해 제안된 농도추적법은 수문학에서 사용하는 홍수추적법과 유사하게 한 지점에서 실측한 농도를 추적하여 하류 지점의 농도를 예측하는 해석해에 기반한 방법이다(Fischer 등, 1979). 이 방법은 모멘트법을 적용할 수 없는 실측 농도곡선이 왜곡된 경우에도 적용할 수 있는 장점이 있다. 도해법은 해석해에 기반하여 농도곡선의 전체값 또는 첨두농도값의 시간 또는 거리에 따른 변화를 선형식으로 도시하고 이 맞춤선의 경사값으로부터 혼합계수를 구하는 방법이다(Chatwin, 1980). 도해법과 농도추적법은 이송-분산 방정식의 해석해를 사용한다는 점에서 유사하나 농도추적법이 두 개의 지점에서 농도곡선을 이용하여 혼합계수를 계산하는 반면에 도해법은 여러 지점에서의 실측 농도곡선이 필요하다는 점에서 불리하다. 본 절에서는 1차원 및 2차원 물질이동방정식의 혼합계수 계산을 위한 모멘트법과 농도추적법을 중점적으로 소개한다.

1) 1차원 물질이동방정식의 종혼합계수 계산

제3장에서 설명한 하천 확산 과정 원역에서의 오염물질의 혼합은 종방향으로만 발생한다. 이 경우 원역에서의 혼합과정은 1차원 물질이동방정식[식 (3.64)]을 적용하여 해석하는 데 이는 다음 식과 같다.

$$\frac{\partial C}{\partial t} + U\frac{\partial C}{\partial x} = K\frac{\partial^2 C}{\partial x^2} \tag{6.13}$$

이 경우 1차원 종혼합계수(K)의 입력이 필요하다. 여기서는 추적자실험을 통하여 취득한 농도자료 및 유속자료를 이용하여 종혼합계수를 계산하는 방법으로 모멘트법과 농도추적법을 설명한다.

(1) 모멘트법

제2장에서 서술한 바와 같이 여러 시간에 대해 측정된 농도곡선들의 분산을 계산한 후 이들의 변화율을 구하여 종혼합계수를 계산하는 것이 모멘트법으로 그 식은 다음과 같다.

$$K = \frac{1}{2}\frac{d\sigma_x^2}{dt} \tag{6.14}$$

여기서, σ_x^2는 $C-x$ 농도곡선의 분산이다. 만약 서로 다른 2개의 시간에서 측정한 농도곡선이 있다면 다음 식을 사용할 수 있다.

$$K = \frac{1}{2}\frac{\sigma_x^2(t_2) - \sigma_x^2(t_1)}{t_2 - t_1} \tag{6.15}$$

여기서, $\sigma_x^2(t_1)$는 시간 t_1에 대한 농도곡선의 분산이고, $\sigma_x^2(t_2)$는 시간 t_2에 대한 농도곡선의 분산이다. 그러나 실제 추적자실험에서 $C-x$ 농도곡선을 취득하기는 어려우므로 대부분 실험에서는 여러 개의 측선 또는 측점에서 시간적으로 연속적으로 농도를 측정하는 것이 일반적이다. 이렇게 취득한 $C-t$ 농도곡선들의 분산을 계산한 후 이들의 변화율을 구하여 종혼합계수를 계산하는 모멘트법은 다음 식으로 주어진다(Fischer, 1966).

$$K = \frac{1}{2}U^2\frac{\sigma_t^2(x_2) - \sigma_t^2(x_1)}{\overline{t_2} - \overline{t_1}} \tag{6.16}$$

여기서, U는 하천의 단면평균유속이며, $\sigma_t^2(x_i)$과 $\overline{t_i}$는 각각 i지점의 $C-t$ 농도곡선의 분산과 도심으로 다음 식으로 주어진다.

$$\sigma_t^2(x_i) = \frac{\int_{-\infty}^{\infty}\left(t-\overline{t_i}\right)^2 C(x_i, t)\,dt}{\int_{-\infty}^{\infty} C(x_i, t)\,dt} \tag{6.17}$$

$$\overline{t_i} = \frac{\int_{-\infty}^{\infty} t\,C(x_i, t)\,dt}{\int_{-\infty}^{\infty} C(x_i, t)\,dt} \tag{6.18}$$

만약 여러 개의 측선 또는 측점에서 취득한 $C-t$ 농도곡선이 있으면 다음 식을 이용하여 종혼합계수를 계산할 수 있다.

$$K = \frac{U}{2}\left(slope\,of\,\sigma_t^2 - x\;curve\right) \tag{6.19}$$

$\sigma_t^2 - x$ 선의 경사는 그림 6.27에 나타낸 바와 같이 구할 수 있다.

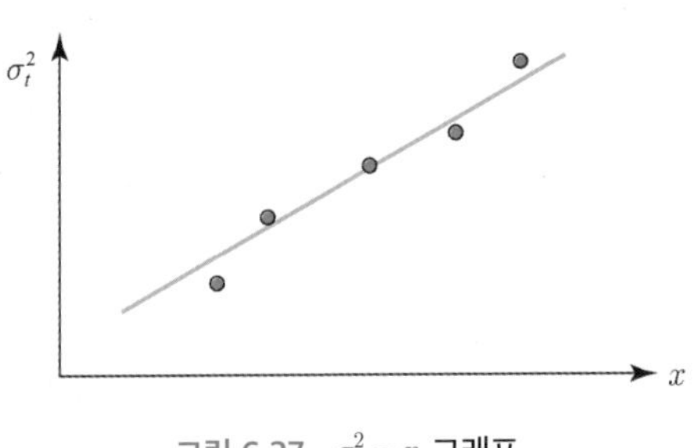

그림 6.27 $\sigma_t^2 - x$ 그래프

(2) 농도추적법

농도추적법은 해석해에 기반하여 상류 지점에서 실측한 농도를 기반으로 오염물질의 거동을 추적하여 하류 지점의 농도를 예측하는 방법이다. 오염물질이 특정 지점에 순간적으로 유입된 경우에 대한 1차원 물질이동방정식의 해석해는 제5장에서 유도한 바와 같이 다음 식으로 주어진다.

$$C(x,t) = \frac{M}{\sqrt{4\pi Kt}}\exp\left(-\frac{(x-Ut)^2}{4Kt}\right) \tag{6.20}$$

여기서, C는 단면평균농도이고, M은 단위면적당 오염물질의 질량이다.

만약 서로 다른 2개 시간에 대해 측정된 $C-x$ 농도곡선에 대해 추적법을 적용하는 경우에는 식 (6.20)을 다음과 같이 변환한다.

$$C(x,t_2) = \int_{-\infty}^{\infty}\frac{C(\xi,t_1)}{\sqrt{4\pi K(t_2-t_1)}}\exp\left\{-\frac{[x-\xi-U(t_2-t_1)]^2}{4K(t_2-t_1)}\right\}d\xi \tag{6.21}$$

여기서, $C(x,t_2)$는 추적법에 의해 계산된 t_2시간에 해당하는 $C-x$ 농도곡선이며, $C(\xi,t_1)$는 t_1시간에 실측한 $C-x$ 농도곡선이고 ξ는 적분을 위한 모의 거리변수이다. 이 식은 식 (6.20)의 질량 대신에 t_1 시간에 측정한 $C-x$ 농도곡선을 대입하여 적분하여 유도한 것이다. 즉, 제5장의 1절에서 서술한 바와 같이 한 지점에 주입된 질량 대신에 긴 구간에 걸쳐서 퍼져 있는 오염운의 농도분포를 중첩해서 적분하여 얻은 해석해이다. 그러나 전술한 바와 같이 실제 추적자실험에서 특정 시간의 $C-x$ 농도곡선을 취득하기는 어려우며 대부분 실험에서는 여러 개의 측선에서 시간적으로 연속적으로 농도를 측정하는 것이 일반적이다. 이렇게 취득한 $C-t$ 농도곡선을 이용하여 종혼합계수를 계산하는 추적법은 다음 식으로 주어진다(Fischer 등, 1979).

$$C(x_2,t)=\int_{-\infty}^{\infty}\frac{C(x_1,\tau)\,U}{\sqrt{4\pi K(\overline{t_2}-\overline{t_1})}}\exp\left\{-\frac{U^2(\overline{t_2}-\overline{t_1}-t-\tau)^2}{4K(\overline{t_2}-\overline{t_1})}\right\}d\tau \qquad (6.22)$$

여기서, $C(x_2,t)$는 추적법에 의해 계산된 x_2 측선에서의 $C-t$ 곡선이며, $C(x_1,\tau)$는 x_1 측선에서 실측된 $C-t$ 곡선이다. $\overline{t_1}$과 $\overline{t_2}$는 측선 1 및 2에서 오염운의 평균통과시간(또는 $C-t$ 곡선의 도심 도달시간)이고, τ는 적분을 위한 모의 시간변수이다.

식 (6.22)에 x_1 측선에서 실측된 $C-t$ 곡선을 입력하면 x_2 측선에서의 $C-t$ 곡선을 계산할 수 있다. 이때 임의의 K값을 주어야 하는데 여러 번의 시행착오를 거쳐서 식 (6.22)에 의해 계산된 x_2 측선에서의 $C-t$ 곡선과 실제로 측정한 농도곡선이 거의 일치하게 되게 하는 K값을 찾을 수 있다. 이때의 최적값(best fit value)을 선택하면 실측 농도에 기반한 종혼합계수가 된다. 이러한 과정은 그림 6.28에 나타난 바와 같으며 최적화를 위해 최소제곱법 등을 사용한다. 상술한 농도추적법의 경우 1차원 이동방정식의 해석해를 기반으로 유도하였기 때문에 오염운이 측선 1에서 측선 2로 이동하면서 혼합되는 과정이 1차원 이동방정식[식 (6.13)]을 따라서 이루어진다는 가정에 근거하고 있다. 이에 따라 추적법 적용 시 제2장에서 1차원 이동방정식을 유도할 때 도입한 Taylor의 가정에 따른 제한점을 염두에 두고 적용해야 한다. 즉, 오염물질이 유입된 지점으로부터 일정 시간(초기시간)이 경과된 후에 적용할 수 있다는 점이다. 이를 Taylor 기간이라고 하는데, 거리로 나타내면 다음 식과 같다(Chatwin, 1970).

$$x_{Taylor} > 0.4\,U\frac{W^2}{D_T} \qquad (6.23)$$

나아가 식 (6.22)의 적용은 질량이 변화하지 않는 보존성 오염물질에 국한되며, 하천 내에서 오염물질 또는 추적자의 흡착, 반응, 저장에 의한 질량 감소 또는 지류 유입에 따른 희석 등은 무시할 만한 수준이어야 한다.

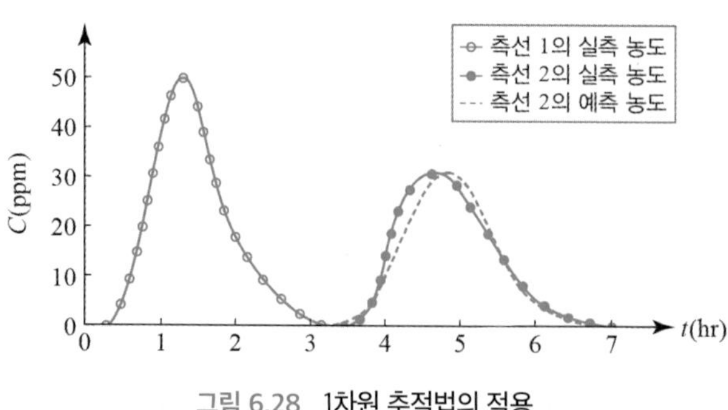

그림 6.28 1차원 추적법의 적용

(3) 도해법

도해법은 농도추적법과 유사하게 해석해에 기반한 방법으로 식 (6.20)을 변환하여 시간에 따른 농도량의 변화율을 도시화하여 종혼합계수를 산정하는 방법이다. Chatwin(1980)은 식 (6.20)을 다음과 같은 형태로 변환하여 이 식을 이용하여 도해법을 제시하였다.

$$\sqrt{t\log_e\left(\frac{\frac{M}{\sqrt{4\pi K}}}{C\sqrt{t}}\right)} = -\frac{Ut}{2\sqrt{K}} + \frac{x}{2\sqrt{K}} \tag{6.24}$$

식 (6.24)는 1차 함수 형태이므로 시간 t에 대해 좌변의 변량을 도시하면 기울기는 $-\frac{U}{2\sqrt{K}}$가 되고 절편은 $\frac{x}{2\sqrt{K}}$가 된다. 따라서 이 두 결과를 이용하면 종혼합계수 K를 결정할 수 있다. 이 방법도 1차원 이동방정식의 해석해를 기반으로 유도되었기 때문에 오염물질이 유입된 지점으로부터 일정 거리가 떨어진 Taylor 구간에 적용하여야 한다.

2) 2차원 이동방정식의 혼합계수 계산

제3장에서 설명한 하천 확산 과정 중간역은 오염물질이 연직방향으로 혼합이 완료된 후에 종방향과 횡방향의 두 방향으로 혼합이 발생하는 구간을 의미한다. 중간역에서의 혼합과정은 2차원 물질이동 방정식을 적용하여 해석하는데, 이는 다음 식과 같다.

$$\frac{\partial \overline{C}}{\partial t} + \overline{u}\frac{\partial \overline{C}}{\partial x} + \overline{v}\frac{\partial \overline{C}}{\partial y} = \frac{\partial}{\partial x}\left(D_L\frac{\partial \overline{C}}{\partial x}\right) + \frac{\partial}{\partial y}\left(D_T\frac{\partial \overline{C}}{\partial y}\right) \tag{6.25}$$

여기서, $\overline{C}$은 수심평균농도이다. 이 식에서 D_L과 D_T는 각각 종혼합계수와 횡혼합계수인데, 본 절에서는 실측 농도자료로부터 2차원 종 · 횡 혼합계수를 계산하는 방법을 제시한다.

(1) 연속유입 문제

그림 6.29와 같이 오염물질 또는 추적자가 연속적으로 유입되는 경우에는 농도경사는 횡방향으로만 발생한다. 또한 오염물질이 연속적으로 유입되고 있기 때문에 시간에 따른 변화도 무시할 수 있다. 흐름방향 이송이 지배적인 경우 식 (6.25)는 다음과 같이 간략하게 표현할 수 있다.

$$\overline{u}\frac{\partial \overline{C}}{\partial x} = \frac{\partial}{\partial y}\left(D_T\frac{\partial \overline{C}}{\partial y}\right) \tag{6.26}$$

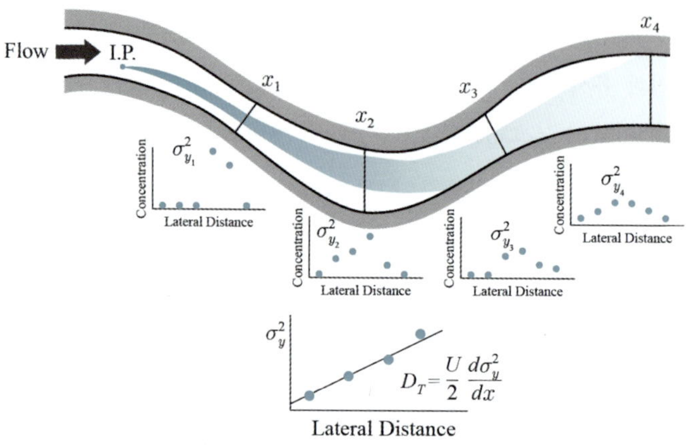

그림 6.29 연속유입에 대한 단순 모멘트법

자료: 서일원 등(2005)

① 단순모멘트법

그림 6.29에서 농도의 횡방향 분포를 이용하여 횡혼합계수를 계산할 수 있는데, 가장 간략한 단순 모멘트법은 다음 식과 같이 주어진다.

$$D_T = \frac{U}{2}\frac{d\sigma_y^2}{dx} \tag{6.27}$$

여기서, U는 단면평균 종방향 유속으로서 실제 적용 시에는 해당 구간에 걸쳐서 평균한 값을 사용한다. σ_y^2는 횡방향 농도분포곡선의 분산값으로 다음 식으로 주어진다.

$$\sigma_y^2(x) = \frac{\int_0^W (y-\bar{y})^2 \bar{C}(x,y)dy}{\int_0^W \bar{C}(x,y)dy} \tag{6.28}$$

$$\bar{y}(x) = \frac{\int_0^W y\bar{C}(x,y)dy}{\int_0^W \bar{C}(x,y)dy} \tag{6.29}$$

만약 여러 개의 측선에서 측정한 농도분포가 있으면 $\sigma_y^2 - x$ 그래프를 도시하여 실측치에 잘 맞는 1차 직선의 기울기를 이용하여 다음과 같이 D_T를 구할 수 있다.

$$D_T = \frac{U}{2} \times slope \tag{6.30}$$

만약 두 개의 측선에서 측정한 농도분포가 있으면 다음 식을 이용하여 D_T를 구할 수 있다.

$$D_T = \frac{U}{2}\frac{\sigma_y^2(x_2) - \sigma_y^2(x_1)}{x_2 - x_1} \tag{6.31}$$

상기 식은 다음의 제한 사항을 염두에 두고 적용하여야 한다. 이 방법은 1차원 이동방정식의 해석해를 기반으로 유도되었기 때문에 오염물질이 유입된 지점으로부터 일정 거리가 떨어진 Taylor 구간에 적용하여야 한다. 나아가 이 식은 오염운이 하천의 횡방향으로 퍼져나가 양안에 부딪쳐서 반사되는 기작을 반영하지 않았기 때문에 이런 경우에 적용하면 오차가 발생할 수 있다. 또한 하천의 단면이 불규칙하여 오염운이 횡방향으로 확장 또는 수축되는 경우에도 적용하면 오차가 발생할 수 있다.

② 유관도해법

하천의 단면이 불규칙하고 사행하는 경우에는 제3장에서 설명한 유관모형을 적용하면 단순모멘트법의 단점을 보완할 수 있다. 하천이 그림 3.13에 나타낸 바와 같이 사행하는 경우 하천 내 흐름(최대유속선 또는 최심선)도 좌우로 흔들리면서 이동하게 되고 이에 따라 오염운도 좌우로 이동한다. 이럴 경우 고정 좌표축에서는 횡방향 혼합 기작을 해석하기 어려워지므로 횡방향 거리 y를 누가유량 q로 변환하는 2차원 유관모형을 사용하면 사행하천에서 횡혼합에 의한 농도분포를 주입 위치에 고정할 수 있으며, 이는 사행하천을 직선하천으로 변환하여 해석하는 것과 같은 효과가 있다. 제3장의 3절에서 유도한 2차원 유관모형의 방정식은 다음과 같다(Yotsukura와 Sayre, 1976).

$$\frac{\partial \overline{C}}{\partial x} = \frac{\partial}{\partial q}\left(D_q \frac{\partial \overline{C}}{\partial q}\right) \tag{6.32}$$

연속적으로 유입되는 연직선원에 대한 식 (6.32)의 해석해는 다음과 같이 주어진다.

$$\overline{C}(x, q) = \frac{m}{\sqrt{4\pi D_q x}} \exp\left(-\frac{(q - q_0)^2}{4 D_q x}\right) \tag{6.33}$$

여기서, m은 추적자 주입률, q_0는 주입지점에서 누가유량, D_q는 가성 횡혼합계수로서 다음 식으로 주어진다.

$$D_q = \Psi H^2 U D_T \tag{6.34}$$

여기서, Ψ는 무차원 형상계수로서 다음과 같이 정의된다.

$$\Psi = \frac{1}{W}\int_0^W \left(\frac{h(y)}{H}\right)^2 \frac{u(y)}{U} dy \tag{6.35}$$

오염운이 하천의 좌안 또는 우안에 부딪히지 않은 조건에서 식 (6.33)을 이용하여 실측자료에 대한 $\sqrt{\log_e\left[\frac{\overline{C}_{\max}(x)}{\overline{C}(x,q)}\right]}-q$ 그래프를 도시하고 자료에 일치하는 1차 직선의 기울기를 구하면 이는 다음 식과 같이 나타낼 수 있다.

$$slope=\frac{1}{\sqrt{4D_T x}} \tag{6.36}$$

여기서, $\overline{C}_{\max}(x)=\frac{m}{\sqrt{4\pi K_q x}}$ 이다. 따라서 D_T는 다음 식으로 나타낼 수 있다.

$$D_T=\frac{1}{slope^2}\frac{1}{4x} \tag{6.37}$$

③ 유관모멘트법

유관모멘트법은 식 (6.32)를 일반화하여 유도할 수 있다(Beltaos, 1980). 유관모형을 일반화하기 위해 누적유량과 농도를 다음과 같이 무차원 값으로 변환한다.

$$q'=\frac{q}{Q} \tag{6.38a}$$

$$C'=\frac{\overline{C}}{C_\infty} \tag{6.38b}$$

여기서, Q는 하천 단면 전체를 흐르는 유량이고, C_∞는 하폭 전체에 걸쳐서 횡혼합이 완료되었을 때의 농도로서 다음과 같이 정의된다.

$$C_\infty=\int_0^1 \overline{C}dq' \tag{6.39}$$

상기 식을 이용하여 모멘트법을 적용하면 $C'-q'$ 분포의 분산을 다음과 같이 유도할 수 있다.

$$\sigma_{q'}^2=\frac{2D_q}{Q^2}F(x) \tag{6.40}$$

여기서, $F(x)$는 수정 흐름방향 거리로서 다음과 같이 주어진다.

$$F(x)=\int_0^x\left[1-(1-q_0')C_1'-q_0'C_0'\right]dx \tag{6.41}$$

여기서, C_0'와 C_1'는 각각 좌안($q'=0$)과 우안($q'=1$)에서의 농도값이고, q_0'는 $C'-q'$ 분포의 도

심으로서 다음과 같이 주어진다.

$$q_0{}' = \int_0^1 q' \, C' \, dq' \tag{6.42}$$

식 (6.40)에서 $\sigma_{q'}^2$와 $F(x)$는 선형 관계이므로 실측자료에 대해 $\sigma_{q'}^2 - F(x)$을 도시하고 자료에 잘 부합하는 1차 직선의 기울기$\left(\frac{2D_q}{Q^2}\right)$를 찾아내면 $D_q = \frac{Q^2}{2} \times slope$를 이용하여 분산계수를 구할 수 있다.

(2) 순간유입 문제

그림 3.1과 같이 오염물질 또는 추적자가 순간적으로 유입된 경우에는 초기에 3차원 방향으로 혼합이 일어나다가 연직방향으로 혼합이 완료된 후 중간역에서는 종방향과 횡방향의 두 방향으로 혼합이 발생한다. 이 경우 2차원 물질이동방정식[식 (6.25)]을 적용하여 혼합과정을 해석하여야 한다. 이 식의 적용을 위하여 2차원 종혼합계수(D_L)와 횡혼합계수(D_T)의 입력이 필요한데, 본 절에서는 실측 농도자료로부터 2차원 종 · 횡 혼합계수를 계산하는 방법을 제시한다.

① 2차원 추적법

2차원 추적법은 제5장 2절의 2차원 해석해 유도 과정에서 설명한 바와 같이 순간적으로 주입된 분포형 농도에 대한 2차원 물질이동방정식의 해석해로부터 다음과 같이 유도할 수 있다(Baek 등, 2006).

$$\overline{C}(x, y, t_2) = \int_0^W \int_{-\infty}^{\infty} \frac{\overline{C}(\xi, \psi, t_1)}{4\pi(t_2 - t_1)\sqrt{D_L D_T}} \exp\left\{-\frac{(x-\xi)^2}{4D_L(t_2 - t_1)}\right\} \exp\left\{-\frac{(y-\psi)^2}{4D_T(t_2 - t_1)}\right\} d\xi d\psi \tag{6.43}$$

상기 식은 특정 시간에 취득한 농도-거리($\overline{C} - x - y$) 곡선에 대한 추적방정식이므로, 특정 x지점에서 측정한 농도-시간($\overline{C} - y - t$) 곡선에 대한 추적방정식은 오염운이 해당 지점을 통과하는 동안 확산이 발생하지 않는다는 동결 오염운 가정(frozen cloud assumption)을 도입하여(Fischer, 1968; Rutherford, 1994) 다음과 같이 유도할 수 있다.

$$\begin{aligned} \overline{C}(x_2, y, t) = &\int_0^W \int_{-\infty}^{\infty} \frac{\overline{C}(x_1, \psi, \tau)\, U}{4\pi\left(\overline{t_2} - \overline{t_1}\right)\sqrt{D_L D_T}} \\ &\times \exp\left\{-\frac{U^2\left(\overline{t_2} - \overline{t_1} - t + \tau\right)^2}{4D_L\left(\overline{t_2} - \overline{t_1}\right)}\right\} \exp\left\{-\frac{(y-\psi)^2}{4D_T\left(\overline{t_2} - \overline{t_1}\right)}\right\} d\tau d\psi \end{aligned} \tag{6.44}$$

여기서, $\overline{C}(x_2, y, t)$는 추적법에 의해 계산된 x_2 측선의 횡방향 좌표 y에서 수심평균농도 시계열값($\overline{C}-y-t$ 곡선)이며, $\overline{C}(x_1, \psi, \tau)$는 x_1 측선에서 실측된 $\overline{C}-y-t$ 곡선이다. 식 (6.44)를 이용하여 종방향 및 횡방향 혼합계수를 결정하는 과정은 1차원 추적식의 적용 방법과 기본적으로 동일하지만, 2차원 추적식의 경우에는 두 개의 매개변수(종방향 및 횡방향 분산계수)를 하나의 방정식을 통해 동시에 결정하여야 하므로 비선형 다중회귀법을 사용해야 한다.

② 2차원 유관추적법

하천의 단면이 불규칙하거나 사행하는 경우에는 전 절에서 서술한 바와 같이 유관모형을 결합한 추적법을 사용하는 것이 유리하다. 2차원 유관추적법은 순간적으로 주입된 분포형 농도에 대한 2차원 물질이동방정식의 해석해로부터 유도할 수 있다(Baek과 Seo, 2010; Seo 등, 2016). 오염운이 해당 측선을 지나는 통과하는 동안 확산이 발생하지 않는다는 동결 오염운 가정을 도입하여 유도한 2차원 유관추적 방정식은 다음과 같다.

$$\overline{C}(x_2, \eta, t) = \int_0^1 \frac{\left\{\int_{-\infty}^{\infty} \frac{\overline{C}(x_1, \omega, \tau)\, U}{\sqrt{4\pi D_L(\overline{t_2} - \overline{t_1})}} \cdot \exp\left[-\frac{U^2(\overline{t_2} - \overline{t_1} - t + \tau)^2}{4D_L(\overline{t_2} - \overline{t_1})}\right] d\tau\right\}}{\sqrt{4\pi B_c(x_2 - x_1)}} \times \exp\left[-\frac{(\eta - \omega)^2}{4B_c(x_2 - x_1)}\right] d\omega \tag{6.45}$$

여기서, $\overline{C}(x_2, \eta, t)$는 하류 측선($x_2$)에서 예측된 $\overline{C}-\eta-t$ 곡선, $C(x_1, \omega, \tau)$는 상류 측선(x_1)에서 실측 $\overline{C}-\eta-t$ 곡선이다. $\overline{t_1}, \overline{t_2}$는 각각 상류 지점 및 하류 지점에서 실측 농도-시간 곡선의 도심이다. ω, τ는 각각 거리와 시간에 대한 가변수이다. B_c는 가성 횡혼합계수로서 다음 식과 같이 정의된다.

$$B_c = \frac{\Psi H^2 U}{Q^2} D_T \tag{6.46}$$

여기서, Ψ는 무차원 형상계수이다. 식 (6.45)의 적용 방법은 그림 6.30에 도시한 바와 같다.

2차원 유관추적법을 적용하기 위해서는 우선 두 개의 서로 다른 측선에서 실측된 $\overline{C}-y-t$ 곡선을 정규화된 누가유량에 대한 농도곡선인 $\overline{C}-\eta-t$ 곡선으로 변환해야 한다. 그런 다음, 식 (6.45)를 적용하여 계산한 x_2에서의 예측된 $\overline{C}-\eta-t$ 곡선과 실제 실험에서 x_2 지점에서 취득한 $\overline{C}-\eta-t$ 곡선을 비교하면서 이 두 농도곡선이 일치하도록 종혼합계수와 횡혼합계수를 조정하여 가장 잘 맞는 순간의 값을 채택하면 된다. 이 경우에도 하나의 방정식[식 (6.45)]을 통해 두 개의 매개변수(D_L과 B_c)를 동시에 결정하여야 하므로 비선형 다중회귀법을 사용해야 한다. 식 (6.45)를 적용할 때 또 다른 문제점은 두 개의 측선에서 측정한 $\overline{C}-\eta-t$ 곡선이 동일한 횡방향 지점(η)에서 얻어지지 않았

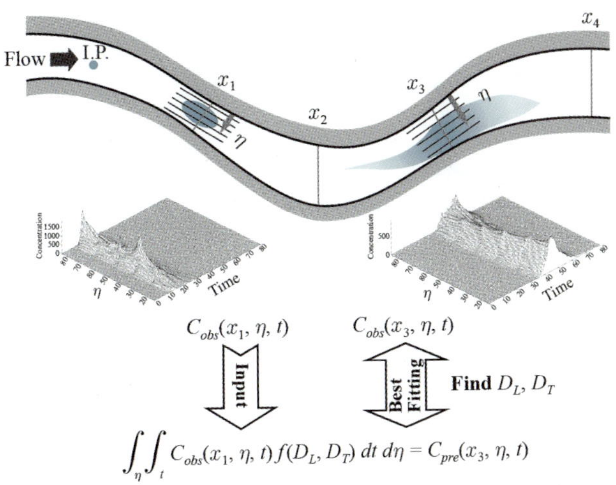

그림 6.30 **2차원 유관추적법에 의한 종 · 횡 혼합계수 산정**

자료: Seo 등(2016)

기 때문에 상호 비교가 어렵다는 점이다. 따라서 이 문제를 해결하기 위해서는 불연속적인 횡방향 지점에서 측정된 $\overline{C}-\eta-t$ 곡선을 η를 따라 보간하여 연속적인 곡선으로 이루어진 3차원 농도산(concentration mountain)을 형성해야 한다. 이후 하류 측선의 예측된 농도산을 실측된 농도산에 일치하도록 종방향 및 횡방향 혼합계수를 결정하면 된다. 식 (6.44)와 (6.45)의 장점은 하천 추적자 실험에서 순간주입된 추적자의 2차원 농도자료를 취득한 경우에 적용하여 종혼합계수와 횡혼합계수를 동시에 얻을 수 있다는 점이다.

③ 정상유관추적법

오염물질 또는 추적자가 순간적으로 유입된 경우에 취득한 농도자료로부터 횡혼합계수만을 산정하는 방법으로 개발한 것이 정상유관추적법(steady stream-tube routing method)이다(Seo 등, 2016). 이 방법은 2차원 유관추적법에 비해 농도곡선을 보간하여 연속적인 곡선으로 이루어진 3차원 분포로 변환할 필요가 없어서 계산 과정에서 오차를 줄일 수 있다는 점이다. 또한 한 개의 농도곡선으로부터 횡혼합계수만을 산정하기 때문에 회귀법 적용 시에 발생하는 오차도 줄일 수 있다. 이 방법에서는 그림 6.31에 나타난 바와 같이 농도곡선을 시간에 대해 적분하여 투입량(dosage) 분포곡선으로 변환하여 이에 유관추적법을 적용하여 횡혼합계수를 산정한다.

정상 상태 방정식은 식 (6.25)를 시간에 대해 적분한 후에 시간변화항을 제거하면 다음과 같이 유도된다.

$$\overline{u}\frac{\partial \theta}{\partial x} + \overline{v}\frac{\partial \theta}{\partial y} = \frac{\partial}{\partial x}\left(D_L \frac{\partial \theta}{\partial x}\right) + \frac{\partial}{\partial y}\left(D_T \frac{\partial \theta}{\partial y}\right) \tag{6.47}$$

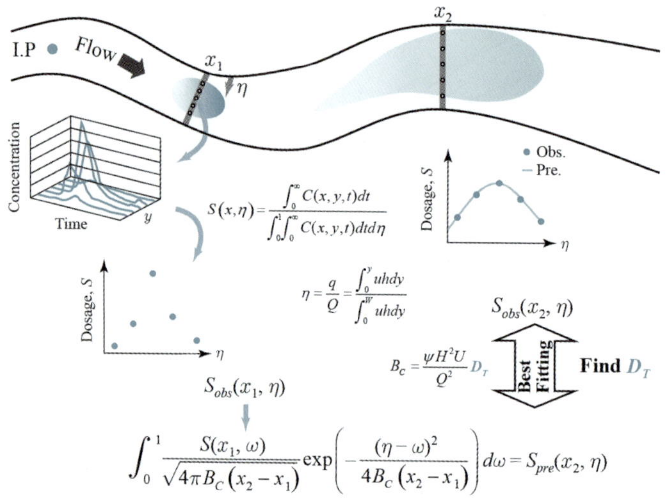

그림 6.31 투입량 분포곡선을 이용한 정상유관추적법 개념도

자료: Seo 등(2016)

여기서, θ는 추적자의 투입량으로서 다음과 같이 주어진다.

$$\theta(x,y)=\int_0^\infty \overline{C}(x,y,t)dt \tag{6.48}$$

연속유입조건과 유사하게 식 (6.47)에서 종방향 혼합항을 무시할 수 있으며, 나아가 횡방향 유속이 매우 작은 경우를 가정하면 다음 식과 같이 간략화된다.

$$\overline{u}\frac{\partial\theta}{\partial x}=\frac{\partial}{\partial y}\left(D_T\frac{\partial\theta}{\partial y}\right) \tag{6.49}$$

식 (6.49)에 유관모형을 적용한 후 무차원화시켜 나타내면 다음 식이 유도된다.

$$\frac{\partial S}{\partial x}=B_C\frac{\partial^2 S}{\partial\eta^2} \tag{6.50}$$

여기서, η는 무차원 누가유량, S는 무차원 투입량으로서 각각 다음과 같이 주어진다.

$$\eta=\frac{q}{Q} \tag{6.51a}$$

$$S=\frac{\theta}{\vartheta} \tag{6.51b}$$

여기서, ϑ는 총투입량으로서 다음과 같다.

$$\vartheta = \int_0^1 \theta d\eta \tag{6.52}$$

식 (6.50)에서 B_C는 가성 횡혼합계수로서 식 (6.46)에 주어진 바와 같다.

연직 선원이 $x=0, \eta=\omega$ 지점에 순간적으로 유입된 경우에 해석해는 다음과 같이 주어진다.

$$S(x, \eta) = \frac{\vartheta}{\sqrt{4\pi B_C x}} \exp\left[-\frac{(\eta-\omega)^2}{4B_C x}\right] \tag{6.53}$$

따라서 정상유관추적법은 식 (6.53)의 ϑ 대신에 측선 1에서 측정한 투입량 곡선을 대입하여 다음과 같이 유도할 수 있다(Seo 등, 2016).

$$S(x_2, \eta) = \int_0^1 \frac{S(x_1, \omega)}{\sqrt{4\pi B_C (x_2 - x_1)}} \exp\left[-\frac{(\eta-\omega)^2}{4B_C (x_2 - x_1)}\right] d\omega \tag{6.54}$$

여기서, $S(x_2, \eta)$는 하류 측선(x_2)에서 예측된 투입량 곡선, $S(x_1, \omega)$는 상류 측선(x_1)에서 실측한 투입량 곡선이다. ω는 무차원 누가유량에 대한 적분 가변수이다. 식 (6.54)의 적용 방법은 그림 6.31에 도시한 바와 같다.

연습문제

1. 하천에서 2차원 혼합 거동을 규명하기 위한 추적자실험을 수행하고자 한다. 다음의 조건에 대해 문제를 푸시오.

$$U = 1.0 \text{ m/s}, \ H = 1.5 \text{ m}, \ W = 60 \text{ m}, \ D_T = 0.25 \text{ m}^2/\text{s}, \ \epsilon_z = 0.015 \text{ m}^2/\text{s}$$

(1) 추적자를 하천의 중앙에 주입하는 경우에 대해 적절한 2차원 실험 구간을 계산하시오.

(2) 추적자를 하천의 좌안이나 우안에서 주입하는 경우에 대해 적절한 2차원 실험 구간을 계산하시오.

2. 아래의 표에 나와 있는 농도자료는 감천 감포교 상류 구간에서 수행한 추적자실험에서 취득한 자료이다(Kwon 등, 2021). 이 표에서 x는 주입점으로부터 떨어진 거리이다. 실험에서 취득한 수리자료는 다음과 같다.

$$U = 0.58 \text{ m/s}, \ H = 0.41 \text{ m}, \ W = 52.12 \text{ m}$$

(1) 각 측선별 농도곡선을 도시하시오.

(2) 각 측선별 첨두농도, 첨두농도 도달시간, 도심 도달시간 그리고 통계학적 분산을 구하시오.

(3) 거리에 대한 통계학적 분산과 첨두농도의 거동을 분석하시오.

측선 1 (x = 0.82 km)		측선 2 (x = 2.02 km)		측선 3 (x = 2.85 km)		측선 4 (x = 4.85 km)	
시간(sec)	농도(ppb)	시간(sec)	농도(ppb)	시간(sec)	농도(ppb)	시간(sec)	농도(ppb)
996	0	2,769	0	4,036	0	8,484	0
1,054	8.03	2,884	0.18	4,180	0.44	8,869	0.17
1,113	50.27	3,000	6.34	4,324	8.23	9,255	1.45
1,171	56.08	3,115	19.10	4,468	16.27	9,641	2.89
1,230	43.28	3,230	24.19	4,612	16.90	10,026	4.38
1,288	32.16	3,346	20.06	4,756	14.53	10,412	4.97
1,347	28.09	3,461	16.46	4,900	12.88	10,798	4.63
1,406	26.14	3,577	14.15	5,044	11.09	11,183	4.74
1,464	23.23	3,692	12.76	5,188	9.84	11,569	3.99
1,523	19.54	3,807	10.30	5,333	8.28	11,954	4.01

(계속)

측선 1 (x = 0.82 km)		측선 2 (x = 2.02 km)		측선 3 (x = 2.85 km)		측선 4 (x = 4.85 km)	
시간(sec)	농도(ppb)	시간(sec)	농도(ppb)	시간(sec)	농도(ppb)	시간(sec)	농도(ppb)
1,581	16.25	3,923	8.76	5,477	6.83	12,340	3.07
1,640	13.13	4,038	7.43	5,621	6.00	12,726	2.63
1,698	10.46	4,154	6.28	5,765	4.89	13,111	2.39
1,757	8.49	4,269	5.19	5,909	4.40	13,497	2.05
1,815	6.83	4,384	4.54	6,053	3.87	13,882	1.63
1,874	5.21	4,500	3.86	6,197	3.37	14,268	1.56
1,933	4.32	4,615	3.54	6,342	3.13	14,654	1.30
1,991	3.62	4,730	2.85	6,486	2.70	15,039	1.27
2,050	2.93	4,846	2.72	6,630	2.23	15,425	1.07
2,108	2.26	4,961	2.53	6,774	1.76	15,811	0.93
2,167	2.04	5,076	1.89	6,918	1.85	16,196	1.15
2,225	1.66	5,192	2.02	7,062	1.70	16,582	0.83
2,284	1.53	5,307	1.43	7,206	1.12	16,968	0.74
2,342	1.20	5,423	1.45	7,350	1.25	17,353	0.60
2,401	1.26	5,538	1.48	7,494	1.12	17,739	0.47
2,460	1.13	5,653	1.19	7,639	0.67	18,124	0.48
2,518	1.04	5,769	1.32	7,783	0.80	18,510	0.43
2,577	0.86	5,884	0.91	7,927	0.46	18,896	0.37
2,635	0.79	6,000	0.99	8,071	0.73	19,281	0.31
2,694	0.79	6,115	0.82	8,215	0.49	19,667	0.34
2,752	0.45	6,230	0.61	8,359	0.44	20,052	0.44
2,811	0.64	6,346	0.93	8,503	0.39	20,438	0.34
2,870	0.65	6,461	0.83	8,648	0.44	20,824	0.41
2,928	0.36	6,576	0.91	8,792	0.18	21,209	0.36
2,987	0.33	6,692	0.91	8,936	0.35	21,595	0.19
3,045	0.39	6,807	0.87	9,080	0.18	21,981	0.31
3,104	0.23	6,922	0.56	9,224	0.13	22,366	0.28
3,162	0.27	7,038	0.43			22,752	0.40
3,221	0.53	7,153	0.54			23,138	0.12
3,280	0.32	7,269	0.49			23,523	0.28
3,338	0.18	7,384	0.14			23,909	0.23
3,455	0.26					24,294	0.18
3,514	0.23					24,680	0.10
3,748	0.09						

3. 연습문제 2에서 모멘트법과 1차원 추적법을 이용하여 1차원 이송-분산 모형의 종분산계수를 구하시오.

(1) 두 방법에 의한 결과값을 비교하시오.

(2) 두 방법의 장단점을 논하시오.

4. 남한강 지류인 청미천에서 수행한 추적자실험 결과는 다음 표와 같다. 추적자는 하천 단면 전체에 걸쳐서 순간 면원(instantaneous plane source)으로 주입되었으며, 4개의 측선에서 측정한 수리 및 지형 자료(실험 구간 전체 평균값)는 다음과 같다.

유량 = 2.2 cms, 하폭 = 26.5 m, 수심 = 0.45 m, 유속 = 0.25 m/s,
마찰유속 = 0.028 m/s, 주입질량 = 0.2 kg

(1) 모멘트법을 이용하여 1차원 이송-분산 모형의 종분산계수 K를 구하시오. 이 방법을 적용 시 제한점을 논하시오.

(2) 1차원 종분산계수 경험식 중에서 Fischer(1975) 식과 Seo와 Cheong(1998) 식, Zeng과 Hui(2014) 식을 이용하여 종분산계수를 구하시오.

(3) 상기 결과를 비교하고 차이점을 논하시오.

측선	주입점으로부터 거리 (km)	최대농도 도달시간 t_p (sec.)	도심 도달시간 t_c (sec.)	최대농도 C_p (ppb)	분산 σ_t^2 (sec^2)
S1	0.94	4,220	5,470	27.4	0.3×10^7
S2	1.69	7,820	10,333	15.5	1.0×10^7
S3	3.06	14,200	17,792	10.6	2.1×10^7
S4	3.54	16,320	19,722	10.0	2.4×10^7

PART 2

수치 모델링

CHAPTER 7

하천수리 모델링

본 장에서는 하천수질 모델링에 필요한 흐름장 정보를 제공하는 데 쓰이는 하천수리 모형의 이론과 모델링 기법을 설명하였다. 먼저 하천수리 모형의 지배방정식을 제시하고, 차원별 모형의 특성과 장단점을 서술하였다. 이어서 하천수리 모델링 기법으로서 유한요소법의 기본 원리와 구성 절차를 제시하였다. 유한요소법 적용 사례로서 오염물질 이송–분산 방정식 예제를 통해 요소행렬 및 전역행렬의 구성과 시간차분 절차를 설명하였다. 후반부에서는 유한요소법 기반 하천수리 해석모형의 구성과 적용 조건을 제시하였다. 마지막으로 2차원 천수모형의 천이류와 곡선수로 흐름 해석 사례를 통해 하천수리 모델링의 적용 결과를 소개하였다.

1. 하천수리 해석을 위한 지배방정식

1) 개요

하천 등 자연수체에서 물의 거동은 흐름방향, 하폭방향, 수심방향으로 변화하는 3차원적인 특성을 가지며 이에 대한 해석은 점성 및 비압축성 뉴턴유체를 가정한 3차원 나비에-스토크스(Navier-Stokes) 방정식을 이용하여 수행할 수 있다. 그러나 자유수면 흐름을 3차원적으로 해석하려면 많은 계산 격자가 필요하며, 이에 따라 모의 시간의 증가, 수치적 불안정성, 적용 영역의 제한 등 여러 제약이 발생한다. 이러한 이유로 실제 하천흐름 해석에서는 공간적 특성에 따라 3차원 문제를 2차원 또는 1차원으로 단순화하는 경우가 많다. 차원이 낮아질수록 모형 개발, 계산, 후처리에 드는 시간과 비용이 감소하는 장점이 있기 때문이다.

흐름 모형에서의 공간 차원 선택은 흐름 거동이 두드러지게 변화하는 방향을 기준으로 결정된다. 1차원 모형은 주로 하천이나 좁은 수로에서 종방향 흐름 변화를 해석하는 데 쓰이며, 2차원 모형은 수평평면(흐름방향과 하폭방향) 또는 연직평면(흐름방향과 수심방향)에서의 2차원적 흐름을 모의한다. 3차원 모형은 세 방향의 흐름 변화를 모두 계산하여 정밀한 유속장을 제공한다. 그러나 계산 격자망 구성, 해석 시간, 결과 후처리, 해석 영역 설정 등에 있어 실용적 제약이 크다. 이러한 단점을 보완하고자 제안된 준3차원 모형(quasi three-dimensional model)은 수심이 깊은 수체를 여러 개의 수평층으로 나눈 뒤 각 층간의 상호작용을 생성-소멸(source-sink) 항으로 반영함으로써 연직방향 운동량 방정식 없이 3차원적인 유속 결과를 제공할 수 있다. 본 절에서는 차원별 지배방정식과 장단점을 제시하였다.

2) 3차원 흐름 방정식

전술한 바와 같이 3차원 흐름 해석은 점성, 비압축성, 뉴턴 유체의 특성을 반영하는 나비에-스토크스 방정식에 기반한다. x, y, z방향에 대해 운동량보존 방정식은 다음과 같이 표현할 수 있다.

$$\rho\left(\frac{\partial u_1}{\partial t}+u_1\frac{\partial u_1}{\partial x}+u_2\frac{\partial u_1}{\partial y}+u_3\frac{\partial u_1}{\partial z}\right)=-\frac{\partial p}{\partial x}+\mu\nabla^2 u_1+\rho g_x \tag{7.1a}$$

$$\rho\left(\frac{\partial u_2}{\partial t}+u_1\frac{\partial u_2}{\partial x}+u_2\frac{\partial u_2}{\partial y}+u_3\frac{\partial u_2}{\partial z}\right)=-\frac{\partial p}{\partial y}+\mu\nabla^2 u_2+\rho g_y \tag{7.1b}$$

$$\rho\left(\frac{\partial u_3}{\partial t}+u_1\frac{\partial u_3}{\partial x}+u_2\frac{\partial u_3}{\partial y}+u_3\frac{\partial u_3}{\partial z}\right)=-\frac{\partial p}{\partial z}+\mu\nabla^2 u_3+\rho g_z \tag{7.1c}$$

여기서, ρ는 밀도, u_1, u_2, u_3는 각각 x, y, z방향의 속도 성분으로서 순간적인 유속을 의미한다. p는 압력, μ는 점성계수, g_i는 중력 가속도의 i방향 성분이다. 상기 식에서 미지수는 3차원 유속 u_1, u_2, u_3와 압력 p이다. 이에 따라 방정식은 3개인데, 미지수는 4개이므로 상기 식을 풀려면 방정식이 한 개 더 필요하다. 따라서 이 문제를 해결하기 위하여 비압축성 유체에 대한 질량보존 방정식인 연속 방정식을 이용한다.

$$\frac{\partial u_1}{\partial x}+\frac{\partial u_2}{\partial y}+\frac{\partial u_3}{\partial z}=0 \tag{7.2}$$

식 (7.1)과 (7.2)의 해를 수치해석적으로 구하는 방법에는 DNS(Direct Numerical Simulation)와 RANS(Reynolds-averaged Navier-Stokes)가 있다. DNS는 점성항과 난류 구조를 포함한 나비에-스토크스 방정식[식 (7.1)과 (7.2)]을 직접 해석하는 방법으로서, 난류흐름에서 순간적으로 변동하는 모든 난류 스케일을 포함하여 해석하기 때문에 정확도는 높지만 계산 비용이 매우 크다. 반면 RANS는 유속과 압력을 시간에 대해 평균하여 지배방정식을 단순화하고 난류효과를 모델로 모사하는 방식이다. 이에 따라 시간평균된 유속과 압력을 계산하기 때문에 계산 효율은 높으나 난류 모델에 따른 불확실성이 존재한다. 3차원 흐름 모형은 유속의 입체적인 분포, 난류 구조, 구조물 주변의 와류 생성 등을 정밀하게 모사할 수 있다는 장점이 있지만, 필요한 격자 수가 방대하고 수치적 불안정성이 커서 실용적 해석에는 많은 계산 자원이 요구되며, 대규모 하천 전체를 대상으로 적용하기는 어렵다는 한계가 있다.

3) 2차원 흐름 방정식

하천, 하구, 연안과 같이 수심에 비해 폭이 넓은 자연수체에서의 흐름은 연직방향으로 하나의 층으로 간주할 수 있으며, 이러한 흐름을 천수흐름(shallow water flow)이라고 한다. 또한 이러한 가정에 기반하여 3차원 연속방정식과 운동량방정식을 시간과 수심에 대해 적분하여 2차원으로 간략화한 방정식을 천수방정식(shallow water equations)이라고 한다. 이러한 천수방정식에 기반한 2차원 수리모형은 하천의 흐름 해석뿐만 아니라 하상의 침식 및 퇴적 예측과 보, 댐, 교량 등 수리구조물 주변의 흐름 거동 해석에도 활용된다. 나아가 하천, 호소에서의 오염물질 확산, 유사 이송, 어류 서식지 평가 등 다양한 환경수리 모델링에 필요한 기본 입력 자료로 사용되며, 홍수 범람 모형의 해석 엔진으로도 널리 적용된다. 이에 따라서 천수흐름 해석은 수리학적 과정을 이해하는 데 기여할 뿐만 아니라, 수환경 사업의 영향 평가와 수재해 피해를 최소화하기 위한 방안의 효과 분석에도 유용하게 쓰인다.

천수흐름에 대한 운동량보존 방정식은 x, y방향으로 각각 다음과 같이 주어진다.

$$\frac{\partial u}{\partial t}+u\frac{\partial u}{\partial x}+v\frac{\partial u}{\partial y}=-g\frac{\partial(H+h)}{\partial x}+\nu\frac{\partial^2 u}{\partial^2 x}+\nu\frac{\partial^2 u}{\partial^2 y}-gn^2\frac{\sqrt{u^2+v^2}}{h^{4/3}}u \tag{7.3a}$$

$$\frac{\partial v}{\partial t}+u\frac{\partial v}{\partial x}+v\frac{\partial v}{\partial y}=-g\frac{\partial(H+h)}{\partial y}+\nu\frac{\partial^2 v}{\partial^2 x}+\nu\frac{\partial^2 v}{\partial^2 y}-gn^2\frac{\sqrt{u^2+v^2}}{h^{4/3}}v \tag{7.3b}$$

여기서, h는 수심, u와 v는 각각 x, y방향의 수심평균유속, H는 기준면으로부터 하상까지의 연직거리, g는 중력가속도, n은 조도계수, ν는 난류동점성계수를 의미한다. 천수흐름에 대한 질량보존 방정식은 다음과 같다.

$$\frac{\partial h}{\partial t}+h\frac{\partial u}{\partial x}+u\frac{\partial h}{\partial x}+v\frac{\partial h}{\partial y}+h\frac{\partial v}{\partial y}=0 \tag{7.4}$$

부록 7.1에 비압축성 유체에 대한 천수방정식의 유도 과정을 수록하였다. 이 방정식은 하천 흐름 해석, 제방 범람, 도시 침수와 같은 현상의 동수역학적 변화를 모의하는 데 효과적이며, 해석 속도와 공간 확장성 면에서도 효율적이다. 그러나 구조물 주변에서의 3차원적 거동을 해석하거나 연직방향 흐름 분포, 와류 등의 입체적 흐름 특성을 재현하는 데에는 한계가 있다.

4) 1차원 흐름 방정식

1차원 흐름 해석은 하천이 흐르는 종방향으로만 흐름이 변화한다고 가정하고, 단면평균유속과 수심을 사용하여 흐름을 기술하는 세인트 베난트(Saint-Venant) 방정식을 사용한다. 1차원 수리모형의 운동량보존 방정식은 다음과 같다.

$$\frac{\partial Q}{\partial t}+\frac{\partial}{\partial x}\left(\frac{Q^2}{A}+gAh\right)=gA(S_0-S_f) \tag{7.5}$$

여기서, A는 흐름 단면적, Q는 유량, S_0는 수로의 기울기, S_f는 마찰경사이다. 1차원 질량보존방정식은 다음과 같이 주어진다.

$$\frac{\partial A}{\partial t}+\frac{\partial Q}{\partial x}=0 \tag{7.6}$$

1차원 수리모형은 계산이 간단하고 안정성이 높아 장구간 · 장기간 하천의 흐름을 해석하는 데 효과적이다. 특히 홍수파의 전파, 관거 시스템 분석 등에도 널리 사용된다. 하지만 흐름의 합류 · 분기 지점이나 제방 범람과 같이 비정상적이고 복잡한 흐름 조건에서는 충분한 해석 정확도를 확보하기 어렵다.

2. 유한요소법 기반 하천수리 모델링

1) 유한요소법 이론과 적용

(1) 유한요소법 개요

제1장에서 설명한 바와 같이 하천 수리 및 수질 모델링 3단계에서 수학모델의 해를 구할 때 지배방정식의 복잡성 등으로 인해 해석해를 쓰지 못하고 수치적 해법에 의한 수치모델을 이용하는 경우가 많다. 하천수리 현상을 설명하는 지배방정식의 해석적 해를 구하는 경우 추가적인 오차가 발생하지 않고 시공간적으로 연속적인 답을 얻을 수 있는 장점이 있으나, 대상 영역의 지형이 복잡하고 불규칙하거나 지배방정식에 비선형항이나 이질적인 매개변수 등이 포함된 경우에는 해석적 해를 구할 수 없다. 이럴 경우에는 수학모델의 지배방정식에 수치기법을 도입하여 근사해를 유도하는 방법을 쓰게 되는데, 이러한 수치모델에 의한 근사해는 시공간적으로 불연속적인 수치값으로 제시되기 때문에 수치모델이라고 한다. 유체역학, 수리학 등의 분야에서는 수치기법으로서 유한차분법, 유한요소법, 유한체적법 등이 널리 활용되고 있다. 본 장에서는 복잡하고 불규칙한 영역에 적합한 유한요소법을 2차원 하천수리 모형에 적용하는 방법을 설명하고, 제8장에서 유한차분법을 하천수질 모형에 적용하는 방법을 소개하였다.

유한요소법(finite element method, FEM)은 연속적인 물리 현상을 지배하는 편미분방정식을 수치적으로 해석하기 위한 기법으로, 유체역학, 구조역학, 열전달, 지반공학 등 다양한 공학 분야에서 널리 활용되고 있다. 유한차분법이 해석 영역을 격자점 배열로 단순화하는 반면, 유한요소법은 해를 구간별(piece-wise)로 근사하기 위해 영역을 삼각형이나 사각형 같은 단순한 하위 영역인 유한요소(finite element)로 분할하고 이를 조합해 복잡한 영역을 표현한다. 유한요소법은 변분법(variational method)이나 가중 잔차법(weighted residual method) 등을 확장된 형태로 기본 원리는 해를 미지의 계수와 적절히 선택된 함수들의 선형 결합으로 근사적으로 표현하는 것이다. 여기서 미지 계수는 주어진 미분방정식을 특정 의미(예: 적분의 가중 평균)에서 만족하도록 결정되며, 사용되는 근사 함수는 주어진 경계조건을 충족하도록 선택된다. Ritz 방법과 유한요소법은 본질적으로 같은 원리를 따르지만, Ritz 방법은 해석 영역 전체에 정의된 함수를 사용하는 반면, 유한요소법은 영역을 분할한 개별 요소 내에서 정의된 함수를 사용한다는 차이가 있다. 따라서 유한요소법은 간단한 국소 영역에 Ritz 방법을 적용하여 전체 문제를 푸는 방식이라고 할 수 있다.

유한요소법은 약식(weak form) 또는 가상일의 원리(principle of virtual work)를 기반으로 문제를 재정식화하고 미분계수를 낮추어 수치적으로 보다 안정적인 해석이 가능하게 한다. 가중 잔차법은 근사해에서 생기는 오차를 줄이는 과정인데, 그 핵심은 어떤 가중함수(weight function)를 선택하느냐에 달려 있다. 가중 잔차법 중 가장 널리 쓰이는 갈라킨(Galerkin) 방법은 가중함수를 형상 함수와 똑같이 두는 방식이고, 이를 더 확장한 Petrov-Galerkin 방법은 형상 함수와 다른 가중함수를 사용하는 개념이다. 이 밖에 오차 제곱합을 줄이는 최소제곱법(least square method)이나, 특정 지점에서 오차를 없애는 콜로케이션(collocation) 방법 등 다양한 기법들이 파생되어 활용되고 있다.

유한요소법은 다음과 같은 장점을 가진다. 불규칙한 지형을 다른 수치기법에 비해 훨씬 효율적이고 정확하게 재현할 수 있으며(Huebner 등, 1995; Davies, 1980; Pinder와 Gray, 1977), 지형 적응형 격자(adaptive mesh)를 사용하여 격자의 크기나 절점(node) 수, 해의 정확도 등을 최적화할 수 있는 장점이 있다(Heinrich와 Pepper, 1999; Karniadakis와 Sherwin, 2005; Chung, 1992). 또한 다양한 노이만(Neumann) 경계조건을 직접적이고 용이하게 적용할 수 있으며(Gresho와 Sani, 1998; Fletcher, 1984) 탄탄한 수학적 기반을 근거로 한 수치기법이므로 오차, 수렴, 해의 정확도 등에 관한 수학적 분석이 가능한 장점도 있다(Strang과 Fix, 1973; Axelsson과 Barker, 1984; Thomee, 1984; Wait와 Mitchell, 1985). 유한요소법은 절점이 아닌 요소에 기초하기 때문에 다양한 보간함수를 채택하면 요소 내부의 절점에 대하여 정확한 수치해를 얻을 수 있다(Ghanem, 1995).

그림 7.1은 유한요소법을 이용한 공학적 문제 해석 절차를 나타낸다. 유한요소법은 복잡한 연속체 문제를 작은 단위로 나누어 근사적으로 푸는 방법이다. 먼저, 해석하고자 하는 영역을 여러 개의 작은 요소로 나누는데, 이를 영역 분할이라 하며 삼각형, 사각형 등 다양한 모양의 요소를 사용할 수 있다. 다음으로 각 요소에 절점을 배치하고 요소 내부에서 해가 어떻게 변하는지를 나타낼 형상(보간)함수를 선택하는데, 일반적으로 적분과 미분이 간단한 다항식이 사용된다. 이후 선택한 요소와 형상함수를 바탕으로 요소의 특성을 나타내는 행렬 방정식을 유도하는데, 이 과정에서 변분법이나 가중 잔차법이 활용된다. 이렇게 얻은 개별 요소 방정식들은 다시 모아져서 하나의 큰 시스템으로 결합되며, 이때 요소들이 공유하는 절점에서는 같은 물리량이 유지되도록 조건이 부여된다. 이어서 시스템을 풀기 전에 문제에서 주어진 경계조건을 반영하여 이미 알려진 절점 값들을 대입해 전체 방정식을 수정한다. 이렇게 구성된 시스템 방정식을 풀면 미지의 절점값들을 얻을 수 있고, 이로부터 해를 근사적으로 구할 수 있다. 마지막으로 구한 해를 바탕으로 추가적인 계산을 수행할 수 있는데, 예를 들어 수리학 문제에서는 속도장을 이용해 와도, 전단응력, 프루드수와 같은 부가적인 물리량을 도출할 수 있다. 이와 같이 유한요소법은 단계적으로 문제를 단순화하고 해를 구한 뒤, 필요한 부가 정보를 계산하는 절차로 구성되어 있어 복잡한 공학 문제 해결에 효과적으로 사용된다.

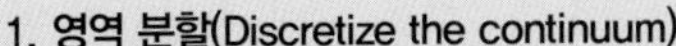

1. 영역 분할(Discretize the continuum)

- 해석하고자 하는 영역을 여러 개의 요소로 구획화
- 다양한 모양의 요소를 사용할 수 있으며, 하나의 영역 안에 서로 다른 형태의 요소(삼각망과 사각망)를 혼합해서 사용 가능

↓

2. 형상함수 선택(Select interpolation functions)

- 각 요소에 절점을 배치하고, 요소 내에서 해가 어떻게 변하는지를 나타내는 형상(보간)함수를 결정
- 일반적으로 적분과 미분이 쉬운 다항식을 많이 쓰며, 함수의 차수는 배치한 절점 개수에 따라 달라짐

↓

3. 요소 특성 계산(Find the element properties)

- 선택한 요소와 형상함수를 기반으로, 해당 요소의 특성을 나타내는 행렬 방정식을 유도
- 이 과정에 변분법이나 가중 잔차법이 주로 사용됨

↓

4. 전체 시스템 결합(Assemble the element properties)

- 개별 요소 방정식을 모아 전체 시스템의 방정식을 구성
- 요소들이 연결되는 절점에서는 같은 물리량 값을 공유해야 하므로, 이를 기반으로 전체 결합을 진행
- 이는 유한차분법이 절점별 방정식을 직접 구성하는 것과 대비되는 FEM의 특징임

↓

5. 경계조건 적용(Impose the boundary conditions)

- 전체 방정식을 풀기 전에, 문제의 경계조건을 반영하여 시스템 방정식을 수정
- 즉, 종속 변수의 이미 알려진 절점값을 대입

↓

6. 시스템 방정식 해 풀기(Solve the system equations)

- 결합된 시스템 방정식을 풀어 미지의 절점값을 구함

↓

7. 추가 계산(Additional computations)

- 구한 해를 바탕으로 부가적인 물리량을 계산(예: 속도장을 이용해 와도, 전단응력, Froude 수 등을 계산)

그림 7.1 유한요소법을 이용한 공학적 문제 해석 절차

(2) 유한요소법의 기초 이론

① 형상함수

형상함수(shape function)는 유한요소법에서 절점값을 이용해 요소 내부의 물리량(유속, 농도, 온도 등)을 보간하는 함수로, 그림 7.2와 같이 특정 절점에서는 1의 값을 가지고, 다른 절점에서는 0이

되며 모든 형상함수의 합은 1을 만족한다. 이를 통해 절점값만 알면 요소 내부의 값을 근사적으로 표현할 수 있고, 형상함수를 미분하여 기울기나 변형률을 계산하거나 적분에 활용해 강성행렬과 질량행렬을 구할 수 있다. 따라서 형상함수는 유한요소법에서 해를 근사하고 수치해석 절차를 수행하는 데 핵심적인 역할을 한다.

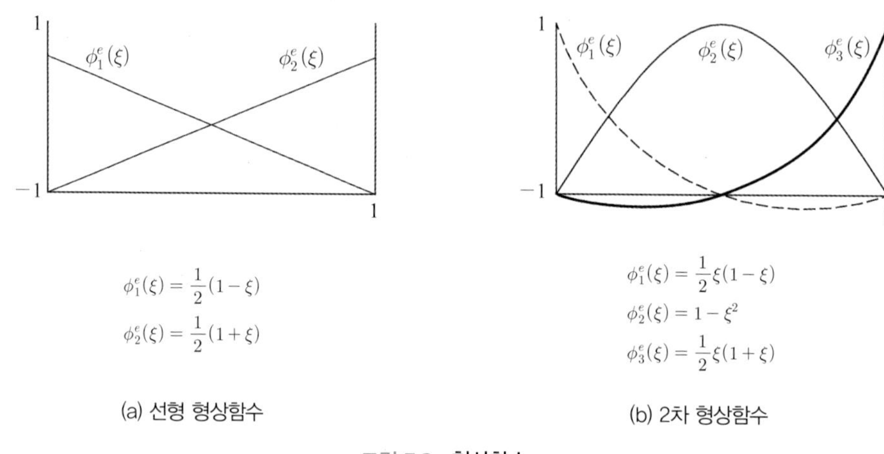

$\phi_1^e(\xi) = \frac{1}{2}(1-\xi)$

$\phi_2^e(\xi) = \frac{1}{2}(1+\xi)$

(a) 선형 형상함수

$\phi_1^e(\xi) = \frac{1}{2}\xi(1-\xi)$

$\phi_2^e(\xi) = 1-\xi^2$

$\phi_3^e(\xi) = \frac{1}{2}\xi(1+\xi)$

(b) 2차 형상함수

그림 7.2 **형상함수**

그림 7.2의 선형 형상함수를 이용하는 경우 임의의 실제 물리 절점 x_1, x_2는 선형 형상함수 $\phi_1^e(\xi)$와 $\phi_2^e(\xi)$의 조합으로 식 (7.7a)와 같이 자연좌표로 변환된다. 식 (7.7a)의 미분은 $\frac{d\phi_1^e}{d\xi}=-\frac{1}{2}$과 $\frac{d\phi_2^e}{d\xi}=\frac{1}{2}$을 이용하여 식 (7.7b)와 같이 얻을 수 있다.

$$x(\xi) = x_1\phi_1^e(\xi) + x_2\phi_2^e(\xi) \tag{7.7a}$$

$$\frac{dx}{d\xi} = x_1\frac{d\phi_1^e(\xi)}{d\xi} + x_2\frac{d\phi_2^e(\xi)}{d\xi} = \frac{x_2-x_1}{2} = \frac{\Delta x}{2} \tag{7.7b}$$

위와 같이 자연좌표계로 변환하는 이유는 모든 요소에 대해 동일한 형상함수와 적분 범위 [−1, 1]를 적용할 수 있는 이점이 있기 때문이다.

② 자연좌표계

그림 7.3과 같이 인접하는 두 변이 서로 직교하지 않는 하천지형(물리공간)에서 유한요소법의 적분 및 이산화 과정은 용이하지 않다. 따라서 이를 효율적으로 처리하기 위해 다음과 같은 변형을 생각한다.

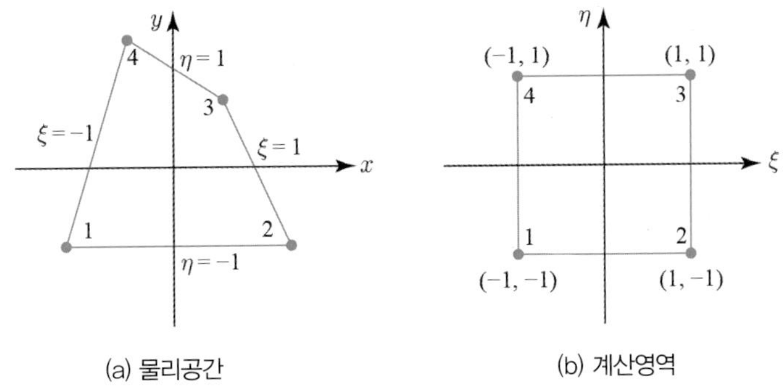

(a) 물리공간　　(b) 계산영역

그림 7.3　자연좌표계로의 변환

$$x = \sum_{i=1}^{4} x_i \psi_i(\xi, \eta) \tag{7.8a}$$

$$y = \sum_{i=1}^{4} y_i \psi_i(\xi, \eta) \tag{7.8b}$$

여기서, $(x,\ y)$는 물리공간(physical space)의 전역좌표(global coordinate)이며 $(\xi,\ \eta)$는 계산영역(computational space)의 국부좌표(local coordinate)이고 x_i와 y_i는 $(x,\ y)$ 공간의 절점, $\psi_i(\xi, \eta)$는 변환함수이다. 두 좌표계가 일대일 대응을 이루며 $(\xi,\ \eta)$ 공간의 사각형 면을 따라 x와 y의 선형 변형이 이루어짐을 다음 식으로 표현할 수 있다.

$$x = a_1 + b_1\xi + c_1\eta + d_1\xi\eta \tag{7.9a}$$

$$y = a_2 + b_2\xi + c_2\eta + d_2\xi\eta \tag{7.9b}$$

네 절점 x_1, x_2, x_3, x_4은 $(\xi,\ \eta)$가 각각 $(-1,\ -1)$, $(1,\ -1)$, $(1,\ 1)$ 및 $(-1,\ 1)$에 대응되는 값으로, 이로부터 네 개의 식을 구성할 수 있다. 네 개의 미지수 a_1, b_1, c_1, d_1를 물리공간 절점 x_1, x_2, x_3, x_{4z}로 표현하면 다음과 같다.

$$\begin{bmatrix} a_1 \\ b_1 \\ c_1 \\ d_1 \end{bmatrix} = \frac{1}{4} \begin{bmatrix} 1 & 1 & 1 & 1 \\ -1 & 1 & 1 & -1 \\ -1 & -1 & 1 & 1 \\ 1 & -1 & 1 & -1 \end{bmatrix} \begin{bmatrix} x_1 \\ x_2 \\ x_3 \\ x_4 \end{bmatrix} \tag{7.10}$$

따라서 식 (7.9a)와 (7.10)에 의해 다음의 관계가 성립된다.

$$\begin{aligned} x = &\frac{1}{4}(1-\xi)(1-\eta)x_1 + \frac{1}{4}(1+\xi)(1-\eta)x_2 \\ &+ \frac{1}{4}(1+\xi)(1+\eta)x_3 + \frac{1}{4}(1-\xi)(1+\eta)x_4 \end{aligned} \tag{7.11}$$

위 식에 의해 4절점을 가지는 선형사각요소망의 형상함수를 다음과 같이 정의한다.

$$\begin{aligned} \phi_1 &= \frac{1}{4}(1-\xi)(1-\eta) \qquad \phi_2 = \frac{1}{4}(1+\xi)(1-\eta) \\ \phi_3 &= \frac{1}{4}(1+\xi)(1+\eta) \qquad \phi_4 = \frac{1}{4}(1-\xi)(1+\eta) \end{aligned} \tag{7.12}$$

연쇄법칙에 의해 전역좌표와 국부좌표의 관계는 다음과 같다.

$$\begin{bmatrix} \frac{\partial \phi_i}{\partial \xi} \\ \frac{\partial \phi_i}{\partial \eta} \end{bmatrix} = \begin{bmatrix} \frac{\partial x}{\partial \xi} & \frac{\partial y}{\partial \xi} \\ \frac{\partial x}{\partial \eta} & \frac{\partial y}{\partial \eta} \end{bmatrix} \begin{bmatrix} \frac{\partial \phi_i}{\partial x} \\ \frac{\partial \phi_i}{\partial y} \end{bmatrix} = \mathrm{J} \begin{bmatrix} \frac{\partial \phi_i}{\partial x} \\ \frac{\partial \phi_i}{\partial y} \end{bmatrix} \tag{7.13}$$

위 식에서 J는 자코비안 행렬로 좌표 변환의 국소적 확대 · 축소 비율과 방향 변형을 수학적으로 표현하기 위해 도입된다. 식 (7.11), 식 (7.12), 식 (7.13)을 이용해 다음과 같이 나타낼 수 있다.

$$\begin{aligned} \mathrm{J} &= \begin{bmatrix} \frac{\partial x}{\partial \xi} & \frac{\partial y}{\partial \xi} \\ \frac{\partial x}{\partial \eta} & \frac{\partial y}{\partial \eta} \end{bmatrix} = \begin{bmatrix} \frac{\partial \phi_1}{\partial \xi} & \frac{\partial \phi_2}{\partial \xi} & \frac{\partial \phi_3}{\partial \xi} & \frac{\partial \phi_4}{\partial \xi} \\ \frac{\partial \phi_1}{\partial \eta} & \frac{\partial \phi_2}{\partial \eta} & \frac{\partial \phi_3}{\partial \eta} & \frac{\partial \phi_4}{\partial \eta} \end{bmatrix} \begin{bmatrix} x_1\, y_1 \\ x_2\, y_2 \\ x_3\, y_3 \\ x_4\, y_4 \end{bmatrix} \\ &= \begin{bmatrix} -\frac{1}{4}(1-\eta) & \frac{1}{4}(1-\eta) & \frac{1}{4}(1+\eta) & -\frac{1}{4}(1+\eta) \\ -\frac{1}{4}(1-\xi) & -\frac{1}{4}(1+\xi) & \frac{1}{4}(1+\xi) & \frac{1}{4}(1-\xi) \end{bmatrix} \begin{bmatrix} x_1\, y_1 \\ x_2\, y_2 \\ x_3\, y_3 \\ x_4\, y_4 \end{bmatrix} \end{aligned} \tag{7.14}$$

다음의 관계에 의해 전역좌표의 편미분을 구할 수 있다.

$$\begin{bmatrix} \frac{\partial \phi_i}{\partial x} \\ \frac{\partial \phi_i}{\partial y} \end{bmatrix} = \mathrm{J}^{-1} \begin{bmatrix} \frac{\partial \phi_i}{\partial \xi} \\ \frac{\partial \phi_i}{\partial \eta} \end{bmatrix} = \frac{1}{|\mathrm{J}|} \begin{bmatrix} \frac{\partial y}{\partial \eta} & -\frac{\partial y}{\partial \xi} \\ -\frac{\partial x}{\partial \eta} & \frac{\partial x}{\partial \xi} \end{bmatrix} \begin{bmatrix} \frac{\partial \phi_i}{\partial \xi} \\ \frac{\partial \phi_i}{\partial \eta} \end{bmatrix} \tag{7.15}$$

이를 이용하여 물리공간에서의 적분을 다음의 관계식과 같이 자연좌표계로 변환할 수 있다.

$$\int_{\Omega^e} (\cdot)\, dx dy = \int_{-1}^{1} \int_{-1}^{1} (\cdot)\, |\mathrm{J}|\, d\xi d\eta \tag{7.16}$$

③ 수치적분

유한요소법을 적용하면 요소 내 강성행렬이나 질량행렬을 구하는 과정에서 복잡한 적분식이 도출되는데, 이를 해석적으로 풀기는 어렵다. 이럴 경우 가우스 적분을 사용하면 적분을 몇 개의 최적점에서의 함수값과 가중치의 곱으로 단순화할 수 있어 계산이 훨씬 효율적이며 동시에 높은 정확도를 확보할 수 있다. 이러한 과정을 수학적으로 나타낸 것이 식 (7.17)이며, 가우스 구적법(Gauss quadrature)을 이용하여 정적분을 가우스 점과 가중치에 의한 합으로 근사할 수 있다.

$$\int_{-1}^{1} f(\xi)d\xi \cong \sum_{i=1}^{N} W_i f(\xi_i) \tag{7.17}$$

여기서, N은 적분점의 개수, W_i는 가중치, ξ_i는 가우스점을 의미한다. 이 식을 이용하면, N개의 가우스점으로 $2N-1$차 다항식을 적분할 수 있다. 임의의 적분구간 $[a,\ b]$에서 정의된 적분은 $\xi = \dfrac{2x-(b+a)}{b-a}$의 치환에 의해 다음과 같이 $[-1,\ 1]$의 구간으로 정의할 수 있다.

$$\int_{a}^{b} f(x)dx = \frac{1}{2}(b-a)\int_{-1}^{1} f\left(\frac{1}{2}(b-a)\xi + \frac{1}{2}(b+a)\right)d\xi \tag{7.18}$$

이중적분에 대해서는 아래와 같이 가우스 구적법을 사용한다.

$$\int_{-1}^{1}\int_{-1}^{1} f(\xi,\eta)d\xi d\eta \cong \sum_{i=1}^{N}\sum_{j=1}^{N} W_i W_j f(\xi_i,\eta_j) \tag{7.19}$$

표 7.1 가우스 점과 가중치

N	가우스 점 ξ_i	가중치 W_i
2점법	$-\sqrt{\frac{1}{3}}$ $\sqrt{\frac{1}{3}}$	1 1
3점법	$-\sqrt{\frac{3}{5}}$ 0 $\sqrt{\frac{3}{5}}$	$\frac{5}{9}$ $\frac{8}{9}$ $\frac{5}{9}$
4점법	$-\sqrt{\frac{1}{7}(3-4\sqrt{0.3})}$ $-\sqrt{\frac{1}{7}(3+4\sqrt{0.3})}$ $\sqrt{\frac{1}{7}(3-4\sqrt{0.3})}$ $\sqrt{\frac{1}{7}(3+4\sqrt{0.3})}$	$\frac{1}{2}+\frac{1}{12}\sqrt{\frac{10}{3}}$ $\frac{1}{2}-\frac{1}{12}\sqrt{\frac{10}{3}}$ $\frac{1}{2}+\frac{1}{12}\sqrt{\frac{10}{3}}$ $\frac{1}{2}-\frac{1}{12}\sqrt{\frac{10}{3}}$

④ 경계면 인식

하천 및 수로에서 흐름해석을 하는 경우 벽면 경계조건은 좌안과 우안 및 내부 구조물에 적용된다. 유한요소모형에서는 내부 및 외부 경계에서의 유속을 접선방향과 법선방향 성분으로 구분하여 계산한다. 그림 7.4와 같이 요소 I과 요소 II가 교차하는 경계면에서의 단위 법선벡터는 다음 식과 같이 이 절점을 포함하는 요소의 형상함수(ϕ)의 편미분에 의해 구할 수 있다(Pinder와 Gray, 1977).

$$n_x = \frac{1}{n}\int_\Omega \frac{\partial \phi}{\partial x} d\Omega \tag{7.20a}$$

$$n_y = \frac{1}{n}\int_\Omega \frac{\partial \phi}{\partial y} d\Omega \tag{7.20b}$$

$$n = \sqrt{\left(\int_\Omega \frac{\partial \phi}{\partial x} d\Omega\right)^2 + \left(\int_\Omega \frac{\partial \phi}{\partial y} d\Omega\right)^2} \tag{7.20c}$$

위 식에서 $\Omega(=\text{I}+\text{II})$는 해당 절점을 포함하는 요소의 면적을 의미한다. 이 단위 법선벡터를 이용하면 직교좌표계상의 유속(u, v)과 회전좌표계상의 유속(u_n, u_t)은 다음의 관계를 갖는다(Engelman와 Sani, 1982).

$$u_n = n_x u + n_y v \tag{7.21a}$$

$$u_t = -n_y u + n_x v \tag{7.21b}$$

따라서 벽면에서 접선방향 유속만 존재하고 경계면을 관통하는 흐름이 없는 불투수조건을 적용하는 경우에는 활동 경계조건(slip condition)을 사용하여 식 (7.21a)에서 $u_n = 0$을 부여한다. 반면, 벽면에서의 접선 및 법선방향 유속이 모두 0이 되는 무활조건(no-slip condition)을 적용하는 경우에는 $u_n = u_t = 0$을 부여한다.

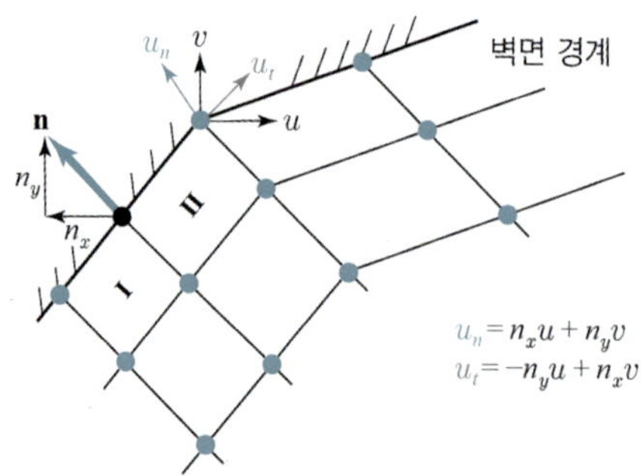

그림 7.4 벽면 경계에서의 유속성분 고려

(3) 유한요소법의 적용

본 절에서는 앞서 설명한 유한요소법의 기본 개념과 계산 절차에 대한 이해를 높이기 위해 예제를 통해 그 적용 과정을 살펴본다. 이를 위해 제2장에서 유도한 1차원 비보존성 오염물질의 이송-분산 방정식에 유한요소법을 적용한 사례를 제시하였다. 본 예제는 유한요소법의 핵심 단계인 잔차의 정의, 가중잔차법의 적용, 형상함수의 정의, 요소 행렬 도출, 전역 행렬 조합, 시간차분 과정을 단계적으로 전개함으로써 유한요소법을 활용하는 방법을 구체적으로 이해하는 데 목적이 있다.

본 문제의 지배방정식인 1차원 비보존성 오염물질에 대한 이송-분산 방정식은 다음과 같다.

$$\frac{\partial C}{\partial t}+U\frac{\partial C}{\partial x}-D\frac{\partial^2 C}{\partial x^2}+kC=0 \tag{7.22}$$

여기서, C는 농도, U는 유속, D는 분산계수, k는 감쇠계수이다. 상기의 지배방정식에 가중잔차법을 적용하면 다음과 같이 표현된다.

$$R(x,t)=\frac{\partial \widetilde{C}}{\partial t}-\frac{\partial}{\partial x}\left(D\frac{\partial \widetilde{C}}{\partial x}-U\widetilde{C}\right)+k\widetilde{C}\neq 0 \tag{7.23}$$

여기서, $R(x,t)$은 잔차항, $\widetilde{C}$는 근사해이다. $\widetilde{C}$가 근사해이기 때문에 $R(x,t)$은 일반적으로 0이 아니다. 이에 따라서 잔차와 곱해서 적분이 0이 되게 하는 함수를 도입하는데, 이 함수를 시험함수 (test function) 또는 가중함수라고 한다. 갈라킨법에서는 가중함수를 형상함수와 같게 둔다. 갈라킨 가중잔차법에서는 잔차가 시험함수 공간에 대해 직교하도록 강제하므로 잔차식에 가중함수를 곱하면 아래와 같이 0이 된다.

$$\int_{\Omega^e} R(x,t)\cdot W_i(x)dx=0 \tag{7.24}$$

여기서, $W_i(x)$는 가중함수이다. i는 표 7.1의 선형 형상함수를 사용할 경우에는 2, 2차 형상함수를 사용할 경우에는 3의 값을 갖는다. 식 (7.23)을 식 (7.24)에 대입하고 가중함수를 형상함수와 같게 두는 갈라킨법을 ($W_i=\phi_i$) 적용하면 다음과 같다.

$$\int_{\Omega^e}\phi_i^e\left[\frac{\partial \widetilde{C}}{\partial t}-\underline{\frac{\partial}{\partial x}\left(D\frac{\partial \widetilde{C}}{\partial x}-U\widetilde{C}\right)}+k\widetilde{C}\right]dx=0 \tag{7.25}$$

위 식의 밑줄 친 항에 부분적분을 적용하면 식 (7.25)는 다음과 같이 표현된다.

$$\int_{\Omega^e}\frac{\partial \widetilde{C}}{\partial t}\phi_i^e dx-\left[\phi_i^e\left(D\frac{\partial \widetilde{C}}{\partial x}-U\widetilde{C}\right)\right]_{x_1}^{x_2}+\int_{\Omega^e}\frac{\partial \phi_i^e}{\partial x}\left(D\frac{\partial \widetilde{C}}{\partial x}-U\widetilde{C}\right)dx+\int_{\Omega^e}k\phi_i^e\widetilde{C}dx=0 \tag{7.26}$$

여기서, 농도함수 $C(x,t)$를 식 (7.27a)와 같이 근사적으로 나타내면, 공간과 시간에 대한 편미분은 각각 식 (7.27b) 및 식 (7.27c)와 같다.

$$C(x,t) \approx \widetilde{C}(x,t) = \sum_{j=1}^{2} \widetilde{C}_j(t)\phi_j^e(x) \tag{7.27a}$$

$$\frac{\partial \widetilde{C}}{\partial x} = \sum_{j=1}^{2} \widetilde{C}_j(t)\frac{\partial \phi_j^e(x)}{\partial x} \tag{7.27b}$$

$$\frac{\partial \widetilde{C}}{\partial t} = \sum_{j=1}^{2} \frac{d\widetilde{C}_j(t)}{dt}\phi_j^e(x) \tag{7.27c}$$

식 (7.27)을 식 (7.26)에 대입하면 농도항, 농도의 시간미분항 그리고 계수항으로 구분하여 아래와 같이 표시할 수 있다.

$$\begin{aligned}&\sum_{j=1}^{2}\left[\int_{\Omega^e} D\frac{\partial \phi_j^e}{\partial x}\frac{\partial \phi_i^e}{\partial x}dx - \int_{\Omega^e} U\phi_j^e\frac{\partial \phi_i^e}{\partial x}dx + \int_{\Omega^e} k\phi_i^e\phi_j^e dx\right]\widetilde{C}_j(t)\\ &+\sum_{j=1}^{2}\int_{\Omega^e}\phi_j^e\phi_i^e dx\frac{d\widetilde{C}_j(t)}{dt} - \left[\phi_i^e\left(D\frac{\partial \widetilde{C}}{\partial x} - U\widetilde{C}\right)\right]_{x_1}^{x_2} = 0\end{aligned} \tag{7.28}$$

이를 행렬 형태로 표시하면 다음과 같다.

$$[\mathrm{A}]^e\{\widetilde{C}\} + [\mathrm{M}]^e\left\{\frac{d\widetilde{C}}{dt}\right\} + \{\mathrm{B}\}^e = 0 \tag{7.29a}$$

$$a_{ij}^e = \int_{\Omega^e} D\frac{\partial \phi_j^e}{\partial x}\frac{\partial \phi_i^e}{\partial x}dx - \int_{\Omega^e} U\phi_j^e\frac{\partial \phi_i^e}{\partial x}dx + \int_{\Omega^e} k\phi_i^e\phi_j^e dx \tag{7.29b}$$

$$m_{ij}^e = \int_{\Omega^e}\phi_j^e\phi_i^e dx \tag{7.29c}$$

위 식에서 a_{ij}^e와 m_{ij}^e는 각각 행렬 $[\mathrm{A}]^e$와 $[\mathrm{M}]^e$의 i번째 행과 j번째 열의 성분이다. 식 (7.28b)와 식 (7.29c)에서 a_{ij}^e와 m_{ij}^e의 공간좌표가 x로 표현되어 있으므로 적분을 쉽게 하기 위해 적분 구간을 [−1, 1]로 한정하는 자연좌표계(ξ)로 변형하고 식 (7.7b)를 이용하면 다음과 같다.

$$\begin{aligned}a_{ij}^e &= \int_{\Omega^e} D\frac{\partial \phi_j^e}{\partial x}\frac{\partial \phi_i^e}{\partial x}dx - \int_{\Omega^e} U\phi_j^e\frac{\partial \phi_i^e}{\partial x}dx + \int_{\Omega^e} k\phi_i^e\phi_j^e dx\\ &= \int_{-1}^{1} D\frac{\partial \phi_j^e}{\partial \xi}\frac{\partial \xi}{\partial x}\frac{\partial \phi_i^e}{\partial \xi}\frac{\partial \xi}{\partial x}\frac{\partial x}{\partial \xi}d\xi - \int_{-1}^{1} U\phi_j^e\frac{\partial \phi_i^e}{\partial \xi}\frac{\partial \xi}{\partial x}\frac{\partial x}{\partial \xi}d\xi + \int_{-1}^{1} k\phi_i^e\phi_j^e\frac{\partial x}{\partial \xi}d\xi\\ &= \int_{-1}^{1} D\frac{\partial \phi_j^e}{\partial \xi}\frac{\partial \phi_i^e}{\partial \xi}\frac{\partial \xi}{\partial x}d\xi - \int_{-1}^{1} U\phi_j^e\frac{\partial \phi_i^e}{\partial \xi}d\xi + \int_{-1}^{1} k\phi_i^e\phi_j^e\frac{\partial x}{\partial \xi}d\xi\\ &= \int_{-1}^{1} D\frac{\partial \phi_j^e}{\partial \xi}\frac{\partial \phi_i^e}{\partial \xi}\left(\frac{2}{\Delta x}\right)d\xi - \int_{-1}^{1} U\phi_j^e\frac{\partial \phi_i^e}{\partial \xi}d\xi + \int_{-1}^{1} k\phi_i^e\phi_j^e\left(\frac{\Delta x}{2}\right)d\xi\end{aligned} \tag{7.30a}$$

$$m_{ij}^e = \int_{\Omega^e} \phi_j^e \phi_i^e dx = \int_{-1}^{1} \phi_j^e \phi_i^e \frac{dx}{d\xi} d\xi = \int_{-1}^{1} \phi_j^e \phi_i^e \left(\frac{\Delta x}{2} \right) d\xi \tag{7.30b}$$

이를 이용하여 $[A]^e$와 $[M]^e$를 구하면 다음과 같다.

$$[\mathrm{A}]^e = \begin{bmatrix} \frac{D}{\Delta x} + \frac{U}{2} + \frac{k\Delta x}{3} & -\frac{D}{\Delta x} + \frac{U}{2} + \frac{k\Delta x}{6} \\ -\frac{D}{\Delta x} - \frac{U}{2} + \frac{k\Delta x}{6} & \frac{D}{\Delta x} - \frac{U}{2} + \frac{k\Delta x}{3} \end{bmatrix} \tag{7.31a}$$

$$[\mathrm{M}]^e = \frac{\Delta x}{6} \begin{bmatrix} 2 & 1 \\ 1 & 2 \end{bmatrix} \tag{7.31b}$$

식 (7.29a)의 벡터 $\{\mathrm{B}\}^e$은 그림 7.2와 같이 $\phi_1^e(x_2) = \phi_2^e(x_1) = 0$, $\phi_1^e(x_1) = \phi_2^e(x_2) = 1$인 형상함수의 조건에 의해 다음과 같이 표현된다.

$$\{\mathrm{B}\}^e = \begin{bmatrix} \left(D\frac{\partial \widetilde{C}}{\partial x} - U\widetilde{C} \right)_{x_1} \\ -\left(D\frac{\partial \widetilde{C}}{\partial x} - U\widetilde{C} \right)_{x_2} \end{bmatrix} \tag{7.32}$$

이상의 국부 요소 행렬 $[\mathrm{A}]^e$, $[\mathrm{M}]^e$, $\{\mathrm{B}\}^e$을 결합하면, 전역행렬 $[\mathrm{A}]$, $[\mathrm{M}]$, $\{\mathrm{B}\}$로 나타낼 수 있다. 식 (7.33)은 n개의 요소를 가지는 $[\mathrm{A}]^e$를 $[\mathrm{A}]$로 결합하는 예시를 나타낸다.

$$[A] = \sum_{e=1}^{n} [A]^e = \begin{bmatrix} a_{11}^1 & a_{12}^1 & 0 & 0 & 0 & 0 & 0 & 0 \\ a_{21}^1 & a_{22}^1 + a_{11}^2 & a_{12}^2 & 0 & 0 & 0 & 0 & 0 \\ 0 & a_{21}^2 & a_{22}^2 + a_{11}^3 & a_{12}^3 & 0 & 0 & 0 & 0 \\ 0 & 0 & a_{21}^3 & a_{22}^3 + a_{11}^4 & a_{12}^4 & 0 & 0 & 0 \\ 0 & 0 & 0 & a_{21}^4 & \ddots & 0 & 0 & 0 \\ 0 & 0 & 0 & 0 & 0 & \ddots & \ddots & 0 \\ 0 & 0 & 0 & 0 & 0 & \ddots & a_{22}^{n-1} + a_{11}^n & a_{12}^n \\ 0 & 0 & 0 & 0 & 0 & 0 & a_{21}^n & a_{22}^n \end{bmatrix} \tag{7.33}$$

위와 같은 방법으로 식 (7.31)과 식 (7.32)를 전역행렬로 구성하면 다음과 같다.

$$[\mathrm{A}] = \begin{bmatrix} \frac{D}{\Delta x} + \frac{U}{2} + \frac{k\Delta x}{3} & -\frac{D}{\Delta x} + \frac{U}{2} + \frac{k\Delta x}{6} & 0 & 0 & 0 & 0 \\ -\frac{D}{\Delta x} - \frac{U}{2} + \frac{k\Delta x}{6} & \frac{2D}{\Delta x} + \frac{2k\Delta x}{3} & -\frac{D}{\Delta x} + \frac{U}{2} + \frac{k\Delta x}{6} & 0 & 0 & 0 \\ 0 & -\frac{D}{\Delta x} - \frac{U}{2} + \frac{k\Delta x}{6} & \frac{2D}{\Delta x} + \frac{2k\Delta x}{3} & 0 & 0 & 0 \\ 0 & 0 & & \ddots & & \\ 0 & 0 & 0 & 0 & \frac{2D}{\Delta x} + \frac{2k\Delta x}{3} & -\frac{D}{\Delta x} + \frac{U}{2} + \frac{k\Delta x}{6} \\ 0 & 0 & 0 & 0 & -\frac{D}{\Delta x} - \frac{U}{2} + \frac{k\Delta x}{6} & \frac{D}{\Delta x} - \frac{U}{2} + \frac{k\Delta x}{3} \end{bmatrix} \tag{7.34a}$$

$$[\mathrm{M}] = \frac{\Delta x}{6}\begin{bmatrix} 2\,1\,0 & 0 & 0\,0 \\ 1\,4\,1 & 0 & 0\,0 \\ 0\,1\,4 & 1 & 0\,0 \\ & \ddots & \\ 0\,0\,0 & 1 & 4\,1 \\ 0\,0\,0 & 0 & 1\,2 \end{bmatrix} \tag{7.34b}$$

$$\{\mathrm{B}\} = \begin{bmatrix} \left(D\frac{\partial \widetilde{C}}{\partial x} - U\widetilde{C}\right)_{x_1} \\ 0 \\ \vdots \\ -\left(D\frac{\partial \widetilde{C}}{\partial x} - U\widetilde{C}\right)_{x_n} \end{bmatrix} \tag{7.34c}$$

식 (7.29a)를 전역행렬로 결합하고 Crank-Nicolson 방법을 적용하여 시간에 대한 유한차분을 하면 다음과 같이 표현된다.

$$\frac{1}{2}[\mathrm{A}]\left\{\widetilde{C}^{k+1} + \widetilde{C}^{k}\right\} + [\mathrm{M}]\left\{\frac{\widetilde{C}^{k+1} - \widetilde{C}^{k}}{\Delta t}\right\} + \{\mathrm{B}\} = 0 \rightarrow \left(\frac{[\mathrm{M}]}{\Delta t} + \frac{[\mathrm{A}]}{2}\right)\left\{\widetilde{C}^{k+1}\right\} = \left(\frac{[\mathrm{M}]}{\Delta t} - \frac{[\mathrm{A}]}{2}\right)\left\{\widetilde{C}^{k}\right\} - \{\mathrm{B}\} \tag{7.35}$$

식 (7.35)는 유한요소법으로 공간을 이산화한 뒤, 시간에 대해서는 Crank-Nicolson 기법을 적용하여 얻은 전진 계산식이다. 초기조건을 바탕으로 첫 시점의 농도를 설정하고, 이후 일정한 시간 간격마다 새로운 농도를 계산하는 방식으로 해를 갱신한다. 이 과정에서 경계조건과 외력항이 매 시점마다 벡터 {B}에 반영되며, 반복 계산을 통해 시간의 흐름에 따른 해가 순차적으로 구해진다. 따라서 최종적으로는 전 공간과 전 시간에 걸친 오염물질 농도 분포 $C(x, t)$를 모의할 수 있다.

예제 7.1 유한요소 행렬식의 유도

문제

식 (7.31a)을 유도하시오.

풀이

$a_{ij}^e = \int_{-1}^{1} D\frac{\partial \phi_j^e}{\partial \xi}\frac{\partial \phi_i^e}{\partial \xi}\left(\frac{2}{\Delta x}\right)d\xi - \int_{-1}^{1} U\phi_j^e\frac{\partial \phi_i^e}{\partial \xi}d\xi + \int_{-1}^{1} k\phi_i^e\phi_j^e\left(\frac{\Delta x}{2}\right)d\xi$이므로 다음과 같이 각 행렬 요소를 구한다.

$$\begin{aligned} a_{11}^e &= \int_{-1}^{1} D\frac{\partial \phi_1^e}{\partial \xi}\frac{\partial \phi_1^e}{\partial \xi}\left(\frac{2}{\Delta x}\right)d\xi - \int_{-1}^{1} U\phi_1^e\frac{\partial \phi_1^e}{\partial \xi}d\xi + \int_{-1}^{1} k\phi_1^e\phi_1^e\left(\frac{\Delta x}{2}\right)d\xi \\ &= \int_{-1}^{1} D\left(-\frac{1}{2}\right)\left(-\frac{1}{2}\right)\left(\frac{2}{\Delta x}\right)d\xi - \int_{-1}^{1} U\left[\frac{1}{2}(1-\xi)\right]\left(-\frac{1}{2}\right)d\xi + \int_{-1}^{1} k\left[\frac{1}{2}(1-\xi)\right]^2\left(\frac{\Delta x}{2}\right)d\xi \\ &= \frac{D}{\Delta x} + \frac{U}{2} + \frac{k\Delta x}{3} \end{aligned}$$

$$a_{12}^e = \int_{-1}^{1} D\frac{\partial\phi_2^e}{\partial\xi}\frac{\partial\phi_1^e}{\partial\xi}\left(\frac{2}{\Delta x}\right)d\xi - \int_{-1}^{1} U\phi_2^e\frac{\partial\phi_1^e}{\partial\xi}d\xi + \int_{-1}^{1} k\phi_1^e\phi_2^e\left(\frac{\Delta x}{2}\right)d\xi$$
$$= \int_{-1}^{1} D\left(\frac{1}{2}\right)\left(-\frac{1}{2}\right)\left(\frac{2}{\Delta x}\right)d\xi - \int_{-1}^{1} U\left[\frac{1}{2}(1+\xi)\right]\left(-\frac{1}{2}\right)d\xi + \int_{-1}^{1} k\left[\frac{1}{2}(1-\xi)\frac{1}{2}(1+\xi)\right]\left(\frac{\Delta x}{2}\right)d\xi$$
$$= -\frac{D}{\Delta x} + \frac{U}{2} + \frac{k\Delta x}{6}$$

$$a_{21}^e = \int_{-1}^{1} D\frac{\partial\phi_1^e}{\partial\xi}\frac{\partial\phi_2^e}{\partial\xi}\left(\frac{2}{\Delta x}\right)d\xi - \int_{-1}^{1} U\phi_1^e\frac{\partial\phi_2^e}{\partial\xi}d\xi + \int_{-1}^{1} k\phi_2^e\phi_1^e\left(\frac{\Delta x}{2}\right)d\xi$$
$$= \int_{-1}^{1} D\left(-\frac{1}{2}\right)\left(\frac{1}{2}\right)\left(\frac{2}{\Delta x}\right)d\xi - \int_{-1}^{1} U\left[\frac{1}{2}(1-\xi)\right]\left(\frac{1}{2}\right)d\xi + \int_{-1}^{1} k\left[\frac{1}{2}(1+\xi)\frac{1}{2}(1-\xi)\right]\left(\frac{\Delta x}{2}\right)d\xi$$
$$= -\frac{D}{\Delta x} - \frac{U}{2} + \frac{k\Delta x}{6}$$

$$a_{22}^e = \int_{-1}^{1} D\frac{\partial\phi_2^e}{\partial\xi}\frac{\partial\phi_2^e}{\partial\xi}\left(\frac{2}{\Delta x}\right)d\xi - \int_{-1}^{1} U\phi_2^e\frac{\partial\phi_2^e}{\partial\xi}d\xi + \int_{-1}^{1} k\phi_2^e\phi_2^e\left(\frac{\Delta x}{2}\right)d\xi$$
$$= \int_{-1}^{1} D\left(\frac{1}{2}\right)\left(\frac{1}{2}\right)\left(\frac{2}{\Delta x}\right)d\xi - \int_{-1}^{1} U\left[\frac{1}{2}(1+\xi)\right]\left(\frac{1}{2}\right)d\xi + \int_{-1}^{1} k\left[\frac{1}{2}(1+\xi)\right]^2\left(\frac{\Delta x}{2}\right)d\xi$$
$$= \frac{D}{\Delta x} - \frac{U}{2} + \frac{k\Delta x}{3}$$

예제 7.2 비보존성 이송-분산 방정식의 수치 해석

문제

다음 조건에 따라 식 (7.22)의 1차원 비보존성 오염물질의 이송-분산 방정식을 이용하여 $t=0.05$ s일 때 $x=0.25, 0.50, 0.75$ m에서의 농도 C를 구하시오.

- 모의 범위: $0 \le x \le 1.0$ m
- 초기조건: $C(x, 0)=0,\ 0<x<1$
- 경계조건: $C(0, t)=1,\ C(1, t)=0$
- 적용 기법: 갈라킨 가중잔차법, 선형 형상함수, Crank-Nicolson 시간차분법
- 모의 조건

U(m/s)	D(m^2/s)	k(/s)	Δx(m)	Δt(s)
0.10	0.50	0.10	0.25	0.05

풀이

이 예제에서 농도는 $C(x, t)$로 표현되므로, 문제에서 요구한 $C(0.25, 0.05)$, $C(0.50, 0.05)$, $C(0.75, 0.05)$를 구한다. 공간 분할은 경계조건과 값을 구해야 할 지점을 포함하면 $x=\{0, 0.25, 0.5, 0.75, 1.0\}$

이므로 선형 요소 4개와 절점 5개로 한다. 문제에 제시된 적용조건을 반영하여 전역행렬인 식 (7.35)를 구한다. 본 예제에서는 경계조건이 $C(0, t) = 1$과 $C(1, t) = 0$으로 주어졌기 때문에 식 (7.34c)에 의한 {B}벡터는 0이 된다. 따라서 식 (7.35)는 다음과 같이 표현된다.

$$\left(\frac{[\mathrm{M}]}{\Delta t} + \frac{[\mathrm{A}]}{2}\right)\{\tilde{C}^{k+1}\} = \left(\frac{[\mathrm{M}]}{\Delta t} - \frac{[\mathrm{A}]}{2}\right)\{\tilde{C}^{k}\} \tag{7.36}$$

위 식에서 [M]행렬은 식 (7.34b)에 의해 다음과 같다.

$$[\mathrm{M}] = \frac{\Delta x}{6}\begin{bmatrix} 2&1&0&0&0 \\ 1&4&1&0&0 \\ 0&1&4&1&0 \\ 0&0&1&4&1 \\ 0&0&0&1&2 \end{bmatrix} = \frac{0.25}{6}\begin{bmatrix} 2&1&0&0&0 \\ 1&4&1&0&0 \\ 0&1&4&1&0 \\ 0&0&1&4&1 \\ 0&0&0&1&2 \end{bmatrix} = \begin{bmatrix} 0.08333 & 0.04167 & 0 & 0 & 0 \\ 0.04167 & 0.16667 & 0.04167 & 0 & 0 \\ 0 & 0.04167 & 0.16667 & 0.04167 & 0 \\ 0 & 0 & 0.04167 & 0.16667 & 0.04167 \\ 0 & 0 & 0 & 0.04167 & 0.08333 \end{bmatrix}$$

$\frac{D}{\Delta x} = \frac{0.50}{0.25} = 2$, $\frac{U}{2} = 0.05$, $\frac{k\Delta x}{3} = 0.008333$, $\frac{k\Delta x}{6} = 0.004167$이므로, [A]행렬의 성분을 식 (7.34a)에 의해 구하면 다음과 같다.

$$\frac{D}{\Delta x} + \frac{U}{2} + \frac{k\Delta x}{3} = 2.0 + 0.05 + 0.008333 = 2.058333$$

$$-\frac{D}{\Delta x} + \frac{U}{2} + \frac{k\Delta x}{6} = -2.0 + 0.05 + 0.004167 = -1.945833$$

$$-\frac{D}{\Delta x} - \frac{U}{2} + \frac{k\Delta x}{6} = -2.0 - 0.05 + 0.004167 = -2.045833$$

$$\frac{2D}{\Delta x} + \frac{2k\Delta x}{3} = 4.0 + 0.01667 = 4.01667$$

$$\frac{D}{\Delta x} - \frac{U}{2} + \frac{k\Delta x}{3} = 2.0 - 0.05 + 0.008333 = 1.958333$$

따라서 전역행렬 [A]는 다음과 같이 구성된다.

$$[\mathrm{A}] = \begin{bmatrix} \frac{D}{\Delta x}+\frac{U}{2}+\frac{k\Delta x}{3} & -\frac{D}{\Delta x}+\frac{U}{2}+\frac{k\Delta x}{6} & 0 & 0 & 0 \\ -\frac{D}{\Delta x}-\frac{U}{2}+\frac{k\Delta x}{6} & \frac{2D}{\Delta x}+\frac{2k\Delta x}{3} & -\frac{D}{\Delta x}+\frac{U}{2}+\frac{k\Delta x}{6} & 0 & 0 \\ 0 & -\frac{D}{\Delta x}-\frac{U}{2}+\frac{k\Delta x}{6} & \frac{2D}{\Delta x}+\frac{2k\Delta x}{3} & -\frac{D}{\Delta x}+\frac{U}{2}+\frac{k\Delta x}{6} & 0 \\ 0 & 0 & -\frac{D}{\Delta x}-\frac{U}{2}+\frac{k\Delta x}{6} & \frac{2D}{\Delta x}+\frac{2k\Delta x}{3} & -\frac{D}{\Delta x}+\frac{U}{2}+\frac{k\Delta x}{6} \\ 0 & 0 & 0 & -\frac{D}{\Delta x}-\frac{U}{2}+\frac{k\Delta x}{6} & \frac{D}{\Delta x}-\frac{U}{2}+\frac{k\Delta x}{3} \end{bmatrix}$$

$$= \begin{bmatrix} 2.058333 & -1.945833 & 0 & 0 & 0 \\ -2.045833 & 4.01667 & -1.945833 & 0 & 0 \\ 0 & -2.045833 & 4.01667 & -1.945833 & 0 \\ 0 & 0 & -2.045833 & 4.01667 & -1.945833 \\ 0 & 0 & 0 & -2.045833 & 1.958333 \end{bmatrix}$$

따라서 식 (7.36)의 좌변은 다음과 같이 구성된다.

$$\frac{[\mathrm{M}]}{\Delta t}+\frac{[\mathrm{A}]}{2}=\frac{[\mathrm{M}]}{0.05}+\frac{[\mathrm{A}]}{2}=\begin{bmatrix} 2.69583 & -0.13958 & 0 & 0 & 0 \\ -0.18958 & 5.34167 & -0.13958 & 0 & 0 \\ 0 & -0.18958 & 5.34167 & -0.13958 & 0 \\ 0 & 0 & -0.18958 & 5.34167 & -0.13958 \\ 0 & 0 & 0 & -0.18958 & 5.34167 \end{bmatrix}$$

식 (7.36)의 우변은 다음과 같다.

$$\frac{[\mathrm{M}]}{\Delta t}-\frac{[\mathrm{A}]}{2}=\begin{bmatrix} 0.63750 & 1.80625 & 0 & 0 & 0 \\ 1.85625 & 1.32500 & 1.80625 & 0 & 0 \\ 0 & 1.85625 & 1.325007 & 1.80625 & 0 \\ 0 & 0 & 1.85625 & 1.32500 & 1.80625 \\ 0 & 0 & 0 & 1.85625 & 0.68750 \end{bmatrix}$$

따라서 $\{\widetilde{C}^{k}\}$를 $t=0$에서의 초기 및 경계조건을 반영한 농도장, $\{\widetilde{C}^{k+1}\}$을 $t=0.05$ s에서의 농도로 설정하면, 식 $\left(\frac{[\mathrm{M}]}{\Delta t}+\frac{[\mathrm{A}]}{2}\right)\{\widetilde{C}^{k+1}\}=\left(\frac{[\mathrm{M}]}{\Delta t}-\frac{[\mathrm{A}]}{2}\right)\{\widetilde{C}^{k}\}$을 아래와 같이 구성할 수 있다.

$$\begin{bmatrix} 2.69583 & -0.13958 & 0 & 0 & 0 \\ -0.18958 & 5.34167 & -0.13958 & 0 & 0 \\ 0 & -0.18958 & 5.34167 & -0.13958 & 0 \\ 0 & 0 & -0.18958 & 5.34167 & -0.13958 \\ 0 & 0 & 0 & -0.18958 & 5.34167 \end{bmatrix}\begin{Bmatrix} 1 \\ C(0.25,0.05) \\ C(0.50,0.05) \\ C(0.75,0.05) \\ 0 \end{Bmatrix}$$

$$=\begin{bmatrix} 0.63750 & 1.80625 & 0 & 0 & 0 \\ 1.85625 & 1.32500 & 1.80625 & 0 & 0 \\ 0 & 1.85625 & 1.325007 & 1.80625 & 0 \\ 0 & 0 & 1.85625 & 1.32500 & 1.80625 \\ 0 & 0 & 0 & 1.85625 & 0.68750 \end{bmatrix}\begin{Bmatrix} 1 \\ 0 \\ 0 \\ 0 \\ 0 \end{Bmatrix}=\begin{Bmatrix} 0.63750 \\ 1.85625 \\ 0 \\ 0 \\ 0 \end{Bmatrix}$$

이 대수방정식에서 1행과 5행은 각각 좌우 경계절점에 해당하며, 이미 경계조건으로 값이 주어져 있으므로 미지수가 아니다. 따라서 계산 과정에서는 1행과 5행 및 이에 대응되는 열을 제거하고 내부 노드에 해당하는 미지수만을 대상으로 선형방정식을 풀게 된다. 이때 제거된 항의 영향은 우변 벡터에 반영되어 경계값이 반영된 수정된 연립방정식을 구성하게 된다. 이렇게 구성된 행렬은 다음과 같다.

$$\begin{bmatrix} 5.34167 & -0.13958 & 0 \\ -0.18958 & 5.34167 & -0.13958 \\ 0 & -0.18958 & 5.34167 \end{bmatrix}\begin{Bmatrix} C(0.25,\ 0.05) \\ C(0.50,\ 0.05) \\ C(0.75,\ 0.05) \end{Bmatrix}=\begin{Bmatrix} 1.85625 \\ 0 \\ 0 \end{Bmatrix}$$

이 선형대수방정식을 풀면 아래와 같은 해를 얻게 된다.

$$\begin{Bmatrix} C(0.25,\ 0.05) \\ C(0.50,\ 0.05) \\ C(0.75,\ 0.05) \end{Bmatrix}=\begin{Bmatrix} 0.34783 \\ 0.01236 \\ 0.00044 \end{Bmatrix}$$

이 예제에서 식 (7.51)의 수치 진동 기준을 적용하면, 셀 Peclet 수가 0.05이므로 2보다 훨씬 작아서 수치 진동 없이 해가 안정적으로 계산됨을 확인할 수 있다.

$$Pe_c = \frac{U\Delta x}{D} = \frac{0.1 \times 0.25}{0.50} = 0.05 < 2$$

2) 유한요소 하천수리 해석 모형 구성

(1) 천수방정식의 이산화

천수방정식인 식 (7.3)과 식 (7.4)에 유한요소법을 적용하면 다음과 같은 절차로 수치모형화할 수 있다. 주요 미지수인 x, y방향의 수심평균유속 u, v와 수심 h를 다음과 같이 근사한다.

$$u(x,y,t) \approx \tilde{u}(x,y,t) = \sum_{j=1}^{n} \tilde{u}_j(t)\phi_j^e(x,y) \tag{7.37a}$$

$$v(x,y,t) \approx \tilde{v}(x,y,t) = \sum_{j=1}^{n} \tilde{v}_j(t)\phi_j^e(x,y) \tag{7.37b}$$

$$h(x,y,t) \approx \tilde{h}(x,y,t) = \sum_{j=1}^{n} \tilde{h}_j(t)\phi_j^e(x,y) \tag{7.37c}$$

근사해인 식 (7.37)을 지배방정식인 식 (7.3)과 식 (7.4)에 대입하면 근사된 값이므로 0이 아닌 잔차식이 된다. 예를 들어, x방향 운동량 방정식인 식 (7.4a)의 잔차식은 다음과 같다.

$$\mathrm{R}(\tilde{u}) = \frac{\partial \tilde{u}}{\partial t} + \tilde{u}\frac{\partial \tilde{u}}{\partial x} + \tilde{v}\frac{\partial \tilde{u}}{\partial y} + g\frac{\partial (H+\tilde{h})}{\partial x} - \nu\frac{\partial^2 \tilde{u}}{\partial x^2} - \nu\frac{\partial^2 \tilde{u}}{\partial y^2} + gn^2\frac{\sqrt{\tilde{u}^2+\tilde{v}^2}}{\tilde{h}^{4/3}}\tilde{u} \neq 0 \tag{7.38}$$

식 (7.38)에 갈라킨 가중잔차법을 적용하면 다음과 같다.

$$\int_{\Omega^e} \mathrm{R}(\tilde{u}) \cdot \phi_i \, d\Omega = 0 \tag{7.39}$$

위 식에서 Ω는 전체 계산 영역을 의미한다. 식 (7.39)를 적분함에 있어 운동량방정식의 난류동점성계수항에 2차 편미분항인 $\nu\frac{\partial^2 \tilde{u}}{\partial x^2} + \nu\frac{\partial^2 \tilde{u}}{\partial y^2}$이 포함되어 있으므로 이대로 적용하기 위해서는 식 (7.37a)의 형상함수 ϕ가 최소한 2차 미분이 가능해야 한다. 이 경우 일반적인 선형 형상함수 적용이 불가능하므로 그린 정리(Green theorem)를 적용하여 미분 차수를 낮춰서 이산화를 효과적으로 하는 약형을 활용한다. 여기서 그린 정리는 영역 내부에서의 고차 미분을 그대로 적분하지 않고, 경계에서의 적분값과 미분 차수가 낮아진 내부 적분으로 나누어 표현해주는 역할을 한다. 이를 통해 원래 2차 미분항을 직접 다루지 않고도, 1차 미분항만으로 수치 해석을 수행할 수 있는 이점이 있다. 식 (7.39)의 2차 편미분항에 그린 정리를 적용하면 다음과 같다.

$$\begin{aligned}&\int_{\Omega^e}\left(\nu\frac{\partial^2\tilde{u}}{\partial x^2}+\nu\frac{\partial^2\tilde{u}}{\partial y^2}\right)\phi_i d\Omega\\&=\int_{\Gamma}\left(\nu\frac{\partial\tilde{u}}{\partial x}n_x+\nu\frac{\partial\tilde{u}}{\partial y}n_y\right)\phi_i d\Gamma-\int_{\Omega^e}\left(\nu\frac{\partial\tilde{u}}{\partial x}\frac{\partial\phi_i}{\partial x}+\nu\frac{\partial\tilde{u}}{\partial y}\frac{\partial\phi_i}{\partial y}\right)d\Omega\end{aligned} \tag{7.40}$$

여기서, Γ는 영역 Ω의 경계를 의미하며, n_x와 n_y는 그림 7.4에 정의된 단위 법선벡터의 x방향 성분과 y방향 성분이다. 근사식 (7.37)을 식 (7.39)에 대입하고 식 (7.40)을 이용하여 정리하면 x방향 운동량 방정식은 다음과 같이 표현된다.

$$\begin{aligned}&\sum_{j=1}^{n}\frac{\tilde{u}_j}{\partial t}\left(\int_{\Omega^e}\phi_i\phi_j d\Omega\right)\\&+\sum_{j=1}^{n}\tilde{u}_j\left[\sum_{k=1}^{n}\tilde{u}_k\int_{\Omega^e}\phi_i\phi_k\frac{\partial\phi_j}{\partial x}d\Omega+\sum_{k=1}^{n}\tilde{v}_k\int_{\Omega^e}\phi_i\phi_k\frac{\partial\phi_j}{\partial y}d\Omega\right.\\&\left.+\int_{\Omega^e}\nu\frac{\partial\phi_i}{\partial x}\frac{\partial\phi_j}{\partial x}d\Omega+\int_{\Omega^e}\nu\frac{\partial\phi_i}{\partial y}\frac{\partial\phi_j}{\partial y}d\Omega+\frac{gn^2\sqrt{\tilde{u}^2+\tilde{v}^2}}{(\tilde{h})^{4/3}}\int_{\Omega^e}\phi_i\phi_j d\Omega\right]\\&-\sum_{j=1}^{n}\tilde{h}\int_{\Omega^e}\left(g\phi_i\frac{\partial\phi_j}{\partial x}\right)d\Omega=\sum_{j=1}^{n}\tilde{u}_j\int_{\Gamma}\nu\phi_i\left(\frac{\partial\tilde{u}}{\partial x}n_x+\frac{\partial\tilde{u}}{\partial y}n_y\right)d\Gamma+\sum_{j=1}^{n}H_j\int_{\Omega^e}\left(g\phi_i\frac{\partial\phi_j}{\partial x}\right)d\Omega\end{aligned} \tag{7.41}$$

위 식에서 Ω^e는 요소 영역을 의미한다. 같은 방법으로 y방향 운동량 방정식과 질량보존방정식도 얻을 수 있으며, 이렇게 구성된 세 방정식을 행렬 형태로 표현하면 다음과 같다.

$$\begin{bmatrix}M&0&0\\0&M&0\\0&0&M\end{bmatrix}\begin{Bmatrix}\dot{u}\\\dot{v}\\\dot{h}\end{Bmatrix}+\begin{bmatrix}N+V+F&0&C_1\\0&N+V+F&C_2\\B_1&B_2&N\end{bmatrix}\begin{Bmatrix}\tilde{u}\\\tilde{v}\\\tilde{h}\end{Bmatrix}=\begin{Bmatrix}f_1\\f_2\\0\end{Bmatrix} \tag{7.42}$$

여기서, $\dot{u}$, $\dot{v}$, $\dot{h}$는 각각 u, v, h의 시간 편미분을 의미하며, 행렬의 구성 성분은 다음과 같다.

$$M=\int_{\Omega^e}\phi_i\phi_j d\Omega \text{ (질량 행렬)} \tag{7.43a}$$

$$N=\sum_{k=1}^{n}\tilde{u}_k\phi_k\int_{\Omega^e}\phi_i\frac{\partial\phi_j}{\partial x}d\Omega+\sum_{k=1}^{n}\tilde{v}_k\phi_k\int_{\Omega^e}\phi_i\frac{\partial\phi_j}{\partial y}d\Omega \text{ (비선형 이송 행렬)} \tag{7.43b}$$

$$V=\int_{\Omega^e}\nu\frac{\partial\phi_i}{\partial x}\frac{\partial\phi_j}{\partial x}d\Omega+\int_{\Omega^e}\nu\frac{\partial\phi_i}{\partial y}\frac{\partial\phi_j}{\partial y}d\Omega \text{ (점성 행렬)} \tag{7.43c}$$

$$F=\frac{gn^2\sqrt{\tilde{u}^2+\tilde{v}^2}}{\tilde{h}^{4/3}}\int_{\Omega^e}\phi_i\phi_j d\Omega \text{ (바닥 저항 행렬)} \tag{7.43d}$$

$$C_1=\int_{\Omega^e}\left(g\phi_i\frac{\partial\phi_j}{\partial x}\right)d\Omega \text{ (x방향 수심 경사 행렬)} \tag{7.43e}$$

$$C_2 = \int_{\Omega^e} \left(g\phi_i \frac{\partial \phi_j}{\partial y} \right) d\Omega \ (y\text{방향 수심 경사 행렬}) \tag{7.43f}$$

$$B_1 = \sum_{k=1}^{n} \tilde{h}_k \phi_k \int_{\Omega^e} \phi_i \frac{\partial \phi_j}{\partial x} \, d\Omega \ (x\text{방향 수심 이송 행렬}) \tag{7.43g}$$

$$B_2 = \sum_{k=1}^{n} \tilde{h}_k \phi_k \int_{\Omega^e} \phi_i \frac{\partial \phi_j}{\partial y} \, d\Omega \ (y\text{방향 수심 이송 행렬}) \tag{7.43h}$$

$$f_1 = \sum_{j=1}^{n} \tilde{u}_j \nu \phi_i \int_{\Gamma} \left(\frac{\partial \phi_j}{\partial x} n_x + \frac{\partial \phi_j}{\partial y} n_y \right) d\Gamma + \sum_{j=1}^{n} \left[H_j \int_{\Omega^e} g\phi_i \frac{\partial \phi_j}{\partial x} d\Omega \right] \ (x\text{방향 외력 벡터}) \tag{7.43i}$$

$$f_2 = \sum_{j=1}^{n} \tilde{v}_j \nu \phi_i \int_{\Gamma} \left(\frac{\partial \phi_j}{\partial x} n_x + \frac{\partial \phi_j}{\partial y} n_y \right) d\Gamma + \sum_{j=1}^{n} \left[H_j \int_{\Omega^e} g\phi_i \frac{\partial \phi_j}{\partial y} d\Omega \right] \ (y\text{방향 외력 벡터}) \tag{7.43j}$$

이후 복잡한 지형경계를 인식하기 위한 회전좌표계의 도입과 비선형항을 처리하고 시간차분하는 과정 등은 서일원과 송창근(2010)을 참고하기 바란다.

(2) SU/PG 기법

유한요소법의 다양한 기법 중 기본적이고 널리 활용되는 방법은 갈라킨법이나, 이송이 지배적인 흐름에서는 흐름방향의 섭동함수를 추가하여 수치진동을 억제하는 SU/PG(Streamline-Upwind/Petrov-Galerkin) 기법이 보다 효율적이다. SU/PG 기법은 홍수파의 전파, 댐 붕괴, 천이류 발생 등과 같은 급격한 흐름 변화 조건에서 충격파 전달을 안정적으로 모의할 수 있는 장점이 있다(Bova와 Carey, 1996; Akin과 Tezduyar, 2004). 또한 이송항에 의한 가속도 영향을 보다 정밀하게 반영할 수 있어 해의 수렴성이 뛰어나다. SU/PG 기법에서는 가중함수로 다음과 같은 식을 이용한다(Brooks와 Hughes, 1982).

$$W_i = \phi_i + \frac{\bar{h}\alpha}{2 \| \mathrm{v} \|} \left(u \frac{\partial \phi_i}{\partial x} + v \frac{\partial \phi_i}{\partial y} \right) \tag{7.44}$$

여기서, $\| \mathrm{v} \|$는 유속의 Euclid norm이며 $\alpha = \coth(\gamma/2) - 2/\gamma$는 구적점, $\gamma = \| \mathrm{v} \| \bar{h}/\nu$는 요소의 레이놀즈수를 나타낸다. $\bar{h}$는 요소의 특성길이(Yu와 Heinrich, 1987)로 다음과 같은 식에 의해 구해진다.

$$\bar{h} = \frac{1}{\| \mathrm{v} \|} (|h_1| + |h_2|) \tag{7.45}$$

위 식에서 h_1과 h_2는 요소망을 구성하는 변의 평균길이와 유속의 내적의 합을 흐름방향으로 투영한 값을 나타낸다.

한건연 등(2005)과 김태범 등(2006)이 개발한 CDG 기법의 가중함수는 다음과 같이 표현된다.

$$W_i = \phi_i + \omega\left(\Delta x\,\overline{W_x}\frac{\partial \phi_i}{\partial x} + \Delta y\,\overline{W_y}\frac{\partial \phi_j}{\partial y}\right) \tag{7.46}$$

위 식에서 $\overline{W_x}$와 $\overline{W_y}$는 각각 x, y방향의 상향가중 유체이송 행렬, ω는 풍상계수(upwinding coefficient)이며, Δx와 Δy는 Katopodes(1984)가 제안한 다음의 값을 취한다.

$$\Delta x = 2\sqrt{\left(\frac{\partial x}{\partial \xi}\right)^2 + \left(\frac{\partial x}{\partial \eta}\right)^2} \tag{7.47a}$$

$$\Delta y = 2\sqrt{\left(\frac{\partial y}{\partial \xi}\right)^2 + \left(\frac{\partial y}{\partial \eta}\right)^2} \tag{7.47b}$$

식 (7.44)와 식 (7.46)을 비교해 보면, SU/PG 기법과 CDG 기법의 가중함수의 차이를 알 수 있다. SU/PG 기법의 가중함수인 식 (7.44)는 유속과 형상함수 편미분의 내적에 의해 가중된 섭동함수가 유체의 흐름방향으로 작용하게 되어 천수방정식의 비선형 이송항의 불안정성을 감소시킨다. 반면, 식 (7.46)에서는 진행파와 역행파의 특성값(eigenvalue)의 크기가 유체이송 행렬 $\overline{W_x}$와 $\overline{W_y}$에 의해 조정되어 상향가중이 반영되지만 0.0과 0.5 사이의 값을 가지는 풍상계수 ω를 결정해야 한다.

(3) 수치모형의 풀이

제9장에서 다룰 2차원 흐름해석 모형인 HDM-2D모형에서는 식 (7.43)의 적분을 Gauss 구적법을 통해 수행하였다. 이때 요소수가 3인 경우는 삼각 요소망, 4인 경우는 사각 요소망에 해당한다. 지형의 특성에 따라 두 요소망을 혼용하여 적용할 수 있도록 프로그램을 구성하였다. HDM-2D모형에서 식 (7.42)의 대수방정식 해는 프론탈 기법을 이용하여 구하였다(Smith, 1982; Irons, 1970). 그림 7.5는 HDM-2D모형의 입출력자료를 나타낸 것으로 파일별 기능은 다음과 같다. 입력파일인 File_name.rgo 파일은 지형파일로 요소 및 노드 정보를 포함하며, File_name.rc은 run control 파일로 상하류단 경계조건, 초기유속장에 관한 정보를 담고 있다. Variable.inc 파일은 매개변수에 대

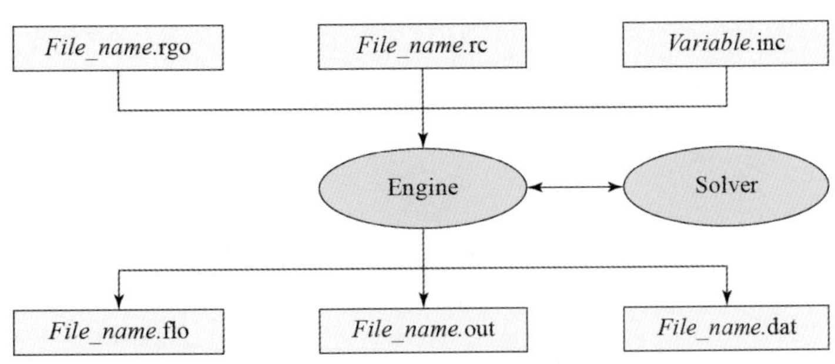

그림 7.5 **흐름해석 모형의 입출력 구조**

한 파일로 텐서 형태의 난류동점성계수, 조도계수를 포함한다. 출력파일인 File_name.flo와 File_name.out은 노드에서의 종 · 횡 방향 유속, 수위 결과를 각각 Binary 형태와 ASCII 형태로 출력한 파일이며 File_name.dat 파일은 정상 상태에 도달하였을 때의 노드별 종 · 횡 방향 유속, 수위 결과를 Tecplot 파일 형태로 출력한다.

수치모형의 계산 흐름도는 그림 7.6과 같다. 수렴 정도(Depth_conv)와 시간간격(Δt), 모의종료시간(t_f), 최대반복횟수(MNI)를 정하고 초기의 흐름장($\mathbf{u}_0$)과 첫 번째 반복을 위한 흐름장($\mathbf{u}_t^1$)을 가정한 후 식 (7.42)를 풀어서 수심의 변동 정도($h_t^{k+1} - h_t^k$)와 설정된 수렴 정도(Depth_conv)를 비교하여 이 기준보다 낮을 때까지 Newton-Raphson법에 의해 반복을 수행하여 흐름장의 변화를 반영하고 다음 시간 단계로 넘어가는 구조이다. 이 과정에서 반복횟수가 누적되어 설정된 최대반복횟수(MNI)를 초과하게 되면 해가 수렴하지 않는다.

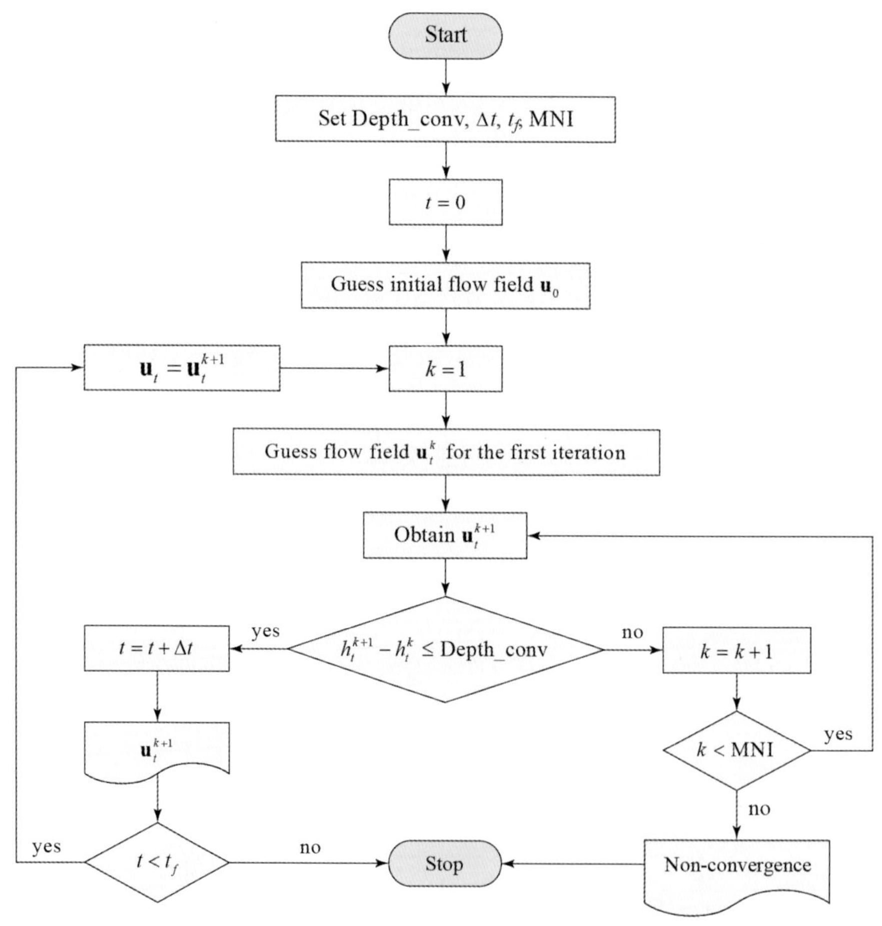

그림 7.6 흐름해석 모형의 계산구조도

3) 하천수리 모형 적용을 위한 고려사항

(1) 초기조건과 경계조건 입력

하천수리 해석을 수행하기 위해서는 초기조건과 경계조건이 필요하다. 초기조건은 크게 콜드 스타트(cold start)와 핫 스타트(hot start)로 분류할 수 있는데, 콜드 스타트는 모든 계산 영역에 유속을 0으로 부여하고 모의를 시작하는 것을 의미하며, 핫 스타트는 초기 유속이 0이 아닌 상태에서 모의를 시작하는 것을 의미한다. 일반적으로 하천흐름을 모델링하는 경우 초기조건을 콜드 스타트로 입력하지만, 비정상 흐름을 해석할 때 해가 모의 종료시간 이전에 발산하는 경우나 수체의 흐름이 있는 시점부터 모의를 시작하고자 하는 경우 등 특정 상황에서는 핫 스타트로 초기조건을 부여하는 것이 편리할 때가 있다. 핫 스타트로 모의를 시작하기 위해서는 초기 유속 정보를 담고 있는 핫 스타트 파일을 생성하여 이 파일로부터 초기 유속을 불러들이는 형태로 진행된다.

경계조건의 경우 경계면의 개폐 여부와 흐름 상태에 따라 여러 종류로 구분된다. 폐쇄된 경계면인 경우 불투수경계조건을 부여하기 위해 경계면에 수직방향의 유속성분을 0으로 입력한다. 개방 경계면인 경우 수위나 유출 유속값을 부여한다. 1차원 모형의 경우 흐름의 상태에 따라 경계조건을 분류하면 다음과 같다(Hervouet, 2007).

표 7.2 1차원 모형의 경계조건 개수

흐름 구분	유입부	유출부
상류(sub-critical flow)	유량(또는 유속)	수위
사류(super-critical flow)	유속 및 수위	필요 없음

2차원 모형의 경우에는 다음과 같은 조건을 부여한다.

표 7.3 2차원 모형의 경계조건 개수

흐름 구분	유입부	유출부
상류	유속(종 · 횡 방향 유속 각각 부여)	수위
사류	유속 및 수위	필요 없음

2차원 모형에서는 유속이 벡터이기 때문에 일반적으로는 위에서 언급한 네 가지 경계조건에 따라 다음과 같은 조건을 부여하게 된다.

- 유속과 수심을 부여(사류가 유입되는 경우)
- 유속만 부여(상류가 유입되는 경우)
- 유속 및 수심 조건 미부여(사류로 유출되는 경우)
- 수심 조건만 부여(상류로 유출되는 경우)

그러나 실제로는 하천의 단면에서 정확한 유속분포를 알 수 있는 경우는 매우 드물다. 계산영역의 상류 경계면에서는 유속 정보가 필요하지만, 대부분 알려진 변수는 유량뿐이므로 일반적으로 속도 분포를 균등형(uniform) 또는 로그형(logarithmic)으로 처리한다.

(2) 매개변수 입력

2차원 천수흐름 해석 모델링에서 격자 간격, 시간 간격, 난류동점성계수 등의 입력 매개변수는 수치해석의 정확성, 안정성, 계산 효율성을 결정짓는 핵심 요소이다. 격자 간격은 공간 해상도를, 시간 간격은 시간축상의 해상도를 좌우하며, 이들은 Courant 수 또는 CFL 조건(Courant-Friedrichs-Lewy condition)을 만족해야 수치해의 안정성을 확보할 수 있다. 격자 또는 시간 간격이 너무 크면 수치해가 발산하거나 비현실적인 결과를 초래할 수 있고, 지나치게 작을 경우 계산 비용이 급증한다. 또한 난류동점성계수는 난류에 의한 유속 변화와 운동량 확산을 반영하는 변수로, 이 값의 크기에 따라 모형이 에너지를 과도하게 확산하거나 국지적 유동 특성을 지나치게 강조하는 등의 문제가 발생할 수 있다. 특히 천수방정식은 비선형 편미분방정식이기 때문에 이러한 매개변수 설정에 매우 민감하며, 적절한 매개변수 설정 없이는 해석 결과의 물리적 신뢰성을 확보하기 어렵다. 따라서 천수흐름 모델링에서는 해석 목적, 해상도 요구 수준, 유동 특성에 따라 격자 및 시간 간격, 난류 계수 등의 적정 범위를 사전에 설정하고, 수치적 안정조건과 경계조건과의 정합성까지 함께 고려하는 것이 정확한 수치해를 확보하는 데 필수적이다.

격자 간격, 시간 간격 및 난류동점성계수에 따른 적정 입력변수의 범위 및 수치해의 안정조건을 제시하기 위해 다음의 두 가지 기준을 검토한다. 첫 번째 범위 설정 및 안정성 기준은 질량이 계산격자($\Delta x, \Delta y$)를 통하여 얼마나 빨리 이송되는가에 관련된다. 수치적으로 안정한 해를 얻기 위해 시간 간격(Δt)은 다음의 조건에 의해 상한값이 제한된다.

$$\Delta t \leq \frac{1}{\left|\frac{u}{\Delta x}\right| + \left|\frac{v}{\Delta y}\right|} \tag{7.48}$$

이 기준은 시간미분항과 이송가속도항을 포함한 편미분방정식을 차분할 때 해의 수렴조건으로부터 얻어지게 된다. 이 식은 통상 Courant-Friedrichs-Lewy(CFL) 조건으로 언급되며, 단일계산시간 내에서 유체 입자가 계산격자 길이를 초과하여 움직이는 것을 제한하는 것으로서 해석될 수 있다. 만약 이 조건이 위배된다면 인접한 격자 혹은 이전 계산시간에 의한 흐름정보가 단일계산시간 내에 계산격자를 뛰어 넘게 되므로 시공간적인 흐름정보가 정확하게 전달되지 못하게 된다. 따라서 정확한 계산결과를 얻기 위해 많은 수의 격자를 이용하는 경우에 안정성을 유지하기 위해서는 계산 시간 간격을 감소시켜야 한다.

조석류의 전파나 댐붕괴와 같이 불연속인 초기수위 조건이 부여된 경우 유체의 이동은 이송에 의한 유속뿐만 아니라 파의 전파에 의한 이동속도도 함께 고려되어야 한다. 이 경우 위의 CFL 조건의 유속값은 수심에 의한 파의 전파속도(c)가 이송속도와 함께 포함되므로 정방격자($\Delta x = \Delta y$)를 이용하는 경우 식 (7.48)은 다음과 같은 식으로 표현된다.

$$\Delta t \leq \frac{\Delta x}{2\left|\sqrt{u^2+v^2}+c\right|} \tag{7.49}$$

점성(ν)에 의한 운동량 이송에 관련된 계산격자 간격, 시간 간격 및 난류동점성계수의 안정성 기준은 다음의 식으로 표현된다.

$$\Delta t \leq \frac{1}{2\nu}\left|\frac{\Delta x^2 \Delta y^2}{\Delta x^2 + \Delta y^2}\right| \tag{7.50}$$

이 기준은 시간미분항과 점성에 의한 운동량항을 포함한 편미분방정식을 FTCS(forward time and central space) 기법에 의해 차분하는 경우의 해의 수렴조건으로부터 얻어진다(Hoffmann과 Chiang, 1993). 즉, 2차 편미분항인 난류점성항을 중앙차분하는 경우 계산을 반복함에 따라 점차 오차를 감소시키기 위해 만족해야 하는 조건으로서, 단일계산시간 내에서 계산격자에 점성에 의한 운동량의 이송을 제한하는 것으로서 해석된다.

수치해의 진동을 억제하기 위해 Patankar(1980)는 다음의 조건을 제시한 바 있다.

$$Pe_c = \frac{U\Delta x}{\nu} \leq 2 \tag{7.51}$$

즉, 모든 계산영역에서 셀 Pe 수(Pe_c)를 2 이하로 유지하는 경우 수치 진동이 발생하지 않는다는 조건이다. 이 조건을 충족시키는 경우, 수치 모의결과에서 나타나는 2-delta wave(이류항의 수치분산으로 인해 발생하는 비물리적인 고주파 진동 패턴으로, 속도와 수위 분포가 격자 간격마다 번갈아 진동하는 형태)가 완화되거나 사라지는 것으로 알려져 있다.

천수방정식의 전단력항에서 바닥마찰에 관한 매개변수는 일반적으로 Manning의 거칠기 조도계수(n), Chézy 계수(C) 및 Darch-Weisbach 마찰계수(f) 등으로 표현되며, 이는 다음 식으로 구할 수 있다. 1차원 등류흐름에 관한 Chézy 공식을 마찰경사(S_f)에 대하여 정리하면 다음과 같이 표현된다.

$$S_f = \frac{U^2}{C^2 R_h} \tag{7.52}$$

여기서, R_h는 동수반경(hydraulic radius)을 의미한다. 2차원 천수방정식의 바닥전단응력(τ)과 1차원 Saint-Venant 방정식의 마찰경사를 차원을 고려하여 대응시키면 아래 식과 같다.

$$\frac{\tau}{\rho h} = gS_f \tag{7.53}$$

흐름저항 정도를 나타내는 Chézy 계수(C)는 Manning의 거칠기 조도계수(n)와 다음의 관계를 가진다.

$$C = \frac{R_h^{1/6}}{n} \tag{7.54}$$

한편, Manning 계수(n) 및 Darch-Weisbach 마찰계수(f)는 아래와 같은 관계를 가진다.

$$\frac{R_h^{1/6}}{n} = \sqrt{\frac{8g}{f}} \tag{7.55}$$

이상의 조건들에 근거하여 가상 인공 수로나 실험수로, 자연하천 등의 수치모의를 수행하는 경우 격자 간격(Δx, Δy), 시간 간격(Δt), 난류동점성계수(ν), 거칠기 계수(C, f, n) 등의 수치모의 인자를 설정하고, 이에 따른 해의 민감도 분석을 수행하여야 한다.

(3) 마름젖음 해석

대부분의 천수흐름 해석 모형은 고정된 격자 내에서 흐름을 모의하기 때문에, 지형이 복잡한 실제 하천을 해석할 경우 수위의 시간적 변화에 따라 하도 내외에 낮은 수심 또는 마름 구간이 발생하게 되고, 이에 따라 수치해의 불안정성이 유발될 수 있다. 특히 우리나라는 하상계수가 높아 저수기와 홍수기 간의 수위 변화 폭이 매우 크므로, 장기 모의를 수행할 경우 수치해석의 안정성을 확보하기 위한 마름 영역 처리가 필수적이다. 또한 하구 및 해안 지역에 모형을 적용할 경우, 조석에 따른 수위 변화로 인해 시계열 경계조건의 처리와 수면 존재 유무에 따른 영역 구분이 필요하며, 이로 인해 수치해석의 복잡성이 증가하게 된다. 수체의 흐름은 주변 구조물과 환경에 큰 영향을 미치기 때문에, 모의 구간 내에서 수심의 변화에 따라 발생하는 절점의 마름젖음(wet and dry) 현상을 적절히 재현하고, 이에 따른 경계면 변화를 정확하게 모의하는 것은 실제 하천 및 하구 흐름 해석에 있어 매우 중요한 요소이다.

기존 연구에서는 이러한 현상을 반영하기 위하여 사전에 수위를 예측한 다음 둔치에 해당하는 경계선이나 섬에 해당하는 지형 격자를 미리 제거하여 모의를 수행하는 방법을 사용하거나, 계산 과정에서 모의 영역을 구분하는 방식, 해당 지형을 늪지대와 같은 투수층으로 해석하여 모의를 수행하는 등의 방법을 이용해 왔다. 그러나 이와 같이 사전에 수위를 예측하고 경계선을 설정하거나 격자를 제거하는 방식은 실제 흐름의 동적 변화를 반영하지 못하고, 수위 변화에 따른 마름젖음 경계의 실시간 이동성을 무시하게 되는 한계가 있다. 이러한 문제를 해결하고자 다양한 마름젖음 알고리즘이 개발되어 오고 있다.

그림 7.7은 마름젖음 해석 기법을 크게 4가지 종류로 구분한 것이다. 첫 번째 방법인 임계마름수심 기법 혹은 박막(thin film) 기법으로서 측면 혹은 상하류 경계면 내부 영역을 모의영역으로 적용하여 모든 절점 및 요소들이 수치계산에 포함되도록 하는 방법이다. 일반적으로 모의 전 최소 기준수심(임계마름수심)을 설정하여 모의 시 절점이 기준 수심 이하로 내려가는 영역은 마름으로 처리되어 얇은 막을 펼친 것처럼 처리하는 기법이다. 이 경우 요소 제거(element removal) 기법에서 발생하는 수심이 갑자기 0으로 변화하는 것에 따른 경계면의 불연속 문제를 해결할 수 있다.

두 번째 방법인 요소 제거 기법에서는 모형별로 요소가 마른 상태인지 판별한 후, 모의 시 그 요소를 연산 영역에서 아예 제외하는 방식이다. 흐름의 유동성을 차단시키는 위의 방식과는 달리 경계면을 계산 시마다 새로 정의하여 모의를 실행한다. 국외에서 개발된 TELEMAC, EFDC, MIKE21 등의 모형에서 이러한 기법을 사용하였으며, 마름 구간이 확실히 정의되는 장점이 있으나, 경계면에서의 불연속 문제가 발생하여 계산에서 발산이 일어나는 확률이 증가되는 단점이 있다.

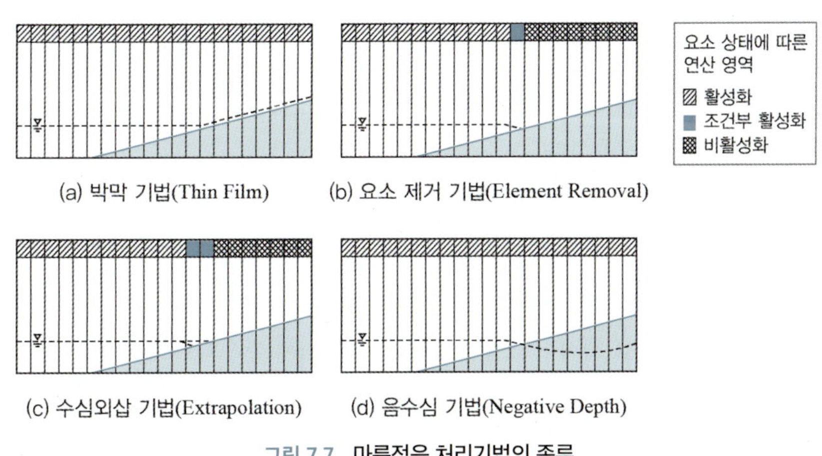

그림 7.7 마름젖음 처리기법의 종류

자료: Mendeiros와 Hagen(2012)

세 번째 수심외삽(depth extrapolation) 기법에서는 마름젖음이 발생하는 수면 경계면에서 젖음에 해당하는 요소에서 외삽법을 사용하여 수심을 마름에 해당하는 요소로 적용시키는 방식이다. 모의 시 우선 경계면의 위치를 구별하는 것이 중요하며, 요소를 조건부 활성화를 통하여 마름 영역의 일부 구간을 마름 경계에 포함시켜 계산한다.

네 번째 음수심(negative depth) 기법에서는 모의구간의 하상에 투수층이 있다는 것을 가정하고 물의 흐름이 이러한 투수층에 적용된다고 고려하는 방식이다. 이러한 기법을 사용하면 투수층의 존재로 수체 표면이 지형 자료 아래로 내려갈 수 있다고 볼 수 있어 음의 수심이 발생한다. 이러한 기법은 RMA2, RIVER-2D에서 사용하였으며, 과거 연구에서는 물의 흐름이 전 구간에 존재하기 때문에 박막기법의 한 종류로 분류되기도 하였다. 이 방법은 계산 후 질량 및 운동량 보존에 장점을 지니고 있으며, 늪지대 부근에서 조수를 모의하는 경우 좋은 결과를 보인다. 그러나 항상 모의구간의 하상이 일정한 투수계수를 가지는 등투과성(iso-permeability)의 특성을 가진다는 가정은 물리적으로 적합하지 않아 적용성에서 문제가 제기되고 있다.

4) 하천수질 모형과의 연계

본 절에서는 하천수리 모형과 제8장에서 서술한 하천수질 모형과의 연계 방법에 대해 소개하였다. 하천 내 유해화학물질 등 수질사고와 하 · 폐수처리장 또는 농 · 축산시설로부터의 오염물질의 지속적인 유입에 대한 해석을 위하여 수질모델링의 구축이 요구되고 있다. 특히 수질사고에 효과적으로 대응하려면 단순한 수질 예측을 넘어, 하천의 물리적 유동 조건과 오염물질의 이동 및 확산 특성 간의 연계 해석이 필수적으로 수반되어야 한다. 하천에 유입된 오염물질의 확산 과정을 정밀하게 모의하기 위해서는, 우선 하천수리 모형에 대상 구간의 상류 유입 유량과 하류 수위를 입력하여 흐름장 결과(유속과 수심의 시공간 분포)를 정확히 계산해야 한다. 이에 따라서 흐름 해석 결과를 오염 확산 해석이나 하상변동 해석의 입력자료로 활용하고자 할 경우, 두 모형 간 입출력 구조 및 자료 형식 간의 호환성 확보가 매우 중요하다.

흐름 해석 결과를 수질해석 모형의 입력 자료로 연계하는 방식은 크게 두 가지로 나눌 수 있다. 첫 번째 방식은 흐름 해석 모형의 출력 파일을 그대로 수질 해석 모형의 입력 파일로 사용하는 직접 연계 방식이다. 이 방식은 자료 변환 과정이나 재처리 과정이 생략되므로 연계 속도가 빠르고 구조가 간단하다. 그러나 입력 자료 형식이 흐름 모형의 출력 형식에 종속되므로, 모형 변경이나 확장 시 구조적인 제약이 발생할 수 있다. 두 번째 방식은 흐름 해석 결과를 활용하되, 이를 기반으로 독립적인 입력 자료 파일을 새롭게 생성하는 간접 연계 방식이다. 이 방식은 각 해석 모형의 입출력 구조를 분리함으로써 독립성과 유연성을 확보할 수 있으며, 모형 간 상호호환성 개선과 범용성 확보에 효과적이다. 특히 다양한 환경조건 및 적용 유역에 따라 유연하게 모델을 조합할 수 있는 구조를 제공하므로, 대규모 하천 해석 시스템 개발에 적합한 방법이라 할 수 있다. 이러한 연계 방식을 고려할 때, 단순히 기능 중심으로 설계된 소프트웨어보다는 제9장에서 서술한 바와 같이 다양한 목적의 연계 해석을 지원할 수 있는 범용 구조의 GUI 기반 통합 해석 플랫폼이 바람직하다. 해석 엔진의 입출력 파일 또한 표준화되고 일반화된 데이터 구조를 따를 때, 다양한 해석 요소 간의 호환성과 확장성을 효과적으로 확보할 수 있다.

2차원 하천수질 해석모형으로 하천 내 수질을 모의할 때, 오염물질은 일반적으로 수리학적 흐름에 종속된 수동적인 수송 물질(passive scalar)로 취급되며, 이는 자체적인 운동 에너지를 가지지 않고 수체의 유속장에 의해 전적으로 운반됨을 의미한다. 이러한 특성 때문에 흐름 해석 결과가 오염물질의 이동과 확산에 직접적으로 영향을 미치게 된다. 실제로 하천의 유속분포, 수심 변화, 와류 구조와 같은 수리학적 특성은 오염물질의 농도 분포와 확산 양상을 결정짓는다. 예를 들어, 유속이 빠른 구간에서는 오염물질이 빠르게 하류로 운반되는 반면, 정체 구간이나 와류가 형성되는 구간에서는 국소적으로 잔류하거나 재순환될 수 있다. 또한 하상의 불규칙성이나 교각, 제방과 같은 인위적 · 자연적 구조물은 흐름을 교란시켜 농도 분포에도 영향을 미친다. 따라서 수질 모의의 정확도는 유속장 해석의 정밀도에 의해 크게 좌우된다. 결국 수질모형은 수리모형에 의존적인 관계에 있으며, 수리 해석이 기반이 되어야만 오염 확산을 올바르게 해석할 수 있고, 하천 수질 모의는 단순히 농도를 계산하는 차원을 넘어 수리 해석과 연계된 종합적 접근을 필요로 한다.

그림 7.8은 하천수리모형과 하천수질모형을 연계하는 두 가지 방식을 보여준다 그림 7.8(a)는 하천수리 해석을 종료한 후 마지막 시간대의 유속장을 활용하여 하천수질 모형에 일괄적으로 적용하는 방식으로, 하천 흐름장에 시간적인 변동이 없는 정상흐름(steady flow)에 적합하다. 그림 7.8(b)는 비정상흐름(unsteady flow)에 대한 경우로서, 시간 단계별로 수리 해석 결과를 동시에 수질모형에 반영하는 방식으로 흐름 경계조건이 시간 단계별로 크게 증감하여 유속 변동이 심한 경우 적합한 방식이다.

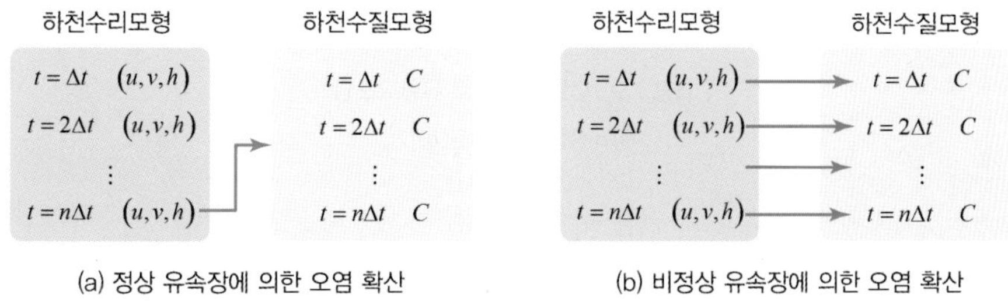

그림 7.8 **하천수리모형과 하천수질모형의 연계 방식**

3. 하천수리 해석 모형의 적용

본 절에서는 전술한 천수 해석모형의 실제 적용 사례를 통해 흐름 해석 결과에 대한 물리적 의미와 수치해석적 방법론에 대해 소개하였다. 제9장에서 상세하게 설명한 2차원 지표수흐름 해석모형인 HDM-2D모형을 천이류가 발생하는 흐름과 이차류가 나타나는 곡선수로에 적용한 사례를 제시하였다.

1) 천이류 흐름

본 사례는 수로 폭이 점진적으로 확대되는 점확대수로에서의 천이류 모의에 대한 것이다. 그림 7.9와 같은 수로에서 상·하류단 경계조건에 따라 상류구간에서는 사류가 형성되며, 단면이 팽창하는 구간에서 도수현상(hydraulic jump)이 발생한 후, 하류구간에서는 상류로 전이되는 흐름 특성이 나타나는 현상에 대한 모의 사례이다.

본 사례에서 사류와 상류가 혼재하는 단면 확대 수로에서의 도수 현상을 모의하기 위해 부여한 경계조건 및 모의조건은 다음과 같다. 유입 경계면에서는 사류 조건이 발생하도록 천수방정식의 세 변수인 종방향 유속 1.94 m/s, 횡방향 유속 0, 수심 0.0976 m를 입력하였다. 유출경계에서는 상류조건을 입력해야 하므로 상류단에 입력된 유량이 일정하게 유지되는 조건인 종방향 유속 0.302 m/s, 횡방향 유속 0을 부여하였다. HDM-2D모형의 수치모의를 위한 유한요소망은 그림 7.9와 같이 1,632개의 요소로 구성하여 모의결과의 비교 대상인 Younus와 Chaudhry(1994)가 제작한 격자망 수와 유사한 조건을 갖도록 구성하였다.

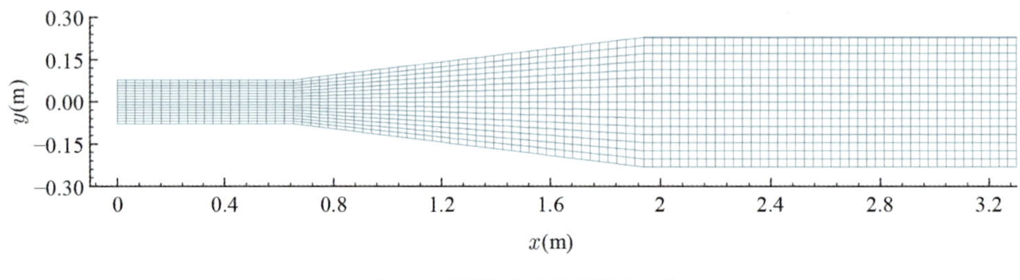

그림 7.9 단면확대 수로 유한요소망

자료: 송창근과 서일원(2012)

그림 7.10은 HDM-2D모형(SU/PG 기법)을 이용하여 단면확대 수로에서의 도수현상을 수치모의한 결과를 Younus와 Chaudhry(1994)의 수치모의 결과와 및 Khalifa(1980)의 수리 실험결과와 비교하여 도시한 것이다. 그림 7.10에서 Younus와 Chaudhry(1994)의 경우 조도계수와 난류동점성

계수에 관한 민감도 분석을 통해 Khalifa(1980)의 수리실험 결과와 가장 잘 일치하는 매개변수를 사용했음에도 불구하고 상류단 경계면에 수심조건으로 입력한 값보다 수심이 낮게 나타났으며, 최소 수심과 그 발생 위치가 실험결과와 차이가 있는 것으로 나타났다. 그리고 도수 후의 수심도 실험값에 비해 낮게 나타났다. HDM-2D모형의 경우 상류단 수심조건이 잘 유지되며, 도수가 발생하는 지점과 도수에 의한 수심 경사, 도수 후의 수심이 모두 정확하게 모의하였다. HDM-2D모형이 모의한 도수발생 현상을 3차원적으로 도시한 것이 그림 7.11이다. 이 그림에서 도수가 발생하여 상류와 하류의 수심차가 매우 크게 발생하는 현상을 잘 모의하고 있음을 알 수 있다. 이러한 모의결과를 통

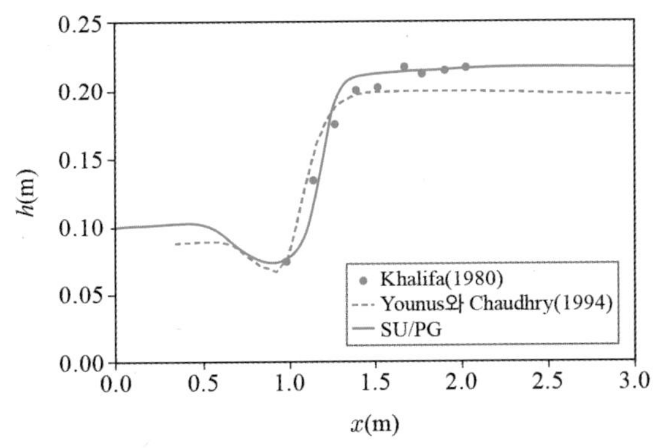

그림 7.10 단면확대 수로에서 도수 발생에 의한 수심 비교

자료: 송창근과 서일원(2012)

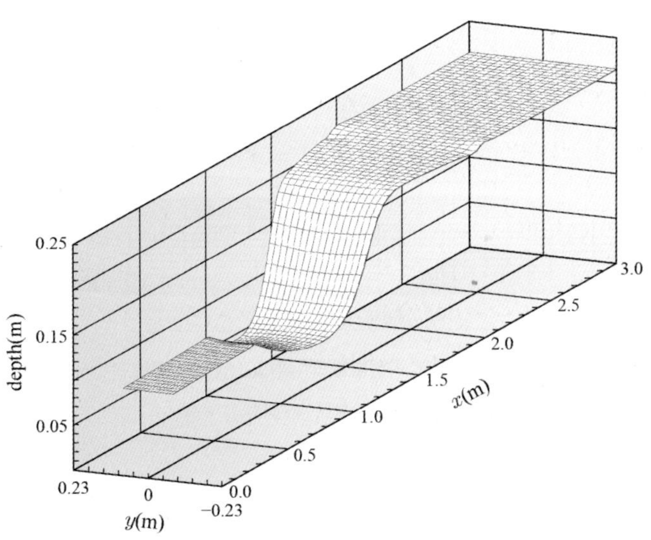

그림 7.11 단면확대 수로에서 도수 발생에 의한 3차원 수심분포

자료: 송창근과 서일원(2012)

해 2차원 천수 해석모형이 사류와 상류가 공존하는 천이류 흐름을 안정적으로 모의할 수 있음을 알 수 있다.

2) 곡선수로의 유속장

본 사례는 분산응력항(dispersion stress)을 추가한 천수방정식 수치모형(Song 등, 2012)을 곡선수로에 적용하여 이차류(secondary current) 효과를 모의한 사례이다. 천수흐름 모형에 포함된 분산응력항을 도입하면 수로의 곡률 변화에 따른 원심력, 횡류 발생 등과 같은 입체적인 흐름 구조를 반영할 수 있어 만곡부 내 비정상적인 유속분포 및 수심 변화 양상을 보다 정밀하게 재현할 수 있게 한다.

본 사례는 그림 7.12와 같이 측벽경사 1V : 2H의 사다리꼴 단면을 가지며, 30° 만곡부를 포함하는 곡선 수로 내 흐름에 대하여 분산응력항의 적용 유무에 따른 이차류 및 유속 구조 변화를 분석한 것이다. 곡선 수로에서의 유동은 원심력 및 횡압력 경사로 인해 흐름이 만곡 외측으로 편향되는 특성이 있는데, 본 모의에서는 이차류 형성이 뚜렷한 곡선구간에서 분산응력항이 유속분포에 미치는 영향을 실험 결과와 비교하였다. 모의조건으로 상류단에는 유량 0.566 m^3/s, 하류단에는 수심 0.3 m를 부여하였으며, 이에 따른 *Fr* 수는 0.518이다. 수리실험 조건을 모사하기 위해 조도계수는 0.021로 설정되었으며, 벽면경계에는 무활 조건을 부여하여 Maynord(1996)의 실험 및 Bernard와 Schneider(1992)의 수치모의와 유사한 조건을 갖추도록 하였다.

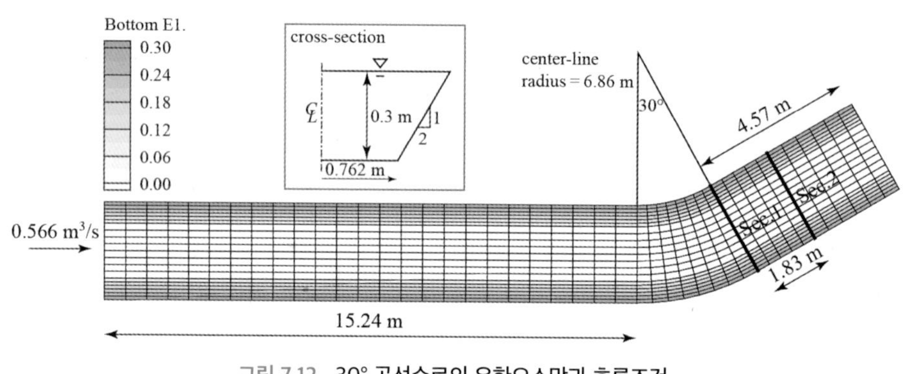

그림 7.12 30° 곡선수로의 유한요소망과 흐름조건

자료: 송창근 등(2013)

그림 7.13은 수로 전역의 유속 벡터 및 등유속도 분포를 나타내며, 상류에서 균일하게 부여된 유속이 곡선부를 통과하면서 점차 포물선형 분포로 변화함을 보여준다. 특히 A영역 확대도에서는 분산응력을 포함한 경우 최대 유속선(1.0 m/s)이 명확히 외측으로 편향되어 나타났으며, 이는 만곡부

에서 이차류에 의해 유속이 외벽 쪽으로 이동하는 물리적 현상과 일치한다. 그림 7.14는 무차원 거리 y/W에 따른 Sec. 1과 Sec. 2에서의 횡방향 유속분포이다. Sec. 1에서 분산응력항을 포함한 모의결과는 실험값(Maynord, 1996)과 유사하게 유속이 외측으로 편향되었으며[그림 7.14(a)], 이러한 경향은 만곡부를 지난 직선부(Sec. 2)에서도 동일하게 나타났다[그림 7.14(b)]. 반면, Bernard와 Schneider(1992)의 수치모의 결과는 실제 외측 유속 편향 현상을 정확하게 반영하지 못하였으며, 그 결과는 분산응력을 포함하지 않은 해석과 유사한 양상을 보였다. 본 모의결과는 곡선 수로 내 이차류 특성을 정밀하게 재현하기 위해서는 분산응력항의 도입이 필수적임을 보여주고 있다.

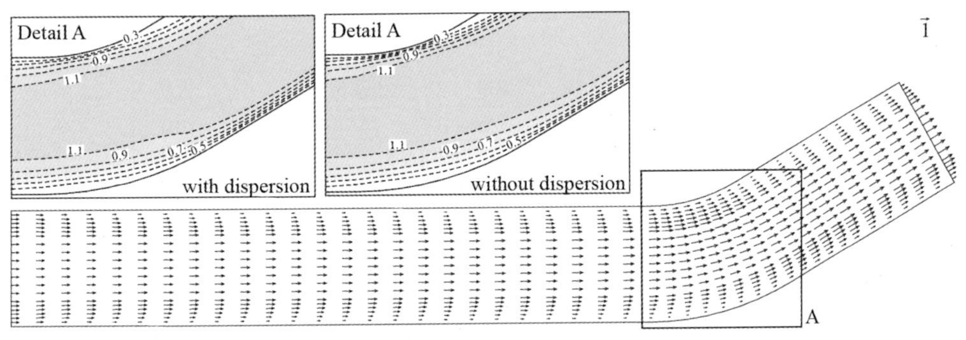

그림 7.13 30° 곡선수로의 유속벡터와 A영역에서 분산응력의 영향

자료: 송창근 등(2013)

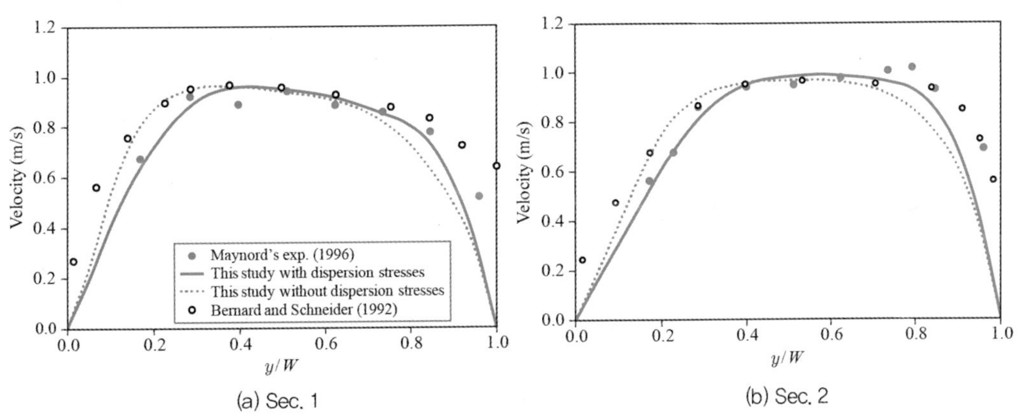

그림 7.14 30° 곡선수로의 횡방향 유속분포 비교

자료: 송창근 등(2013)

연습문제

1. 식 (7.10)과 식 (7.11)을 유도하시오.

2. 2점 가우스 구적법을 이용해 $\int_{-1}^{1}(x^2+x)dx$ 의 값을 구하고, 해석적으로 구한 값과 비교하시오.

3. 그림 7.2의 2차 형상함수를 이용하는 경우 요소 강성행렬 $[\mathrm{A}]^e$와 질량행렬 $[\mathrm{M}]^e$이 아래와 같이 구성됨을 증명하시오.

$$[\mathbf{A}]^e=\begin{bmatrix} \frac{7D}{3\Delta x}+\frac{U}{2}+\frac{2k\Delta x}{15} & -\frac{8D}{3\Delta x}+\frac{2}{3}U+\frac{\Delta xk}{15} & \frac{D}{3\Delta x}-\frac{1}{6}U-\frac{\Delta xk}{30} \\ -\frac{8D}{3\Delta x}-\frac{2}{3}U+\frac{\Delta xk}{15} & \frac{16D}{3\Delta x}+\frac{8\Delta xk}{15} & -\frac{8D}{3\Delta x}+\frac{2}{3}U+\frac{\Delta xk}{15} \\ \frac{D}{3\Delta x}+\frac{U}{6}-\frac{\Delta xk}{30} & -\frac{8D}{3\Delta x}-\frac{2}{3}U+\frac{\Delta xk}{15} & \frac{7D}{3\Delta x}-\frac{U}{2}+\frac{2\Delta xk}{15} \end{bmatrix}$$

$$[\mathbf{M}]^e=\frac{\Delta x}{30}\begin{bmatrix} 4 & 2 & -1 \\ 2 & 16 & 2 \\ -1 & 2 & 4 \end{bmatrix}$$

4. 천수방정식이 자유수면 흐름을 모의하는 데 적합한 이유를 설명하고, 3차원 나비에-스토크스 방정식과 비교했을 때 천수방정식이 갖는 수치적 및 실무적 장점을 서술하시오.

5. 천수흐름 해석에서 격자 간격, 시간 간격, 난류동점성계수의 설정이 수치해의 안정성과 정확성에 어떤 영향을 미치는지 서술하고, Courant 조건 및 Patankar 조건이 해석의 안정성을 확보하는 데 어떤 역할을 하는지 설명하시오.

6. 하천흐름 모델링에서 마름젖음 발생 시 수치모의가 왜 어려운지 설명하고, 이를 해결하기 위해 개발된 네 가지 기법(박막 기법, 요소 제거 기법, 수심외삽 기법, 음수심 기법)의 원리와 장단점을 비교하여 설명하시오.

7. 곡선수로 사례를 바탕으로 곡선수로에서 발생하는 이차류의 특성과 이에 따른 유속분포 변화를 설명하시오. 또한 분산응력항의 유무가 오염물질의 혼합에 미치는 영향을 설명하시오.

부록 7.1: 천수방정식의 유도

천수방정식은 3차원 Reynolds 방정식을 수심방향으로 적분하여 얻을 수 있다. Reynolds 방정식은 난류의 평균적 흐름에 대한 운동방정식으로서, 식 (A7.1)과 같은 나비에-스토크스 방정식의 운동량 보존방정식에 대해 시간평균을 취하면 얻을 수 있다.

$$\frac{\partial u_i}{\partial t}+\frac{\partial u_i u_j}{\partial x_j}=-\frac{1}{\rho}\frac{\partial p}{\partial x_i}-g\delta_{3i}+\frac{\partial}{\partial x_j}\left(\nu_M\frac{\partial u_i}{\partial x_j}\right) \tag{A7.1}$$

위 식의 주요 변수인 유속, 밀도 및 압력을 시간평균과 변동량으로 분해하고 Reynolds 평균법칙을 적용하여 시간에 대해 적분하면 다음 식과 같은 3차원 Reynolds 방정식이 유도된다.

$$\frac{\partial \overline{u_i}}{\partial t}+\frac{\partial\left(\overline{u_i}\,\overline{u_j}+\overline{u'_i u'_j}\right)}{\partial x_j}=-\frac{1}{\overline{\rho}}\frac{\partial \overline{p}}{\partial x_i}-g\delta_{3i}+\frac{\partial}{\partial x_j}\left(\nu_M\frac{\partial \overline{u_i}}{\partial x_j}\right) \tag{A7.2}$$

여기서, $i=1,2,3$, $\overline{u_i}$와 $\overline{p}$는 유속 u_i와 압력 p의 시간평균값, g는 중력가속도, δ_{3i}는 i가 3인 경우는 1, 나머지 경우에는 0이며 ν_M은 분자동점성계수이다. $\overline{u'_i u'_j}$는 유속 변동량의 상관관계에 의해 생성된 항으로 Boussinesq가 제안한 난류점성계수(eddy viscosity) 개념을 도입하여 평균유속의 경사와 비례한다고 가정하고 비례상수를 ν_T로 두면 식 (A7.2)는 다음과 같이 변형된다.

$$\frac{\partial u_i}{\partial t}+\frac{\partial u_i u_j}{\partial x_j}=-\frac{1}{\rho}\frac{\partial p}{\partial x_i}-g\delta_{3i}+\frac{\partial}{\partial x_j}(\nu_T+\nu_M)\frac{\partial u_i}{\partial x_j} \tag{A7.3}$$

위 식에서 시간평균을 나타내는 overbar는 편의상 생략하였다. 위 식에 연직방향 가속도는 중력가속도에 비해 매우 작다는 정수압 가정과 압력과 밀도를 정수압 상태인 p_0, ρ_0와 흐름에 의해 발생하는 p', ρ'로 구분하여 $p=p_0(z)+p'(x,y,z,t)$와 $\rho=\rho_0(z)+\rho'(x,y,z,t)$로 간주하는 Boussinesq 가정을 도입하면 연직방향 압력 경사항은 임의의 깊이 z부터 자유수면인 $z=H+h(x,y,z)$까지 $\int_z^{H+h}dp=-\int_z^{H+h}g(\rho_0+\rho')dz$와 같이 적분된다. 자유수면에서의 압력은 대기압(p_a)과 같으므로 이상의 과정을 거쳐 식 (A7.3)은 다음과 같은 형태로 유도된다.

$$\begin{aligned}\frac{\partial u_i}{\partial t}+\frac{\partial u_i u_j}{\partial x_j}= &-\frac{1}{\rho_0}\frac{\partial p_a}{\partial x_i}-g\frac{\partial(H+h)}{\partial x_i}\\ &-\frac{g}{\rho_0}\frac{\partial}{\partial x_i}\int_z^{H+h}\rho' dz+\frac{\partial}{\partial x_j}(\nu_T+\nu_M)\frac{\partial u_i}{\partial x_j}\end{aligned} \tag{A7.4}$$

식 (A7.4)의 경우 $i=3$에 해당하는 연직방향 식은 정수압 가정과 Boussinesq 가정에 의해 수평방향 압력 경사항에 포함되므로 $i=1,2$의 값을 갖게 된다.

수심방향으로 적분된 천수방정식을 유도하기 위해 식 (A7.4)를 바닥 $z=H(x,y)$에서부터 자유수면 $z=H+h(x,y,t)$까지 Leibniz 법칙을 이용하여 연직방향으로 적분하고 운동학적 자유수면 경계조건과 바닥에서의 무활조건(no slip condition)을 적용한 후 밀도의 성층화를 무시($\rho'=0$)하면 다음과 같은 천수방정식을 얻게 된다.

$$\frac{\partial \tilde{u}_i}{\partial t}+\tilde{u}_j\frac{\partial \tilde{u}_i}{\partial x_j}=-\frac{1}{\rho_0}\frac{\partial p_a}{\partial x_i}-g\frac{\partial(H+h)}{\partial x_i}-\frac{\tau^s_{x_i}-\tau^b_{x_i}}{h\rho_0}+\frac{\partial}{\partial x_j}(\nu_T+\nu_M)\frac{\partial \tilde{u}_i}{\partial x_j} \tag{A7.5}$$

여기서, $\tilde{u}_i$는 수심평균유속으로 $\tilde{u}_i\equiv\frac{1}{h}\int_H^{H+h}u_i\,dz$이다. 식 (A7.5)를 간략화하기 위해 다음과 같은 4가지 가정이 필요하다. 첫 번째는 대기압 경사항인 $\partial p_a/\partial x_i$은 폭풍해일 예측의 경우를 제외하고는 일반적으로 무시할 수 있으므로 생략한다. 두 번째는 수표면 전단력인 $\tau^s_{x_i}$항에 관한 것으로 풍속이 유속의 100배를 초과하는 경우에만 중요한 인자로 작용하므로 이 항 역시 일반적인 경우에는 무시할 수 있다. 세 번째는 바닥 전단력에 해당하는 $\tau^b_{x_i}$항에 관한 것으로 1차원 Saint-Venant 방정식의 하상 마찰 경사항에 Chézy 식($S_f=U^2/(C^2R)$)과 Manning 계수와의 관계식($C=R^{1/6}/n$)을 적용하고 2차원으로 확장하면 다음과 같은 식으로 표현된다.

$$\tau^b_{x_i}=\rho g h S_{fx_i}=\rho g h\frac{u_i\sqrt{\mathbf{u}\cdot\mathbf{u}}}{C^2h}=\rho g n^2\frac{u_i\sqrt{\mathbf{u}\cdot\mathbf{u}}}{h^{1/3}} \tag{A7.6}$$

위 식에서 n은 조도계수, $\mathbf{u}$는 유속벡터이다. 마지막은 점성계수에 관한 것으로 난류동점성계수(ν_T)가 분자동점성계수(ν_M)에 비해 월등히 크므로 분자동점성계수를 무시한다는 가정이다. 위의 4가지 가정을 도입하면 식 (A7.5)는 다음과 같이 단순화된다.

$$\frac{\partial u_i}{\partial t}+u_j\frac{\partial u_i}{\partial x_j}=-g\frac{\partial(H+h)}{\partial x_i}+\frac{\partial}{\partial x_j}\left(\nu\frac{\partial u_i}{\partial x_j}\right)-gn^2\frac{u_i\sqrt{\mathbf{u}\cdot\mathbf{u}}}{h^{4/3}} \tag{A7.7}$$

위 식은 편의상 수심평균을 나타내는 기호(tilde)를 생략한 형태이며, u_i는 i가 1인 경우에는 x방향 수심평균유속, i가 2인 경우에는 y방향 수심평균유속이다. g는 중력가속도, ν는 난류동점성계수를 나타낸다. H와 h는 기준선으로부터 하상까지의 거리와 수심을 나타낸다. 상기 천수방정식에 대응하는 2차원 비보존형 질량보존방정식은 다음과 같다.

$$\frac{\partial h}{\partial t}+h\frac{\partial u}{\partial x}+u\frac{\partial h}{\partial x}+v\frac{\partial h}{\partial y}+h\frac{\partial v}{\partial y}=0 \tag{A7.8}$$

CHAPTER 8

하천혼합 모델링

본 장에서는 하천 수질 혼합해석 모델링을 위한 수치해석방법에 대해 기술하였다. 먼저, 2차원 혼합해석을 위해 오일러리안, 라그랑지안 해석방법에 대해 기술하였다. 오일러리안 해석방법에 의한 2차원 이송-분산 방정식에 대해 소개하고 유한차분법을 이용한 지배방정식의 이산화, 공간 미분항과 시간 미분항의 이산화 방법에 따른 수치해의 정확도에 대해 제시하였다. 그리고 라그랑지안 입자추적 방법의 해석을 위한 multi-step method 수치해석 방법에 대해 소개하고 이에 대한 정확도에 대해 제시하였다. 또한 1차원 저장대모형의 해석을 위해 유한차분법을 적용하였으며, 해석 결과에 대해 기술하였다.

1. 하천혼합 시뮬레이션 지배방정식

하천환경에서 오염물질의 혼합 시뮬레이션을 위해서는 대상 물질의 물리적 거동을 해석할 수 있는 지배방정식을 선택해야 한다. 이후 지배방정식으로부터 오염물질 농도의 시공간적 변화를 해석할 수 있는 해석기법을 선택해야 한다. 하천혼합 시뮬레이션을 위한 지배방정식은 오염물질의 거동을 계산격자(computational mesh) 내에서 해석하는 오일러리안(Eulerian) 해석기법과 격자 없이 해석하는 라그랑지안(Lagrangian) 해석기법으로 구분할 수 있다. 오염물질의 거동은 하천의 흐름해석 결과와 연계되기 때문에 흐름해석 모형의 선택과 함께 오염물질의 물리적 특성을 재현할 수 있는 해석기법의 결정이 필요하다.

1) 오일러리안(Eulerian) 해석기법

격자 기반의 오일러리안 해석기법은 오염물질 혼합해석을 위한 많은 상용모형이 사용해온 방법이다. SPH(Smoothed Particle Hydrodynamics)를 제외한 대부분의 하천흐름해석 모형이 격자 기반의 수치해석 기법에 기반하여 개발되어 왔기 때문에 오염물질 혼합 모델 또한 격자 기반 해석기법으로 개발되어 왔다. 흐름해석 모형과 같은 해석기법을 사용하는 경우, 동일한 해석기법의 적용, 매개변수의 적용, 이송항 계산을 위한 유속모의 결과의 활용 등 측면에서 모형의 개발에 유리함이 있다. 본 절에서는 오염물질 혼합에 관한 오일러리안 해석에 널리 쓰이는 지배방정식에 대해 알아본다.

(1) 3차원 이송-확산 방정식

하천에 유입된 오염물질은 난류확산에 의한 종 · 횡 방향 그리고 연직방향으로의 3차원 혼합과정을 겪게 된다. 이러한 3차원 혼합은 제3장에서 설명한 바와 같이 수심방향 혼합이 완료되기 전까지 지속된다. 일반적으로 3차원 혼합현상은 지류의 합류부, 하수처리장 방류구, 댐, 보 등 수리구조물, 하천 식생 주변 등에서 발생하게 된다. 이러한 3차원 혼합현상에 대한 해석을 위해 질량보존과 Fick의 법칙(Fick's law)에 기초한 3차원 이송-확산 방정식을 이용하여 해석할 수 있다.

$$\frac{\partial C}{\partial t}+\frac{\partial(u_i C)}{\partial x_i}=\frac{\partial}{\partial x_i}\left(\epsilon_{ij}\frac{\partial C}{\partial x_j}\right) \tag{8.1}$$

여기서, C는 시간평균농도, u_i는 시간평균유속, ϵ_{ij}는 난류확산계수이다. 3차원 이송-확산 방정식을 활용하는 상용 SW로서 EFDC 프로그램의 Dye 모듈(Hamrick, 1992), Delft-3D의 유사이송모델(Deltares, 2023) 등이 있다. 다음 그림은 EFDC의 Dye 모듈을 이용한 합류부 주변 오염물질의 3차원 혼합해석 결과를 보여준다. 3차원 농도혼합 계산 결과로부터 오염물질의 종 · 횡 방향 확산뿐만 아니라 그림 8.1 내 확대 그림과 같이 농도의 연직 변화 또한 계산 가능하다.

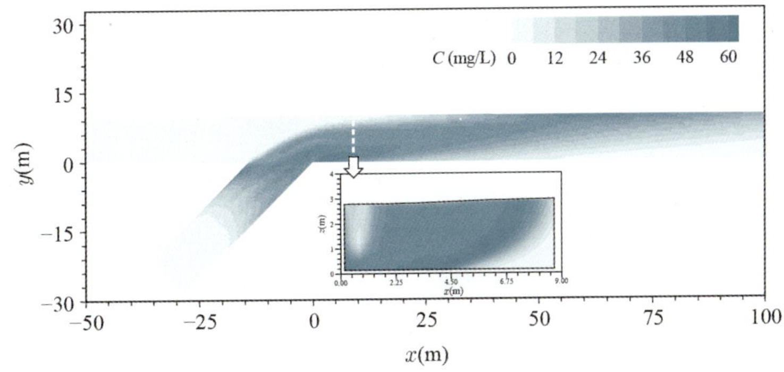

그림 8.1 EFDC를 이용한 3차원 농도혼합 시뮬레이션 결과

(2) 2차원 이송-분산 방정식

대부분의 하천들은 수심에 비해 넓은 하폭을 갖고 있다. 따라서 하천에 유입된 오염물질의 수심방향 혼합이 하폭방향으로의 혼합보다 먼저 완료된다. 수심방향으로의 혼합이 완료된 이후 흐름방향과 하폭방향으로의 혼합이 이뤄지는 2차원 혼합이 진행된다(그림 8.2). 이러한 2차원 혼합거동을 해석하기 위해 2차원 이송-분산 방정식을 지배방정식으로 채택하여 활용하고 있다.

$$\frac{\partial \overline{C}}{\partial t}+\frac{\partial(\overline{u_i}\,\overline{C})}{\partial x_i}=\frac{\partial}{\partial x_i}\left[D_{ij}\frac{\partial(\overline{u_j}\,\overline{C})}{\partial x_j}\right] \tag{8.2}$$

여기서, $\overline{C}$는 수심평균농도, $\overline{u_i}$는 수심평균유속, D_{ij}는 2차원 분산계수이다.

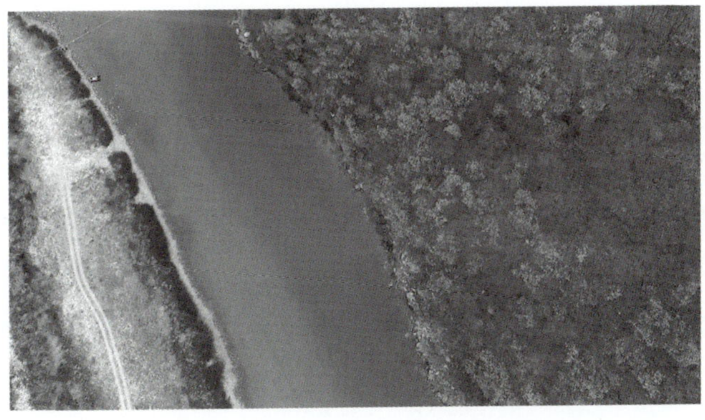

그림 8.2 자연하천에서 전단류에 의한 2차원 혼합

식 (8.2)를 지배방정식으로 활용하는 SW로서 SMS 프로그램의 RMA4 모형, RAMS의 CTM-2D, RiverFlow2D의 PL(Pollutant Transport) 모듈 등이 있다. 그림 8.3은 CTM-2D모형을 이용한 홍천강 내 오염물질의 2차원 혼합거동 시뮬레이션 결과이다. CTM-2D모형은 유한요소법을 이용하여 2차원 이송-분산 방정식을 이산화하며, 공간적으로 변화하는 분산계수의 적용과 오염물질의 질량 주입, 연속 주입 등 다양한 수질오염사고 상황을 모의할 수 있다. RAMS의 CTM-2D에 관한 세부적인 내용은 제9장에 수록되어 있다.

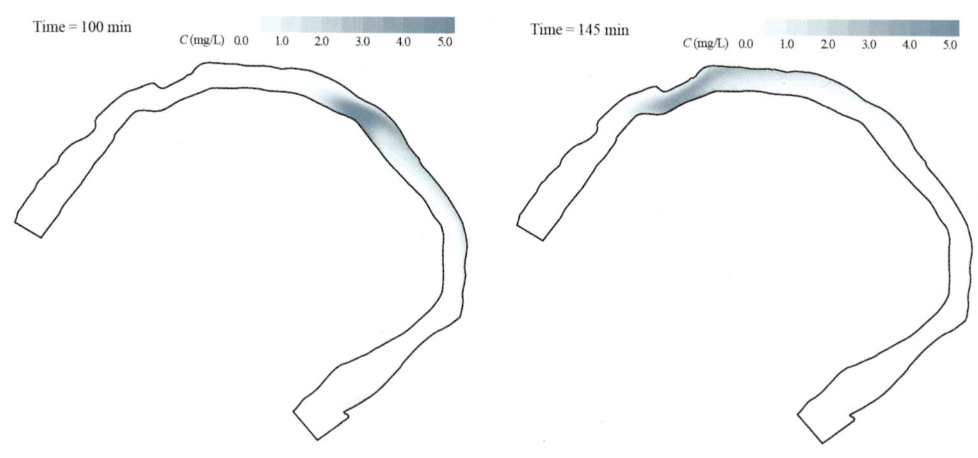

그림 8.3 CTM-2D를 이용한 2차원 농도혼합 시뮬레이션

(3) 1차원 저장대 방정식

하천에서 하폭방향으로의 혼합이 완료된 이후에는 오염물질의 주된 농도 변화가 흐름방향으로만 발생하는 1차원 혼합과정이 진행된다. 이러한 1차원 혼합은 수심평균유속의 하폭방향 변화에 따른 전단류로 인해 발생하며, 다음의 1차원 이송-분산 방정식을 이용하여 해석할 수 있다.

$$\frac{\partial \hat{C}}{\partial t} + U\frac{\partial \hat{C}}{\partial x} = K\frac{\partial^2 \hat{C}}{\partial x^2} \tag{8.3}$$

여기서, $\hat{C}$는 단면평균농도, U는 단면평균유속, K는 1차원 종분산계수이다. 1차원 이송-분산 방정식을 통해 유역 단위의 오염혼합 해석 모델링이 가능하다.

제3장에서 서술한 바와 같이 하천에는 오염물질의 혼합을 지연시키는 다양한 요소들이 존재한다. 하천 내 수리구조물, 만곡부, 지류 합류부 등에서 발생하는 회전류와 식생에 의한 흐름저항은 오염물질의 저장대가 된다(그림 8.4).

그림 8.4 하천 만곡부의 회전류로 인한 저장대 형성

하천의 본류와 저장대 사이의 혼합현상은 1차원 저장대모형을 이용하여 재현할 수 있다.

$$\frac{\partial \hat{C}}{\partial t}+U\frac{\partial \hat{C}}{\partial x}=K\frac{\partial^2 \hat{C}}{\partial x^2}+\frac{A_s}{T}(C_d-\hat{C}) \tag{8.4a}$$

$$\frac{\partial C_d}{\partial t}=\frac{1}{T}(\hat{C}-C_d) \tag{8.4b}$$

여기서, C_d는 저장대에 포함된 오염물질의 농도, A_s은 저장대 대 본류대 단면적의 비, T는 저장대 내 오염물질의 정체시간이다(Nordin과 Troutman, 1980). 저장대모형을 이용하여 해석한 농도곡선은 그림 8.5와 같이 급격한 농도의 상승곡선과 완만한 하강곡선을 나타낼 수 있으며, 식 (8.3)에 비해 더욱 정확한 농도곡선의 변화를 나타낼 수 있다. 유럽에서는 라인강 수질오염사고 이후 수질오염사고 경보시스템인 Rhine Alarm Model을 운영 중인데, 이 시스템의 해석엔진으로서 1차원 저

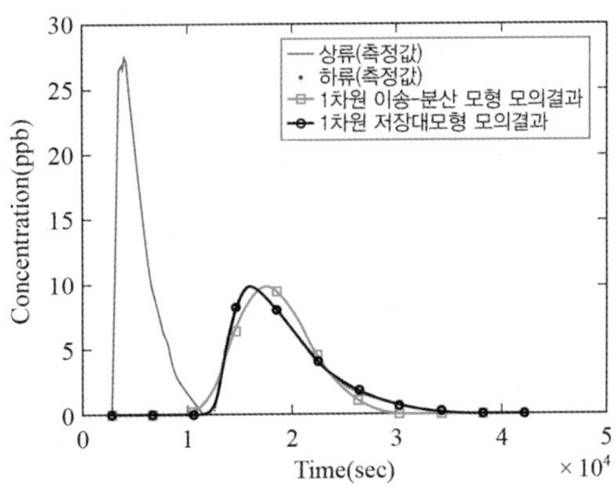

그림 8.5 저장대모형을 이용한 1차원 이송-분산 해석 결과

자료: Noh 등(2021)

장대모형을 활용하고 있다(Van Mazijk, 2002). 그리고 미국 지질조사국(USGS)에서 개발한 OTIS (One-dimensional Transport with Inflow and Storage) 모델 또한 저장대모형을 지배방정식으로 활용하여 오염물질의 거동을 해석한다.

2) 라그랑지안(Lagrangian) 해석기법

입자추적 방법은 격자 기반 오염물질 혼합해석 기법의 대안으로서, 격자 기반 모델에서 주로 문제가 되는 수치진동 및 수치확산에 의한 오차를 줄일 수 있는 방법으로 알려져 있다(Wong 등, 2008). 또한 입자추적기법은 수체 내에서 오염물질의 불연속적 혼합 특성을 모의하는 데 있어서 오일러리안 해석기법보다 더 적합한 것으로 알려져 있다(Dimou와 Adams, 1993). 이러한 입자추적기법의 장점에 따라 하천과 하구에 대한 오염물질 혼합해석을 위해 사용되어 왔다(Gomez-Gesteira 등, 1999; Suh, 2006). 입자추적기법은 Itō 확률미분방정식(Itō Stochastic Differential Equation, Itō SDE)으로부터 유도할 수 있다. Itō SDE는 확률론적 입자의 위치를 유체의 평균적 거동($A_i dt$)에 의한 입자의 이동과 난류에 의한 무작위적 거동($B_{ij} dW_j$)에 의한 입자의 이동의 합으로 정의하는 방정식이다.

$$dx_i = A_i dt + B_{ij} dW_j \tag{8.5}$$

여기서, dW_j는 확률적 무작위성을 설명하는 Wiener 프로세스이다. Itō SDE의 입자 위치 x_i는 시간에 따라 변화하는 확률변수이며, 확률변수의 시공간적 변화는 Fokker-Planck 방정식으로 정의한다.

$$\frac{\partial p}{\partial t} + \frac{\partial (A_i p)}{\partial x_i} = \frac{\partial^2}{\partial x_i \partial x_j}(B_{ik} B_{jk} p) \tag{8.6}$$

여기서, p는 확률변수 x_i의 확률밀도함수이다. Itō SDE의 A_i와 B_{ij}는 Fokker-Planck 방정식과 식 (8.2)에서 정의한 2차원 이송-분산 방정식의 수학적 유사성을 통해 다음과 같이 정의할 수 있다.

$$A_i = \overline{u}_i \tag{8.7a}$$

$$\frac{1}{2} B_{ik} B_{jk} = D_{ij} \tag{8.7b}$$

위 결과를 식 (8.5)에 대입하면 다음의 식이 유도된다.

$$dx_i(t + \Delta t) = \overline{u}_i \Delta t + dW_j \sqrt{2D_{ij}} \tag{8.8}$$

여기서, Δt는 계산시간 간격, Wiener 프로세스는 평균이 0, 분산이 1인 정규분포를 따르는 난수, R을 이용하여 $dW_j = R\sqrt{t}$로 정의할 수 있다. 따라서 전단흐름에 의한 입자의 거동을 해석할 수 있는 지배방정식은 다음 식과 같다.

$$x_i(t+\Delta t) = x_i(t) + \overline{u_i}\Delta t + R\sqrt{2D_{ij}\Delta t} \tag{8.9}$$

위 식에 의한 입자의 거동은 그림 8.6과 같이 계산된다.

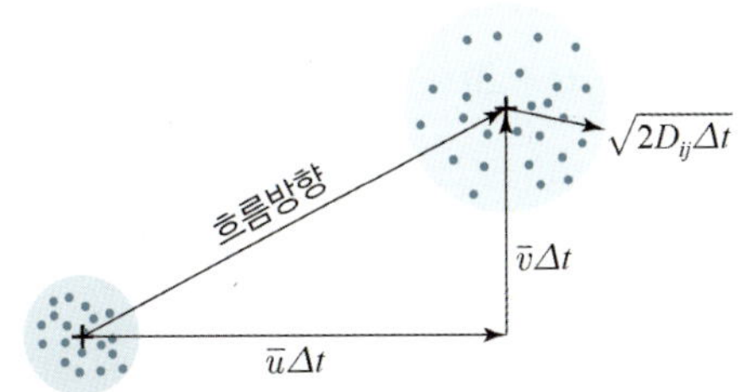

그림 8.6 **입자추적기법에 의한 2차원 입자거동 해석**

입자추적기법은 하천흐름 내 유사의 거동, 어패류 등의 생물이동, 유류의 혼합 거동, 미세플라스틱 등 오염물질의 거동을 해석하는 데 활용된다. 입자추적기법을 사용하는 소프트웨어로서 EFDC의 LPT(Lagrangian Particle Tracking) 모델, RiverFlow2D의 PTM 모델 등이 있다.

2. 1차원 하천혼합 모델링

오염물질의 혼합해석을 위한 지배방정식을 컴퓨터를 이용하여 해석하기 위해서는 FORTRAN, C++, MATLAB, Python 등의 프로그램 언어를 활용하여 컴퓨터가 인식하고 연산할 수 있는 계산식으로 변화시킬 필요가 있다. 앞 절에서 살펴본 바와 같이 오염물질의 혼합해석을 위한 지배방정식은 미분방정식 형태로 정의된다. 오일러리안 해석기법에 의한 오염물질 혼합 해석 지배방정식은 편미분방정식으로 정의되며, 이는 유한차분법, 유한요소법, 유한체적법과 같은 수치해석기법을 적용하여 이산화할 수 있다. 또한 라그랑지안 해석법에 의해 정의된 지배방정식은 시간 변수에 대한 상미분방정식으로 표현되며, 주로 유한차분법을 통해 이산화한다. 본 절에서는 유한차분법을 이용한 1차원 혼합과정에 대한 수치해석을 설명하였다.

1) 유한차분법에 의한 1차원 혼합 수치해석

(1) 유한차분법

편미분방정식의 이산화를 위한 다양한 수치해석 기법이 있으나, 가장 직관적이며 오래된 역사를 기록하는 유한차분법을 적용하여 전 절에서 제시한 2차원 이송-분산 방정식의 이산화 과정을 설명한다. 유한차분법은 이송-분산 방정식의 두 변수인 시간과 공간을 미소 간격으로 분할하여 미분연산자$\left(\frac{\partial^n}{\partial x^n}\right)$를 계산하는 방법이다. 시간과 공간에 대한 미분항은 테일러급수 전개(Taylor series expansion)를 통해 정의할 수 있다.

$$C(x, t+\Delta t) = C(x,t) + \Delta t \frac{\partial C(x,t)}{\partial t} + \frac{\Delta t^2}{2!} \frac{\partial C^2(x,t)}{\partial t^2} + \cdots \tag{8.10a}$$

$$C(x \pm \Delta x, t) = C(x,t) \pm \Delta x \frac{\partial C(x,t)}{\partial x} + \frac{\Delta x^2}{2!} \frac{\partial^2 C(x,t)}{\partial x^2} \pm \cdots \tag{8.10b}$$

테일러급수 전개를 통해 1계 및 2계 미분항을 나타낼 수 있다. 1계 미분항의 경우 이산화 방법에 따라 1차 및 2차 정밀도를 갖는 차분항으로 정의할 수 있다. 1차 정밀도를 갖는 차분 방법에는 전진차분법(forward difference method)과 후진차분법(backward difference method)이 있으며, 다음 식과 같이 식 (8.10b)에서 우항의 $C(x,t)$를 좌항으로 이항하여 유도할 수 있다.

$$\text{전진차분법: } \frac{\partial C(x,t)}{\partial x} = \frac{C(x+\Delta x, t) - C(x,t)}{\Delta x} + O(\Delta x) \tag{8.11a}$$

$$\text{후진차분법: } \frac{\partial C(x,t)}{\partial x} = \frac{C(x,t) - C(x-\Delta x, t)}{\Delta x} - O(\Delta x) \tag{8.11b}$$

위 식에서 테일러 전개를 통해 나타나는 고차 미분항은 매우 작은 크기를 갖는 Δx가 곱해져 무시할 수 있을 만큼 작은 값으로 간주한다. 따라서 전진차분법과 후진차분법은 미소 시간 변화(Δt)와 미소 공간 변화(Δx)에 대해 1차 정확도를 갖는다고 할 수 있다. 1계 미분항을 2차 정확도(2nd order accuracy)를 갖는 차분항으로 만들기 위해서는 중앙차분법(central difference method)을 적용해야 한다. 중앙차분법은 식 (8.11a)와 (8.11b)의 합을 통해 다음 식과 같이 유도할 수 있다.

$$\frac{\partial C(x,t)}{\partial x} = \frac{C(x+\Delta x, t) - C(x-\Delta x, t)}{2\Delta x} + O(\Delta x^2) \tag{8.12}$$

중앙차분법은 식 (8.12)와 같이 공간변화량(Δx)에 대한 2차 정확도를 갖는다. 예를 들어, 농도의 공간 변화를 해석하기 위한 공간 간격을 1/10로 감소시키면, 전진차분법과 후진차분법을 적용한 1계 미분항이 갖는 오차가 1/10 수준으로 감소하며, 중앙차분법을 적용할 경우 오차가 $1/10^2$ 수준으로 감소하게 된다. 이송-분산 방정식에 포함된 공간에 대한 2차 미분항은 식 (8.10b)를 이용하여 다음과 같이 이산화할 수 있다.

$$\frac{\partial^2 C(x,t)}{\partial x^2} = \frac{C(x+\Delta x, t) - 2C(x,t) + C(x-\Delta x, t)}{\Delta x^2} + O(\Delta x^2) \tag{8.13}$$

따라서 2차 미분항은 중앙차분법과 마찬가지로 2차 정확도를 갖게 된다.

(2) 시간 미분항 계산을 위한 양해법과 음해법

시간 미분항을 포함한 편미분방정식을 이산화하는 경우 시간변수 t를 포함하는 모든 항들이 어느 시간 단계에 해당하는 값을 이용할 것인지 선택해야 한다. 예를 들어, 확산방정식(diffusion equation), $\frac{\partial C}{\partial t} = K\frac{\partial^2 C}{\partial x^2}$에 대해 시간 미분항을 전진차분법으로 이산화하면 다음 식과 같이 나타낼 수 있다.

$$\frac{C(x,t+\Delta t)-C(x,t)}{\Delta t} = K\frac{C(x+\Delta x,t+\Delta t)-2C(x,t+\Delta t)+C(x-\Delta x,t+\Delta t)}{\Delta x^2} \quad (8.14a)$$

$$\frac{C(x,t+\Delta t)-C(x,t)}{\Delta t} = K\frac{C(x+\Delta x,t)-2C(x,t)+C(x-\Delta x,t)}{\Delta x^2} \quad (8.14b)$$

위 식은 그림 8.7과 같이 표현할 수 있다. 식 (8.14a)의 경우 $C(x,t+\Delta t)$를 계산하기 위해 Δt 이후의 농도값 $C(x+\Delta x,\ t+\Delta t)$와 $C(x-\Delta x,\ t+\Delta t)$를 이용해야 한다. 반면, 식 (8.14b)를 이용하는 경우 현재 시간, t에서 정의된 농도값 $C(x,t)$를 이용하여 계산 가능하다. 식 (8.14a)와 같이 Δt 이후의 함수값을 이용하는 해석법을 음해법(implicit method), 현재 시간의 함수값을 이용하여 해석하는 방법을 양해법(explicit method)이라 한다.

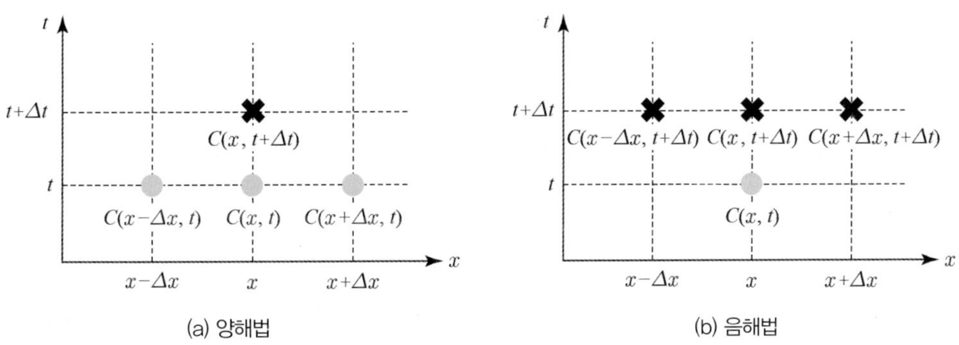

그림 8.7 양해법과 음해법을 이용한 확산방정식의 해석

양해법에 따라 확산방정식을 풀이하는 경우 다음 식과 같이 정리할 수 있다.

$$C(x,t+\Delta t) = \frac{K\Delta t}{\Delta x^2}\{C(x+\Delta x,t)-2C(x,t)+C(x-\Delta x,t)\}+C(x,t) \quad (8.15)$$

양해법의 경우 시간 t에서 모든 x에 대해 $C(x,t)$가 정의되어 있을 때 $C(x,t+\Delta t)$를 직접 풀이 가능하기 때문에 프로그래밍이 간단하다는 이점이 있다. 하지만 시간 간격 Δt와 계산격자 크기 Δx의 관계에 따라 수치해석을 통해 계산한 해가 발산할 우려가 있다. 양해법에 의한 수치해의 안정성을 검토하기 위해 확산방정식의 해석해를 $C(x,t)=e^{i\lambda x}f(t)$로 가정하여 식 (8.15)에 대입하면 다음과 같이 나타낼 수 있다.

$$f(t+\Delta t)=\frac{K\Delta t}{\Delta x^2}\ \{e^{i\lambda\Delta x}-2+e^{-i\lambda\Delta x}\}\ f(t)+f(t) \tag{8.16a}$$

$$f(t+\Delta t)=\frac{K\Delta t}{\Delta x^2}\ \{2\cos(\lambda\Delta x)-2\}\ f(t)+f(t) \tag{8.16b}$$

$$f(t+\Delta t)=\left[1-4\frac{K\Delta t}{\Delta x^2}\sin^2\frac{\lambda\Delta x}{2}\right]f(t)\ =\ \psi f(t) \tag{8.16c}$$

시간 변화에 따라 양해법이 수렴하기 위해서는 식 (8.16c)의 $\psi<1$의 조건을 만족해야 한다. 따라서 Δx가 결정된 경우 Δt는 다음 식의 관계를 만족시키는 범위에서 선택해야 한다.

$$\Delta t<\frac{\Delta x^2}{2K} \tag{8.17}$$

음해법에 따라 확산방정식을 풀이하는 경우 식 (8.14a)는 다음과 같이 정리할 수 있다.

$$-\frac{K\Delta t}{\Delta x^2}C(x+\Delta x,t+\Delta t)+\left(1+2\frac{K\Delta t}{\Delta x^2}\right)C(x,t+\Delta t)-\frac{K\Delta t}{\Delta x^2}C(x-\Delta x,t+\Delta t)=C(x,t) \tag{8.18}$$

음해법의 경우 Δt의 선택이 수치해의 오차에 영향을 줄 수 있으나 양해법과 달리 Δt의 선택에 무관하게 안정적 수치해를 얻을 수 있다. 식 (8.18)에 나타난 바와 같이 $C(x,t)$이 정의된 경우 $C(x,t+\Delta t)$를 계산할 수 있다. 모의영역을 $x_0-2\Delta x\le x\le x_0+2\Delta x$으로 가정하면, 식 (8.18)에 따라 다음과 같은 행렬방정식을 구성할 수 있다.

$$\begin{bmatrix}-\frac{K\Delta t}{\Delta x^2} & 1+2\frac{K\Delta t}{\Delta x^2} & -\frac{K\Delta t}{\Delta x^2} & 0 & 0\\ 0 & -\frac{K\Delta t}{\Delta x^2} & 1+2\frac{K\Delta t}{\Delta x^2} & -\frac{K\Delta t}{\Delta x^2} & 0\\ 0 & 0 & -\frac{K\Delta t}{\Delta x^2} & 1+2\frac{K\Delta t}{\Delta x^2} & -\frac{K\Delta t}{\Delta x^2}\end{bmatrix}\begin{bmatrix}C(x_0-2\Delta x,\ t+\Delta t)\\ C(x_0-\Delta x,\ t+\Delta t)\\ C(x_0,\ t+\Delta t)\\ C(x_0+\Delta x,\ t+\Delta t)\\ C(x_0+2\Delta x,\ t+\Delta t)\end{bmatrix}=\begin{bmatrix}C(x_0-2\Delta x,\ t)\\ C(x_0-\Delta x,\ t)\\ C(x_0,\ t)\\ C(x_0+\Delta x,\ t)\\ C(x_0+2\Delta x,\ t)\end{bmatrix} \tag{8.19a}$$

$$\mathrm{K}\mathrm{C}(t+\Delta t)=\mathrm{C}(t) \tag{8.19b}$$

여기서, K는 계수행렬이고, C는 농도행렬이다. 위 행렬방정식의 풀이 방법은 직접법(direct method)과 반복법(iterative method)으로 구분할 수 있다. 모의영역의 경계조건으로서 $C(x_0-2\Delta x,\ t)$와

$C(x_0+2\Delta x,\, t)$의 값이 정해졌을 때 식 (8.19a)는 다음과 같이 나타낼 수 있다. 직접법으로는 계수 행렬을 상삼각행렬의 형태로 만들어 풀이하는 Tri-Diagonal Matrix Algorithm(TDMA)이 있다.

$$\begin{bmatrix} 1+2\dfrac{K\Delta t}{\Delta x^2} & -\dfrac{K\Delta t}{\Delta x^2} & 0 \\ -\dfrac{K\Delta t}{\Delta x^2} & 1+2\dfrac{K\Delta t}{\Delta x^2} & -\dfrac{K\Delta t}{\Delta x^2} \\ 0 & -\dfrac{K\Delta t}{\Delta x^2} & 1+2\dfrac{K\Delta t}{\Delta x^2} \end{bmatrix} \begin{bmatrix} C(x_0-\Delta x,\, t+\Delta t) \\ C(x_0,\, t+\Delta t) \\ C(x_0+\Delta x,\, t+\Delta t) \end{bmatrix} = \begin{bmatrix} C(x_0-\Delta x,\, t)+\dfrac{K\Delta t}{\Delta x^2}C(x_0-2\Delta x,\, t+\Delta t) \\ C(x_0,\, t) \\ C(x_0+\Delta x,\, t)+\dfrac{K\Delta t}{\Delta x^2}C(x_0+2\Delta x,\, t+\Delta t) \end{bmatrix} \tag{8.20}$$

위 식에서 $-\dfrac{K\Delta t}{\Delta x^2}$를 A, $1+2\dfrac{K\Delta t}{\Delta x^2}$을 B, 행렬방정식의 우항을 D로 나타내면 그림 8.8과 같은 TDMA 서브루틴(subroutine)을 구성할 수 있다.

```
SUBROUTINE TDMA(A, B, C, N)

!**********************************************!
!  MAKE UPPER TRIANGLE MATRIX                  !
!**********************************************!

DO I=2, N
   M=A(I)/B(I-1)
   B(I)=B(I)-M*C(I-1)
   D(I)=D(I)-M*D(I-1)
END DO

!******************************!
! BACKWARD SCHEME              !
!******************************!

U(N)=D(N)/B(N)

DO I=N-1, 1, -1
     U(I)=(D(I)-C(I)*U(I+1))/B(I)
END DO
```

그림 8.8 FORTRAN으로 작성한 TDMA 예시

직접법의 경우 모의영역이 증가하면 상삼각행렬 구성 알고리즘에 많은 양의 연산이 실행되게 된다. TDMA에 따라 $O(N)$의 연산횟수를 갖기 때문에 격자 크기에 큰 영향을 받게 되는 단점이 있다.

반복법은 수치해의 초기값을 가정한 후 주어진 행렬방정식을 만족할 때까지 수치해를 변경하며 해를 찾아가는 방법이다. 반복법은 수렴반경의 설정에 따라 근사해를 제시한다는 제한점이 있으나 일반적으로 직접법에 비해 연산횟수가 작기 때문에 연산속도를 개선하는 데 이점이 있다. 반복법으로 많이 알려진 알고리즘에는 Gauss-Seidel 방법과 Successive Over Relaxation(SOR) 방법이 있다. Gauss-Seidel 방법은 계수행렬(K)을 상삼각행렬(U)과 하삼각행렬(L)로 분리하여 계산하는 알고리즘이다. Gauss-Seidel 방법에 따라 식 (8.19b)는 다음 식과 같이 구성된다.

$$\mathrm{LC}(t+\Delta t)=\mathrm{C}(t)-\mathrm{UC}(t) \tag{8.21a}$$

$$|\mathrm{C}(t+\Delta t)-\mathrm{C}(t)| \leq \epsilon \tag{8.21b}$$

식 (8.21b)는 수렴반경을 나타내며 $|\mathrm{C}(t+\Delta t)-\mathrm{C}(t)|$이 ϵ보다 작아질 때까지 계산이 반복되도록 알고리즘을 구성한다. SOR method는 Gauss-Seidel 방법을 개선하기 위한 알고리즘이며, 수렴 속도를 개선하기 위해 계수행렬을 U, L, D(대각행렬)로 분해하여 계산한다. SOR 방법에 의한 반복법은 다음과 같이 계산한다.

$$\mathrm{DC}(t+\Delta t)=(1-\omega)\mathrm{DC}(t)+\omega\{\mathrm{C}(t)-\mathrm{LC}(t+\Delta t)-\mathrm{UC}(t)\} \tag{8.22a}$$

$$\mathrm{C}(t+\Delta t)=(\mathrm{D}+\omega \boldsymbol{L})^{-1}[(1-\omega)\mathrm{D}-\omega\mathrm{U}]\mathrm{C}(t)+(\mathrm{D}+\omega \boldsymbol{L})^{-1}\omega\mathrm{C}(t) \tag{8.22b}$$

여기서, ω는 가중치이며, $\omega=1$일 때 Gauss-Seidel 방법과 같은 알고리즘을 갖게 된다. ω는 $0<\omega<2$의 범위에서 선택하며, 수렴속도를 향상시키기 위해 $\omega>1$의 범위에서 선택한다. SOR 방법도 식 (8.21b)의 수렴조건을 만족할 때까지 $\mathrm{C}(t)$를 업데이트하며 계산을 반복하여 해를 찾는다.

예제 8.1 반복법을 이용한 행렬방정식의 풀이

문제

다음의 행렬방정식을 Gauss-Seidel 방법 및 SOR 방법을 이용하여 풀이하시오.

$$\begin{bmatrix} 4 & -1 & -1 \\ -2 & 6 & 1 \\ -1 & 1 & 7 \end{bmatrix}\begin{bmatrix} x_1 \\ x_2 \\ x_3 \end{bmatrix}=\begin{bmatrix} 3 \\ 9 \\ -6 \end{bmatrix}$$

풀이

1) Gauss-Seidel 방법 풀이

$$\mathrm{L}=\begin{bmatrix} 4 & 0 & 0 \\ -2 & 6 & 0 \\ -1 & 1 & 7 \end{bmatrix} \quad \mathrm{U}=\begin{bmatrix} 0 & -1 & -1 \\ 0 & 0 & 1 \\ 0 & 0 & 0 \end{bmatrix} \quad \mathrm{b}=\begin{bmatrix} 3 \\ 9 \\ -6 \end{bmatrix} \quad \mathrm{x}=\begin{bmatrix} x_1 \\ x_2 \\ x_3 \end{bmatrix}$$

$$\mathrm{Lx}^{n+1}=\mathrm{b}^n-\mathrm{Ux}^n$$

① $n=0$: $\mathrm{x}^0=\begin{bmatrix} 1 \\ 1 \\ 1 \end{bmatrix}$ (초기조건)

② $n=1$: $\begin{bmatrix} 4 & 0 & 0 \\ -2 & 6 & 0 \\ -1 & 1 & 7 \end{bmatrix}\begin{bmatrix} x_1 \\ x_2 \\ x_3 \end{bmatrix}=\begin{bmatrix} 3 \\ 9 \\ -6 \end{bmatrix}-\begin{bmatrix} 0 & -1 & -1 \\ 0 & 0 & 1 \\ 0 & 0 & 0 \end{bmatrix}\begin{bmatrix} 1 \\ 1 \\ 1 \end{bmatrix}=\begin{bmatrix} 5 \\ 8 \\ -6 \end{bmatrix}$

$4x_1=5$

$-2x_1+6x_2=8$

$-x_1+x_2+7x_3=-6$

$\mathbf{x}^1=\begin{bmatrix} 1.25 \\ 1.75 \\ -0.929 \end{bmatrix}$

수렴 여부 확인: $|\mathbf{x}^0-\mathbf{x}^1|=\begin{bmatrix} 0.25 \\ 0.75 \\ 1.929 \end{bmatrix}$

③ $n=2$: $\begin{bmatrix} 4 & 0 & 0 \\ -2 & 6 & 0 \\ -1 & 1 & 7 \end{bmatrix}\begin{bmatrix} x_1 \\ x_2 \\ x_3 \end{bmatrix}=\begin{bmatrix} 3 \\ 9 \\ -6 \end{bmatrix}-\begin{bmatrix} 0 & -1 & -1 \\ 0 & 0 & 1 \\ 0 & 0 & 0 \end{bmatrix}\begin{bmatrix} 1.25 \\ 1.75 \\ -0.929 \end{bmatrix}=\begin{bmatrix} 3.821 \\ 9.929 \\ -6 \end{bmatrix}$

$4x_1=3.821$

$-2x_1+6x_2=9.929$

$-x_1+x_2+7x_3=-6$

$\mathbf{x}^2=\begin{bmatrix} 0.955 \\ 1.973 \\ -1.003 \end{bmatrix}$

수렴 여부 확인: $|\mathbf{x}^1-\mathbf{x}^2|=\begin{bmatrix} 0.295 \\ 0.223 \\ 0.074 \end{bmatrix}$

④ $n=3$: $\begin{bmatrix} 4 & 0 & 0 \\ -2 & 6 & 0 \\ -1 & 1 & 7 \end{bmatrix}\begin{bmatrix} x_1 \\ x_2 \\ x_3 \end{bmatrix}=\begin{bmatrix} 3 \\ 9 \\ -6 \end{bmatrix}-\begin{bmatrix} 0 & -1 & -1 \\ 0 & 0 & 1 \\ 0 & 0 & 0 \end{bmatrix}\begin{bmatrix} 0.955 \\ 1.973 \\ -1.002 \end{bmatrix}=\begin{bmatrix} 3.971 \\ 10.003 \\ -6 \end{bmatrix}$

$4x_1=3.971$

$-2x_1+6x_2=10.003$

$-x_1+x_2+7x_3=-6$

$\mathbf{x}^3=\begin{bmatrix} 0.993 \\ 1.998 \\ -1.001 \end{bmatrix}$

수렴 여부 확인: $|\mathbf{x}^2-\mathbf{x}^3|=\begin{bmatrix} 0.037 \\ 0.025 \\ 0.018 \end{bmatrix}$

⑤ $n=4$: $\begin{bmatrix} 4 & 0 & 0 \\ -2 & 6 & 0 \\ -1 & 1 & 7 \end{bmatrix}\begin{bmatrix} x_1 \\ x_2 \\ x_3 \end{bmatrix}=\begin{bmatrix} 3 \\ 9 \\ -6 \end{bmatrix}-\begin{bmatrix} 0 & -1 & -1 \\ 0 & 0 & 1 \\ 0 & 0 & 0 \end{bmatrix}\begin{bmatrix} 0.993 \\ 1.998 \\ -1.001 \end{bmatrix}=\begin{bmatrix} 3.997 \\ 10.001 \\ -6 \end{bmatrix}$

$4x_1=3.997$

$-2x_1+6x_2=10.001$

$-x_1+x_2+7x_3=-6$

$\mathbf{x}^4=\begin{bmatrix} 0.999 \\ 2.000 \\ -1.000 \end{bmatrix}$

수렴 여부 확인: $|\mathbf{x}^3-\mathbf{x}^4|=\begin{bmatrix} 0.007 \\ 0.002 \\ 0.001 \end{bmatrix}$

⑥ $n=5$: $\begin{bmatrix} 4 & 0 & 0 \\ -2 & 6 & 0 \\ -1 & 1 & 7 \end{bmatrix}\begin{bmatrix} x_1 \\ x_2 \\ x_3 \end{bmatrix}=\begin{bmatrix} 3 \\ 9 \\ -6 \end{bmatrix}-\begin{bmatrix} 0 & -1 & -1 \\ 0 & 0 & 1 \\ 0 & 0 & 0 \end{bmatrix}\begin{bmatrix} 0.999 \\ 2.000 \\ -1.000 \end{bmatrix}=\begin{bmatrix} 4.000 \\ 10.000 \\ -6 \end{bmatrix}$

$4x_1=4.000$

$-2x_1+6x_2=10.000$

$-x_1+x_2+7x_3=-6$

$\mathbf{x}^5=\begin{bmatrix} 1.0 \\ 2.0 \\ -1.0 \end{bmatrix}$

$\therefore\ \mathbf{x}=\begin{bmatrix} 1.0 \\ 2.0 \\ -1.0 \end{bmatrix}$

2) SOR 방법 풀이

$$\mathrm{L}=\begin{bmatrix} 0 & 0 & 0 \\ -2 & 0 & 0 \\ -1 & 1 & 0 \end{bmatrix}\quad \mathrm{D}=\begin{bmatrix} 4 & 0 & 0 \\ 0 & 6 & 0 \\ 0 & 0 & 7 \end{bmatrix}\quad \mathrm{U}=\begin{bmatrix} 0 & -1 & -1 \\ 0 & 0 & 1 \\ 0 & 0 & 0 \end{bmatrix}$$

$$\mathrm{b}=\begin{bmatrix} 3 \\ 9 \\ -6 \end{bmatrix}\quad \mathbf{x}=\begin{bmatrix} x_1 \\ x_2 \\ x_3 \end{bmatrix}$$

$$\mathbf{x}^{n+1}=(\mathrm{D}+\omega\mathrm{L})^{-1}[(1-\omega)\mathrm{D}-\omega\mathrm{U}]\mathbf{x}^n+(\mathrm{D}+\omega\mathrm{L})^{-1}\omega\boldsymbol{b}$$

$$\omega=1.1$$

① $n=0$: $\mathbf{x}^0=\begin{bmatrix} 1 \\ 1 \\ 1 \end{bmatrix}$ (초기조건)

② $n=1$: $\begin{bmatrix} 4 & 0 & 0 \\ -2\omega & 6 & 0 \\ -\omega & \omega & 7 \end{bmatrix}\begin{bmatrix} x_1 \\ x_2 \\ x_3 \end{bmatrix} = \begin{bmatrix} (1-\omega)4 & \omega & \omega \\ 0 & (1-\omega)6 & -\omega \\ 0 & 0 & (1-\omega)7 \end{bmatrix}\begin{bmatrix} 1 \\ 1 \\ 1 \end{bmatrix} + \begin{bmatrix} 3\omega \\ 9\omega \\ -6\omega \end{bmatrix}$

$$\begin{bmatrix} 4 & 0 & 0 \\ -2.2 & 6 & 0 \\ -1.1 & 1.1 & 7 \end{bmatrix}\begin{bmatrix} x_1 \\ x_2 \\ x_3 \end{bmatrix} = \begin{bmatrix} -0.4 & 1.1 & 1.1 \\ 0 & -0.6 & -1.1 \\ 0 & 0 & -0.7 \end{bmatrix}\begin{bmatrix} 1 \\ 1 \\ 1 \end{bmatrix} + \begin{bmatrix} 3.3 \\ 9.9 \\ -6.6 \end{bmatrix} = \begin{bmatrix} 5.1 \\ 8.2 \\ -7.3 \end{bmatrix}$$

$4x_1 = 5.1$

$-2.2x_1 + 6x_2 = 8.2$

$-1.1x_1 + 1.1x_2 + 7x_3 = -7.3$

$\mathbf{x}^1 = \begin{bmatrix} 1.275 \\ 1.834 \\ -1.131 \end{bmatrix}$

수렴 여부 확인: $|\mathbf{x}^0 - \mathbf{x}^1| = \begin{bmatrix} 0.275 \\ 0.834 \\ 2.131 \end{bmatrix}$

③ $n=2$: $\begin{bmatrix} 4 & 0 & 0 \\ -2.2 & 6 & 0 \\ -1.1 & 1.1 & 7 \end{bmatrix}\begin{bmatrix} x_1 \\ x_2 \\ x_3 \end{bmatrix} = \begin{bmatrix} -0.4 & 1.1 & 1.1 \\ 0 & -0.6 & -1.1 \\ 0 & 0 & -0.7 \end{bmatrix}\begin{bmatrix} 1.275 \\ 1.834 \\ -1.131 \end{bmatrix} + \begin{bmatrix} 3.3 \\ 9.9 \\ -6.6 \end{bmatrix} = \begin{bmatrix} 3.564 \\ 10.043 \\ -5.808 \end{bmatrix}$

$4x_1 = 3.564$

$-2.2x_1 + 6x_2 = 10.043$

$-1.1x_1 + 1.1x_2 + 7x_3 = -5.808$

$\mathbf{x}^2 = \begin{bmatrix} 0.891 \\ 2.001 \\ -1.004 \end{bmatrix}$

수렴 여부 확인: $|\mathbf{x}^1 - \mathbf{x}^2| = \begin{bmatrix} 0.384 \\ 0.166 \\ 0.127 \end{bmatrix}$

④ $n=3$: $\begin{bmatrix} 4 & 0 & 0 \\ -2.2 & 6 & 0 \\ -1.1 & 1.1 & 7 \end{bmatrix}\begin{bmatrix} x_1 \\ x_2 \\ x_3 \end{bmatrix} = \begin{bmatrix} -0.4 & 1.1 & 1.1 \\ 0 & -0.6 & -1.1 \\ 0 & 0 & -0.7 \end{bmatrix}\begin{bmatrix} 0.891 \\ 2.001 \\ -1.004 \end{bmatrix} + \begin{bmatrix} 3.3 \\ 9.9 \\ -6.6 \end{bmatrix} = \begin{bmatrix} 4.040 \\ 9.804 \\ -5.897 \end{bmatrix}$

$4x_1 = 4.040$

$-2.2x_1 + 6x_2 = 9.804$

$-1.1x_1 + 1.1x_2 + 7x_3 = -5.897$

$\mathbf{x}^3 = \begin{bmatrix} 1.010 \\ 2.004 \\ -0.999 \end{bmatrix}$

수렴 여부 확인: $|\mathbf{x}^2-\mathbf{x}^3|=\begin{bmatrix}0.119\\0.004\\0.005\end{bmatrix}$

⑤ $n=4$: $\begin{bmatrix}4 & 0 & 0\\-2.2 & 6 & 0\\-1.1 & 1.1 & 7\end{bmatrix}\begin{bmatrix}x_1\\x_2\\x_3\end{bmatrix}=\begin{bmatrix}-0.4 & 1.1 & 1.1\\0 & -0.6 & -1.1\\0 & 0 & -0.7\end{bmatrix}\begin{bmatrix}1.010\\2.004\\-0.999\end{bmatrix}+\begin{bmatrix}3.3\\9.9\\-6.6\end{bmatrix}=\begin{bmatrix}4.002\\9.796\\-5.901\end{bmatrix}$

$4x_1=4.002$

$-2.2x_1+6x_2=9.769$

$-1.1x_1+1.1x_2+7x_3=-5.901$

$\mathbf{x}^4=\begin{bmatrix}1.001\\2.000\\-1.000\end{bmatrix}$

수렴 여부 확인: $|\mathbf{x}^3-\mathbf{x}^4|=\begin{bmatrix}0.001\\0.000\\0.000\end{bmatrix}$

$\therefore\ \mathbf{x}=\begin{bmatrix}1.0\\2.0\\-1.0\end{bmatrix}$ (SOR method의 수렴 속도가 좀 더 빠름)

---

2) 1차원 저장대모형 수치해석

독일 라인강의 수질사고경보시스템에 사용되고 있는 Rhine Alarm Model은 복잡한 하천 지형 및 흐름 변화에 의한 오염물질의 농도 변화를 반영하기 위해 저장대모형을 채택하고 있다. 1차원 저장대모형(식 8.4)은 유한차분법을 이용하여 해석할 수 있다. 이때 등류를 가정하여 시간 미분항에 대해 양해법, 공간 미분항에 대해 중앙차분법을 적용하면, 지배방정식은 다음 식과 같이 이산화된다.

$$\frac{C_i^{n+1}-C_i^n}{\Delta t}+U\frac{C_{i+1}^n-C_{i-1}^n}{2\Delta x}=K\frac{C_{i+1}^n-2C_i^n+C_{i-1}^n}{\Delta x^2}+\frac{A_s}{T}((C_d)_i^{n+1}-C_i^{n+1}) \tag{8.23a}$$

$$\frac{(C_d)_i^{n+1}-(C_d)_i^n}{\Delta t}=\frac{1}{T}(C_i^{n+1}-(C_d)_i^{n+1}) \tag{8.23b}$$

식 (8.23b)로부터 다음 식과 같이 $(C_d)_i^{n+1}$에 대해 정의할 수 있다.

$$(C_d)_i^{n+1}=\frac{T}{T+\Delta t}(C_d)_i^n+\frac{\Delta t}{T+\Delta t}C_i^{n+1} \tag{8.24}$$

Δt 이후의 농도, C_i^{n+1}의 계산을 위해 식 (8.24)를 식 (8.23a)에 대입하면 다음과 같다.

$$C_i^{n+1}=\left(\frac{T+\Delta t}{T+(1+A_s)\Delta t}\right)\left(\frac{\Delta tU}{2\Delta x}+\frac{\Delta tK}{\Delta x^2}\right)C_{i-1}^n+\left(\frac{T+\Delta t}{T+(1+A_s)\Delta t}\right)\left(1-2\frac{\Delta tK}{\Delta x^2}\right)C_i^n$$
$$+\left(\frac{T+\Delta t}{T+(1+A_s)\Delta t}\right)\left(\frac{\Delta tK}{\Delta x^2}-\frac{\Delta tU}{2\Delta x}\right)C_{i+1}^n+\left(\frac{A_s\Delta t}{T+(1+A_s)\Delta t}\right)(C_d)_i^n \tag{8.25}$$

식 (8.25)를 통해 C_i^{n+1}을 계산할 수 있으며, 계산된 결과를 식 (8.24)에 대입하면, 저장대와 본류대의 농도를 계산할 수 있다.

이산화된 1차원 저장대모형의 해석을 위해서는 초기조건과 경계조건의 결정이 필요하다. Rhine Alarm Model에서는 상류 경계조건을 Dirichlet 경계조건으로 한다. 순간주입된 오염물질의 해석을 위한 초기조건과 상류 경계조건은 다음과 같이 정할 수 있다.

$$C_{i=1}^{n=1}=C_0 \tag{8.26}$$

$$C_{i>1}^{n=1}=0 \tag{8.27}$$

위 경계조건에 따라 $t=0$초일 때($n=1$), $x=0$ m($i=1$, 오염물질 유입 지점)에서 초기 농도가 C_0의 값을 나타내고, $x>0$ m에서 $C=0$ mg/L의 값을 갖는 조건이다. 중앙차분법에 따라 공간 미분항을 이산화하는 경우 하류 경계조건에 대한 결정이 필요하다. 따라서 하류 경계조건을 Neumann 경계조건으로 다음과 같이 정할 수 있다.

$$\frac{\partial C}{\partial x}=\frac{C_i^n-C_{i-1}^n}{\Delta x}=0 \tag{8.28}$$

이 경우, i는 모의영역의 마지막 절점(node)이고, $C_i^n=C_{i-1}^n$으로 결정된다.

다음 결과는 저장대모형을 이용하여 계산한 농도-시간 곡선이다. 그림 8.9(a)는 저장대와 본류대 면적비(A_s)가 0.1, 저장대 내 체류시간(T)이 1초인 조건의 모의결과이다. 그림 8.9(b)에서는 A_s를 0.5로 증가시킨 조건으로서 저장대 면적이 본류대의 50% 규모인 조건이다. 저장대 면적이 증가함에 따라 본류대의 농도가 감소하고 저장대에서 정체 후 유출된 오염물질로 인해 오염물질이 더 긴 시간 본류대에 머물러 있는 결과를 보여준다. 그림 8.9(c)는 저장대 내 체류시간, T를 5초로 증가시킨 조건이다. 이는 저장대로 유입된 오염물질이 더 긴 시간 저장대에 정체하는 조건이다. 오염물질이 저장대에 오래 머물러 있게 됨에 따라 본류대로 유출되는 오염물질이 지체되어 나타난다. 따라서 그림 8.9(a)보다 빠르게 오염운이 통과하는 결과를 나타낸다.

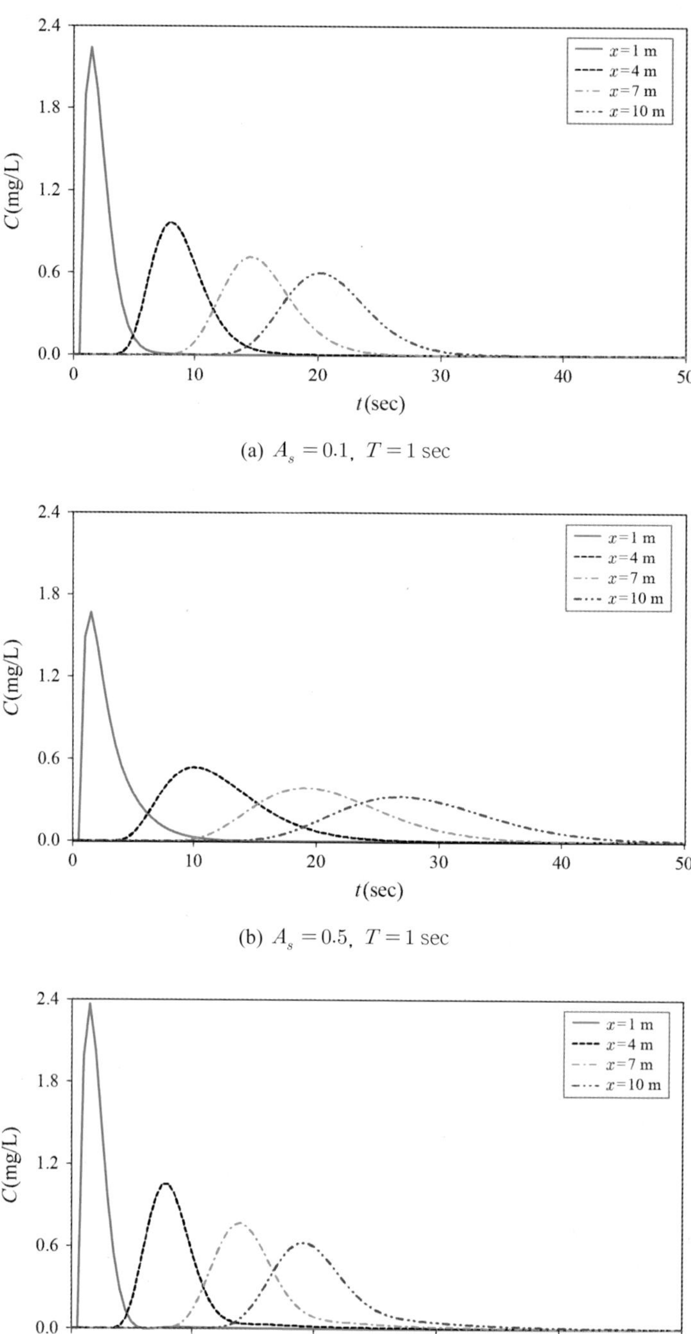

(a) $A_s = 0.1$, $T = 1$ sec

(b) $A_s = 0.5$, $T = 1$ sec

(c) $A_s = 0.1$, $T = 5$ sec

그림 8.9 1차원 저장대모형을 이용한 농도-시간 곡선

예제 8.2 1차원 저장대모형을 이용한 농도-시간 곡선 계산

문제

다음 조건에 따라 식 (8.4)의 1차원 저장대모형을 이용하여 농도-시간 곡선을 계산하시오.

- 모의 범위: $0\,\mathrm{m} \le x \le 10\,\mathrm{m}$, $0\,\mathrm{sec} \le t \le 50\,\mathrm{sec}$
- 수치해석 기법: 시간미분항-양해법, 공간미분항-중앙차분법
- 오염물질 주입: $x=0\,\mathrm{m}$에서 $C_0 = 10\,\mathrm{ppm}$의 오염물질이 순간주입
- 모의 조건

U (m/s)	K (m^2/s)	Δt (초)	Δx (m)	ϵ	T (초)
0.5	0.1	0.5	0.5	0.1	5

(1) $x=1$ m, 4 m, 7 m에서 농도-시간 곡선을 그리시오.

풀이

식 (8.4)의 저장대모형은 다음과 같다.

$$\frac{\partial C}{\partial t} + U\frac{\partial C}{\partial x} = K\frac{\partial^2 C}{\partial x^2} + \frac{A_s}{T}(C_d - C)$$

$$\frac{\partial C_d}{\partial t} = \frac{1}{T}(C - C_d)$$

식 (8.42)와 (8.43)에 따라 다음의 저장대모형을 이산화할 수 있다.

$$\begin{aligned} C_i^{n+1} &= \left(\frac{T+\Delta t}{T+(1+A_s)\Delta t}\right)\left(\frac{\Delta t U}{2\Delta x} + \frac{\Delta t K}{\Delta x^2}\right)C_{i-1}^n + \left(\frac{T+\Delta t}{T+(1+A_s)\Delta t}\right)\left(1-2\frac{\Delta t K}{\Delta x^2}\right)C_i^n \\ &\quad + \left(\frac{T+\Delta t}{T+(1+A_s)\Delta t}\right)\left(\frac{\Delta t K}{\Delta x^2} - \frac{\Delta t U}{2\Delta x}\right)C_{i+1}^n + \left(\frac{A_s \Delta t}{T+(1+A_s)\Delta t}\right)(C_d)_i^n \\ &= 0.355C_{i-1}^n + 0.474C_i^n - 0.039C_{i+1}^n + 0.211(C_d)_i^n \end{aligned}$$

$$(C_d)_i^{n+1} = \frac{T}{T+\Delta t}(C_d)_i^n + \frac{\Delta t}{T+\Delta t}C_i^{n+1} = 0.667(C_d)_i^n + 0.333C_i^{n+1}$$

주어진 매개변수와 초기조건, 경계조건에 따라 다음과 같이 시간과 거리 변화에 따른 농도를 계산할 수 있다.

t (초)	x(m)																				
	0	0.5	1	1.5	2	2.5	3	3.5	4	4.5	5	5.5	6	6.5	7	7.5	8	8.5	9	9.5	10
0	10	0.00	0.00	0.00	0.00	0.00	0.00	0.00	0.00	0.00	0.00	0.00	0.00	0.00	0.00	0.00	0.00	0.00	0.00	0.00	0.00
0.5	0	4.35	0.00	0.00	0.00	0.00	0.00	0.00	0.00	0.00	0.00	0.00	0.00	0.00	0.00	0.00	0.00	0.00	0.00	0.00	0.00
1	0	2.58	1.90	0.00	0.00	0.00	0.00	0.00	0.00	0.00	0.00	0.00	0.00	0.00	0.00	0.00	0.00	0.00	0.00	0.00	0.00
1.5	0	1.46	2.24	0.83	0.00	0.00	0.00	0.00	0.00	0.00	0.00	0.00	0.00	0.00	0.00	0.00	0.00	0.00	0.00	0.00	0.00
2	0	0.80	1.94	1.47	0.36	0.00	0.00	0.00	0.00	0.00	0.00	0.00	0.00	0.00	0.00	0.00	0.00	0.00	0.00	0.00	0.00
2.5	0	0.41	1.45	1.70	0.85	0.16	0.00	0.00	0.00	0.00	0.00	0.00	0.00	0.00	0.00	0.00	0.00	0.00	0.00	0.00	0.00
3	0	0.20	0.98	1.61	1.24	0.46	0.07	0.00	0.00	0.00	0.00	0.00	0.00	0.00	0.00	0.00	0.00	0.00	0.00	0.00	0.00
3.5	0	0.10	0.62	1.34	1.42	0.81	0.24	0.03	0.00	0.00	0.00	0.00	0.00	0.00	0.00	0.00	0.00	0.00	0.00	0.00	0.00
4	0	0.04	0.37	1.02	1.40	1.09	0.50	0.12	0.01	0.00	0.00	0.00	0.00	0.00	0.00	0.00	0.00	0.00	0.00	0.00	0.00
4.5	0	0.02	0.21	0.73	1.24	1.24	0.76	0.29	0.06	0.01	0.00	0.00	0.00	0.00	0.00	0.00	0.00	0.00	0.00	0.00	0.00
5	0	0.01	0.12	0.49	1.01	1.25	0.98	0.50	0.16	0.03	0.00	0.00	0.00	0.00	0.00	0.00	0.00	0.00	0.00	0.00	0.00
5.5	0	0.01	0.06	0.31	0.78	1.15	1.11	0.72	0.31	0.09	0.01	0.00	0.00	0.00	0.00	0.00	0.00	0.00	0.00	0.00	0.00
6	0	0.00	0.03	0.19	0.56	0.98	1.13	0.90	0.49	0.19	0.05	0.01	0.00	0.00	0.00	0.00	0.00	0.00	0.00	0.00	0.00
6.5	0	0.00	0.02	0.12	0.39	0.79	1.07	1.01	0.68	0.33	0.11	0.02	0.00	0.00	0.00	0.00	0.00	0.00	0.00	0.00	0.00
7	0	0.00	0.01	0.07	0.26	0.61	0.95	1.04	0.83	0.48	0.21	0.06	0.01	0.00	0.00	0.00	0.00	0.00	0.00	0.00	0.00
7.5	0	0.00	0.01	0.04	0.17	0.45	0.80	1.01	0.93	0.64	0.33	0.13	0.03	0.01	0.00	0.00	0.00	0.00	0.00	0.00	0.00
8	0	0.00	0.01	0.03	0.11	0.32	0.64	0.92	0.97	0.77	0.47	0.22	0.07	0.02	0.00	0.00	0.00	0.00	0.00	0.00	0.00
8.5	0	0.00	0.00	0.02	0.07	0.22	0.49	0.79	0.95	0.87	0.61	0.33	0.14	0.04	0.01	0.00	0.00	0.00	0.00	0.00	0.00
9	0	0.00	0.00	0.01	0.05	0.15	0.37	0.66	0.88	0.91	0.73	0.46	0.22	0.09	0.02	0.01	0.00	0.00	0.00	0.00	0.00
9.5	0	0.00	0.00	0.01	0.03	0.10	0.26	0.52	0.78	0.90	0.81	0.58	0.33	0.15	0.05	0.01	0.00	0.00	0.00	0.00	0.00
10	0	0.00	0.00	0.01	0.02	0.07	0.19	0.40	0.66	0.85	0.85	0.69	0.44	0.23	0.09	0.03	0.01	0.00	0.00	0.00	0.00
	⋮																				
49.5	0	0.00	0.00	0.00	0.00	0.00	0.00	0.00	0.00	0.00	0.00	0.00	0.00	0.00	0.00	0.00	0.00	0.00	0.00	0.00	0.00
50	0	0.00	0.00	0.00	0.00	0.00	0.00	0.00	0.00	0.00	0.00	0.00	0.00	0.00	0.00	0.00	0.00	0.00	0.00	0.00	0.00

위 결과에 따라 농도-시간 곡선을 그리면 다음 그림과 같다.

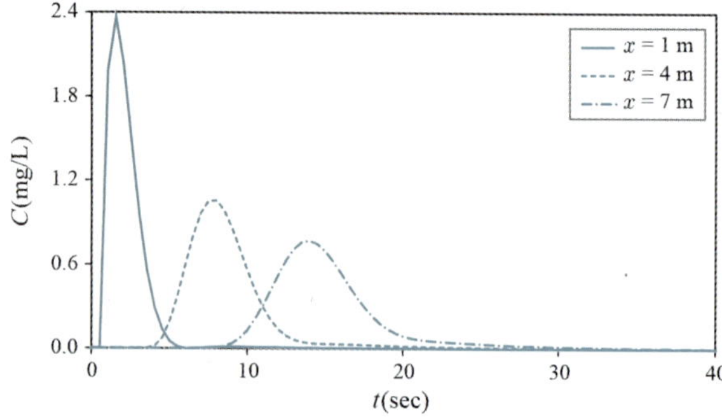

(2) 시간 미분항에 대해 양해법을 적용할 때 주어진 Δt 조건에 대해 수치해의 안정성을 판단하시오.

풀이

식 (8.17)에 따라 양해법에 대한 안정적 수치해는 다음 조건에 따라 얻을 수 있다.

$$\Delta t < \frac{\Delta x^2}{2K}$$

따라서 주어진 조건에 따라 $\Delta t < \frac{\Delta x^2}{2K} = \frac{0.5^2}{2 \times 0.1} = 1.25$초

문제에서 제시한 Δt가 0.5초이므로 안정적 수치해를 얻을 수 있다.

(3) $A_s = 0.6$으로 변경했을 때 x = 1 m, 4 m, 7 m에서 농도-시간 곡선을 그려보고 문제 (1)의 결과와 비교하시오.

풀이

문제 (1)과 같은 방법으로 계산하여 농도-시간 곡선을 그리면 다음 그림과 같다.

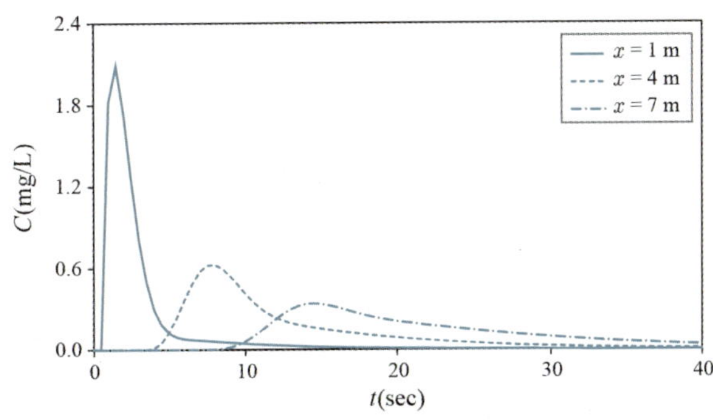

문제 (1)의 결과와 비교하면, A_s의 증가에 따라 본류대의 농도 최댓값이 다음과 같이 감소했다. 따라서 저장대 면적 증가에 따라 본류대에서 저장대로 유입되는 농도가 증가하여 본류대의 농도 최대값이 감소했다. 또한 ϵ이 증가할 때 저장대에 정체된 오염물질이 천천히 본류대로 유입됨에 따라 오염농도가 상대적으로 긴 시간 정체되는 결과를 나타냈다.

A_s	C_p (mg/L)		
	x = 1 m	x = 4 m	x = 7 m
0.1	2.243	0.969	0.715
0.6	1.672	0.538	0.390

3. 2차원 하천혼합 모델링

1) 오일러리안 해석기법에 의한 2차원 혼합 수치해석

하천혼합의 중요한 부분을 차지하는 2차원 혼합과정은 오일러리안 해석기법을 적용하여 해석할 수 있으며, 다음과 같은 단계로 구성된다.

- 지배방정식의 정의
- 모의영역 및 좌표계의 설정
- 지배방정식의 이산화
- 초기조건 및 경계조건의 결정
- 프로그램 언어를 이용한 알고리즘 작성

유한차분법을 이용한 2차원 이송-분산 방정식의 이산화를 위해서는 모의영역에 대한 좌표계 정의 및 격자 구성이 필요하다. 그림 8.10과 같이 임의의 시간 $t=n$에 대해 x방향과 y방향에 대한 격자의 좌표를 (i, j)로 표현할 때 특정 시간과 공간에 대한 농도는 C_{ij}^{n}과 같이 나타낼 수 있다. 이와 같은 방법으로 표현하면 x방향으로 Δx만큼 이동하는 경우는 C_{i+1j}^{n}, y방향으로 Δy만큼 이동하는 경우 C_{ij+1}^{n}로 나타낼 수 있다. 그리고 시간이 Δt만큼 흐르면 (i, j)의 농도는 C_{ij}^{n+1}로 표현할 수 있다.

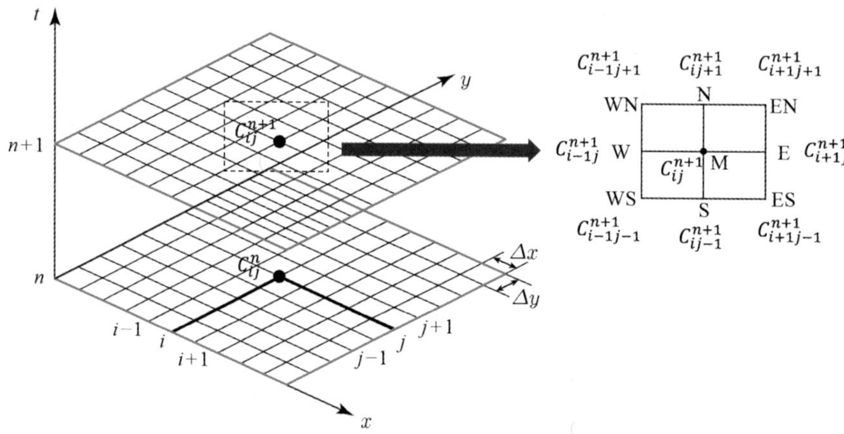

그림 8.10 유한차분법을 이용한 2차원 이송-분산 방정식의 이산화를 위한 격자 구성

유한차분법 적용을 위한 2차원 이송-분산 방정식은 Cartesian 좌표계에서 다음과 같이 정의한다.

$$\frac{\partial C}{\partial t}+\frac{\partial(\bar{u}C)}{\partial x}+\frac{\partial(\bar{v}C)}{\partial y}=\frac{\partial}{\partial x}\left[D_{xx}\frac{\partial C}{\partial x}+D_{xy}\frac{\partial C}{\partial y}\right]+\frac{\partial}{\partial y}\left[D_{yx}\frac{\partial C}{\partial x}+D_{yy}\frac{\partial C}{\partial y}\right] \tag{8.29}$$

위 식에서 텐서형의 분산계수 결정을 위해 Alavian(1986)의 좌표변환 방법을 적용하여 다음 식과 같이 종 분산계수(D_L)와 횡 분산계수(D_T)를 이용하여 계산할 수 있다.

$$D_{xx}=D_L\frac{\bar{u}^2}{\bar{u}^2+\bar{v}^2}+D_T\frac{\bar{v}^2}{\bar{u}^2+\bar{v}^2} \tag{8.30a}$$

$$D_{xx} = (D_L - D_T)\frac{\bar{u}\bar{v}}{\bar{u}^2 + \bar{v}^2} \tag{8.30b}$$

$$D_{yy} = D_T \frac{\bar{u}^2}{\bar{u}^2 + \bar{v}^2} + D_L \frac{\bar{v}^2}{\bar{u}^2 + \bar{v}^2} \tag{8.30c}$$

(1) 지배방정식의 이산화

2차원 이송-분산 방정식의 시간 미분항을 전진차분법을 이용하여 이산화하는 경우 다음 식과 같이 표현된다.

$$\frac{\partial C}{\partial t} = \frac{C_{ij}^{n+1} - C_{ij}^{n}}{\Delta t} \tag{8.31}$$

공간에 대한 1차 및 2차 미분항을 중앙차분법으로 이산화하면 다음과 같다.

$$\frac{\partial(\bar{u}C)}{\partial x} = \frac{(\bar{u}C)_{i+1j}^{n+1} - (\bar{u}C)_{i-1j}^{n+1}}{2\Delta x} \tag{8.32a}$$

$$\frac{\partial(\bar{v}C)}{\partial y} = \frac{(\bar{v}C)_{ij+1}^{n+1} - (\bar{v}C)_{ij-1}^{n+1}}{2\Delta y} \tag{8.32b}$$

$$\begin{aligned} \frac{\partial}{\partial x}\left(D_{xx}\frac{\partial C}{\partial x}\right) &= \frac{\partial D_{xx}}{\partial x}\frac{\partial C}{\partial x} + D_{xx}\frac{\partial^2 C}{\partial x^2} \\ &= \left[\frac{(D_{xx})_{i+1j} - (D_{xx})_{i-1j}}{2\Delta x}\right]\left[\frac{C_{i+1j}^{n+1} - C_{i-1j}^{n+1}}{2\Delta x}\right] + D_{xx}\left[\frac{C_{i+1j}^{n+1} - 2C_{ij}^{n+1} + C_{i-1j}^{n+1}}{\Delta x^2}\right] \end{aligned} \tag{8.33a}$$

$$\begin{aligned} \frac{\partial}{\partial y}\left(D_{yy}\frac{\partial C}{\partial y}\right) &= \frac{\partial D_{yy}}{\partial y}\frac{\partial C}{\partial y} + D_{yy}\frac{\partial^2 C}{\partial y^2} \\ &= \left[\frac{(D_{yy})_{ij+1} - (D_{yy})_{ij-1}}{2\Delta y}\right]\left[\frac{C_{ij+1}^{n+1} - C_{ij-1}^{n+1}}{2\Delta y}\right] + D_{yy}\left[\frac{C_{ij+1}^{n+1} - 2C_{ij}^{n+1} + C_{ij-1}^{n+1}}{\Delta y^2}\right] \end{aligned} \tag{8.33b}$$

$$\begin{aligned} \frac{\partial^2 C}{\partial x \partial y} &= \frac{(\partial C/\partial y)_{i+1j} - (\partial C/\partial y)_{i-1j}}{2\Delta x} \\ &= \frac{C_{i+1j+1}^{n+1} - C_{i+1j-1}^{n+1}}{4\Delta x \Delta y} - \frac{C_{i-1j+1}^{n+1} - C_{i-1j-1}^{n+1}}{4\Delta x \Delta y} \end{aligned} \tag{8.33c}$$

위 식을 결합하면 다음과 같은 행렬방정식을 구성할 수 있다.

$$\begin{aligned} & WC_{i-1j}^{n+1} + MC_{ij}^{n+1} + EC_{i+1j}^{n+1} \\ & + SC_{ij-1}^{n+1} + WSC_{i-1j-1}^{n+1} + ESC_{i+1j-1}^{n+1} \\ & + NC_{ij+1}^{n+1} + WNC_{i-1j+1}^{n+1} + ENC_{i+1j+1}^{n+1} = C_{ij}^{n} \end{aligned} \tag{8.34}$$

그림 8.10에서 정의한 좌표계에 따라 행렬방정식의 계수를 다음과 같이 정의할 수 있다.

$$W = -\frac{D_L \Delta t}{\Delta x^2} - \frac{\overline{u}_{i-1j} \Delta t}{2\Delta x} \tag{8.35a}$$

$$M = 1 + 2\frac{D_L \Delta t}{\Delta x^2} + 2\frac{D_T \Delta t}{\Delta y^2} \tag{8.35b}$$

$$E = -\frac{D_L \Delta t}{\Delta x^2} + \frac{\overline{u}_{i+1j} \Delta t}{2\Delta x} \tag{8.35c}$$

$$N = -\frac{D_T \Delta t}{\Delta y^2} \tag{8.35d}$$

$$S = -\frac{D_T \Delta t}{\Delta y^2} \tag{8.35e}$$

식 (8.35)를 이용하여 식 (8.34)의 행렬방정식을 구성할 수 있으며, 시간 미분항을 음해법으로 계산하기 위해 SOR 방법을 적용할 수 있다. 위 예시에 대한 FORTRAN 프로그램 코드는 부록 8.1에 수록하였다.

(2) 경계조건의 설정

식 (8.34)의 행렬방정식 풀이를 위해서는 초기조건과 경계조건의 설정이 필요하다. 수질오염사고는 대부분 오염되지 않은 하천에 오염물질이 유입되어 발생되는 것이므로 $t=0$일 때 $C(x,y,t=0)=0$으로 초기조건을 결정할 수 있다. 이 외에도 모의영역의 벽면, 상류 경계, 하류 경계에 대한 경계조건의 결정이 필요하다. 경계조건의 유형은 Dirichlet 경계조건, Neumann 경계조건과 두 경계조건 유형을 결합한 Mixed 경계조건으로 구분할 수 있다. Dirichlet 경계조건은 모의영역의 경계면에서 다음 식과 같이 일정한 값을 부여하는 조건이다.

$$C(0,y,t) = C(x,0,t) = C_0 \tag{8.36}$$

Neumann 경계조건은 다음 예시와 같이 모의영역의 경계면에서 농도경사를 부여하는 조건이다.

$$\left.\frac{\partial C}{\partial x}\right|_{x=0} = \left.\frac{\partial C}{\partial y}\right|_{y=0} = a \tag{8.37}$$

(3) 프로그램 작성

지배방정식의 이산화, 초기조건 및 경계조건을 모두 정의한 후 모의영역과 계산격자에 대해 계산이 가능하도록 프로그램을 작성한다. 일반적으로 2차원 이송-분산 방정식은 2차원 천수방정식과 연계하여 프로그램을 구성하도록 한다. 2차원 천수방정식의 해석결과가 2차원 이송-분산 방정식의 이송항을 결정하여 계산을 수행할 수 있다. 부록 8.1의 2차원 이송-분산 방정식 해석 코드 예시에서는 일정한 수심과 가상의 유속분포를 가정하여 작성되었다. 프로그램 작성 시 계산결과에 대한 출력문 작성 방법을 고려할 필요가 있다. 부록 8.1의 예시 코드에서는 TECPLOT 프로그램의 입력문 형식으로 계산결과를 출력하도록 작성되어 있다.

(4) 프로그램의 실행

예시 프로그램을 이용하여 2차원 혼합 시뮬레이션을 수행한다. 2차원 혼합 시뮬레이션을 위해 문제의 정의가 필요하다. 다음 내용은 2차원 혼합 시뮬레이션을 위한 프로그램 실행 예시를 보여준다.

① 구형수로에서 포물선형 유속분포에 의한 혼합

예시 프로그램을 이용하여 2차원 혼합 시뮬레이션을 수행한다. 2차원 혼합 시뮬레이션을 위해 문제의 정의가 필요하다. 먼저 본 예시에서 사용한 개수로에서 유속의 공간적 분포는 그림 8.11과 같다. 그림에서 나타낸 바와 같이 벽면에서 흐름방향 유속이 없는 no-slip 조건과 이에 따른 포물선형 분포를 갖는 유속분포를 적용했다. 그리고 $y = 0$ m, $y = 4$ m에 위치한 벽면 경계와 하류 경계에서는 Neumann 경계조건$\left(\frac{\partial C}{\partial x}=0,\ \frac{\partial C}{\partial y}=0\right)$을 적용했다. 그리고 상류 경계조건으로 일정한 농도가 주입되는 Dirichlet 경계조건[$C(0, y)= a(y)$]을 적용했다. 시뮬레이션을 위한 격자크기는 $\Delta x = 0.1$ m, $\Delta y = 0.05$ m, 계산시간 간격은 $\Delta t = 0.01$초로 시뮬레이션을 수행했다.

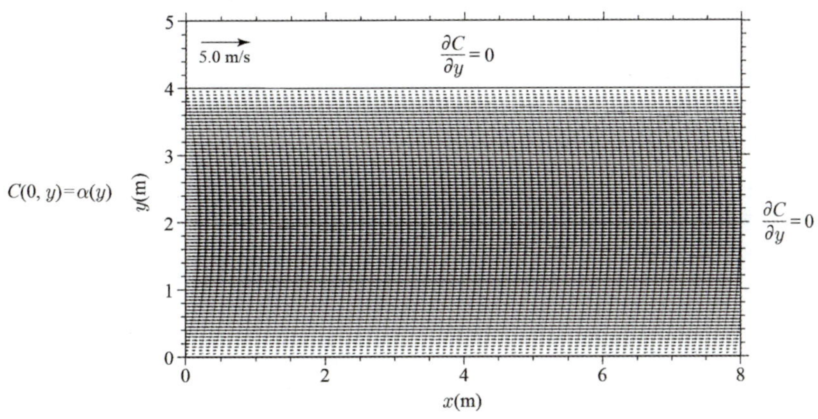

그림 8.11 2차원 혼합 시뮬레이션을 위한 포물선형 유속분포

그림 8.12는 오염물질이 $y=2$ m 지점에서 점원으로 유입되는 상황을 모의한 예시이며, 그림 8.13은 오염물질이 $1\text{ m} \le y \le 3\text{ m}$ 범위에 선원으로 유입되는 상황을 모의한 예시이다.

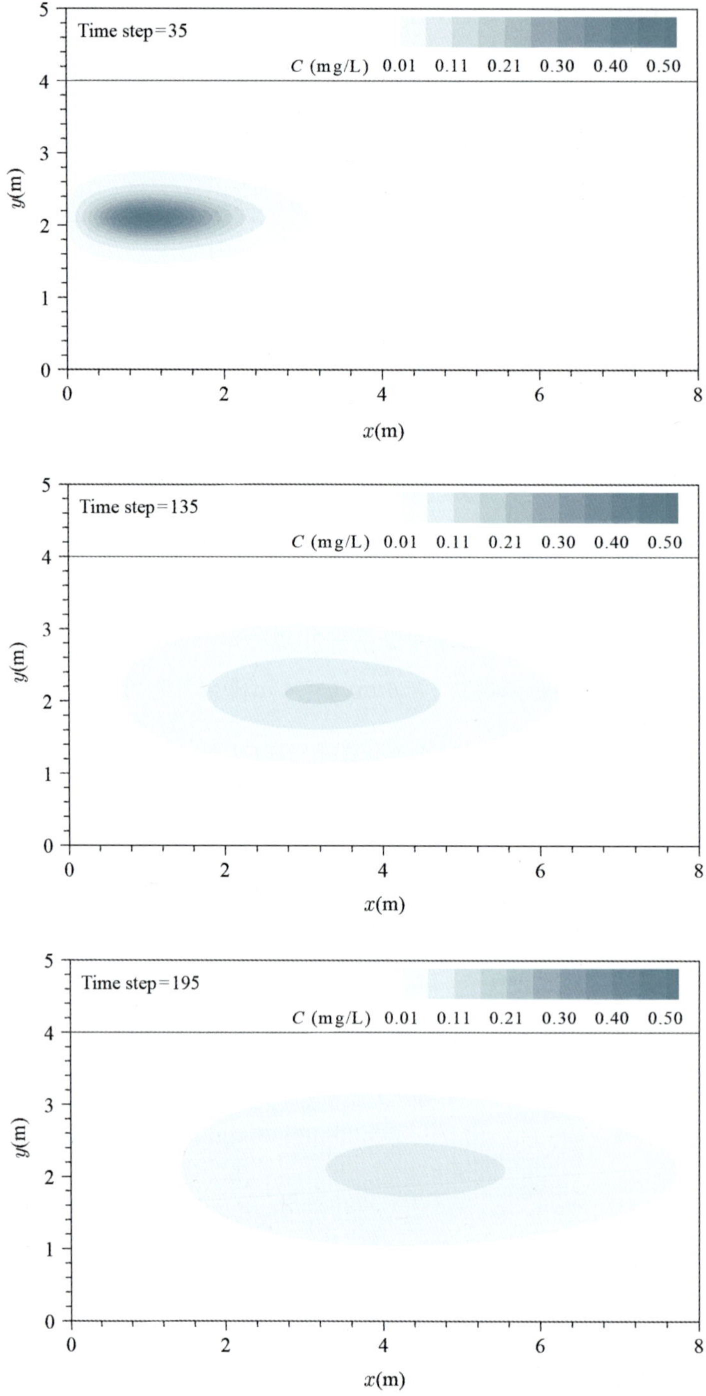

그림 8.12 포물선형 유속분포에서 점원 유입에 의한 오염운의 2차원 거동

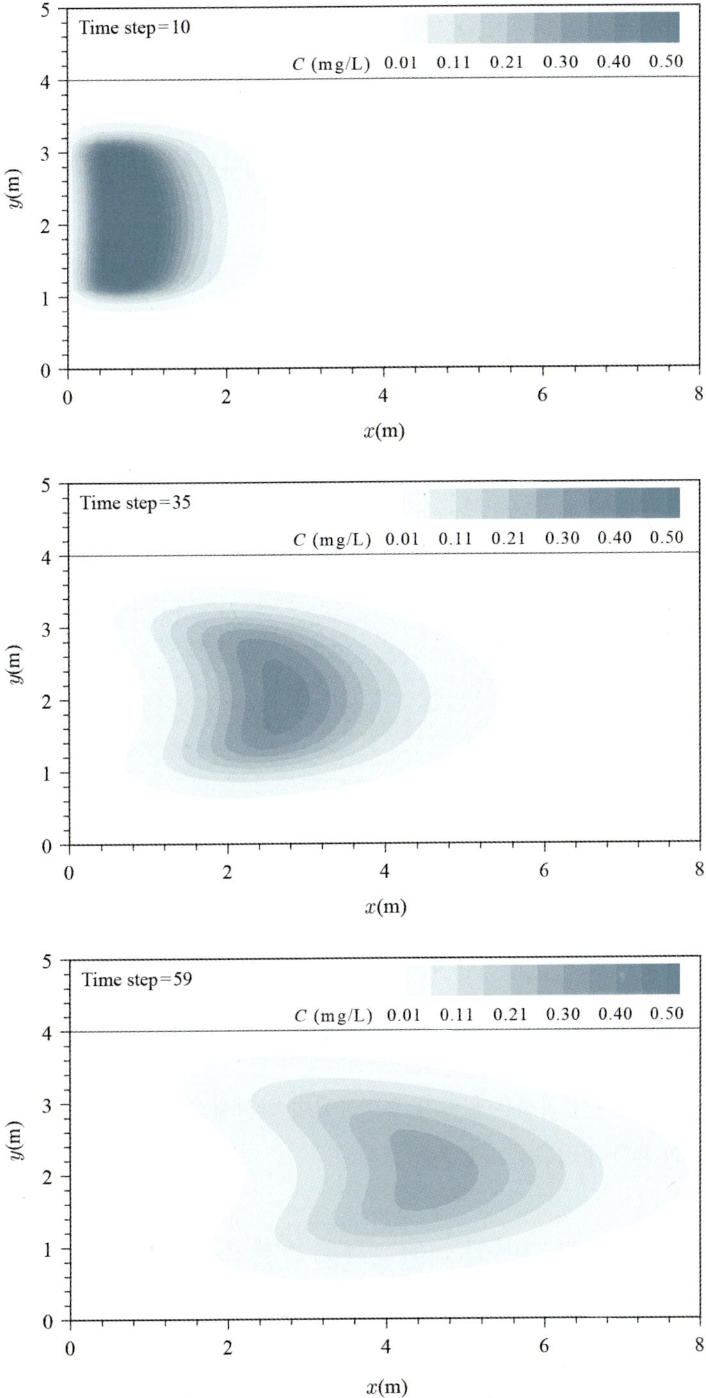

그림 8.13 포물선형 유속분포에서 선원 유입에 의한 오염운의 2차원 거동

② 닫힌 수조 내 회전류에 의한 혼합

다음 예시는 회전류에 대한 2차원 혼합모의 조건을 보여준다. 그림 8.14와 같이 닫힌 수조 내 회전류가 발생하고 있을 때 오염물질의 2차원 혼합거동을 모의하고자 한다. 수조의 벽면에서는 그림 8.14와 같이 Neumann 경계조건을 적용하였으며, 시뮬레이션을 위한 격자크기는 $\Delta x = 0.1$ m, $\Delta y = 0.1$ m, 계산시간 간격은 $\Delta t = 0.01$초를 적용했다.

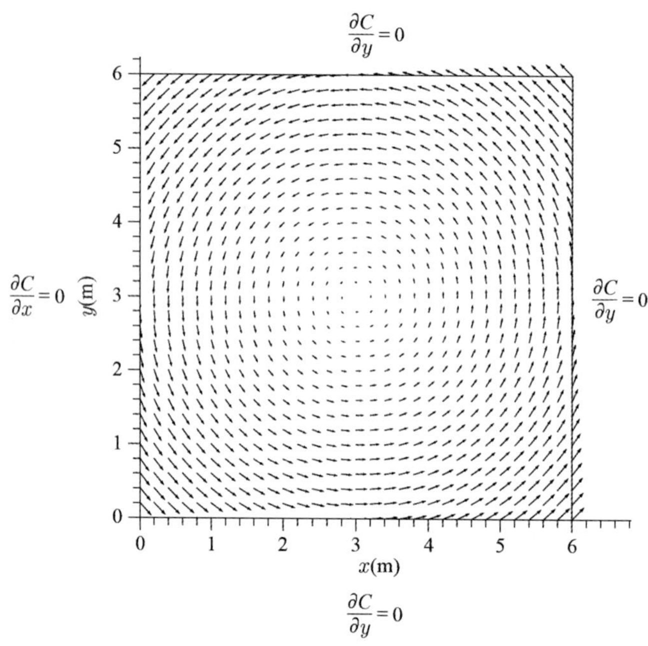

그림 8.14 회전류에 의한 2차원 혼합 시뮬레이션 조건

그림 8.15는 오염물질이 $y = 1$ m와 $y = 5$ m 지점에서 점원으로 동시에 순간주입되는 상황을 모의한 예시이다. 그림 8.14의 회전류에 따라 오염물질이 반시계 방향으로 이동하며, 동시에 분산항에 의해 오염물질의 혼합이 이뤄지고 있음을 보여준다.

2) 라그랑지안 입자추적 기법에 의한 2차원 혼합 수치해석

(1) 입자추적 방정식의 수치해석

입자추적 방정식은 시간 t를 변수로 갖는 상미분 방정식(ordinary differential equation)이다. 따라서 제8장 2절에서 살펴본 양해법(Explicit Euler method) 또는 음해법(Implicit Euler method)을 적용하여 풀이할 수 있다. 양해법의 경우 수치해의 안정성이 Δt의 결정에 좌우되기 때문에 해가

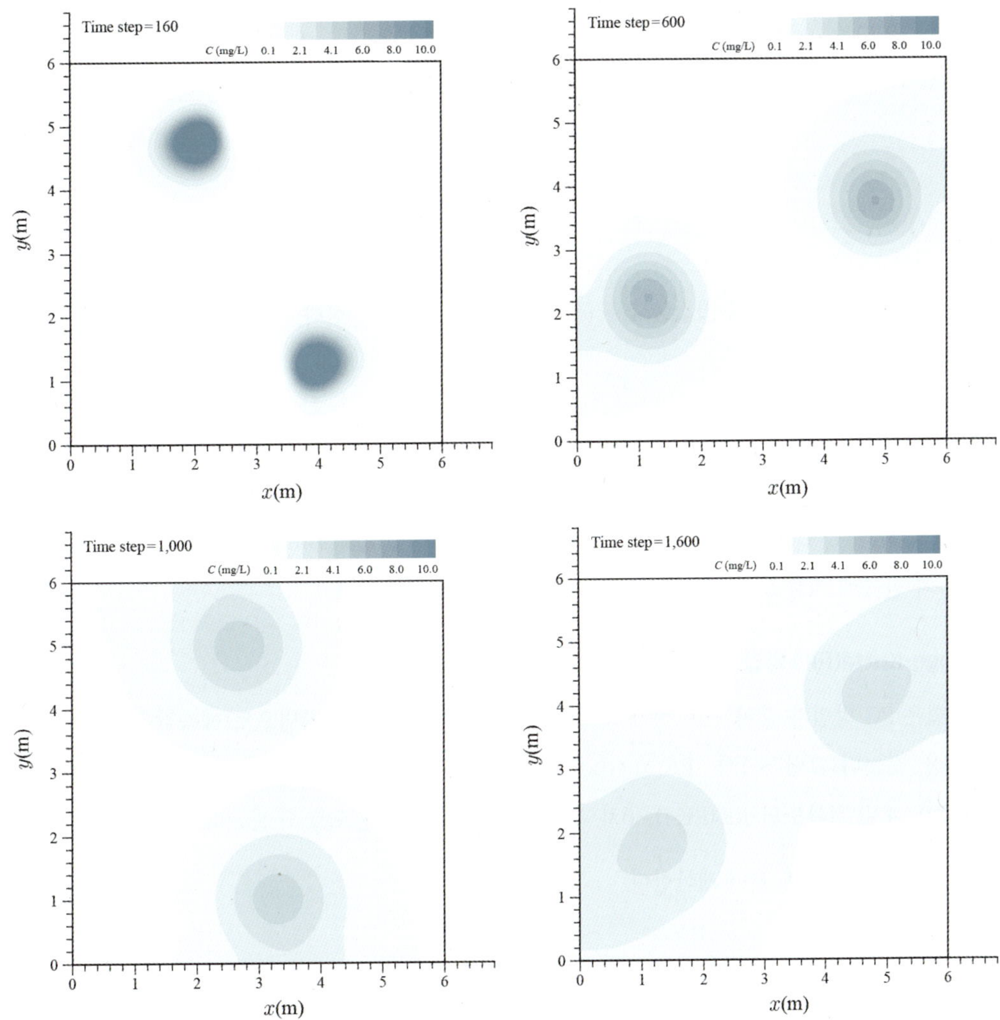

그림 8.15 **회전형 유속분포에서 점원 유입에 의한 오염운의 2차원 거동**

발산할 우려가 있다. 그리고 음해법은 수렴반경에 따라 연산횟수가 증가할 수 있다. 따라서 입자추적 방정식의 풀이를 위해 상대적으로 안정적인 수치해를 도출할 수 있으며, 상대적으로 연산량이 작은 Multi-step method를 활용할 수 있다. Multi-step method로는 Predictor-Corrector(PC) 방법과 Runge-Kutta(RK) 방법이 있다.

① Predictor-Corrector(PC) 방법

PC 방법은 먼저 예측값을 양해법으로 계산하고 예측값을 활용한 Trapezoidal method(음해법)으로 수정값을 도출하는 기법이다(그림 8.16). 식 (8.9)에서 설명한 입자추적 방정식 $\frac{dX}{dt}=f(t,\ X)$에

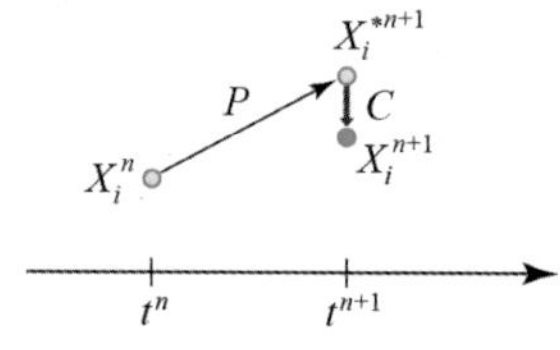

그림 8.16 PC 알고리즘의 개요

대해 예측값(predictor)과 수정값(corrector)은 다음과 같이 계산한다.

$$X_i^{*n+1} = X_i^n + \Delta t f\left(t^n, X_i^n\right) \tag{8.38a}$$

$$X_i^{n+1} = X_i^n + \frac{\Delta t}{2}\left[f\left(t^n, X_i^n\right) + f\left(t^n, X_i^{*n+1}\right)\right] \tag{8.38b}$$

이 식에서 X_i^n은 시간 n에서 입자의 좌표, f는 입자의 위치결정에 영향을 미치는 확정 유체의 평균적 거동과 난류에 의한 무작위적 운동을 설명하는 임의의 함수이다.

② Runge-Kutta(RK) 방법

RK 방법은 PC 방법과 같이 먼저 양해법으로 예측한 후 Mid-point 방법으로 예측값을 수정하는 알고리즘을 갖는다(그림 8.17). RK method는 절단오차(truncation error)에 따라 2차 정확도의 RK(RK2), 4차 정확도의 RK(RK4), 6차 정확도의 RK(RK6) 등으로 구분된다. RK2 방법에 따라 $\frac{dX}{dt} = f(t, X)$는 다음과 같이 계산한다.

$$X_i^{*n+1/2} = X_i^n + \frac{\Delta t}{2} f\left(t^n, X_i^n\right) \tag{8.39a}$$

$$X_i^{n+1} = X_i^n + \Delta t f\left(t^{n+1/2}, X_i^{*n+1/2}\right) \tag{8.39b}$$

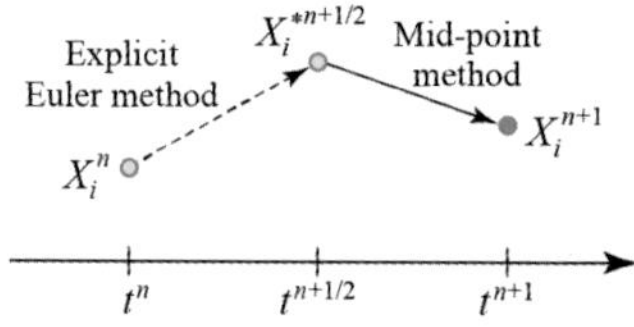

그림 8.17 RK2 알고리즘의 개요

4차 정확도를 갖는 RK4 방법은 입자추적 방정식의 해석을 위해 많은 연구에서 사용되어온 방법으로서 다음의 알고리즘을 갖는다.

$$X_i^{n+1} = X_i^n + \frac{\Delta t}{6}(k_1 + 2k_2 + 2k_3 + k_4) \quad (8.40a)$$

$$k_1 = f(t^n, X_i^n) \quad (8.40b)$$

$$k_2 = f(t^n + \frac{\Delta t}{2}, X_i^n + \frac{\Delta t}{2}k_1) \quad (8.40c)$$

$$k_3 = f(t^n + \frac{\Delta t}{2}, X_i^n + \frac{\Delta t}{2}k_2) \quad (8.40d)$$

$$k_4 = f(t^n + \Delta t, X_i^n + \Delta t k_3) \quad (8.40e)$$

여기서, k_1, k_2, k_3, k_4는 Δt 이후의 위치 X_i^{n+1}과 X_i^n 사이를 분할한 지점에 대한 추정값이다. RK4 방법은 4차 정확도와 함께 상대적으로 안정적 수치해를 제시할 수 있기 때문에 입자추적 알고리즘 개발에 많이 활용된다.

예제 8.3 양해법과 반복법을 이용한 상미방정식의 풀이

문제

다음 미분방정식을 양해법(Explicit Euler method), PC 방법, RK4 방법을 이용하여 풀이하시오.

미분방정식: $\frac{dy}{dt} = t + y$ 초기조건: $y(0) = 0$

해석해: $y = e^t - t - 1$

(1) $\Delta t = 0.2$초로 하여 $0\ s \le t \le 4\ s$ 범위의 해를 계산하고 그 결과를 해석해와 비교하여 오차를 계산하시오.

풀이

1) 양해법에 따라 $\frac{y^{n+1} - y^n}{\Delta t} = t + y^n$, $y^{n+1} = \Delta t \times t + (1 + \Delta t)y^n = 0.2t + 1.2y^n$

① $t = 0$: $y^0 = 0$ (초기조건)

② $t = 0.2$: $y^1 = 0.2t^0 + 1.2y^0 = 0$

③ $t = 0.4$: $y^2 = 0.2t^1 + 1.2y^1 = 0.04$

…

⑳ $t = 4$: $y^{20} = 0.2(3.8) + 1.2y^{19} = 33.34$

2) RK4에 따라 $f(t, y) = t + y$,

$$y^{n+1} = y^n + \frac{\Delta t}{6}(k_1 + 2k_2 + 2k_3 + k_4)$$

$$k_1 = t + y^n$$

$$k_2 = t + \frac{\Delta t}{2} + y^n + \frac{\Delta t}{2} k_1$$

$$k_3 = t + \frac{\Delta t}{2} + y^n + \frac{\Delta t}{2} k_2$$

$$k_4 = t + \Delta t + y^n + \Delta t k_3$$

① $t = 0$: $y^0 = 0$ (초기조건)

② $t = 0.2$:

$$k_1 = t^0 + y^0 = 0$$

$$k_2 = t^0 + \frac{\Delta t}{2} + y^0 + \frac{\Delta t}{2} k_1 = 0.1$$

$$k_3 = t^0 + \frac{\Delta t}{2} + y^0 + \frac{\Delta t}{2} k_2 = 0.11$$

$$k_4 = t^0 + \Delta t + y^0 + \Delta t k_3 = 0.222$$

$$y^1 = y^0 + \frac{\Delta t}{6}(k_1 + 2k_2 + 2k_3 + k_4) = 0.0214$$

③ $t = 0.4$:

$$k_1 = t^1 + y^1 = 0.221$$

$$k_2 = t^1 + \frac{\Delta t}{2} + y^1 + \frac{\Delta t}{2} k_1 = 0.344$$

$$k_3 = t^1 + \frac{\Delta t}{2} + y^1 + \frac{\Delta t}{2} k_2 = 0.356$$

$$k_4 = t^1 + \Delta t + y^1 + \Delta t k_3 = 0.493$$

$$y^2 = y^1 + \frac{\Delta t}{6}(k_1 + 2k_2 + 2k_3 + k_4) = 0.092$$

…

⑳ $t = 4$:

$$k_1 = t^{19} + y^{19} = 43.699$$

$$k_2 = t^{19} + \frac{\Delta t}{2} + y^{19} + \frac{\Delta t}{2} k_1 = 48.169$$

$$k_3 = t^{19} + \frac{\Delta t}{2} + y^{19} + \frac{\Delta t}{2} k_2 = 48.616$$

$$k_4 = t^{19} + \Delta t + y^{19} + \Delta t k_3 = 53.623$$

$$y^{20} = y^{19} + \frac{\Delta t}{6}(k_1 + 2k_2 + 2k_3 + k_4) = 49.596$$

양해법과 RK4의 계산결과를 해석해와 비교하면 다음 그림과 같으며, 같은 Δt에 대해 RK4가 더 정확한 계산결과를 나타낸다.

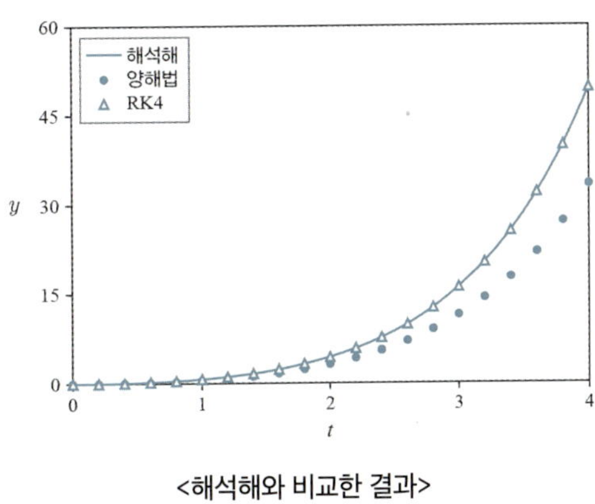

<해석해와 비교한 결과>

(2) $\Delta t = 0.1$초로 했을 때 $\Delta t = 0.2$초의 결과와 오차를 비교하시오.

풀이

Δt가 0.2초에서 0.1초로 1/2로 감소하면, 양해법의 경우 1차 정확도(1st order accuracy)를 갖기 때문에 오차가 약 1/2로 감소한다. RK4의 경우에는 4차 정확도를 갖기 때문에 오차가 약 $1/2^4 = 1/16$으로 감소한다. 이에 따라 Δt를 1/2씩 감소시키며 오차를 계산한 후 log(Error)-log(Δt) 그래프를 그리면 다음 그림과 같은 결과를 얻을 수 있다. 1차 정확도를 갖는 Explicit Euler는 그래프의 경사가 1이며, 4차 정확도를 갖는 RK4의 경우 그래프의 경사가 4로 나타난다. 따라서 RK4 방법을 사용하는 경우 Δt 감소에 따른 계산의 정확도가 더 높은 효율로 개선됨을 알 수 있다.

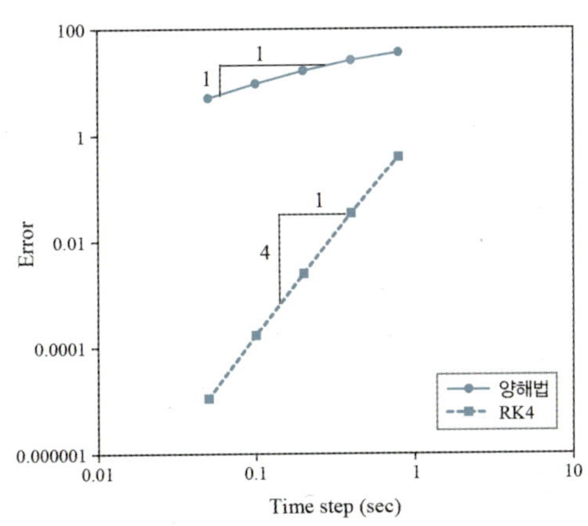

<수치기법과 Δt 결정에 따른 오차 발생 비교>

(2) 입자추적 방정식의 적용

입자추적기법을 이용한 라그랑지안 혼합해석은 계산격자를 정의할 필요가 없으며, 경계조건 없이 초기조건만이 필요하다. 따라서 다음의 절차에 따라 입자추적 모형을 개발할 수 있다.

- 지배방정식의 정의
- 모의영역의 정의
- 초기조건의 결정
- 프로그램 언어를 이용한 알고리즘 작성

입자추적 방정식은 시간 미분항에 대해서만 풀이하면 되기 때문에 오일러리안 해석기법과 같이 지배방정식의 이산화에 복잡한 과정이 필요하지 않다. 따라서 앞에서 설명한 시간 미분항에 대한 이산화 기법을 결정하면 프로그램 작성이 가능하다. 입자추적기법은 입자에 물성을 부여할 수 있기 때문에 용존성 오염물질과 같이 유체 흐름과 동일하게 거동하는 입자뿐만 아니라 물과 다른 비중을 갖는 유사, 미세플라스틱 등의 입자의 거동을 나타낼 수도 있다.

① 용존성 오염물질의 거동

RK4 방법을 식 (8.9)에 적용하는 경우 $f(t, X_i)=\overline{u}_i(X_i, t)+R\sqrt{2D_{ij}/\Delta t}$ 이다. 분산계수가 시간에 따라 변화하지 않는다고 가정하면 RK4 방법에 따른 Δt 이후 입자의 위치는 다음 식과 같이 계산할 수 있다.

$$k_1=\overline{u_i}(X_i(t), t) \tag{8.41a}$$

$$k_2=\overline{u}_i\left(X_i(t)+\frac{\Delta t}{2}k_1, t+\frac{\Delta t}{2}\right) \tag{8.41b}$$

$$k_3=\overline{u}_i\left(X_i(t)+\frac{\Delta t}{2}k_2, t+\frac{\Delta t}{2}\right) \tag{8.41c}$$

$$k_4=\overline{u_i}(X_i(t)+\Delta t k_3, t+\Delta t) \tag{8.41d}$$

$$X_i(t+\Delta t)=X_i(t)+\frac{\Delta t}{6}(k_1+2k_2+2k_3+k_4)+R\sqrt{2D_{ij}\Delta t} \tag{8.41e}$$

부등류 및 부정류 흐름조건에서 k_1~k_4의 계산을 위해 시간 t일 때 x-y 평면에서 입자의 위치 $X_i(t)$와 k_1, k_2, k_3의 계산결과에 의해 예측된 입자의 위치에서 유속값을 결정해야 한다. 유속의 분포는 일반적으로 격자 기반의 천수방정식 해석 결과를 적용하여 계산한다. 식 (8.41)에 따라 계산한 2차원 입자추적 결과는 그림 8.18과 같다.

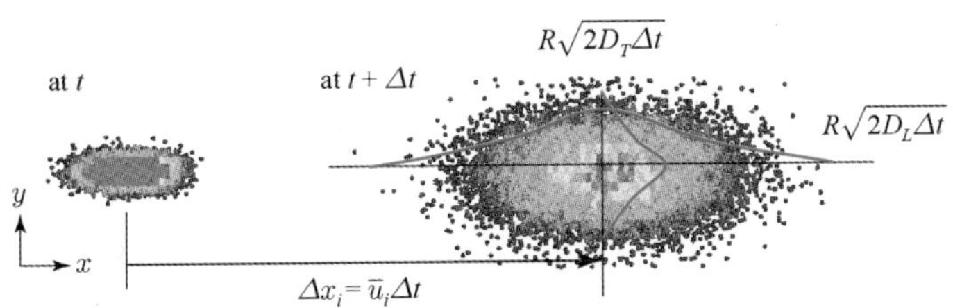

그림 8.18 **입자추적기법에 의한 2차원 이송-분산 해석 결과**

일반적으로 입자추적기법의 결과는 입자의 위치로 표현되지만 계산격자와 연계하여 입자의 밀집 정도를 다음 식과 같이 농도(kg/m^3)로 표현할 수 있다.

$$C(X_i, t) = \frac{mn(X_i, t)}{h\Delta x \Delta y} \tag{8.42}$$

여기서, m은 개별 입자의 질량(kg), $n(X_i, t)$는 X_i 격자 내 포함된 입자 수, $\Delta x \Delta y$는 X_i 격자의 크기, h는 해당 격자 내 수심이다. 그림 8.19에서 표현된 농도는 식 (8.42)를 이용하여 계산된 결과이다.

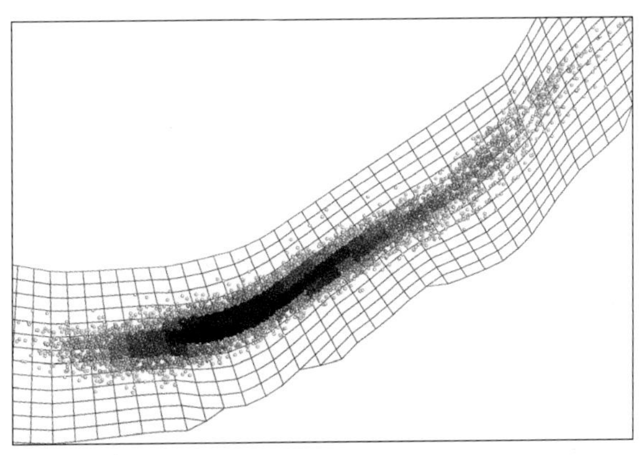

그림 8.19 **2차원 계산격자에 대한 농도계산 결과**

입자의 주입 조건에 따라 수질오염사고로 인해 순간적으로 유입된 오염물질의 거동과 함께 하수 방류구 또는 지류와 같이 연속적으로 유입되는 오염물질의 거동 또한 모의가 가능하다. 아래 그림은 순간주입 조건의 입자거동과 연속주입 조건의 입자거동 모의결과를 보여준다.

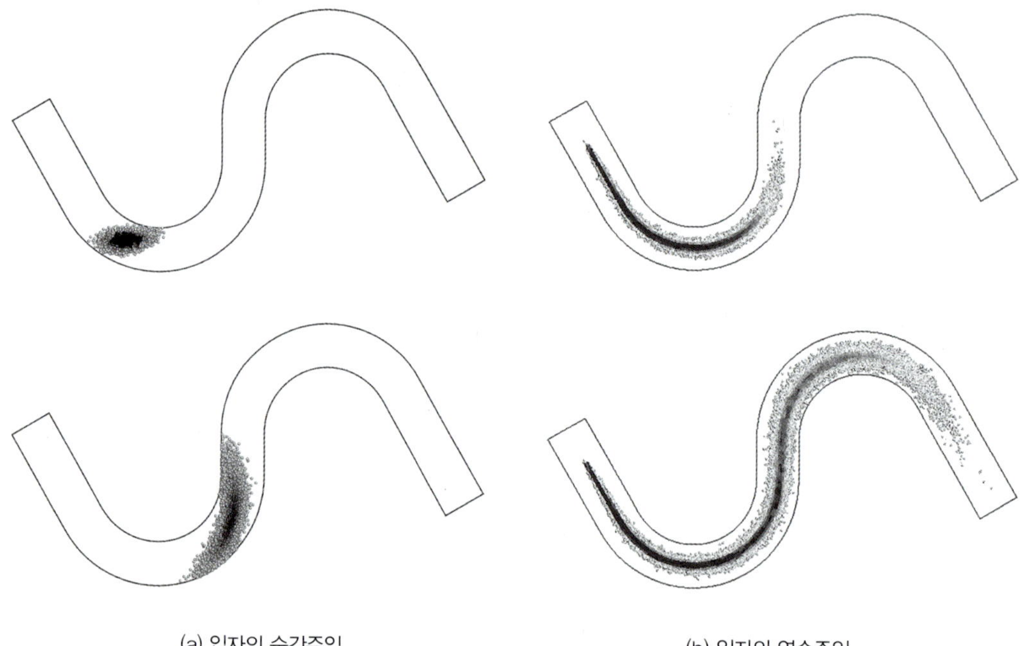

(a) 입자의 순간주입 (b) 입자의 연속주입

그림 8.20 주입 조건별 용존성 오염입자 거동 모의결과

② 입자추적기법을 이용한 유사의 이동

물보다 비중이 큰 유사(s.g. = 2.65)의 경우 입자의 연직거동이 중요하기 때문에 준3차원 흐름해석 또는 3차원 흐름해석 결과와 연계할 필요가 있다. 3차원 입자추적 모형의 경우 다음의 입자추적 방정식을 이용할 수 있다.

$$x(t+\Delta t)=x(t)+u\Delta t+R\sqrt{2\epsilon_x \Delta t} \tag{8.43a}$$

$$y(t+\Delta t)=y(t)+v\Delta t+R\sqrt{2\epsilon_y \Delta t} \tag{8.43b}$$

$$z(t+\Delta t)=z(t)+(w-w_s)\Delta t+R\sqrt{2\epsilon_z \Delta t} \tag{8.43c}$$

여기서, u, v, w는 각각 x, y, z방향으로의 시간평균유속, ϵ_x, ϵ_y, ϵ_z는 각각 x, y, z방향의 난류확산계수이고, w_s는 유사의 침강속도이다. 유사입자의 거동 모의를 위해서는 유사의 침강속도 계산이 필요하다. 유사입자의 침강속도는 정지수체에서 구형입자를 가정한 경우, 항력과 중력의 평형 상태를 가정하여 유도된 다음 식을 적용할 수 있다.

$$w_s=\left(\frac{4}{3}\frac{g}{C_D}\frac{\rho_s-\rho}{\rho}d\right) \tag{8.44}$$

여기서, C_D는 항력계수, ρ_s는 유사입자의 밀도이다. 식 (8.44)는 이상적 상황을 가정한 공식이므로 실험연구를 통해 도출된 다양한 침강속도 계산식이 발표되어 왔다.

$$w_s = \frac{\nu}{d_s}\left(\sqrt{25+1.2d_*^2}-5\right)^{1.5} \qquad \text{(Cheng, 1997)} \tag{8.45a}$$

$$w_s = \frac{Mnu}{Nd_s}\left(\sqrt{\frac{1}{4}\left(\frac{4N}{3M^2}d_*^3\right)^{1/n}}-0.5\right)^n \qquad \text{(Wu와 Wang, 2006)} \tag{8.45b}$$

$$w_{sT} = \frac{\nu}{d}d_*^3\left(38.1+0.93d_*^{12/7}\right)^{-7/8} \qquad \text{(Zhiyao 등, 1997)} \tag{8.45c}$$

$$d_* = d\left\{\frac{g(\rho_s-\rho)}{\rho\nu^2}\right\}^{1/3} \tag{8.45d}$$

하천에서 연직방향 유속(w)이 무시할 만큼 작다고 가정할 때 위 침강속도 공식 중 식 (8.45)를 적용하여 각각 직경 200 μm와 1,000 μm 입자를 수표면에 주입 한 후 연직위치 변화를 계산했다(그림 8.21). 직경이 200 μm인 입자의 경우 같은 시간 동안 z = 0.4 m 지점까지 이동했고, 1,000 μm인 입자는 더 빨리 침강하여 바닥까지 도달했다.

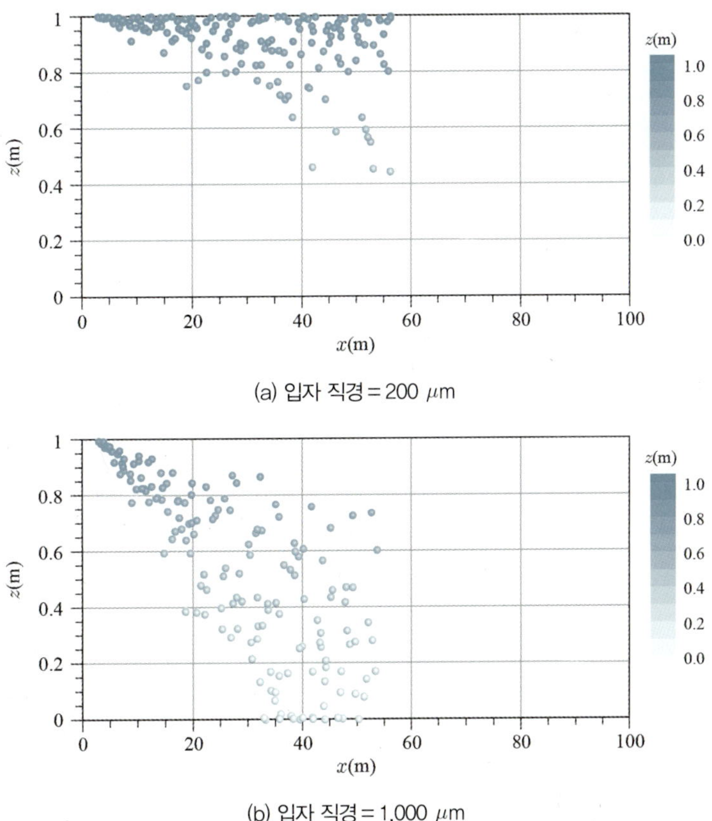

(a) 입자 직경 = 200 μm

(b) 입자 직경 = 1,000 μm

그림 8.21 유사입자의 직경 변화에 의한 연직거동 비교

식 (8.43)을 이용하여 부유사의 연직거동을 계산할 수 있다. x, y, z방향의 유속이 0에 가깝다면 침강속도에 따른 부유사의 연직거동을 계산해볼 수 있다. 부유사는 직경에 따라 구분할 수 있다. 모래에 해당하는 100 μm의 부유사와 잔 실트에 해당하는 10 μm의 부유사를 고려할 때 연직방향으로 동일한 농도로 주입된 부유사의 연직거동 입자추적 모의결과는 다음 그림과 같다.

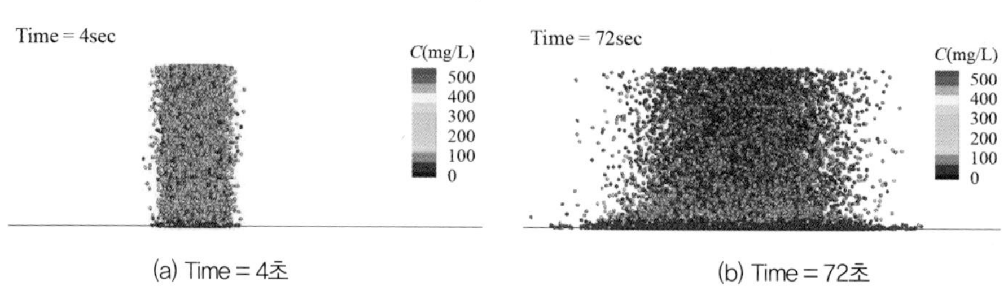

(a) Time = 4초 (b) Time = 72초

그림 8.22 모래(100 μm)의 연직거동 계산결과

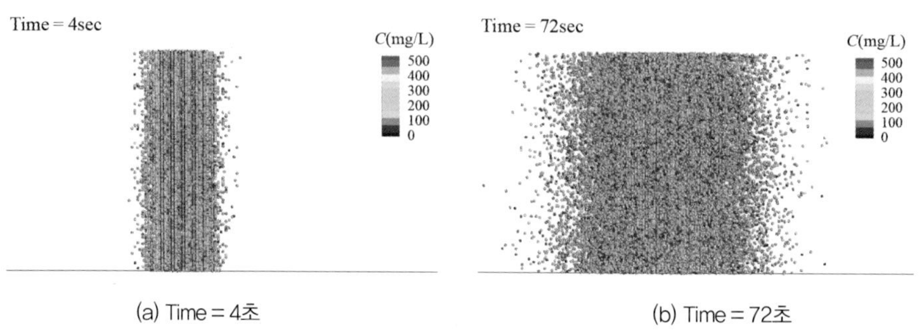

(a) Time = 4초 (b) Time = 72초

그림 8.23 잔 실트(10 μm)의 연직거동 계산결과

그림 8.22와 8.23의 결과로부터 모래는 주로 바닥층으로 가라앉고 잔 실트는 용존성 오염물질과 같이 연직방향으로 고르게 분포하고 있음을 보여준다. 이러한 부유사의 농도분포는 정상 상태, 등류를 가정한 Rouse 모형으로부터 확인할 수 있다. Rouse 모형은 다음 식과 같다.

$$\frac{C}{C_a} = \left(\frac{h-z}{z} \frac{a}{h-a} \right)^{z^*} \tag{8.46a}$$

$$z^* = \frac{w_s}{\kappa u^*} \tag{8.46b}$$

여기서, C_a는 $z = a$에서의 부유사 농도, z^*는 Rouse 수, κ는 von Kármán 상수, u^*는 마찰유속이다. 그림 8.24는 Rouse 모형에 의한 부유사 농도의 연직분포 계산결과이며, 입자의 직경에 의해 결정되는 Rouse 수가 증가하면 바닥층의 부유사 농도가 증가하고 Rouse 수가 감소하면 연직방향으로 고르게 부유사 농도가 분포하는 결과가 나타난다. 이러한 결과는 그림 8.22 및 8.23의 입자추적 모의결과와 동일함을 확인할 수 있다.

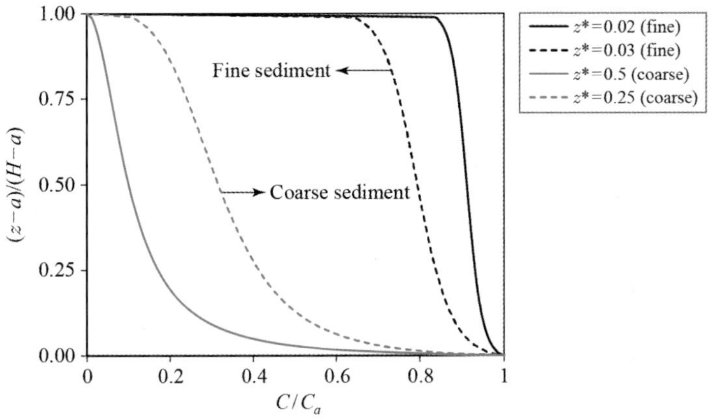

그림 8.24 Rouse 모형에 의한 부유사 농도의 연직분포

예제 8.4 Rouse 모형을 이용한 부유사의 침강속도 계산

문제

광학센서를 이용하여 부유사의 농도를 계측한 결과, $z/h=0.7$에서 2 mg/L, $z/h=0.3$에서 10 mg/L으로 측정되었다(하상은 $z=0$ m). 수로의 단면은 폭 70 m, 수심 2 m인 직사각형의 단면으로, 0.0001의 하상경사를 갖고 있다. 또한 Manning의 조도계수(n)는 0.025, 유속은 0.5 m/s, von Kármán 상수는 0.41이다. 이때 Rouse 모형을 이용하여 부유사의 침강속도를 계산하시오.

풀이

$$\frac{C}{C_a}=\left(\frac{h-z}{z}\frac{a}{h-a}\right)^{z^*} \qquad \ln\left(\frac{C}{C_a}\right)=z^*\ln\left(\frac{h-z}{z}\frac{z}{h-a}\right)$$

$$z^*=\frac{\ln\left(\frac{C}{C_a}\right)}{\ln\left(\frac{h-z}{z}\frac{a}{h-a}\right)}=\frac{\ln\left(\frac{2}{10}\right)}{\ln\left(\frac{2-1.4}{1.4}\frac{0.6}{2-0.6}\right)}=\frac{\ln\left(\frac{10}{2}\right)}{\ln\left(\frac{2-0.6}{0.6}\frac{1.4}{2-1.4}\right)}=0.95$$

$$S_f=\left(\frac{nV}{R_h^{2/3}}\right)^2=\left(\frac{0.025\times0.5}{\left(\frac{70\times2}{70+2\times2}\right)^{2/3}}\right)^2=6.68\times10^{-5}$$

$$u^*=\sqrt{gR_hS_f}=\sqrt{(9.81\times1.89\times6.68\times10^{-5})}=0.35\text{ m/s}$$

$$\therefore\ w_s=z^*\kappa u^*=0.95\times0.41\times0.035=0.014\text{ m/s}$$

연습문제

1. 다음에 주어진 2차원 이송-분산 방정식의 시간 미분항과 거리 미분항을 중앙차분법으로 이산화하시오.

$$\frac{\partial C}{\partial t}+U\frac{\partial C}{\partial x}+V\frac{\partial C}{\partial y}=D_L\frac{\partial^2 C}{\partial x^2}+D_T\frac{\partial^2 C}{\partial y^2}$$

2. 다음 1차원 이송-분산 방정식의 시간 미분항을 음해법, 거리 미분항을 중앙차분법으로 이산화하고, SOR 기법을 적용하여 풀이하시오.

$$\frac{\partial C}{\partial t}+0.5\frac{\partial C}{\partial x}=0.1\frac{\partial^2 C}{\partial x^2}$$

이때 계산영역은 $0 \le x \le 10$ m, $0 \le t \le 20$ s이고, 초기조건 및 경계조건은 다음과 같다.

$$C(x,0)=0 \qquad (0 < x \le 10\text{ m})$$

$$C(0,t)=\begin{cases}100\text{ ppm} & (0 < t \le 0.1\text{ s})\\ 0 & (t > 0.1\text{ s})\end{cases}$$

$$C(10,t)=0 \qquad (t > 0)$$

격자간격과 시간간격은 $\Delta x = 0.1$ m, $\Delta t = 1$ s로 한다.

3. $(x, y)=(0, 0)$에 주입된 오염물질 입자가 $(\bar{u}, \bar{v})=(0.1\text{ m/s}, 0.1\text{ m/s})$의 유속벡터장에서 $0 \le t \le 10$ s 동안 이동한 궤적을 입자추적 방정식을 이용하여 풀이하시오. 입자의 무작위적 거동 해석을 위한 종 · 횡 분산계수는 $D_L = D_T = 0.1\text{ m}^2/\text{s}$이고, $(-1,\ 1)$의 범위에서 균등분포를 따르는 난수를 생성하여 풀이하시오.

부록 8.1: 2차원 이송-분산 방정식 FORTRAN 코드 예시

표 A8.1 음해법, 중앙차분법, SOR 방법을 적용한 2차원 이송-분산 방정식 FORTRAN 코드 예시

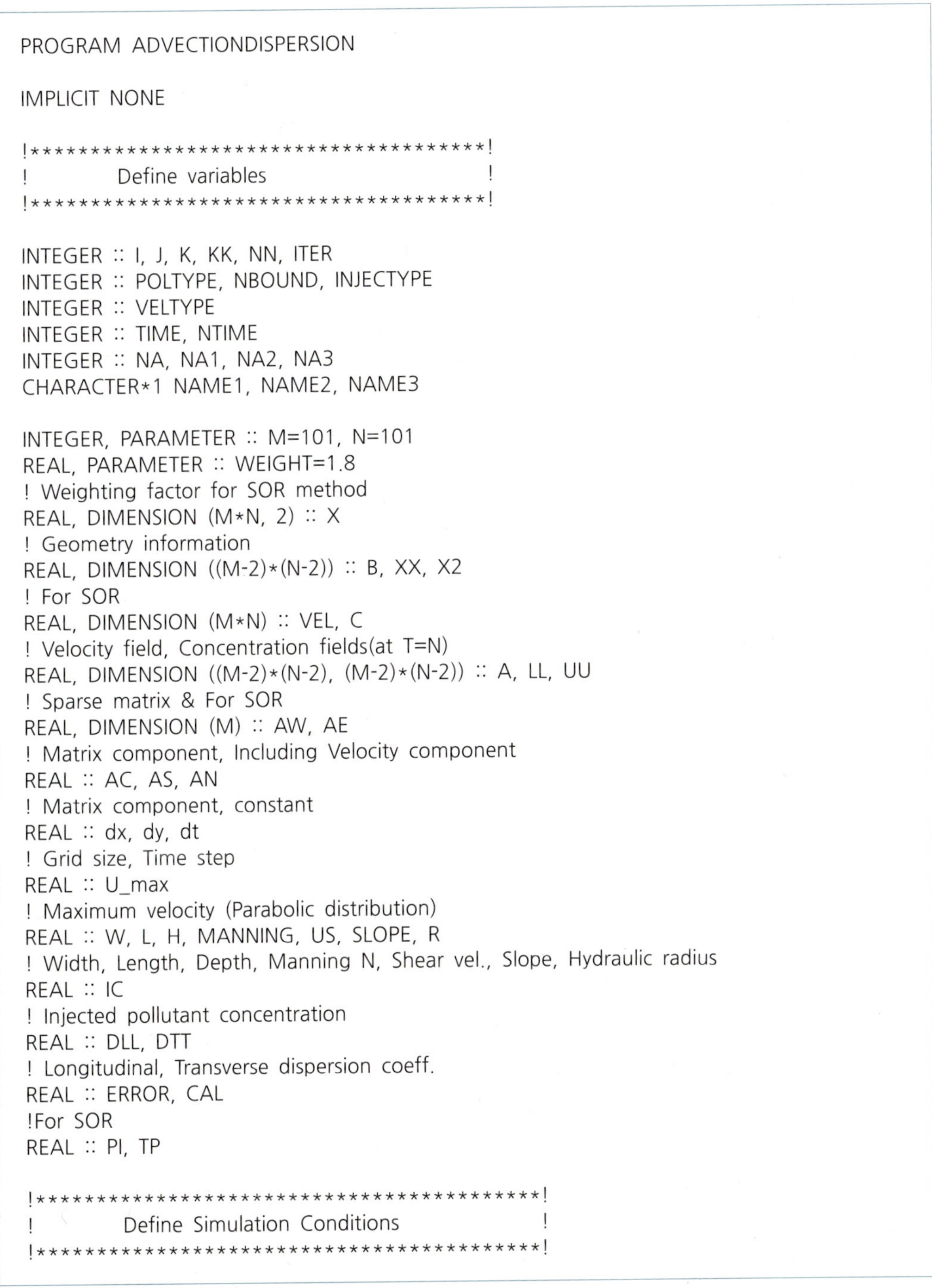

```
PROGRAM  ADVECTIONDISPERSION

IMPLICIT  NONE

!**************************************!
!           Define  variables           !
!**************************************!

INTEGER :: I, J, K, KK, NN, ITER
INTEGER :: POLTYPE, NBOUND, INJECTYPE
INTEGER :: VELTYPE
INTEGER :: TIME, NTIME
INTEGER :: NA, NA1, NA2, NA3
CHARACTER*1 NAME1, NAME2, NAME3

INTEGER, PARAMETER :: M=101, N=101
REAL, PARAMETER :: WEIGHT=1.8
! Weighting factor for SOR method
REAL, DIMENSION (M*N, 2) :: X
! Geometry information
REAL, DIMENSION ((M-2)*(N-2)) :: B, XX, X2
! For SOR
REAL, DIMENSION (M*N) :: VEL, C
! Velocity field, Concentration fields(at T=N)
REAL, DIMENSION ((M-2)*(N-2), (M-2)*(N-2)) :: A, LL, UU
! Sparse matrix & For SOR
REAL, DIMENSION (M) :: AW, AE
! Matrix component, Including Velocity component
REAL :: AC, AS, AN
! Matrix component, constant
REAL :: dx, dy, dt
! Grid size, Time step
REAL :: U_max
! Maximum velocity (Parabolic distribution)
REAL :: W, L, H, MANNING, US, SLOPE, R
! Width, Length, Depth, Manning N, Shear vel., Slope, Hydraulic radius
REAL :: IC
! Injected pollutant concentration
REAL :: DLL, DTT
! Longitudinal, Transverse dispersion coeff.
REAL :: ERROR, CAL
!For SOR
REAL :: PI, TP

!*****************************************!
!           Define Simulation Conditions   !
!*****************************************!
```

```
PRINT *, 'Insert Water depth (m)'
READ *, H
PRINT *, 'Insert Manning's n'
READ *, MANNING
PRINT *, 'Insert GRID SIZE, dX, dY (m)'
READ *, dx, dy
PRINT *, 'Insert time step, dt (sec), the no. of time step'
READ *, dt, NTIME
PRINT *, 'Select velocity type'
PRINT *, '1: Steady, 2: Unsteady(Sine wave)'
READ *, VELTYPE

IF(VELTYPE .EQ. 2) THEN
        PRINT *, 'Insert time period of velocity'
        READ *, TP
END IF

W=(M-1)*dx

DO J=1, M
        DO I=1, N
                X((J-1)*N+I, 1)=(I-1)*dx
                X((J-1)*N+I, 2)=(J-1)*dy
        END DO
END DO


!*****************************************!
!         Define pollutant injection             !
!*****************************************!
PRINT *, 'Insert injected pollutant concentration'
READ *, IC
PRINT *, 'Select pollutant injection'
PRINT *, '1: Line source, 2: Point source, 3: User defined source'
READ *, POLTYPE
PRINT *, '1: Instantaneous injection, 2: Continuous injection'
READ *, INJECTYPE

IF (POLTYPE .EQ. 1) THEN
        NBOUND=M
ELSEIF(POLTYPE .EQ. 2) THEN
        NBOUND=2
ELSEIF(POLTYPE .EQ. 3) THEN
        PRINT *, 'Insert injection boundary, 2 ~ 11'
        READ *, NBOUND
END IF

!*************************************!
!         Define Velocity Field          !
!*************************************!
```

```
PRINT *, 'INSERT U_MAX'
READ *, U_MAX

DO I=1, M
          DO J=1, N
                    VEL(N*(I-1)+J)=4./(W**2.)*U_MAX*X(N*(I-1)+J, 2)*(W-X(N*(I-1)+J, 2))
                    ! Parabolic distribution
          END DO
END DO

!*****************************************!
!         Calculate dispersion coeff.     !
!*****************************************!

R=W*H/(W+2.*H)
SLOPE=(MANNING*(2./3.*U_MAX)/R**(3./2.))**2.
US=SQRT(9.81*R*SLOPE)

DLL=5.93*H*US
DTT=0.6*H*US


!*************************************!
!         Set initial condition       !
!*************************************!
DO K=1, M*N
          C(K)=0.             ! Initial concentration = 0 ppm
END DO

!*********************************!
!         Make sparse matrix      !
!*********************************!
DO J=1, M
          AW(J)=DLL*dt/(2.*dx**2.)+VEL(J)*dt/(4.*dx)
          AE(J)=DLL*dt/(2.*dx**2.)-VEL(J)*dt/(4.*dx)
END DO

AC=1.-DLL*dt/(dx**2.)-DTT*dt/(dy**2.)
AS=DTT*dt/(2.*dy**2.)
AN=DTT*dt/(2.*dy**2.)

!Diagonal component
DO K=1, (M-2)*(N-2)
          A(K, K)=AC
          AA(K, K)=2.-AC
END DO

DO K=1, M-3
          A(K, K)=A(K, K)+AS
          A(K+(N-2)*(M-3), K+(N-2)*(M-3))=A(K, K)+AN
          AA(K, K)=AA(K, K)-AS
```

```
          AA(K+(N-2)*(M-3), K+(N-2)*(M-3))=A(K, K)-AN
END DO

J=2
DO K=N-2, (M-2)*(N-2), N-2
          A(K, K)=A(K, K)+AE(J)
          AA(K, K)=AA(K, K)-AE(J)
          J=J+1
END DO

!South comp.
DO K=N-1, (M-2)*(N-2)
          A(K, K-(N-2))=AS
          AA(K, K-(N-2))=-AS
END DO

!North comp.
DO K=1, (M-3)*(N-2)
          A(K, K+(N-2))=AN
          AA(K, K+(N-2))=-AN
END DO

!East comp.
DO J=1, M-2
          DO K=1, N-3
                    A((J-1)*(N-2)+K, (J-1)*(N-2)+K+1)=AE(J)
                    AA((J-1)*(N-2)+K, (J-1)*(N-2)+K+1)=-AE(J)
          END DO
END DO

!West comp.
DO J=1, M-2
          DO K=2, N-2
                    A((J-1)*(N-2)+K, (J-1)*(N-2)+K-1)=AW(J)
                    AA((J-1)*(N-2)+K, (J-1)*(N-2)+K-1)=-AW(J)
          END DO
END DO

! Define matrix B (AXX=B)
KK=1
DO K=N+1, N*(M-2)+1, N
          DO I=1, N-2
                    CC(KK)=C(K+I)
                    KK=KK+1
          END DO
END DO

DO I=N-1, (M-2)*(N-2)
          DO J=1, 2*(N-2)+1
                    B(I)=B(I)+AA(I, J)*CC(J)
          END DO
```

```
END DO

J=1
DO I=1, (N-2)*(M-3)+1, N-2
          B(I)=B(I)-AW(J+1)*C(N*J+1)
          J=J+1
END DO

!**************************************!
!          Set boundary conditions              !
!**************************************!

! Upstream boundary conditions
IF (POLTYPE .EQ. 1) THEN
          DO J=1, N*(M-1)+1, N
                    C(J)=IC/NBOUND
          END DO
ELSEIF(POLTYPE .EQ. 2) THEN
          C(N*INT(M/2)+1)=IC/NBOUND
          C(N*(INT(M/2)+1)+1)=IC/NBOUND
END IF

!********************************!
!          Call SOR subroutine            !
!********************************!

! Write post processing: TECPLOT format

OPEN(1000, FILE='000.dat')
          WRITE(1000, '(A, F5.3)') 'SOLUTIONTIME=', 0
          WRITE(1000, '(A)') 'VARIABLES ="X (m)", "Y (m)", "C", "u", "v"'
          WRITE(1000,*) ' ZONE T="ZONE1" ',', I= ', N, ', J= ', M, ', F=POINT'
          DO K=1, M*N
                    WRITE(1000, 100) X(K, 1), X(K, 2), C(K), VEL(K), 0
          END DO
CLOSE(NA)

! Time marching
DO TIME=1, NTIME
          PRINT *, 'TIME=', TIME

          ! Instantaneously input
          IF(INJECTYPE .EQ. 1) THEN
                    IF(TIME .GT. 1) THEN
                              DO J=1, N*(M-1)+1, N
                                        C(J)=0.
                              END DO
                    END IF
          END IF

          ! Call SOR subroutine
```

```
        NN=(M-2)*(N-2)
        CALL SOR(A, B, XX, NN)

! Write results
        KK=1
        DO K=N+1, N*(M-2)+1, N
                DO I=1, N-2
                        C(K+I)=XX(KK)
                        KK=KK+1
                END DO
        END DO

        ! Upper boundary: C(i, M)=C(i, M-1)
        DO I=N*(M-2)+2, N*(M-1)
                C(I+N)=C(I)
        END DO

        ! Bottom boundary: C(i, 1)=C(i, 2)
        DO I=2, N
                C(I)=C(I+N)
        END DO

! Write filename
        NA=NA+1
        NA3=NA3+1
        IF (NA3 .GE. 10) THEN
                NA2=NA2+1
                NA3=0
                IF (NA2 .GE. 10) THEN
                        NA1=NA1+1
                        NA2=0
                        NAME1=CHAR(NA1+48)
                        NAME2=CHAR(NA2+48)
                        NAME3=CHAR(NA3+48)
                ELSE
                        NAME1=CHAR(NA1+48)
                        NAME2=CHAR(NA2+48)
                        NAME3=CHAR(NA3+48)
                END IF
        ELSE
                NAME1=CHAR(NA1+48)
                NAME2=CHAR(NA2+48)
                NAME3=CHAR(NA3+48)
        END IF
                PRINT *, TIME
! Write post processing
        OPEN(NA, FILE=NAME1//NAME2//NAME3//'.dat')
        WRITE(NA, '(A, F5.3)') 'SOLUTIONTIME=', TIME*dt
        WRITE(NA, '(A)') 'VARIABLES ="X (m)", "Y (m)", "C", "u", "v"'
        WRITE(NA,*) ' ZONE T="ZONE1" ',', I= ', N, ', J= ', M, ', F=POINT'
        DO K=1, M*N
```

```
                    WRITE(NA, 100) X(K, 1), X(K, 2), C(K), VEL(K), 0
            END DO
            CLOSE(NA)

    ! Define new matrix B (AXX=B)
    KK=1
    DO K=N+1, N*(M-2)+1, N
            DO I=1, N-2
                    CC(KK)=C(K+I)
                    KK=KK+1
            END DO
    END DO

    DO I=N-1, (M-2)*(N-2)
            DO J=1, 2*(N-2)+1
                    B(I)=B(I)+AA(I, J)*CC(J)
            END DO
    END DO

    J=1
    DO I=1, (N-2)*(M-3)+1, N-2
            B(I)=B(I)-AW(J+1)*C(N*J+1)
            J=J+1
    END DO

    END DO

100 FORMAT(2(F10.3, 3X), 3(F10.5, 3X))

END PROGRAM

!**************************************!
!       Start SOR subroutine           !
!**************************************!

SUBROUTINE SOR(A, B, XX, NN)


INTEGER :: I, J, NN

!****************************!
!  MAKE MATRIX LL, UU        !
!****************************!
    DO I=2, NN
            DO J=1, I-1
                    LL(I, J)=A(I, J)
            END DO
    END DO

    DO I=1, NN-1
            DO J=I+1, NN
```

```
                    UU(I, J)=A(I, J)
                END DO
        END DO

!************************!
!    SOR (WEIGHT=1.8)    !
!************************!
        ! Give initial assumption
        DO K=1, NN
                XX(K)=B(K)
        END DO

1000    DO K=1, NN
            DO J=1, NN
                XX2(K)=WEIGHT*(B(K)-UU(K,J)*XX(J)-LL(K,J)*XX2(J))/ &
                A(K, K)+(1.-WEIGHT)*XX(K)
            END DO
        END DO

!************************!
! CONVERGENCE CHECK      !
!************************!
        ERROR=0.
        DO K=1, NN
                ERROR=ERROR+ABS(XX2(K)-XX(K))
        END DO

        IF (ERROR .GT. 0.0001) THEN
                DO K=1, NN
                        XX(K)=XX2(K)
                END DO
                GOTO 1000
        ELSE
                DO K=1, NN
                        XX(K)=XX2(K)
                END DO
        END IF

END SUBROUTINE
```

CHAPTER 9

하천 수리 · 수질 해석 상용모형

본 장에서는 하천 수리 및 수질 해석과 모델링에 사용하는 상용 모형에 대해 기술하였다. 먼저, 순수 국내 기술로 개발된 RAMS (River Analysis and Modeling System)의 해석엔진인 HDM-2D, CTM-2D, PDM-2D의 알고리즘과 적용 사례에 대해 기술하였다. 후반부에서는 국내 연구에 다수 활용되고 있는 River2D의 지배방정식과 적용 사례에 대해 소개하였다.

1. 하천 해석 상용모형

1) 상용모형 개요

하천의 흐름과 하천 내 유입된 오염물질의 혼합은 편미분방정식의 형태를 갖는 수학적 방정식(지배방정식)과 초기조건 및 경계조건, 모의영역의 정의를 통해 해석할 수 있다. 그러나 수십~수백 km에 달하는 넓은 대상 영역과 복잡한 지형을 갖는 하천형상, 유량 및 수위의 시간적 변화 등을 고려한 흐름과 혼합 방정식의 풀이는 많은 숙련도와 전문성을 요구한다. 따라서 설계실무자, 의사결정자, 연구자 등 전문성에 차이가 있는 다양한 배경의 집단이 하천의 흐름 및 오염물질 혼합 해석을 위한 업무와 연구를 효율적으로 수행할 수 있도록 지원하기 위해 지배방정식 해석 알고리즘을 GUI(Graphic User Interface)를 통해 해석할 수 있도록 개발한 범용 소프트웨어를 상용모형이라고 한다. 즉, 상용모형은 GUI를 통하여 사용자가 모델의 설정, 해석 실행, 모의결과 시각화에 이르는 과정을 보다 쉽게 수행할 수 있도록 개발된 모형을 의미한다. 나아가 상용모형은 특정한 문제뿐만 아니라 다양한 상황에 대해 지배방정식의 풀이, 초기 및 경계조건의 설정, 매개변수의 결정, 모의영역의 정의가 가능하도록 넓은 적용성을 가지도록 개발되었다는 점이 특정 연구자 또는 연구 그룹이 전용으로 사용하는 사내모형(in-house model)과 다른 점이다. 이에 따라서 상용모형을 통해 프로그램의 사용자가 높은 숙련도를 갖는 전문가의 도움 없이도 원하는 문제를 정의하고 풀이할 수 있게 된다.

상용모형을 이용한 하천 흐름 및 수질 해석은 일반적으로 다음의 절차에 따라 수행된다.

① 모의영역 정의 및 계산 격자 생성
② 경계조건 및 초기조건 입력
③ 모형 매개변수 설정
④ 시뮬레이션 실행 및 결과 검토
⑤ 결과 시각화 및 분석

따라서 상용모형은 위 절차를 수월하게 수행할 수 있도록 개발되어야 한다. 표 9.1은 2차원 하천 흐름 해석, 오염물질 혼합 해석, 하천설계 등을 위해 실무 및 연구 분야에서 다양하게 활용되고 있는 상용모형을 정리한 표이다.

표 9.1 2차원 하천 흐름 및 오염물질 혼합 해석 상용모형

모형명	개발기관	흐름해석 기능	흐름해석 연계 기능
MIKE21	DHI	2D 자유수면 흐름, 범람 · 구조물 해석, 수심 · 유속 분포 계산	조류 확산, 오염사고 시나리오, ECO Lab 기반 수질반응 모의
TUFLOW	BMT WBM	고해상도 격자 기반 홍수 해석, 도시 · 하천 범람, 실시간 예측	비점오염 유출, 사고 유출, 간단한 수질 반응 모의
SMS	Aquaveo	다중 솔버 통합(ADH, FESWMS 등), 2D 수면 흐름, 구조물 영향 해석	수질 확산 모의
HEC-RAS 2D	USACE	2D 범람, 비정상 유동, 구조물 · 지형 처리	RAS-WQ 기반 오염물 · 온도 · DO 반응 모의
TELEMAC-2D	EDF R&D	유연망 기반 대규모 흐름, 불규칙 지형 처리, 병렬 연산 지원	오염물질 혼합 해석
River2D	University of Alberta	FEM 기반 2D 흐름 해석, 자유수면 흐름, 하상 및 구조물 영향 반영 가능	생태서식지 적합도 분석
RAMS	서울대학교	FEM 기반 흐름 해석, 자연하천 수치 모의, 하상변화 해석 가능	다양한 오염물질(유해화학물질, 조류, 부유사 등) 혼합 해석

각 상용모형은 기능적 특성과 적용 대상에 따라 고유한 장점과 한계가 있는데, MIKE 21, TUFLOW, SMS는 유료 소프트웨어로서 비교적 높은 라이선스 비용이 요구된다. MIKE 21은 덴마크 DHI에서 개발한 모델로, 하천 및 연안에서의 범람 해석, 수질오염 사고, 조류 및 영양염류의 확산 시뮬레이션 등에 활용된다. 국내에서는 환경부의 수질오염총량제 유역모형 구축, 다목적댐 하류 수질 예측 및 조류 확산 평가 등에서 주로 사용되고 있으며, 연안 흐름과 수질 해석 분야에서 활용 빈도가 높다. TUFLOW는 BMT에서 개발된 격자 기반 수리 해석 모델로, 도시지역 침수 해석과 고해상도 홍수 시뮬레이션에 적합하다. 국내에서는 도시 내 배수 체계 모델링을 위한 SWMM(Storm Water Management Model)과의 연계 해석에 활용되고 있으며, 재난영향평가, 비점오염 및 사고 유출물 확산 해석, 연안 방류 시뮬레이션 등의 기능도 지원하고 있다. SMS(Surface-water Modeling System)는 Aquaveo에서 개발한 통합 수치모형 플랫폼으로, MIKE 21, TUFLOW, HEC-RAS 등 다양한 외부 해석 엔진과 연동이 가능하다는 장점이 있다. 국내에서는 RMA2(유속 및 수심 해석), RMA4(오염물질 혼합 해석) 모듈을 중심으로 하천 구조물 설계, 수질오염 사고 시나리오 분석 등에 활용되어 왔다.

HEC-RAS 2D, TELEMAC-2D, River2D는 무료로 제공되는 공공 도메인 소프트웨어로, 접근성이 높고 많은 사용자 기반을 형성하고 있다. HEC-RAS는 미국 육군공병단(USACE)에서 개발되었으며, 국내에서는 하천기본계획 수립 및 재해영향성 평가 등에 활용되고 있다. 최근에 HEC-RAS 2D 기능의 도입을 통해 2차원 침수 해석 및 범람 모의로 적용 범위가 확대되고 있다. TELEMAC-

2D는 프랑스 EDF R&D에서 개발된 오픈소스 기반의 2차원 수치해석 모델로, 하천, 하구, 해안의 흐름 및 범람 해석에 적합하다. 특히 복잡한 경계조건, 비정상 유동, 불규칙 지형에 대한 해석 능력이 뛰어나며, WAQTEL 모듈과의 연계를 통해 오염물질의 이송-확산 및 수질 반응 해석이 가능하여 수질오염 사고, 조류 확산 분석에도 활용되고 있다. River2D는 캐나다 Alberta 대학에서 개발한 FEM 기반 2차원 흐름 해석 모델로, 생태서식지 적합성 분석(Habitat Suitability Index, HSI) 기능이 내장되어 있다. 오염물질 혼합해석 및 반응 모듈은 포함되어 있지 않지만, 수리해석 결과를 바탕으로 하천유지유량 분석, 생태적 하천 복원 설계 평가에 널리 활용된다.

RAMS는 서울대학교 환경수리학연구실에서 순수 국내기술을 기반으로 개발한 2차원 흐름 및 수질 해석모형이다(국토교통부, 2019). 자연하천의 복잡한 지형과 유동 특성, 다양한 오염물 주입 조건을 고려한 해석이 가능하며, 유해화학물질, 부유사, 조류 등의 이송 및 혼합을 통합적으로 해석할 수 있는 기능을 갖추고 있다. RAMS는 최근 SaaS(Software as a Service) 기반의 수질오염 사고 대응 시스템에 적용되어, 한국수자원공사의 취수원 보호 및 초기 대응 전략 수립을 지원하는 데 활용되고 있다.

2) HEC-RAS 2D모형

(1) 모형 개요

HEC-RAS 2D는 HEC-RAS(Hydrologic Engineering Center's River Analysis System)를 2차원으로 확장한 모형으로서, 사용자 친화적인 인터페이스와 무료 배포라는 장점을 바탕으로 도시 침수 해석과 하천 범람 분석 등 다양한 수리학적 문제에 폭넓게 활용되고 있다(USACE, 2023). HEC-RAS와 HEC-RAS 2D는 모두 미국 육군공병단의 수문공학센터(HEC)에서 개발한 HEC-2에 기반을 두고 있는데, HEC-2모형은 비정형 단면을 가진 하천의 수위를 계산할 수 있는 수치 해석 도구로서 1968년에 개발되었다. HEC-RAS는 기존의 HEC-2를 대체할 모형으로 1995년에 출시되었는데, 이 모형은 Windows 환경에서의 1차원 흐름 해석 기능을 본격적으로 제공하고 있다. 2차원 흐름 해석 기능의 개발을 위해 RMA(Resource Management Associates)와 협력하여 2016년에 개발한 것이 HEC-RAS 5.0이다. 이 모형에는 2차원 흐름 해석 기능이 본격적으로 도입되어 복잡한 유동 현상의 시뮬레이션이 가능해졌다. 이어서 2020년에 출시된 HEC-RAS 6.0은 2D 해석 기능이 더욱 고도화되었으며, 다양한 수문학적 분석 기능이 추가되어 모델의 활용 범위가 한층 확장되었다. 2025년에 출시된 HEC-RAS 6.7 Beta 3 모형은 파이프 네트워크 모델링 기능이 개선되어, 지표면 유동과 지하 배수 시스템 간의 상호작용을 보다 현실적으로 시뮬레이션할 수 있게 되었다.

HEC-RAS 2D는 출시된 이래 하천 흐름 해석, 제방 범람, 수공구조물의 영향 분석 등 다양한 수리학적 분석에 널리 활용되고 있다. HEC-RAS 2D는 비정형 격자 해석이 가능하다는 점에서, 복잡한 하천 지형과 도시 구조물을 보다 현실적으로 반영할 수 있는 장점이 있다. 2차원 흐름 해석 기능이 통합된 HEC-RAS 2D는 천수방정식을 기반으로 하고 있으며, 수면 변화와 흐름 분포를 시공간적으로 해석할 수 있다. 이를 통해 하천 흐름 해석뿐만 아니라 도시 침수 해석, 댐 붕괴 모의, 범람 해석 등 다양한 목적의 수리 분석이 가능하다. 특히 HEC-RAS 2D는 사용자 친화적인 그래픽 인터페이스와 GIS 기반의 지형자료 입력을 통해 직관적으로 수치모형의 구축 및 시뮬레이션 결과의 시각화를 수행할 수 있는 장점이 있다. 또한 다양한 경계조건 설정 기능과 구조물 모듈의 탑재를 통해 수리 현상을 보다 정밀하게 모의할 수 있다. HEC-RAS 2D의 또 다른 강점은 수문 경계조건, 유입 · 유출 조건, 수문, 보, 교량 등 복잡한 인공 구조물에 의한 유동 영향을 효과적으로 반영할 수 있다는 것이다. 이에 따라서 HEC-RAS 2D는 도시 지역의 복잡한 지형과 다양한 배수 체계를 정밀하게 구현할 수 있어서 도시 침수 해석 분야에서 유용한 도구로 활용되고 있다.

(2) 지배방정식 및 수치기법

HEC-RAS 2D는 천수방정식을 기반으로 자유수면 흐름을 해석한다. 해석에 사용되는 지배방정식은 아래와 같이 질량보존방정식(연속 방정식)과 운동량보존방정식으로 구성된다. 이를 2차원 형태로 표현하면 다음과 같다.

$$\frac{\partial h}{\partial t}+\frac{\partial (h\bar{u})}{\partial x}+\frac{\partial (h\bar{v})}{\partial y}=0 \tag{9.1a}$$

$$\frac{\partial (h\bar{u})}{\partial t}+\frac{\partial}{\partial x}(h\bar{u}^2+\tfrac{1}{2}gh^2)+\frac{\partial (h\bar{u}\bar{v})}{\partial y}=-gh\frac{\partial z_b}{\partial x}-\frac{\tau_{bx}}{\rho}+S_{fx} \tag{9.1b}$$

$$\frac{\partial (h\bar{v})}{\partial t}+\frac{\partial (h\bar{u}\bar{v})}{\partial x}+\frac{\partial}{\partial y}(h\bar{v}^2+\tfrac{1}{2}gh^2)=-gh\frac{\partial z_b}{\partial y}-\frac{\tau_{by}}{\rho}+S_{fy} \tag{9.1c}$$

여기서, h는 수심, $\bar{u}$와 $\bar{v}$는 x 및 y 방향 유속, z_b는 하상 표고, τ_b는 바닥 전단응력, S_f는 마찰 및 외력항을 의미한다.

HEC-RAS 2D는 유한체적법(Finite Volume Method)을 기반으로 수치해를 계산한다. 계산 격자로 삼각형과 사각형이 혼합된 비정형 격자를 사용할 수 있어 불규칙한 지형을 정밀하게 재현할 수 있다. 시간적 해석은 양해법(explicit method)에 기반하며, 계산 안정성을 고려해 CFL 조건을 만족하도록 자동 시간 간격 조절 기능을 제공한다. 플럭스 계산에는 고두노프(Godunov) 방법이나 로(Roe) 해법 등이 사용되며, 마름젖음 셀 처리(Wet/Dry Cell Handling) 기술을 통해 범람지나 제방 붕괴 시 발생하는 국지적 흐름 및 수심 변화도 안정적으로 모의할 수 있는 장점이 있다.

2. RAMS

1) RAMS 개요

RAMS는 2001년~2011년 수행한 21세기 프론티어 연구개발사업 "수자원의 지속적인 확보기술개발사업"과 2014년~2017년 국토교통과학기술진흥원의 물관리연구사업 "첨단기술 기반 하천계측 및 운영기술 개발" 연구를 통해 개발된 하천 해석 소프트웨어이다. RAMS는 수질오염사고 발생 시 하천관리자의 신속한 의사결정을 지원하기 위한 프로그램으로서, 복잡한 지형과 흐름 조건을 갖는 자연하천의 흐름과 오염물질의 혼합 해석을 위한 2차원 해석 소프트웨어이다. RAMS는 흐름 해석 모형인 HDM-2D, 수질 해석 모형인 CTM-2D, 입자분산 모형인 PDM-2D의 해석엔진 모듈과 이들을 연계하고 사용자의 편의를 도모한 그래픽 사용자 환경의 전후처리 모듈 GUI로 구성되어 있다(그림 9.1). RAMS는 홈페이지(www.magpiesoft.co.kr)에서 무료로 다운로드할 수 있다. 본 절에서는 각 해석엔진에 대한 지배방정식 및 알고리즘, 입력자료, 적용 사례에 대해 설명한다.

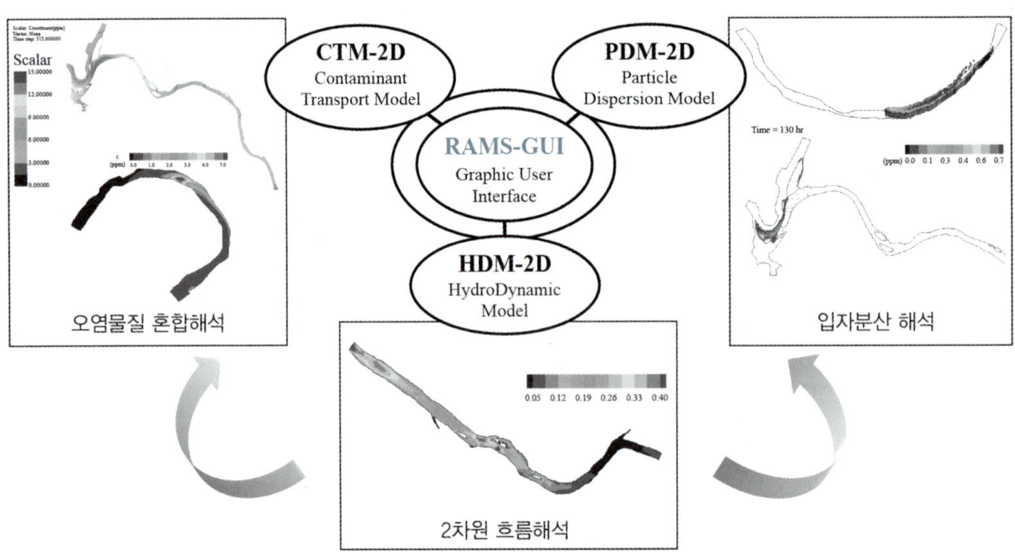

그림 9.1 RAMS 해석엔진 모듈 및 GUI 연계도

2) HDM-2D

(1) HDM-2D모형 개요

HDM-2D모형은 Hydro Dynamic Model-2D의 약어로 서울대학교 환경수리학연구실에서 2008년부터 개발되어 현재까지 기능을 확장하고 있는 범용 2차원 지표수 및 하천 흐름 해석 모형이다. HDM-2D는 유한요소법 기반 수치모형으로서 SU/PG 기법을 이용하여 자연하천에서 동수역학적인 흐름을 정확하고 효율적으로 해석할 수 있도록 개발되었으며, 나아가 오염물질의 이송-확산 해석을 위한 수치모형과도 연계가 가능하도록 개발되었다.

HDM-2D모형은 2차원 천수방정식을 기반으로 개발된 수치모형이지만, 하천 흐름의 3차원적 특성(이차류)을 고려하기 위하여 지배방정식에 분산응력항을 포함시켜 연직방향 유속분포를 수치모의에 반영하여 수평 2차원 천수흐름모형이 갖는 태생적인 한계점을 극복할 수 있도록 구축되었다. 나아가 모형의 지배방정식에 생성/소멸항을 추가하여 모의영역 중 특정 지점을 통해 물이 유입되거나 빠져나가는 현상을 재현할 수 있도록 하였다. HDM-2D모형은 하천 바닥이나 하안 벽면에서의 경계조건을 무활 조건, 부분활동 조건(Navier-slip 조건), 완전활동 조건 등으로 확장하여 처리함으로써 다양한 흐름 조건에 대한 유연한 모의가 가능하도록 설계되었다. 따라서 부분활동 경계조건을 선택하는 경우에는 하천 내에 설치되어 있는 구조물이나 하중도, 하안 경계면에서의 유속을 다양하게 조절할 수 있는 장점이 있다. 모의 영역의 상류단 경계에서 다양한 유속유입 조건(균일형, 포물선형, 베타분포 등)을 반영할 수 있도록 구축하여 자연하천 및 개수로에서의 흐름을 보다 정확하게 모의할 수 있도록 개발되었다.

HDM-2D모형은 마름젖음 발생 문제를 처리하기 위하여 한계수심기법을 도입하고 있으며, 전가속도(total acceleration) 기법을 도입하여 연직층을 사용자가 원하는 개수만큼 분할하고 연직방향 가속도를 고려할 수 있는 알고리즘을 탑재하여 기존 정수압 가정 기반 모형이 가지는 한계점을 극복하도록 설계되었다. HDM-2D모형에서 수치 적분은 Gauss 구적법을 이용하고 있으며, 지형에 따라 삼각망과 사각망을 혼용하여 사용할 수 있도록 하였다. 수치기법으로는 전통적인 Galerkin법과 이송이 지배적인 경우에 안정적인 해를 도출하는 SU/PG 기법 중 선택할 수 있도록 개발되었다. 이에 따라 SU/PG 기법을 적용하는 경우에는 상류, 천이류, 사류 흐름 문제를 안정적으로 모의할 수 있는 장점이 있다. 수치 연산의 최종 단계에서 대수방정식의 해는 프론탈기법을 이용하여 구하도록 구축되었다. HDM-2D모형은 사용자의 편의성을 증진시키기 위해 핫스타트(hot start) 기능을 도입하였으며, 시간차분 정도를 조정하기 위한 Theta법을 도입하여 사용자의 필요에 맞게 조정할 수 있도록 설계되었다. 또한 평활화(smoothing) 기법을 알고리즘에 반영하여 수심 모의결과에서의 수치 진동을 억제하도록 구축되었다. HDM-2D모형은 난류모델링 기법으로서 constant eddy viscosity, parabolic, Smagorinsky 방법 중 택일하여 적용할 수 있도록 구성되었다.

상술한 바와 같은 HDM-2D모형의 특장점을 기존의 흐름 해석 모형과 비교하여 표 9.2에 수록하였다. 이 표는 HDM모형의 소스 코드가 타 수치모형에 비해 범용성이 뛰어나며 다양한 계산영역이나 흐름 조건에서 정확하고 안정적인 모의가 가능하도록 개발되었음을 보여주고 있다.

표 9.2 HDM-2D와 기존 2차원 동수역학 모형의 비교

속성	RMA-2	TELEMAC-2D	CCHE2D	RAM2	HDM-2D
주요 사용처	US, Asia	Europe, Canada	US	Korea	Korea
개발	US Army Corps of Engineers	Laboratoire National d'Hydraulique, Paris	University of Mississippi	경북대학교	서울대학교
지배방정식	비보존형 천수방정식			보존형 천수방정식	비보존형 천수방정식
난류모형	Constant eddy viscosity	0, 1, 2 eq. models		–	Constant eddy viscosity, Parabolic, Smagorinsky 방법
수치기법	Galerkin	SU/PG or MOC	Efficient element method	SU/PG	Galerkin or SU/PG
시간 전진법	Fully-explicit quadratic app	Fractional step method	4th order Runge-Kutta	Theta-method	Theta-method
비선형항 처리	Newton-Raphson	Sub-iteration	velocity correction method	Newton-Raphson	Newton-Raphson
보간함수	수심은 선형 유속은 2차	선형 혹은 쌍선형	수심은 쌍선형 유속은 쌍이차형	선형, 2차형	선형 혹은 쌍선형
행렬저장	전체 행렬	요소별 저장	전체 행렬	전체 행렬	요소별 저장
매트릭스 솔버	프론탈	Conjugate gradient	SIP (Stone's method)	프론탈	프론탈
요소 형태	삼각망, 사각망 혼용	삼각 또는 사각망	사각망	삼각망, 사각망 혼용	삼각망, 사각망 혼용
천이류 및 사류 모의기능	X	O	X	O	O
이차류	N/A	N/A	N/A	N/A	분산응력 모형
고체경계면 조건	완전활동 조건	무활 조건, 완전활동 조건	Adjusting wall coefficient	완전활동 조건	무활 조건, 부분활동 조건 (Navier-slip 조건), 완전활동 조건
유입부 유속형상	균일형	균일형	균일형	균일형	포물선형, 베타분포형

(2) HDM-2D모형의 지배방정식과 수치연산기법

HDM-2D모형은 천수방정식을 이산화하기 위해 유한요소법을 사용함으로써 다른 수치기법에 비해 불규칙한 하천 지형을 효율적이고 정확하게 재현할 수 있는 장점을 가지고 있다. 수평 2차원 거동을 보이는 수체의 흐름 해석에 이용되는 HDM-2D모형의 지배방정식은 비보존형 천수방정식으로 다음과 같다.

$$\frac{\partial h}{\partial t} + h\nabla \cdot \mathbf{v} + \mathbf{v} \cdot (\nabla h) = 0 \tag{9.2}$$

$$\frac{\partial \mathbf{v}}{\partial t} + (\mathbf{v} \cdot \nabla)\mathbf{v} = -g\nabla(H+h) + \frac{1}{h}\nabla \cdot (h\nu\nabla\mathbf{v}) - \frac{gn^2}{h^{4/3}}\mathbf{v}\,\|\mathbf{v}\| \tag{9.3}$$

위 식에서 $\mathbf{v} = (u, v)$는 종 · 횡 방향 수심평균유속, g는 중력가속도, n은 조도계수, ν는 난류동점성계수, H는 기준선으로부터 하상까지의 거리, h는 수심을 나타낸다. 질량보존방정식인 식 (9.2)와 운동량보존방정식인 식 (9.3)에 유한요소법을 적용하여 이산화하는 과정과 세부적인 수치기법 등은 제7장에 상세하게 기술되어 있다.

(3) 입력자료와 매개변수

HDM-2D모형을 적용하여 하천에서의 동수역학적 흐름을 해석하는 경우 수치모형 구동을 위해 다양한 수문 및 수리 정보가 필요하다. HDM-2D모형을 적용함에 있어서 지형 입력자료 구축, 매개변수 결정, 모의결과 검증에 필요한 자료는 하천 지형자료, 유량, 유속, 수위 자료 등이며, 이를 정리하면 표 9.3과 같다. 이 표에 언급된 자료 중 일부는 미비한 경우에도 대체할 방법이 있으나 지형자료, 수위 및 유속 자료는 필수적으로 확보되어야 한다. 만약 초기조건에 대한 자료가 없는 경우에는 수치모형상에서 처리가 가능하고, 상 · 하류 경계조건은 홍수통제소의 수위자료 혹은 수위-유량곡선(rating curve)을 통해 추출할 수 있다. 그리고 동점성계수의 경우 모형 구동 과정에서 시행착오를 통해 역추적으로 찾아낼 수 있다. 그러나 하상 측량자료와 조도계수 추정을 위한 유속 및 수위 자료, 모의결과 검증을 위한 유속 및 수위 자료의 경우 실측자료가 없으면 수치모의를 수행하기 불가능하다. 따라서 수위와 유속의 종 · 횡 방향 분포 자료는 현장 계측 자료가 반드시 필요하다.

HDM-2D모형의 입력카드는 크게 6개 항목으로 구성된다. 지형 입력카드는 격자 구조와 절점의 위치, 표고 등의 공간 정보를 담고 있으며, 시간 설정 항목은 시간 간격, 반복 횟수, 정상 · 비정상 여부, 차분 방식 등을 정의한다. 초기 및 경계조건 항목에서는 초기 수위와 유속, 유량 및 수위 경계, 벽면 조건 등을 설정하며, 매개변수 카드에서는 조도계수, 난류계수 등 물리적 특성을 입력한다. 제어 조건 항목은 마름젖음 처리, 수심 진동 억제, 이차류 반영 등 수치 안정성을 위한 설정이고, 홍수

표 9.3 하천 수리해석을 위한 입력 및 검증 자료

구분	자료	설명		용도/처리
입력자료	지형자료	x, y, z 좌표 추출을 위한 횡단 측량 자료(DEM)		scatter point set 구성
		하천 경계 확인을 위한 수치지도 혹은 항공사진		
	초기조건	$t=0$에서 수위의 공간적 분포		초기수위 가정
	경계조건	상류 경계	유입 수문곡선	유량 반영
		하류 경계	수위	저류량 반영
	매개변수	조도계수(Manning n, Chézy C)		하상재료 및 식생분포 반영
		동점성계수		난류 특성 고려
수치모형 검증자료	수리량 측정자료	흐름방향	최심선을 따른 유속 및 수위	수리해석 결과의 신뢰성 입증
		하폭방향	횡방향 유속 및 수위	
		(수리)구조물 직상류에서의 선수파		
		흐름 차단에 의한 배수위 효과		

항목은 강우유입, 생성/소멸 조건, 개방경계 등을 지정해 홍수 모의를 수행한다. 입력카드 형태와 기능을 상세하게 살펴보면 다음과 같다.

① 지형

지형 입력카드(표 9.4)는 NP, GE, GN 카드로 구성되며, 해석 영역의 유한요소망 구조를 정의한다. NP 카드는 전체 절점 수(NNODE)와 요소 수(NEMT)를 입력하며, GE 카드는 각 요소의 번호와 해당 요소를 구성하는 절점 번호, 물성치 번호(MATPROP)를 지정한다. GN 카드는 절점 번호별로 x좌표(XC), y좌표(YC), 표고(BT)를 입력하여 해석 영역의 실제 지형을 반영한다.

② 시간 설정

시간 설정 입력카드(표 9.5)는 TC, THE, IC, END 카드로 구성되며, 수치해석의 시간축 전개 방식과 반복 조건을 정의한다. TC 카드는 시작 타임스텝(JSTART_STEP), 시간 간격(DELT), 총시간 단계 수(NTIME), 해석 유형(정상/비정상)을 설정한다. THE 카드는 시간차분 방식의 음해 정도(THETA)를 지정하고, IC 카드는 반복 계산의 최대 횟수(MAX_NUM_IT)와 수렴 기준(DEP_CONV)을 입력한다. 마지막으로 END 카드는 비정상 모의 시 조건 입력 종료 시점을 나타내는 시간 단계(IPSTEP)를 설정한다.

표 9.4 지형파일(확장자 .rgo) 입력카드 설명

NP			총절점 수와 요소 수
위치	변수명	값(포맷)	
Col. 1~2	C1	NP	카드이름(식별자)
Col. 3	C2	E	카드이름(식별자)
1	NNODE	*	총절점 수
2	NEMT	*	총요소 수
GE			**요소 정보**
위치	**변수명**	**값(포맷)**	
Col. 1~2	C1	GE	카드이름(식별자)
1	IEMTNUM	*	요소 번호
2~5	(NODEASS(IEMTNUM,J),J=1,4)	*	요소를 구성하는 절점 번호
6	MATPROP(IEMTNUM)	*	물성치 구분 번호
GN			**절점 정보**
위치	**변수명**	**값(포맷)**	
Col. 1~2	C1	GN	카드이름(식별자)
1	NODENUM	*	절점 번호
2	XC(NODENUM)	*	x좌표
3	YC(NODENUM)	*	y좌표
4	BT(NODENUM)	*	표고

③ 초기 및 경계조건

초기 및 경계조건 입력카드(표 9.6)는 CL, VES, HOT, BQL, DEG, WBC, BED, VBC, BHL 카드로 구성되며, 유동장의 초기 상태와 경계조건을 설정한다. CL 카드는 유량 또는 수위 경계, 벽면 조건이 부여될 노드스트링 정보를 정의하고, VES 카드는 x, y방향 초기유속(UI, VI)을 입력한다. HOT 카드는 콜드스타트(cold start) 또는 핫스타트(hot start) 여부를 설정하며, BQL 카드는 유량 경계조건을 적용할 노드스트링 번호와 유량(PREQL), 수위(BQL_WS)를 입력한다. DEG 카드는 유입흐름 방향의 각도를 지정하고, WBC 카드는 벽면 경계의 동작 조건을 설정한다. 또한 BED와 VBC 카드는 유입 유속의 공간 분포 형태를 정의하며, BHL 카드는 수위 경계조건을 부여할 노드스트링 번호와 수위 값을 입력한다.

표 9.5 시간 설정 관련 입력카드 설명

<table>
<tr><th colspan="3">TC</th><th rowspan="2">시간 제어</th></tr>
<tr><th>위치</th><th>변수명</th><th>값(포맷)</th></tr>
<tr><td>Col. 1~2</td><td>C1</td><td>TC</td><td>카드이름(식별자)</td></tr>
<tr><td>1</td><td>JSTART_STEP</td><td>*</td><td>시작 시간의 타임스텝</td></tr>
<tr><td>2</td><td>DELT</td><td>*</td><td>시간 간격</td></tr>
<tr><td>3</td><td>NTIME</td><td>*</td><td>시간 간격 수</td></tr>
<tr><td rowspan="4">4</td><td rowspan="4">IOPTSU</td><td>0</td><td>정상 모의</td></tr>
<tr><td>1</td><td>비정상 모의</td></tr>
<tr><td>2</td><td>정상 모의에 의한 해를 초기값으로 하여 비정상 모의 수행</td></tr>
<tr><td>3</td><td>준부정류(quasi-unsteady) 모의</td></tr>
<tr><th colspan="3">THE</th><th rowspan="2">시간차분 음해 정도 결정</th></tr>
<tr><th>위치</th><th>변수명</th><th>값(포맷)</th></tr>
<tr><td>Col. 1~2</td><td>C1</td><td>TH</td><td>카드이름(식별자)</td></tr>
<tr><td>Col. 3</td><td>C2</td><td>E</td><td>카드이름(식별자)</td></tr>
<tr><td>1</td><td>THETA</td><td>*</td><td>0.0부터 1.0까지 시간차분 음해 정도 결정(권장값: 1.0)
0.0: Euler법
0.5: Crank-Nicolson법
0.66: Galerkin법
1.0: 완전음해법</td></tr>
<tr><th colspan="3">IC</th><th rowspan="2">반복(Iteration) 관련 설정</th></tr>
<tr><th>위치</th><th>변수명</th><th>값(포맷)</th></tr>
<tr><td>Col. 1~2</td><td>C1</td><td>IC</td><td>카드이름(식별자)</td></tr>
<tr><td>1</td><td>MAX_NUM_IT</td><td>*</td><td>최대 반복횟수</td></tr>
<tr><td>2</td><td>DEP_CONV</td><td>*</td><td>수심의 수렴 정도에 관한 변수로 공차를 입력</td></tr>
<tr><th colspan="3">END</th><th rowspan="2">종료식별카드</th></tr>
<tr><th>위치</th><th>변수명</th><th>값(포맷)</th></tr>
<tr><td>Col. 1~2</td><td>C1</td><td>EN</td><td>카드이름(식별자)</td></tr>
<tr><td>Col. 3</td><td>C2</td><td>D</td><td>카드이름(식별자)</td></tr>
<tr><td>1</td><td>IPSTEP</td><td>*</td><td>비정상 모의 시 IPSTEP번째 시간 간격에서의 모의 조건 입력 종료</td></tr>
</table>

표 9.6 초기 및 경계조건 제어 관련 입력카드 설명

CL			상하류단 경계조건 및 벽면 조건 할당을 위한 노드스트링 정보
위치	변수명	값(포맷)	
Col. 1~2	C1	CL	카드이름(식별자)
	ICL	*	1부터 전체 노드스트링 개수까지 차례로 증가하는 정수형 변수
1	NUMBER_CL(ICL)	*	노드스트링 번호
2	NOCL(ICL)	*	노드 개수
3~	(NODESTRCL(ICL,J), J = 1,NOCL(ICL))	*	노드 번호 나열
VES			**초기 유속**
위치	**변수명**	**값(포맷)**	
Col. 1~2	C1	VE	카드이름(식별자)
Col. 3	C2	S	카드이름(식별자)
1	UI	*	x방향 초기 유속
2	VI	*	y방향 초기 유속
HOT Card			**Cold start / hot start 선택 카드**
위치	**변수명**	**값(포맷)**	
Col. 1~2	C1	HO	카드이름(식별자)
Col. 3	C2	T	카드이름(식별자)
1	IHOT_ON_OFF	0	Cold start
		1	hot 파일로부터 hot start 유속장을 입력받아 진행
BQL			**유량입력**
위치	**변수명**	**값(포맷)**	
Col. 1~2	C1	BQ	카드이름(식별자)
Col. 3	C2	L	카드이름(식별자)
	IQL	*	1부터 유량 경계조건의 개수까지 차례로 증가하는 정수형 변수
1	NNQL(IQL)	*	NNQL(IQL)번째 노드스트링
2	PREQL(IQL)	*	NNQL(IQL) 노드스트링에 부여된 유량값
3	BQL_WS	*	유량 경계조건에 부여할 수위(면적 계산에 필요하므로)

(계속)

DEG			유입흐름부의 각도
위치	변수명	값(포맷)	
Col. 1~2	C1	DE	카드이름(식별자)
Col. 3	C2	G	카드이름(식별자)
1	NNDEG(IDL)	*	노드스트링 번호
2	PREDEG(IDL)	*	유량 경계조건을 부여하는 NNDEG(IDL) 노드스트링과 유입흐름이 이루는 각도(0인 경우 직각 유입)

WBC			벽면 경계조건 결정
위치	변수명	값(포맷)	
Col. 1~2	C1	WB	카드이름(식별자)
Col. 3	C2	C	카드이름(식별자)
1	NVBC	0	균일유속분포를 가지는 활동 조건
		1	무활 조건
		2	부분활동 조건
		3	활동+무활 조건
		4	활동+부분활동 조건
		5	선형분포를 가지는 활동 조건

BED			베타함수 유입유속 조건 부여	
위치	변수명	값(포맷)		
Col. 1~2	C1	BE	카드이름(식별자)	
Col. 3	C2	D	카드이름(식별자)	
1	BD_ALPHA	*	alpha 값	alpha = beta: centered alpha>beta: right skewed alpha<beta: left skewed
2	BD_BETA	*	beta 값	

VBC			유입 경계조건 입력 시 유속분포 결정
위치	변수명	값(포맷)	
Col. 1~2	C1	VB	카드이름(식별자)
Col. 3	C2	C	카드이름(식별자)
1	NVBC	0	균일형
		1	Top-hat
		2	포물선형
		3	베타함수
		4	선형

BHL			수위입력
위치	변수명	값(포맷)	
Col. 1~2	C1	BH	카드이름(식별자)
Col. 3	C2	L	카드이름(식별자)
	IHL	*	1부터 수위 경계조건의 개수까지 차례로 증가하는 정수형 변수
1	NNHL(IHL)	*	(IHL)번째 노드스트링
2	PREHL(IHL)	*	NNHL(IHL) 노드스트링에 부여된 수위값

④ 매개변수

매개변수 입력카드(표 9.7)는 EDD와 JRN 카드로 구성되며, 유동 해석에 필요한 난류 및 조도 특성을 설정한다. EDD 카드는 물성치 번호(IEDDY)별로 x방향(EDDY_xx), y방향(EDDY_yy) 그리고 교차방향(EDDY_xy) 난류동점성계수를 텐서 형태로 입력하여 공간에 따른 점성 특성을 정의한다. JRN 카드는 조도계수 유형을 Manning 또는 Chézy 방식으로 선택(IBTF_TYPE)하고, 각 물성치 번호에 대응되는 조도값(ROUGHNESS)을 지정하여 바닥 마찰효과를 반영한다.

표 9.7 매개변수 설정 관련 입력카드 설명

EDD			난류동점성계수 할당
위치	변수명	값(포맷)	
Col. 1~2	C1	ED	카드이름(식별자)
Col. 3	C2	D	카드이름(식별자)
	IEDDY		1부터 전체 물성치(material type) 개수까지 차례로 증가하는 정수형 변수
1	NEDDY(IEDDY)	*	물성치 번호 식별
2	EDDY_xx(IEDDY)	*	xx방향 난류동점성계수
3	EDDY_xy(IEDDY)	*	xy(=yx)방향 난류동점성계수
4	EDDY_yy(IEDDY)	*	yy방향 난류동점성계수
JRN			조도계수 할당
위치	변수명	값(포맷)	
Col. 1~2	C1	JR	카드이름(식별자)
Col. 3	C2	N	카드이름(식별자)
1	IBTF_TYPE	1	Manning type bottom friction
		2	Chézy type bottom friction
2	IJRN		1부터 전체 물성치(material type) 개수까지 차례로 증가하는 정수형 변수
3	NJRN(IJRN)	*	물성치 번호 식별
4	ROUGHNESS(IJRN)	*	물성치 번호 NJRN(IJRN)의 조도계수

⑤ 제어 조건

제어 조건 입력카드(표 9.8)는 ADI, SCH, SCE, WAD 카드로 구성되며, 수치 해석의 안정성과 물리적 재현성을 향상시키기 위한 보정 기능을 설정한다. ADI 카드는 수심 결과의 진동 억제를 위한 옵션을 지정하며(NADI), 반복 횟수(MASSAGE_NUMBER)를 설정해 내삽 안정화를 수행한다.

SCH 카드는 가중함수 적용 방식을 선택하며(NSCHEME), Galerkin 기법 또는 SU/PG 기법 중 선택할 수 있다. SCE 카드는 이차류 효과 반영 여부를 설정하고(NSCE), WAD 카드는 마름젖음 알고리즘 적용 여부(NWAD), 마름 수심 기준(DRY), 수심 급변 방지값(DEPTH_QUENCH) 등을 지정하여 마름 영역에서의 수치 불안정을 방지한다.

표 9.8 제어 조건 관련 입력카드 설명

ADI			수심진동을 억제하기 위한 선택 옵션
위치	변수명	값(포맷)	
Col. 1~2	C1	AD	카드이름(식별자)
Col. 3	C2	I	카드이름(식별자)
1	NADI	0	수심 모의 결과값을 그대로 표출
		1	수심 모의 결과값을 내삽하여 진동 억제
2	MASSAGE_NUMBER	*	진동 억제 알고리즘 iteration 수 할당
SCH			**가중함수 결정**
위치	**변수명**	**값(포맷)**	
Col. 1~2	C1	SC	카드이름(식별자)
Col. 3	C2	H	카드이름(식별자)
1	NSCHEME	0	Galerkin 기법
		1	SU/PG 기법
SCE			**이차류 반영 유무**
위치	**변수명**	**값(포맷)**	
Col. 1~2	C1	SC	카드이름(식별자)
Col. 3	C2	E	카드이름(식별자)
1	NSCE	0	일반 형태의 천수방정식
		1	분산응력항을 포함한 천수방정식
WAD Card			**마름젖음 제어**
위치	**변수명**	**값**	
Col. 1~2	C1	WA	카드이름(식별자)
Col. 3	C2	D	카드이름(식별자)
1	NWAD	0	마름젖음 알고리즘 미반영
		1	마름젖음 알고리즘 반영
2	DRY	*	마름으로 간주하여 부여되는 수심
3	DEPTH_QUENCH	*	마름 발생 절점에서 비물리적인 고유속 발생 제어를 위한 변수

⑥ 홍수모의

홍수모의 입력카드(표 9.9)는 RAI, EGR, OPB 카드로 구성되며, 강우유입, 생성/소멸, 개방경계조

표 9.9 **홍수모의 관련 입력카드 설명**

RAI			강우강도(Rainfall Intensity) 반영
위치	변수명	값(포맷)	
Col. 1~2	C1	DI	카드이름(식별자)
Col. 3	C2	R	카드이름(식별자)
1	K_RAINFALL_INTENSITY_ON_OFF	0	OFF(EGR 항 포함)
		1	ON(EGR 항 제외하고 연속방정식에 강우강도 I가 포함된 식으로 풀이)
2	K_RAINFALL_INTENSITY_MATERIAL	*	K_RAINFALL_INTENSITY_ON_OFF=1을 부여할 물성치 번호
3	RAINFALL_INTENSITY_VALUE	*	강우강도(mm/h)
EGR			**생성/소멸 제어 카드**
위치	**변수명**	**값(포맷)**	
Col. 1~2	C1	EG	카드이름(식별자)
Col. 3	C2	R	카드이름(식별자)
1	IEGR	*	IEGR번째 생성/소멸을 부여할 물성치 번호
2	NSS_Switch(IEGR)	0	IEGR번째 생성/소멸항 off
		1	IEGR번째 생성/소멸 진행 중
		2	IEGR번째 생성/소멸 진행 종료 알림
3	ExGrRat(IEGR)	*	IEGR번째 생성/소멸률(양: 생성/음: 소멸)
4	SS_DEPTH(IEGR)	*	IEGR번째 생성/소멸 부여 위치의 수심
OPB Card			**Open boundary 설정**
위치	**변수명**	**값**	
Col. 1~2	C1	OP	카드이름(식별자)
Col. 3	C2	B	카드이름(식별자)
1	IOPB_CL_NUMBER	*	개방경계면 조건을 부여할 CL 넘버
2	NOPB_TYPE(IOPB_CL_NUMBER)	*	IOPB_CL_NUMBER에 대응할 개방 경계조건 타입 부여 1: 수심 지정 2: NORMAL VECTOR 지정(방향성 미고려) 3: OUTFLOW NORMAL VECTOR 지정(외측 방향으로 벡터 정렬)

건 등을 설정하여 실제 홍수 상황을 모의한다. RAI 카드는 강우강도 적용 여부(K_RAINFALL_INTENSITY_ON_OFF), 적용 대상 물성치 번호(K_RAINFALL_INTENSITY_MATERIAL), 강우량 값(RAINFALL_INTENSITY_VALUE)을 입력한다. EGR 카드는 특정 물성치에 대해 물의 생성 또는 소멸을 제어하며, 생성/소멸 여부(NSS_Switch), 생성/소멸률(ExGrRat), 적용 수심(SS_DEPTH) 등을 설정한다. OPB 카드는 개방경계에 대한 조건을 부여하는데, 노드스트링 번호(IOPB_CL_NUMBER)와 개방경계 유형(NOPB_TYPE)을 입력하여 수심 지정, 벡터 방향 지정 등 다양한 경계조건을 구현할 수 있다.

(4) HDM-2D모형 실행

HDM-2D모형의 구동은 다음의 절차를 따라서 수행된다.

① 지형자료 구축을 위하여 요소 및 노드 정보를 포함하는 지형파일인 '파일명.rgo'를 HDM-2D모형 내에서 불러들인 후 모의 관련 정보를 입력하여 파일을 생성한다.

② 불러온 지형자료에 Create Nodestring 명령을 통해 상하류에 유량과 수위 조건이 부여될 절점을 지정하고, Assign BC를 통해 경계조건을 입력한다. Boundary Condition에서는 상류(Subcritical Flow)와 사류(Supercritical Flow) 조건을 선택하는 메뉴가 있고, 이에 따라 상류와 하류 경계에서의 유량과 수위를 입력하는 항목이 활성화된다.

③ Boundary Condition 지정을 마치면 HDM-2D 탭에서 Model Control을 설정할 수 있다. 정상류(Steady) 혹은 비정상류(Unsteady), Galerkin 또는 SU/PG 수치기법, 마름젖음, 수심 진동 억제, 유입부 유속분포 부여 기술 등의 옵션을 설정할 수 있다. 기존 상용 흐름 해석 모형의 경우 상류단 경계조건으로 유량을 입력하면 이를 각 절점에 등분배하여 균일한 유입유속 조건을 부여하지만, 실제 유입부 유속은 횡방향으로 다양한 형태를 지니기 때문에 전술한 바와 같이 HDM-2D에서는 유입부 유속분포를 다양한 형태로 선택하여 모의를 수행할 수 있다. 이후 Data 탭의 Material Properties을 통해 지형자료 내 Material에 대한 물성치 지정과 더불어 점성계수, 조도계수 등을 설정할 수 있다. Node 탭을 통해서는 Node의 ID와 x좌표와 y좌표, z좌표를 확인할 수 있다.

그림 9.2는 수로 흐름, 침수 흐름, 심층 해석의 세 가지 모듈별 기능 명세를 제시한 것이다. 수로 흐름 해석 모듈은 정상류, 준부정류, 부정류 등 다양한 시간모의 옵션에서 구동되며, 유입 경계 유속분포, 유량 · 수위 조건 조합, 천이류 · 사류 해석 등이 가능하다. 침수 흐름 해석 모듈은 시공간적으로 급변하는 흐름 양상을 반영하기 위해 부정류만을 대상으로 하며, 내수 침수와 외수 범람과 같은 도시 침수 현상을 모의한다. 심층 해석 모듈을 활용하면 이차류 효과 반영, 구조물 경계면의 흐름조

	수로 흐름 해석 모듈	침수 흐름 해석 모듈	심층 해석 모듈
시간 제어	• 정상류 • 준부정류 • 부정류	• 부정류	• 정상류 • 준부정류 • 부정류
일반 기능	• 마름젖음 현상 해석 • Hot Start 기능 • 수심 진동 억제 • 시간차분 정도 조정 • 생성/소멸 기작 • 수치기법 선택(Galerkin, SU/PG)		• 난류동점성계수 모델링 (Constant, Parabolic, Smagorinsky)
모듈 특화 기능	• 유입 경계부 유속분포 형상 입력 • 유량/수위 경계조건 조합 • 천이류/사류 해석	• 내수침수 • 외수범람	• 분산응력법에 의한 이차류 영향분석 • 내부 경계조건 부여 • 댐붕괴류 해석 • 전가속도법에 의한 3차원 흐름해석

그림 9.2 HDM-2D모형의 모듈별 기능 비교 및 특성

건 부여, 댐 붕괴류 모의, 연직방향 유속해석 등 다양한 흐름 현상을 정밀하게 예측할 수 있다.

HDM-2D모형은 GUI와의 연계를 고려하여 지형 및 모의 조건 입력카드를 구성하였으므로 모형의 확장성과 연계성의 측면에서 범용성이 있다. 지형제작의 경우 RAMS-GUI뿐만 아니라 상용소프트웨어인 SMS, EFDC, QGIS 등을 이용하여 격자망을 생성할 수 있는 장점이 있으며, 모의 조건 입력카드를 자유롭게 구성하여 사류흐름 모의를 위한 경계조건 부여, 특정 모의영역에서의 무활 조건 입력, 초기유속 및 수위 조건 부여 등 다양한 조건을 반영할 수 있다.

(5) HDM-2D모형 모의사례

① 모의영역 및 경계조건

HDM-2D모형의 모의사례로 채택한 대상 영역은 그림 9.3과 같이 수도권의 주요 수원인 팔당호이며, 북한강, 남한강, 경안천이 유입되는 구간이다. 본 모의사례에서는 남한강의 경우에 이포보까지 모의영역으로 포함시켜 남한강에서의 하천 흐름 거동을 상세하게 분석할 수 있도록 하였다. 이에 따라서 남한강은 이포보의 방류량을 유입 유량으로 입력하였으며, 북한강은 청평댐 방류량을 경계 유입 유량으로 입력하고 경안천의 경우에는 서하보의 유량을 경계조건으로 하였다. 이 대상 영역은 청평댐의 발전방류로 인해 북한강으로 간헐적 방류가 이루어지고 있으며, 경안천의 유량은 다른 하천에 비해 작은 특징이 있다.

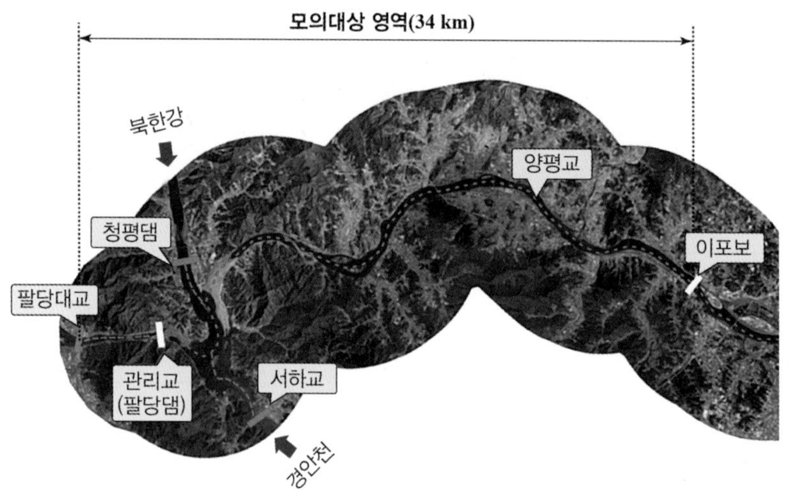

그림 9.3 HDM-2D 모의대상 영역

② 지형자료 구축

HDM-2D모형 구동을 위한 지형자료 구축은 RAMS-GUI를 이용하거나 SMS(Surface water Modelling System) 모형을 이용하여 수행된다. SMS 모형을 이용하는 경우 그림 9.4와 같이 HEC-RAS에서 횡단면의 위치와 측량자료(geometry), 하천중심선 데이터를 .sdf 형태의 파일로 내보내야(export)한다. 이 파일에서 하천중심선은 CL, 횡단면은 XSEC 카드로 출력되며 2차원 수리 모델링을 진행하기 위해 XSEC 적용 범위(coverage)를 켜서 횡단면의 표고 데이터를 산포형(scatter) 데이터로 변환하는 과정이 필요하다. 변환된 횡단면 산포형 데이터를 바탕으로 하천의 선형을 구축한 뒤, 삼각화(triangulation) 옵션을 통해 지표면을 확인하고, 초기 지형에서 산포형 데이터 세트를 기준으로 수직벽과 같은 부분을 제거한다. 이후 특징점(feature point)과 특징호(feature arc)를 이용해 지형자료의 외곽선을 구성하고, 이를 바탕으로 2차원 격자(2D mesh)를 생성할 수 있다.

RAMS-GUI를 이용하는 경우 그림 9.5와 같이 HEC-RAS 지형파일(.g01)을 별도의 변환 절차 없이 사용할 수 있다. 원하는 좌표계를 선택한 뒤 하천 중심선과 횡단면 정보를 불러오고(load), 제방위치(bank station)를 기준으로 지형의 외곽선을 다각선(polyline)으로 구성한다. 이후 횡단면 정보를 선형 보간(linear interpolation)하여 하상 자료를 반영한 후 이를 기반으로 2차원 격자를 생성한다. 따라서 RAMS-GUI를 이용하면 SMS보다 더 효율적으로 지형을 구성할 수 있다.

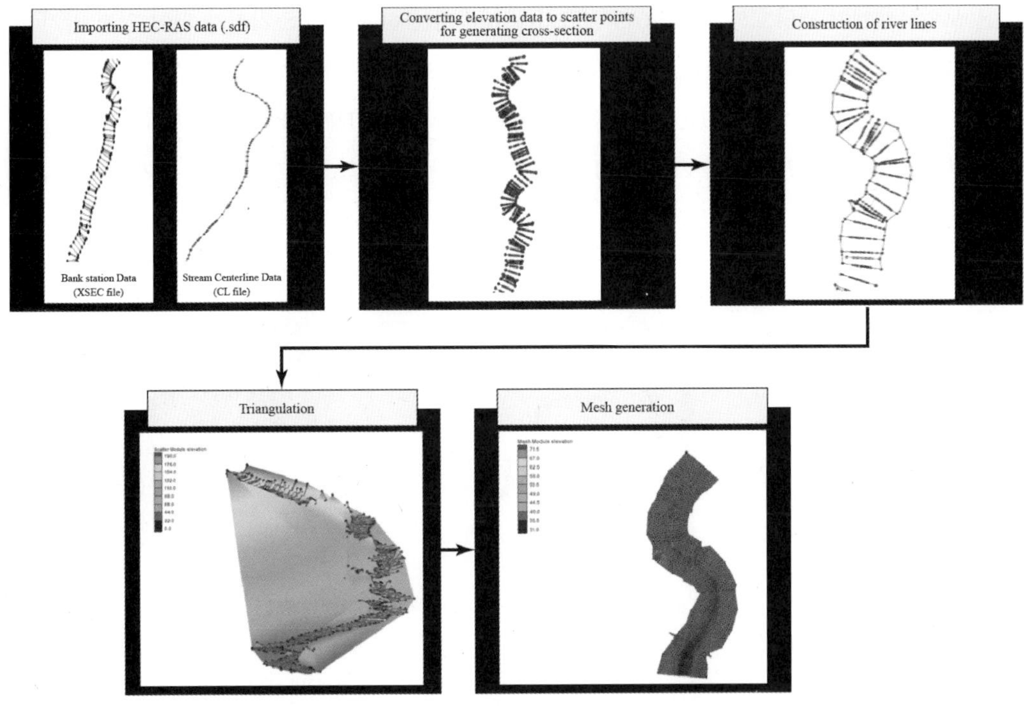

그림 9.4 SMS 모형을 이용한 하천 지형 구축

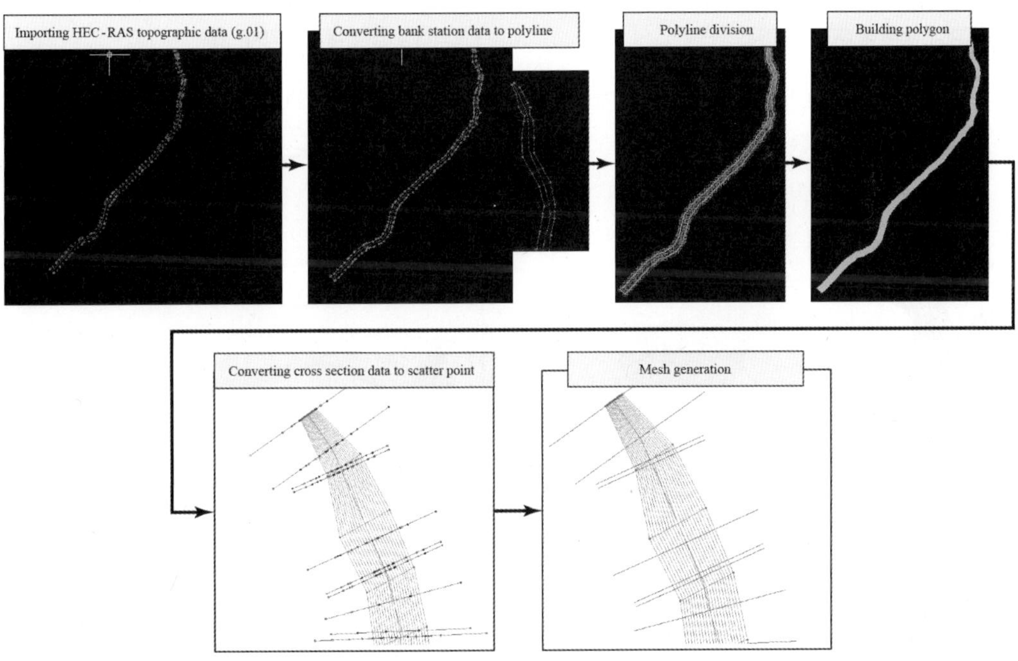

그림 9.5 RAMS-GUI를 이용한 하천 지형 구축

본 모의사례에서 팔당호의 HEC-RAS 자료가 존재하기는 하지만 GIS 처리가 되어 있지 않기 때문에 그림 9.6과 같이 지리 참조(geo-referencing)를 통해 실제 하천의 평면 형상을 반영하였다. 따라서 좌표체계가 정의되어 있는 하천 중심선 자료를 활용하여 HEC-RAS 단면 자료의 좌표를 재정의해야 하므로 지표면 정보를 가지고 있는 DEM 자료와 HEC-RAS 단면 자료를 연계하여 하천의 형상과 하중도, 좌우안 경계 등을 반영한 그림 9.7과 같은 정밀한 지형격자를 구축하였다.

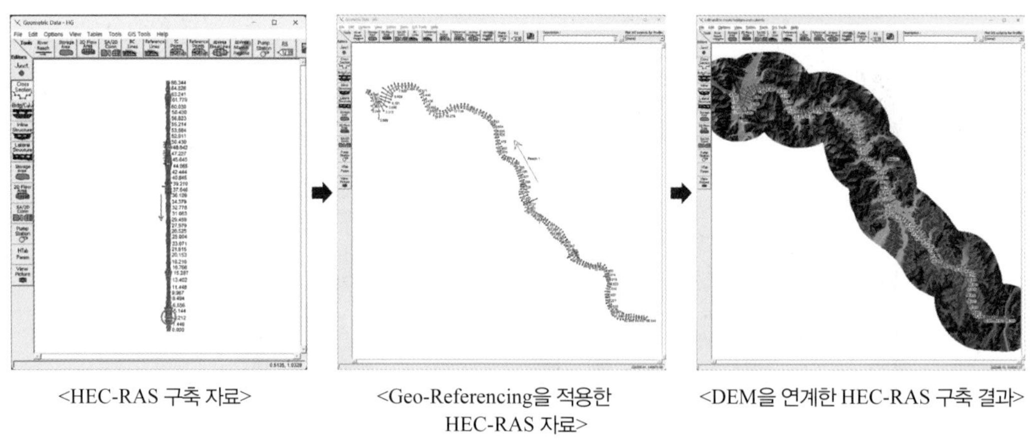

그림 9.6 RAS 횡단 측량자료의 지리 참조 과정

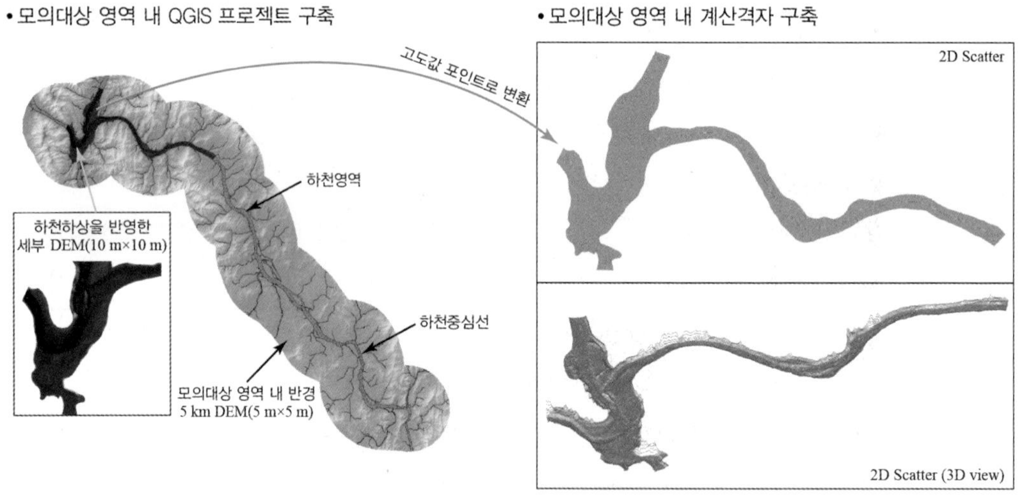

그림 9.7 지형 생성을 위한 DEM 자료의 도입

이 과정에서 1D 하상 자료와 2D DEM 자료를 모두 사용하여, 하천 바닥과 수변지역의 경계를 결합하여 정밀하게 처리하여야 올바른 지형격자를 구축할 수 있다. DEM 자료는 하천 단면 정보가 포함되어 있지 않으므로 구축되어 있는 HEC-RAS 1D 단면 정보를 선형보간하여 DEM 자료에 반영하였고, 최종적으로 하천 단면 정보가 포함된 DEM 자료를 2차원 흐름해석 격자에 활용하였다.

③ 입력자료 구성

본 모의사례는 2023년 풍수기를 대상으로 하였으며, 모의에 활용된 HDM-2D모형의 실행제어 파일을 표 9.10에 수록하였다.

표 9.10 팔당호 모의에 활용된 실행제어파일(좌)과 카드 설명(우)

실행제어파일	카드 설명
TC 0.00000000 1.0000000 337 3	시간제어 - 시작시간, 시간간격, 타임스텝, 준부정류 모의
CL 1 7 1 2 3 4 5 6 7	상류단 경계 1 북한강 유입경계 절점
CL 2 6 3424 3419 3420 3421 3422 3425	상류단 경계 2 남한강 유입경계 절점
CL 3 6 1961 1962 1973 1974 1975 1983	상류단 경계 3 경안천 유입경계 절점
CL 4 5 1795 1793 1792 1791 1790	하류단 경계 1 팔당호 수위경계 절점
CL 5 1027 2751 2759 2766 2773 2779	좌우안 경계 절점
ADI 1 2	수심 진동 제어
SCH 0	수치기법 - Galerkin
VBC 0	유입유속 경계조건 - uniform
THE 1.00000000	시간차분 정도 - 완전음해법
IC 12 0.0100000	해의 수렴 판단을 위한 수심 수렴정도 기준
VES 0.0000000 0.00000000	초기 유속값 입력 - 0으로 설정
EDD 1 0.1 0.1 0.1	난류동점성계수 - 0.1 m^2/s
TUO 0	난류 모형 선택 옵션 - 상수로 입력
HOT 0	핫 스타트 적용 여부 - 미적용
JRN 2 1 0.02500000	거칠기 계수 - 0.025
WAD 1 0.001 4.0	마름젖음 옵션 - 마름 수심 1 mm
DEG 1 249.48610727	상류단 경계 1의 유량 유입 각도
DEG 2 101.29308642	상류단 경계 2의 유량 유입 각도
DEG 3 88.66532782	상류단 경계 3의 유량 유입 각도
BQL 1 0 20.0	상류단 경계 1의 유량값
BQL 2 136.62 22.0	상류단 경계 2의 유량값
BQL 3 4.84 23.2	상류단 경계 3의 유량값
BHL 4 24.97	하류단 경계 1의 수위값
END 1	타임스텝 1 종료
BQL 1 0 20.0	상류단 경계 1의 유량값
BQL 2 159.12 22.0	상류단 경계 2의 유량값
BQL 3 4.84 23.2	상류단 경계 3의 유량값
BHL 4 24.97	하류단 경계 1의 수위값
END 2	타임스텝 2 종료
....	....
BQL 1 72.63 20.0	상류단 경계 1의 유량값
BQL 2 867.96 22.0	상류단 경계 2의 유량값
BQL 3 8.55 23.2	상류단 경계 3의 유량값
BHL 4 24.93	하류단 경계 1의 수위값
END 337	타임스텝 337 종료

그림 9.8은 모의기간 동안 상하류단 경계에서의 유량 및 수위 조건을 나타낸다. 남한강의 유량은 처음 4일간은 800 m^3/s 이상으로 비교적 높았으나 이후 200 m^3/s 정도로 떨어졌다. 북한강은 청평댐에서의 발전방류로 인해 간헐적 방류가 이루어지고 있으며, 경안천의 유량 변화는 비교적 안정적인 상태를 유지하고 있다. 팔당댐의 수위는 El. 24.85 m부터 El. 25.05 m 사이에서 변동하고 있다.

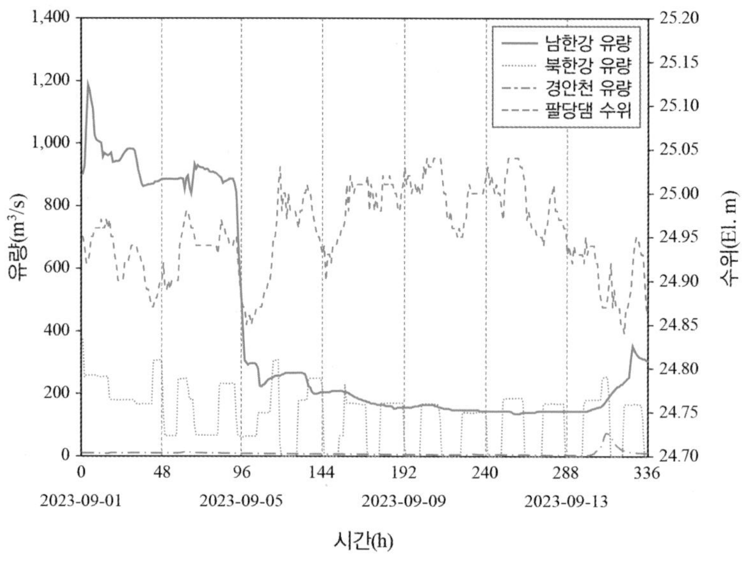

그림 9.8 2023년 9월 1일~14일 모의 경계조건

④ 모의결과

그림 9.9는 시간에 따른 모의결과의 일부를 도시한 것이다. 이 그림은 전체 대상영역의 등수심도와 주요 관심 구역인 팔당호 합류부(A구역)와 남한강 B구역에서의 유속벡터를 나타내고 있다. 준부정류 모의를 수행하였기 때문에 14일의 모의기간 동안 유속이 크게 변하고 있다. $t = 24$ h인 경우 발전방류의 영향으로 북한강 유량이 크기 때문에 $t = 96$ h인 경우보다 팔당호의 유속이 전반적으로 빠르게 나타났으며 팔당호로 유입되는 유속 벡터가 시계방향으로 꺾여 들어왔다. 따라서 팔당호의 유속분포는 북한강의 청평댐 방류량에 의해 크게 영향을 받는 것으로 나타났다. 또한 $t = 24$ h의 경우 남한강 유량이 950 m^3/s로, $t = 96$ h의 500 m^3/s보다 커서 B구역의 유속이 더 빠르게 나타났으며, 이에 따라 $t = 96$ h에서는 유속이 전반적으로 낮게 나타나고 있다.

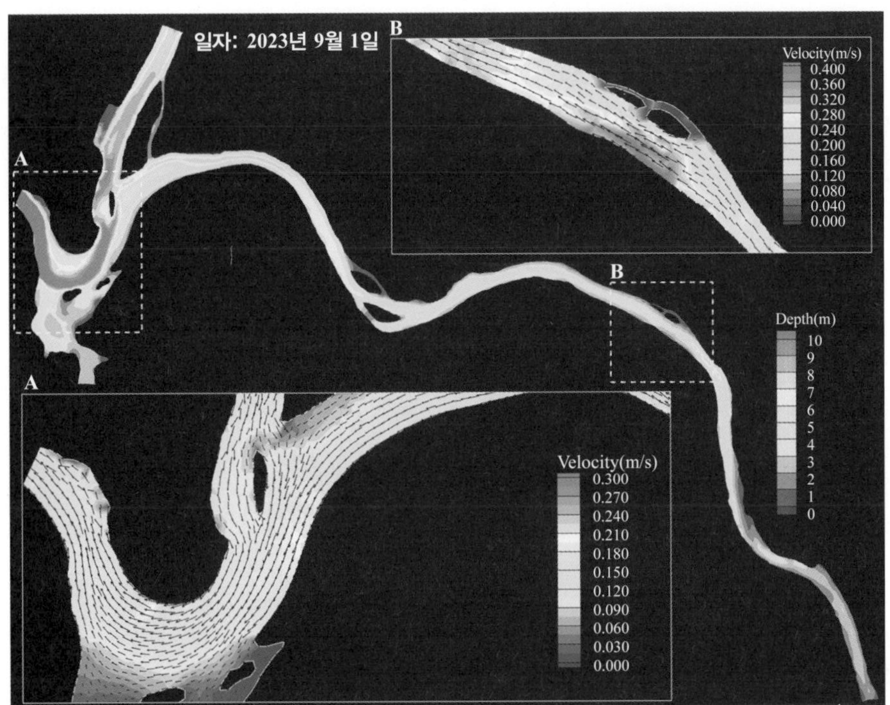

(a) $t = 24$ h

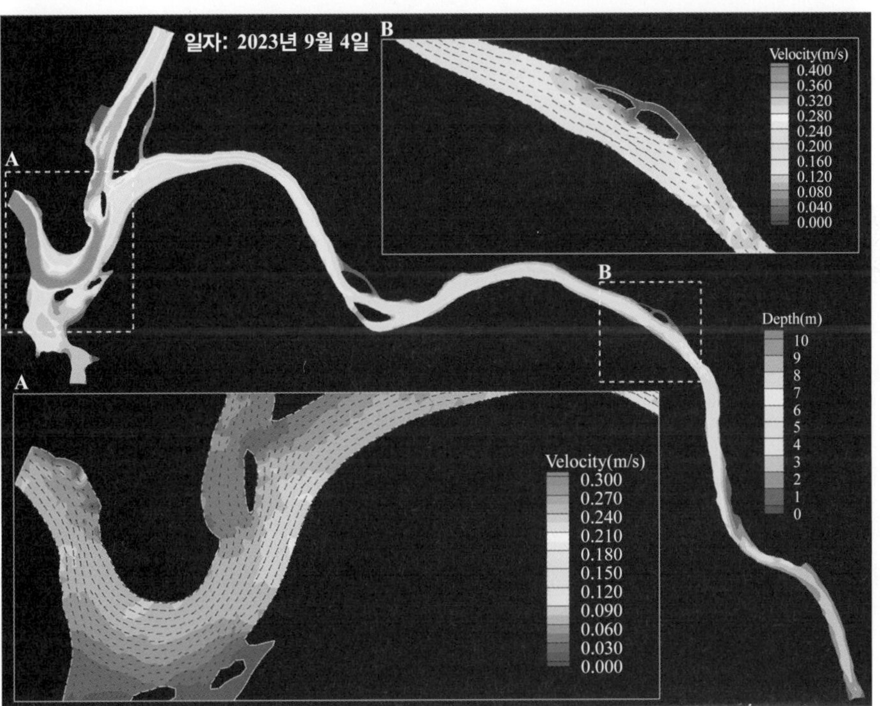

(b) $t = 96$ h

그림 9.9 팔당호 흐름 모의결과

그림 9.10은 남한강 양평교 지점에서 HDM-2D모형에 의한 수위 모의값과 실측값을 비교한 그림이다. 이 그림에서 HDM-2D모형이 14일의 모의기간 동안의 수위 변동과 등락 양상을 정확하게 예측하고 있음을 알 수 있다. 모의기간 초기에는 실측값과 모의값의 오차가 비교적 크게 나타났으나, $t = 96$ h에서 수위가 최저로 떨어지는 현상을 정확하게 모의하고 있다.

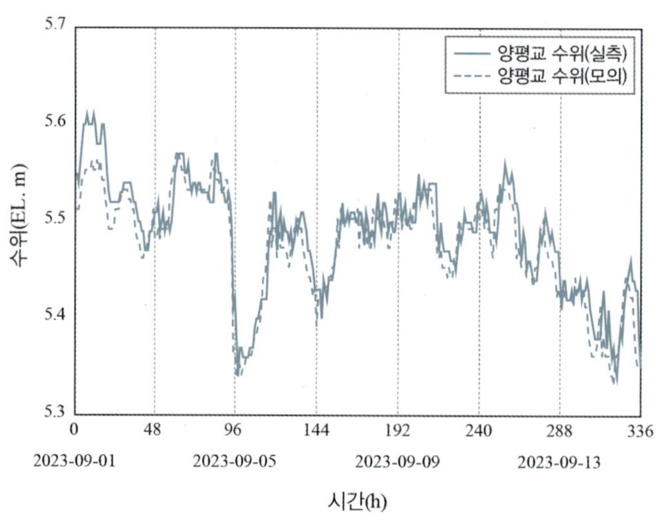

그림 9.10 수위 실측값과 HDM-2D 모의값 비교

3) CTM-2D

(1) CTM-2D모형 개요

CTM-2D는 Contaminant Transport Model-2D의 약어로서, RAMS의 하천수질 해석 모델이다. CTM-2D는 흐름 해석 모델인 HDM-2D와 연계하여 다양한 흐름 환경에서의 오염물질 확산 현상을 모의할 수 있는 모형이다. CTM-2D는 하천에서의 보존성/비보존성 물질, BOD-DO, 수온, 영양염류, 조류 등 다양한 오염물질의 이송 및 확산에 대한 해석 기능을 제공한다. 오염물질 주입 형태로 농도 주입과 질량 주입에 대한 모의가 가능하여, 실제 수질사고 조건에 맞추어 오염물질의 거동을 해석할 수 있다. CTM-2D는 연속 주입(continuous injection), 비정상 주입(transient injection), 순간 주입(instantaneous injection) 등 다양한 주입 조건에 효율적으로 대응하도록 설계되었다.

CTM-2D는 하천의 주흐름 방향을 따르도록 분산계수를 정의함으로써 하천 합류부, 사행하천 등 복잡한 지형에서 오염물질 이송-확산 거동에 대한 정확한 해석이 가능하다. 특히 주흐름 방향이 연속적으로 변화하는 사행하천의 오염물질 확산 해석에서 정확도 높은 결과를 산출하도록 개발되었다. CTM-2D의 세부기능은 표 9.11에 제시한 바와 같다.

표 9.11 CTM-2D의 모의 세부기능

항목		기능
주입 조건	농도 주입	• 계산 과정에서 고정된 농도값으로 정의하여 계산 • 연속 주입 및 비정상 주입 모의 가능 • 오염물질의 주입위치는 격자(node) 또는 격자열(nodestring)로 정의 가능
	질량 주입	• 주입 단위: kg • 지배방정식의 생성 · 소멸항을 이용하여 계산 • 순간 주입 및 비정상 주입 모의 가능 • 모의영역의 경계를 제외한 내부 격자(interior node)에 정의 가능
모의 가능 오염물질 종류	보존성 및 비보존성 물질	• 반응성 오염물질 모의 시 사용자가 직접 입력한 감쇠계수를 입력하여 사용 • 감쇠계수 초기(default) 값은 0으로 정의하여 보존성 오염물질 모의를 우선으로 함
	BOD-DO	• 생물학적 산소요구량과 용존산소량을 연계하여 계산 • 탈산소계수, 재폭기계수 등을 사용자가 지정
	수온	• 열교환계수와 평형온도의 함수로서 열 변화량을 계산 • 평형온도를 계산하기 위해 열교환계수, 이슬점온도, 태양복사량을 사용자가 입력
	영양염류 및 조류	• 인, 질소, 일사량, 수온 조건을 통해 조류의 성장/소멸 속도를 계산 • 인, 질소, 수온의 공간적 변화를 고려하기 위해 인, 질소, 수온 거동 모듈과 연계하여 조류 거동을 모의

(2) 이론 및 지배방정식

① 보존성 및 비보존성 물질 확산 모의

CTM-2D는 다음과 같이 비압축성 유체에서 물질의 3차원 이송-확산 방정식을 수심 적분한 2차원 이송-분산 방정식을 지배방정식으로 사용한다. 2차원 이송-분산 방정식은 하천과 같이 수심이 흐름 방향 및 폭 방향의 길이에 비해 작은 영역을 모의하는 데 적합하며, CTM-2D는 다음 식과 같이 생성 및 소멸항이 포함된 지배방정식을 채택하고 있다(서일원과 이명은, 2007).

$$\frac{\partial(hC)}{\partial t}+\frac{\partial(h\overline{u}_iC)}{\partial x_i}-khC-Q = \frac{\partial}{\partial x_i}\left[h\left(D_{ij}\frac{\partial C}{\partial x_j}\right)\right] \tag{9.4}$$

여기서, $i, j=1, 2$, C는 수심 적분된 농도로서 사용자가 구하고자 하는 값이다. $\overline{u_i}$는 수심 적분된 유속이고, h는 수심으로서 이 값들은 HDM-2D의 모의결과를 입력값으로 한다. k는 비보존성(반응성) 오염물질의 감쇠계수이며, Q는 생성 및 소멸 함수이고 D_{ij}는 분산텐서의 요소이다.

CTM-2D에서 분산텐서로서 두 가지 방식을 선택할 수 있도록 설계되었다. 첫 번째는 지표수에서 발생되는 전단흐름의 이론적 해석으로부터 유도된 Fischer 식(Fischer 등, 1979)이고, 두 번째는 곡선좌표계(curvilinear coordinate)에서 정의된 2차원 이송-분산 방정식을 직교 좌표계(Cartesian coordinate)로 변환함에 따라 유도된 Alavian 식(Alavian, 1986)이다. Fischer 식은 흐름 및 하폭 방향에 대해 공간적으로 불균일한 분포를 나타내 물리적으로 정확한 분석결과를 도출할 수 있는 반면 유속의 연직분포식을 입력하여야 하기 때문에 2차원 흐름모형과 연계하여 사용하는 데 한계점이 있다. Alavian 식은 분산계수의 흐름방향 변화를 계산할 수 있지만 하폭방향으로의 변화는 Fischer 식에 비해 정확히 잘 나타내지 못하는 단점이 있다. 그러나 수심평균 유속분포를 이용하여 계산하기 때문에 2차원 흐름모의결과와 연계할 수 있는 장점이 있다.

Fischer 식은 아래 식과 같이 종 · 횡 방향 유속의 연직편차의 삼중적분식으로부터 유도된다.

$$D_{ij} = \frac{1}{h}\int_0^h u_i' \int_0^z \frac{1}{\epsilon_z}\int_0^z u_j' \, dz\, dz\, dz \tag{9.5}$$

여기서, ϵ_z는 연직난류확산계수, u_i', u_j'는 종 · 횡 방향 유속의 연직편차이다. Fischer 식의 계산을 위해 CTM-2D모형에서는 유속의 연직분포식을 이용하며 종방향유속은 Rozovskii(1957)가 제안한 로그 분포식[식 (9.6)]을 이용하고, 횡방향유속은 Odgaard(1986)가 제안한 선형 분포식[식 (9.7)]을 이용하고 있다.

$$\frac{u_s(\zeta)}{\overline{u_s}} = 1 + \frac{\sqrt{g}}{\kappa C_h}(1 + \ln\zeta) \tag{9.6}$$

$$u_n(\zeta) = \overline{u_n} + 2(u_n)_s(1 + \ln\zeta) \tag{9.7}$$

여기서, u_s, u_n은 종 · 횡 방향 연직유속분포, $\overline{u_s}$, $\overline{u_n}$은 수심평균된 종 · 횡 방향 유속, $\zeta = \frac{z}{h}$, κ는 von Kármán 상수, C_h는 Chézy 계수, $(u_n)_s$는 횡방향 수표면 유속이다.

좌표 변환을 통해 유도된 Alavian 식은 식 (9.8)과 같다.

$$D_{xx} = D_L\frac{\overline{u^2}}{U^2} + D_T\frac{\overline{v^2}}{U^2} \tag{9.8a}$$

$$D_{xy} = D_{yx} = (D_L - D_T)\frac{\overline{u}\,\overline{v}}{U^2} \tag{9.8b}$$

$$D_{yy} = D_T\frac{\overline{u^2}}{U^2} + D_L\frac{\overline{v^2}}{U^2} \tag{9.8c}$$

여기서, U는 합유속 벡터의 크기($\sqrt{\overline{u^2} + \overline{v^2}}$)이며 D_L은 종분산계수, D_T는 횡분산계수로 사용자에 의해 입력된 값으로 정의된다.

지배방정식[식 (9.4)]에 유한요소법을 적용시키면 식 (9.9)와 같이 된다.

$$\begin{aligned}&\int_{\Omega} N_j^* \left[\begin{array}{l} \left(\sum_k h_k N_k\right)\frac{\partial \hat{C}}{\partial t} + \left(\sum_k h_k U_k N_k\right)\frac{\partial \hat{C}}{\partial x} \\ + \left(\sum_k h_k V_k N_k\right)\frac{\partial \hat{C}}{\partial y} - \left(\sum_k h_k\right) k\hat{C} - Q \end{array} \right] d\Omega \\ &- \int_{\Omega} \left[\begin{array}{l} \frac{\partial N_i^*}{\partial x}\left[\left(\sum_k h_k N_k\right)\left(D_{xx}\frac{\partial \hat{C}}{\partial x} + D_{xy}\frac{\partial \hat{C}}{\partial y}\right)\right] \\ + \frac{\partial N_i^*}{\partial y}\left[\left(\sum_k h_k N_k\right)\left(D_{yx}\frac{\partial \hat{C}}{\partial x} + D_{yy}\frac{\partial \hat{C}}{\partial y}\right)\right] \end{array} \right] d\Omega = 0 \end{aligned} \tag{9.9}$$

여기서, N_k는 형상함수이며, N_k^*는 가중함수이다. 따라서 유한요소법을 적용해서 최종 단계에서 생성된 대수방정식을 풀면 최종 결과값인 $C(x, y, t)$를 구할 수 있다.

CTM-2D는 수질사고 등에 의해 일정 지점에 질량 M이 투입되는 경우 다음 식과 같은 생성항을 이용하여 순간 점주입을 모의하도록 설계되어 있다.

$$Q(x, y, t) = M\delta(x - x_s, y - y_s)\,\delta(t) \tag{9.10}$$

여기서, (x_s, y_s)는 점원이 주입되는 지점의 좌표이다. 수질사고 시 오염물질 유입지점에서 초기농도 정보보다 질량 정보를 취득하는 것이 더 용이하므로, CTM-2D는 식 (9.10)과 같은 생성항을 이용함으로써 사용자가 주입 조건 구성을 용이하게 수행할 수 있도록 하고 있다.

② BOD-DO 모의

CTM-2D에서는 BOD와 DO의 연계 모의를 위해 다음 식을 적용하고 있다.

$$\begin{aligned}\frac{\partial C_{BOD}}{\partial t} &= D_{xx}\frac{\partial^2 C_{BOD}}{\partial x^2} + D_{xy}\frac{\partial^2 C_{BOD}}{\partial x \partial y} + D_{yx}\frac{\partial^2 C_{BOD}}{\partial y \partial x} + D_{yy}\frac{\partial^2 C_{BOD}}{\partial y^2} \\ &\quad - U\frac{\partial C_{BOD}}{\partial x} - V\frac{\partial C_{BOD}}{\partial y} - k_b C_{BOD}\end{aligned} \tag{9.11a}$$

$$\begin{aligned}\frac{\partial C_{DO}}{\partial t} &= D_{xx}\frac{\partial^2 C_{DO}}{\partial x^2} + D_{xy}\frac{\partial^2 C_{DO}}{\partial x \partial y} + D_{yx}\frac{\partial^2 C_{DO}}{\partial y \partial x} + D_{yy}\frac{\partial^2 C_{DO}}{\partial y^2} \\ &\quad - U\frac{\partial C_{DO}}{\partial x} - V\frac{\partial C_{DO}}{\partial y} - k_d C_{BOD} + k_a(C_s - C_{DO})\end{aligned} \tag{9.11b}$$

여기서, C_{BOD}는 BOD 농도, C_{DO}는 DO 농도, k_b는 BOD 감쇠계수, k_d는 탈산소 계수(deoxygenation rate), k_a는 재폭기 계수(rearation rate)로 day^{-1}의 단위를 가진다. C_s는 용존산소포화농도이다. 식 (9.11)을 풀기 위해서는 상수인 k_d, k_a, C_s를 입력하여야 한다. 미국 EPA 보고서에 의하면 일반적으로 k_d는 0.02~3.40 day^{-1} 정도의 범위를 지니고, 하수처리방류수가 지속적으로 유입되는 도시하천에서는 20℃에서 아래 표와 같이 0.10~0.25 day^{-1}의 값을 가진다.

표 9.12 탈산소 계수값

구분	$k_{d(20)}$
비처리수	0.35~0.70
처리수	0.10~0.25
오염된 하천	0.10~0.25

자료: Chapra(2008)

재폭기 계수 k_a는 수온의 함수이므로, 표 9.13에서 제시된 20℃의 값에 보정계수 1.024를 곱하여 아래와 같이 T(℃) 수온에서의 값을 구할 수 있다.

$$k_a = k_{a(20)} \cdot \theta^{T-20} = k_{a(20)} \cdot 1.024^{T-20} \tag{9.12}$$

표 9.13 재폭기 계수값

구분	$k_{a(20)}$
유속이 거의 없는 하천	0.23~0.35
유속이 느린 하천	0.35~0.46
비교적 유속이 있는 하천	0.46~0.69

자료: Chapra(2008)

용존산소 포화농도인 C_s도 k_a와 같이 수온의 함수로 온도가 올라감에 따라 점차 감소하는데, CTM-2D에서는 온도에 따른 C_s(mg/L)를 식 (9.13)으로 근사하여 적용한다.

$$C_s = 13.943 - 0.3296\,T + 0.0037\,T^2 \tag{9.13}$$

여기서, T는 화씨 수온으로 모형 내에서는 화씨와 섭씨의 관계식 $T(°\mathrm{F}) = T(℃) \times \frac{9}{5} + 32$를 이용해 섭씨로 전환하여 입력된다.

③ 수온 모의

CTM-2D모형은 하천에서 열(수온)의 이송 및 확산 거동을 해석하기 위해 수심 적분된 이송-분산 방정식에 제4장에서 제시한 열변화량식(Edinger 등, 1974)을 결합한 지배방정식을 채택하고 있다.

$$\begin{aligned} \frac{\partial T}{\partial t} &= D_{xx}\frac{\partial^2 T}{\partial x^2} + D_{xy}\frac{\partial^2 T}{\partial x\,\partial y} + D_{yx}\frac{\partial^2 T}{\partial y\,\partial x} + D_{yy}\frac{\partial^2 T}{\partial y^2} \\ &\quad - U\frac{\partial T}{\partial x} - V\frac{\partial T}{\partial y} + \frac{K}{\rho_w c_p}\frac{1}{h}(T_e - T) \end{aligned} \tag{9.14}$$

여기서, ρ_w와 c_p는 각각 물의 밀도와 비열이며, h는 수심, T_e는 평형온도(equilibrium temperature), K는 열교환계수(heat exchange coefficient)이다.

평형온도는 주어진 기상 조건에 대하여 일정한 온도로 도달하는 경우의 온도를 의미한다. 즉, q_{net}이 0이 되는 독특한 온도이다. 현실적으로 이 온도는 기상 조건이 결코 일정하지 않기 때문에 좀처럼 얻을 수 없다. 그러나 평형온도는 자연 수계에서 중요한 개념이며, 특정 환경에서 하천과 호수는 평형온도가 된다고 가정한다. CTM-2D모형은 평형온도 경험식으로 Edinger 등(1974)의 근사식을 채용하고 있으며, 식은 다음과 같다.

$$T_e = T_d + \frac{H_s}{K} \tag{9.15}$$

여기서, T_d는 이슬점 온도(dew point temperature of air)이고, H_s는 태양복사량(shortwave solar radiation)이다.

④ 영양염류-조류 모의

제4장에서 서술한 바와 같이 하천에서 조류의 성장과 소멸은 다양한 환경적 요인에 영향을 받으며, 수온, 일사량, 인, 질소 등 영양염류의 농도는 조류 성장 속도를 산정하는 데 필요한 중요한 인자이다. 특히, 수온과 인 · 질소 농도는 하천 내에서 시간적 · 공간적으로 변화함에 따라 조류를 모의하기 위해서는 수온, 질소, 인, 조류 간의 연계 모의가 요구된다. 이러한 점을 반영하여 CTM-2D는 조류 거동 해석을 위한 지배방정식으로 아래 식을 채택하고 있다(Kim 등, 2018).

$$\frac{\partial C_A}{\partial t} = \left[\mu_{\max} f(T) f(N) f(I) - (k_{r,A} + k_{e,A} + k_{z,A})\theta^{T-20} - \frac{\omega_A}{h}\right] C_A \tag{9.16}$$

여기서, C_A는 조류의 농도, $\mu_{\max}$는 조류의 최대 성장 속도, $f(T)$, $f(N)$, $f(I)$는 각각 수온 제한함수(water temperature limitation function), 영양염류 제한함수(nutrient limitation function), 일사량 제한함수(light intensity limitation function)를 의미하며, $k_{r,A}$는 조류의 호흡률(respiration rate), $k_{e,A}$는 조류의 인산염 인 배설률(excretion rate), $k_{z,A}$는 동물성플랑크톤에 의한 조류의 사멸률(predation rate), θ는 온도보정 계수, ω_A는 조류의 침강속도(settling velocity)를 나타낸다.

위의 조류 거동 해석 지배방정식에서 수온은 앞서 서술한 CTM-2D 내 수온 해석 모듈의 지배방정식[식 (9.17)]과 동일한 방식으로 계산할 수 있다. 하천에서 질소와 인은 다양한 형태로 존재하는데, CTM-2D는 조류의 광합성 성장 시 흡수되는 형태인 질산성 질소(NO_3-N)와 인산염 인(PO_4-P)의 거동만을 해석한다. 이에 따라 CTM-2D에서는 질소 순환과 인 순환 메커니즘을 간략화시킨 아래의 지배방정식들을 적용하고 있다(Kim 등, 2018).

$$\frac{\partial N_{nitra}}{\partial t}=D_{xx}\frac{\partial^2 N_{nitra}}{\partial x^2}+D_{xy}\frac{\partial^2 N_{nitra}}{\partial x\partial y}+D_{yx}\frac{\partial^2 N_{nitra}}{\partial y\partial x}+D_{yy}\frac{\partial^2 N_{nitra}}{\partial y^2}-U\frac{\partial N_{nitra}}{\partial x}$$
$$-V\frac{\partial N_{nitra}}{\partial y}+\left[k_{r,A}\theta^{T-20}-\mu_{\max}f(T)f(N_{nitra},P_{diss})f(I)\right]\alpha_{n,a}C_A-k_{n,nitra}N_{nitra}\theta^{T-20} \tag{9.17}$$

여기서, N_{nitra}는 질산성 질소의 농도, $\alpha_{n,A}$는 조류 내 질소 함량, $k_{n,nitra}$는 탈질산화(denitrification)에 의한 질산성 질소의 감쇠계수를 의미한다.

$$\frac{\partial P_{diss}}{\partial t}=D_{xx}\frac{\partial^2 P_{diss}}{\partial x^2}+D_{xy}\frac{\partial^2 P_{diss}}{\partial x\partial y}+D_{yx}\frac{\partial^2 P_{diss}}{\partial y\partial x}+D_{yy}\frac{\partial^2 P_{diss}}{\partial y^2}$$
$$-U\frac{\partial P_{diss}}{\partial x}-V\frac{\partial P_{diss}}{\partial y}+\left[k_{e,A}\theta^{T-20}-\mu_{\max}f(T)f(N_{nitra},P_{diss})f(I)\right]\alpha_{p,a}C_A+\frac{k_{rel}}{h}\theta^{T-20} \tag{9.18}$$

여기서, P_{diss}는 인산염 인의 농도, $\alpha_{p,A}$는 조류 내 인 함량, k_{rel}는 하상에서 인산염 인의 용출률(leaching rate)을 의미한다.

식 (9.14), (9.17), (9.18)에서 각각 계산된 수온, 질산성 질소, 인산염 인의 농도와 기상 관측자료의 일사량을 아래 식들에 대입하여 식 (9.16)에서 조류 성장 속도 계산에 필요한 $f(T)$, $f(N)$, $f(I)$를 산정한다(Kim 등, 2018).

$$f(T)=\begin{cases}\exp\left[-KTg_1(T_{opt}-T)^2\right], & \text{if } T\le T_{opt}\\ \exp\left[-KTg_2(T-T_{opt})^2\right], & \text{otherwise}\end{cases} \tag{9.19}$$

여기서, KTg_1, KTg_2는 각각 최적 수온 도달 전 함수의 형상계수(shape coefficient of rising limb), 최적 수온 도달 후 함수의 형상계수(shape coefficient of falling limb)를 의미한다.

$$f(N)=f(N_{nitra},P_{diss})=\min\left(\frac{N_{nitra}}{K_n+N_{nitra}},\frac{P_{dis}}{K_p+P_{dis}}\right) \tag{9.20}$$

여기서, K_n과 K_p는 각각 질산성 질소와 인산염 인의 반포화 상수를 의미한다.

$$f(I)=\frac{I\exp(-k_e h)}{I_s}\exp\left(1-\frac{I\exp(-k_e h)}{I_s}\right) \tag{9.21}$$

여기서, I_s는 Steele 상수(Steele's constant), k_e는 광감쇠계수(light attenuation coefficient)이다.

(3) 입력자료 및 매개변수

CTM-2D모형을 실행하기 위해서는 크게 오염물 주입 정보와 반응성 오염물질 매개변수 및 계수 정보를 입력해야 한다.

① 주입 조건 입력

CTM-2D에서는 주입 조건으로 격자별 농도 주입 외에 경계단과 같은 격자열상에서 농도를 입력할 수 있도록 하고 있다. 격자열에서의 주입 농도 정의를 위하여 입력카드 GC를 추가하고 있으며, 기존의 격자별 농도 입력카드 BCN 외에 격자열별 농도 입력카드 BCL을 마련하고 있다. 표 9.14~9.16에 BCN, BCL과 GC 입력카드 자료에 대한 설명이 수록되어 있다.

표 9.14 BCN 입력카드 설명

BCN Card			격자별 농도 경계조건
위치	변수명	값	
Col 1~2	IC1	BC	카드이름(식별자)
Col 3	IC3	N	격자별 경계조건 정의
1	J	I5	경계조건이 정의될 격자 번호
2	PRESC	F10.3	격자 J에서의 경계수질

표 9.15 GC 입력카드 설명

GC Card			격자열별 농도 경계조건
위치	변수명	값	
Col 1~2	IC1	TC	카드이름(식별자)
1	NNGC	I5	IGC번째 격자열을 구성하는 격자 개수
2	NGC	I5	NNGC개의 격자열 구성 격자 번호 나열

표 9.16 BCL 입력카드 설명

BCL Card			격자열별 농도 경계조건
위치	변수명	값	
Col 1~2	IC1	BC	카드이름(식별자)
Col 3	IC3	N	격자별 경계조건 정의
1	ICL	I5	경계조건이 정의될 격자열 번호
2	PRECL	F10.3	해당 격자열에 정의된 농도값

CTM-2D에서는 전술한 바와 같이 생성항을 이용하여 질량 단위로 주입되는 오염물질의 거동을 해석할 수 있다. CTM-2D에서 질량 주입의 경우 농도 주입과는 달리 연속주입은 두지 않고, 일정 질량이 일시에 해당 격자에 투여되는 주입 상황(사고유입 등 순간주입)과 일정 시간 동안 질량 단위로 오염물이 주입되는 단위시간당 질량 주입(비정상주입)이 가능하도록 하고 있다. 이를 위한 입력카드는 BQN 카드로서 표 9.17에 정리되어 있다. BQN은 생성항에 의하여 제어되기 때문에 모의영역 경계에 내부 격자에서만 정의가 가능하다. 오염물이 일정 질량 형태로 주입될 경우 사용자가 입력한 단위의 오염물이 한 지점에 순간적으로 유입된 것으로 간주한다. 일정 시간에 걸쳐 주입되는 질량의 경우에는 사용자가 각 시간 간격 동안 주입질량을 입력하도록 설계되어 있는데, CTM-2D에서는 불연속적인 주입량 제어가 각 시간 간격별로 가능하도록 구성되어 있다. 이를 위해 END와 STO 카드가 제공되며 표 9.18과 9.19에 설명되어 있다.

표 9.17 BQN 입력카드 설명

BQN Card			격자별 질량 주입 조건
위치	변수명	값	
Col 1~2	IC1	BC	카드이름(식별자)
Col 3	IC3	N	격자별 질량 주입 정의
1	J	I5	질량 주입이 정의될 격자 번호
2	PRESQ	F10.3	격자 J에 주입된 질량

표 9.18 END 입력카드 설명

END Card			격자별 질량 주입 조건
위치	변수명	값	
Col 1~3	IC1	END	카드이름(식별자)
1	.	STEPS=	현재 시간 간격 알림
2	ITIME	I5	시간 간격값

표 9.19 STO 입력카드 설명

STO Card			격자별 질량 주입 조건
위치	변수명	값	
Col 1~3	IC1	STO	동일한 주입 조건이 유지되는 시간이 끝날 때를 알림으로써 입력 자료로부터 다음 주입 조건을 읽음

② 매개변수 및 반응계수 입력

전술한 바와 같이 CTM-2D모형은 분산항을 조절하기 위해 텐서형 분산계수를 채택하고 있으며 분산텐서 산정식의 유형에 따라 Fischer 식과 Alavian 식을 선택할 수 있다. 표 9.20의 DT 카드에서 분산텐서 식을 선택할 수 있으며 Fischer 식을 선택할 경우 표 9.21의 PR 카드에서 Fischer 식의 계산에 필요한 변수를 입력한다. Alavian 식을 선택할 경우 표 9.22의 DF 카드에서 필요한 변수를 입력한다.

BOD, DO, 수온, 조류, 영양염류 등 비보존성 물질은 다양한 계수값의 입력이 필요한데, 이는 FQ 및 MI 카드를 통해 정의가 가능하며, 세부적인 내용은 표 9.23~9.24와 같다.

표 9.20 DT 입력카드 설명

DT Card			분산텐서식 결정
위치	변수명	값	
Col 1~2	DISPTYPE	DT	카드이름(식별자)
1	C1	I1	Fischer 식 = 1, Alavian 식 = 2

표 9.21 PR 입력카드 설명

PR Card			연직유속분포식 매개변수 결정
위치	변수명	값	
Col 1~2	CARD	PR	카드이름(식별자)
1	HYDRAD	F10.3	동수반경(Hydraulic Radius)
2	ROUGHN	F10.3	Manning 계수(Manning's n)
3	RADCURV	F10.3	곡률반경(Radius of Curvature)

표 9.22 DF 입력카드 설명

DF Card			확산계수 결정
위치	변수명	값	
Col 1~2	IC1	DF	카드이름(식별자)
1	J	I1	요소별 물성(Material Type) 식별자(IMAT)
2	DL(J)	F10.3	종분산 계수(Longitudinal Dispersion Coeff.)
3	DT(J)	F10.3	횡분산 계수(Transverse Dispersion Coeff.)

표 9.23 FQ 입력카드 설명

FQ Card			수질인자의 감쇠 제어
위치	변수명	값	
Col 1~2	IC1	FQ	카드이름(식별자)
Col 3	IC3	C	카드이름(식별자)
1	INONC	0	단일 오염물 감쇠 모의
2	XKCOEF	F10.3	감쇠계수값(First-Order Decay Coeff.) 보존성 오염물질 모의 시 Default=0
1	INONC	1	BOD-DO 연계 모의
2	COEFK1	F10.3	탈산소 계수(Deoxidation Coeff.)
3	COEFK2	F10.3	재폭기 계수(Re-aeration Coeff.)
4	TEMP	F10.3	수온
1	INONC	2	수온 모의
2	HECOEF	F10.3	열교환계수(Heat Exchange Coeff.)
3	SOLAR	F10.3	태양복사량(Solar Radiation)
4	BGTEMP	F10.3	기저 수온(Background Water Temperature)
5	DPTEMP	F10.3	이슬점 온도(Dew Point Temperature)
1	INONC	3	부영양화(영양염류-조류) 모의
1	SLP	F10.3	Steele 상수(Steele's Constant)
2	SACOEF	F10.3	광감쇠계수(Light Attenuation Coeff.)
3	HSP	F10.3	인 반포화 상수(Half Saturation Const. of P)
4	HSN	F10.3	질소 반포화 상수(Half Saturation Const. of N)
Col 1~2	IC1	FQ	카드이름(식별자)
Col 3	IC3	A	카드이름(식별자)
1	GMAX	F10.3	최대성장속도(Max. Growth Rate of Algae)
2	RESP	F10.3	조류 호흡률(Respiration Rate of Algae)
3	PRED	F10.3	조류 섭생률(Predation Rate of Zooplankton on Algae)
4	SVEL	F10.3	조류 침강속도(Settling Velocity of Algae)
Col 1~2	IC1	FQ	카드이름(식별자)
Col 3	IC3	T	카드이름(식별자)
1	TOPT	F10.3	조류성장 최적수온(Opt. Temperature of Algal Growth)
2	TG1	F10.3	수온함수 계수 1(Temperature Function Coeff. 1)
3	TG2	F10.3	수온함수 계수 2(Temperature Function Coeff. 2)
Col 1~2	IC1	FQ	카드이름(식별자)
Col 3	IC3	N	카드이름(식별자)
1	UPTN	F10.3	질소 섭취율(Uptake Rate of N)
2	DENF	F10.3	탈질산화 계수(Denitrification Rate)
Col 1~2	IC1	FQ	카드이름(식별자)
Col 3	IC3	P	카드이름(식별자)
1	UPTP	F10.3	인 섭취율(Uptake Rate of P)
2	RVELP	F10.3	인 용출률(Leaching Rate of P)

표 9.24 MI 입력카드 설명

MI Card			부영양화 모의를 위한 기상인자 입력
위치	변수명	값	
Col 1~2	CARD	MI	카드이름(식별자)
1	INONC	3	부영양화(영양염류-조류) 모의
2	HECOEF	F10.3	열교환계수(Heat Exchange Coeff.)
3	DPTEMP	F10.3	이슬점 온도(Dew Point Temperature)
4	BGTEMP	F10.3	기저 수온(Background Water Temperature)
5	SOLAR	F10.3	태양복사량(Solar Radiation)

③ 모의시간 입력

초기 농도와 모의시간 정보 등은 표 9.25~9.26에서 설명한 바와 같이 입력한다.

표 9.25 IC 입력카드 설명

IC Card			초기 농도 설정
위치	변수명	값	
Col 1~2	IC1	IC	카드이름(식별자)
1	CINIT	F10.3	초기 농도(Initial Concentration)

표 9.26 TC 입력카드 설명

TC Card			모의시간 결정
위치	변수명	값	
Col 1~2	IC1	TC	카드이름(식별자)
1	TSTART	F10.3	모의시작 시간(Start Time)
2	DELT	F10.3	계산시간 간격(Calculation Time Step)
3	NTIME	F10.3	총계산시간 간격 수(Number of Calculation Time Steps)
4	TMAX	F10.3	총모의시간(Total Simulation Times)
5	SSF	I1	정상류 조건=0, 부정류 조건=1

알아두기 9.1 CTM-2D 입력변수 단위

오염확산 모형의 현장 적용을 위해서는 실제 현상 모의에 유용한 입·출력 단위 선정이 필요하다. CTM-2D에서는 SI단위를 기본 단위로 사용한다. 오염확산 모의에 필요한 물리적 속성에는 길이, 시간, 질량, 온도가 있다. 이러한 물리적 속성에 대하여 2차원 하천 모의 환경에 맞는 기준 단위로 m, hr, kg, ℃ 가 선택되어 있다. 각각의 물리적 속성에 관계되는 변수들의 입력단위는 사용자 편의상 기준 단위에 맞추어지지 못할 경우가 있다. 이는 프로그램 내에서 기준 단위로 변환하는 과정을 거치게 된다. 사용자가 입력하거나 흐름해석 모델(HDM-2D)의 모의결과로부터 입력될 여러 변수들의 입력 단위는 표 9.27에 제시한 바와 같다.

표 9.27 CTM-2D 입력변수 단위

항목	변수	단위
좌표	x, y	m
수심	h	m
분산계수	D_L, D_T	$\mathrm{m^2/sec}$
유속	u, v	m/sec
시간	t	hr
감쇠계수	k	$\mathrm{day^{-1}}$
질량	M	kg
수온	T	℃

(4) CTM-2D모형 모의사례

① 유해화학물질 사고 모의

CTM-2D 모의사례는 HDM-2D 모의사례와 동일한 대상 영역(그림 9.11)에 대해 모의를 수행하였다. 첫 번째 모의사례는 팔당호로 유입되는 남한강에 위치한 양평대교 유해화학물질이 사고로 유입된 것을 가정하여 팔당호에서 유해화학물질 농도의 시간적 변화와 공간적 분포를 CTM-2D를 이용하여 모의한 사례이다. 이를 위해서 다음의 절차를 거쳐 모의를 수행하였다.

㉠ 모의구간의 하상고 자료를 이용하여 계산격자를 구성하고 '.rgo' 확장자 파일을 생성한다. 계산격자는 RAMS GUI 격자 생성 기능을 이용하여 생성 가능하다.

㉡ CTM-2D 모의를 위해서는 2차원 유속 및 수심 정보가 필요하며, 이를 위해서는 계산격자 '.rgo' 파일과 함께 HDM-2D 모의결과인 '.vel' 확장자 파일을 작업 폴더에 위치시켜야 한다.

㉢ 유해화학물질의 2차원 확산 거동을 모의하기 위해 종분산계수와 횡분산계수를 입력한다. 위와 마찬가지로 '.rc4' 확장자 파일에 입력한다.

㉣ 다음으로 모의 시작시간, 시간 간격, 시간 간격 수, 총 모의시간, 정상류/부정류 조건을 입력한다.

㉤ 모의구간 내 유해화학물질의 초기 농도를 입력한다. 입력한 농도는 모의구간 전체에 동일하게 설정된다.

㉥ 유해화학물질은 생화학적 감쇠, 흡 · 탈착, 휘발 등 복잡한 반응기작을 보인다. 그러나 본 모의사례는 일반적인 비보존성 물질이 주입된 것으로 가정하여 감쇠계수를 '.rc4' 확장자 파일에 입력하여 모의를 수행한 사례이다.

㉦ 유해화학물질의 주입 위치와 농도/질량을 설정한다. 주입 위치와 농도/질량은 CTM-2D 제어 파일인 '.rc4' 확장자 파일에 입력하게 된다. 주입 농도는 시계열 자료 형태로 입력 가능하다.

㉧ 최종적으로 모델 구동 후 결과를 확인한다. 결과는 ASCII 파일인 '.OT4' 확장자 파일과 Binary 파일인 '.pol' 확장자 파일을 통해 확인 가능한다.

본 예제의 구동을 위한 '.rc4' 예시 파일은 표 9.28과 같이 구성된다. '.rc4' 파일의 구성 및 상세한

표 9.28 CTM-2D 유해화학물질 거동 모의를 위한 '.rc4' 구성 예시

```
T1
T2  Created by RAMS
T3
DF 1 40.00000000 0.4000000
FQC 0 0.01000000
TC  0.00000000 1.00000000 24 24.00000000 1
IC  0.00000000
DT 2
PR 0.00000000 0.00000000 0.00000000
BQN 2817 1000000.00000000
END STEPS=  1
STO
END STEPS=  2
END STEPS=  3
END STEPS=  4
END STEPS=  5
END STEPS=  6
END STEPS=  7
END STEPS=  8
END STEPS=  9
END STEPS=  10
END STEPS=  11
END STEPS=  12
END STEPS=  13
END STEPS=  14
END STEPS=  15
END STEPS=  16
END STEPS=  17
END STEPS=  18
END STEPS=  19
END STEPS=  20
END STEPS=  21
END STEPS=  22
END STEPS=  23
END STEPS=  24
STO
```

설명은 표 9.14~9.26에서 확인할 수 있다.

모의영역에서 북한강의 경우, 발전용댐인 청평댐으로 인해 발전방류가 이루어지고 있으며, 남한강의 유량은 이포보 운영에 따라 달라지고 경안천의 경우 남한강 및 북한강과 비교했을 때 상대적으로 매우 낮은 유량이 팔당호 내로 유입되고 있다. 따라서 팔당호로 유입되는 수체의 체류시간은 청평댐과 이포보의 방류량 및 방류시기에 큰 영향을 받는다. 모의영역에는 그림 9.11과 같이 팔당댐 상류 좌안을 따라 취수장이 위치하고 있으며, 유해화학물질이 유입되어 일정 농도 기준을 초과할 경우 취수 중단 등으로 인해 서울 및 수도권의 상수도 공급에 영향을 미칠 수 있다.

그림 9.11 **톨루엔 유입사고 시나리오 모의 개요**

CTM-2D 모의결과, 수질오염사고로 인해 양평대교 지점에서 유입된 유해화학물질 농도의 시공간적 분포 양상은 그림 9.12와 같다. 양평대교 중앙을 통해 유입된 유해화학물질은 약 3일 후 팔당호 내 취수장에 도달하였으며, 유해화학물질의 오염운은 2가지 경로를 통해 팔당호 내 취수장에 도달하는 것으로 밝혀졌다. 첫 번째 경로는 소내섬 북측을 통해 우안으로 유입되는 것이고, 두 번째 경로는 북한강의 발전방류 유량으로 인해 소내섬 남측으로 우회하여 좌안으로 유입되는 것으로 나타난다. 본 예제의 모의조건에서는 발전방류를 하는 청평댐 대비 이포보의 높은 방류량으로 인해 유해화학물질의 주 이동 경로가 소내섬 남측으로 나타나며, 이로 인해 팔당호 좌측에 위치한 취수장이 유해화학물질이 혼합된 수체에 노출됨을 확인할 수 있다.

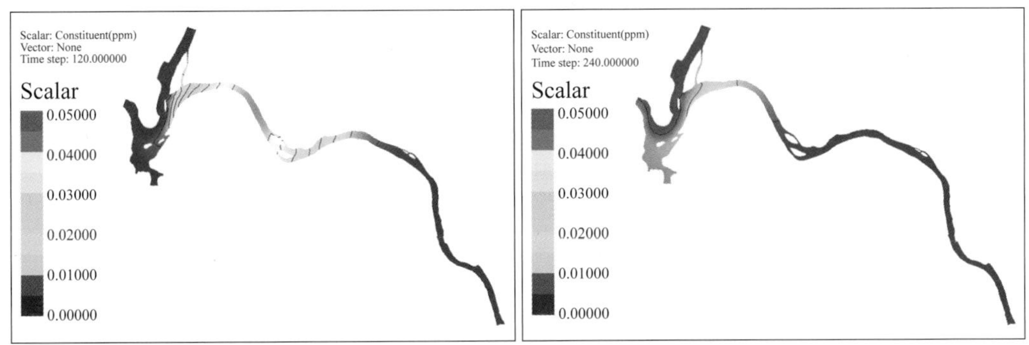

(a) 유해화학물질 유출 후 2일 경과

(b) 유해화학물질 유출 후 5일 경과

그림 9.12 팔당호 일대 유해화학물질 거동 CTM-2D 모의결과 예시

② 조류 발생 모의

조류 발생 모의사례는 CTM-2D를 이용하여 팔당호 일대 조류의 시간적 · 공간적 변화를 모의한 사례이다. 이는 다음의 모의 절차를 거쳐 수행되었다.

㉠ 모의를 위한 초기 절차는 앞서 제시한 유해화학물질 유입사고 모의 절차의 ㉠~㉤과 동일하다.

㉡ 조류 모의를 위해서는 수온, 질산성 질소, 인산염 인에 대한 모의도 함께 수행되어야 하며, 이를 위해 각 수질 항목과 관련된 계수를 '.rc4' 확장자 파일에 입력한다.

㉢ 조류, 수온, 질산성 질소, 인산염 인의 유입 경계와 농도를 설정한다. 유입 경계와 농도는 CTM-2D 제어 파일인 '.rc4' 확장자 파일에 입력하게 된다. 본 모의사례의 경우 유입 경계의 농도값은 인접 환경부 수질관측망의 관측값을 이용하였으며, 북한강, 남한강, 경안천 최상류 경계에 시계열 농도값을 입력한다.

㉣ 최종적으로 모델 구동 후 결과를 확인한다. 결과는 ASCII 파일인 '.OT4' 확장자 파일과 Binary 파일인 '.pol' 확장자 파일을 통해 확인 가능하다.

본 예제의 구동을 위한 '.rc4' 예시 파일은 표 9.29와 같이 구성된다. '.rc4' 파일의 구성 및 상세한 설명은 표 9.14~9.26에서 확인할 수 있다.

조류는 시간이 경과함에 따라 광합성을 통해 자가성장을 하기 때문에 이송 및 확산 과정뿐만 아니라 반응항을 통해 조류의 성장과 소멸 과정을 수치적으로 해석하게 된다. 그림 9.13은 CTM-2D의 2차원 이송-분산 방정식에 조류의 반응항을 고려했을 때 조류의 시공간적 분포가 어떻게 변화하는지 도시한 것이다. 반응항이 고려되지 않은 경우와 비교했을 때, 반응항이 지배방정식에 포함된 경우는 조류가 하류로 이동하는 과정 중에 성장이 진행되기 때문에 상대적으로 높은 농도가 모의된다. 특히, 소내섬 서측과 같이 한강과 경안천의 유량 차이로 인해 발생하는 재순환류에 의해 체류시간이 길어지는 영역에서 조류가 하류로 이동하지 못하고 성장에 의해 농도가 높게 나타나는 것을 알 수 있다.

표 9.29 CTM-2D 조류 거동 모의를 위한 '.rc4' 구성 예시

```
T1
T2  Created by RAMS
T3
DF 1 100.00000000 1.00000000
FQC 3 5 0.35 10 50
FQA 3 1.8 0.05 0.03 0.01
FQT 3 26 0.02 0.02
FQN 3 10 0.09
FQP 3 0.2 10
TC  0.00000000 1.00000000 24 24.00000000 1
IC  10.00000000
GC  6 3424 3419 3420 3421 3422 3425
GC  7 1 2 3 4 5 6 7
GC  6 1961 1962 1973 1974 1975 1983
DT 2
PR 0.00000000 0.00000000 0.00000000
BCL 1 26.6 1753.1 8.1 21.7
BCL 2 26.5 1442.3 4.8 9.6
BCL 3 27.1 1826.0 25.0 30.5
MI 3 12.1 19.2 25.7 14.6
END STEPS=  1
END STEPS=  2
END STEPS=  3
END STEPS=  4
END STEPS=  5
END STEPS=  6
END STEPS=  7
END STEPS=  8
END STEPS=  9
END STEPS=  10
END STEPS=  11
END STEPS=  12
END STEPS=  13
END STEPS=  14
END STEPS=  15
END STEPS=  16
END STEPS=  17
END STEPS=  18
END STEPS=  19
END STEPS=  20
END STEPS=  21
END STEPS=  22
END STEPS=  23
END STEPS=  24
STO
```

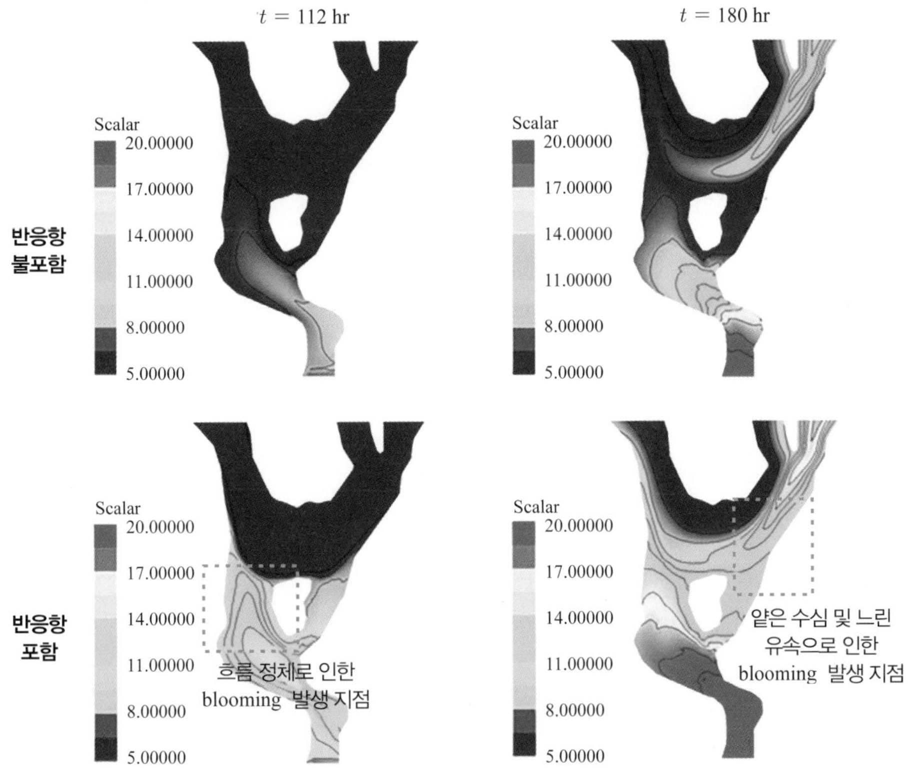

그림 9.13 **반응항(성장/소멸 과정 고려) 유무에 따른 조류 거동의 차이**

아래 그림 9.14는 본 예제의 모의조건에 따른 팔당호 내 조류 거동 해석결과를 도시한 것이다. 앞서 설명한 바와 같이 경안천으로부터 유입되는 고농도의 Chl-a와 한강과 경안천의 높은 유량비로 인해 발생하는 정체수역의 조합으로 인해 취수장이 위치한 팔당댐 상류 좌안에 높은 Chl-a 농도가 모의됨을 알 수 있다.

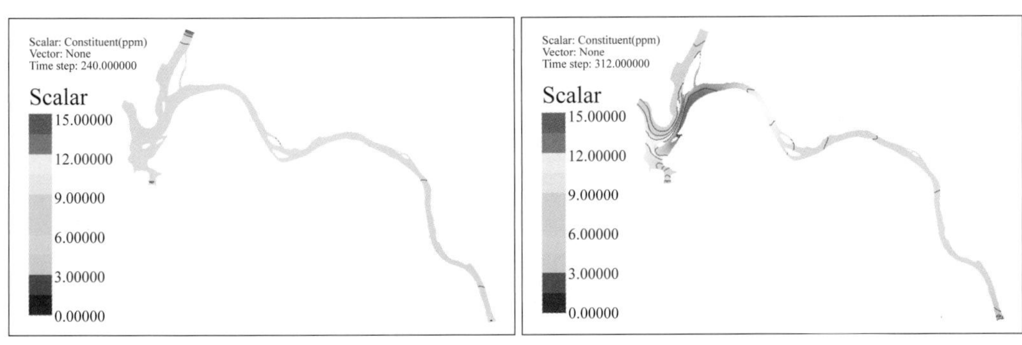

(a) 모의시간 10일 경과 후

(b) 모의시간 13일 경과 후

그림 9.14 **팔당호 조류 혼합 거동에 대한 CTM-2D 모의결과 예시**

4) PDM-2D

(1) PDM-2D모형 개요

PDM-2D는 Particle Dispersion Model-2D의 약어로서, 전단류에 의한 입자의 혼합거동을 분석하기 위해 개발된 준3차원 입자추적모형이다. 전통적 입자추적방법과 달리 PDM-2D는 이송-분산 과정에 의한 오염물질의 혼합을 전단류에 의한 이송단계와 연직 난류확산의 두 단계로 분리하여 계산한다. 이에 따라 이송-분산 해석에 필요한 분산계수의 입력 없이 2차원 혼합해석이 가능하다. 또한 물과 비중이 다른 입자성 오염물질의 거동을 반영한 해석을 수행할 수 있다. PDM-2D는 다양한 수질오염사고 대응을 위해 다음과 같은 기능을 포함하고 있다.

① 오염물질 입자의 공간분포 및 농도 변환 기능
② 수질 변화 및 독성 오염물질의 혼합거동 해석을 위한 보존성/비보존성 오염물질의 혼합해석
③ 입자의 비중이 물과 다른 입자성 오염물질(부유사, 미세플라스틱 등)의 혼합해석
④ 수표면 흐름에 의해 거동하는 유류오염물질의 혼합해석

PDM-2D의 해석 기능은 그림 9.15와 같이 분류할 수 있다. 비보존성 오염물질의 경우 반응항 계산을 위해 수표면 휘발, 생화학적 반응을 고려하며, 입자성 오염물질에 대해서는 침강속도 및 수온성층에 의한 침강속도 변화를 반영하고 있다. 또한 유류오염물질은 바람에 의한 표면 유속 변화 영향을 반영하여 유류오염물질의 이동궤적 변화 영향을 반영하고 있다.

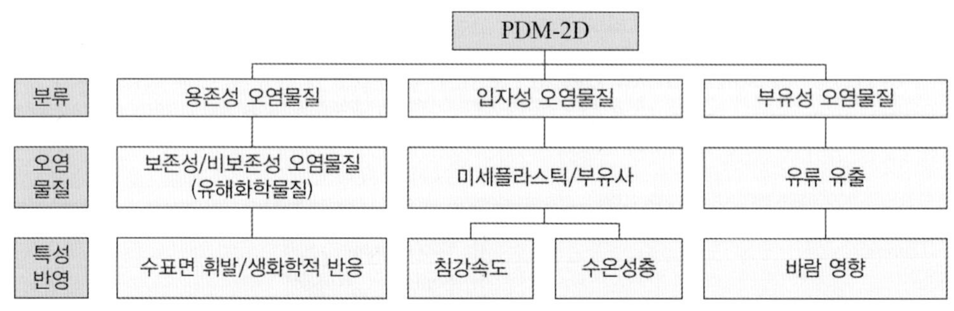

그림 9.15 PDM-2D의 수질오염해석 기능

(2) PDM-2D모형의 이론 및 지배방정식

① 입자분산 해석

PDM-2D는 Fick의 법칙을 이용한 기존의 2차원 이송-분산 방정식을 이용하는 대신 전단류분산 이론에 기초한 순차계산방법(Step-by-step computation method)을 사용하여 개발되었다(Park과

Seo, 2018). 순차계산방법은 그림 9.16과 같이 입자의 준3차원 혼합을 유속 및 난류확산에 의한 수평이동단계와 침강속도 및 난류확산에 의한 연직혼합단계로 나눠 계산하는 방법이다. 먼저 수평이동단계에서는 HDM-2D에 의해 계산된 수심평균유속($\overline{u_i}$)을 이용하여 유속의 연직분포(u_i)를 생성한다. 이후 입자의 연직 위치별 유속에 의한 입자의 이송과 난류확산에 의해 $x-y$ 평면상 입자의 이동을 계산한다. 그리고 연직혼합단계에서는 물과 비중이 같은 용존성 오염물질의 경우 연직난류 확산에 의해 연직 위치가 결정된다. 물보다 비중이 낮은 입자는 수표면에 머무르며, 비중이 큰 입자는 침강속도와 난류확산에 의해 연직 위치가 결정된다. 이러한 두 과정을 통해 전단흐름이 발생하는 개수로 흐름에서 오염물질의 혼합을 계산할 수 있다.

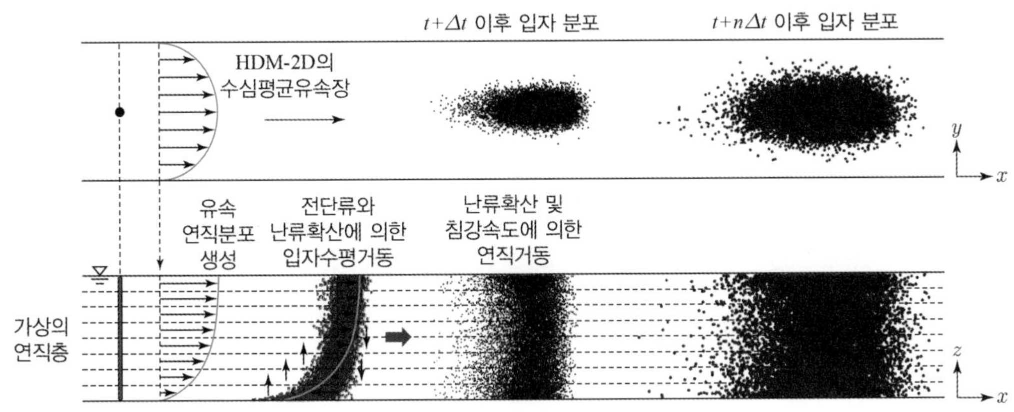

그림 9.16 PDM-2D의 준3차원 입자혼합 해석 개념도

먼저 수평이동단계에서는 $x-y$ 평면상 입자의 위치가 식 (9.22)에 따라 계산된다.

$$x_i^k(t') = x_i^k(t) + u_i(x_i^k, z, t)\Delta t + R\sqrt{(2\epsilon_h \Delta t)} \tag{9.22}$$

여기서, x_i^k는 k번째 입자의 i방향 위치, u_i는 연직유속분포, R은 Gaussian 분포를 따르는 난수, ϵ_h는 수평등방성난류(horizontal isotropic turbulence)를 가정한 수평난류확산계수($\epsilon_x = \epsilon_y = \epsilon_h$), Δt는 계산시간 간격이다. 우안의 두 번째 항은 전단류에 의한 입자의 이동거리이며, 세 번째 항은 난류에 의한 입자의 무작위적인 이동을 나타낸다. 두 번째 항의 u_i는 HDM-2D의 수심평균 유속모의결과($\overline{u_i}$)로부터 연직유속분포를 생성하여 계산한다. 종방향유속의 연직분포(u_s)는 로그분포식(Rozovskii, 1957) (식 9.6), 횡방향유속의 연직분포(u_n)는 이차류를 고려한 선형식(Odgaard, 1986) (식 9.7)을 이용했다. 식 (9.24)의 ϵ_h는 Fischer 등(1979)에 따라 식 (9.23)과 같이 계산한다.

$$\epsilon_h = \beta h u^* \tag{9.23}$$

여기서, β는 0.15~0.3, u^*는 마찰유속이다. 입자의 수평이동이 완료된 후, 입자의 연직 위치는 연직혼합 알고리즘에 따라 결정된다. 이때 입자의 연직혼합 알고리즘은 입자의 특성에 따라 결정된다. 먼저 용존성 오염물질의 경우 난류확산에 의한 혼합 알고리즘에 의해 입자의 위치가 결정된다. 그리고 물보다 비중이 큰 유사 또는 미세플라스틱 등의 입자성 오염물질의 경우 난류확산과 입자의 침강속도에 의해 연직 혼합이 결정된다. 유류와 같은 부유성 오염물질의 경우 연직거동 과정 없이 수표면 층에서만 혼합 거동이 계산된다.

용존성 오염물질에 대한 연직 혼합은 그림 9.17과 같이 연직혼합 완료시간과 격자 내에 포함된 입자 수에 따라 다음과 같이 계산된다.

$$z^k(t+\Delta t) = \begin{cases} z^k(t') + \dfrac{h}{L} & \text{for } \alpha n_p(x_{i,}\, t+\Delta t) \\ z^k(t') + N\sqrt{(2\epsilon_z \Delta t)} & \text{for } (1-\alpha) n_p(x_{i,}\, t+\Delta t) \end{cases} \tag{9.24}$$

여기서, L은 연직층(layer)의 수, ϵ_z는 연직난류확산계수, $\alpha = \Delta t/t_m$, t_m은 연직혼합 완료시간, n_p는 격자 내 포함된 입자 수이다. 식 (9.24)에 의해 계산시간간격(Δt)이 연직혼합완료시간(t_m)보다 작을 경우, Δt와 t_m의 비에 따라 격자 내 입자들 중 α%의 입자는 연직층의 수에 따라 균등하게 분포하여 완전혼합이 이뤄지며, 나머지 입자들은 난류확산에 의해 이동한다. 연직혼합완료시간은 식 (9.25)와 같이 계산할 수 있다(정영재와 서일원, 2013).

$$t_m = 0.1\frac{h^2}{\epsilon_z} \tag{9.25}$$

그리고 ϵ_z는 포물선형 분포를 가정(Fischer 등, 1979)하여 식 (9.26)에 주어진 바와 같이 계산한다.

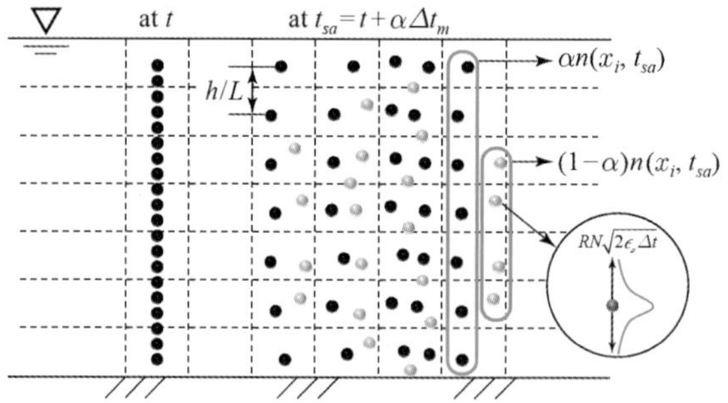

그림 9.17 **용존성 오염물질에 대한 연직혼합 알고리즘**

$$\epsilon_z = \kappa h u^* \left(\frac{z}{h}\right)\left(1-\frac{z}{h}\right) \tag{9.26}$$

여기서, κ는 von Kármán 상수이다.

상술한 알고리즘에 따라 Δt 이후 입자의 위치가 결정되면, 그림 9.18과 같이 계산격자 내 포함된 입자의 수로부터 각 계산격자의 농도를 계산한다. 입자의 분포로부터 농도는 다음 식과 같이 계산한다.

$$C(x, y, t+\Delta t) = \frac{mn(x,y,t+\Delta t)}{h\Delta x \Delta y} \tag{9.27}$$

여기서, m은 오염물질 입자 1개의 질량, n은 계산격자 내 포함된 입자 수, $\Delta x\, \Delta y$는 계산격자의 크기이다. 계산된 농도로부터 $x-y$ 평면상 농도의 시공간적 분포를 분석할 수 있다.

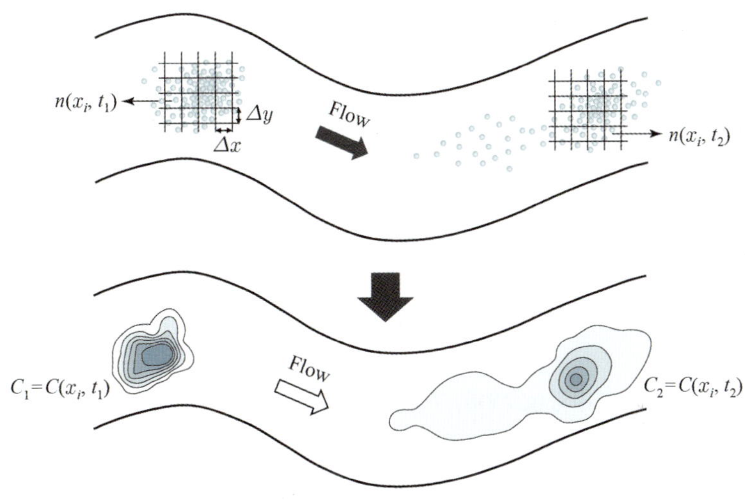

그림 9.18 입자분포의 농도장 변환

② 오염물질 종류별 계산

㉠ 비보존성 오염물질의 해석

페놀, 톨루엔 등과 같은 독성 오염물질의 경우 수표면에서 휘발, 생화학적 반응에 의한 질량 변화가 발생하여 농도계산 결과에 영향을 미친다. 이러한 비보존성 오염물질의 농도계산을 위해 PDM-2D는 바람에 의한 휘발과 생화학적 반감기를 반영하여 농도를 계산한다. 수표면에서 화학물질의 휘발은 식 (9.28)과 같이 1차 반응속도식(1st order kinetic equation)에 따라 계산한다.

$$\frac{\partial C_s}{\partial t} = \frac{K_L}{h_s}\left(f_d C_s - \frac{C_{atm}}{H_L/(R_m T)}\right) \tag{9.28}$$

여기서, C_s는 수표면에 위치한 오염물질의 농도, C_{atm}은 기화된 화학물질의 농도, K_L은 액막전달계수, h_s는 수표면층의 두께, f_d는 용해된 화학물질의 비율, H_L은 Henry 상수, T는 수온(K), R_m은 이상기체상수로서 8.206×10^{-5} atm · m^3/mole이다. 이 식으로부터 수표면층에서 농도의 해석해는 식 (9.29)와 같이 계산할 수 있다.

$$C_s = C_0 e^{-k_v t} \tag{9.29}$$

여기서, k_v는 바람에 의한 화학물질 휘발 영향을 반영한 반감기(/day)이다. PDM-2D는 k_v의 결정을 위해 기체상계수(gas-phase coefficient, $K_{p,g}$)와 액체상계수(liquid-phase coefficient, $K_{p,l}$)를 이용한 반감기 계산식(Liss와 Slater, 1974)을 적용하고 있다.

$$k_v = \frac{1}{h}\left(\frac{1}{K_{p,l}} + \frac{1}{H' K_{p,g}}\right)^{-1} \tag{9.30}$$

여기서, $H' = H_L/(RT)$는 무차원화된 Henry 상수이다. $K_{p,g}$와 $K_{p,l}$은 풍속에 의해 식 (9.31)과 같이 결정된다.

$$K_{p,g} = \begin{cases} 3{,}000\sqrt{18/M} & M < 25 \\ 1{,}137.5(U_{sf} + U_W)\sqrt{18/M} & M \geq 25 \text{ and } U_W \geq 1.9 \text{ m/s} \end{cases} \tag{9.31a}$$

$$K_{p,l} = \begin{cases} 20\sqrt{44/M} & M < 25 \\ 23.51(U_{sf}^{0.969}/h^{0.673})\sqrt{32/M} & M \geq 25 \text{ and } U_W < 1.9 \text{ m/s} \\ 23.51(U_{sf}^{0.969}/h^{0.673})\sqrt{32/M}\, e^{0.526(U_W - 1.9)} & M \geq 25 \text{ and } U_W \geq 1.9 \text{ m/s} \end{cases} \tag{9.31b}$$

여기서, M은 화학물질의 분자량(g/mol), U_{sf}는 수표면 유속, U_W는 풍속(m/s)이다. PDM-2D는 바람에 의한 휘발 외에도 생화학적 분해로 인한 질량 감소를 계산할 수 있다. 생화학적 분해에 의한 질량 감소는 감쇠계수(k_{bc})를 이용하여 계산하며, 감쇠계수는 식 (9.32)를 이용하여 계산한다.

$$k_{bc} = \ln(2)/t_h \tag{9.32}$$

여기서, t_h는 독성 오염물질의 생화학적 반감기를 나타낸다. 휘발에 의한 감쇠와 생화학적 분해에 의한 반감기를 모두 고려하여 최종적인 입자의 질량은 식 (9.33)과 같이 계산한다.

$$m = m_0 e^{-(k_v + k_{bc})t} \tag{9.33}$$

여기서, m_0는 입자의 초기 질량이다. 시간흐름에 따라 변화된 입자의 질량으로부터 식 (9.27)을 이용하여 비보존성 농도의 공간분포를 계산한다.

ⓒ 부유성 오염물질의 혼합해석

부유성 오염물질의 한 종류인 유류는 수표면을 따라 이동하며, 화학적 특성에 따라 휘발, 침전, 분해 등의 과정을 겪는다. PDM-2D는 유류의 복잡한 거동을 모두 반영하는 대신 유류유출 시 방재 목적의 활용을 위해 바람에 의한 휘발과 이동궤적 변화 영향만을 반영하여 개발되었다. 그림 9.19는 PDM-2D의 유류확산 모의 개념도를 보여준다. HDM-2D의 흐름해석으로부터 생성된 전단류를 이용하여 수표면층의 유속을 결정하고, 유류의 이송을 계산하기 위해 활용한다. 그리고 연직혼합 거동은 고려하지 않고 종 · 횡 방향으로의 난류확산을 고려하여 유류의 혼합 거동을 계산한다.

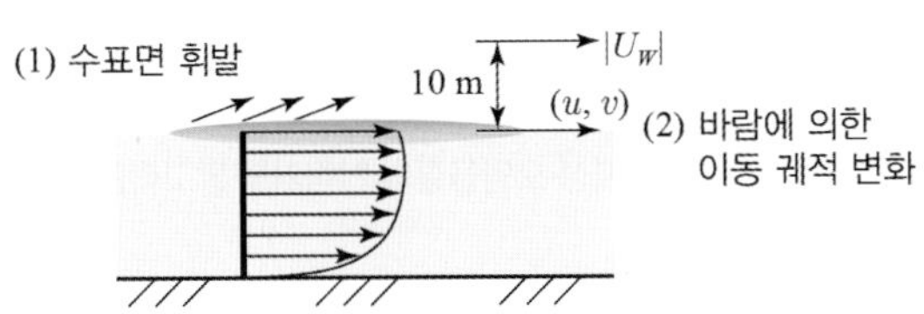

그림 9.19 표면 흐름에 의한 유류확산 해석 개념도

표면 흐름에 의한 유류의 거동은 수표면으로부터 10 m 상공의 풍속과 풍향에 영향을 받게 된다. PDM-2D는 이에 대한 영향을 고려하기 위해 식 (9.34)와 같이 수표면층의 혼합 거동을 계산한다.

$$x_i^L(t+\Delta t) = x_i^L(t) + \left(u_i(x_i^L, t) + W_D U_{Wi}\right)\Delta t + N\sqrt{(2\epsilon_h \Delta t)} \tag{9.34}$$

여기서, x_i^L은 수표면층(L)의 입자 위치, W_D는 바람항력계수(wind drag coefficient)이다. W_D는 식 (9.35)와 같이 계산할 수 있다(Zhen 등, 2020).

$$\begin{aligned} W_D &= 0.564 \times 10^{-3}, && |U_W| \le 4.917 \text{ m/s} \\ &= (-0.12 + 0.13|U_W|) \times 10^{-3}, && 4.917 \text{ m/s} \le |U_W| < 19.221 \text{ m/s} \\ &= 2.513 \times 10^{-3}, && 19.221 \text{ m/s} \le |U_W| \end{aligned} \tag{9.35}$$

위 식에 따르면 풍속 증가에 따라 W_D가 증가하고, 이에 따라 바람이 이송항에 미치는 영향이 증가하게 된다. 휘발성 유류의 경우 수온 변화에 의해 질량 감소가 가속화될 수 있다. 따라서 PDM-2D에서는 휘발에 의한 유류질량의 시간 변화는 식 (9.36)과 같이 계산된다(Fingas, 1999).

$$m(t) = m_0[1 - 0.01\{0.165 + 0.045(T - 15)\ln(t)\}] \tag{9.36}$$

여기서, m_0은 초기 유류의 질량, $m(t)$는 시간 t 이후 유류 입자 질량을 나타낸다. 유류의 질량 변화에 따라 식 (9.36)으로부터 농도의 시간 변화를 계산하여 이송-확산 과정과 함께 휘발에 의한 농도 변화를 계산할 수 있다.

ⓒ 입자성 오염물질의 혼합해석

입자성 오염물질의 경우 대상 오염물질의 비중에 따라 연직혼합 계산이 결정된다. 물의 비중보다 작은 입자의 경우 난류확산에 따른 혼합과정에 따라 입자의 연직 위치가 결정된다. PDM-2D에서는 입자의 비중이 물보다 큰 경우 그림 9.20과 같이 침강속도에 의한 입자의 연직거동이 함께 계산된다.

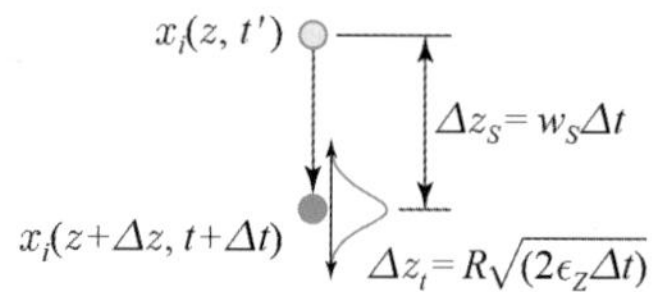

그림 9.20 **입자성 오염물질의 연직거동 알고리즘**

그림 9.20에 따라 입자의 연직거동은 난류확산(Δz_t)과 침강속도에 의한 거동(Δz_s)을 반영하여 다음 식과 같이 계산한다.

$$\Delta z = \Delta z_t + \Delta z_s \tag{9.37}$$

연직 난류변동성분과 침강속도에 의한 연직거동은 각각 식 (9.38)과 (9.39)와 같이 계산한다.

$$\Delta z_t = R\sqrt{2\epsilon_z \Delta t} \tag{9.38}$$

$$\Delta z_s = w_s \Delta t \tag{9.39}$$

여기서, w_s는 입자의 침강속도이다.

하천에서 입자의 침강속도는 입자의 특성에 따라 식 (9.40)과 같이 계산한다(Zhiyao 등, 2008).

$$w_s = \frac{\nu}{d} d_*^3 \left(38.1 + 0.93 d_*^{12/7}\right)^{-7/8} \tag{9.40a}$$

$$d_* = d\left\{\frac{g(\rho_p - \rho_w)}{\rho_w \nu^2}\right\}^{1/3} \tag{9.40b}$$

여기서, ν는 물의 동점성계수, d는 입자의 직경, d_*는 무차원화된 입자 직경, ρ_p는 입자의 밀도, ρ_w는 물의 밀도이다. 위 식에 따라 입자의 직경, 비중(specific gravity, s.g.)에 의해 침강속도가 결정된다.

호소수 등 수온성층이 발생하는 구간에서는 물의 밀도 변화에 의해 입자의 연직거동에 변화가 발생한다. 호소에서 수온성층에 의한 입자의 연직거동은 하천에서와 같이 입자의 침강속도 및 난류확산으로 해석할 수 있다(Durham과 Stocker, 2012). 수온성층에 의한 입자의 밀도와 수체의 밀도 관계에 따라 입자는 상승 및 하강하며, 이에 따라 수온이 급격히 변화하는 수온약층(thermocline)으로 입자가 축적되는 현상이 발생한다(Stacey 등, 2007). 이러한 입자의 연직거동을 특성 반영하기 위해 식 (9.41)과 같이 입자의 연직거동을 계산한다.

$$w_s(z) = -N_b^2 d^2 \left(\frac{z - z_0}{18\nu} \right) \tag{9.41a}$$

$$N_b = \sqrt{-\frac{g}{\rho_w} \frac{d\rho_w}{dz}} \tag{9.41b}$$

여기서, N_b는 부력주파수(buoyancy frequency), z_0는 $\rho_w = \rho_p$인 지점이다. 이 식에 의해 수온 성층 발생 구간에서 입자의 연직거동은 그림 9.21과 같이 계산된다. 수체의 상층부에서는 수온 상승에 의해 수체의 밀도가 입자의 밀도보다 작아지며, 하층부에서는 낮은 수온으로 인해 수체의 밀도가 입자 밀도보다 높아진다. 이에 따라 상층부에 위치한 입자는 하강하는 거동을 나타내고, 하층부의 입자는 상승하는 거동을 나타낸다.

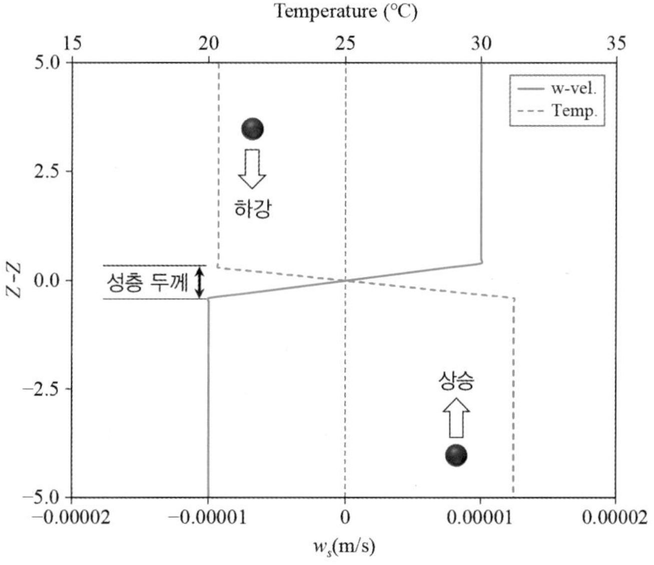

그림 9.21 **수온성층에 의한 입자의 상승/침강 속도 계산 예시**

(3) PDM-2D모형의 입력자료 및 매개변수

PDM-2D의 실행을 위한 입력파일은 표 9.30과 같이 ① 지형정보, ② HDM-2D 모의조건 및 모의결과, ③ PDM-2D 모의조건으로 구성된다. 지형정보 파일(.rgo 확장자)은 모의영역 내 입자의 위치

표 9.30 PDM-2D 실행을 위한 입력파일 구성

확장자	입력파일 설명	비고
.rgo	RAMS 격자 구성	지형정보
.outside	외부경계 node 번호 - 반사경계(Reflecting boundary) 계산	
.inside	내부경계 node 번호 - 반사경계(Reflecting boundary) 계산	
.vel	HDM-2D 계산결과 - 유속모의 결과	HDM-2D
.rc2	HDM-2D 수치모의 조건	
.rc6	PDM-2D 계산 조건 설정	PDM-2D
.cons	용존성 오염물질의 시계열 변화 입력	
.wind	바람의 영향을 반영하기 위한 풍속, 풍향 시계열 자료	

인식, HDM-2D 모의결과의 활용을 위해 필요하다. '.rgo' 파일에 기록된 계산격자 구성 정보로부터 입자의 위치를 파악하고, 각 격자점에 기록된 HDM-2D 계산결과('.vel' 확장자)를 보간하여 입자의 위치에 해당하는 수심평균유속($\overline{u}$, $\overline{v}$)을 산정한다. 그리고 내부경계(.inside)와 외부경계(.outside)에 해당하는 격자점 정보를 통해 경계면에서 입자의 반사를 계산한다. '.vel' 파일은 Binary 파일 형식으로 저장된 HDM-2D의 계산결과 파일이고, 유속의 연직분포 생성에 이용한다. 그리고 '.rc2' 파일은 HDM-2D의 계산 조건 파일이며, 용존성 오염물질의 연속주입 모의 시 유량의 시간 변화에 따른 입자의 주입량 변화 계산에 이용한다. '.rc6' 파일은 PDM-2D 실행을 위한 계산 조건, '.cons' 파일과 '.wind' 파일은 각각 용존성 오염물질의 연속 주입, 휘발성 오염물질의 질량 변화 계산에 필요한 바람 조건을 정리한 파일이다. '.cons'와 '.wind' 파일은 오염물질의 종류에 따라 파일 생성 없어도 계산 실행이 가능하다.

PDM-2D의 실행을 위한 세부 조건을 결정하기 위해서는 표 9.30의 입력파일 중 '.rc6' 파일의 구성이 필요하다. '.rc6' 파일은 오염물질의 종류, 주입 조건을 결정하고, 연직유속분포의 생성, 난류확산 계산 등 PDM-2D의 알고리즘 실행에 필요한 모의조건을 입력한다. 표 9.31은 '.rc6' 파일의 구성 항목을 정리한 내용이다. '.rc6' 파일의 구성은 오염물질 종류 및 모의조건에 따라 변화할 수 있다.

표 9.31 PDM-2D 실행 조건 결정을 위한 '.rc6' 파일 내용 구성

<table>
<tr><th>카드명</th><th colspan="2">입력 내용</th><th>비고</th></tr>
<tr><td>PTY</td><td colspan="2">0: 보존성, 1: 비보존성, 2: 부유물질(유류), 3: 입자(MP), 4: 부유사(SS)</td><td rowspan="3">오염물질 특성/ 유입 조건</td></tr>
<tr><td>IPT</td><td colspan="2">0: 순간주입, 1: 연속주입</td></tr>
<tr><td>TOX</td><td colspan="2">분자량(g/mol), Henry 상수, 생화학적 반감기(/day)</td></tr>
<tr><td>TEP</td><td colspan="2">수온성층반영(0: OFF, 1: ON), 상층부 수온(°C), 하층부 수온(°C), 성층두께(m)</td><td>수온성층 모의 조건</td></tr>
<tr><td>WND</td><td colspan="2">0: 바람 조건 비활성화, 1: 바람 조건 활성화</td><td>바람 조건</td></tr>
<tr><td>DIF</td><td colspan="2">종방향 난류확산계수, 횡방향 난류확산계수</td><td rowspan="8">PDM-2D 이송-분산 알고리즘 계산 조건</td></tr>
<tr><td>NLA</td><td colspan="2">연직 격자 수</td></tr>
<tr><td>NDT</td><td colspan="2">계산시간 간격(sec)</td></tr>
<tr><td>NTI</td><td colspan="2">계산반복 횟수</td></tr>
<tr><td>OUT</td><td colspan="2">계산결과 출력 간격</td></tr>
<tr><td>MNN</td><td colspan="2">번호, Manning 조도계수</td></tr>
<tr><td>RAC</td><td colspan="2">곡률반경(m)</td></tr>
<tr><td>REF</td><td colspan="2">벽면반사 조건(0: 흡수, 1: 반사), 반발계수</td></tr>
<tr><td rowspan="2">INP</td><td>PTY=0, 1</td><td>입력지점 번호, x, y, 입자당 질량(kg/particle), 유입지류 번호</td><td rowspan="2">연속주입 입력 조건</td></tr>
<tr><td>PTY=3, 4</td><td>입력지점 번호, x, y, 유입률(particle/sec), 계산입자당 입자 수(particle/particle), 입자 직경(μm), 입자 밀도(kg/m^3), 입자 종류, 유입지류 번호</td></tr>
<tr><td rowspan="2">NXY</td><td>PTY=0, 1</td><td>입력지점 번호, x, y, 주입입자 수, 입자당 질량(kg/particle)</td><td rowspan="2">순간주입 입력 조건</td></tr>
<tr><td>PTY=3, 4</td><td>입력지점 번호, x, y, 주입입자 수, 계산입자당 입자 수(particle/particle), 입자 직경(μm), 입자 밀도(kg/m^3), 입자 종류</td></tr>
<tr><td>STD</td><td colspan="2">0: 정상 상태 흐름 반영, 1: 비정상 상태 흐름 반영</td><td>HDM-2D 계산 조건</td></tr>
</table>

(4) 모의사례

본 모의사례는 HDM-2D 및 CTM-2D의 모의사례와 동일한 대상 영역인 팔당호를 선택하여 모의한 것이다. 대상 영역은 수도권의 주요 수원으로 활용되는 팔당호와 북한강은 청평댐 하류구간 및 남한강 이포보 하류 구간을 포함하고 있다(그림 9.3). 팔당호는 하천형 호소수로서 유입하천인 북한강 청평댐의 발전방류, 남한강 유량 변화에 따라 흐름구조가 역동적으로 변화하며, 이에 따라 오염물질의 혼합 양상 또한 민감하게 변화한다(Park 등, 2024). 팔당호 좌안에는 수도권에 생활용수를 공급하는 3개의 취수장이 위치하고 있어서 수질오염사고 발생 시 신속하고 정확한 오염물질 거동 분석이 중요한 구간이다.

① 톨루엔 유입사고 모의

톨루엔 사고 모의사례는 CTM-2D 모의사례와 동일하게 남한강 이포보 하류에 위치한 양평대교에서 톨루엔 20 ton을 싣고 가던 화물차가 전복되는 사고를 가정하여 모의를 수행한 가상 시나리오 사례이다(그림 9.11). 이 모의에서는 톨루엔의 생화학적 특성 및 바람에 의한 휘발 영향을 고려하였으며, 식 (9.33)에 의한 질량 변화 계산을 위해 분자량 92.1 g/mol, 헨리상수 6.64×10^{-3} atm-m^3/mol, 생화학적 반감기는 4.49 days로 입력했다. 이 수질오염사고가 저수기에 해당하는 2023년 4월 15일~4월 29일 기간에 발생한 것으로 가정하여 그림 9.22와 같이 이포보, 청평댐, 경안천의 유량 및 팔당댐의 수위 데이터를 이용했다. 유량/수위 데이터는 한강홍수통제소의 시 단위 자료를 이용했다. 이 경계조건을 이용하여 HDM-2D 모의를 수행한 후 PDM-2D를 이용한 톨루엔 혼합모의를 수행했다.

PDM-2D를 이용한 톨루엔의 혼합 거동 모의결과는 그림 9.23과 같다. 양평대교 중앙에 유입된 톨루엔은 약 90시간 이후 팔당호로 진입했다. 청평댐 발전방류에 의한 흐름 변화로 인해 팔당호로 유입된 톨루엔이 소내섬 방향으로 치우쳐 흘러가는 경향을 나타냈다. 그리고 톨루엔 중 일부는 북한강 방향으로 역류하는 흐름을 보였다. 이 부근은 세미원 유원지가 위치해 있어, 이 지역에 피해가 발생할 것으로 예상된다. 팔당호 내 낮은 유속으로 인해 톨루엔이 소내섬 북쪽에서 머문 후 약 130시간 이후 오염운이 취수장 주변으로 이동하기 시작했다. 그리고 150시간 이후에는 취수장에 직접적 영향을 미치는 것으로 나타났다.

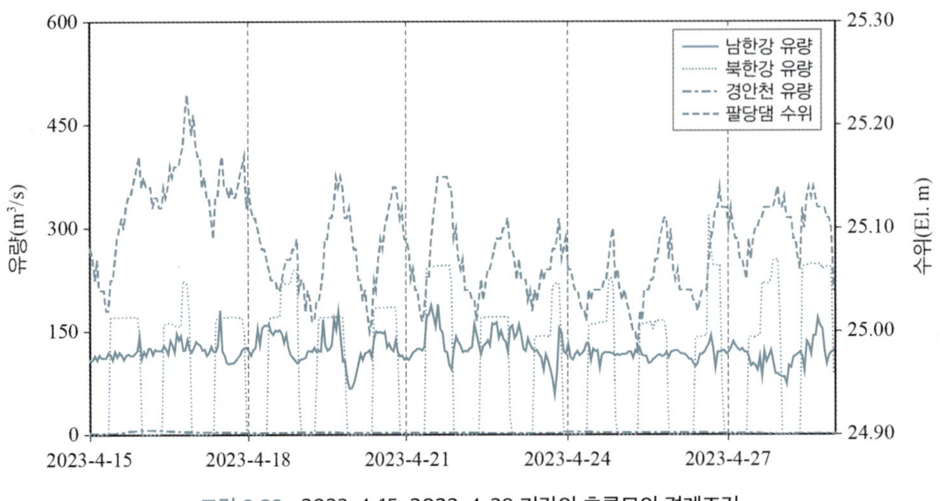

그림 9.22 2023-4-15~2023-4-29 기간의 흐름모의 경계조건

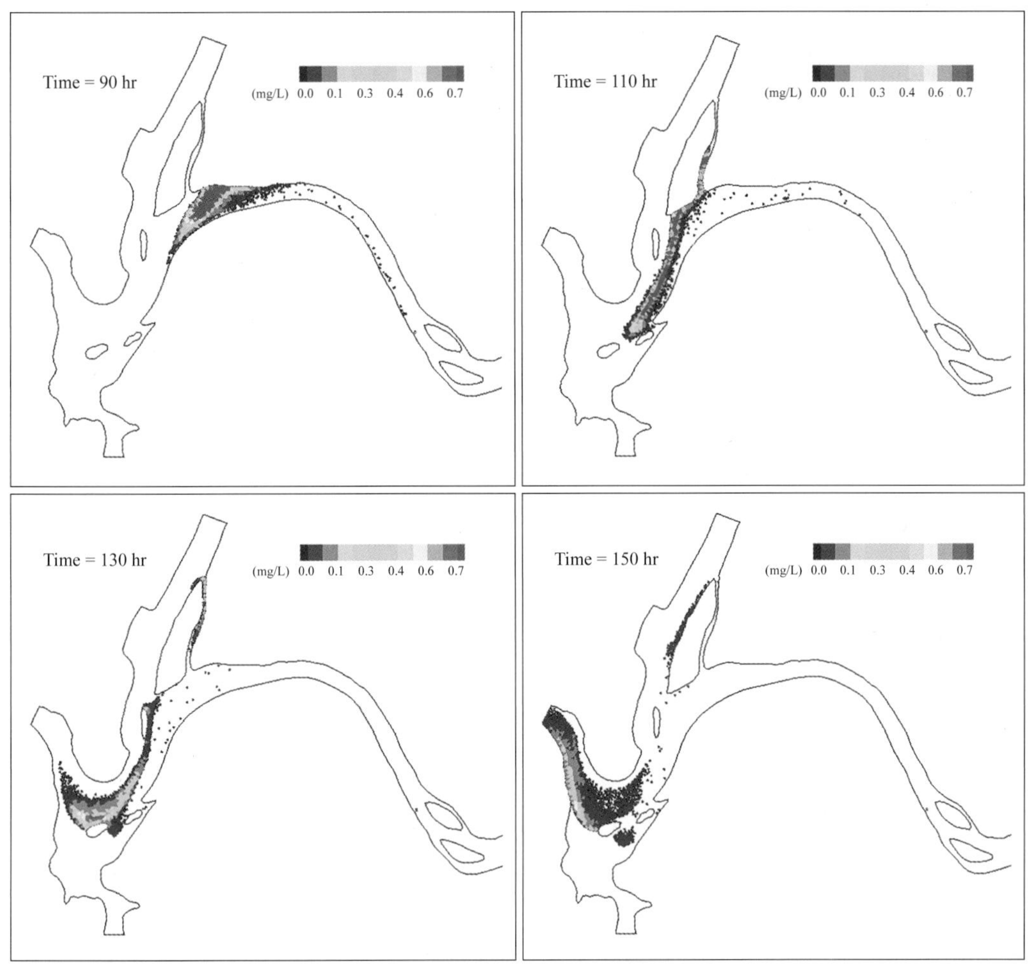

그림 9.23 **팔당호 내 톨루엔의 혼합 거동**

그림 9.24는 팔당호 내 취수장 주변 톨루엔의 농도 변화를 나타낸다. 북한강의 발전방류 영향으로 농도곡선에는 두 개의 첨두농도가 발생하였으며, 특히 P2에서 명확히 두 첨두농도가 관찰됐다. P2, P3의 경우 P1에 비해 긴 시간 동안 톨루엔의 먹는 물 기준치(0.7 ppm)를 초과하는 오염 상태가 지속되는 것으로 나타났다. 표 9.32는 취수장 주변에서 톨루엔의 농도 변화를 정리한 표이다. 각 취수장 위치에서 첨두농도의 변화, 먹는 물 기준치 이상 농도 발생에 따른 취수 중단, 재개 필요 시간 그리고 기준치 이상 농도의 지속시간을 비교한 결과이다. 취수장 위치가 팔당댐에 근접해가며, 첨두농도가 1.07 ppm (P2)에서 0.78 ppm (P1)으로 점차 감소했다. 먹는 물 기준치 이상으로 톨루엔 농도가 상승하면 취수를 중단하고, 기준치 이하로 감소하면 취수를 재개하는 것으로 취수 불가 시간을 분석했다. 그 결과, 팔당댐에서 가장 먼 위치에 있는 P2 취수장에서 가장 긴 시간(3.33시간) 동

안 취수가 불가능한 것으로 나타났다. 이러한 결과는 팔당댐의 우안으로 향하는 흐름 구조의 발달, 도달시간 지연에 따른 톨루엔의 질량 감소로 인해 톨루엔 농도가 감소한 원인으로 볼 수 있다.

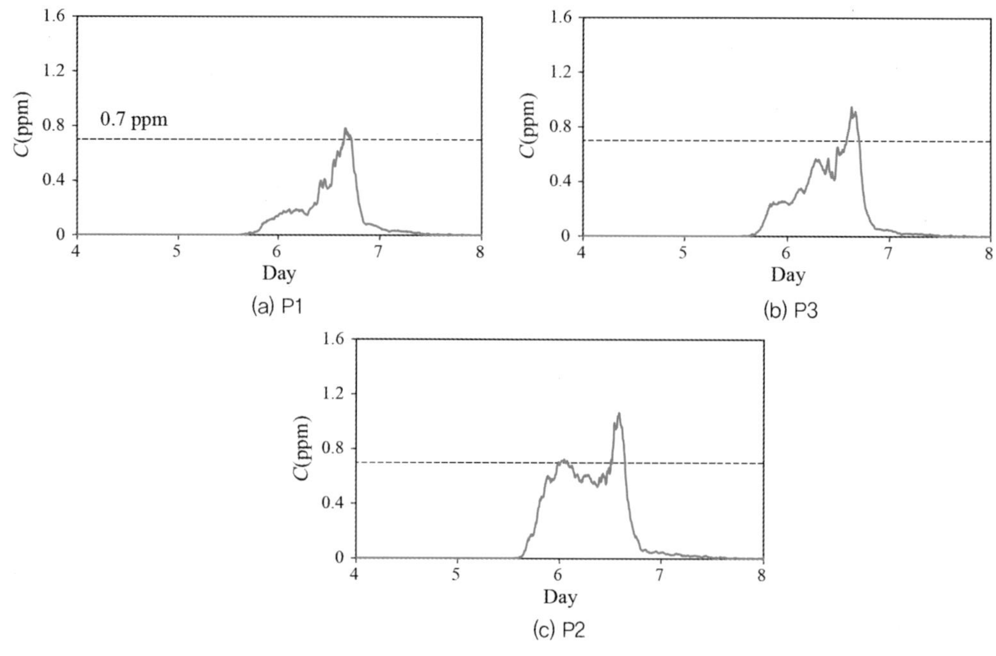

(a) P1
(b) P3
(c) P2

그림 9.24 **취수장 주변 톨루엔 농도 변화**

표 9.32 **시나리오별 취수장 주변 톨루엔 농도 변화**

첨두농도 (ppm)			취수 중단 시간 (day)			취수 재개 시간 (day)			취수 불가 시간 (hrs)		
P1	P3	P2	P1	P3	P2	P1	P3	P2	P1	P3	P2
0.78	0.95	1.07	6.65	6.58	6.50	6.72	6.70	6.64	1.67	2.92	3.33

② 유류유출 모의

유류유출사고는 국내 수질오염사고의 대부분을 차지할 정도로 빈번하게 발생하고 있다. PDM-2D는 부유성 오염물질 혼합모의 기능을 이용하여 수표면 흐름에 의한 유류의 거동을 해석할 수 있다. 유류유입사고 모의사례는 차량전복, 선박 사고 등으로 인해 북한강에 위치한 신양수대교에서 유류가 유출되는 상황을 가정하여 모의를 수행한 사례이다(그림 9.25). 먼저 HDM-2D를 이용한 흐름 해석이 필요하며, 흐름 해석을 위한 경계조건은 그림 9.22와 같다. 유류 거동 해석 시 바람에 의한 영향을 고려하기 위하여 흐름 해석과 동일한 기간(2023.4.15.~2023.4.29.) 동안 기상청의 풍향/풍속 데이터, 수온 데이터를 이용하여 식 (9.35)에 의한 풍속 영향 및 식 (9.36)에 의한 휘발 영향을

그림 9.25 유류유출사고 시나리오 모의 개요

고려한 유류 혼합 모의를 수행했다.

그림 9.26은 팔당호 내 수표면 흐름에 의한 유류의 거동을 나타낸다. 신양수대교에서 유입된 유류는 20시간 이후 소내섬 북쪽에 도달했다. 소내섬 북쪽에서는 남한강과 북한강의 흐름에 의해 유로가 만곡되는 구간이 형성된다. 이러한 만곡 지형 내 원심력은 이차류를 형성하고, 이차류에 의한 수표면 흐름은 유류 오염운을 소내섬 방향으로 향하게 한다. 팔당호 내에서는 유속이 감소하기 때문에 유류는 약 10시간 동안 소내섬 북쪽에서부터 서서히 팔당댐 방향으로 이동했다. 30시간 이후 유류 오염운은 P2 취수장이 위치한 방향으로 이동하였으며, 약 40시간 이후에는 P3 취수장 주변으로 유류 오염운이 도달하는 결과가 나타났다.

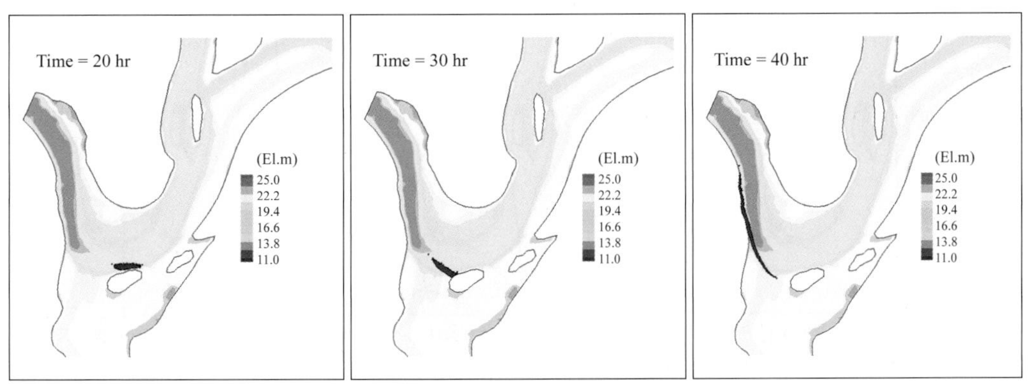

그림 9.26 신양수대교 유류 오염물질 유입 시나리오 결과

③ 탁수 유입 모의

탁수 유입 모의사례는 2023년 9월 10일~24일 강우 유출로 인해 남한강에서 탁수가 유입되는 상황을 가정한 시나리오를 모의한 사례이다. 이 시나리오에서는 2개 케이스를 모의하였는데, Case 1은 입경이 0.05 mm인 실트질 유사가 유입되는 경우이고, Case 2는 입경 1 mm의 굵은 모래가 유입되는 경우이다. 하천에서 유입되는 유사량(Q_{SS})을 정하기 위해 식 (9.42)의 이포보의 유량-유사량 관계식을 이용했다(한국수문조사연보, 2023).

$$Q_{SS} = 0.0065\,Q^{1.996} \quad (\text{ton/day}) \quad (97.79 \le Q \le 7447.57) \tag{9.42}$$

홍수기 유량 경계조건과 식 (9.42)에 의해 계산된 유사량 경계조건은 그림 9.27과 같다. 해당 시기에서 남한강의 홍수 방류로 인해 다량의 유사가 유입되는 결과가 타나났으며, 북한강과 경안천의 유

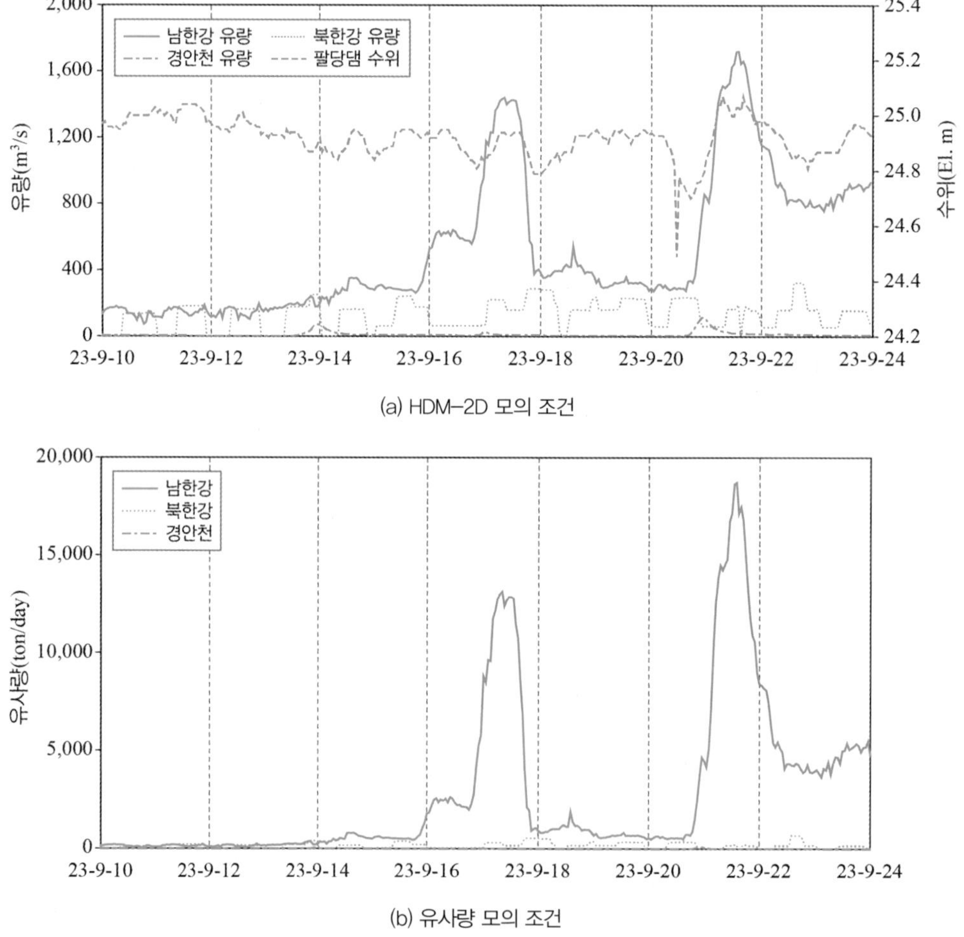

그림 9.27 홍수기(2023.9.10.~2023.9.24.) HDM-2D 및 유사량 모의 조건

입량은 상대적으로 낮게 나타났다. 산정된 유사량을 바탕으로 유사 1 g당 1개의 모의 입자가 유입되도록 모의 조건을 설정했다.

그림 9.28은 Case 1 모의결과를 나타낸다. 남한강에서 첫 번째 홍수방류는 200시간 이후 발생하며, 고농도의 탁수가 팔당호로 240시간 이후 유입되어 팔당댐 방향으로 이동하는 결과가 나타났다. 경안천에서 유입되는 유사량은 작지만 경안천 유입부에서 낮은 수심과 느린 유속으로 인해 유사가 축적되어 상대적으로 높은 부유사 농도를 나타냈다. 280시간 이후에는 경안천에서 유입된 고농도 탁수가 팔당댐 방향에 도달하여 취수장이 위치한 좌안에서 높은 농도를 보였다. 320시간 후에는 북한강의 발전방류로 인해 유입되는 고농도의 부유사가 더 큰 영향을 미치는 것으로 나타났다. 북한강에서 유입된 부유사는 주로 팔당호의 우안을 따라 이동하고 있기 때문에 취수장에 상대적으로 큰 영향을 미치지 않았다.

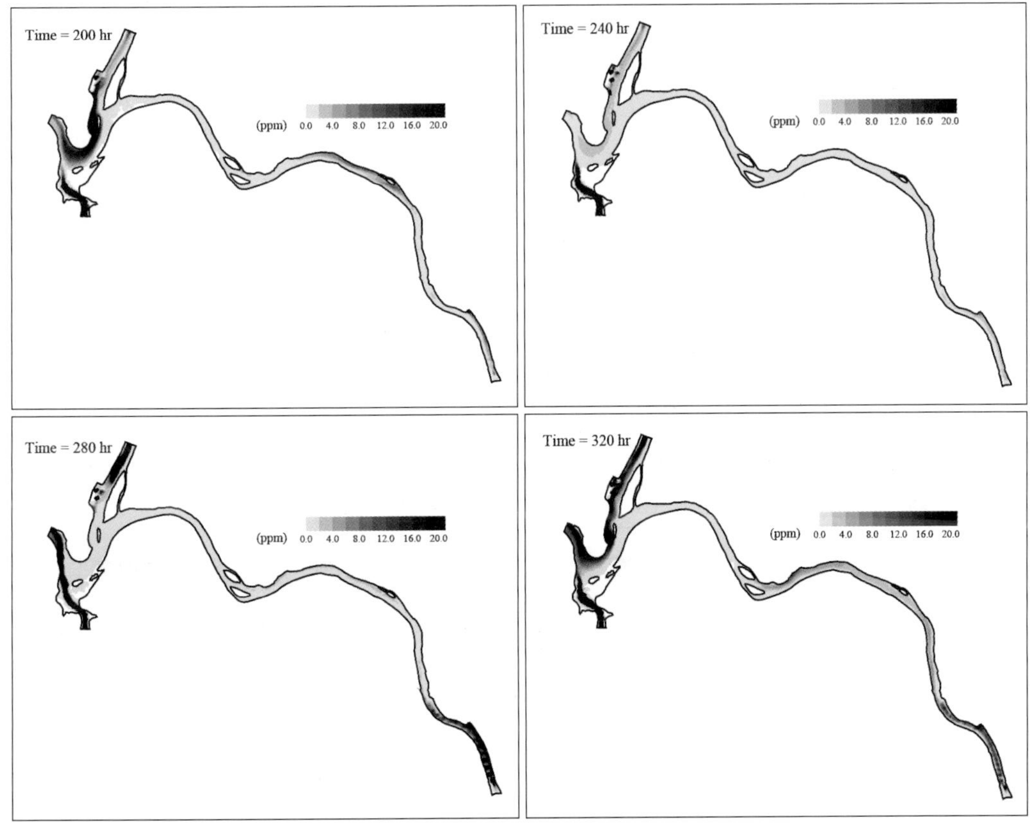

그림 9.28 세립질 유사($d=0.05$ mm) 유입 시나리오 모의결과

그림 9.29는 Case 2 모의결과를 보여준다. 조립질 유사의 특성으로 인해 입자의 침강속도가 Case 1에 비해 더 크기 때문에 주로 바닥층 흐름에 영향을 받는 입자들의 수가 증가했다. 그 결과 종 · 횡 방향 확산이 세립질 유사에 비해 감소하여 탁수의 혼합 범위가 감소했다. 200시간 이후 고농도 탁수가 북한강 흐름에 의해 우안을 따라 팔당댐으로 유입하는 결과가 나타났다. 또한 280시간 이후에 경안천에서 유입된 고농도 탁수가 취수장이 위치한 좌안으로 이동하며 높은 농도를 형성했다. 280시간 이후 P2 취수장 위치에서 세립질 유사(Case 1)의 농도는 26.2 ppm으로 나타났으나, 조립질 유사(Case 2)의 경우 15.0 ppm으로 더 낮은 농도를 나타났다. 320시간 이후 P1 취수장에서는 세립질 유사(Case 1)의 경우 9.3 ppm, 조립질 유사(Case 2)의 경우 1.5 ppm으로 세립질 유사의 농도가 더 높게 나타났다. P3 취수장에서도 세립질과 조립질 유사의 농도가 각각 6.7 ppm, 1.6 ppm으로 나타나서 세립질 유사가 유입되는 경우에 취수장에 미치는 영향이 더 큰 것으로 나타났다.

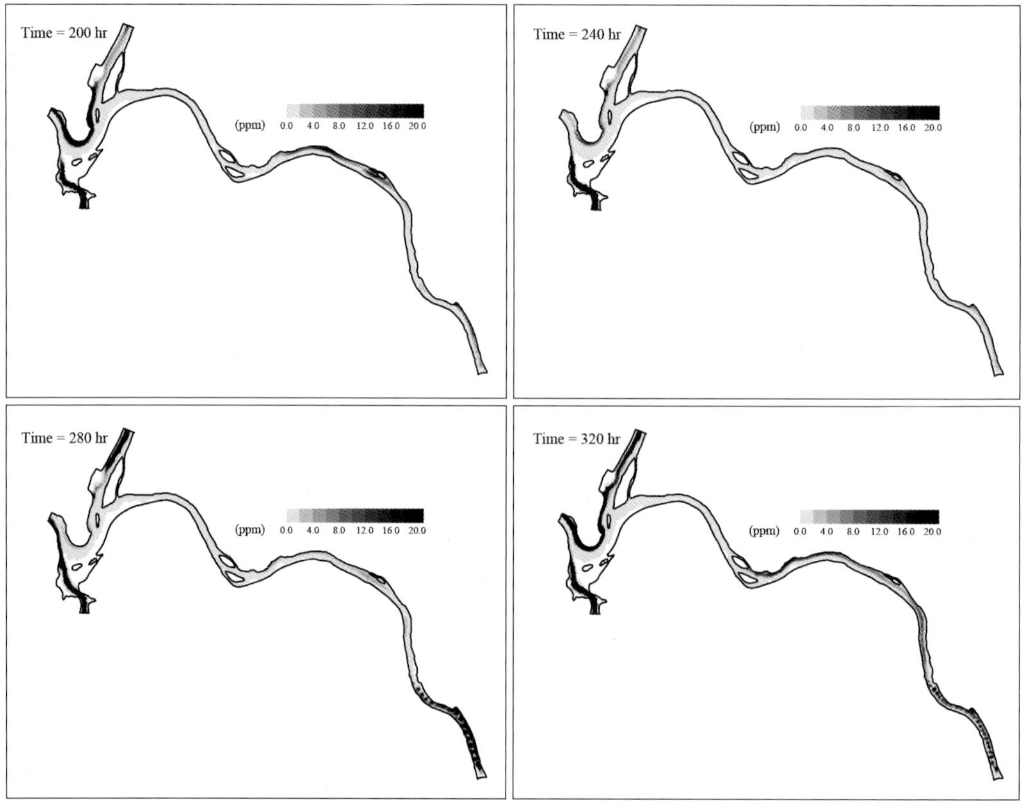

그림 9.29 조립질 유사(d = 1.0 mm) 유입 시나리오 모의결과

3. River2D

1) 모형 개요

River2D는 캐나다의 University of Alberta에서 개발한 소프트웨어로서 2차원 하천 흐름 해석 및 어류 서식처 모델링을 위한 프로그램이다. River2D는 계산격자 생성을 위한 지형정보 편집 모듈(R2D Bed)과 삼각격자망 생성 및 경계조건 입력 모듈(R2D Mesh), 그리고 2차원 흐름 해석 및 가중가용면적 계산 모듈(River2D)을 포함하고 있다. 이 외에도 결빙하천의 흐름 해석을 위한 모듈(R2D Ice)을 포함한다. River2D는 2차원 천수방정식을 유한요소법을 이용하여 이산화하며, 수심 적분된 2차원 유속 및 수심 분포를 계산한다. 그리고 흐름 해석 결과로부터 어류의 서식처 적합도 지수 입력 파일을 이용하여 가중가용면적을 계산할 수 있다. River2D는 홈페이지(www.river2d.ca)에서 무료로 내려받을 수 있으며, 프로그램 활용을 위한 매뉴얼도 받을 수 있다.

River2D는 2차원 흐름해석을 위해 연속방정식과 천수방정식을 지배방정식으로 이용하고 있다. 지배방정식의 이산화를 위해 SU/PG 기법을 이용한 유한요소법을 적용하고 있으며, 비선형 항의 풀이를 위해 Newton-Raphson 법을 이용하고 있다. 다음 식은 River2D 동수역학 모형의 지배방정식을 보여준다.

$$\frac{\partial h}{\partial t}+\frac{\partial q_x}{\partial x}+\frac{\partial q_y}{\partial y}=0 \tag{9.43}$$

$$\frac{\partial q_x}{\partial t}+\frac{\partial \bar{u} q_x}{\partial x}+\frac{\partial \bar{v} q_y}{\partial y}+\frac{g}{2}\frac{\partial h^2}{\partial x}=gh\left(S_{0x}-S_{fx}\right)+\frac{1}{\rho}\frac{\partial h\tau_{xx}}{\partial x}+\frac{1}{\rho}\frac{\partial h\tau_{xy}}{\partial y} \tag{9.44a}$$

$$\frac{\partial q_y}{\partial t}+\frac{\partial \bar{u} q_x}{\partial x}+\frac{\partial \bar{v} q_y}{\partial y}+\frac{g}{2}\frac{\partial h^2}{\partial y}=gh\left(S_{0y}-S_{fy}\right)+\frac{1}{\rho}\frac{\partial h\tau_{yx}}{\partial x}+\frac{1}{\rho}\frac{\partial h\tau_{yy}}{\partial y} \tag{9.44b}$$

여기서, q_x, q_y는 각각 x, y방향으로의 단위 폭당 유량, S_{fx}, S_{fy}는 마찰경사, S_{0x}, S_{0y}는 바닥경사, τ_{xx}, τ_{xy}, τ_{yx}, τ_{yy}는 전단응력이다. River2D에서는 마찰경사의 계산을 위해 Manning 공식을 이용하며, 전단응력은 Bousinessq의 난류동점성계수를 이용하여 다음 식과 같이 정의한다.

$$S_{fx}=\frac{n^2\bar{u}\sqrt{\bar{u}^2+\bar{v}^2}}{h^{4/3}},\quad S_{fy}=\frac{n^2\bar{v}\sqrt{\bar{u}^2+\bar{v}^2}}{h^{4/3}} \tag{9.45}$$

$$\tau_{xy}=\nu\left(\frac{\partial \bar{u}}{\partial y}+\frac{\partial \bar{v}}{\partial x}\right) \tag{9.46}$$

여기서, n은 Manning의 조도계수이다. 따라서 River2D 흐름 해석 결과의 보정을 위해 Manning의 조도계수와 난류동점성계수의 조정이 필요하다.

River2D는 가중가용면적(Weighted Usable Area, WUA)으로부터 대상 생물종의 서식 가능 면적을 계산한다. River2D에서는 가중가용면적을 다음 식과 같이 계산한다.

$$WUA = \sum_{i=1}^{n} S_i A_i \tag{9.47}$$

여기서, A_i는 i번째 영역의 면적, S_i는 i번째 영역에서의 복합서식처적합도 지수이다. S_i는 대상 생물종의 유속, 수심, 하상재료에 따른 서식처적합도 지수를 이용하여 계산한다. 서식처적합도 지수로부터 복합서식처적합도 지수의 결정을 위해 다음 식과 같이 단순평균, 기하평균, 최소한계, 가중평균법을 이용할 수 있다.

$$S_i = (S_d + S_v + S_c)/3 \tag{9.48a}$$

$$S_i = \sqrt[3]{S_d \times S_v \times S_c} \tag{9.48b}$$

$$S_i = \min[S_d, S_v, S_c] \tag{9.48c}$$

$$S_i = S_d^a \times S_v^b \times S_c^c \qquad (a+b+c=1) \tag{9.48d}$$

여기서, S_d, S_v, S_c는 각각 수심, 유속, 하상재료에 대한 서식처적합도 지수이며, a, b, c는 합이 1이 되도록 결정되는 가중치이다. River2D에서는 복합서식처적합도 지수의 계산을 위해 식 (9.48)의 수식 중 하나를 선택하여 적용할 수 있다.

2) 생태서식처 시뮬레이션을 통한 하천유지유량 결정

하천유지유량은 하천에 흘러야 할 최소 유량을 의미하며, 하천의 다양한 기능을 원활하게 유지하기 위한 유량이다(한국수자원공사, 1995). 또한 「하천법」 제51조에 따르면 생활 · 공업 · 농업 · 환경개선 · 발전 · 주운 등의 하천수 사용을 고려하여 하천의 정상적인 기능 및 상태 유지를 위한 최소 유량을 하천유지유량으로 정의하고 있다. 하천유지유량 산정방법은 환경부고시 제2024-33호(하천유지유량 산정지침)에 명시되어 있다. 하천유지유량 산정방법은 수문학적 방법(hydrological method), 수리학적 방법(hydraulic method), 생태서식처결정 방법(habitat simulation method), 통합적 방법(holistic method)으로 분류할 수 있다(Verma et al., 2023). 이 중 생태서식처 결정 방법은 River2D 시뮬레이션 결과로부터 결정할 수 있다. 생태서식처 결정 방법은 하천의 특정 유량에서 생물종 서식에 적합한 영역이 최대화된다는 가정에 따라 생물종 보호 관점에서 하천유지유량을 결정하는 방법이다. 따라서 생물종의 서식면적이 최적화되는 유량을 하천유지유량으로 이용하며, 유지유량증분법(Instream Flow Incremental Methodology, IFIM)에 기초하여 계산한다. 유지유량증분법은 유량의 변화가 물리적 서식처, 생태계, 수질, 사회 · 경제적 요소에 미치는 영향을 단계적으로 분석하여 적정 하천유지유량을 결정하는 통합적 평가 프레임워크이다.

물리적 서식처는 생물종, 생물종의 생애주기에 따라 변화하는 서식처적합도 지수(Habitat Suitability Index, HSI)와 유량별 유속, 수심, 하상재료의 변화에 따라 변화한다. 서식처 적합도 지수는 생물종의 서식 특성에 따라 결정되며, 우리나라 하천에서는 피라미, 참갈겨니, 돌고기, 모래무지 등 우점종에 대한 서식처적합도 지수가 조사된 바 있다.

그림 9.30은 산란기와 성어기 피라미의 수심 및 유속에 대한 서식처적합도 지수를 나타낸다(성영두 등, 2005). 조사된 서식처적합도 지수를 이용하여 하천의 유량 변화에 따른 물리적 서식처 변화를 계산하고, 서식처 면적이 최댓값을 나타내는 유량을 하천유지유량 결정에 이용할 수 있다. 이러한 계산을 위해 1차원 흐름 해석 결과를 이용하는 Physical Habitat Simulation System(PHABSIM) 또는 2차원 흐름 해석 결과를 이용하는 River2D를 이용할 수 있다. River2D는 각 계산격자망에 대한 면적(A_i)과 복합서식처적합도 지수(S_i)의 곱으로부터 WUA를 결정하고, 그림 9.31과 같이 WUA가 최댓값을 갖는 유량 조건을 하천유지유량으로 결정할 수 있다.

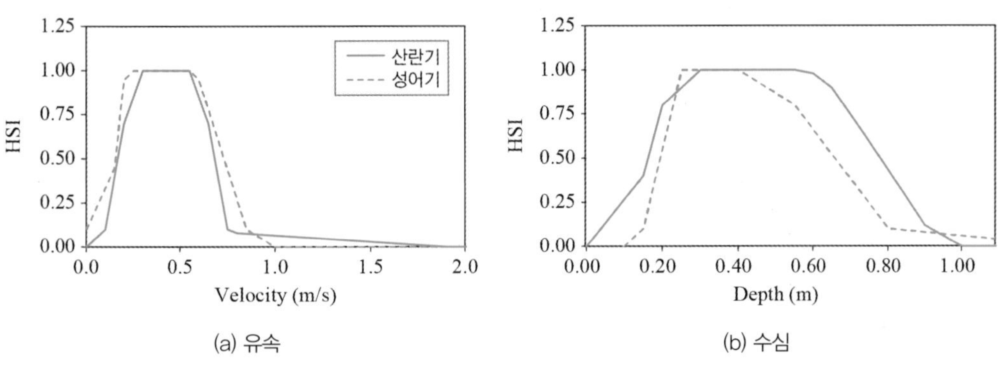

(a) 유속 (b) 수심

그림 9.30 피라미의 생애주기별 서식처적합도 조사 결과

자료: 성영두 등(2005)

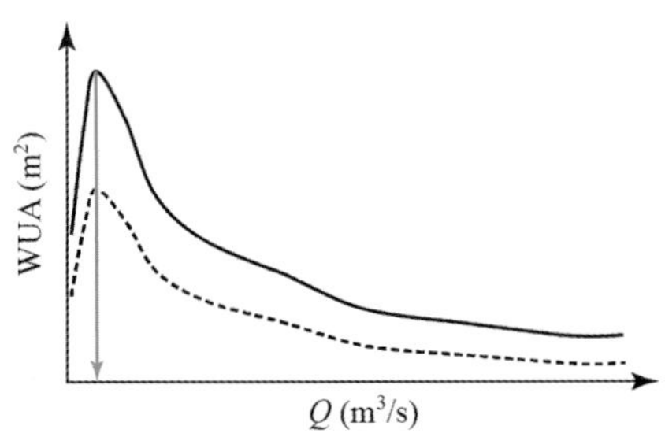

그림 9.31 WUA를 이용한 하천유지유량의 결정

연습문제

1. 다음 그림과 같이 구분된 하천영역에 대해 영역별 유속, 수심, 하상재료 종류, 면적이 제시되어 있다. 이 하천 영역에는 피라미가 서식하고 있으며, 피라미의 유속, 수심, 하상재료에 대한 서식처적합도 지수는 아래 표와 같이 제시되어 있다. 이 하천 영역에 대해 가중가용면적을 계산하시오.

유속(m/s)	0	0.1	0.2	0.3	0.55	0.65	0.75	0.8
서식처적합도 지수	0	0.1	0.7	1.0	1.0	0.7	0.1	0.08

수심(m)	0	0.15	0.2	0.3	0.55	0.6	0.65	0.9
서식처적합도 지수	0	0.4	0.8	1	1	0.98	0.9	0.12

하상재료	0	2	4
서식처적합도 지수	0	0.5	1

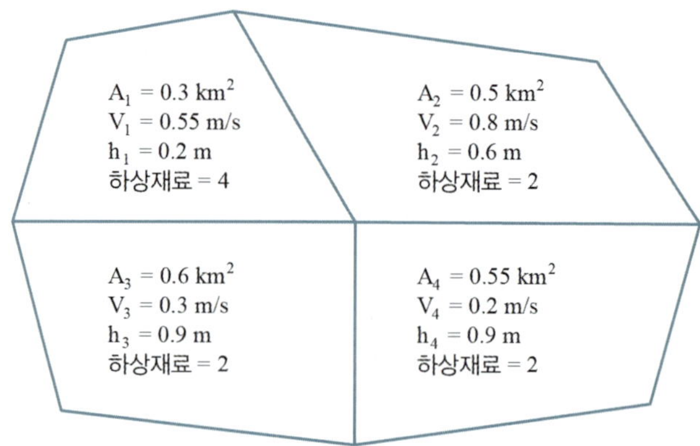

2. 폭이 10 m, 길이 100 m, 하상경사가 0.001, 조도계수가 0.02인 직사각형 단면 수로에 20 m^3/s의 유량이 흐르고 있다. 상류경계에서부터 10 m 지점에 100 ppm의 오염물질이 순간적으로 유입되었을 때 다음을 계산하시오.

(1) 하류경계에서 등류가 유지될 때 HDM-2D를 이용하여 흐름장을 계산하시오.

(2) 종 · 횡 분산계수를 산정하시오.

(3) 오염물질 유입시점으로부터 30 sec가 지난 후 상류경계에서 60 m 지점의 오염물질 농도를 CTM-2D를 이용하여 계산하시오.

Appendix

1. 하천수질 해석 관련 컬러 그림
2. 1~9장 기호 정의

1. 하천수질 해석 관련 컬러 그림

그림 1.1 낙동강-금호강 합류부에서 토사 오염

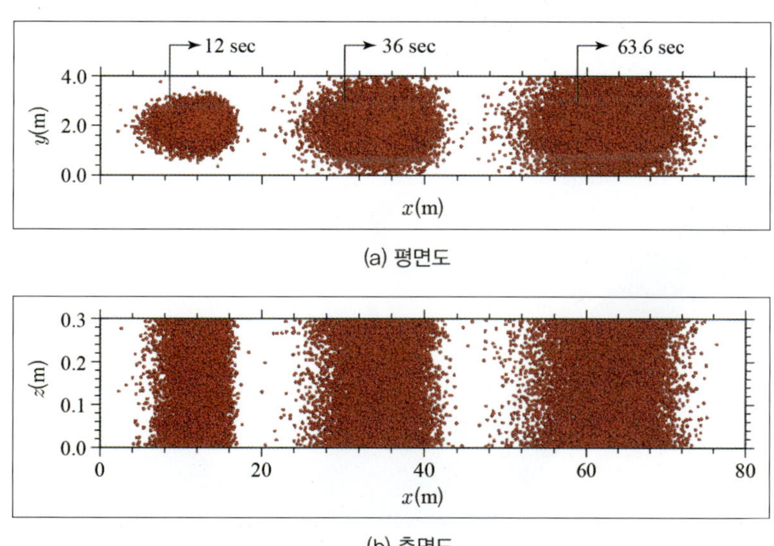

(a) 평면도

(b) 측면도

그림 2.34 시간에 따른 2차원 입자분산모형에 의한 모의결과

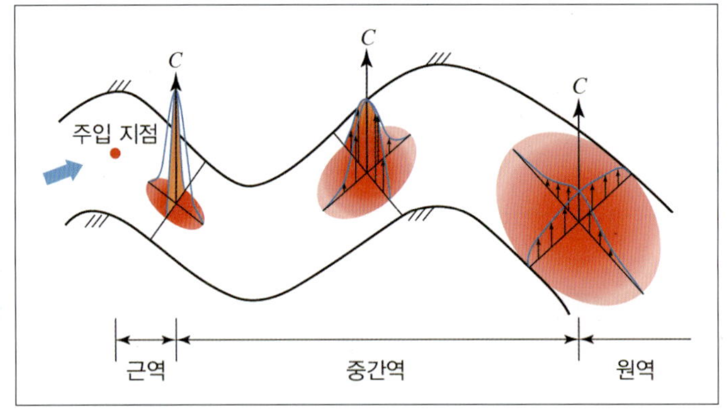

그림 3.1 하천에 순간적으로 유입된 오염물질의 혼합과정

자료: 서일원과 권시윤(2025)

그림 3.2 순간적으로 유입된 추적자 물질의 2차원 혼합 거동

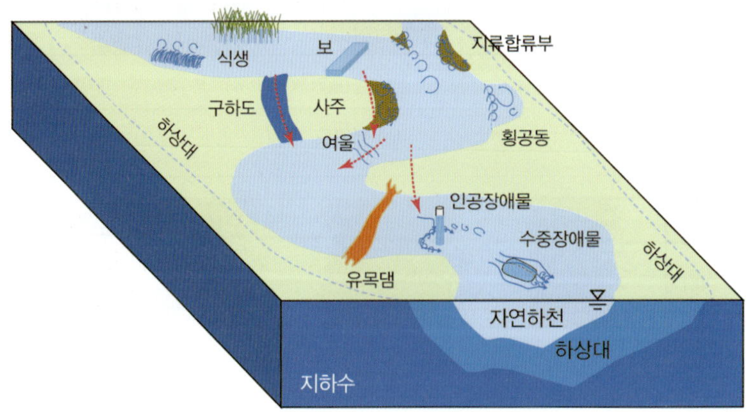

그림 3.21 자연하천에 존재하는 불규칙성 요소

자료: Noh 등(2021)

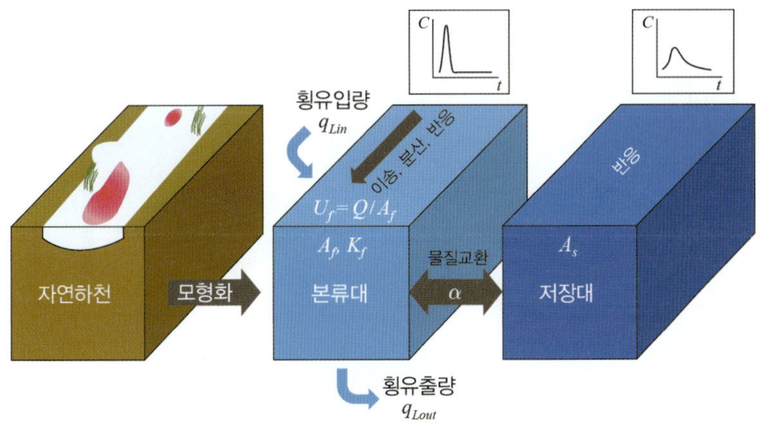

그림 3.25 하천 저장대모형의 개념도

자료: Noh 등(2021)

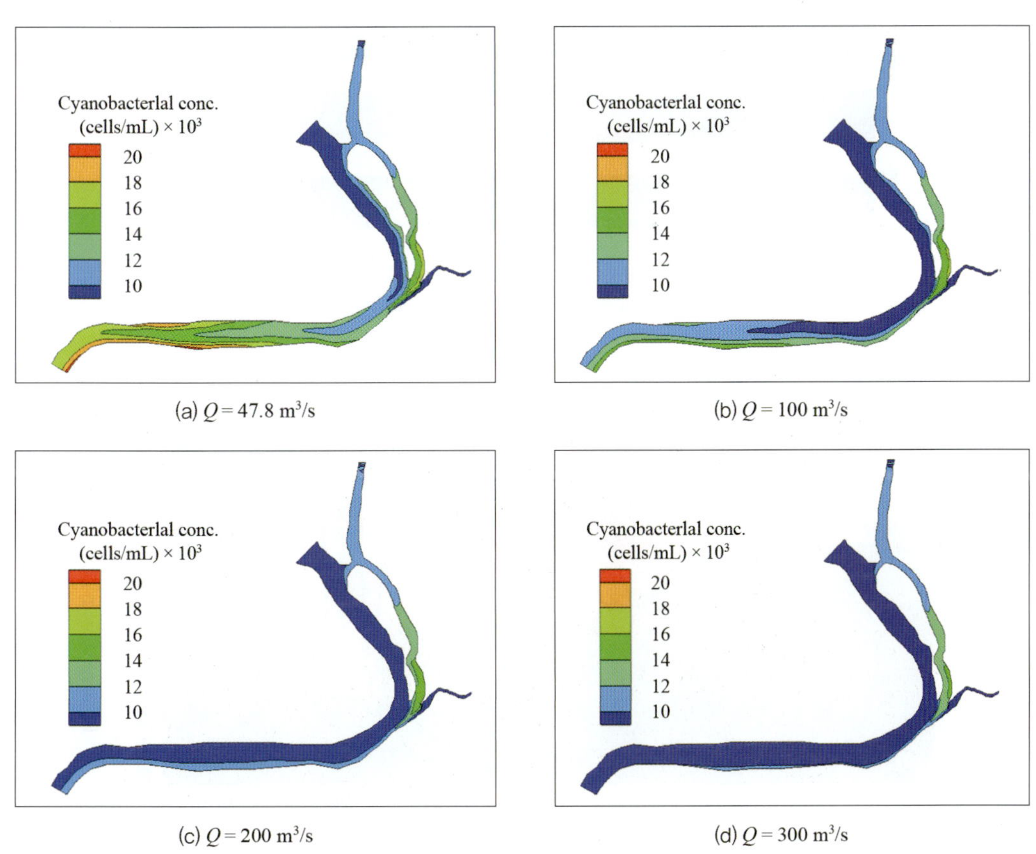

(a) $Q = 47.8$ m³/s

(b) $Q = 100$ m³/s

(c) $Q = 200$ m³/s

(d) $Q = 300$ m³/s

그림 4.14 보 방류량 증가에 따른 남조류 농도 변화

자료: Kim 등(2018)

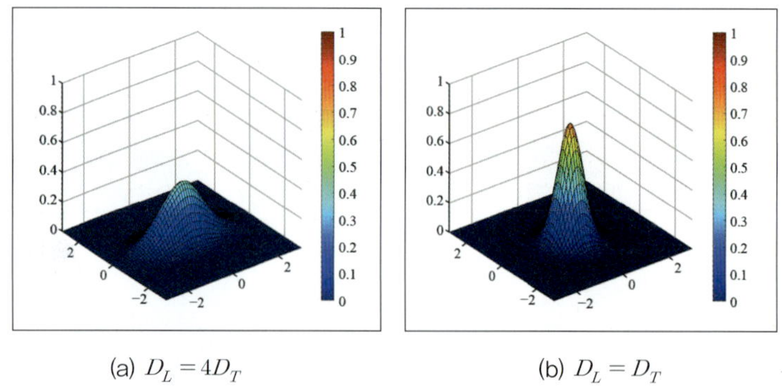

그림 5.18 3차원 공간에 도시한 2차원 문제의 해

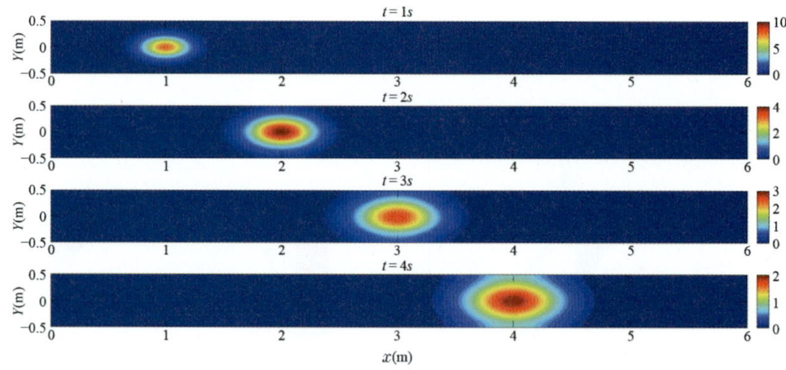

그림 5.19 순간유입 문제에 대한 2차원 이송-분산 방정식의 해

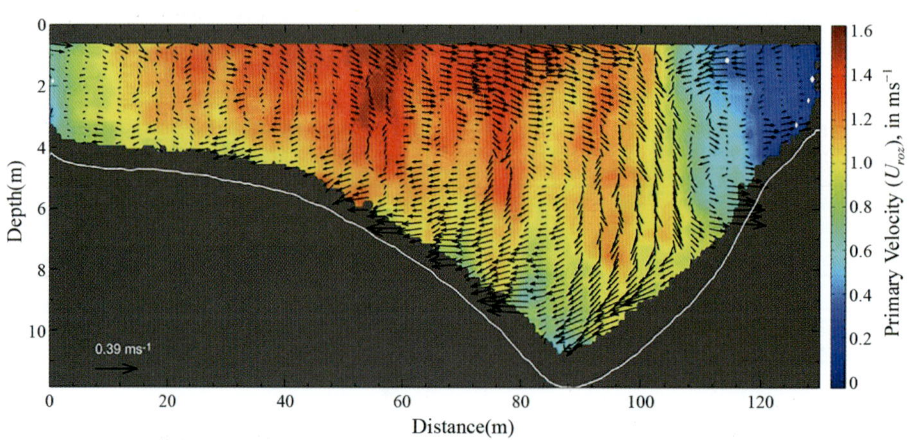

그림 6.8 ADCP를 이용한 유속 측정: ADCP로 측정한 하천 횡단면 유속분포

자료: Parsons 등(2013)

그림 6.9 낙동강-황강 합류부에서 부유사 혼합

(a) 형광성 염료

(b) GPS 부자

그림 6.10 형광성 염료와 GPS 부자를 이용한 추적자실험

(a) 황토 주입

(b) 수로 하류에서 황토 오염운의 거동

그림 6.11 황토를 이용한 추적자실험

자료: Kwon 등(2023a)

(a) 청미천

(b) 감천

그림 6.21 청미천과 감천 중류 구간의 하상 조건

자료: Kim 등(2022)

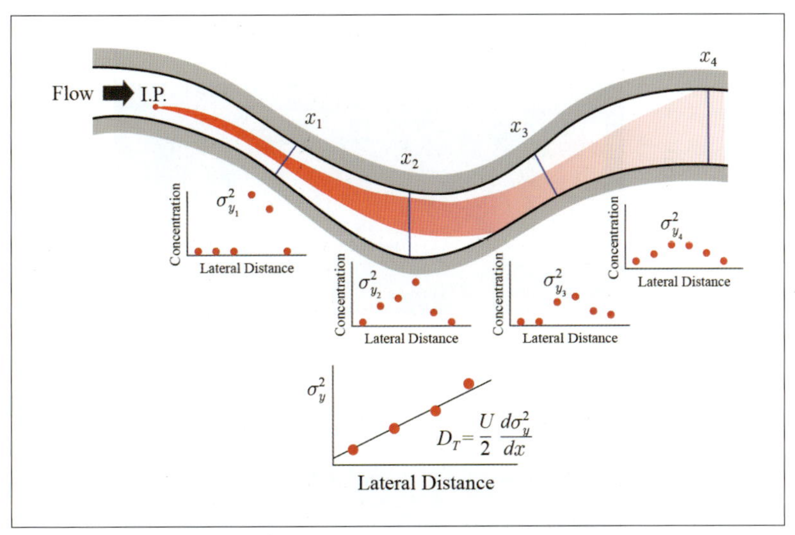

그림 6.29 연속유입에 대한 단순 모멘트법

자료: 서일원 등(2005)

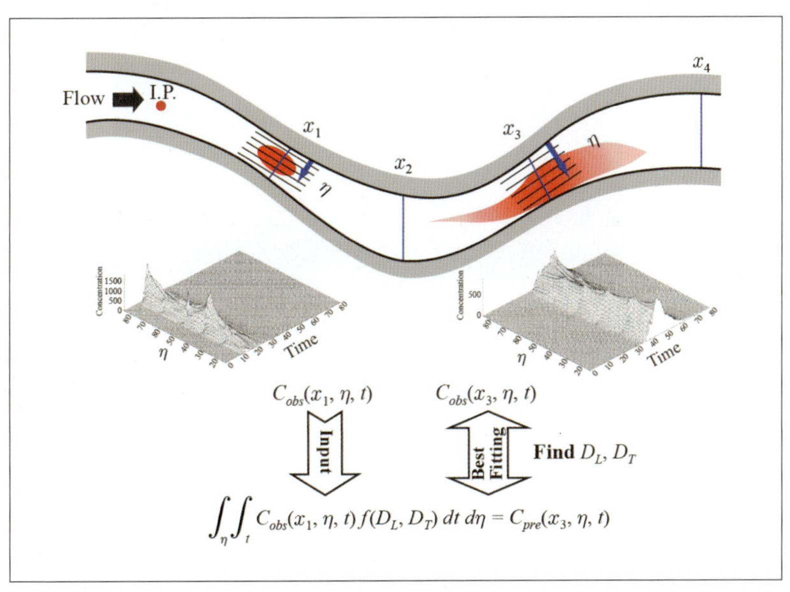

그림 6.30 2차원 유관추적법에 의한 종 · 횡 혼합계수 산정

자료: Seo 등(2016)

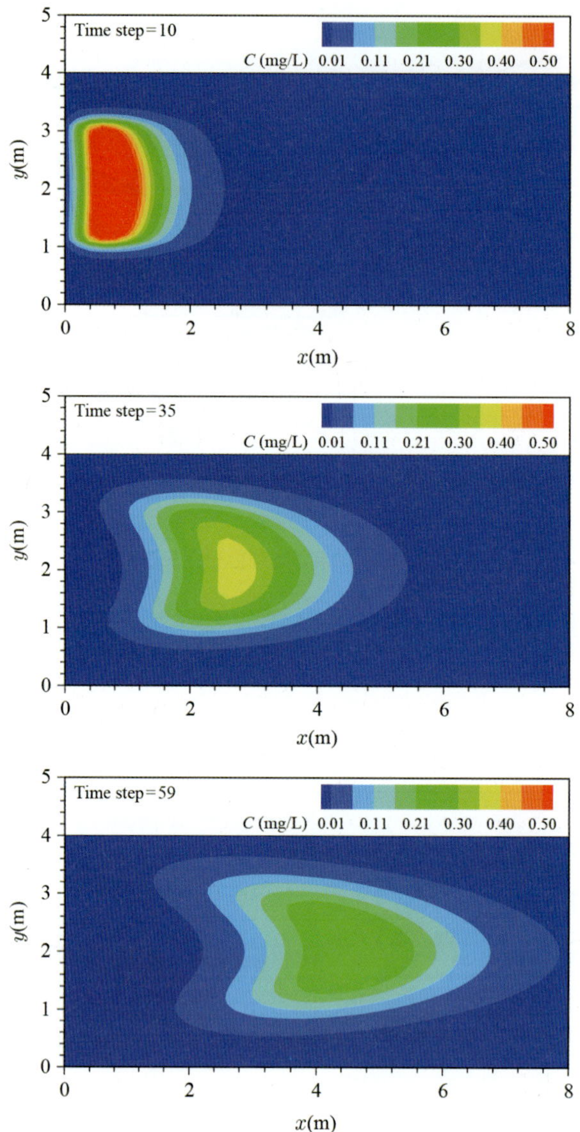

그림 8.13 포물선형 유속분포에서 선원 유입에 의한 오염운의 2차원 거동

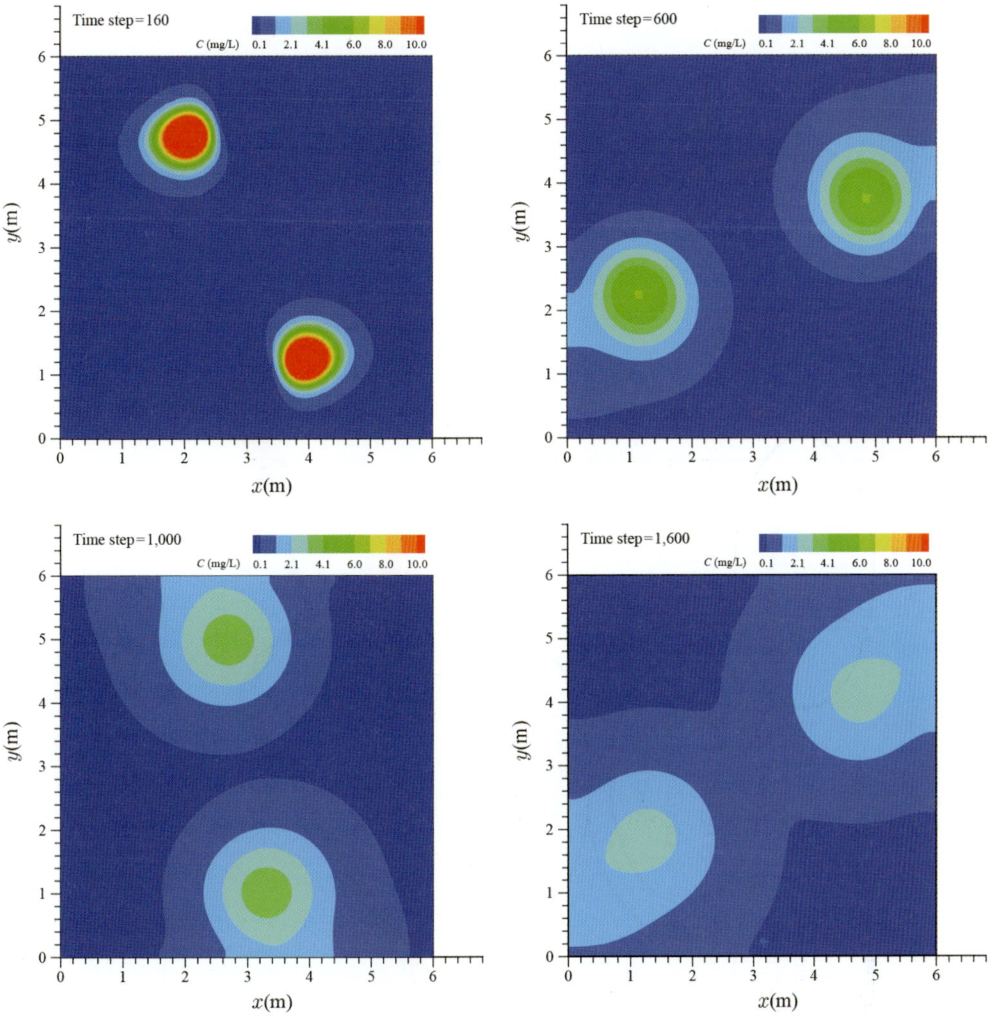

그림 8.15 회전형 유속분포에서 점원 유입에 의한 오염운의 2차원 거동

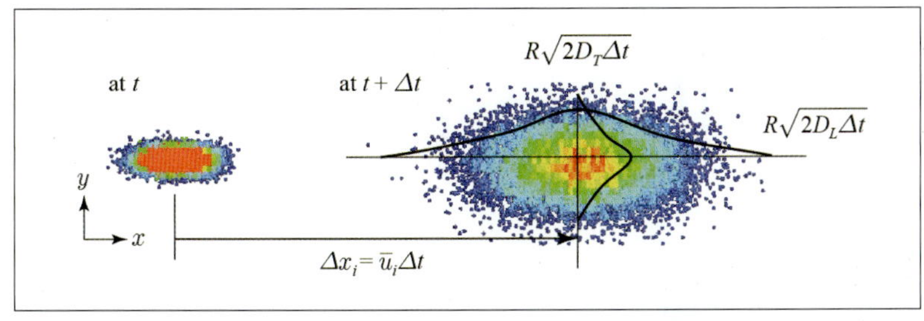

그림 8.18 입자추적기법에 의한 2차원 이송-분산 해석 결과

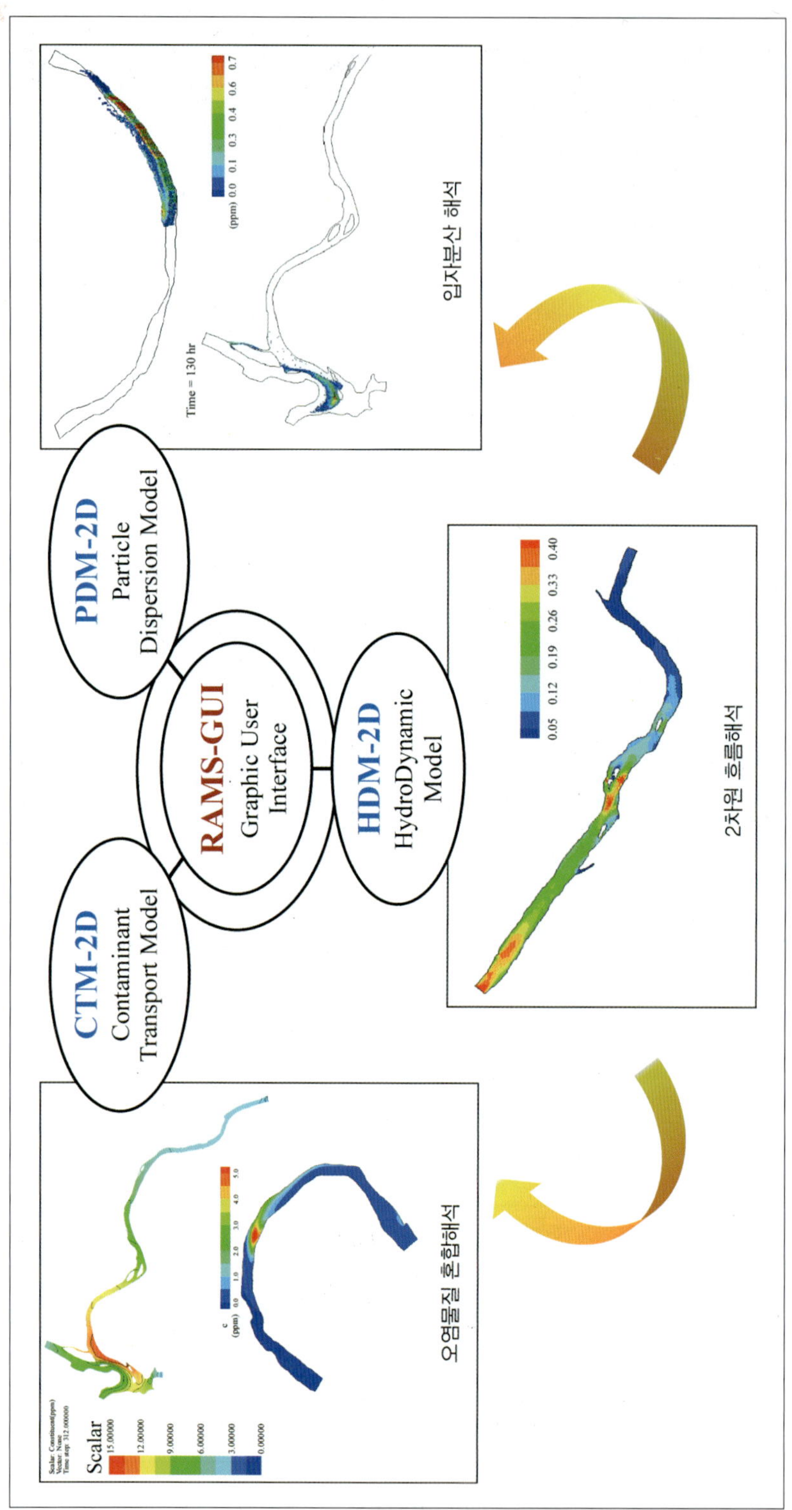

그림 9.1 RAMS 해석엔진 모듈 및 GUI 연계도

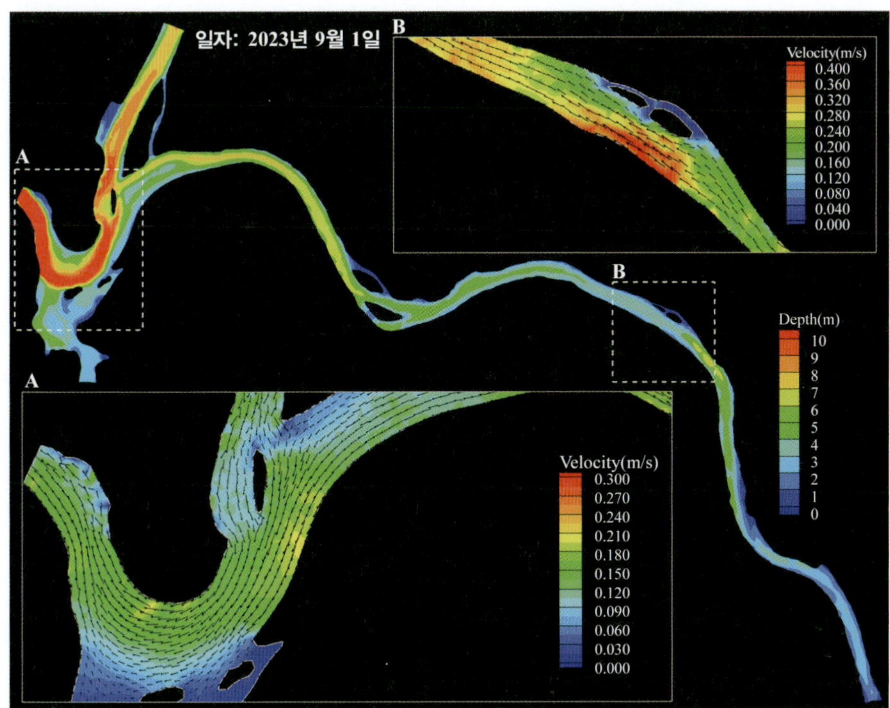

(a) $t = 24$ h

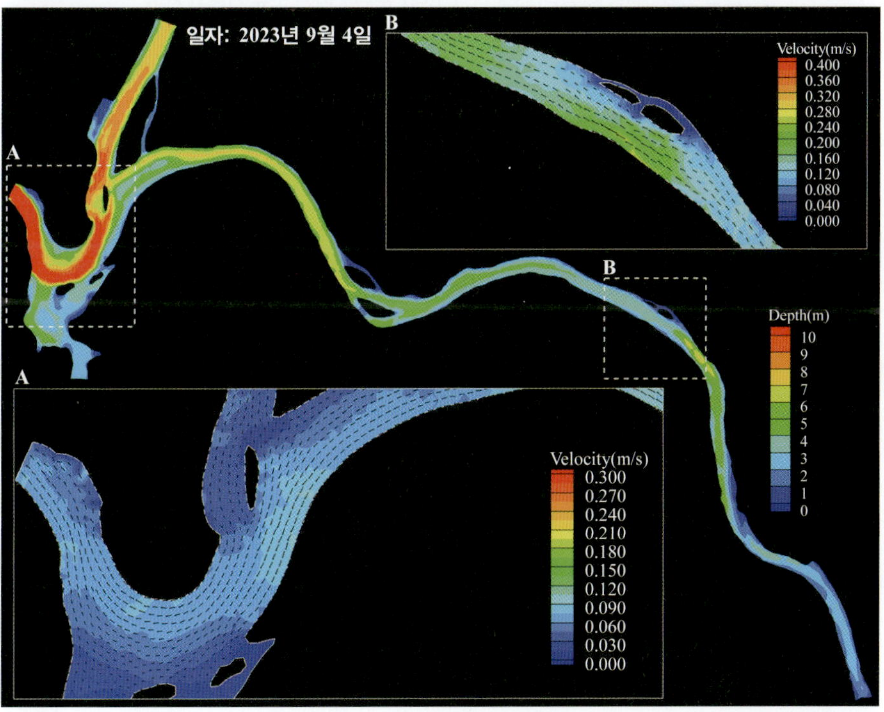

(b) $t = 96$ h

그림 9.9 팔당호 흐름 모의결과

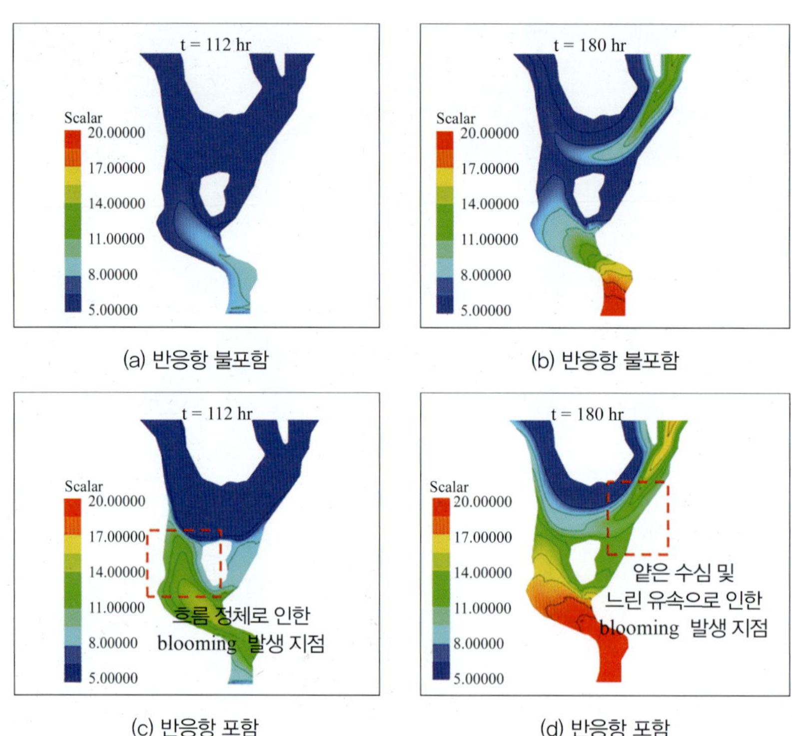

그림 9.13 반응항(성장/소멸 과정 고려) 유무에 따른 조류 거동의 차이

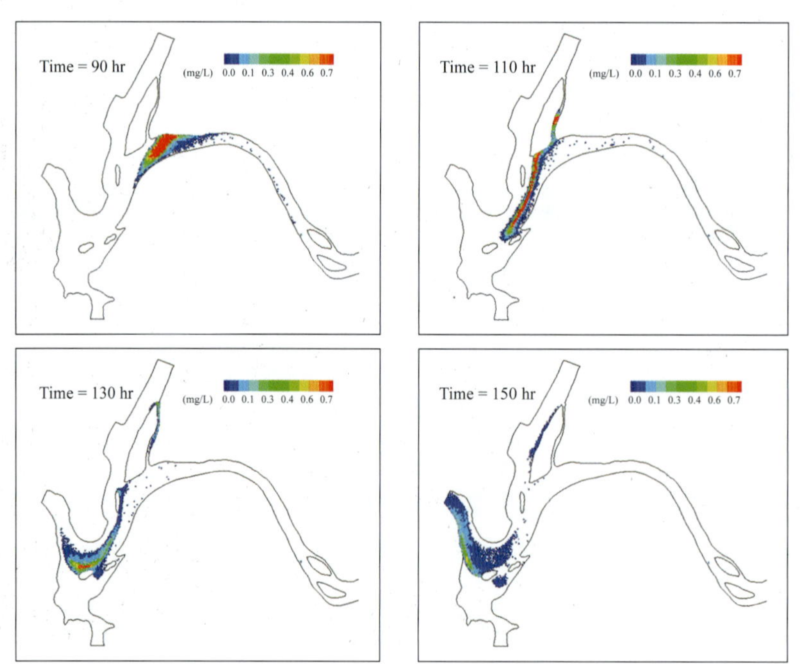

그림 9.23 팔당호 내 톨루엔의 혼합 거동

2. 1~9장 기호 정의

기호	정의	해당 장
a	관수로(파이프)의 반경	
A	개수로 및 관수로의 단면적	2장
	아레니우스 상수	4장
A_F	본류대의 단면적	
A_i	i번째 영역의 면적	
A_s	저장대와 본류대 단면적의 비	
A_S	저장대의 단면적	
$[\mathrm{A}]$	강성행렬	
B_c	가성 횡혼합계수	
$\{\mathrm{B}\}$	경계조건 벡터	
c	파의 전파속도	
c_p	물의 비열	
C	오염물질의 농도	1장
	완전혼합 후 오염물질의 농도	1장
	Chézy 계수(Chézy coefficient)	7장
	시간평균농도	8장
	수심적분농도	9장
C	농도행렬	
$C(t)$	순간농도	
$C(x, t_2)$	추적법에 의해 계산된 t_2 시간에 해당하는 $C-x$ 농도곡선	
$C(x_1, \tau)$	x_1측선에서 실측된 $C-t$ 곡선	
$C(x_1, \omega, \tau)$	상류 측선(x_1)에서 실측 $\overline{C}-\eta-t$ 곡선	
$C(x_2, t)$	추적법에 의해 계산된 x_2 측선에서의 $C-t$ 곡선	
$C(\xi, t_1)$	t_1 시간에 실측한 $C-x$ 농도곡선	
$C(y)$	y지점의 농도	
C_a	$z=a$에서의 부유사 농도	
C_{atm}	기화된 화학물질의 농도	
C_A	조류의 농도	

기호	정의	해당 장
C_b	하상 퇴적물 중 독성물질의 농도	
C_{BOD}	BOD 농도	
C_d	용존 상태 독성물질 농도	4장
	저장대에 포함된 오염물질의 농도	8장
C_D	항력계수	
C_{DO}	DO 농도	
C_e	오염원에서 방류되는 오염물질의 농도	
C_F	본류대에서 오염물질의 농도	
C_h	Chézy 계수	
C_p	입자 상태 독성물질 농도	
$C_p(y)$	농도분포의 p차 모멘트	
C_s	DO의 포화농도	4장
	수표면에 위치한 오염물질의 농도	9장
C_S	저장대에서 오염물질의 농도	
C_u	오염물질 유입지점 상류 하천의 농도	
C_0	경계에서 일정한 값을 갖는 농도	
C_∞	하폭 전체에 걸쳐서 횡혼합이 완료되었을 때의 농도	
$\hat{C}$	단면평균농도	
$\tilde{C}$	수평방향으로 평균된 농도	
$\overline{C}$	시간평균농도	2장
	단면평균농도	2장
	수심평균농도	3장
$\overline{C}(y)$	수심평균농도	
$\overline{C}(x_1, \psi, \tau)$	x_1 측선에서 실측된 $\overline{C}-y-t$ 곡선	
$\overline{C}(x_2, y, t)$	추적법에 의해 계산된 x_2 측선의 횡방향 좌표 y에서 수심평균농도 시계열 값	
$\overline{C}(x_2, \eta, t)$	하류 측선(x_2)에서 예측된 $\overline{C}-\eta-t$ 곡선	
C'	농도의 변동성분	
$C'(y)$	y지점 농도와 단면평균농도의 편차	
C_0'	좌안($q'=0$)에서의 농도값	
C_1'	우안($q'=1$)에서의 농도값	
d	입자의 직경(μm)	
dW_j	Wiener process	
dx_i	입자의 이동거리	

기호	정의	해당 장
d_*	무차원화된 입자 직경	
D	분자확산계수	2장
	물에서 계면활성 작용에 의한 유류의 확산	4장
	DO 결핍농도	4장
	분산계수	7장
D	대각행렬	
D_{ij}	2차원 텐서형 분산계수	
D_L	2차원 이송-분산 방정식의 종혼합계수(longitudinal mixing coefficient)	
D_{LI}	하천의 불규칙성에 의한 종방향 혼합계수	
D_{LS}	종방향 유속의 연직방향 편차에 의한 종분산계수	
D_q	가성 횡혼합계수	
D_T	2차원 이송-분산 방정식의 횡혼합계수(transverse mixing coefficient)	
D_{TI}	하천의 사행과 불규칙성에 의한 횡방향 혼합계수	
D_{TS}	횡방향 유속의 연직방향 편차에 의한 횡분산계수	
D_V	연직분산계수	
D_{xx}	x방향 유속의 연직방향 편차에 의한 x방향 분산계수	
D_{xy}	x방향 유속의 연직방향 편차와 y방향 유속의 연직방향 편차의 합에 의한 x방향 분산계수	
D_{yx}	x방향 유속의 연직방향 편차와 y방향 유속의 연직방향 편차의 합에 의한 y방향 분산계수	
D_{yy}	y방향 유속의 연직방향 편차에 의한 y방향 분산계수	
$erf(x)$	오차함수(error function)	
$erfc(x)$	여오차함수(complementary error function)	
E_a	반응의 활성화 에너지	
f	Darcy-Weisbach의 마찰계수	1장
	임의의 함수	2장
	입자의 평균적 거동과 난류에 의한 무작위적 운동을 설명하는 임의의 함수	8장
$f(I)$	일사량 제한함수	
$f(N)$	영양염류 제한함수	
$f(T)$	수온 제한함수	
$f(\xi, \psi)$	모의함수	
f_d	용해된 화학물질의 비율	
F	본류대와 저장대 간 물질이동률	
$F(x)$	수정 흐름방향 거리	
F_r	프루드(Froude)수	

기호	정의	해당 장
F_v	유류의 증발량	
g	중력가속도	
h	개수로 흐름에서 수심	2장
	두 벽면 사이의 간격	2장
	격자 내 수심	8장
h_i	연직선별 수심	
h_o	유류막의 두께	
h_s	수표면층의 두께	
h_1, h_2	요소망을 구성하는 변의 평균길이	
$\dot{h}$	h의 시간 미분	
h'	단면평균수심으로 무차원화한 수심($h' = h/\overline{h}$)	
$\overline{h}$	요소의 특성길이	
H	평균수심	3장
	기준면으로부터 하상까지의 연직거리	7장
HV	헤비사이드 계단함수(Heaviside step function)	
H_L	Henry 상수	
H'	무차원화된 Henry 상수	
i	1, 2, 3	
$\vec{i}, \vec{j}, \vec{k}$	직교좌표계에서 단위벡터	
I	분산계수의 삼중적분항	2장
	적분상수	3장
	일사량	4장
I_k	스미스(Smith) 상수	
I_s	스틸(Steele) 상수	
I_1	적분상수	
$\mathbf{J}$	자코비안 행렬	
J_0	경계에서 일정한 값을 갖는 질량이동률	
k	물질교환계수	3장
	1차 감쇠계수	4장
$k(x,y)$	수치연산법의 혼합계수	
k_a	재폭기 계수	
k_b	BOD 감쇠계수	
k_{bc}	생화학적 분해에 의한 감쇠계수	
k_B	박테리아 · 병원균의 감쇠계수	
k_{Bg}	박테리아 · 병원균의 성장률	

기호	정의	해당 장
k_{Bi}	일사에 의한 박테리아 · 병원균의 사멸률	
k_{Bk}	수온, 염도, 포식에 의한 박테리아 · 병원균의 사멸률	
k_{Bs}	침강에 의한 박테리아 · 병원균의 감쇠율	
k_d	BOD 산화에 따른 DO 감쇠계수	4장
k_d	탈산소 계수	9장
k_e	광감쇠계수	
$k_{e,A}$	조류의 인산염 인 배설률	
$k_{n,amm}$	1단계 질산화에 의한 암모니아성 질소의 감쇠계수	
$k_{n,A}$	조류에 의한 질산성 질소의 섭취율	
$k_{n,nitra}$	탈질산화에 의한 질산성 질소의 감쇠계수	
$k_{n,nitri}$	2단계 질산화에 의한 아질산성 질소의 감쇠계수	
$k_{n,org}$	암모니아화에 의한 유기성 질소의 감쇠계수	
$k_{p,A}$	조류에 의한 인산염 인의 섭취율	
$k_{p,org}$	무기화에 의한 유기성 인의 감쇠계수	
$k_{r,A}$	조류의 호흡률	
k_{rel}	하상에서 인산염 인의 용출률	
k_{resusp}	재부유 속도 계수	
k_s	흡 · 탈착 계수	
k_v	바람에 의한 화학물질 휘발 영향을 반영한 반감기(/day)	
$k_{z,A}$	동물성 플랑크톤에 의한 조류의 사멸률	
k_1, k_2, k_3, k_4	Runge-Kutta method에 의한 추정 함수값	
K	1차원 분산계수	2장
	1차원 종혼합계수	3장
	열교환계수	9장
K	계수행렬	
K_d	독성물질의 용존 상태와 입자 상태 간의 분배계수	
K_e	수표면 열교환계수	
K_F	본류대의 종혼합계수	
K_I	하천의 불규칙성에 의한 종방향 혼합계수	3장
	일사량의 반포화 상수	4장
K_L	액막전달계수	
K_n	질산성 질소의 반포화 상수	
K_p	인산염 인의 반포화 상수	
$K_{p,g}$	기체상 계수(gas-phase coefficient)	

기호	정의	해당 장
$K_{p,l}$	액체상 계수(liquid-phase coefficient)	
K_s	영양염류의 반포화 상수	
K_S	종방향 유속의 연직 및 횡방향 편차에 의한 종분산계수	
KTg_1	최적 수온 도달 전 수온제한함수의 형상계수	
KTg_2	최적 수온 도달 후 수온제한함수의 형상계수	
l_L	라그랑지안 길이규모	
L	수로 경계면의 좌표	5장
	Layer의 수	9장
L	하삼각행렬	
L_c	사행하천의 파장(호의 길이)	
L_t	1차원 추적자실험에서 주입지점부터 하류 방향 거리	
L_T	횡혼합거리	
L_v	2차원 추적자실험에서 주입지점부터 하류 방향 거리	
L_V	연직혼합거리	
m	개수로에서 x방향 격자의 개수	2장
	질량	2장
	추적자 주입률	6장
	개별 입자의 질량	8장
m_0	입자의 초기 질량	
m_5	사행도를 고려한 보정계수	
M	주입 질량	2장
	화학물질의 분자량(g/mol)	9장
M_0	0차 모멘트	
M_1	1차 모멘트	
M_2	2차 모멘트	
M_p	농도분포의 p차 모멘트의 단면평균값	2장
	p차 모멘트	2장
$\dot{M}$	물질이동률	
$\dot{M}_x$	x방향의 물질이동률	
$\dot{M}_y$	y방향의 물질이동률	
[M]	질량행렬	
n	개수로에서 유관의 개수	2장
	부영역의 개수	6장
	조도계수	6장

기호	정의	해당 장
$n(X_g, t)$ X_g	격자 내 포함된 입자 수	
n_0	하상재료에 따른 조도계수 값	
n_1	하도의 불규칙한 정도에 따른 조도계수 값	
n_2	하천 단면 변화에 따른 조도계수 값	
n_3	하천 내 장애물에 따른 조도계수 값	
n_4	하천 내 식생에 따른 조도계수 값	
n_p	격자 내에 포함된 입자의 수	
$\vec{n}$	dS에 직각인 단위벡터	
$\vec{n}=(n_x, n_y)$	단위 법선 벡터	
N	박테리아 · 병원균 농도	
N_{amm}	암모니아성 질소의 농도	
N_b	부력주파수(buoyancy frequency)	
N_k	형상함수	
N_{nitra}	질산성 질소의 농도	
N_{nitri}	아질산성 질소의 농도	
N_{org}	유기성 질소의 농도	
N_0	혼합 후 유출부에서의 박테리아 · 병원균 초기 농도	
N_k^*	가중함수	
p	압력	7장
	확률밀도함수	8장
p_i	섭동함수	
P	무차원 매개변수	3장
	본류대와 저장대가 접한 면의 길이	3장
P_{dis}	인산염 인의 농도	
Pe	Peclet 수	
P_{org}	유기성 인의 농도	
P_{sed}	하상 내 인산염 인의 농도	
q	단위시간당 그리고 단위면적당 물질이동률	
$q(y)$	하천의 측면부터 y인 지점까지의 누가유량	
q_a	장파대기복사	
q_b	수체에서의 장파태양복사	
q_c	열전도 전달	
q_e	증발에 의한 열 전달	
q_i	y방향으로 i번째 연직선까지의 누가유량	

기호	정의	해당 장
q_L	하천 측방에서 유입 및 유출하는 유량	
q_{net}	수표면에서 발생되는 순 열교환	
q_s	단파태양복사	
q_u	단위면적당 단위시간에 이송에 의해 발생한 질량이동률	
q_x, q_y	x, y방향으로의 단위 폭당 유량	
q_0	주입지점에서 누가유량	
$q_0{}'$	$C' - q'$ 분포의 도심	
$\vec{q}$	질량이동률 벡터	
Q	하천 유량	3장
	생성 및 소멸 함수	9장
$Q(t)$	방류수의 유량	
Q_e	오염원에서 방류되는 오염물질의 유량	
Q_i	부영역의 유량	
Q_{SS}	하천에서 유입되는 유사량	
Q_u	오염물질 유입지점 상류 하천의 유량	
r	파이프 중심에서 벽면으로 나가는 방사상 좌표	
R	기체 상수	4장
	잔차항	7장
	정규분포를 따르는 난수	8장
Re	Reynolds 수	
R_h	동수반경	
R_m	이상기체상수	
$R_x(s)$	자기상관계수	
s	시간 τ_2와 시간 τ_1 차이	2장
	사행하천에서 흐름방향을 따라가는 좌표축	3장
	유류의 용해도	4장
S	표면적	2장
	영양염류의 농도	4장
	무차원 투입량	6장
$S(x_2, \eta)$	하류 측선(x_2)에서 예측된 투입량 곡선	
$S(x_1, \omega)$	상류 측선(x_1)에서 실측한 투입량 곡선	
S_f	하천 하상의 형상인자	3장
	마찰경사	7장
S_i	i번째 영역에서의 복합서식처적합도 지수	

기호	정의	해당 장
S_n	하천 사행도 또는 사행인자	
S_{resusp}	재부유에 따른 용존 상태 독성물질 농도 기여 항	
S_{fx}, S_{fy}	x 및 y 방향의 마찰경사	
S_0	수로 바닥 경사	
S_{0x}, S_{0y}	x 및 y 방향의 수로 바닥 경사	
t	시간	
t_h	독성오염물질의 생화학적 반감기	
t_m	연직혼합 완료시간	
t_{Taylor}	Taylor 기간	
$\overline{t_1}$	측선 1에서 오염운의 평균통과시간(또는 $C-t$ 곡선의 도심)	
$\overline{t_2}$	측선 2에서 오염운의 평균통과시간(또는 $C-t$ 곡선의 도심)	
$\overline{t_i}$	i지점의 $C-t$ 농도곡선의 도심(centroid)	
$\triangle t$	수치연산법의 시간간격	
T	시간규모	1장
	순간유속의 시간 평균에 필요한 시간간격	2장
	수온	4장
	저장대 내 오염물질의 정체시간	8장
T_d	이슬점 온도	
T_e	평형온도	
T_L	라그랑지안 시간규모	
T_m	y방향으로 오염물질이 완전혼합되는 데 소요되는 시간	
$T_{\min}$	조류 성장에 요구되는 최소 수온	
T_{opt}	조류 성장이 최대로 이뤄지는 최적 수온	
T_{ref}	조류 성장의 기준 수온	
T_x, T_y, T_z	x, y, z방향의 라그랑지안 시간규모	
$T_0,\ T_G$	분별증류 자료로부터 추정되는 매개변수	
u	유속	1장
	x방향 수심평균유속	7장
u, v, w	x, y, z방향의 유속성분	
$u(t)$	난류흐름에서의 순간유속	
$u(y)$	y지점의 유속	
$u(z)$	개수로흐름에서 z지점의 유속	
u_c	파이프 중심선에서 유속	
u_i	시간평균유속	8장

기호	정의	해당 장
	연직유속분포	9장
$u_s,\ u_n$	종 · 횡 방향 연직유속분포	
u_0	파이프 중심에서의 유속	
$u_\alpha, u_\beta, u_\gamma$	비직교 좌표계에서의 유속	
u^*	마찰유속(shear velocity)	
$\dot{u}$	u의 시간 미분	
$\vec{u}$	유속 벡터	
$\tilde{u}$	난류강도(turbulence intensity)	
$\overline{u}$	순간유속을 시간에 대해 평균한 유속(시간평균유속)	2장
	두 벽면 사이의 단면평균유속	2장
$\overline{u}, \overline{v}, \overline{w}$	x, y, z 방향의 시간평균유속	
$\overline{u_i}$	연직선별 수심평균유속	6장
	수심평균유속	8장
$\overline{u_s},\ \overline{u_n}$	수심평균 종 · 횡 방향 유속	
u'	순간유속에서 시간평균유속을 빼고 남은 유속성분(유속의 변동성분)	2장
	종방향 유속의 연직방향 편차($u' = u - \overline{u}$)	3장
u', v', w'	x, y, z 방향의 유속 변동성분	
$u'(y)$	지점유속과 단면평균유속의 편차	2장
	수심평균된 유속의 단면평균유속과의 횡방향 편차	3장
$u'(\tau_1)$	시간 τ_1에서의 유속변동	
$u'(\tau_2)$	시간 τ_2에서의 유속변동	
$u_i',\ u_j'$	종 · 횡 방향 유속의 연직편차	
u''	유속편차강도로 무차원화한 유속편차$\left(u'' = \dfrac{u'}{\sqrt{u'^2}}\right)$	
$\left[\overline{u'^2}\right]^{1/2}$	난류강도	
$\sqrt{\overline{u'^2}}$	전단흐름에서 유속편차의 강도	
$\langle u'(\tau_1)u'(\tau_2)\rangle$	서로 다른 시간에 대한 유속변동의 앙상블 평균	
$\langle u'^2 \rangle$	난류강도의 제곱	
$(u_n)_s$	횡방향 수표면 유속	
U	개수로 단면평균유속	2장
	쿠에트 흐름에서 상부와 하부 평판 간의 속도차	2장
U	상삼각행렬	
$U(y)$	수치연산법에서 전단 유속에 의한 차별이송량	
U_F	본류대에서의 유속	

기호	정의	해당 장
U_w	풍속	
v	y방향 수심평균유속	
v_s	횡방향 유속의 수표면에서의 값	
$\dot{v}$	v의 시간 미분	
$v^{'}$	횡방향 유속의 연직방향 편차($v' = v - \overline{v}$)	
$\parallel \mathbf{v} \parallel$	유속의 Euclid norm	
V	부피	2장
	선대칭 퍼짐에서 유류의 부피	4장
V_0	유출된 유류의 최초 부피	
$w_i(x, y)$	가중함수	
w_s	유사 및 입자의 침강속도	
W	하천 또는 개수로의 폭	2장
	가중함수	7장
W_i	부영역의 폭	
W_D	바람항력계수(wind drag coefficient)	
x	종방향 거리	1장
	관수로 흐름에서 축방향 좌표	2장
x_i^k	k번째 입자의 i방향 위치	
x_i^L	수표면 층(L)의 입자 위치	
Δx	x방향 격자간격	
X_i^n	시간 n에서 입자의 좌표	
$\overrightarrow{X}$	위치 벡터	
$\overrightarrow{X}, \overrightarrow{Y}, \overrightarrow{Z}$	x, y, z방향의 입자의 이동거리	
y'	하폭으로 무차원화한 횡방향 좌표$\left(y' = \dfrac{y}{W}\right)$	
Δy	y방향 격자 간격	
z	관수로 흐름에서 r을 a로 나누어 무차원화한 값	
z_b	하상 표고	
z_0	$\rho_w = \rho_s$인 지점	
z^*	Rouse 수	
z'	개수로 흐름에서 z를 수심으로 나누어 무차원화한 값	
Δz_t	난류확산에 의한 연직 거동	
Δz_s	침강속도에 의한 연직 거동	
α	임의의 계수	2장

기호	정의	해당 장
	질량교환계수	3장
α, β	베타분포형 유속분포식의 계수	
$\alpha_{p,A}$	조류 내 인 함량	
$\alpha_{n,A}$	조류 내 질소 함량	
α_{γ}	구적점	
γ	요소의 Reynolds 수	
Γ	경계	
$\delta(x)$	Dirac 델타함수(Dirac delta function)	
ϵ	와동점성계수(kinematic eddy viscosity)	
ϵ_h	수평 난류확산계수	
ϵ_{ij}	난류확산계수	
$\epsilon_x, \epsilon_y, \epsilon_z$	x, y, z방향의 난류확산계수	
ϵ_{y0}	무차원 횡방향 난류확산계수	
ϵ_z	연직 난류확산계수	
$\epsilon_{\alpha\alpha}, \epsilon_{\beta\beta}, \epsilon_{\gamma\gamma}, \epsilon_{\alpha\beta}, \epsilon_{\alpha\gamma}, \epsilon_{\beta\gamma}$	텐서 형태의 확산계수	
ϵ'_y	단면 평균된 횡난류확산계수로 무차원화한 횡난류확산계수	
$\bar{\epsilon}$	단면 평균된 난류확산계수	
η	가변수	2장
	무차원 누가유량	6장
θ	온도보정 계수	4장
	추적자의 투입량	6장
κ	von Kármán 상수	
λ_F	본류대에서의 반응계수	
λ_S	저장대에서의 반응계수	
μ	농도곡선의 평균	2장
	유체의 점성	3장
$\mu_{\max}$	조류의 최대 성장 속도	
ν	물의 동점성계수	4장
	난류동점성계수	7장
ξ	x방향 가변수	2장
	농도곡선의 왜곡된 정도를 나타내는 왜도	6장
	적분을 위한 가변수	6장
ξ, η	국부좌표	
ρ	유체의 밀도	
ρ_p	입자의 밀도	

기호	정의	해당 장
ρ_s	유사입자의 밀도	
ρ_w	물의 밀도	
σ	표준편차	2장
	유류의 퍼짐 계수	4장
σ^2	통계적 분산(variance)	
σ_1^2	시간 t_1에 대한 농도곡선의 분산	
σ_2^2	시간 t_2에 대한 농도곡선의 분산	
σ_t^2	$C-t$ 농도곡선의 분산	
σ_x^2	$C-x$ 농도곡선의 분산	
$\sigma_x^2(t_1)$	시간 t_1에 대한 농도곡선의 분산	
$\sigma_x^2(t_2)$	시간 t_2에 대한 농도곡선의 분산	
$\sigma_t^2(x_i)$	i지점의 $C-t$ 농도곡선의 분산	
τ	시간에 대한 가변수	2장
	관수로 흐름에서 전단력	2장
	바닥 전단응력	7장
τ_b	바닥 전단응력	
$\tau_{xx}, \tau_{xy}, \tau_{yx}, \tau_{yy}$	전단응력	
τ_0	관수로 벽면에서의 전단력	2장
τ_0	하천 바닥 마찰력	3장
ϑ	총투입량	
ϕ	형상함수	
Ψ	무차원 형상계수	
ω	거리에 대한 가변수	6장
	무차원 누가유량에 대한 적분 가변수	6장
	가중치	8장
ω_A	조류의 침강속도	
$\omega_{n,org}$	유기성 질소의 침강속도	
$\omega_{p,org}$	유기성 인의 침강속도	
Ω	해석 영역	
∇	델 미분 연산자	

참고문헌

국내 문헌

강동환 · 정상용(2005). "Rhodamine WT를 이용한 연속주입추적자시험에 의한 사질 토양대수층에서의 수리분산연구." **대한지질학회 추계학술발표회 초록집**, 2005. 10.

고용노동부(2023). 산업안전보건법, http://www.law.go.kr.

국립환경과학원(2015). "추적자 실험을 이용한 용존성 수질오염물질의 이송 · 확산 검증기법 개발 및 적용(Ⅱ)." **NIER-SP2015-232.**

국토교통부(2019). 하천설계기준 · 해설.

김준성 · 서일원 · 신재현 · 정성현 · 윤세훈(2021). "RAMS+를 이용한 하천에서 오염물질의 2차원 체류시간 분포 모델링," **한국수자원학회 논문집, 54**(7), 495-507.

김지태 · 김상훈 · 안세창 · 오길종 · 정병철(2014). **환경정책의 이론과 실제**, 동화기술.

김진수 · 김재영 · 서동일(2020). "EFDC를 이용한 영산강 주요 오염 부하 저감에 따른 승촌보 및 죽산보 녹조 현상 개선 효과 분석." **한국수자원학회 논문집, 53**(5), 369-381.

김창시 · 서일원 · 박문현(2000). "마산 · 창원 하수확산관의 희석특성 해석." **대한토목학회 논문집, 20**(2-B), 211-222.

김태범 · 최성욱 · 민경덕(2006). "CDG 유한요소법을 이용한 수심적분 흐름의 수치모의." **대한토목학회 논문집, 26**(5B), 447-457.

노효섭 · 백동해 · 서일원(2019). "저장대모형의 매개변수 산정을 위한 최적화 기법의 적합성 분석." **한국수자원학회 논문집, 52**(10), 681-695.

박석순(2019). **수질관리학 원론**. 어문학사.

서일원 · 권시윤(2025). "하천수질 해석을 위한 2차원 이송-분산 모형의 종 · 횡혼합계수." **대한토목학회 논문집, 45**(5), 533-547.

서일원 · 박성원(2009). "사행수로에서 유속구조가 추적물질의 혼합에 미치는 영향." **대한토목학회 논문집, 29**(1B), 35-45.

서일원 · 백경오 · 전태명(2006). "방사성 동위원소를 이용한 자연하천의 2차원 추적자 실험." **대한토목학회 논문집, 26**(2B), 161-170.

서일원 · 손은우(2006). "전단류 분산 해석을 위한 순차혼합모형의 개발," **대한토목학회 논문집, 26**(4B), 335-344.

서일원 · 송창근(2010). "천수흐름 해석을 위한 2차원 유한요소모형의 개발." **대한토목학회 논문집, 30**(2B), 199-209.

서일원 · 이명은(2007). "하천 오염확산 수치해석에서 생성항을 이용한 순간주입 모의." **대한토목학회 논문집 B, 27**(1B), 1-8.

서일원 · 최황정 · 송창근(2011). "열오염 혼합 거동 해석을 위한 수평 2차원 유한요소모형." **대한토목학회 논문집, 31**(6), 507-514.

성영두 · 박봉진 · 주기재 · 정관수(2005). "하천의 어류 서식환경을 고려한 생태학적 추천유량 산정." **한국수자원학회 논문집, 38**(7), 545-554.

송창근 · 서일원(2012). "SU/PG 기법을 이용한 이송이 지배적인 흐름 수치모의." **대한토목학회 논문집, 32**(3B), 175-183.

송창근 · 서일원 · 김태원 · 안정규(2013). "분산응력법을 이용한 곡선수로에서의 천수흐름 해석." **대한토목학회**

논문집, 33(5), 1785-1795.
신동빈 · 신재현 · 서일원(2020). "하천에 유입된 유해화학물질의 혼합 해석을 위한 2차원 오염물질 이동모형 반응항 개발." **한국수자원학회 논문집, 53**(2), 141-154.
장재호 · 정광욱 · 김형철 · 윤춘경(2006). "화옹유역 남양천의 수질관리를 위한 QUAL2E 적용과 위해성 평가." **한국하천호수 학회지, 39**(1), 110-118.
정영재 · 서일원(2013). "개수로에서 2차원 이송-분산 해석을 위한 시간분리 혼합 모형." **대한토목학회 논문집, 33**(2), 495-506.
한건연 · 박경옥 · 백창현 · 최규현(2005). "SU/PG 기법에 의한 2차원 하천 동수역학 해석." **대한토목학회 논문집, 25**(2B), 89-96.
한국수자원공사(1995). "하천유지유량 결정방법의 개발 및 적용." IPD-95-2.
한국원자력연구소(2006). 방사성동위원소를 이용한 저수시설 누수탐사 기반기술 확보를 위한 기술현황분석 보고서.
한국원자력학회(2017). 원자력 묻고 답하기.
환경부(2023). 국가수자원관리종합정보시스템, http://www.wamis.go.kr
환경부(2023). 한국수문조사연보.

국외 문헌

Aghababaei, M., Etemad-Shahidi, A., Jabbari, E., and Taghipour, M. (2017). "Estimation of transverse mixing coefficient in straight and meandering streams." *Water Resources Management, 31*, 3809-3827.
Akin, J. E., and Tezduyar, T. E. (2004). "Calculation of the advective limit of the SUPG stabilization parameter for linear and higher-order elements." *Computer Methods in Applied Mechanics and Engineering, 193*(21-22), 1909-1922.
Alavian, V. (1986). "Dispersion tensor in rotating flows." *Journal of Hydraulic Engineering, 112*(8), 771-777.
Aris, R. (1956). "On the dispersion of a solute in a fluid flowing through a tube." *Proc. Royal Society of London. Ser. A 235*, 67-77.
ASCE Task Committee on Hydraulic Engineering Advocacy. (1996). Environmental Hydraulics: New Research Directions for the 21st Century, *Journal of Hydraulic Engineering, ASCE, 122*(4).
Axelsson, O., and Barker, V. A. (1984). *Finite element solution of boundary value problems.* Academic Press.
Azevedo, A., Oliveira, A., Fortunato, A. B., Zhang, J., and Baptista, A. M. (2014). "A cross-scale numerical modeling system for management support of oil spill accidents." *Marine Pollution Bulletin, 80*(1-2), 132-147.
Baek, K. O., and Lee, D. Y. (2023). "Development of simple formula for transverse dispersion coefficient in meandering rivers." *Water, 15*, 3120.
Baek, K. O. and Seo, I. W. (2008). "Prediction of transverse dispersion coefficient using vertical profile

of secondary flow in meandering channels." *Journal of Civil Engineering, Korean Society of Civil Engineers, 12*(6), 417-426.

Baek, K. O. and Seo, I. W. (2010). "Routing procedures for observed dispersion coefficients in two-dimensional river mixing." *Advances in Water Resources, 33*(12), 1551-1559.

Baek, K. O., and Seo, I. W. (2011). "Transverse dispersion caused by secondary flow in curved channels." *Journal of Hydraulic Engineering, 137*(10), 1126-1134.

Baek, K. O., and Seo, I. W. (2013). "Empirical equation for transverse dispersion coefficient based on theoretical background in river bends." *Environmental Fluid Mechanics, 13*(5), 465-477.

Baek, K. O., and Seo, I. W. (2017). "Estimation of the transverse dispersion coefficient for two-dimensional models of mixing in natural streams." *Journal of Hydro-environment Research,* 15, 67-74. DOI: 10.1016/j.jher.2017.01.003.

Baek, K. O., Seo, I. W., and Jeong, S. J. (2006). "Evaluation of dispersion coefficients in meandering channels from transient tracer tests." *J. Hydraul. Eng.,* 10.1061/(ASCE)0733-9429(2006)132:10(1021).

Bansal, M. K. (1971). "Dispersion in natural streams." *J. Hydraul. Div., ASCE, 97(11),* 1867-1886.

Bear, J. (1985). "Conceptual and mathematical modeling of groundwater flow and pollution: An overview." *Hydraulics Specialty Conference*, American Society of Civil Engineers, Lake Buena Vista, FL, USA.

Beltaos, S. (1980). "Transverse mixing tests in natural streams." *J. Hydraul. Div. ASCE, 106* (HY10), 1607-1625.

Bencala, K. E., and Walters, R. A. (1983). "Simulation of solute transport in a mountain pool-and-riffle stream: A transient storage model." *Water Resources Research, 19*(3), 718-724.

Bencala, K. E., Jackman, A. P., Kennedy, V. C., Avanzino, R. J., and Zellweger, G. W. (1983). "Kinetic analysis of strontium and potassium sorption onto sands and gravels in a natural channel." *Water Resources Research, 19*(3), 725-731.

Bernard, R. S., and Schneider, M. L. (1992). *"Depth-averaged numerical modeling for curved channels"* (Technical Report HL-92-9). Waterways Experiment Station, US Army Corps of Engineers.

Boano, F., Harvey, J. W., Marion, A., Packman, A. I., Revelli, R., Ridolfi, L., and Wörman, A. (2014). "Hyporheic flow and transport processes: Mechanisms, models, and biogeochemical implications: Hyporheic flow and transport processes." *Reviews of Geophysics, 52*(4), 603-679.

Boano, F., Packman, A. I., Cortis, A., Revelli, R., and Ridolfi, L. (2007). "A continuous time random walk approach to the stream transport of solutes: A CTRW approach to stream transport." *Water Resources Research, 43*(10).

Bohrman, K. J., Strauss, E. A. and Fox, G. A. (2018). "Macrophyte-driven transient storage and phosphorus uptake in a western Wisconsin stream." *Hydrological Processes, 32,* 253-263.

Bova, S. W., and Carey, G. F. (1996). "A symmetric formulation and SU/PG scheme for the shallow-water equations." *Advances in Water Resources, 19*(3), 123-131.

Bowie, G. L., Mills, W. B., Porcella, D. B., Campbell, C. L., Pagenkopf, J. R., Rupp, G. L., and

Chamberlin, C. E. (1985). *Rates, constants, and kinetics formulations in surface water quality modeling, EPA, 600*, 3-85.

Boxall, J. B., and Guymer, I. (2003). "Analysis and prediction of transverse mixing coefficients in natural channels." *Journal of Hydraulic Engineering, 129*(2), 129-139.

Brooks, A. N., and Hughes, T. J. R. (1982). "Streamline upwind/Petrov-Galerkin formulations for convection dominated flows with particular emphasis on the incompressible Navier-Stokes equations." *Computational Methods in Applied Mechanics and Engineering, 32*, 199-259.

Bukaveckas, P. A. (2007). "Effects of channel restoration on water velocity, transient storage, and nutrient uptake in a channelized stream." *Environmental Science & Technology, 41*, 1570-1576.

Carr, M. L., and Rehmann, C. R. (2005). "Estimating the dispersion coefficient with an acoustic Doppler current profiler." *Impacts of Global Climate Change*, 1-10.

Carrivick, J. L., Brown, L. E., Hannah, D. M., and Turner, A. G. (2012). "Numerical modelling of spatio-temporal thermal heterogeneity in a complex river system." *Journal of Hydrology, 414*, 491-502.

Chapra, S. C. (2008). *Surface Water-Quality Modeling*. Waveland Press, Inc.

Chatwin, P. C. (1970). "The approach to normality of the concentration distribution of a solute in a solvent flowing along a straight pipe." *Journal of Fluid Mechanics, 43*(2), 321-352.

Chatwin, P. C. (1980). "Presentation of longitudinal dispersion data." *Journal of the Hydraulics Division, 106*(1), 71-83.

Cheng, N. (1997). "Simplified settling velocity formula for sediment particle.", *Journal of Hydraulic Engineering, 123*(2), 149-152.

Cheong, T. S., and Seo, I. W. (2003). "Parameter estimation of the transient storage model by a routing method for river mixing processes." *Water Resources Research, American Geophysical Union, 39*(4), HWC 1-11.

Cheong, T. S., Younis, B. A. and Seo, I. W. (2007). "Estimation of key parameters in model for solute transport in rivers and streams." *Water Resources Management, 21*, 1165-1186.

Choi, J., Harvey, J. W., and Conklin, M. H. (2000). "Characterizing multiple timescales of stream and storage zone interaction that affect solute fate and transport in streams." *Water Resources Research, 36*(6), 1511-1518.

Chow, V. T. (1959). *Open Channel Hydraulics*. McGraw-Hill, New York.

Chung, T. J. (1992). *Finite elements in fluids*. Hemisphere Publishing Corporation.

Claessens, L., Tague, C. L., Groffman, P. M. and Melack, J. M. (2010). "Longitudinal and seasonal variation of stream N uptake in an urbanizing watershed: Effect of organic matter, stream size, transient storage and debris dams." *Biogeochemistry, 98*, 45-62.

Cotton, A. P. and West, J. R. (1980). "Field measurement of transverse diffusion in unidirectional flow in a wide, straight channel." *Wat. Res., 14*, 1597-1604.

Cowan, W. L. (1956). "Estimating hydraulic roughness coefficients." *Agricultural Engineering, 377*,

473-475.

Daily, J. W. and Harleman, D. R. F. (1966). *Fluid Dynamics*. Addison-Wesley.

Davies, A. J. (1980). *The finite element method: A first approach*. Oxford University Press.

Deltares (2023). *User Manual: Simulation of multi-dimensional hydrodynamic flows and transport phenomena, including sediments*. Netherlands, Delft, p. 309.

Demetracopoulos, A. C. and Stefan, H. G. (1983). "Transverse mixing in a wide and shallow river: case study." *J. Environ. Engin.*, *109*, 685-699.

Demoner, S. C., Teixeira, M. R., Medeiros de Abreu, C. H., and Cunha, A. C. D. (2023). "Numerical simulation of oil spills in the Lower Amazonas River." *Water*, *15*(12), 2197.

Deng, Z, Singh, V. P., and Bengtsson, L. (2001). "Longitudinal dispersion coefficient in straight rivers." *Journal of Hydraulic Engineering*, *127*(11), 919-927.

Dimou, K. N., and Adams, E. E. (1993). "A random-walk, particle tracking model for well-mixed estuaries and coastal waters." *Estuarine, Coastal and Shelf Sciences*, *37*, 99-110.

Disley, T., Gharabaghi, B., Mahboubi, A. A., and McBean, E. A. (2015). "Predictive equation for longitudinal dispersion coefficient." *Hydrological Processes*, *29*(2), 161-172.

Durham, W. M., Stocker, R. (2012). "Thin phytoplankton layers: characteristics, mechanisms, and consequences." *Annual Review of Marine Science*, *4*, 177-207.

Edinger, J. E., and Geyer, J. C. (1965). *Heat exchange in the environment*. Publ. 65-902, Edison Electric Inst., New York.

Edinger, J. E., Brady, D. K., and Geyer, J. C. (1974). *Heat exchange and transport in the environment (Vol. 14)*. Electric Power Research Institute, Palo Alto, California.

Elder, J. (1959). "The dispersion of marked fluid in turbulent shear flow." *Journal of Fluid Mechanics*, *5*(4), 544-560.

Engelman, M. S., and Sani, R. L. (1982). "The implementation of normal and/or tangential boundary conditions in finite element codes for incompressible fluid flow." *International Journal for Numerical Methods in Fluids*, *2*, 225-238.

Engmann, J. E. O. and Kellerhals, R. (1974). "Transverse mixing in ice-covered river." *Wat. Resour. Res.*, *10*, 775-784.

Ensign, S. H. and Doyle, M. W. (2005). "In-channel transient storage and associated nutrient retention: evidence from experimental manipulations." *Limnology and Oceanography*, *50*, 1740-1751.

Etemad-Shahidi, A. and Taghipour, M. (2012). "Predicting longitudinal dispersion coefficient in natural streams using M5′ model tree." *Journal of Hydraulic Engineering, ASCE*, *138*(6), 542-554.

Femeena, P., Chaubey, I., Aubeneau, A., McMillan, S., Wagner, P. D., and Fohrer, N. (2019). "Simple regression models can act as calibration-substitute to approximate transient storage parameters in streams." *Adv. Water Resour.* *123*, 201-209.

Fick, A. (1855). "Ueberdiffusion." *Annalen der Physik*, *94*, 59-86.

Fingas, M. F. (1999). "The evaporation of oil spills: development and implementation of new prediction methodology." In *International Oil Spill Conference,* American Petroleum Institute, 281-287.

Fischer, H. B. (1966). "Longitudinal dispersion in laboratory and natural streams." *W. M. Keck Laboratory of Hydraulics and Water Resources Report,* California Institute of Technology, Pasadena, CA.

Fischer, H. B. (1968). "Methods for predicting dispersion coefficients in natural streams: with applications to lower reaches of the Green and Duwamish rivers, Washington." *USGS Professional Paper,* 582-A.

Fischer, H. B. (1969), "The effect of bends on dispersion in streams." *Water Resour. Res., 5*(2), 496-506.

Fischer, H. B. (1973). "Longitudinal dispersion and turbulent mixing in open channel flow." *Ann. Rev. Fluid Mech., 5,* 59-78.

Fischer, H. B. (1975). Discussion of "Simple method for predicting dispersion in streams." by R.S. McQuivey and T.N. Keefer. *J. Environ. Eng. Div. Proc. ASCE. 101,* 453-455.

Fischer, H. B., List, J. E., Koh, C. R., Imberger, J., and Brooks, N. H. (1979). *Mixing in Inland and Coastal Waters.* Academic Press, New York.

Fletcher, C. A. (1984). *Computational Galerkin method.* Springer-Verlag.

Fourier, B., and Joseph, J. B. (1822). "Theorie analytique de la chaleur." *Chez Firmin Didot* (translation by Freeman. Dover, New York, 1955).

Ghanem, A. H. M. (1995). *Two-dimensional finite element modeling of flow in aquatic habitats.* Doctoral dissertation, University of Alberta.

Gharbi, S. and Verrette, J.-L. (1998). Relation between longitudinal and transversal mixing coefficients in natural streams, *J. Hydraul. Res., 36* (1), 43-53.

Godfrey, R. G., and Frederick, B. J. (1970). *"Stream dispersion at selected sites."* US Government Printing Office, Washington, D.C.

Gomez-Gesteira, M., Montero, P., Prego, R., Taboada, J. J., Leitao, P., Ruiz-Villarreal, M., Neves, R., and Perez-Villar, V. (1999). "A two-dimensional particle tracking model for pollution dispersion in A Coruna and Vigo Rias (NW Spain)." *Oceanologica Acta, 22,* 167-177.

Gonzalez-Pinzon, R., Haggerty, R., and Dentz, M. (2013). "Scaling and predicting solute transport processes in streams." *Water Resources Research, 49,* 1-18.

Gresho, P. M., and Sani, R. L. (1998). *Incompressible flow and the finite element method.* John Wiley and Sons.

Gücker, B., Boëchat, I. G. and Giani, A. (2009). "Impacts of agricultural land use on ecosystem structure and whole-stream metabolism of tropical Cerrado streams." *Freshwater Biology, 54,* 2069-2085.

Hamrick, J. M. (1992). "A three-dimensional environmental fluid dynamics computer code: theoretical and computational aspects." *Special report in applied marine science and ocean engineering, 317,* Virginia Institute of Marine Science: Gloucester Point, VA, USA.

Han, E. J., Park, I., Kim, Y. D., and Seo, I. W. (2016). "A Study of surface mixing in a meandering channel using GPS floaters." *Environmental Earth Sciences, Springer, 75,* Article 901.

Harden, T. O., and Shen, H. T. (1979). "Numerical simulation of mixing in natural rivers." *Journal of the Hydraulics Division, 105*(4), 393-408.

Harvey, J. W., Conklin, M. H. and Koelsch, R. S. (2003). "Predicting changes in hydrologic retention in an evolving semi-arid alluvial stream." *Advances in Water Resources, 26,* 939-950.

Heinrich, J. C., and Pepper, D. W. (1999). *Intermediate finite element method: Fluid flow and heat transfer applications.* Taylor and Francis.

Hervouet, J. M. (2007). *Hydrodynamics of free surface flows: Modelling with the finite element method.* John Wiley and Sons.

Hoffmann, K. A., and Chiang, S. T. (1993). *Computational fluid dynamics for engineers.* Engineering Education System.

Holley, E. R. (1969). "A unified view of diffusion and dispersion." *ASCE J. Hydraulic Division, 95* (HY2), 621-631.

Holley, E. R. and Abraham, G. (1973). "Field tests on transverse mixing in rivers." *ASCE J. Hydraulic Division, 99* (HY12), 2313-2331.

Holly, F. M. and Nerat, G. (1984). "Field calibration of stream-tube dispersion model." *J. Hydraul. Eng., 109*(11), 1455-1470.

Horvat, Z., and Horvat, M. (2016). "Two dimensional heavy metal transport model for natural watercourses." *River Research and Applications, 32*(6), 1327-1341.

Huai, W., Shi, H., Yang, Z., and Zeng, Y. (2018). "Estimating the transverse mixing coefficient in laboratory flumes and natural rivers." *Water, Air & Soil Pollution, 229*(8), 1-17.

Huebner, K. H., Thornton, E. A., and Byrom, T. G. (1995). *The finite element method for engineers.* John Wiley and Sons.

Irons, B.M. (1970). "A Frontal solution program for finite element analysis." *International Journal for Numerical Methods in Engineering, 2,* 5-32.

Iwasa Y, and Aya S. (1991). "Predicting longitudinal dispersion coefficient in open channel flows." *Proceedings of international symposium on environ. Hydraulics,* Hong Kong, 505-510.

Jackman, A. P., and Yotsukura, N. (1977). "Thermal loading of natural streams." *USGS Professional Paper No. 991.*

Jang, J., Jong, J., Mun, H., Kim, K., and Seo, I. (2016). "Mixing analysis of oil spilled into the river by GPS-equipped drifter experiment and numerical modeling." *Journal of Korean Society on Water Environment, 32*(3), 243-252.

Jeon, T. M., Baek, K. O., and Seo, I. W. (2007). "Development of an empirical equation for the transverse dispersion coefficient in natural streams." *Environmental Fluid Mechanics, 7,* 317-329.

Johnson, Z. C., Warwick, J. J. and Schumer, R. (2014). "Factors affecting hyporheic and surface transient storage in a western U.S. river." *Journal of Hydrology, 510,* 325-339.

Jung, S. H., Seo, I. W., Kim, Y. D., and Park, I. (2019). "Feasibility of velocity-based method for transverse mixing coefficients in river mixing analysis." *Journal of Hydraulic Engineering, 145*(11), DOI: 10.1061/(ASCE)HY.1943-7900.0001638.

Jung, Y. J. (2012). *Analysis of two-dimensional shear flow dispersion using time-split mixing model in open channels.* M.S. thesis, Seoul National University, South Korea.

Karniadakis, G. E., and Sherwin, S. (2005). *Spectral/hp element methods for computational fluid dynamics.* Oxford University Press.

Kashefipour, S. M., and Falconer, R. A. (2002). "Longitudinal dispersion coefficients in natural channels." *Water Research, 36*(6), 1596-1608.

Katopodes, N. D. (1984). "A dissipative Galerkin scheme for open-channel flow." *Journal of Hydraulic Engineering, 110*(4), 450-466.

Kawahara, G. (2016). "Generation mechanism of hierarchy of coherent vortices in turbulence sustained by steady force." *14th European Turbulence Conference,* Lyon, France.

Khalifa, A. (1980). *Theoretical and experimental study of the radial hydraulic jump.* Doctoral dissertation. University of Windsor.

Kikkawa, H., Ikeda, S., and Kitagawa, A. (1976). "Flow and bend topography in curved open channels." *J. Hydraul. Div. ASCE, 102* (HY9), 1327-1342.

Kim, B., Kwon, S., Noh, H., and Seo, I. W. (2022). "Surrogate prediction of the breakthrough curve of solute transport in rivers using its reach length dependence." *Journal of Contaminant Hydrology, 249* (2022), 104024, https://doi.org/10.1016/j.jconhyd.2022.104024.

Kim, B., Seo, I. W., Kwon, S., Jung, S. H., and Choi, Y. (2021). "Modelling one-dimensional reactive transport of toxic contaminants in natural rivers." *Environmental Modelling & Software, 137,* 104971.

Kim, J. S., Seo, I. W., and Baek, D. (2018). "Modeling spatial variability of harmful algal bloom in regulated rivers using a depth-averaged 2D numerical model." *Journal of Hydro-environment Research, 20,* 63-76.

Kitto, J., and Rutherford, J. C. (1982). "Taranaki ring plain dye studies: preliminary results." in Rutherford, J. C. (ed.) *The river and estuary mixing workshop, Hamilton, 7-18 November, 1981,* Wellington.

Koussis A. D. and Rodriguez-Mirasol, J. (1998). "Hydraulic estimation of dispersion coefficient for streams." *Journal of Hydraulic Engineering, 124,* 317-320.

Kwon, S., Noh, H., Seo, I. W., Jung, S. H., and Baek, D. (2021). "Identification framework of contaminant spill in rivers using machine learning with breakthrough curve analysis." *International Journal of Environmental Research and Public Health, 18*(3), 1023.

Kwon, S., Noh, H., Seo, I. W., and Park, Y. S. (2023a). "Effects of spectral variability due to sediment and bottom characteristics on remote sensing for suspended sediment in shallow rivers," *Science of The Total Environment, 878,* 163125, http://dx.doi.org/10.1016/j.scitotenv.2023.163125.

Kwon, S., Seo, I. W., and Lyu, S. (2023b). "Investigating mixing patterns of suspended sediment in a river confluence using high-resolution hyperspectral imagery," *Journal of Hydrology, 620* (2023), 129505.

Lau, Y. L. and Krishnappan, B. G. (1981). "Modelling transverse mixing in natural streams." *J. Hydraul. Div. ASCE, 107* (HY2), 209-226.

Le, A. T. T., Kasahara, T. and Vudhivanich, V. (2018). "Seasonal variation and retention of ammonium in small agricultural streams in central Thailand." *Environments, 5*(7), 78.

Lee, M. E., and Seo, I. W. (2013). "Spatially variable dispersion coefficients in meandering channels." *Journal of Hydraulic Engineering, ASCE, 139*(2), 141-153.

Legrand-Marcq, C. and Laudelot, H. (1985). "Longitudinal dispersion in a forest stream." *Journal of Hydrology, 78*(3-4), 317-324.

Li, X., Liu, H., and Yin, M. (2013). "Differential evolution for predicting longitudinal dispersion coefficient in natural streams." *Water Resources Management, 27*, 5245-5260.

Liss, P. S. and Slater, P. G. (1974). "Flux of gases across the air-sea interface." *Nature, 247*, 181-184.

Liu H. (1977). "Predicting dispersion coefficient of streams." *Journal of Environment Engineering Division, 103*(1), 59-69.

Long, T. Y., Wu, L., Meng, G. H., and Guo, W. H. (2011). "Numerical simulation for impacts of hydrodynamic conditions on algae growth in Chongqing Section of Jialing River, China." *Ecological Modelling, 222*(1), 112-119.

Mackay, J. R. (1970). "Lateral mixing of the Liard and Mackenzie Rivers downstream from their confluence." *Can. J. Earth Sci. 7*, 111-124.

Maynord, S. T. (1996). "Open-channel velocity prediction using STREMR model." *Technical Report HL-96-5.* Waterways Experiment Station, US Army Corps of Engineers.

McQuivey, R.S., and Keefer, T.N. (1974). "Simple method for predicting dispersion in streams." *J. Environ. Eng. Div. Proc. ASCE. 100*, 997-1011.

Medeiros, S. C., and Hagen, S. C. (2012). "Review of wetting and drying algorithms for numerical tidal flow models." *International Journal for Numerical Methods in Fluids, 71*(4), 473-487.

Mueller Price, J. S., Baker, D. W. and Bledsoe, B. P. (2016). "Effects of passive and structural stream restoration approaches on transient storage and nitrate uptake." *River Research and Applications, 32*, 1542-1554.

Munn, N. L., and Meyer, J. L. (1988). "Rapid flow through the sediments of a headwater stream in the southern Appalachians," *Freshwater Biology, 20*, 235-240

Munson, B. R., Okiishi, T. H., Huebsch, W. W., and Rothmayer, A. P. (2013). *Fluid Mechanics.* 7th Edition, John Wiley & Sons.

Noh, H., Kwon, S., Seo, I. W., Baek, D., and Jung, S. H. (2021). "Multi-gene genetic programming regression model for prediction of transient storage model parameters in natural rivers." *Water, 13*(1), 76. https://dx.doi.org/10.3390/w13010076.

Noori, R., Mirchi, A., Hooshyaripor, F., Bhattarai, R., Torabi Haghighi, A., and Kløve, B. (2021).

"Reliability of functional forms for calculation of longitudinal dispersion coefficient in rivers." *Sci Total Environ.* doi:https://doi.org/10.1016/j.scitotenv.2021.148394.

Nordin, C. F., and Sabol, B. V. (1974). "Empirical data on longitudinal dispersion in rivers." *U.S. Geological Survey Water Resources Investigations 20-74,* Open File Rep.

Nordin, C. F., and Troutman, B. M. (1980). "Longitudinal dispersion in rivers: the persistence of skewness in observed data." *Water Resources Research, 16*(1), 123-128.

Odgaard, A. J. (1986). "Meander flow model. I: development." *Journal of Hydraulic Engineering, 112*(12), 1117-1136.

Park, H., and Hwang, J. H. (2021). "A standard criterion for measuring turbulence quantities using the four-receiver acoustic Doppler velocimetry." *Frontiers in Marine Science, 8.* https://doi.org/10.3389/fmars.2021.681265.

Park, I., and Seo, I. W. (2018). "Modeling non-Fickian pollutant mixing in open channel flows using two-dimensional particle dispersion model," *Advances in Water Resources, 111,* 105-120, DOI: 10.1016/j.advwaters.2017.10.035.

Park, I., Seo, I. W., Cho, S. K., Kim, D., Park, S., and Kwon, S. (2024). "Analysis of microplastic behaviors in river-type lakes using a quasi-three- dimensional microplastic transport model." *Science of the Total Environment, 956,* 177204.

Park, I., Seo, I. W., Kim, Y. D., and Han, E. J. (2017). "Turbulent mixing of floating pollutants at the surface of the river," *Journal of Hydraulic Engineering, 143*(8), DOI: 10.1061/(ASCE) HY.1943-7900.0001319.

Parsons, D. R., Jackson, P. R., Czuba, J. A., Engel, F. L., Rhoads, B. L., Oberg, K. A., Best, J. L., Mueller, D. S., Johnson, K. K., and Riley, J. D. (2013). "Velocity Mapping Toolbox (VMT): A processing and visualization suite for moving-vessel ADCP measurements." *Earth Surface Processes and Landforms, 38*(11), 1244-1260. https://doi.org/10.1002/esp.3367.

Patankar, S. V. (1980). *Numerical heat transfer and fluid flow.* Hemisphere Publishing Corporation.

Pedersen, F. B. (1977). "Prediction of longitudinal dispersion in natural streams." *Hydrodynamics and hydraulic engineering series paper 14,* Technical University of Denmark.

Pinder, G. F., and Gray, W. G. (1977). *Finite element simulation in surface and subsurface hydrology.* Academic Press.

Pouchoulin, S., Le Coz, J., Mignot, E., Gond, L., and Riviere, N. (2020). "Predicting transverse mixing efficiency downstream of a river confluence." *Water Resources Research, 56*(10), 1-23.

Robles-Morua, A., Che, D., Mayer, A. S., and Vivoni, E. R. (2015). "Hydrological assessment of proposed reservoirs in the Sonora River Basin, Mexico, under historical and future climate scenarios." *Hydrological Sciences Journal, 60*(1), 50-66.

Rodi, W. (1993). *Turbulence models and their application in hydraulics.* IAHR Monograph, A.A. Balkema, Rotterdam.

Rowinski, P. M., and Chrzanowski, M. M. (2011). "Influence of selected fluorescent dyes on small aquatic organisms." *Acta Geophysica, 59*(1), 91-109.

Rowinski, P. M., Guymer, I., Bielonko, A., Napiorkowski, J. J., Pearson, J., and Piotrowski, A. (2007). "Large scale tracer study of mixing in a natural lowland river." *Proc. 32nd Congress of IAHR, 13,* 15-33.

Rowinski, P. M., Guymer, I., and Kwiatkowski, K. (2008). "Response to the slug injection of a tracer-a large-scale experiment in a natural river/Réponse à l'injection impulsionnelle d'un traceur-expérience à grande échelle en rivière naturelle." *Hydrological Sciences Journal, 53*(6), 1300-1309.

Rozovskii, I L. (1957). *Flow of water in bends of open channels.* Academy of Science of Ukrainian, SSR.

Runkel, R. L. (1998). "One-dimensional transport with inflow and storage (OTIS): A solute transport model for streams and rivers." *Water-Resources Investigations Report, 98,* 4018.

Rutherford, J. C. (1994). *River Mixing.* John Wiley and Sons, Chichester, UK.

Rutherford, J. C. and Williams, B. L. (1992). "Transverse mixing and surface heat exchange in the Waikato River: a comparison of two models." *New Zealand J. Mar. Freshwater Res., 26,* 435-452.

Rutherford, J. C., Taylor, M. E. U., and Davies, J. D. (1980). "Waikato River pollutant flushing rates." *American Society of Civil Engineers, 106* (EE6), 1131-1150.

Sahay, R. R. and Dutta, S. (2009). "Prediction of longitudinal dispersion coefficients in natural rivers using genetic algorithm." *Hydrol. Res. 40*(6), 544-552.

Sattar, M. A., and Gharebaghi, B. (2015). "Gene expression models for prediction of longitudinal dispersion coefficient in streams." *J. Hydrol. 524,* 587-596. https://doi.org/10.1016/j.jhydrol.2015.03.016.

Sayre, W. W. (1979). "Shore-attached thermal plumes in rivers." in Shen, H.W. (ed.) *Modelling in rivers,* Wiley-interscience, London, UK.

Sayre, W. W. and Yeh, T. (1973). "Transverse mixing characteristics of the Missouri River downstream from the Cooper Nuclear Station." *Rep. No. 145,* University of Iowa.

Schmid, B. H. (2003). "Temporal moments routing in streams and rivers with transient storage." *Adv. Water Resour., 26,* 1021-1027.

Seo, I. W. (2017). "Modeling pollutant transport in natural rivers with storage zone using the two-dimensional particle dispersion model." *Proceedings of the 5th International Symposium on Advanced Technology for River Management,* Seoul, Korea.

Seo, I. W. and Baek, K. O. (2004). "Estimation of the longitudinal dispersion coefficient using the velocity profile in natural streams." *Journal of Hydraulic Engineering, 130*(3), 227-236.

Seo, I. W., Baek, K. O., and Jeon, T. M. (2006). "Analysis of transverse mixing in natural streams under slug tests." *Journal of Hydraulic Research, 44*(3), 350-362.

Seo, I. W. and Cheong, T. S. (1998). "Predicting longitudinal dispersion coefficient in natural streams." *Journal of Hydraulic Engineering, 124*(1), 25-32.

Seo, I. W. and Cheong, T. S. (2001). "Moment-based calculation of the parameters for the storage zone model for river dispersion." *Journal of Hydraulic Engineering, ASCE, 127*(6), 453-465.

Seo, I. W., Choi, H. J., Kim, Y. D., and Han, E. J. (2016). "Analysis of two-dimensional mixing in natural streams based on transient tracer tests." *Journal of Hydraulic Engineering, 142*(8), 04016020.

Seo, I. W. and Jung, Y. J. (2010). "Velocity distribution of secondary currents in curved channels." *Journal of Hydrodynamics, 22*(5), 617-622.

Seo, I. W., and Maxwell, W. H. C. (1992). "Modeling low-flow mixing through pools and riffles." *Journal of Hydraulic Engineering, 118*(10), 1406-1423.

Shen, H. H., Cheng, A. H. D., Wang, H. -H., Teng, M. H., and Liu, C. C. K. (2002). *Environmental Fluid Mechanics: Theories and Applications*. ASCE.

Shin, J., and Seo, I. W., and Baek, D. (2020). "Longitudinal and transverse dispersion coefficients of 2D contaminant transport model for mixing analysis in open channels." *Journal of Hydrology*, DOI: 10.1016/j.jhydrol.2019.124302.

Smart, P. L., and Laidlaw, I. M. S. (1977). "An evaluation of some fluorescent dyes for water tracing." *Water Resources Research, 13*(1), pp.15-33.

Smith, E. L. (1936). "Photosynthesis in relation to light and carbon dioxide." *Proceedings of the National Academy of Sciences, 22*(8), 504-511.

Smith, I. M. (1982). *Programming the finite element method*. John Wiley & Sons.

Somlyody, L. (1982). "An approach to the study of transverse mixing in stream." *Journal of Hydraulic Research, 20*, 203-220.

Song, C. G., Seo, I. W., and Kim, Y. D. (2012). "Analysis of secondary current effect in the modeling of shallow flow in open channels." *Advances in water resources, 41*, 29-48.

Spellman, F. R., and Drinan, J. (2001). *Stream Ecology and Self Purification: An Introduction*. 2nd Edition, CRC Press.

Stacey, M. T., McManus, M. A., Steinbuck, J. V. (2007). "Convergences and divergences and thin layer formation and maintenance." *Limnology and Oceanography, 54*(4), 1523-1532.

Steele, J. H. (1962). "Environmental control of photosynthesis in the sea." *Limnology and Oceanography, 7*(2), 137-150.

Stefan, H., and Demetracopoulos, A. C. (1981). "Cells-in-series simulation of riverine transport." *Journal of Hydraulic Eng, ASCE, 107* (HY6), 675-697.

Stofleth, J. M., Shields Jr, F. D. and Fox, G. A. (2008). "Hyporheic and total transient storage in small, sand-bed streams." *Hydrological Processes, 22*, 1885-1894.

Stonedahl, S. H., Harvey, J. W., Detty, J., Aubeneau, A. and Packman, A. I. (2012). "Physical controls and predictability of stream hyporheic flow evaluated with a multiscale model." *Water Resources Research, 48*.

Strang, G., and Fix, G. J. (1973). *An analysis of the finite element method*. Prentice-Hall.

Suh, S. W. (2006). "A hybrid approach to particle tracking and Eulerian-Lagrangian models in the simulation of coastal dispersion." *Environmental Modelling & Software, 21*, 234-242.

Sun, Y., Wells, M. G., Bailey, S. A., Anderson, E. J. (2013). "Physical dispersion and dilution of ballast water discharge in the St. Clair River: Implications for biological invasions." *Water Resources Research, 49*, 2395-2407.

Taylor, G. I. (1921). "Diffusion by continuous movements." *Proc. the London Mathematical Society. Ser. A 20*, 196-211.

Taylor, G. I. (1953). "Dispersion of soluble matter in a solvent flowing slowly through a tube." *Proc. Royal Society of London. Series A. Mathematical and Physical Sciences, 219*, 186-203.

Taylor, G. I. (1954). "The dispersion of matter in turbulent flow through a pipe." *Proc. Royal Society of London. Series A. Mathematical and Physical Sciences, 223*, 446-468.

Teledyne Marine Technologies. (2025). www.teledynemarine.com.

Tennekes, H., and Lumley, J. L. (1972). *A first course in turbulence*. The MIT Press, Cambridge, MA.

Thomann, R. V., and Mueller, J. A. (1987). *Principles of Surface Water Quality Modeling and Control*. Harper-Collins, New York.

Thomee, V. (1984). *Galerkin finite element methods for parabolic problems*. Springer-Verlag.

UN Environment Program. (2021). *From pollution to solution-A global assessment of marine litter and plastic pollution*.

USACE (2023). *HEC-RAS 2D User's Manual*.

Van Mazijk, A. (2002). "Modelling the effects of groyne fields on the transport of dissolved matter within the Rhine Alarm-Model." *Journal of Hydrology, 264*(1-4), 213-229.

Verma, R. K., Pandey, A., Verma, S., Mishra, S. K. (2023). "A review of environmental flow assessment studies in India with implementation enabling factors and constraints." *Ecohydrology & Hydrobiology, 23*, 662-677.

Wait, R., and Mitchell, A. R. (1985). *Finite element analysis and application*. John Wiley and Sons.

Wong, K. T. M., Lee, J. H. W., and Choi, K. W. (2008). "A deterministic Lagrangian particle separation-based method for advective-diffusion problems." *Communications in Nonlinear Science, 13*, 2071-2090.

Wu, W., and Wang, S. (2006). "Formulas for sediment porosity and settling velocity." *Journal of Hydraulic Engineering, 132*(8), 858-862.

Yotsukura, N., and Cobb, E.D. (1972). "Transverse diffusion of solutes in natural streams." *USGS Prof. Pap. No. 582-C*.

Yotsukura, N., Fischer, H. B., and Sayre, W. W. (1970). "Measurement of mixing characteristics of the Missouri River between Sioux city, Iowa and Plattsmouth, Nebraska." *USGS Water Supply Pap. No. 1899-G*.

Yotsukura, N. and Sayre, W. W. (1976), "Transverse mixing in natural channels." *Water Resources Res., 12*(4), 695-704.

Younus, M., and Chaudhry, M. H. (1994). "A depth-averaged turbulence model for the computation of free-surface flow." *Journal of Hydraulic Research, 32*(3), 415-444.

YSI. (2012). *"6-series multiparameter water quality sondes: User manual."* Yellow Springs, OH.

Yu, C. C., and Heinrich, J. C. (1987). "Petrov-Galerkin method for multidimensional, time-dependent, convective-diffusion equation." *International Journal for Numerical Methods in Engineering, 24,* 2201-2215.

Zand, S. M., V. C. Kennedy, G. W. Zellweger, and Avanzino, R. J. (1976). "Solute transport and modeling of water quality in a small stream." *J. Res. U.S. Geological Survey, 4*(2), 233-240.

Zeng, Y., and Huai, W., (2014). "Estimation of longitudinal dispersion coefficient in rivers." *J. Hydro-environ. Res. 8*(1), 2-8. https://doi.org/10.1016/j.jher.2013.02.005.

Zhen, Z., Li, D., Li, Y., Chen, S., and Bu, S. (2020). "Trajectory and weathering of oil spill in Daya bay, the South China sea." *Environmental Pollution, 267,* 115562.

Zhiyao, S., Tingting, W., Fumin, X., and Ruijie, L. (2008). "A simple formula for predicting settling velocity of sediment particles." *Water Science and Engineering, 1*(1), 37-43.

찾아보기

ㄱ

ㄴ

ㄷ

ㄹ

ㅁ

ㅂ

ㅅ

ㅇ

ㅈ

A

B

C

D

E

F